中国地质调查成果CGS2015-055
河南省矿产资源潜力评价成果系列丛书

河南省区域成矿规律

HENANSHENG QUYU CHENGKUANG GUILU

彭翼 何玉良 著

内容提要

本书是"河南省矿产资源潜力评价"项目成矿规律研究课题的成果,全面系统地探讨了河南省大地构造演化和相应地质构造时段的成矿环境与矿产分布,重点研究了河南省重要矿产的矿床自然类型及其成矿模式,阐述了成矿区带的划分、特征及演化,总结了河南省全局性成矿规律。

本书可供从事地质找矿、教学与研究人员参考和使用。

图书在版编目(CIP)数据

河南省区域成矿规律/彭翼,何玉良著. —武汉:中国地质大学出版社,2015.11
(河南省矿产资源潜力评价成果系列丛书)
ISBN 978-7-5625-3723-6

Ⅰ.①河…
Ⅱ.①彭…②何…
Ⅲ.①成矿规律-研究-河南省
Ⅳ.①P612

中国版本图书馆 CIP 数据核字(2015)第 237710 号

河南省区域成矿规律		彭 翼 何玉良 著
责任编辑:胡珞兰	选题策划:毕克成	责任校对:周旭
出版发行:中国地质大学出版社(武汉市洪山区鲁磨路388号)		邮编:430074
电 话:(027)67883511	传 真:(027)67883580	E-mail:cbb@cug.edu.cn
经 销:全国新华书店		Http://www.cugp.cug.edu.cn
开本:880毫米×1230毫米 1/16	字数:690千字	印张:21.75
版次:2015年11月第1版		印次:2015年11月第1次印刷
印刷:武汉市籍缘印刷厂		印数:1—1000 册
ISBN 978-7-5625-3723-6		定价:298.00元

如有印装质量问题请与印刷厂联系调换

序

国土资源部组织领导开展的三大国家矿情调查项目之一"全国矿产资源潜力评价"(2006—2013年)已完成,其中所属的"全国重要矿产地质与区域成矿规律研究"子项目亦已完成。这是一次对全国25种重要矿产成矿地质条件、地球物理、地球化学、遥感、重砂勘查成果全面系统的汇集和分析与综合,并在我国自主创立的矿床成矿系列理论指导下,对25种重要矿产地质与区域成矿规律进行了较系统、有一定深度的研究。在此基础上,应用我国自主研发的矿床模型综合信息矿产预测方法对25种矿产进行了潜力评价,达到定量及确定预测区的程度,并建立了潜力评价项目的数据库。研究成果为全国及各省、区、市矿产资源规划,矿产勘查部署与实施提供了重要的科学依据,对促进地质矿产科学及成矿预测理论与方法的发展走出了重要一步,同时培养了一大批与矿产资源潜力评价有关领域的人才。

全国及各省、区、市地质勘查部门及工作团队均为完成此项任务做出了努力与贡献。工作成果已陆续以不同形式提供社会使用。

区域成矿规律研究是矿床学科中的重要研究内容,亦已形成重要的分支学科。此项研究是在对区内矿床研究的基础上,综合研究区域成矿地质构造环境及地球物理、地球化学、遥感、重砂等勘查成果,探索区内矿床之间在时空分布及成因联系的规律、成矿过程与演化,建立矿床成矿系列、区域成矿谱系,预测区域成矿潜力及提出找矿方向。因此,此项研究既是成矿规律研究,同时亦是区域找矿方向的研究,理论与实用相结合,可见此项研究的重要性,是矿床学发展与矿产勘查工作不可缺少的,需要不断深化、永无止境的研究工作。

《河南省区域成矿规律》专著是河南省地质调查院以彭翼、何玉良为首的集体经过八年的辛勤工作,完成了河南省重要矿产地质与区域成矿规律研究,在此基础上的汇总与提高并编写与出版的,亦是省级同类研究成果正式出版的第一本。对本省来说,是继2000年由罗铭玖等编著出版的《河南省主要矿产的成矿作用及矿床成矿系列》书的第二本有关区域成矿规律的文献。两本专著各有特色,本书在区域地质构造演化、分矿种论述规律方面有所前进,前者在矿床成矿系列论述方面比较全面。这为目前正在进行的河南省矿产地质志的研编又创造了很好的条件。本书的研究成果对河南省的区域成矿规律认识又有新的提高,为继续深化研究提供了新的平台,同时对本省矿产勘查、开发工作有重要的指导意义。无疑,本书出版对全国同仁亦具有参考、应用价值。借此出版之际,向作者们致以祝贺,同时期望,在此基础上进一步研究总结,在完成研编河南省矿产地质志的区域成矿规律研究中更上一个新的台阶。

2015 年 7 月 14 日

目 录

第一章 河南省区域成矿规律研究概况 (1)
- 第一节 以往区域成矿规律研究工作 (1)
- 第二节 本次研究工作 (10)

第二章 河南省地质构造环境及其演化 (14)
- 第一节 河南省地层单位 (14)
- 第二节 大地构造单元与矿产 (14)
- 第三节 大地构造相时空结构 (41)
- 第四节 大地构造演化基本特征 (45)

第三章 河南省矿产资源概况 (55)
- 第一节 矿产种类与类型 (55)
- 第二节 煤 矿 (63)
- 第三节 铝土矿 (75)
- 第四节 铁 矿 (84)
- 第五节 铬铁矿 (90)
- 第六节 镍 矿 (97)
- 第七节 锂 矿 (102)
- 第八节 钼钨矿 (104)
- 第九节 铜 矿 (112)
- 第十节 铅锌矿 (113)
- 第十一节 银 矿 (115)
- 第十二节 金 矿 (118)
- 第十三节 锑 矿 (120)
- 第十四节 磷 矿 (121)
- 第十五节 硫 矿 (124)
- 第十六节 重晶石 (125)
- 第十七节 萤 石 (126)
- 第十八节 其他矿产 (127)

第四章 典型矿床及其成矿模式 (140)
- 第一节 铝土矿 (140)
- 第二节 铁 矿 (147)
- 第三节 铬铁矿 (169)

　　第四节　镍矿 …… (173)
　　第五节　锂矿 …… (179)
　　第六节　钼钨矿 …… (183)
　　第七节　铜矿 …… (206)
　　第八节　铅锌矿 …… (216)
　　第九节　银矿 …… (226)
　　第十节　金矿 …… (242)
　　第十一节　锑矿 …… (273)
　　第十二节　磷矿 …… (276)
　　第十三节　硫矿 …… (279)
　　第十四节　重晶石 …… (284)
　　第十五节　萤石 …… (286)

第五章　成矿区带及矿集区划分 …… (290)
　第一节　划分依据 …… (290)
　第二节　划分结果 …… (292)

第六章　成矿区带特征及演化 …… (297)
　第一节　太行山 Fe-Cu-Pb-Zn-重晶石-耐火黏土-硫铁矿-煤-成矿带（Ⅲ-1） …… (297)
　第二节　华北石油-天然气-岩盐-石膏-煤成矿区（Ⅲ-2） …… (299)
　第三节　华北陆块南部 Fe-U-重晶石-磷-石英岩-铝土矿-耐火黏土-硫铁矿-煤-石油-天然气-岩盐-石膏成矿区（Ⅲ-4） …… (301)
　第四节　华北陆块南缘 Au-Mo-W-Pb-Zn-Ag-Fe-萤石-滑石-硫铁矿成矿带（Ⅲ-5） …… (303)
　第五节　东秦岭 Au-Ag-Mo-Cu-Pb-Zn-Sb-Nb-Ta-Li-Fe-萤石-石墨-矽线石-红柱石-蓝晶石-金红石-石油-天然气-油页岩-天然碱-石膏成矿带（Ⅲ-6） …… (305)
　第六节　陡岭-桐柏-大别 Mo-Ni-Cu-Au-Ag-Pb-Zn-Fe-萤石-珍珠岩-膨润土-沸石-石墨-金红石-白云母成矿带（Ⅲ-7） …… (308)

第七章　河南省全局性成矿规律总结及存在的问题 …… (310)
　第一节　全局性成矿规律 …… (310)
　第二节　存在的问题 …… (320)

主要参考文献 …… (321)

第一章 河南省区域成矿规律研究概况

第一节 以往区域成矿规律研究工作

一、研究历史

在我国实施国民经济发展的第一个五年计划(1953—1957)的前夕和末年,相继成立了中南地质局(1952.10)及河南省地质局(1957.2),稍后成立有中南煤田地质勘探局(1954.8)和河南省工业厅地质勘探队(1958.3),开始了新中国河南省地质矿产工作的创业。成矿规律学是应用地质学理论来研究矿床的形成、时空分布及其演化规律的学科,研究工作不断寓于矿产勘查实践,研究成果始终是矿产勘查的理论基础。不包括矿产勘查和区域矿产调查项目中的有关研究,历年来开展的有关成矿规律的研究项目主要有110项(张克伟等,2004;河南省地质博物馆馆藏资料目录,2009),按照研究区域、矿种和时间先后列于表1-1中。

表1-1 河南省以往成矿规律研究主要工作一览表

研究项目	研究单位	完成人	完成时间(年)
河南南召县三〇一矿区伟晶岩矿床物质成分及其主要地质特征的研究	中南冶金地质研究所	王六明等	1965
河南卢氏二〇二矿区及其外围的地质构造兼区域矿化特征的初步研究	西北地质科学研究所		1967
稀有金属花岗伟晶岩研究中的几个问题	成都地质学院		1972
河南省安阳李珍矿区矽卡岩型铁矿成矿规律及找矿标志研究	桂林冶金地质研究所	黄有德,张旗,黄超等	1973
河南省林县东冶矿区矽卡岩型铁矿成矿控制因素及找矿标志研究	桂林冶金地质研究所	黄有德,黄超,张旗等	1973
东秦岭(以洛南地区为重点)镁质接触交代铁矿成矿控制条件和找矿标志研究	中国地质科学院矿产资源研究所		1973
中南地区内生及变质铁铜矿床分布规律和找矿方向综合研究	湖北省地质科学研究所		1976
河南省北中部熊耳山、汝阳与洛峪时期的古地理环境及风化壳铁矿远景的探讨	河南省地质局地质科学研究所	关保德等	1977

续表 1-1

研究项目	研究单位	完成人	完成时间(年)
豫西熊耳群火山岩地质特征及铁铜矿产找矿方向	河南省地质局地质科学研究所	强立志等	1979
桐柏—泌阳地区火山岩型铁矿含矿岩系原岩恢复和矿床成因探讨	河南省地质局地质科学研究所	张荫树等	1980
河南省西峡—内乡地区基性—超基性岩分布规律、岩体特征及含矿性研究	湖北省地质科学研究所		1974
中南区基性—超基性岩分布规律及其含矿性综合研究	湖北省地质科学研究所		1975
河南省基性—超基性岩及有关矿产(以铬为主)矿化富集规律研究	河南省地质局地质科学研究所	林潜龙等	1975
河南省金刚石原生矿成矿地质条件及成矿预测	河南省地矿局地质十三队	柯元硕等	1988
灵宝金矿控矿构造的研究及普查勘探工作中的应用	河南省地质局豫01队		1970
豫西爆发碎屑岩及其找矿意义的研究	河南省地质局地质四队		1975
河南省小秦岭、崤山、熊耳山地区金成矿地质条件及找矿方向研究	河南省有色金属地质矿产局地质研究所		1981
河南省小秦岭金矿成矿地质条件与富集规律的研究	河南省地质矿产局第一地质调查队、成都地质学院	王亨治,栾世伟等	1983
河南省金矿成矿条件和成因类型研究	河南省地质矿产局地质科学研究所	张荫树等	1985
豫西地区成矿地质条件分析及主要矿产预测[①]	河南省地质矿产局第一地质调查队	石毅等	1987
河南西部崤山地区金矿成因研究	河南省地质矿产局地质科学研究所	秦国群等	1988
熊耳山地区蚀变构造岩型金矿成矿地质条件及富集规律研究[①]	河南省地质矿产局第一地质调查队	黎世美等	1988
河南省华北地台前寒武纪地层构造和金银及有色金属成矿模式与成矿系列研究[①]	河南省地矿局地质科学研究所	关保德等	1988
河南省外方山熊耳群火山岩金成矿地质条件的研究	河南省地质科学研究所	乔怀栋等	1989
豫西熊耳群的含金性	天津地质矿产科学研究所	任富根等	1989
河南洛宁金矿区构造控矿规律及成矿预测研究	河南省有色金属地质矿产局地质研究所		1990
华北陆台西南缘太古宙花岗岩-绿岩地体地质特征及金矿成矿条件	河南省地质科学研究所、南京大学地质系	张荫树等	1990
河南省华北地块南缘地层构造岩浆岩和金银及有色金属成矿模式[①]	河南省地质科学研究所	关保德等	1990
河南省东秦岭(以小秦岭为主)韧性剪切带特征及与金矿关系研究	河南省地质科学研究所	刘长命等	1991
熊耳群地质环境演化及含矿性研究	河南省地质科学研究所	强立志等	1992
熊耳山南东麓金矿成矿特征及找矿方向	中国核工业地质局308大队		1992

续表 1-1

研究项目	研究单位	完成人	完成时间(年)
河南省外方山熊耳群火山岩金矿类型及控矿地质条件的研究	河南省地质科学研究所	乔怀栋等	1992
灵宝市桐沟金矿区构造控矿条件研究	河南省地质科学研究所	薛良伟等	1993
小秦岭桐沟金矿区反转构造及找矿矿物学	河南省地质科学研究所	薛良伟等	1993
小秦岭金矿田构造格局及韧性剪切构造控矿作用研究	河南省地质矿产厅第一地质调查队	黎世美等	1993
华北古板块南缘银金成矿条件及预测	河南省有色金属地质矿产局地质研究所		1993
洛宁铁炉坪-蒿坪沟银铅矿床成矿模式及评价指标研究	河南省有色金属地质矿产局地质研究所		1993
熊耳山南缘马超营断裂带构造特征成矿条件及金矿预测	河南省地质矿产厅第一地质调查队	郭永和等	1993
河南省瑶沟金矿区构造控矿规律及成矿预测研究	河南省有色金属地质矿产局地质研究所		1994
河南省伏牛山东麓金矿成矿规律及成矿预测研究	河南省地质科学研究所	张正伟等	1994
河南省熊耳群分布区金矿成矿构造动力学条件及其控矿机制研究	河南省地质科学研究所	冯有利,薛良伟,曹高社等	1995
嵩县祁雨沟金矿区四号角砾岩筒金矿体空间定位规律研究	河南省有色金属地质矿产局地质研究所		1995
嵩县瑶沟金矿区构造控矿规律及成矿预测	河南省核工业地质局		1996
熊耳山通峪沟地区金矿成矿条件和远景预测	天津地质矿产研究所、河南省地质矿产厅第一地质调查队	任富根等	1996
嵩县前河地区金矿构造控矿规律及成矿预测研究	河南省地质科学研究所	曹高社等	1997
小秦岭—熊耳山地区地幔流体与金矿关系研究	河南省地质科学研究所	卢欣祥,尉向东等	1999
河南省栾川地区栾川群金成矿地质条件及富集规律研究	河南省地质矿产厅第一地质调查队	叶会寿,李江山,刘宗彦等	1999
小秦岭深部金矿成矿规律与成矿预测	河南省地质矿产局第一地质调查队、中国地质大学(北京)	冯建之,岳铮生,肖荣阁等	2009
河南省卢氏—灵宝地区中酸性小侵入体及其与铁铜矿床关系的研究	湖北省地质科学研究所		1974
运用地质力学在豫西地区进行岩(矿)体预测的研究	河南省地质局地质四队、湖北省地质科学研究所		1974
河南省栾川县南泥湖钼矿田成矿地质条件及富集规律:关于小岩体、围岩蚀变及其与成矿关系的研究	河南省地质局第一地质调查队	曾华杰等	1982
洛南—豫西地区燕山期中酸性小岩体与钼矿成矿关系的研究	河南省地矿局地质科学研究所	乔怀栋等	1985

续表 1-1

研究项目	研究单位	完成人	完成时间（年）
河南省卢氏—栾川—方城一带铅锌银矿成因及找矿方向研究	河南省地质矿产厅第二地质调查队	孙清森等	1989
河南省卢氏杜关锰银多金属成矿规律研究	河南省地质科学研究所	吕国芳等	1993
外方山—熊耳山—崤山钼金多金属矿成矿规律与找矿预测	河南省国土资源研究院	袁振雷等	2009
河南省郑州—三门峡地区富铝矿产地质总结	河南省地质局综合研究队		1966
华北晚古生代聚煤规律与找煤（河南省部分）	河南省煤田地质局	郭熙年,唐仲林	1983
河南省中晚石炭世岩相古地理及铝土矿成矿地质条件的研究	河南省地矿局地质科学研究所	赵金山等	1984
偃师县夹沟铝土矿地质特征及成矿规律研究	河南省地质矿产局第二地质调查队	徐松禄等	1985
河南省铝土矿成矿规律及找矿方向研究	河南省地质矿产局第二地质调查队	孙启祯等	1985
河南省早二叠世早期岩相古地理及聚煤规律的研究	河南省地矿局地质科学研究所	张恩惠等	1988
豫东地区地质构造特征及控煤作用研究	河南省地质矿产局地质十一队	付宗昌等	1988
河南省富铝土矿成矿地质条件及找矿方法研究	河南省地质矿产局第二地质调查队	王绍龙等	1990
河南省华北地台早寒武世沉积环境、成盐条件及找盐远景研究	河南省地质矿产厅第二地质调查队	张增杰等	1990
河南省早寒武世岩相古地理及铅锌矿控矿环境研究	河南省地质科学研究所	王德有等	1992
河南省（华北）古生代岩相古地理及有关层控矿产的控矿环境研究[②]	河南省地质科学研究所	阎国顺等	1993
豫西、豫北煤系共伴生高岭土研究	河南省煤田地质局		1996
河南省覆盖区隐伏铝（黏）土矿资源潜力评价和找矿技术研究	河南省地质调查院	赵建敏,李中明等	2009
河南省华北板块中元古代—古生代主要成矿期岩相古地理和构造古地理研究	河南省地质调查院、中国地质大学（北京）	王建平,周洪瑞,王训练等	2009
秦岭板块的划分及与成矿的关系	西北地质科学研究所	刘仰文,朱宝清,冯益民等	1976
伏牛-大别弧形构造带萤石矿化特征及成矿地质条件	河南省有色金属地质矿产局地质研究所		1980
河南省桐柏县围山城一带金、银多金属矿床成矿控制因素及找矿方向的初步研究	河南省地质矿产局第三地质调查队	甘幼鸣等	1983
东秦岭地区有色金属、贵金属成矿规律研究[①]	河南省地质矿产局地质科学研究所、河南省地质矿产局第一地质调查队、南京大学	林潜龙等	1986

续表 1-1

研究项目	研究单位	完成人	完成时间(年)
北秦岭新元古代—早古生代断陷带变质地层研究与成矿关系研究①	河南省地质矿产局地质科学研究所	符光宏等	1988
河南省泌阳凹陷安棚碱矿含碱岩系物质组成、沉积环境及钾盐成矿条件研究	河南省地质矿产局第四地质调查队、中国地质科学院矿产资源研究所	李玉堂等	1988
秦巴地区泥盆纪地层及重要含矿层位形成环境的研究①	西安地质矿产研究所	曹宣铎,张瑞林,张汉文等	1990
秦巴花岗岩含金性研究①	西安地质矿产研究所	严阵,张改芳,李向民	1990
秦岭-大别造山带地质构造与成矿规律研究①	河南省地质科学研究所	符光宏等	1990
东秦岭及邻区区域成矿规律的地球化学研究①	中国地质大学(武汉)	马振东,蒋敬业	1990
河南省西南部碳酸盐岩建造金矿成矿条件和成矿规律研究	中国地质科学院矿产资源研究所	宋学信等	1990
河南省西峡、淅川县蒲堂、毛堂隐爆角砾岩型金矿成矿机理研究及成矿预测	河南省地质矿产厅第四地质调查队	焦守敬等	1990
河南省桐柏县破山银矿床特征及成矿条件研究	河南省地质矿产厅第三地质调查队	甘幼鸣,郑德琼,陈宝爱	1991
河南省二郎坪群、宽坪群金银矿成矿预测研究	河南省地质矿产厅第一地质调查队	王铭生等	1991
河南省深部构造与矿产关系研究①	河南省地质矿产厅地球物理勘查队	李进先等	1991
河南省华北陆块南缘富碱侵入岩地质特征及含金性研究	河南省地质科学研究所	张正伟等	1993
镇平—丹凤地区构造岩浆岩带与金、铀、多金属矿的成矿规律及找矿方向研究②	中国地质科学院地质研究所、河南省地质科学研究所	卢欣祥等	1995
东秦岭-大别山花岗岩与金矿关系研究	河南省地质科学研究所	卢欣祥等	1995
北秦岭古生代海相火山岩对贵金属、多金属矿产的控矿因素、成矿规律、找矿标志及成矿预测研究	中国地质大学、陕西省地质矿产厅综合研究队、河南省区域地质调查队	李志德,张珠福,胡鹏云等	1995
秦岭造山带铜、金、银、铅、锌成矿规律和成矿预测研究	河南、陕西、甘肃有色地质矿产局		1995
河南东秦岭花岗岩与金矿关系研究	河南省地质科学研究所	卢欣祥等	1996
秦岭造山带岩石圈结构、演化及其成矿背景	西北大学	张国伟等	1996
豫西南地区宝玉石分布规律及开发应用	河南省地质矿产厅第四地质调查队		1996
秦巴贵金属有色金属主要矿产控矿因素成矿规律找矿标志成矿预测研究②	河南省地质科学研究所	赵太平等	1997

续表 1-1

研究项目	研究单位	完成人	完成时间(年)
河南省西峡县石板沟金矿成矿机制研究及成矿预测	中国地质大学、河南省地质矿产厅第四地质调查队		1997
卢氏官坡-朱阳关锑矿成矿控制规律及找矿靶区优选	河南省地质科学研究所	张建军等	1998
豫西南海底喷流型铜多金属矿床成矿规律及成矿预测	河南省地质科学研究所	宋锋等	2000
二郎坪—围山城地区金、银、锑矿床的成矿条件、控矿规律及靶区优选研究	宜昌地质矿产研究所、河南省地矿局第四地质调查队	肖志发,芮柏,余凤鸣等	2000
鄂豫陕地区金银锑多金属矿床成矿地质背景控矿条件及找矿预测研究	宜昌地质矿产研究所	熊成云,谢才富,胡宁等	2001
华北地台成矿规律和找矿方向综合研究项目——豫西南地区成矿规律和成矿预测课题	河南省地质调查院	燕长海,刘国印,彭翼等	2003
东秦岭(河南段)二郎坪群铜多金属成矿规律研究	河南省地质调查院	燕长海,彭翼,曾宪友等	2006
豫西南铅锌银钼矿集区成矿规律及找矿方向研究	河南省地质调查院	燕长海,刘国印,彭翼等	2007
河南省花岗岩类及成矿作用研究——透岩浆成矿理论体系与钼矿关系研究	河南省国土资源研究院	卢欣祥等	2012
大别山商城—罗山地区地质特征、成矿构造体系和矿产预测①	湖北省地质科学研究所、河南省地质矿产局第三地质调查队		1986
河南省信阳上天梯非金属矿区珍珠岩等非金属矿床地质特征研究	河南省地质矿产局第三地质调查队	李大好等	1987
河南省罗山县皇城山银矿矿床成因及成矿规律研究	河南省地质矿产局第三地质调查队、武汉地质学院	彭翼,邵洁涟等	1988
豫南大别山北麓中生代火山岩地质特征与银金多金属矿产研究	河南省地质矿产厅第三地质调查队	靳宗飞等	1990
河南省罗山县石山口一带中生代火山岩银金多金属矿产成矿规律及成矿预测研究	河南省地质矿产厅第三地质调查队	靳宗飞,童文龙,彭翼	1993
河南大别山北坡金银多金属成矿地质条件及成矿预测	中国地质大学(武汉)、河南省地质矿产厅第三地质调查队		1993
大别山北麓钼金银多金属矿成矿规律与找矿预测	河南省有色金属地质勘查总院	李永峰等	2009

① 地质矿产部"七五"重点攻关项目:秦巴地区重大基础地质问题和主要矿产成矿规律研究;② 第二轮秦岭—巴山地区科技攻关项目。

20世纪70年代之前,为河南省成矿规律研究的起步与发展阶段,初步开展了煤、铝、铁、铜、稀有金属花岗伟晶岩和超镁铁岩有关矿产的研究。期间,河南省地质学会召开了重点讨论河南省金矿成矿规律的第二届学术研讨会(1965.1)和"河南省斑岩钼(铜、金)矿学术讨论会"(1979.6),推动了有关优势矿产成矿规律的研究与找矿工作。

在煤矿研究方面,冯景兰、张伯声教授和河南地质调查所通过考察提交了新中国成立后河南省第一份地质调查报告《豫西地质矿产调查报告》(1950),指出了平顶山等煤田的找矿前景之后,河南省煤田地质局(河南省煤田地质勘探公司)在20世纪50年代末、70年代中期两轮煤炭资源预测工作中,系统地探讨了全省晚古生代聚煤规律,其中第二次煤田预测成果获得煤炭工业部科技进步特等奖。完成了第一轮铝土矿研究,首先有张伯声教授撰写的《巩县小关涉村煤田及铁铝矿》(1950),指出华北煤系下普遍存在"铝铁层"和山西式铁矿与"铁矾土铝矿"共生的规律,河南省地质局地质科学研究所编制了第一张《中上石炭统铝土矿成矿规律图》(1962),河南省地质局综合研究队完成了《河南省郑州—三门峡地区富铝矿产地质总结》(1966)。

铁铜矿产的研究涉及到不同矿化类型,并初步总结了成矿规律。与矿产勘查工作同步,本区先后开展了伟晶岩型铌钽锂矿和铬铁矿矿化特征与分布规律的研究(1965—1975),之后不再有系统的研究。金矿研究开始起步,通过1∶5万区域地质调查,最初划分了小秦岭南、中、北3个成矿带(河南省地质局区域地质测量队,1968),《灵宝金矿控矿构造的研究及普查勘探工作中的应用》(河南省地质局豫01队,1970)和《豫西爆发碎屑岩及其找矿意义的研究》(河南省地质局地质四队,1975)分别获得1978年全国科学技术大会重大科学技术奖及河南省重大科学技术奖。与花岗(斑)岩有关矿产研究方面,提交了《河南省卢氏—灵宝地区中酸性小侵入体及其与铁铜矿床关系的研究》(湖北省地质科学研究所,1974)和《运用地质力学在豫西地区进行岩(矿)体预测的研究》(河南省地质局地质四队、湖北省地质科学研究所,1974)成果,后者获1978年全国科学技术大会重大科学技术奖。

20世纪80—90年代,为河南省成矿规律研究的成熟与形成阶段。"六五"期间(1981—1985),河南省地质矿产工作高速发展,煤、铝、金、钼矿找矿成果跃居全国突出地位。对区域成矿规律的研究已有了以往长期探索的积累,围绕重要矿种、矿田的研究成果,不仅在地质找矿工作中起到了指导作用,而且产生了长远影响。重要研究成果有:《华北晚古生代聚煤规律与找煤(河南省部分)》(郭熙年等,1983)、《河南省中晚石炭世岩相古地理及铝土矿成矿地质条件的研究》(赵金山等,1984)、《河南省铝土矿成矿规律及找矿方向研究》(孙启祯等,1985)、《河南省小秦岭金矿成矿地质条件与富集规律的研究》(王亨治等,1983)、《河南省桐柏县围山城一带金、银多金属矿床成矿控制因素及找矿方向的初步研究》(甘幼鸣等,1983)、《河南省金矿成矿条件和成因类型研究》(张荫树等,1985)、《河南省栾川县南泥湖钼矿田成矿地质条件及富集规律》、《关于小岩体、围岩蚀变及其与成矿关系的研究》(曾华杰等,1982)、《洛南—豫西地区燕山期中酸性小岩体与钼矿成矿关系的研究》(乔怀栋等,1985)。

"七五"期间(1986—1990),河南省地质矿产研究工作蓬勃发展,地质矿产部组织有关大专院校、科研单位和地质矿产局开展了重点科技攻关项目"秦巴地区重大基础地质问题和主要矿产成矿规律研究",项目下设4级系列课题,对秦巴地区基础地质、矿产、物化探进行了系统科研攻关。河南省地质矿产厅自首次全国地矿科技工作会议(1985)之后设立了科技专项经费,系统部署了一批研究项目。有关成矿规律的研究内容涉及已发现的主要矿种,研究范围从新发现的典型矿床到矿田、成矿(亚)带,研究项目遍及全省,取得了一系列的研究成果。

"八五"期间(1991—1995),矿产勘查工作全面萎缩,而仍有一定经费支持科研工作,围绕重要典型矿床、矿田、某个地质单位或成矿控制因素,继续开展了"第二轮秦巴地区重大基础地质问题和主要矿产成矿规律研究"等一批矿产研究项目,取得了丰硕的研究成果。作为地质矿产部科技发展基础性科研计划(1993)"中国主要成矿区带矿床成矿系列及成矿模式研究"项目的二级课题,首先完成了"河南省主要内生矿产成矿区带矿床成矿系列及成矿模式研究——与岩浆有关的矿床成矿系列及成矿模式"(罗铭玖等,1995)。

"九五"期间(1996—2000),河南省分别开展的地质矿产研究项目步入补充和总结阶段。在进一步补充开展有关研究项目的同时,继续开展了"河南省主要矿产(外生矿产和变质矿产)成矿作用及成矿系列研究"(罗铭玖等,1997)。至此,首次全面完成了河南省主要成矿区带矿床成矿系列及成矿模式(成矿作用)的研究,标志着河南省区域成矿规律研究的20世纪总结。同时,"第二轮秦巴研究项目"二级课题"秦巴贵金属有色金属主要矿产控矿因素成矿规律找矿标志成矿预测研究"(赵太平等,1997)结题。在世纪之交,出现了新的研究成果——"小秦岭—熊耳山地区地幔流体与金矿关系研究"(卢欣祥等,1999)。

在21世纪到来之际,经过20世纪后半叶的矿产勘查,河南省内金属矿产地质找矿已基本无未开展过工作的靶区。自1999年以来,中国地质调查局实施了"新一轮国土资源大调查"等国家财政专项"矿产资源调查评价工程",河南省地质调查院先后完成了"豫西南地区铅锌银矿调查评价"(1999—2008)和"豫西成矿带地质矿产调查"(2009—2010)计划项目中的一批工作项目。2004年起,河南省国土资源厅陆续部署了一大批"两权价款"(地质勘查基金)地质勘查项目。2005年,国土资源部启动了"危机矿山接替资源找矿"专项,河南省首批(2005—2008)完成了16个以金矿为主的矿山深部与外围找矿项目。与此同时,商业性矿产勘查出现了前所未有的大量投入,勘查了一批重要的矿产地。在新一轮的矿产调查与勘查工作中启动了新世纪的区域成矿规律研究,国家地质矿产调查专项和河南省"两权价款"项目(2006年起)中均安排了有关成矿规律研究项目。

"十五"期间(2001—2005),主要有"鄂豫陕地区金银锑多金属矿床成矿地质背景控矿条件及找矿预测研究"(熊成云等,2001)及"华北地台成矿规律和找矿方向综合研究项目——豫西南地区成矿规律和成矿预测课题"(燕长海等,2003)。

2006年以来,陆续有不同地质构造单元或地区的新的研究成果:《东秦岭(河南段)二郎坪群铜多金属矿成矿规律研究》(燕长海等,2006)、《豫西南铅锌银钼矿集区成矿规律及找矿方向研究》(燕长海,2007)、《小秦岭深部金矿成矿规律与成矿预测》(冯建之等,2009)、《外方山-熊耳山-崤山钼金多金属矿成矿规律与找矿预测》(袁振雷等,2009)、《大别山北麓钼金银多金属矿成矿规律与找矿预测》(李永峰等,2009)、《河南省覆盖区隐伏铝(黏)土矿资源潜力评价和找矿技术研究》(赵建敏等,2009)、《河南省华北板块中元古代—古生代主要成矿期岩相古地理和构造古地理研究》(王建平等,2009)、《河南省花岗岩类及成矿作用研究——透岩浆成矿理论体系与钼矿关系研究》(卢欣祥等,2012)。

二、研究状况

河南省横跨秦岭-大别大陆造山带,叠加滨西太平洋构造域,具有长期、复杂的构造演化历史,分布不同时期、不同类型的矿产,一直是国内外地质学界瞩目、重点研究的地区。已发表的关于成矿地质特征、矿床成因探讨的论文几乎涵盖了已发现的矿产地,重要矿种、矿集区及全省成矿规律均有著述,已出版的有关著作如下:

《华北与华南古板块拼合带地质与成矿》,胡受溪等,南京大学出版社,1988

《河南金矿概论》,罗铭玖等,河南省地质矿产厅,1991

《中国钼矿床》,罗铭玖等,河南科学技术出版社,1991

《河南省地质矿产志》,楚新春等,中国展望出版社,1992

《河南省华北地台南缘前寒武纪—早寒武世地质和成矿》,关保德等,中国地质大学出版社,1996

《河南铝土矿床》,吴国炎等,冶金工业出版社,1996

《华北地块南缘地质构造演化与成矿》,王志光等,冶金工业出版社,1997

《秦岭造山带区域矿床成矿系列、构造—成矿旋回与演化》,王平安等,地质出版社,1998

《河南省主要矿产的成矿作用及矿床成矿系列》,罗铭玖等,地质出版社,2000

《小秦岭—熊耳山地区金矿特征与地幔流体》,卢欣祥等,地质出版社,2004

《东秦岭铅锌银成矿系统内部结构》,燕长海,地质出版社,2004

《华北陆块主要成矿区带成矿规律和找矿方向》,李俊建等,天津科学技术出版社,2006

《东秦岭二郎坪群铜多金属成矿规律》,燕长海等,地质出版社,2007

《豫西南地区铅锌银成矿规律》,燕长海等,地质出版社,2009

在成矿地质构造背景方面:20世纪70年代之前,地质力学占主导地位;80—90年代,板块构造学说在河南省内兴起,而全面系统地应用于矿产研究的大地构造学主要是槽台说;2000年以来,一般以板块构造学指导成矿规律的研究,但着眼点是古亚洲成矿域和秦-祁-昆成矿域,缺乏对滨西太平洋成矿域的认识。

在沉积矿产研究方面:主要开展了晚古生代岩相古地理与铝土矿、煤矿成矿环境的研究。早期编制的中晚石炭世岩相古地理图(赵金山等,1984)认为在秦岭古陆北东侧存在岱嵋寨和嵩箕隆起,隆起四周的古岩溶地貌和水下凹地控制了铝土矿的分布,并认为富铝土矿受控于表生风化的脱硅去铁作用,一般工业铝土矿的延深不超过200m。新近开展的岩相古地理与构造古地理研究(王建平等,2009)详细至各富铝土矿时期和主要聚煤期,研究表明:赋存铝土矿的本溪组为自北东向南西的晚石炭世—早二叠世的穿时地层,早二叠世为富铝土矿时期,铝土矿富集区主要形成于近陆的潮间带及潮下带,具有非常大的延深;中二叠世海退时期的泥炭沼泽,以及中、晚二叠世海侵时期的三角洲平原相区和海湾相区为主要的聚煤相区;各成矿期有不同的海侵方向,晚石炭世陆表海盆地自中二叠世向坳陷盆地过渡,并不存在岱嵋寨和嵩箕隆起。然而,在富铝土矿床空间分布规律与成矿物质来源方面仍存在需要进一步深入研究的问题。

在内生金属矿产研究方面:围绕金、银、铜、铅锌、钼矿产开展了大量的典型矿床与区域成矿规律的研究。关于金矿的研究先后有花岗-绿岩型、爆破角砾岩型、韧性剪切带型、变质核杂岩控矿、岩浆热液型和地幔流体控矿的认识;关于二郎坪群海相火山岩中的铜锌矿、铜多金属矿及铁(铜)矿属于VOLEX型矿产的认识逐步趋同;对于歪头山组、煤窑沟组中的银铅锌矿有碳质层控型、SEDEX型和岩浆热液型等不同观点;官道口群、朱砂洞组(三山子组)中的铅锌矿有MVT型与岩浆热液型两种解释;斑岩型和岩浆热液型钼矿的归属不成问题,而传统的斑岩成矿理论很难解释同成矿时代大花岗岩基中的钼矿。有关矿床研究过程中特别关注成矿流体中水的性质和矿源层的问题,往往得出:在岩浆活动背景下矿床周围某一特定地层提供矿源,混合热液于有利的构造部位成矿的结论。这种有利的地层、构造、岩浆岩"三位一体"控矿的思维普遍而根深蒂固。

在变质矿产研究方面:主要开展了沉积变质铁矿矿床特征的研究,由于含矿层的高级变质、复杂变形和新生界地层覆盖的因素,含铁建造的划分及其在空间上的分布规律始终未有清晰的结论,长期困扰着找矿工作。概略开展了金红石、矽线石、蓝晶石、红柱石、石墨等变质非金属矿产空间分布规律的研究,关于变质时代、变质相带的分布与形成机制仍需要开展深入的研究。

在地质矿产编图和地区性成矿规律编图方面:先后完成了3代1:50万全省矿产图及地区性1:20万成矿规律图的编制。1962年,河南省地质局地质科学研究所编制完成了第一代包括矿产图在内的1∶50万河南省地质图系列及说明书。1981年,河南省地质局区域地质调查队在1∶20万区域地质、矿产调查成果的基础上,编制了第二代1∶50万河南省地质图、矿产图及说明书(劳子强等),并于1989年进行了修编(劳子强等)。1999年,河南省地质矿产厅在总结1∶5万区域地质调查成果的基础上,编制了第三代1∶50万河南省地质图(王志宏等)及说明书;2001年,河南省地质调查院完成了中国地质调查局下达的"全国矿产地数据库(河南部分)"建设(宋锋等),入库矿产地806处,其中特大型10处,大型135处,中型211处,小型356处,矿点94处。在此基础上,编制了第三代1∶50万河南省地质矿产图及说明书(宋锋等)。2004年,河南省地质调查院完成了中国地质调查局全国分省布置的"河南省矿产资源调查评价综合编图"(彭翼等),在其中的地质矿产图中,收录矿产77种,包括金属矿产30种(含共生矿产),非金属矿产47种;入库矿产地总数1631处,其中特大型矿产地10处,大型142处,中型223处,小型447处,矿点809处。

第二节　本次研究工作

一、研究现状

本次"全国矿产资源潜力评价"工作,统一安排了25种矿产资源潜力评价及各专业课题研究工作,河南省涉及有18种矿产:煤炭、铝、铁、金、钨、钼、铜、铅、锌、银、锑、镍、铬、锂、磷、硫、萤石、重晶石,其中铝土矿预测过程中估算了暂不能利用的伴生稀土资源量。与此同时,河南省国土资源厅自主安排了19种(类)矿产资源潜力评价工作:煤层气、铀、铌、钽、耐火黏土、矽线石、红柱石、蓝晶石、金红石、珍珠岩、膨润土、建筑材料、玉石、天然碱、岩盐、油页岩、地下水、地热、矿泉水。

本次全省区域成矿规律研究按照全国统一技术要求(陈毓川等,2010a),收集利用了以往37种(类)矿产勘查与研究成果,进行了矿产预测类型(陈毓川等,2010b)的划分,分别选定了典型矿床开展总结研究,系统编制了典型矿床成矿要素图,建立了典型矿床成矿模式;基于成矿地质条件和重力、航(地)磁、化探、遥感及自然重砂异常分析,系统划分了不同矿种预测工作区,深入研究了控矿地质因素,编制了各矿种各预测工作区成矿要素图,建立了不同矿种、不同地区区域成矿模式,并编制了全省单矿种(组)成矿规律图;以大陆动力学和成矿地质理论为指导,进行了成矿区、带的划分,分区、带探讨了成矿地质构造环境及演化,划分了矿床成矿系列、亚系列、矿床式,建立了各成矿区、带区域成矿模式与区域成矿谱系;在总结区、带成矿规律的基础上进行了全省全局性成矿规律的总结,编制了全省新一代地质矿产图及成矿规律图。

二、研究过程

"全国矿产资源潜力评价"是贯彻落实《国务院关于加强地质工作的决定》中提出的"积极开展矿产远景调查和综合研究,科学评估区域矿产资源潜力,为科学部署矿产资源勘查提供依据"的要求和精神而部署的重大技术工程。该项目2006年度被列入国土资源大调查项目启动工作,2007年被列入国土资源部重点工作,在建立全国性领导组织和基本完成技术准备之后,中国地质调查局于2007年9月18日正式下达了《关于下达2007年全国矿产资源潜力评价项目任务书的通知》(中地调函[2007])175号)和隶属于全国矿产资源潜力评价计划项目的地质调查工作项目任务书(资[2007]038-01-15号)。

2007年,为省级矿产资源潜力评价工作的组织与技术准备阶段。根据国土资源部《关于开展全国矿产资源潜力评价工作的通知》(国土资发[2007]6号),河南省国土资源厅部署了河南省矿产资源潜力评价工作,下发了《河南省国土资源厅关于开展全省矿产资源潜力评价工作的通知》(豫国土资发[2007]79号),成立了河南省矿产资源潜力评价项目领导小组。2007年8月29日召开了河南省矿产资源潜力评价项目工作部署会议,安排省内各地质勘查系统、单位参加了项目工作,明确将本项目作为重点列入2007年度两权价款计划,保证项目所需的大量资金补充。2007年11月5日,河南省矿产资源潜力评价项目总体设计通过了全国矿产资源潜力评价项目办公室在天津组织的审查。2007年12月5日,《河南省国土资源厅关于调整充实全省矿产资源潜力评价、储量利用调查和矿业权核查工作领导小组的通知》(豫国土资发[2007]133号),对河南省矿产资源潜力评价项目领导小组进行了调整充实。因2007年度各项工作准备时间长,顺延至2008年全面开展各项工作。

本次矿产资源潜力评价,全国统一设定了省级各专业研究课题,省内设立了单矿种(组)预测或单项工作专题,项目组织与完成情况如表1-2所示。其中:2010年5月—2011年5月,河南省地质矿产勘查开发局抽调局属地球物理勘查队、第一地质勘查院、第二地质勘查院、第二地质队、第一地质调查队和第三地质调查队有关技术骨干,参加了金、钨钼、铜铅锌银、锑单矿种(组)矿产资源潜力评价工作;2012年9月,河南省国土资源厅变更有关工作任务,将河南省地质调查院承担的铌钽、蓝晶石、矽线石、红柱石矿产资源潜力评价专题移交给第一地质勘查院,将金红石、珍珠岩、膨润土矿产资源潜力评价专题移交至第三地质矿产调查院(原第三地质调查队)。不同课题既有独立的技术要求,又在成矿规律与矿产预测课题的要求下开展不同矿种的相关研究工作;各课题组指导或承担专题中相关专业工作,各专题组分别负责提交单项成果,课题与专题之间为统一技术要求下分解任务,平行开展工作的整体。

表1-2 河南省矿产资源潜力评价项目组织与完成情况一览表

课题或专题名称	承担单位	起讫时间	课(专)题负责人
河南省成矿地质背景研究	河南省地质调查院	2007—2013.6	曾宪友、王世炎
河南省区域成矿规律研究	河南省地质调查院	2007—2013.6	何玉良
河南省矿产预测研究	河南省地质调查院	2007—2013.6	彭 翼
河南省重力资料应用研究	河南省地质调查院	2007—2013.6	王纪中、许国丽
河南省磁测资料应用研究	河南省地质调查院	2007—2013.6	王纪中、邵平安
河南省化探资料应用研究	河南省地质调查院	2007—2013.6	张燕平、丁汉铎
河南省遥感资料应用研究	河南省地质调查院	2007—2013.6	钟江文
河南省自然重砂资料应用研究	河南省地质调查院	2007—2013.6	左爱萍、陈志慧
河南省矿产资源潜力评价综合信息集成	河南省地质调查院	2007—2013.12	曾 涛、鲁玉红
河南省铁矿资源潜力评价	河南省地质调查院	2007—2010.1	彭 翼
河南省铝土矿资源潜力评价	河南省地质调查院	2007—2010.1	李中明
河南省铁矿、铝土矿勘查钻孔数据库建设	河南省有色金属地质勘查总院	2009.4—2009.10	张侍威、李永峰
河南省煤炭资源潜力评价	河南省煤炭地质勘察研究院	2007—2010.10	刘传喜、许 军
河南省煤层气资源潜力评价	河南省煤炭地质勘察研究院	2007—2011.3	刘传喜、许 军
河南省金矿资源潜力评价	河南省地质调查院	2007—2011.3	彭 翼

续表 1-2

课题或专题名称	承担单位	起讫时间	课(专)题负责人
河南省钨钼矿资源潜力评价	河南省地质调查院	2007—2011.3	苏小岩
河南省铜铅锌银矿资源潜力评价	河南省地质调查院	2007—2011.3	李 铭
河南省磷矿资源潜力评价	中化地质矿山总局河南地质勘查院	2007—2011.3	刘宝宏、关 辉
河南省铬镍锂矿资源潜力评价	河南省地质调查院	2007—2012.6	彭松民
河南省硫矿资源潜力评价	中化地质矿山总局河南地质勘查院	2007—2012.6	关 辉
河南省萤石矿资源潜力评价	中化地质矿山总局河南地质勘查院	2007—2012.6	关 辉
河南省重晶石矿资源潜力评价	中化地质矿山总局河南地质勘查院	2007—2012.6	关 辉
河南省耐火黏土矿资源潜力评价	河南省地质调查院	2007—2012.12	刘百顺、李中明
河南省盐岩、天然碱、油页岩矿资源潜力评价	河南省地质调查院	2007—2013.1	刘艳杰
河南省铀矿资源潜力评价	河南省核工业地质局	2007—2013.4	张光伟、李靖辉
河南省铌钽矿资源潜力评价	河南省地质矿产局第一地质勘查院	2012.9—2013.9	李国建
河南省蓝晶石、矽线石、红柱石矿资源潜力评价	河南省地质矿产局第一地质勘查院	2012.9—2013.9	杨士辉
河南省金红石矿资源潜力评价	河南省地质矿产局第三地质矿产调查院	2012.9—2013.9	王爱枝
河南省珍珠岩、膨润土矿资源潜力评价	河南省地质矿产局第三地质矿产调查院	2012.9—2013.9	吴宏伟
河南省建筑材料矿产资源潜力评价	河南建材地质总队	2007—2013.9	邱冬生、张广山
河南省玉石类矿产资源潜力评价	河南省地质博物馆	2007—2013.9	李进化、高殿松
河南省地下水、地热、矿泉水资源潜力评价	河南省地质环境监测总院	2007—2013.9	王纪华

2008年1月—2011年3月，为全省性基础编图和铁、铝、煤、金、钨钼、铜铅锌银、锑、磷等单矿种(组)矿产资源潜力评价工作阶段。在各课题全省性基础编图成果和12个矿种、8个单矿种(组)矿产资源潜力评价成果报告(含各课题成果)验收之后，陆续进行了各项成果和数据库的复核验收、华北片区及全国数据汇总相关工作。

2011年4月—2012年6月，为镍铬锂、硫、萤石、重晶石等单矿种(组)矿产资源潜力评价及相关课题工作阶段。在验收了6个矿种、4个单矿种(组)矿产资源潜力评价成果报告(含各课题成果)之后，各课题分别进行了复核验收和数据汇总相关工作。

2012年7月—2013年6月，为各课题研究成果汇总和省内自主安排19种矿产资源潜力评价成果报告陆续验收阶段。通过深化与提升研究，各课题分别提交了研究成果报告。2013年底，集成全省矿产资源潜力评价各课题、专题研究成果，提交了河南省矿产资源潜力评价总体报告。2014年10月，汇总提交了全部成果资料。

三、主要成果

(1)对全省以往矿产研究工作进行了全面总结。

(2)全面开展了全省37种矿产的典型矿床和区域成矿规律研究,建立了典型矿床成矿模式,分别总结了单矿种成矿规律,编制了全省单矿种(组)成矿规律图。

(3)基于各个时代大地构造相的研究和当前最可靠的同位素年代数据,对省内矿产全部进行了断代,系统划分了矿床成矿系列,建立了区域成矿模式及区域成矿谱系,编制了全省新一代成矿规律图。

(4)围绕全省重要矿产成矿规律的研究,提出了关于矿产成因、控矿因素、找矿标志与找矿方向的全新认识,将对今后矿产勘查与研究工作产生重大和深远的影响。

全书由彭翼主笔,何玉良执笔了部分典型矿床内容,钟江文、曹月怀、曾涛、黄斐、黄岑杨、郭瑶等承担了数据处理和部分插图的编制。该书为河南省矿产资源潜力评价项目区域成矿规律研究课题成果,参与本课题的研究人员有相关专题、课题众多的负责人和更多的研究人员,在此无法一一列举。在研究工作中得到了全国和河南省矿产资源潜力评价项目领导小组及办公室领导的大力支持,得到了全国重要矿产和区域成矿规律研究项目组陈毓川院士、王登红研究员等,原河南省地质矿产厅罗铭玖总工程师,以及河南省国土资源厅张兴辽总工程师(副厅长)、王志宏高级工程师等许多专家的指导和帮助,在此一并致谢。

第二章　河南省地质构造环境及其演化

第一节　河南省地层单位

河南省地层发育基本齐全,曾建立和使用过 525 个地层单位。1991—1996 年,在"全国地层多重划分对比研究"项目中,《河南省岩石地层》(席文祥等,1997)对元古宇—古近系地层单位进行了清理,建议使用的岩石地层单位 184 个,建议废弃或停用的岩石地层单位 341 个。2005—2008 年,《河南省地层古生物研究》(张兴辽等,2008)系统进行了全省地层划分对比。2009—2013 年,"《河南省地层典》编制研究(杜凤军等)"项目再次系统地划分了全省地层。本次"河南省矿产资源潜力评价"项目"河南省成矿地质背景研究"课题(2007—2013)开展了包括地层划分对比在内的系列编图和研究。

通过本次研究,关于河南省内华北陆块区的地层及其时代,基本形成了新的一致意见。然而,有关东秦岭-桐柏-大别造山带的地层划分在省内外存在众多的争议。近年来,有关变质火山岩、变质碎屑岩及岩浆岩的锆石微区 U-Pb 同位素数据对部分地层时代做出了限定,而因为对区域地质构造构架及地层跨代性等认识的不同,仍不能形成较为一致的意见。

本书综合归纳前人的研究成果和近年来发表的锆石微区 U-Pb 同位素数据,基于本课题中对成矿地质背景的认识,采用的地层划分方案见表 2-1 至表 2-3。有关地层的断代依据在下节讨论。

第二节　大地构造单元与矿产

"全国重要矿产成矿地质背景研究"项目提出了大地构造相的划分方案(潘桂棠等,2008),划分了中国大地构造单元(潘桂棠等,2009),分为 10 个构造阶段出版了《中国断代大地构造图》(中国地质调查局发展研究中心,2014)。其中涉及河南省的前中侏罗世华北陆块区的大地构造单元划分在省内外基本上形成了共识,而有关秦岭造山系(多岛弧盆系)构造单元的划分存在较大分歧,主要原因是对不同岩石地层单位的岩石构造组合与时代存在争议。本书以全国大地构造划分为纲领,主要根据新近发表的不同的同位素年代学数据,基于秦岭造山带中许多岩石地层单位具有跨代性的认识,以及从矿产分布角度对后中侏罗世盆岭构造的细化,探讨河南省各构造阶段大地构造相的划分及其相关矿产的分布。

表 2-1 河南省新太古界—二叠系主要地层划分对比简表

地质时代 (Ma)			南秦岭		北秦岭		华北陆块	
晚古生代 Pz_2	二叠纪 P (299~252.17)	晚二叠世 P_3					孙家沟组\刘家沟组	
		中二叠世 P_2					下石盒子组	
		早二叠世 P_1					太原组\山西组	
	石炭纪 C (359.58~299)	晚石炭世 C_2	缸窑组\三关垭组\周营组		道人冲组\胡油坊组\杨小庄组		本溪组	
		早石炭世 C_1	下集组\梁沟组		花园墙组\杨山组			
	泥盆纪 D (416.0~359.58)	晚泥盆世 D_3	王冠沟组\葫芦山组	南湾组				
		中泥盆世 D_2	白山沟组					
		早泥盆世 D_1						
早古生代 Pz_1	志留纪 S (443.8~416.0)	晚志留世 S_3						
		中志留世 S_2						
		早志留世 S_1	张湾组					
	奥陶纪 O (485.4~443.8)	晚奥陶世 O_3					峰峰组	
		中奥陶世 O_2	岞岫组\蛮子营组				马家沟组	
		早奥陶世 O_1	铁仙沟组\白龙庙组\牛尾巴山组		二郎坪群		三山子组	
	寒武纪 ∈ (541~485.4)	晚寒武世 ϵ_3	蜈蚣丫组	蔡沟组		宽坪岩群	崮山组\炒米店组	
		中寒武世 ϵ_2	岳家坪组	习家店组	周进沟组		毛庄组\徐庄组\张夏组	
		早寒武世 ϵ_1	水沟口组		丹凤岩群		辛集组\朱砂洞组\馒头组	
新元古代 Pt_3	震旦纪 Z (635~541.0)	晚震旦世 Z_2	灯影组				罗圈组	东坡组
		早震旦世 Z_1	陡山沱组		歪头山组	柿树园组	董家组	
	南华纪 Nh (780~635)	晚南华世 Nh_3				小寨组	陶湾群	
		中南华世 Nh_2	耀岭河群	定远组				
		早南华世 Nh_1						
	青白口纪 Qb (1000~780)		武当岩群	龟山岩组			栾川群	
中元古代 Pt_2	1400~1000						官道口群	黄连垛组
	蓟县纪 Jx (1600~1400)						洛峪群	
	长城纪 Ch (1800~1600)				峡河岩群		汝阳群	高山河群
							熊耳群	
古元古代 Pt_1	滹沱纪 Ht (2300~1800)		陡岭岩群	浒湾岩组	秦岭岩群		嵩山群	银鱼沟群
	2500~2300			桐柏岩群	大别岩群		太华岩群上亚群	
新太古代 Ar_3 (2800~2500)							太华岩群下亚群	登封岩群	林山岩群	赞皇岩群

表 2-2 河南省中生界主要地层划分对比简表

地质时代 (Ma)			东秦岭						华北盆地南缘				华北陆块区				
中生代 Mz	白垩纪 K (145~65.5)	晚白垩世 K_2	赤沟组	胡岗组	南朝组	秋扒组	朱阳关组	鹰嘴山组	东孟村组	上东沟组	周家湾组			商水组			
			马家村组														
			高沟组		枣窊组				马市坪组	郝岭组				永丰组			
		早白垩世 K_1								下河东组	大营组	陈棚组	金刚台组				
			白湾组					南召组	九店组							
	侏罗纪 J (199.6~145)	晚侏罗世 J_3									段集组						
		中侏罗世 J_2												三台组		马凹组	义马组
		早侏罗世 J_1								朱集组				坊子组	老城组	鞍腰组	
	三叠纪 T (252.17~199.6)	晚三叠世 T_3								潭庄组							
										椿树腰组							
		中三叠世 T_2								油房庄组							
										二马营组							
		早三叠世 T_1								和尚沟组							
										刘家沟组							

表 2-3 河南省新近系及古近系划分对比简表

地区			东濮、中牟	南阳、泌阳	济源	黄口	周口	卢氏、潭头	桐柏、吴城
上新统			明化镇组	凤凰镇组	新安群	明化镇组		雪家沟组	尹庄组
中新统			馆陶组			馆陶组			
渐新统	上		东营组			（缺失）			
	中		沙河街组	一段					
	下			二段	廖庄组	丁村组	宋庄组	叶县组	大峪组
始新统	上			三段	核桃园组	一段	南姚组		舞阳组	卢氏组	大张庄组 五里堆组
						二段	泽峪组				
						三段					
	中			四段	大仓房组	余庄组 聂庄组	黄口组	界首组	张家村组	李士沟组 毛家坡组
	下			玉皇顶组		常店组	双浮组	潭头组	
古新统	上		孔店组			鱼台组	清浅组 坟台组	大章组	
	中			白营组					
	下							高峪沟组	
下伏地层			中生界	上白垩统 胡岗组	下白垩统	上侏罗统 城西洼组	上白垩统 大胡庄组	上白垩统 秋扒组	秦岭群

一、太古宙—古元古代

1. 华北陆块区

中国大陆铅同位素填图确定扬子与华北地球化学块体的地球化学急变带处在栾川-明港断裂带,南、北两侧岩石地层单位分别具有小于 2.0 Ga、大于 2.5 Ga 的 Nd 模式年龄(朱炳泉等,1998),即该断裂带两侧陆块基底分属古元古代泛大洋不同部位的华北陆块区与扬子陆块区。华北陆块区的基底被大面积覆盖,依据区域重力、航磁场的形态和方向的不同,在河南省域划分为晋-冀陆块、鲁西陆块和陕豫皖陆块(图 2-1,表 2-4)。

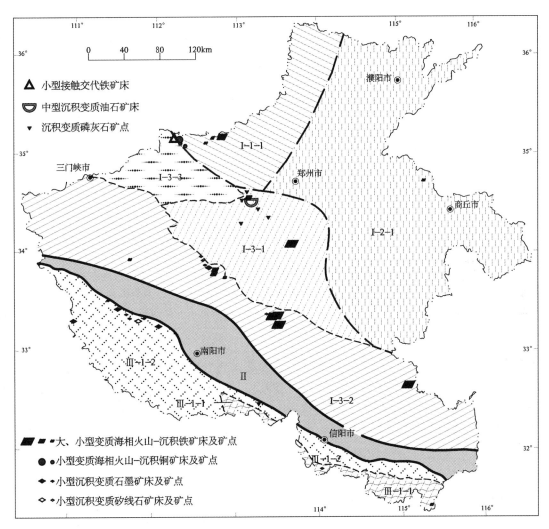

图 2-1　河南省太古宙—古元古代大地构造及矿产地分布图
(大地构造相编号同表 2-4)

晋-冀陆块分布在华北陆块区的中部,早前寒武纪构造线方向以近东西向—北东东向构造线为主,遭受了北北东向构造改造。处在该陆块东南缘的新太古代赞皇-涑水古岩浆弧被古生代碳酸盐台地大面积覆盖,主要由 TTG 片麻岩(英云闪长质-花岗闪长质片麻岩组合)和后碰撞侵入杂岩(片麻状变质花岗岩组合)组成,零星含变质超基性岩、变质表壳岩包体。

表2-4 太古宙—古元古代大地构造划分表

一级（相系）	二级（大相）	三级（相）	相关地质体	代表矿床（点）及类型
Ⅰ 华北陆块区	Ⅰ-1 晋-冀陆块	Ⅰ-1-1 赞皇-涞水古岩浆弧（Ar₃）	林山杂岩、赞皇杂岩	行口变质海相火山-沉积型铁矿，小沟变质海相火山-沉积型铜矿
	Ⅰ-2 鲁西陆块	Ⅰ-2-1 肥城-枣庄古岩浆弧（Ar₃）	泰山杂岩	民权变质海相火山-沉积型铁矿点
	Ⅰ-3 陕豫皖陆块	Ⅰ-3-1 登封古岩浆弧（Ar₃）	登封杂岩	许昌变质海相火山-沉积型铁矿
		Ⅰ-3-2 太华古岩浆弧（Ar₃）、古陆缘弧（Pt₁）	太华杂岩下部（Ar₃）	赵案庄变质海相火山-沉积型铁矿
			太华杂岩上部（Pt₁）	铁炉坪蛇绿岩型铬铁矿点，铁山变质海相火山-沉积型铁矿，塘山沟沉积变质型矽线石矿点，背孜沉积变质型石墨矿
		Ⅰ-3-3 嵩山陆内裂谷盆地（Pt₁）	银鱼沟群、嵩山群	铁山河接触交代铁矿，助泉寺沉积变质型天然油石，坡景山沉积变质型冶金用石英岩，花峪沉积变质型磷灰石矿点
Ⅱ 泛大洋				
Ⅲ 扬子陆块区	Ⅲ-1 扬子北缘陆块	Ⅲ-1-1 桐柏-大别古陆缘弧（Ar₃—Pt₁）	桐柏杂岩、大别杂岩	九峰尖变质海相火山-沉积型铁矿，虾子沟沉积变质型石墨矿点
		Ⅲ-1-2 陡岭-秦岭被动陆缘（Pt₁）	秦岭杂岩、陡岭杂岩	松扒沉积变质型磷灰石矿点，祁义沉积变质型磷灰石矿点，七里坪沉积变质型矽线石矿，横岭沉积变质型石墨矿，小陡岭沉积变质型石墨矿

鲁西陆块的构造线呈北西向，处于陆块西南部的新太古代肥城-枣庄古岩浆弧跨入河南省东北部，伏于新生代渤海湾盆地和南华北盆地之下。经钻探在商丘市及西南部的隆起区，见一套含紫苏辉石的TTG片麻岩和其中的变质表壳岩包体，变质表壳岩为麻粒岩相-高角闪岩相的斜长角闪岩-二辉麻粒岩-紫苏磁铁岩组合。由于强烈的深熔与变形作用，TTG片麻岩与变质表壳岩界线不清。

陕豫皖陆块处在华北陆块区的南缘，经历了新太古代古岩浆弧、古元古代陆缘弧与陆内裂谷盆地的构造演化，与五台-太行陆块及鲁西陆块的接触带被古生代地层掩盖。新太古代登封古岩浆弧分布在陆块北东侧，由登封岩群、TTG片麻岩和其他新太古代花岗质岩石组成。登封岩群主要由斜长角闪岩、角闪变粒岩、黑云变粒岩、云母石英片岩等组成（斜长角闪岩-石英片岩-变粒岩组合），局部见磁铁石英岩和BIF型铁矿，变质原岩为基性火山岩、中酸性火山岩和碎屑沉积岩，变质程度为角闪岩相，变质酸性火山岩的锆石SHRIMP U-Pb年龄为2.53～2.51Ga，存在2.69～2.61 Ga残余锆石（万渝生等，2009，2012）。TTG片麻岩由会善寺奥长花岗岩和大塔寺英云闪长岩等组成，形成时代分别为2.55 Ga和2.53 Ga（万渝生等，2009），其中会善寺奥长花岗岩中存在2638～2621Ma残余锆石，并有约2.51Ga变质增生边存在。新太古代晚期有后碰撞-后造山的碱性闪长岩-二长（正长）花岗岩组合侵位，石牌河闪长岩和路家沟正长花岗岩中分别获得了2493 Ma和2513 Ma的锆石 SHRIMP U-Pb 年龄（王泽九等，2004；万渝生等，2009）。

新太古代太华古岩浆弧、古元古代太华陆缘弧及俯冲增生杂岩处在三门峡-鲁山断裂与卢氏-栾川断裂之间，向东南延伸部位伏于中—新生代盆地之下。古岩浆弧处在北东侧，表现为新太古代变质表壳岩（太华岩群下部）与新太古代 TTG 片麻岩组合，在鲁山地区北部 TTG 质片麻岩及斜长角闪岩的锆石 LA-ICPMS U-Pb 年龄 2794~2752 Ma，且在斜长角闪岩中存在 2.9 Ga 乃至 3.1 Ga 的残留锆石（第五春荣，2010）。古元古代俯冲增生杂岩位于西南侧，或以角度不整合、韧性剪切带覆于新太古代古岩浆弧之上，主要由古元古代早期的孔兹岩系、超镁铁岩包体和 TTG 片麻岩组成，在鲁山地区表壳岩系的形成年龄限定为 2.2~2.0 Ga（第五春荣，2010；万渝生等，2012）。

古元古代嵩山陆内裂谷盆地即嵩山、箕山地区的嵩山群和王屋山地区的银鱼沟群分布范围。嵩山群不整合于登封杂岩（花岗绿岩带）之上，主要由含砾石英岩和云母片岩组成，为一套绿片岩相变质的含砾石英砂岩-泥砂岩组合，属内陆盆地或稳定陆缘的滨浅海相沉积建造。石英岩中碎屑锆石年龄峰值为 2.5Ga，部分碎屑锆石年龄大于 2.65 Ga，还存在一些大于 3.2 Ga 的年龄数据（万渝生等，2009；第五春荣等，2008），表明物源区有新太古代早期甚至中太古代物质存在。银鱼沟群为一套绿片岩相变质程度的滨浅海相泥砂岩、基性火山岩、含碳碎屑岩组合。

在各陆块的新太古代岩浆弧中，均发现了与残留变质表壳岩包体规模相匹配的铁矿床、点。通常磁铁矿多呈自形—半自形嵌布于普通角闪石、铁闪石、石英粒间，或与暗色角闪石、浅色石英组成条带状构造，极少见条带状磁铁石英岩，原岩为海相火山沉积岩。位于太华下亚岩群荡泽河岩组中的赵案庄大型铁矿床，中部铁矿层赋存于超基性—基性岩中，含有标志岩浆分异作用的钛磁铁矿、磷灰石等；而矿层之间出现金云母片岩等副变质岩，限于矿层内含有可能形成于白烟囱的脉状—团块状硬石膏、重晶石，应为海底火山喷出相。舞阳铁矿田外围普查（2013）发现沉积相中的石英辉石型磁铁矿层与喷出相铁矿层同层位过渡，反映矿床类型为受变质的海相火山-沉积型铁矿。一组锆石 LA-ICPMS U-Pb 谐和线上交点年龄（李怀乾提供数据，2014）反映赵案庄铁矿床形成于新太古代：与矿层呈侵入接触的片麻状二长花岗岩岩浆锆石（2505±71）Ma（MSWD=4.8）、（2546±44）Ma（MSWD=2.3）；片麻状二长花岗岩残余锆石（2887±11）Ma（MSWD=1.8），变质锆石（2361±40）Ma（MSWD=8.0）、（2301±84）Ma（MSWD=4.2）、（1946±110）Ma（MSWD=3.7）；磁铁矿化金云透闪蛇纹岩变质锆石（2068±150）Ma（MSWD=4.2）；硅化金云石榴石片麻岩变质锆石（1897±44）Ma（MSWD=1.02）。

在赞皇-涞水古岩浆弧片麻状二长花岗岩体中，于石英角闪片岩包体内发现了小沟小型变质海相火山-沉积型铜矿。翟文建等（2014）在小沟铜矿区南侧获得片麻状二长花岗岩的锆石 LA-ICPMS U-Pb 谐和线上交点年龄（2504±14）Ma（MSWD=1.7）、（2539±15）Ma（MSWD=2.3），其中的斜长角闪片岩（岛弧拉斑玄武岩）包体年龄为（2538±16）Ma（MSWD=1.5）（数据暂未发表），指示绿片岩中的铜矿时代为新太古代。

在太华古陆缘弧，西南侧（现今地理方位）于熊耳山、泌阳县东北部分布变质表壳岩中的蛇绿岩型铬铁矿点。东北侧由下向上分布变质海相火山-沉积型铁矿、孔兹岩系中的矽线石矿点和石墨矿床。据兰彩云（2015）的研究，铁山大型铁矿床矿层中碎屑锆石落在谐和线上的 LA-ICPMS $^{207}Pb/^{206}Pb$ 年龄为 2489 Ma，平行穿插于铁矿层中的黑云斜长片麻岩（片麻状奥长花岗岩）岩浆锆石 SIMS U-Pb 谐和线上交点年龄（2482±40）Ma（MSWD=1.4），平均年龄（2459±20）Ma（MSWD=3.1），切穿矿层及顶部片麻状二长花岗岩的中—酸性岩脉岩浆锆石 LA-ICPMS U-Pb 谐和线上交点年龄（2158±19）Ma（MSWD=0.71），限定成矿时代为古元古代初期。在嵩山陆内裂谷盆地，主要分布由浅海相细粒石英砂岩变质形成的天然油石、石英岩矿产，以及沉积变质型磷灰石矿点和小型接触交代型铁矿床。

2. 扬子陆块区

在扬子北缘陆块,现今相邻分布未完全解体的秦岭杂岩、陡岭杂岩、桐柏杂岩和大别杂岩。陡岭岩群、秦岭岩群主要岩性均为石墨二长片麻岩、斜长角闪岩、透辉变粒岩,上部均叠置石墨大理岩,并有TTG质深成杂岩侵入和镁铁质、超镁铁质岩块构造混入。其中陡岭岩群在构造部位、岩石组合上可与大别山地区的浒湾岩组对比,不同之处在于桐柏—大别山段的浒湾岩组经历了晚二叠世—中三叠世的高压变质作用,可能因不同构造部位的变形混入了不同时代不同岩石组合的岩片。岩石地球化学特征表明片麻岩的原岩为一套泥砂质的沉积碎屑岩,形成于活动大陆边缘环境。斜长角闪岩有层状、透镜状两种产状和两类稀土模式,原岩分别为非大洋型的拉斑玄武质火山岩及拉斑玄武质的深成侵入岩(赵子然等,1995)。以上古元古代地质体具有相同或紧密联系的二相壳层结构,其上或之间为中—新元古代裂谷相,演化历史与华北陆块迥然不同,可能属于扬子陆块基底。

在桐柏县固县镇南部豫鄂交界一带,中—新元古界歪头山组以韧性剪切带覆于秦岭岩群之上,在上下结构上秦岭岩群无疑为北秦岭的基底。上部歪头山组黑云母变粒岩(火山岩)中的锆石LA-ICPMS U-Pb 谐和年龄为(1372 ± 100)Ma(苏文等,2013),对秦岭岩群时代的上限做出了限定。陕西太白岩基北部秦岭岩群被包裹于锆石LA-ICPMS U-Pb 年龄为(1741 ± 12)Ma的片麻状中细粒二长花岗岩体中,进一步限定秦岭岩群的时代在长城纪之前。已发表的秦岭岩群副变质岩的碎屑锆石年龄(陆松年等,2006;时毓等,2009;万渝生等,2011)与以上推断相矛盾,原文指出存在深熔锆石、重结晶锆石、岩浆锆石碎屑等复杂成因的锆石,出现"碎屑锆石"年龄等于和小于周围正变质岩年龄的现象。笔者赞同万渝生等(2011)对此讨论其中之一的观点,即锆石年龄分布的复杂性是地壳物质再循环作用的结果,在遭受多次强烈变质作用改造的情况下用碎屑锆石年龄制约沉积岩年龄的下限十分困难,仍沿用秦岭岩群的时代为古元古代。

在大别山腹地的商城县南端,大别岩群表壳岩呈包体产状分布在早白垩世二长花岗岩基中,其中的九峰尖小型铁矿床具有与华北陆块区新太古代—古元古代变质海相火山-沉积型铁矿一致的成矿特征。在扬子北缘岩浆弧和被动陆缘中同样分布如太华古陆缘弧中的沉积变质矽线石、石墨矿和磷灰石矿点,秦岭岩群郭庄岩组顶部矽线石片麻岩是矽线石的赋矿层位,秦岭岩群雁岭沟岩组及陡岭岩群石墨大理岩均赋存石墨矿和沉积变质型磷灰石矿点,在侵位于大别杂岩的早白垩世鸡公山花岗岩基亦见残留于包体中的石墨矿点。

二、中元古代—新元古代早期

1. 华北陆块区

长城纪—青白口纪大地构造格局如图2-2、表2-5所示。陕陆缘裂谷盆地以熊耳群火山岩为标志,近来基于不同层位火山岩和侵入体的锆石SHRIMP U-Pb等同位素年代学研究,界定熊耳群主要形成于$1.80\sim1.75$ Ga(赵太平等,2001,2004;任富根等,2002;柳晓艳等,2011),早于蓟县剖面的长城系。裂谷中赋存Re-Os等时线年龄为(1804 ± 12)~(1686 ± 67)Ma的石英-钾长石脉型钼矿(李厚民等,2009)。

熊耳群之上的汝阳群、洛峪群主体为陆表海砂泥岩组合,仅在汝阳群下部云梦山组的底部发育安山岩和宣龙式海相沉积铁矿,洛峪群三教堂组石英砂岩可作为硅石矿利用,顶部洛峪口组的中部存在层凝灰岩,凝灰岩夹层中锆石LA-MC-ICPMS U-Pb年龄(1611 ± 8)Ma(苏文博等,2012),限定陕陆缘裂谷盆地及晚期碎屑岩陆表海发育在长城纪始末。华北北部长城系底界的时代被限定在1760 Ma之后(李怀坤等,2011),焦作北部的汝阳群为燕辽裂谷末端的陆表海砂泥岩组合。信阳市东部零星出露的汝阳群属于徐淮被动陆缘盆地的砂泥岩组合。

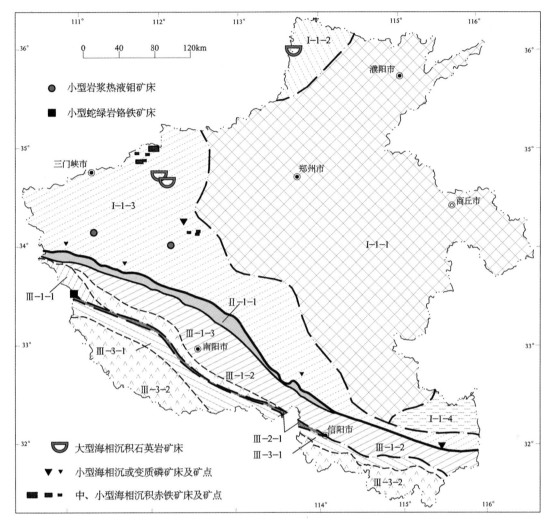

图2-2 河南省中元古代—新元古代早期大地构造及矿产地分布图
(大地构造相编号同表2-5)

长城系之上发育一套官道口群厚层白云岩、碳质板岩,为蓟县纪碳酸盐岩台地沉积。

栾川群大红口组为青白口纪陆内裂谷壳源型碱性火山岩-沉积岩组合,霓辉正长岩的锆石LA-ICPMS U-Pb年龄(844.3±1.6)Ma(包志伟等,2009),碱性粗面岩锆石SHRIMP U-Pb(860.3±8.2)Ma(阎国翰等,2010)。侵入于栾川群煤窑组中的辉长岩席锆石SHRIMP和LAICPMS年龄约820 Ma(Xiaolei Wang et al.,2011)。亦可能属青白口系。栾川群下部三川组、南泥湖组及煤窑沟组一套碎屑岩、白云岩组合为被动陆缘陆棚碎屑岩沉积,上覆鱼库组系陆缘斜坡相白云大理岩夹石英岩组合。以上同位素年龄与官道口群时代限定栾川群属青白口纪。

以往根据多颗粒锆石U-Pb同位素等时线年龄,厘定伏牛山片麻状花岗岩基属于青白口纪岩浆弧。新的锆石LA-ICP-MS U-Pb年龄和锆石SIMS U-Pb定年结果(高昕宇,2012)表明,片麻状花岗岩形成时间131~120Ma,块状花岗岩形成时间117~114Ma,岩体中的基性岩墙形成时间为116 Ma。因此,晋宁早期扬子陆块与华北陆块之间的超大陆聚合失去依据。

表 2-5 中元古代—新元古代早期大地构造划分表

一级（相系）	二级（大相）	三级（相）	相关地质体	代表矿床（点）及类型
Ⅰ华北陆块区	Ⅰ-1 华北陆块	Ⅰ-1-1 晋冀鲁古陆（Ar_1-Pt_1）		
		Ⅰ-1-2 燕辽裂谷盆地（Ch）	长城系	轿顶山海相沉积型石英岩
		Ⅰ-1-3 豫陕陆缘裂谷盆地（Ch-Qb）	熊耳群	寨凹岩浆热液型钼矿
			汝阳群、洛峪群	石梯海相沉积型磷灰石矿，岱嵋砦海相沉积型赤铁矿，方山头海相沉积型石英岩
			官道口群	八宝山海相沉积型白云岩
			栾川群	冷水海相沉积（黑色岩系）型铀矿点，煤窑沟组海湾型石煤，石门冲沉积变质型磷块岩矿
		Ⅰ-1-4 徐淮被动陆缘盆地（Ch）	汝阳群、洛峪群	
Ⅱ泛大洋		Ⅱ-1-1 宽坪洋脊（Qb）	宽坪岩群	
Ⅲ扬子陆块北缘多岛弧盆系	Ⅲ-1 北秦岭弧盆系	Ⅲ-1-1 峡河陆缘裂谷（Pt_2）	峡河岩群	
		Ⅲ-1-2 北秦岭弧后盆地（Qb）	小寨组、歪头山组	
		Ⅲ-1-3 北秦岭岛弧（Qb）	秦岭杂岩、青白口纪早期花岗岩带	
	Ⅲ-2 商丹结合带	Ⅲ-2-1 松树沟蛇绿混杂岩（Qb）	丹凤岩群	洋淇沟蛇绿岩型铬铁矿、橄榄岩
	Ⅲ-3 南秦岭弧盆系	Ⅲ-3-1 南秦岭弧后盆地（Qb）	龟山岩组	
		Ⅲ-3-2 南秦岭岛弧	陡岭杂岩、桐柏杂岩、大别杂岩	

与长城纪裂谷有关的矿产有小型岩浆热液型钼矿，赋存于熊耳群火山岩中的石英-钾长石脉中，辉钼矿 Re-Os 等时线年龄为（1804±12）～（1686±67）Ma（李厚民等，2009）。在长城纪裂谷盆地的周边分布海相沉积型磷灰石矿、赤铁矿和石英岩矿产。蓟县纪—青白口纪裂谷范围收缩于陆缘，先后分布碳酸盐台地中白云岩，海湾黑色岩系中石煤、铀矿点和小型沉积（变质）型磷块岩矿产，以及碱性火山岩中铌钽矿化。

2. 扬子陆块北缘多岛弧盆系

按照大陆漂移的观点，华北陆块区与扬子陆块区在中元古代—新元古代早期仍为泛大洋所隔［（图 2-2）各地质构造单元为现今位置，下同］，根据近年来发表的同位素年代学数据，北秦岭中元古代—新元古代早期构造岩石地层包括峡河岩群和宽坪岩群，属于泛大洋中亲扬子陆块区地块。南、北秦岭之间相应构造岩石地层单位有龟山岩组、松树沟超基性岩片。

峡河岩群自下而上为寨根岩组砂岩-钙泥质岩-基性火山岩组合及界牌岩组钙质碎屑岩-碳酸盐岩-浊积岩组合。长英质岩石成分复杂、成熟度不高、分选性差，形成构造环境为大陆裂谷。侵入寨根岩组的寨根片麻状二长花岗岩的锆石 SHRIMP U-Pb 年龄（914±10）Ma（陆松年等，2003），侵入界牌岩组的德河片麻状二长花岗岩的锆石 SHRIMP U-Pb 年龄（943±18）Ma（陆松年等，2003），因此峡河裂谷发育在古元古代基底之上，新元古代之前。

宽坪岩群自下而上划分为广东坪岩组、四岔口岩组及谢湾岩组。广东坪岩组主要由绿片岩和斜长角闪岩组成，原岩为基性火山岩；四岔口岩组主要由云母石英片岩组成，原岩为陆缘碎屑岩；谢湾岩组由黑云母大理岩夹斜长角闪岩等组成，原岩为泥砂质碳酸盐岩夹基性火山岩。具有典型的 N-MORB 岩石地球化学特征的绿片岩，岩浆成因单颗粒锆石 LA-ICPMS 微区 U-Pb 年龄为 943Ma（第五春荣，2010）；而具有 E-MORB 岩石地球化学特征的基性火山岩，锆石 SHRIMP U-Pb 年龄为（611±13）Ma（闫全人等，2008）；云母石英片岩碎屑锆石具有锆石 U-Pb 1000 Ma 及 689～600Ma 的峰值年龄，反映变质沉积岩原岩形成小于 600Ma；即宽坪岩群中变沉积岩与变基性火山岩不属于一个连续的沉积层序，是晚期构造运动将这些形成于不同时代、不同构造环境的岩石单元混杂叠置在一起（第五春荣，2010）。

龟山岩组原岩建造主体为碎屑沉积岩-碳酸盐岩-基性火山岩组合。变质基性火山岩及碎屑沉积岩的岩石地球化学特征表明，它们分别属于大陆板内拉斑玄武岩和大陆岛弧-活动陆缘型杂砂岩，因而形成于中元古代晚期秦岭造山带拉张裂谷体制构造环境（裴先治等，1998）。变酸性火山岩的锆石 TIMS U-Pb 上交点年龄为（1243±46）Ma，下交点为（436±49）Ma，分别代表火山岩的形成及变质年龄（陆松年等，2004）。新近发表的变玄武岩中锆石 LA-ICP-MS U-Pb 年龄为（348+18/-12）Ma（陈能松等，2011），但解释为继承性锆石受炽热玄武岩浆改造而重结晶，认为地层时代系晚泥盆世。

松树沟蛇绿混杂岩带主要由大小不等的透镜状镁铁质岩石、斜长角闪岩（变玄武岩）等岩片组成，超镁铁质岩类 Sm-Nd 全岩等时线年龄为（1084±73）Ma（陆松年等，2004），斜长角闪岩 Sm-Nd 全岩等时线年龄为（1030±46）Ma（董云鹏等，1997），镁铁质岩体中锆石 LA-ICP-MS U-Pb（973±35）Ma（Liu et al.,2004），代表了洋壳形成时代。榴闪岩 Sm-Nd 矿物内部等时线年龄为（938±140）Ma（李曙光等，1989），镁铁质岩中的巨晶辉石 Ar-Ar 高温坪年龄（833.8±4）Ma、等时线年龄（848.2±4）Ma（陈丹玲等，2002），代表蛇绿岩套构造就位的时间。蛇绿混杂岩带南侧桐柏杂岩中的深熔脉体中锆石 LA-ICPMS U-Pb（828±7）Ma（刘小驰等，2011），北侧为新元古代早期俯冲至碰撞型花岗岩带（陆松年等，2005），反映存在一次南秦岭向北秦岭的俯冲作用。从中元古代末期龟山裂谷打开，到新元古代初期发展成有限洋盆（丹凤洋），并于新元古代早期闭合，显示扬子陆块北缘存在晋宁期构造旋回。蛇绿岩带中的超基性岩在构造就位前属于洋中脊的亏损地幔岩，赋存铬铁矿产。

三、南华纪—震旦纪

1. 华北陆块区

华北陆块在南华纪—震旦纪以大陆为主体，四周为被动陆缘盆地（图2-3，表2-6）。在华北陆块南缘发育一套砂泥岩组合陆缘盆地相沉积、局限碳酸盐岩台地相沉积，时代可能属震旦纪。

2. 原特提斯洋及裂离地块

华北陆块与扬子陆块之间的泛大洋在南华纪之后可能已萎缩为北秦岭洋，宽坪岩群中的震旦纪异常型洋脊玄武岩反映存在地幔柱成因的洋岛或大洋裂谷中的洋隆。北秦岭洋南侧的扬子陆块北缘在南华纪—震旦纪期间裂解，发育小寨-歪头山裂谷。

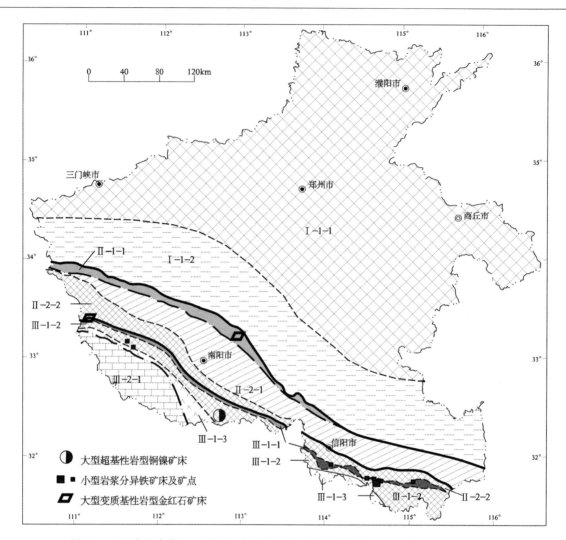

图 2-3　河南省南华纪—震旦纪大地构造及矿产地分布图（大地构造相编号同表 2-6）

表 2-6　南华纪—震旦纪大地构造划分表

一级（相系）	二级（大相）	三级（相）	相关地质体	代表矿床（点）及类型
Ⅰ 华北陆块区	Ⅰ-1 华北陆块	Ⅰ-1-1 华北古陆		
		Ⅰ-1-2 华北南缘被动陆缘盆地（Z）	董家组、罗圈组、东坡组	
Ⅱ 原特提斯洋及裂离地块	Ⅱ-1 北秦岭洋	Ⅱ-1-1 宽坪洋岛	宽坪岩群	方城变质基性岩型金红石矿
	Ⅱ-2 北秦岭地块	Ⅱ-2-1 小寨-歪头山裂谷（Z）	小寨组、歪头山组	歪头山海相沉积变质大理岩
		Ⅱ-2-2 北秦岭古陆	秦岭杂岩	
Ⅲ 扬子陆块区	Ⅲ-1 上扬子陆块北缘裂谷系	Ⅲ-1-1 周进沟裂谷	周进沟岩组	八庙变质基性岩型金红石矿
		Ⅲ-1-2 南秦岭古陆	陡岭杂岩	
		Ⅲ-1-3 武当-耀岭河裂谷（Nh-Z_1）	武当岩群、耀岭河岩群、基性—超基性岩体	周庵超基性岩型（铜）镍矿，黄岗岩浆晚期分异型钒钛磁铁矿，山家庙海相火山岩型铁矿点
	Ⅲ-2 上扬子陆块	Ⅲ-2-1 上扬子被动陆缘（Z_1）、碳酸盐岩台地（Z_2）	陡山沱组、灯影组	方山海相生物-化学沉积磷块岩矿点

3. 扬子陆块区

发育周进沟及武当-耀岭河陆缘裂谷。小寨组、歪头山组及柿树园组分别分布在裂谷南部、中部及北部,绿片岩-角闪岩相变质程度,上部原岩为一套的含碳浊积岩系,下部低成熟度碎屑岩系,夹碳酸盐岩层及玄武岩席,底部含大量变闪长岩体。在二郎坪以西,小寨组作为复式向斜的倒转翼处在早古生代二郎坪群之上;二郎坪以东至桐柏地区,小寨组和歪头山确切处在古元古界秦岭岩群之上、二郎坪群之下;侵位于歪头山组及二郎坪群的桃园二长花岗岩体中,锆石 SHIMP U-Pb 年龄(470.3±8.3)Ma(江思宏等,2009),侵入于小寨组和二郎坪群的五垛山、石门二长花岗岩体中,锆石 SHIMP U-Pb 428.9~416Ma(易志强等,1:5万区调野外工作总结,2013);因此按构造阶段前推,二郎坪群时代可能为寒武纪—中奥陶世,小寨-歪头山裂谷发育时代应在震旦纪及之前。

武当岩群上下与耀岭河岩群、陡岭杂岩呈断层接触。下部为变火山岩组,属变质基性(钠质和钾质)、酸性火山喷发-沉积岩系,具双峰式火山岩的基本特征;上部变沉积岩组,与下岩组呈角度不整合接触,系一套成熟度较低的复理石建造,主要岩性组合为浅变质的凝灰质、泥砂质碎屑岩,含有少量酸性和基性火山岩夹层,上部发育一套含碳磷质条带及富含黄铁矿的粉砂质黏土岩,具有发育完整的鲍马序列(刘鸿允,1991)。耀岭河岩群主要由低绿片岩相基性火山岩-中酸性火山岩组成,主要岩性为细碧岩夹细碧质熔角砾岩、熔凝灰岩及绢云片岩,与武当岩群整合接触,上与下震旦统陡山沱组平行不整合接触。近年来获得了很多准确的同位素年代学数据:武当岩群(陨西群)流纹岩的锆石 LA-ICP-MS U-Pb 年龄为(782.8±4.9)Ma(夏林圻等,2008);锆石 LA-ICP-MS U-Pb 法测得武当岩群流统纹岩、凝灰岩年龄分别为(813±8)~(752±3)Ma、(833±6)~(752±4)Ma,耀岭河岩群流纹岩(682±6)~(800±5)Ma,基性岩墙(辉长岩)(679±3)Ma(凌文黎等,2007);武当岩群 LA-ICP-MS 法中酸性火山岩锆石 U-Pb 年龄为 780~730Ma,上部沉积岩物源锆石 U-Pb 860~640Ma(祝禧艳等,2008);耀岭河岩群基性火山岩、凝灰岩锆石 TIMS U-Pb 年龄为(808.1±5.7)Ma,(745.8±1.5)Ma(李怀坤等,2003);耀岭河岩群细碧岩与流纹岩颗粒锆石 U-Pb 年龄为(632±1)Ma(蔡志勇等,2007)。上述同位素年龄数据反映自武当岩群、耀岭河岩群火山喷发到基性岩墙群侵入的先后顺序,火山活动起始于青白口纪末,主体在南华纪,延续至早震旦世。双峰式火山岩、浊积岩组合,以及火山岩、基性岩墙群的地球化学特征指示源于地幔柱的大陆板内裂谷环境(夏林圻等,2008)。

陡岭岩群中有关岩体锆石 LA-ICP-MS U-Pb 年龄:三坪沟石英闪长岩体为(756±19)Ma,封子山花岗闪长岩体为(740±182)Ma、(683±4)Ma,甘沟石英闪长岩体为(701±8)Ma,西段陡岭—小茅岭一带几个岩体锆石 SHRIMP U-Pb 年龄:磨沟峡闪长岩为(743±12)Ma,黑沟碱性花岗岩为(686±10)Ma,冷水沟辉长岩为(680±9)Ma(牛宝贵等,2006),反映为同期大陆裂解环境。

大别地区定远组可与武当岩群、耀岭河岩群对比,侵入其中的浅变质花岗岩锆石 SHRIMP U-Pb 年龄为(726±6)Ma、(758±12)Ma,并且与北淮阳带东段庐镇关杂岩的形成时代一致(刘贻灿等,2010)。

周进沟岩组(Nh—O_2)夹持在中元古界龟山岩组与泥盆系南湾组之间,同为变质基性火山岩和酸性火山岩组成的双峰式火山岩系,在南阳盆地以西为绿片岩相变质程度,桐柏—大别山地区达角闪岩-高角闪岩相,并称之为肖家庙组。其中的柳林辉长岩锆石 SHRIMP U-Pb 年龄为(611±13)Ma(陈玲等,2006),王母观橄榄辉长岩锆石 SHRIMP U-Pb 年龄为(635±5)Ma,王母观岩体围岩(含石榴石绿帘云母石英片岩)锆石 SHRIMP U-Pb 年龄为(464±7)Ma(刘贻灿等,2006)。橄榄辉长岩中锆石具有典型岩浆结晶环带,围岩中锆石发育核-边结构,即具有岩浆结晶环带的核和增生边,因此所测围岩锆石同位素年龄代表变质年龄。由于强烈的变质与变形作用,侵位之后的岩体与围岩往往是变质岩层的整合接触关系。王母观岩体的地球化学特征表明其形成于拉张环境下（张旗等，1995），综观扬子陆块区普遍存在的南华纪—早震旦世裂谷事件，周进沟裂谷应发育在同期。

与裂解事件有关的金属矿产以周庵超基性岩型大型（铜）镍矿和黄岗岩浆晚期分异型小型钒钛磁铁矿为代表，周庵矿床的锆石 U-Pb 年龄有（641.0±3.7）Ma（闫海卿等，2011；LA-ICPMS）和（636.5±4.4）Ma（王梦玺等，2012；SIMS），有关超基性、基性岩体卷入中生代高压—超高压变质折返带，给岩体的识别和寻找带来相当困难。本时期的海底玄武岩普遍含金红石，其中宽坪岩群中的变基性岩有早、晚两期，早期变基性岩锆石 LA-ICPMS U-Pb 年龄（943±6）Ma（第五春荣等，2010），晚期变基性岩锆石 SHRIMP U-Pb 年龄（611±13）Ma（闫全人等，2008），金红石矿的赋矿层位相当晚期基性火山喷发。

上扬子陆块北缘裂谷系之南为上扬子陆块，在上扬子陆块发育早震旦世陡山沱组砂泥岩组合、晚震旦世灯影组白云岩组合，分别代表上扬子被动陆缘相及碳酸盐台地相。

四、寒武纪—中奥陶世

1. 华北陆块区

华北碳酸盐岩台地相（ϵ_1—O_2）由4套岩石组合构成，相互间为平行不整合接触，自下而上分别是：辛集组（$\epsilon_1 x$）砾岩-砂岩-含磷砂岩组合（滨海相）、朱砂洞组-馒头组（ϵ_1）碳酸盐岩组合（台地相）、毛庄组-徐庄组（ϵ_2）碎屑岩-碳酸盐岩组合（陆表海盆地相）和张夏组-马家沟组（ϵ_2—O_2）碳酸盐岩组合（台地相）。

台地南缘为陶湾群被动陆缘相（O）陆源碎屑-碳酸盐岩组合，包括：三岔口组陆缘斜坡亚相浊积岩组合、风脉庙组外陆棚亚相陆源碎屑组合和秋木沟组陆棚亚相含陆源碎屑碳酸盐岩组合（图2-4，表2-7）。

寒武纪—中奥陶世华北陆块区有关矿产为：寒武系辛集组中沉积铀、磷块岩，朱砂洞组石膏，寒武系徐庄组、崮山组、长山组、张夏组水泥灰岩矿，中奥陶统下马家沟组水泥灰岩矿。

2. 秦祁昆多洋盆裂离地块群

丹凤岩群主要分布在陕西境内，总体为一套经历了强烈而复杂变形变质的火山-沉积岩组合，原岩为基性火山岩、杂砂岩、火山碎屑岩和碳酸盐岩等。该构造岩石地层单位代表不同时代、不同构造环境岩石组合构成的俯冲-增生杂岩，在构造叠置体中不断解体出早古生代岩片，如：丹凤县郭家沟层状硅质岩内曾分离出丰富的放射虫化石（*Palaeo scenidiidae*，*Entact iniidae*），时代为奥陶纪—志留纪，可延续至泥盆纪（Cui et al.，1996）；变玄武岩锆石 U-Pb 年龄为（454±5.9）Ma，变安山岩锆石 U-Pb 年龄为（456.8±3.5）Ma（陈隽璐，2008）；变火山岩中锆石 SHRIMP U-Pb 年龄为（499.8±4）Ma（陆松年，2006）；变酸性火山岩中锆石 TIMS U-Pb 年龄为（523.7±1.5）Ma（Yang J S，1996）；武关河北岸斜长角闪岩岩浆锆石 SHRIMP 表面年龄为（492±9）～（431±8）Ma（闫臻，2009）。丹凤岩群北侧郭家沟奥长花岗岩单颗粒锆石 Pb-Pb 年龄为540 Ma（薛峰等，1993），（487±6）Ma（孙勇等，1988），为一套与俯冲作用密切相关的岛弧钙碱性岩石组合。因此，丹凤岩群及其构造混杂的超镁铁岩片、中—酸性杂岩体代表了洋壳、弧前盆地和岩浆弧（岛弧）等构造相组成的结合带大相（商丹结合带）。

河南省内的丹凤岩群仅见于豫陕交界处松树沟超基性岩片（Qb）的南侧，向东已基本被消减，

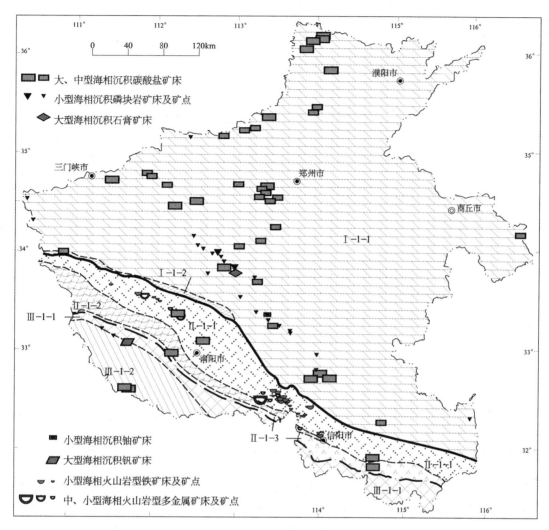

图 2-4 河南省寒武纪—中奥陶世大地构造及矿产地分布图(大地构造相编号同表 2-7)

呈大小不等的岩块、岩片混杂在秦岭岩群基底杂岩(俯冲带)中。残存的丹凤岩群岩片的北侧为富水杂岩带,其中代表岛弧构造环境的戴家沟Ⅰ型二长闪长岩锆石 SHRIMP U-Pb 年龄为(480.0±3.4)Ma、(490±10)Ma、(501.4±1.2)Ma(李惠民等,2006)。

桐柏地区大河断裂带南侧一套变基性火山岩、绢云母片岩(千枚岩)岩片可能系弧前盆地相和远洋沉积亚相,应归属于丹凤岩群。其与代表洋壳的柳树庄-卧虎-张家冲基性—超基性岩带共同组成蛇绿杂岩相,并与岩浆弧相花岗闪长岩-二长花岗岩-钠长花岗岩杂岩带,以及陆壳残片相(基底残块亚相)秦岭岩群,共同构成桐柏—信阳段的商丹结合带。相当于富水岩浆弧的有关岩体目前尚无精确的年龄值,基底残块相镁铁质麻粒岩的锆石 LA-ICP-MS U-Pb 峰期变质年龄为 445~430Ma(向华等,2009),蛇绿岩亚相中柳树庄岩体变辉石岩锆石 U-Pb 等时线年龄为(450.3±3.3)Ma(曾宪友等,2007),表明晚奥陶世—早志留世为洋壳强烈俯冲时期。

西峡地区周进沟组顶部的黑云透闪大理岩中曾发现含海百合茎、海绵骨针、腕足类动物化石碎屑及粗枝藻科叶状体化石(商庆芳等,1992),定远地区浒湾岩组中发现含腕足类、海百合茎及有孔虫等化石的岩片(叶伯丹等,1993),可能属大洋南侧早古生代弧前沉积。综合以上弧-沟-盆系统岩石组合的片断,南、北秦岭地块之间可能存在已消失的早古生代洋盆(丹凤洋)。

表 2-7 寒武纪—中奥陶世大地构造划分表

一级（相系）	二级（大相）	三级（相）	相关地质体	代表矿床(点)及类型
Ⅰ 华北陆块区	Ⅰ-1 华北陆块	Ⅰ-1-1 华北碳酸盐岩台地	辛集组—峰峰组下部	遂平海相沉积铀矿,辛集海相生物-化学沉积磷块岩矿,辛集海相蒸发沉积石膏矿,秀山海相沉积变质水泥大理岩,上坡海相沉积白云岩矿,李珍海相沉积水泥灰岩矿,清峪海相沉积熔剂灰岩
		Ⅰ-1-2 陶湾被动陆缘(O)	陶湾群	
Ⅱ 秦祁昆多洋盆裂离地块群	Ⅱ-1 北秦岭弧盆系	Ⅱ-1-1 二郎坪弧后盆地	二郎坪群	刘山岩海相火山岩型铜锌矿,上庄坪海相火山岩型银铅锌(重晶石)矿,条山海相火山岩型铁矿
		Ⅱ-1-2 秦岭火山弧基底杂岩	秦岭杂岩、高压变质带	
		Ⅱ-1-3 丹凤火山弧、弧前盆地	丹凤岩群	
	Ⅲ-1 南秦岭地块	Ⅲ-1-1 南秦岭古陆	陡岭杂岩、桐柏杂岩、大别杂岩	
		Ⅲ-1-2 南秦岭被动陆缘	水沟口组—岞岫组	大桥-上集海相生物-化学沉积型钒矿、石煤,余家庄海相生物-化学沉积型磷块岩矿

现今秦岭岩群基底杂岩折返于晚三叠世陆内造山之后的推覆作用,并在中—新生代盆岭构造中隆升出露。其南、北两侧分布两条高压—超高压变质岩带,北侧高压变质岩石主要由透镜体状的榴辉岩组成,出露在朱阳关-夏馆断裂带南侧秦岭岩群片麻岩中。榴辉岩中锆石 SHRIMP U-Pb 下交点为(493±170)Ma,含金刚石片麻岩(石榴白云石英片麻岩)锆石边部 SHRIMP U-Pb 平均年龄(511±35)Ma,下交点为(502±45)Ma,代表高压变质年龄(杨经绥等,2002)。南侧高压变质岩石主要由高压基性麻粒岩、长英质高压麻粒岩和高压不纯大理岩等构成(刘良等,1994,1995,1996),透镜体状断续出露在陕西商南县松树沟—河南西峡县寨根一带。高压基性麻粒岩中锆石 LA-ICP-MS U-Pb 峰期变质时代为(485±3.3)Ma(陈丹玲等,2004),时代略晚于秦岭杂岩北侧高压变质带。与超高压变质带同期的秦岭杂岩淡色花岗岩脉体的锆石年龄 500 Ma(陆松年等,2003),在漂池岩体南侧测得具有 S 型特点的变形花岗岩脉体的锆石 SHRIMP 年龄为(497±12)Ma(王涛,2005)。含柯石英榴辉岩代表深度约 40km 的地幔高密度物质上涌(王涛等,1996),高压变质带、深成花岗岩脉体的时代与二郎坪弧后盆地的扩张、华北碳酸盐岩台地的海进时期具有一致性,反映丹凤洋寒武纪中晚期处在扩张时期,折返的秦岭杂岩岩片代表当时的俯冲带。

二郎坪群呈复式向斜构造保存于北秦岭褶皱带的核部,为一套细碧-角斑岩建造。南阳盆地东、西两侧的地层对比至今无统一意见,总体上由下向上分为 3 套构造岩石组合:①火神庙组、大栗树组变细碧岩-变闪长岩组合,顶部变细碧岩-角斑岩组合,底部与歪头山组-小寨组以韧性剪切带、榴闪岩接触(桐柏地区),或与小寨组协合(构造面理)接触、断层接触(二郎坪地区);②大庙组、张家大庄组(磁铁)石英岩-大理岩-变(碳硅质)泥岩-变凝灰岩组合;③刘山岩组变细碧岩-角斑岩-碳质板岩-重晶石大理岩组合。海底火山活动自大规模玄武质岩浆侵入-喷溢开始,中间弱喷发-沉积间歇,后强烈的细碧-角斑质火山喷发和热水沉积。关于二郎坪群的时代,西峡县湾潭火神庙组顶部硅质岩中先后发现了丰富的微体化石,包括放射虫及海绵骨针化石(唐尚文等,1980;劳子强等,1982;张思纯等,1983;刘文荣等,1989),牙形石类和放射虫类(王学仁等,1995),时代属早、中奥陶世。大庙组大理岩中发现珊瑚、腹足类、头足类和海百合茎等化石(李采一,1990),时代亦为早、中奥陶世。最近发表同位素年龄亦为早—中奥陶世:湾潭基性枕状熔岩的锆石 SHRIMP U-Pb 年龄为(466.6±7)Ma(陆松年,2003);军马河、湾潭和湍河基性火山岩锆石 LA-ICP-MS U-Pb 年龄分别为(463±1.8)Ma、(475±1.5)Ma 和(473±1.3)Ma(赵姣等,2012)。而侵位于火神庙组与小寨组接触部位的鹰爪沟(白虎岭)石英闪长岩体锆石 LA-ICP-MS U-Pb 年龄为(475.2±2.7)Ma(王锦等,2012),旁侧西庄河斜长花岗岩单颗锆石蒸发法 U-Pb 年龄为(480±7)Ma(孙勇等,1996),综合考虑丹凤岛弧火山岩和高压变质带的时代,处于弧后盆地的二郎坪群的时代可能为寒武纪—奥陶纪。

关于二郎坪群的构造环境有弧后盆地、裂谷、岛弧等多种观点,在岩石化学、微量元素地球化学特征上对各种观点均有支持。然而常忽视了两个重要问题:①细碧岩是通过海水-玄武岩交换反应形成的钠长石化岩石(李增田,1990),区内角斑岩更有向热水沉积岩过渡的钠长石岩端元,各种地球化学参数的统计(不同构造环境投影图)没有考虑低温蚀变作用及程度;②二郎坪海相火山岩仅有基性细碧岩和酸性角斑岩两个单元,不存在通过碎屑岩岩石化学分析而得出的英安质火山(碎屑)岩,少量细碧岩碎屑与大量角斑岩碎屑混合必然是英安质的化学成分。从岩石构造组合和大地构造相的时空结构来分析,笔者认同二郎坪群属于弧后盆地。

宽坪岩群上部碎屑锆石年龄≥600Ma 的四岔口岩组陆缘碎屑岩、谢湾岩组泥砂质碳酸盐岩,可能代表二郎坪弧后盆地北侧的近陆弧后盆地亚相沉积,物源已来自华北陆块。

北秦岭弧盆系中的矿产主要为二郎坪群中的海底火山喷流型中型海相火山岩型铜锌矿、银铅锌(重晶石)矿和小型海相火山岩型铁矿。

南秦岭地块的南、北两侧分别为南秦岭被动陆缘及南秦岭古陆,在被动陆缘发育寒武系水沟口组白云岩-碳硅质白云岩-白云质灰岩组合,奥陶系白云岩-白云质灰岩-泥质岩组合,从沉积相带的展布规律和古地理轮廓推测,早古生代时陆缘盆地北侧可能存在一个已消失了的古陆(崔智林等,1997)。

在南秦岭被动陆缘分布大型海相生物-化学沉积型钒矿、小型石煤和磷块岩矿(点)。

五、晚奥陶世—志留纪

1. 华北陆块

华北陆块在晚奥陶世开始抬升,碳酸盐岩台地退至济源以北地区,沉积峰峰组灰岩,为(水泥)石灰岩矿产的主要层位之一。志留纪,河南省所处的华北陆块中南部整体抬升为古陆(图2-5,表2-8)。侵位于赵案庄矿区新太古代晚期片麻状二长花岗岩体中的细粒闪长岩脉,锆石 LA-ICPMS U-Pb 加权平均年龄(李怀乾提供数据,2014)(417.7±5.5)Ma(MSWD=1.8,probability=0.10),标志华北陆块与扬子陆块碰撞后拉张环境的岩浆活动,是两大陆块结合时期目前在华北陆块一侧所获得的唯一的岩浆岩证据。

2. 秦祁昆多岛弧盆系

志留纪末,华北陆块与扬子陆块沿商丹结合带对接为统一的泛华夏大陆,由于强烈的俯冲和消

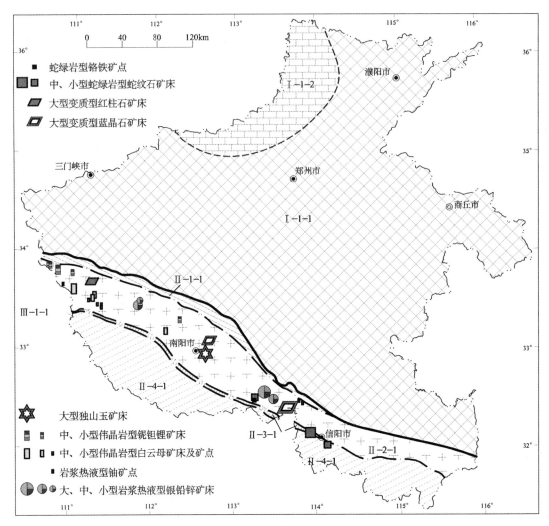

图 2-5 河南省晚奥陶世—志留纪大地构造及矿产地分布图(大地构造相编号同表2-8)

减作用,由蛇绿岩、远洋沉积岩等岩片(块)组成的蛇绿混杂带,仅残留分布在商丹断裂、大河断裂及龟梅断裂带中。秦岭岩群属于原弧后扩张裂离的基底残块,其中含有大量蛇绿岩等包体,表明曾卷入了俯冲-消减带,中生代折返后将蛇绿杂岩带分割在秦岭岩群基底残片的两侧。陆壳残片中尚有少量仰冲过来的弧火山岩等浅变质外来岩块,以往填图过程中将其归入了秦岭岩群。由于陆壳残片折返于俯冲带及其上盘,孕育了属于深成岩浆岩相的同碰撞岩浆杂岩带,其中:漂池S型二云母花岗岩体,锆石TIMS U-Pb 年龄为(436±18)Ma(田伟,2003)、锆石 SIMS U-Pb 年龄为(495±6)Ma(王涛,2009);灰池子壳幔混源型过铝质英云闪长岩-花岗闪长岩-二长花岗岩-正长花岗岩组合,单颗粒锆石结晶年龄为(437±58)Ma,磷灰石 U-Pb 年龄为457Ma。在同碰撞岩浆岩体的外围,广泛发育后碰撞花岗伟晶岩脉,标志造山过程的结束。

在弧盆系造山过程中,宽坪岩群成为华北陆块南侧俯冲增生杂岩带。二郎坪弧后盆地处在商丹俯冲带的上盘,宽坪俯冲增生杂岩带的下盘,发育规模巨大的北秦岭深成岩浆岩带。处在上部的板山坪-黄岗-马畈杂岩带为一套低铝的奥长花岗岩-英云闪长岩-闪长岩系列岩石,形成时代在430~399Ma之间,地球化学特征和微量元素模拟计算表明,它们由二郎坪群中的变拉斑玄武质岩石重熔而来(田伟等,2005),属同碰撞-后碰撞岩浆杂岩相。处在下部的五垛山二长花岗岩基为高钾过铝质钙碱性系列,锆石 SHRIMP U-Pb 年龄为 428.9～416Ma(易志强等,2013),属后碰撞岩浆杂岩相。宽坪岩群中的金红石矿产可能重结晶于俯冲增生杂岩带的高温高压环境。北秦岭深成岩浆岩带在 440～400Ma 经历了中压高温和叠加之上的低压高温变质作用(李明凯等,1992;张阿利等,2004;胡娟等,2010)。

表 2-8　晚奥陶世—志留纪大地构造划分表

一级 (相系)	二级 (大相)	三级(相)	相关地质体	代表矿床(点)及类型
Ⅰ 华北陆块区	Ⅰ-1 华北陆块	Ⅰ-1-1 华北隆起(O_3—S)		
		Ⅰ-1-2 峰峰碳酸盐岩台地(O_3)	峰峰组上部	
Ⅱ 秦祁昆多岛弧盆系	Ⅱ-1 宽坪结合带	Ⅱ-1-1 宽坪俯冲增生杂岩带	宽坪岩群	
	Ⅱ-2 北秦岭弧盆系	Ⅱ-2-1 北秦岭深成岩浆杂岩	板山坪-黄岗后碰撞岩浆杂岩带,五垛山-桃园后碰撞花岗岩带,灰池子-桐树庄后碰撞花岗岩-伟晶岩带	银洞沟岩浆热液型银铅锌矿,破山岩浆热液型银铅锌矿,南阳山伟晶岩型铌钽锂(铯)矿,光石沟岩浆热液型铀矿点,龙泉坪伟晶岩型白云母矿,杨乃沟区域变质型红柱石矿,隐山区域变质型蓝晶石矿,独山斜长岩浆热液型独山玉
	Ⅱ-3 商丹结合带	Ⅱ-3-1 商丹蛇绿杂岩带	柳树庄-张家冲蛇绿岩带	柳树庄蛇绿岩型蛇纹岩,老龙泉蛇绿岩型铬铁矿点
	Ⅱ-4 南秦岭地块	Ⅱ-4-1 南秦岭残余盆地	蛮子营组、张湾组	

产于辉长岩体中斜长岩脉的岩浆热液型独山玉可能是碰撞之前最早形成的矿床。与花岗岩浆活动有关的银洞沟岩浆热液型银铅锌矿,5 件辉钼矿 Re-Os 模式年龄介于(432.2±3.4)～(423.4±4.4)Ma,加权平均年龄为(429.3±3.9)Ma(李晶等,2009),成矿时代为中—晚志留世。目前尚无确切年龄的破山大型岩浆热液型银(铅锌)矿可能与银洞沟矿床同时代。同时代低压高温区域变质作用形成杨乃沟红柱石、隐山蓝晶石和固县镇蓝晶石大型矿床。造山期末形成伟晶岩型铌钽锂(铯)矿、岩浆热液型铀矿点和伟晶岩型白云母矿。在商丹蛇绿杂岩带,构造侵位蛇绿岩型蛇纹岩和铬铁矿点。

南秦岭中奥陶世初期呈拉张伸展状态,发育陆缘裂谷盆地相峡岫组碱性火山岩-沉积岩组合(O_2)。之后呈收缩状态,仍处于扬子陆块北部被动大陆边缘,沉积陆棚碎屑岩亚相蛮子营组砂泥岩组合(O_2),张湾组陆棚碎屑岩亚相砂岩、泥岩组合-台地生物礁灰岩组合(O_3—S_1)。

六、泥盆纪—中二叠世

1. 华北陆块区

华北陆块区继晚奥陶世—早石炭世整体隆起后,晚石炭世—二叠纪时总体为陆表海盆地环境

(图2-6,表2-9)。海侵方向总体上由北东向南西,先后发育一套碎屑岩陆表海亚相沉积组合:本溪组砂泥岩组合(C_2),太原组含煤碎屑岩组合(C_2—P_1),山西组含煤碎屑岩组合(P_1),下石盒子组含煤碎屑岩组合(P_2)。相关矿产由下至上为硫铁矿、山西式铁矿、铝土矿(耐火黏土矿)和煤矿。

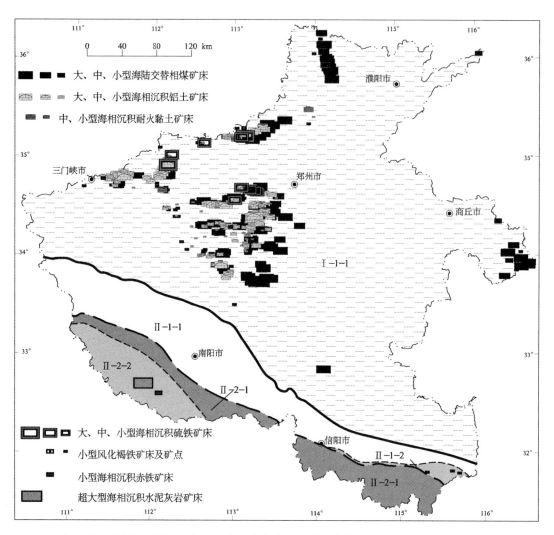

图2-6 河南省泥盆纪—中二叠世大地构造及矿产地分布图(大地构造相编号同表2-9)

2. 秦祁昆多岛弧盆系

北秦岭褶皱带在志留纪以后处于隆起状态,在隆起带北侧发育一套目前已构造移位的可能属弧后前陆盆地相的沉积岩组合,由下向上为:花园墙组滨浅海砂岩-粉砂岩泥岩组合(D_3—C_1),杨山组滨海沼泽含煤碎屑岩组合(C_1),道人冲组滨浅海砂岩粉砂岩泥岩组合(C_2),胡油坊组湖泊砂岩-粉砂岩组合(C_2),杨小庄组河湖相含煤碎屑岩组合(C_2)。

泥盆系南湾组代表两种相环境,下部深水浊积岩夹构造挤入的洋壳碎片(斜长角闪岩、透辉角闪斜长片麻岩),含剪切作用形成的圆形泥质斑点,可能以残余盆地相为主,海湾与大陆的部分接点转化为前陆盆地;上部浅水陆源碎屑复理石建造,已完全转化为周缘前陆盆地。

南秦岭南侧的勉略洋盆于泥盆纪打开,石炭纪—二叠纪期间扩张(张国伟等,1996;杜远生等,

1998),之前属于扬子陆块的南秦岭被动大陆边缘转入秦岭造山带(多岛弧盆系)构造演化,在中泥盆世—晚石炭世发育泥砂岩-生物礁-碳酸盐岩组合陆棚碎屑岩亚相沉积。

表 2-9　泥盆纪—中二叠世大地构造划分表

一级（相系）	二级（大相）	三级（相）	相关地质体	代表矿床(点)及类型
Ⅰ 华北陆块区	Ⅰ-1 华北陆块	Ⅰ-1-1 华北陆表海盆地 (C—P)	本溪组—上石盒子组	郁山海相沉积型铝土矿、耐火黏土矿,海相沉积型菱铁矿点,平顶山滨海平原型煤田,冯封海相沉积型硫铁矿,山西式铁矿
Ⅱ 秦祁昆多岛弧盆系	Ⅱ-1 北秦岭弧陆碰撞带	Ⅱ-1-1 北秦岭隆起		
		Ⅱ-1-2 杨山残余盆地(C)	花园墙组、杨山组—杨小庄组	商固海湾型煤田
	Ⅱ-2 南秦岭弧陆碰撞带	Ⅱ-2-1 南湾残余盆地(D)	南湾组	
		Ⅱ-2-2 南秦岭被动陆缘	白山沟组—周营组	永青山海相沉积型赤铁矿,金华山海相沉积水泥灰岩

在南、北秦岭弧陆碰撞带,相应有南秦岭被动陆缘石炭纪海相沉积型小型赤铁矿和超大型水泥灰岩矿产,以及北秦岭杨山残余盆地中商固海湾型煤田。

七、晚二叠世—中三叠世

1. 华北陆块区

华北陆块逐渐抬升,由晚二叠世陆表海转为早—中三叠世坳陷盆地(图 2-7,表 2-10),先后有上石盒子组陆表海含煤碎屑岩组合(P_3),石千峰群湖相砂岩-粉砂岩-泥岩组合(P_3—T_1),二马营组湖相砂岩-泥岩组合(T_2),油房庄组湖泊砂岩-泥岩组合(T_2)。有关沉积建造中的矿产为上石盒子组中的煤矿,石千峰群底部砂岩中的铀矿。

2. 秦祁昆造山系

秦岭造山带南秦岭弧盆系与北秦岭褶皱带自早二叠世已经拼合,晚二叠世—中三叠世转入陆内俯冲。原南秦岭被动陆缘成为秦岭造山带中增生楔,陆内俯冲自东南向西北进行,桐柏-大别存在深俯冲楔,向西北的俯冲深度、倾角逐渐变小。在济源盆地内中三叠世—晚三叠世地层中碎屑锆石的 LA-ICP-MS U-Pb 年龄主要为 350~245Ma,最小年龄为 220Ma,并且随地层时代变新,碎屑锆石年龄逐渐变老(350~245Ma、520~380Ma、800~650Ma、1.0~0.8Ga、1.6~1.0Ga、2.9~1.7Ga),指示秦岭造山带经历了由年轻地壳到较老基底的去顶过程(杨文涛等,2012)。北秦岭隆起可能与西秦岭、东昆仑陆缘岩浆弧一样,曾经存在的泥盆纪—晚三叠世早期岩浆弧,已被大规模剥蚀,晚三叠世以来的剥蚀深度超过 10km。

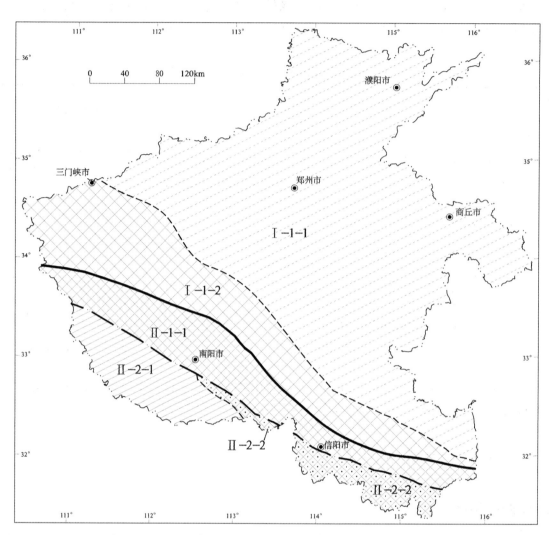

图 2-7 河南省晚二叠世—中三叠世大地构造及矿产地分布图(大地构造相编号同表 2-10)

表 2-10 晚二叠世—中三叠世大地构造划分表

一级(相系)	二级(大相)	三级(相)	相关地质体	代表矿床(点)及类型
Ⅰ 华北陆块区	Ⅰ-1 华北陆块	Ⅰ-1-1 华北坳陷盆地	孙家沟组—二马营组	砂岩型铀矿点
		Ⅰ-1-2 华北南缘隆起		
Ⅱ 秦祁昆造山系	Ⅱ-1 北秦岭褶皱带	Ⅱ-1-1 北秦岭隆起		
	Ⅱ-2 南秦岭褶皱带	Ⅱ-2-1 南秦岭增生楔		
		Ⅱ-2-2 大别-苏鲁深俯冲楔(T_2—T_3^1)		

八、晚三叠世—早侏罗世

西伯利亚板块、古特提斯板块和古太平洋板块三面汇聚造成中国东部的大幅隆升，华北隆起为高原，西侧发育鄂尔多斯前陆盆地，该盆地的东缘残留了义马早侏罗世晚期—中侏罗世早期煤田（图 2-8，表 2-11）。秦岭与华北结合部位产生压陷盆地，分布南召内陆山间盆地型煤田（T_3）。

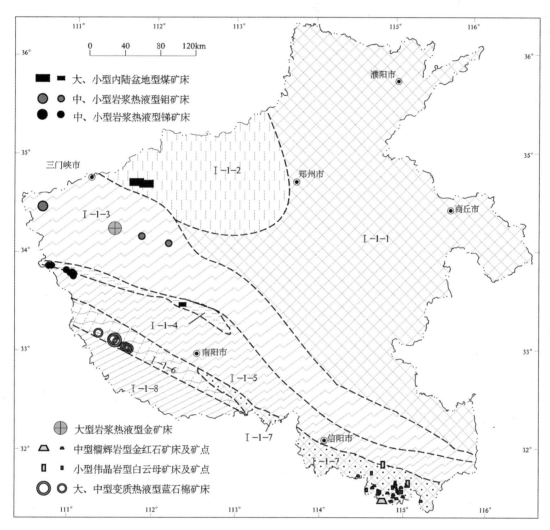

图 2-8　河南省晚三叠世—早侏罗世大地构造及矿产地分布图（大地构造相编号同表 2-11）

碰撞后伸展阶段产生早期岩浆活动，主要为辉绿岩脉、正长斑岩体和岩脉。上宫金矿蚀变绢云母 $^{40}Ar-^{39}Ar$ 坪年龄（236.4±2.5）Ma（任志媛等，2010），前范岭钼矿 Re-Os 模式年龄变化于（248.2±3.5）～（233.3±3.3）Ma，等时线年龄（239±13）Ma（高阳等，2010）。有关年龄在误差范围内跨中、晚三叠世，按成矿构造环境可能属晚三叠世最早形成的内生金属矿产。其他代表矿床有赋矿岩脉为石英脉的大湖岩浆热液型钼矿[Re-Os（232.9±2.7）～（223.0±2.8）Ma；李厚民等，2007]和石英-碳酸盐脉容矿的黄水庵碳酸岩型钼（铅）矿[Re-Os 加权平均（209.5±4.2）Ma；黄典豪等，2009]。

表 2-11 晚三叠世—早侏罗世大地构造划分表

一级 (相系)	二级 (大相)	三级(相)	相关地质体	代表矿床(点)及类型
Ⅰ 中国东部大陆边缘叠加弧盆系	Ⅰ-1 华北-秦岭叠加弧盆系	Ⅰ-1-1 华北隆起		
		Ⅰ-1-2 鄂尔多斯前陆盆地(T_3-J_1)	椿树腰组、谭庄组、义马组	义马内陆盆地型煤田
		Ⅰ-1-3 小秦岭-大别山北侧陆缘构造带(岩浆弧)	石英脉、石英-方解石脉	上宫岩浆热液型金矿,前范岭岩浆热液型钼矿,大湖岩浆热液型钼矿,黄水庵碳酸岩型钼(铅)矿
		Ⅰ-1-4 瓦穴子-南召压陷盆地(T_3)	太山庙组、太子山组	南召内陆山间盆地型煤田
		Ⅰ-1-5 东秦岭-大别构造带		大河沟岩浆热液型锑矿
		Ⅰ-1-6 淅川高压低温变质带	蓝片岩带	马头山低温高压变质热液型蓝石棉矿,淅川变质热液型虎睛石矿
		Ⅰ-1-7 桐柏-大别高压超高压折返带(T_3^2)	榴辉岩、伟晶岩	红显边榴辉岩型金红石矿,土门伟晶岩型白云母矿
		Ⅰ-1-8 淅川南部构造带		

在东秦岭-大别构造带,锑矿带受控于推覆断裂带,其中大河沟锑矿构造蚀变岩 Rb-Sr 年龄(198.6±4.8)Ma(卢欣祥等,2008)。

桐柏-大别高压超高压折返带完成折返,形成榴辉岩型金红石和伟晶岩型白云母矿产。淅川一带的变质热液型蓝石棉受富钠岩系蓝片岩带控制,与鄂北蓝片岩属同一低温高压变质带,后者镁钠闪石 $^{40}Ar/^{39}Ar$ 坪年龄(185.14±0.7)Ma,等时线年龄(185.87±0.7)Ma(牛宝贵等,1993)。蓝石棉形成于蓝片岩的折返过程中,因而生成时代较蓝闪石类矿物略晚。局部地段蓝石棉的硅化作用形成了虎睛石矿床。

九、中侏罗世—白垩纪

自中侏罗世起,古太平洋俯冲机制占主导地位,中国东部大陆边缘总体上呈"东西分带、南北分块"的构造格局(图 2-9,表 2-12),华北盆岭区西南部表现为北西、北东走向的盆地与隆起相互交织。太行山在中侏罗世开始挤压隆升,将华北地区分为西部鄂尔多斯盆地和东部华北盆地(彭兆蒙等,2009)。与太行山垂直的秦岭-大别则为伸展隆升,可能发育已被剥蚀的岩浆弧。

晚侏罗世为挤压后松弛阶段,主要在盆岭区南缘北淮阳和南召盆地发育冲积扇砂砾岩-河流砂砾岩-粉砂岩组合断陷盆地沉积。

早白垩世,华北地区东部进入大规模伸展裂陷时期,在华北断陷盆地群的四周发育隆起和陆内岩浆弧。普遍兼有Ⅰ型、S型特征的大岩基岩浆起源深度为 10~15km,居中上地壳;具Ⅰ型特征的小岩体岩浆起源深度大于 30km,居下地壳(卢欣祥,2000);在各大花岗岩基中普遍分布幔源煌斑岩墙。由于小岩体在流体驱动下具有更快的上升速率,因此与冷侵位的大岩基同时定位在地壳浅部。

东秦岭-大别陆内岩浆弧的西北、东南段存在相当大的剥蚀程度差异:南阳市以西的东秦岭地区,陆块区熊耳群盖层基本未变质,北秦岭核部二郎坪群仅有绿片岩相变质程度;南阳市以东的桐柏—大别地区,熊耳群、二郎坪群均达角闪岩相变质程度,并有著名的桐柏-大别高压、超高压变质带。

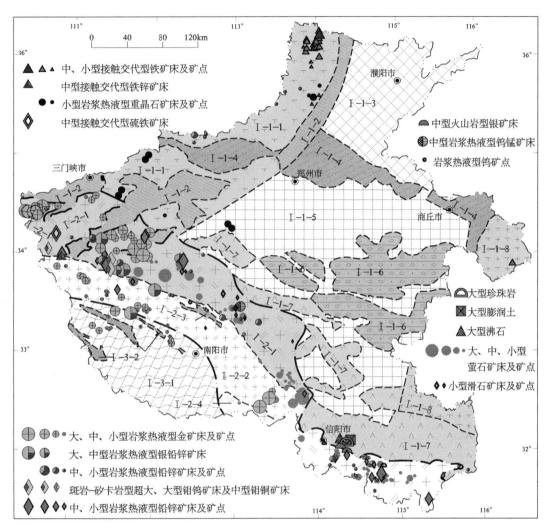

图 2-9 河南省中侏罗世—白垩纪大地构造及矿产地分布图(大地构造相编号同表 2-12)

早白垩世北淮阳火山喷发带分布在岩浆弧北东侧,并限于太行山隆起区东南侧的南华北盆地西南部。火山活动短暂而强烈,共有3个旋回、7次喷发。第一旋回先后有安山质、流纹质2次潜火山活动,基本无喷出相;第二旋回先后为石英粗面质、流纹质2次火山爆发,其中流纹质火山爆发期间有一个弱喷发间歇,火山碎屑岩铅直厚度共200余米(以往有关文献按照沉积岩区工作方法,累计不同火山岩相的厚度超过1km);第三旋回有3次火山活动,第一次粗安质火山侵出(角砾集块状岩穹),第二次流纹岩-珍珠岩喷溢,第三次橄榄玄武岩墙、蛇纹石-绿泥石脉侵入。早白垩世沉积岩主要分布在周口坳陷盆地,为河湖相砂岩-泥岩组合,是油气矿产的生烃源岩之一。

晚白垩世各断陷盆地主要是红色河湖相砂砾岩-粉砂岩-泥岩组合,在太行山前拆离断陷盆地群中发育有碳酸盐岩-泥岩组合。

表 2-12 中侏罗世-白垩纪大地构造划分表

一级（相系）	二级（大相）	三级（相）	相关地质体	代表矿床（点）及类型
Ⅰ 中国东部大陆边缘叠加弧盆系	Ⅰ-1 华北东部盆岭区	Ⅰ-1-1 太行山隆起区（岩浆弧）	闪长岩	李珍接触交代型铁矿，沙沟岩浆热液型铅锌矿，大池山岩浆热液型重晶石
		Ⅰ-1-2 太行山前拆离断陷盆地群（K_2）		
		Ⅰ-1-3 鲁西南部隆起区		
		Ⅰ-1-4 济源-黄口断陷盆地（J_2-K_2）		
		Ⅰ-1-5 登封-通许隆起区		
		Ⅰ-1-6 周口坳陷盆地（J_2—K_2）		
		Ⅰ-1-7 北淮阳盆地（J_2—K_2）、火山喷发带（K_1）		
		Ⅰ-1-8 豫东南隆起区（岩浆弧）	花岗岩	大王庄接触交代型铁矿，永夏煤田接触变质型天然焦
	Ⅰ-2 东秦岭-大别岩浆弧	Ⅰ-2-1 小秦岭-伏牛山岩浆岩带	二长花岗岩	岩浆热液型矿床：文峪金矿，铁炉坪银铅锌矿，王坪西沟铅锌矿，赤土店铅锌银矿，马顶山钨（锰）矿，陈楼萤石矿，宫前重晶石矿，拐河滑石矿；斑岩（侵入角砾岩）-接触交代型矿床：祁雨沟金矿，雷门沟钼矿，南泥湖-三道庄钼钨矿，夜长坪钼钨矿，曲里铁（锌铜）矿，八宝山钨矿，银家沟硫铁矿
		Ⅰ-2-2 北秦岭岩浆岩带	二长花岗岩	岩浆热液型矿床：银洞坡金矿，老湾式金矿，天目山银铅锌矿，尖山萤石矿；斑岩-接触交代型矿床：石门沟钼矿，秋树湾钼铜矿
		Ⅰ-2-3 南召断陷盆地（K_2）		
		Ⅰ-2-4 桐柏-大别岩浆岩带	火山碎屑岩、花岗斑岩、二长花岗岩	陆相火山-热液矿床：皇城山银矿，白石坡银铅锌矿，上天梯式珍珠岩、沸石、膨润土；岩浆热液型矿床：余冲金矿，熊家店萤石矿；斑岩型矿床：母山钼矿，千鹅冲钼矿，汤家坪钼矿
	Ⅰ-3 华南盆岭区	Ⅰ-3-1 南秦岭隆起区	二长花岗岩	蒲塘侵入角砾岩型金矿
		Ⅰ-3-2 南阳西部断陷盆地群（K_2）		

侏罗纪与白垩纪之交为河南省内生金属、非金属矿成矿爆发时期。在华北-南华北拆离断陷盆地群（区）的北西、南东两侧，发育起源于壳幔作用的闪长岩带，分布接触交代型铁矿、天然焦，以及

岩浆热液型铅锌矿和重晶石矿。南华北拆离断陷区的南侧,东秦岭-大别原陆内俯冲碰撞形成的山根在伸展环境壳幔作用下被大量消耗,产生巨量的花岗岩浆,形成斜跨华北陆块南缘和秦岭-大别造山带的岩浆弧。开放体系下岩浆源区融熔残余物质(矿质)后岩浆向上运移,与补充期岩浆活动关系密切,形成小岩体内外斑岩-矽卡岩型钼钨、铜、铁、硫矿床,以及热穹隆(岩体)外侧断裂系统中的岩浆热液型金、银、铅锌、萤石、滑石等矿床。盆地边缘的火山弧中分布陆相火山-热液型银、银铅锌、珍珠岩矿床和火山洼地火山岩脱玻形成的沸石、膨润土矿床。

十、新生代

进入新生代以来,河南省处在华北伸展区。在中生代盆地的基础上,发育华北积盆地,南华北沉积盆地和山间盆地。有关沉积盆地和盆岭区中发育大小50个中、新生代坳陷或断陷盆地(图2-10,表2-13)。关于大地构造区划不再按照弧盆系的相系、大相、相、亚相和构造岩石组合的5级划分,而是在大相之后采用板内盆地级别的划分,先后级序为:沉积盆地,坳陷区(带)/隆起区(带),坳陷/隆起,凹陷/凸起,次凹(洼陷)/长垣、背斜带等正向构造单元,断陷盆地。

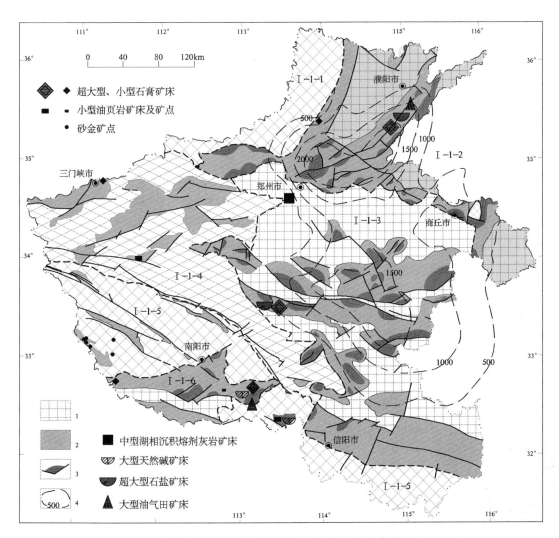

图2-10 河南省新生代大地构造及矿产地分布图

大地构造相编号同表2-13;1.隆起区;2.坳陷区;3.古近系深凹;4.新近系等深线

表 2-13 新生代大地构造划分表

一级（相系）	二级（大相）	三级（沉积盆地/盆岭区）	四级（坳陷区/隆起区）-五级（坳陷/隆起）	代表矿床（点）及类型
Ⅰ 中国东部大陆边缘叠加弧盆系	Ⅰ-1 华北伸展区	Ⅰ-1-1 太行山盆岭区	太行山隆起区	
		Ⅰ-1-2 华北沉积盆地	渤海湾南部坳陷区：汤阴坳陷，元村集坳陷，东濮坳陷，内黄隆起，豫东隆起；济源-黄口坳陷带：济源坳陷，中牟坳陷，民权坳陷，黄口坳陷	中原油气田、岩盐、石膏，潞王坟石膏
		Ⅰ-1-3 南华北沉积盆地	通许-新蔡隆起区；周口坳陷区：尉氏坳陷，临汝坳陷，逊姆口坳陷，张桥坳陷，巨陵坳陷，新站社坳陷，鹿邑坳陷，颜集坳陷，襄城坳陷，舞阳坳陷，谭庄坳陷，沈丘坳陷，倪丘集坳陷；豫南断陷盆地群：临泉坳陷，板桥坳陷，汝南坳陷，任店坳陷，东岳坳陷；信阳坳陷区：平昌关坳陷，罗山坳陷，固始坳陷	叶县盐田、龙岗熔剂用灰岩
		Ⅰ-1-4 豫西盆岭区	小秦岭-伏牛山隆起区；豫西坳陷盆地群：三门峡断陷盆地，项城坳陷，垣曲坳陷，洛阳坳陷，伊川坳陷，大金店坳陷，卢氏坳陷，潭头坳陷，嵩县坳陷	潭头油页岩，陈家山石膏
		Ⅰ-1-5 秦岭-大别盆岭区	秦岭-大别隆起区；豫西南断陷盆地群：五里川断陷盆地，瓦穴子断陷盆地，马市坪断陷盆地，留山断陷盆地，石滚河断陷盆地，夏馆断陷盆地，西峡断陷盆地，淅川断陷盆地	淅川县砂金矿点、吴城天然碱、油页岩
		Ⅰ-1-6 南襄沉积盆地	南阳坳陷区：李官桥坳陷，南阳坳陷，泌阳坳陷，桐柏坳陷；邓州南部古近纪隆起；襄阳坳陷区	南阳油气田，安棚天然碱、石膏矿

喜马拉雅早期构造运动以强烈差异升降为主的"掀斜块断"方式，致使河南省境内的古近纪沉积盆地大多受控于不同走向、规模的边界断层，呈现以箕状断陷或复合型断陷型为主的结构特征。如周口坳陷是河南省内古近系连片展布范围最大的新生代沉积区，面积达 29 000km²，现已查明的控盆断裂达 50 多条，由北西—北西西向和北东—北北东向两组系统的多排交叉，控制了多条往南突出、弧形展布的凹陷带，由张桥、巨陵、逊姆口、新站社、鹿邑、颜集凹陷组成坳陷的北带，由襄城、舞阳、谭庄、沈丘、新桥、倪丘集凹陷组成坳陷的中带，由汝南、东岳、临泉、阜阳凹陷组成坳陷的南带。构成了单断式、交替双断式、复合阶梯式、多断叠置式等多类型凹陷。

古近系湖相地层赋存油页岩、泥灰岩和石膏矿产，并为主要的生烃原岩，在水系末端深凹部位形成油气田、石盐、石膏或天然碱矿。其中，天然气的来源复杂，部分来自石炭纪—二叠纪泥岩和煤层的二次变质生烃。低成熟度的油页岩主要分布在古近系湖相地层埋藏浅并新近纪抬升的山间盆地。石盐、天然碱矿分居平原盆地及山间盆地，主要原因可能是：平坦区土壤的蒸发作用产生了碱化土壤与地下盐水的分离，造成地下径流于盐湖的水缺少碱质；群山封闭的山间盆地则将风化产生的盐碱物质一并冲刷至湖泊，因而山间盆地的蒸发岩中同时存在盐碱。

第三节　大地构造相时空结构

一、构造相单元

河南省既具有众多相似、相同演化历史的稳定地块和大地构造相，不同构造演化阶段的大地构造相又相互交错，特别是古太平洋构造域叠加在古特提斯、古亚洲构造域之上，造成各构造相单元总体上南北分带、东西分块的格局。为避免所建立的大地构造相时空结构（栅状剖面）过于冗长，简化为5个地区（不同级别的构造相单元）来表达它们之间的横向结构与纵向演化，即南秦岭、商丹结合带、北秦岭、宽坪结合带和华北陆块区（图 2-11～图 2-13）。南秦岭指河南省内西官庄-镇平断裂（商丹断裂）、松扒断裂、龟梅断裂以南的地区，包括陡岭基底杂岩-桐柏高压变质带、大别超高压变质带及淅川地块等，历来积累了众多、繁杂的岩石（构造）地层单位。商丹结合带指西官庄-镇平断裂与朱夏断裂、松扒断裂与大河断裂夹持的透镜状条块和以东的龟梅断裂带，不仅包括新元古代、早古生代结合带大相所属的蛇绿混杂岩相、陆壳残片（含峡河夭折裂谷）和高压—超高压变质相，而且包括重叠、折返在一起的属于弧盆系大相的弧前盆地相、岩浆弧相和深成岩浆岩相，并包括泥盆纪残余盆地相与过渡的周缘前陆盆地相。北秦岭指上述结合带以北、瓦穴子断裂（宽坪岩群）以南的区域，包括先后发育的裂谷、弧后盆地和最终的石炭纪弧后前陆盆地，相同的大地构造相目前被命名为不同的岩石（构造）地层单位。宽坪结合带指宽坪岩群的分布范围，为亲扬子地块及其之后的北秦岭弧盆系与华北陆块的拼贴带，曾为扬子陆块北侧离散的洋隆（脊）、洋岛和北秦岭近陆（华北古陆）弧后盆地亚相，最终为华北陆块南侧的俯冲增生杂岩（相）带。北秦岭与华北陆块之间在聚合前为无扩张洋中脊的泛大洋，因此不存在狭义的蛇绿岩亚相，长期以来该增生带被视为华北陆块的被动陆缘或陆缘裂谷。华北陆块区包括青白口纪之前的陆块区相系、之后统一的华北陆块，以及晚三叠世以来裂解的盆地和盆地周边的陆内岩浆弧。

关于各构造相单元在纵向演化上有关地质事件时代的确定，主要依据生物地层（不考虑微体古生物）、近年来发表的锆石 U-Pb 原位同位素年龄数据和 Re-Os 同位素年龄数据，其他方法同位素年龄数据仅供参考。与以往全省地层、岩浆岩综合柱状图相比出现了非常大的变化，主要变化是：依据洛峪群、熊耳群火山岩和后碰撞岩浆杂岩锆石 U-Pb 原位同位素年龄数据将熊耳群、汝阳群、洛峪群归为长城纪同期陆缘裂谷-陆缘海盆地相；之上的官道口群、栾川群、陶湾群顺延为蓟县纪、青白口纪、南华纪，并有同期潜火山岩的锆石 U-Pb 原位同位素年龄限定栾川群的时代；二郎坪群及其两侧原 K-Ar 法测定的泥盆纪岩体，锆石 U-Pb 原位同位素年龄一般为志留纪；南秦岭和商丹结合带普遍存在青白口纪后碰撞岩浆杂岩-蛇绿混杂岩，大量锆石 U-Pb 原位同位素年龄反映存在南华纪裂解事件，改写武当岩群、耀岭河群、定远组火山岩和有关暗色岩体时代主要为南华纪；原伏牛山新元古代片麻状二长花岗岩带，豫西侏罗纪小花岗岩体，豫西南晚白垩世正长花岗岩体，桐柏-大别三叠纪、侏罗纪二长花岗岩基和晚白垩世小花岗岩体，这些关乎大地构造演化和成矿时代的岩体，均被锆石 U-Pb 原位同位素或 Re-Os 同位素年龄测试结果修改为早白垩世岩体。

二、时空结构分析

从图 2-11～图 2-13 来看，华北陆块区主要经历了 4 个发展阶段：前长城纪基底形成、前寒武

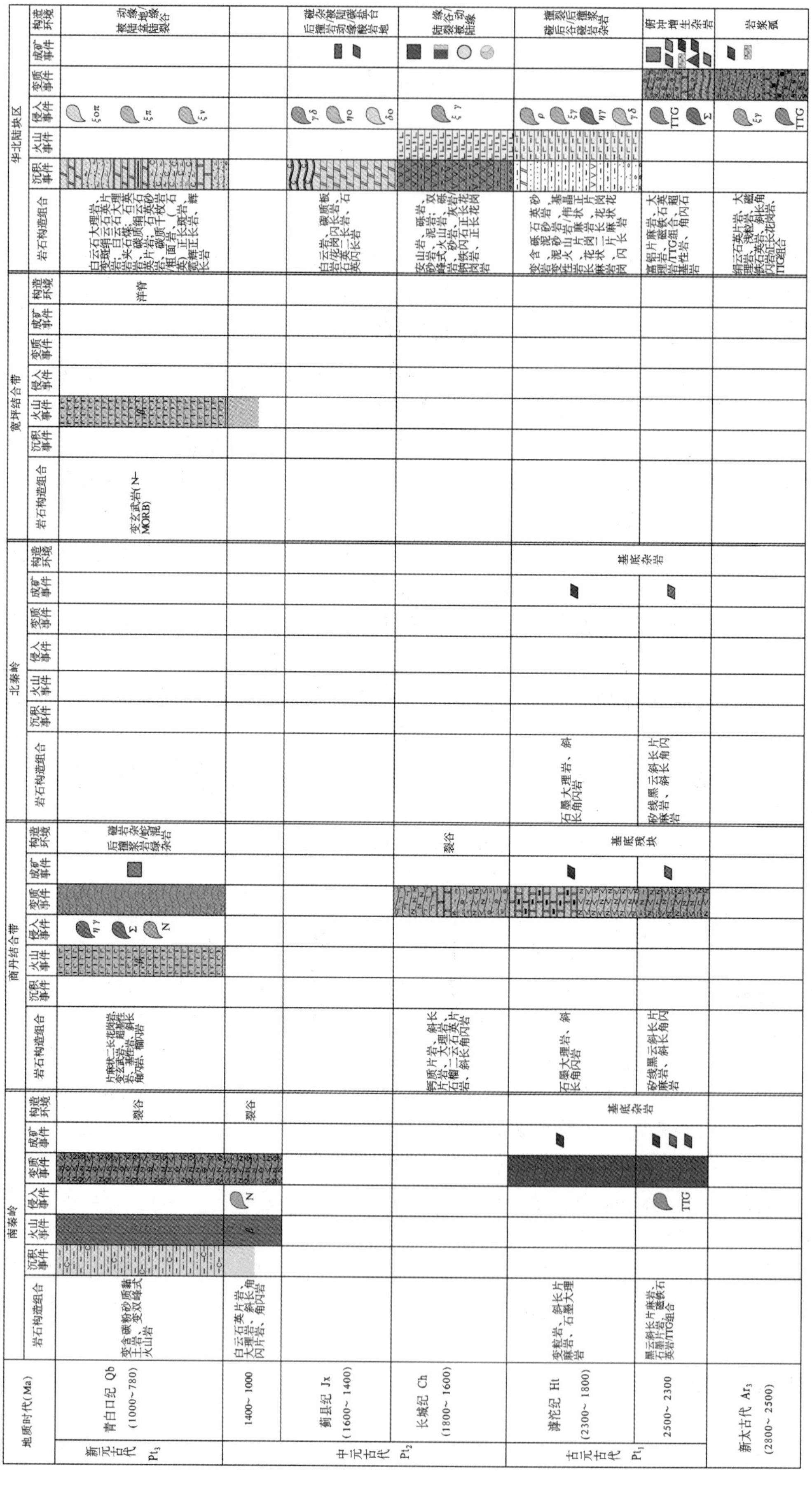

图 2-11　河南省大地构造相时空结构图(新太古代—青白口纪)

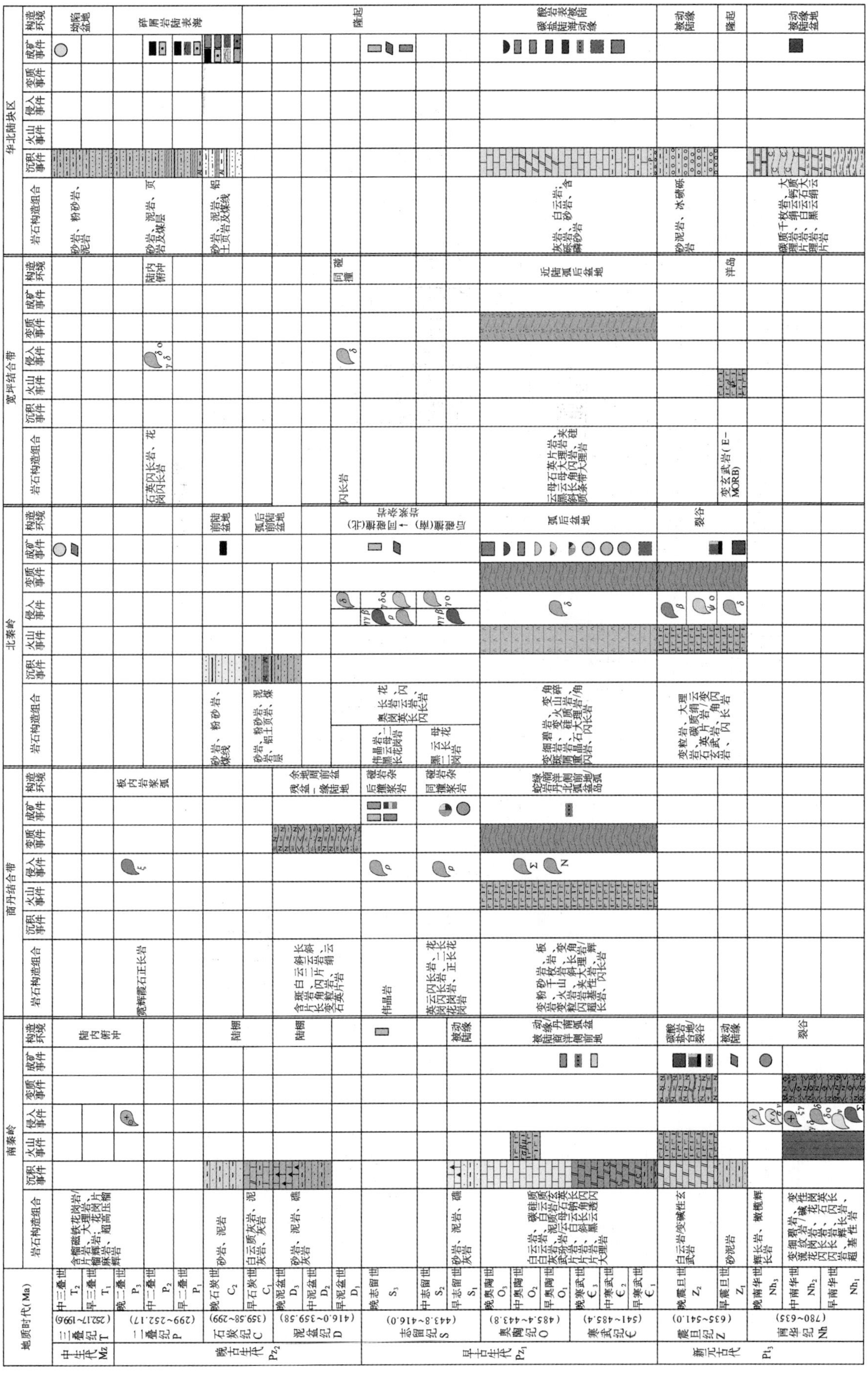

图 2-12 河南省大地构造相时空结构图（南华纪—中三叠世）

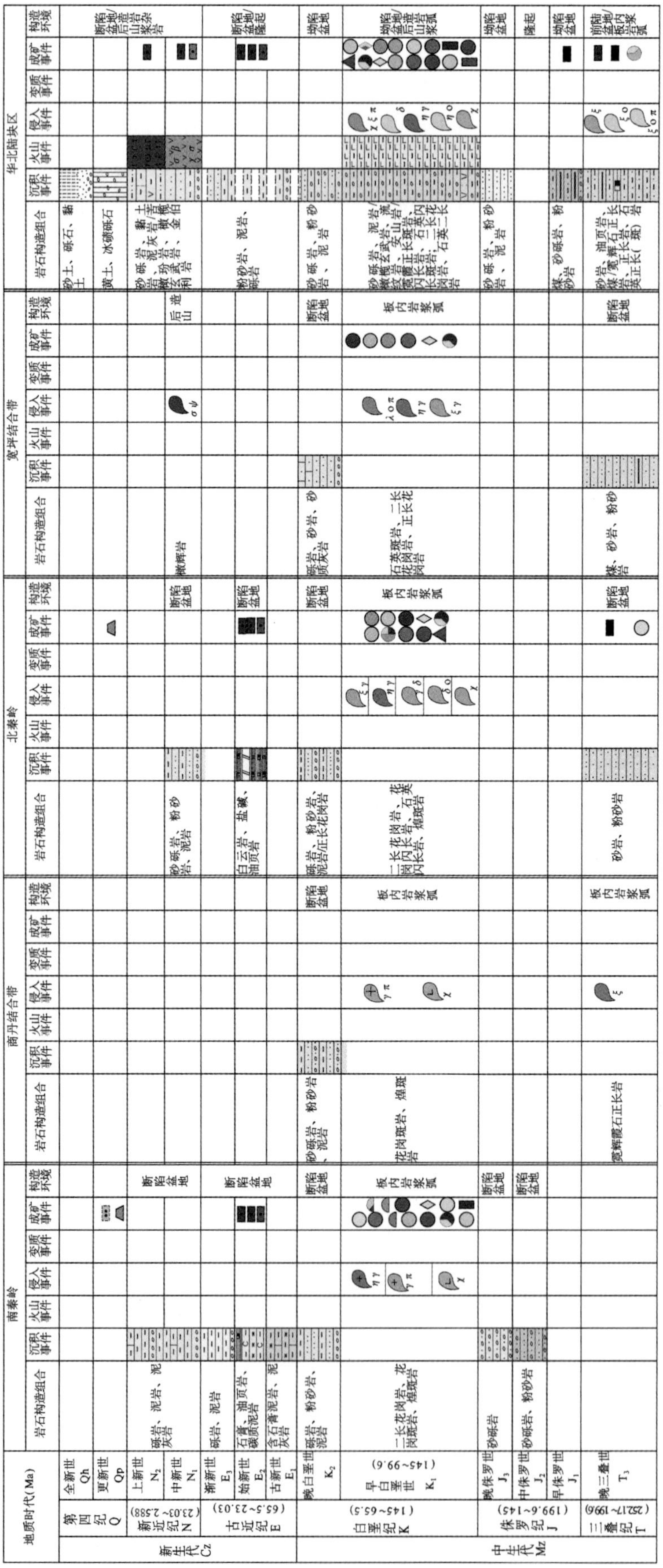

图 2-13　河南省大地构造相时空结构图(晚三叠世以来)

纪陆缘盆地增生、前三叠纪盖层形成和之后的克拉通破坏阶段。

秦岭多岛弧盆系有不尽相同的5个构造阶段：①前长城纪地块形成阶段。秦岭、陡岭、桐柏-大别地块具有与稳定陆块相似的双层结构，即古岩浆弧及其被动陆缘增生基底，上置石墨大理岩盖层；如秦岭岩群之上的雁岭沟岩组、陡岭岩群和桐柏片麻杂岩之上的瓦屋场岩组、大别片麻杂岩之上的浒湾岩组，表明前长城纪扬子陆块区北缘可能存在统一的离散地块。②长城纪—青白口纪裂谷系发育阶段。中元古代初始裂谷以底部基性岩浆岩、玄武岩和上部碎屑岩-碳酸盐岩为特征，青白口纪—南华纪出现双峰式火山岩；商丹结合带中的青白口纪蛇绿混杂岩、后碰撞岩浆杂岩表明曾出现洋壳并发生了离散地块的聚合。③南华纪—早石炭世离散-汇聚阶段。南华纪—震旦纪再次出现以双峰式火山岩、基性—超基性杂岩带为标志的裂谷系，寒武纪—奥陶纪发展成为相系结构完整的弧盆系；志留纪—早石炭世南、北秦岭聚合，但北侧与华北陆块之间仍有早石炭世残余海盆地（弧后前陆盆地），南侧与扬子陆块之间仍有泥盆纪打开的勉略洋。④晚石炭世—中三叠世陆内俯冲造山阶段。北秦岭北侧发育晚石炭世陆相前陆盆地，宽坪结合带中发育南召中二叠世陆内俯冲环境的亚碱性石英闪长岩、花岗闪长岩（锆石 U-Pb 273Ma，1∶5万云阳、四里店幅区调，1989），南秦岭发育晚二叠世—中三叠世深俯冲楔（高压—超高压变质带）。⑤晚三叠世以来陆内岩浆弧与盆山构造阶段。早白垩世壳幔混合成因形成大规模陆内岩浆弧，前白垩纪地壳揭顶，晚白垩世之后发育盆岭构造。

华北陆块与秦岭的大地构造相在前寒武纪未曾发生任何横向关联，各有独立的地质演化历史；寒武纪—中三叠世，南、北两大相系开始有机关联；晚三叠世之后，作为中国东部统一的大陆共同进入陆内构造演化。根据大地构造相的时空结构可综合划分为以下7个构造演化阶段：新元古代—古元古代，华北陆块基底汇聚，亲扬子地块形成阶段；长城纪—青白口纪，华北陆块周缘盆地增生，亲扬子地块离散-汇聚阶段；南华纪—震旦纪，华北陆块南缘盆地逐步消失，扬子陆块北缘裂解阶段；寒武纪—奥陶纪，华北陆块盖层沉积与秦岭弧盆系发育阶段；志留纪—早石炭世，秦岭造山带与华北陆块初步汇聚阶段；晚石炭世—中三叠世，秦岭陆内俯冲和华北陆块陆表海发育阶段；晚三叠世以来，盆山构造演化阶段。

第四节　大地构造演化基本特征

一、太古宙—古元古代

河南省新太古代之前的地质信息，来自五台-太行陆块云台山钾长石化长英质副片麻岩碎屑锆石 SHRIMP U-Pb 3.4 Ga 左右的同位素年龄（高林志等，2005），在信阳北部中生代火山岩长英质麻粒岩捕虏体中获得 LA-ICPMS U-Pb 3.6 Ga 的锆石年龄（郑建平等，2004）。商丘重磁异常钻探验证所见，属于鲁西陆块的基性麻粒岩可能为前新太古代陆核。

河南省内新元古代华北陆块区五台-太行陆块、冀辽陆块、鲁西陆块和陕豫皖陆块之间的边界尚不清楚，以分别大面积发育 TTG 组合侵入岩为特征，陆块之间出现以磁铁石英岩为标志的表壳岩岩石构造组合。新太古代的地壳增长方式可能以垂向加积为主（图2-14），磁铁石英岩可能代表弧间盆地构造环境，路家沟后造山正长花岗岩（锆石 SHRIMP U-Pb 2510Ma）的出现标志新元古代古陆块的汇聚。

古元古代早期（2500～2300Ma）的弧盆系相对清晰，在陕豫皖陆块南侧由南向北依次发育含有

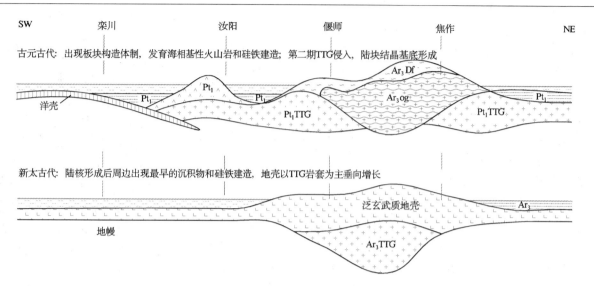

图 2-14 华北陆块南部新太古代—古元古代大地构造演化模式图

Ar_3. 新太古代沉积物；Ar_3TTG. 新太古代英云闪长岩-奥长花岗岩-花岗闪长岩；Ar_3og. 新太古代片麻岩；Ar_3Df. 新太古代登封杂岩；Pt_1. 古元古代基性火山岩及沉积物

蛇绿岩包体的俯冲增生杂岩、TTG岩浆弧和弧后（超）基性火山岩-磁铁石英岩建造，陈家岗片麻状正长花岗岩、中杏园片麻状二长花岗岩（SHRIMP锆石U-Pb 2140Ma）等后碰撞花岗岩的出现标志统一的华北陆块固结。嵩山群、银鱼沟群一套变含砾石英砂岩、泥砂岩与变泥砂岩、基性火山岩代表滹沱纪碰撞后裂谷，随即，伟晶岩、片麻状正长花岗岩等后碰撞岩浆杂岩标志裂谷的夭折。

陡岭-桐柏-大别古元古代早期TTG组合代表扬子北缘离散地块的古岩浆弧，秦岭岩群、陡岭岩群一套富铝片麻岩、石墨大理岩、斜长角闪岩反映滹沱纪古地块周边的被动陆缘沉积。

二、长城纪—青白口纪

华北陆块（东部）周缘先后有长城纪裂谷（熊耳群双峰式火山岩）-被动陆缘盆地（汝阳群、洛峪群陆缘碎屑岩），蓟县纪被动陆缘盆地-碳酸盐岩台地（官道口群碳质板岩、白云岩），青白口纪被动陆缘盆地（栾川群白云石大理岩、石英砂岩、碳质泥岩）-陆缘裂谷（大红口组碱性火山岩）。古裂谷总体上被包含在被动陆缘盆地之中，与被动陆缘呈过渡关系。各沉积阶段之后出现的后碰撞碱性花岗岩或幔源岩浆杂岩标志裂谷与陆缘盆地的消亡（图2-15）。

亲扬子地块区在中元古代先后发育有长城纪裂谷（峡河岩群），中元古代晚期裂谷（龟山岩组）。龟山裂谷将统一的古元古代扬子北缘陆块分裂为北侧的秦岭地块和南侧的陡岭-桐柏-大别地块（图2-16）。

继龟山裂谷之后的进一步扩张出现了代表丹凤洋壳的松树沟-洋淇沟蛇绿岩，镁铁质岩类的Sm-Nd全岩等时线年龄为（1030±46）Ma（董云鹏等，1997）。伴随丹凤洋的扩张，在南侧武当裂谷（武当岩群下部）中形成锆石LA-ICPMS U-Pb年龄为850Ma、900Ma（祝禧艳等，2008）的变质石英角斑岩。由榴闪岩Sm-Nd矿物内部等时线年龄代表的超镁铁质岩块底辟侵位时间为（938±140）Ma（李曙光等，1989），后碰撞牛角山片麻状二长花岗岩体锆石SHRIMP U-Pb年龄为（929±25）Ma、（955±13）Ma（王涛等，2005），说明中元古代分裂的扬子陆块北缘在青白口纪早期重新拼合为统一的大陆。宽坪岩群下部锆石LA-ICPMS U-Pb年龄为943Ma（第五春荣，2010）的N-MORB型玄武岩，为泛大洋中的孤立洋隆。

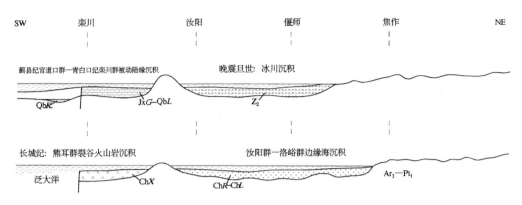

图 2-15 华北陆块南部长城纪—晚震旦世大地构造演化模式图

Ar_3—Pt_1. 新太古界—古元古界;ChX. 长城系熊耳群;ChR—ChL. 长城系汝阳群—洛峪群;JxG—QbL. 蓟县系官道口群—青白口系栾川群;QbK. 青白口系宽坪岩群;Z_2 上震旦统

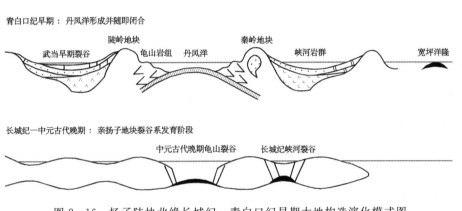

图 2-16 扬子陆块北缘长城纪—青白口纪早期大地构造演化模式图

三、南华纪—震旦纪

华北陆块南缘先后有局限发育的南华纪砂泥岩、灰岩组合(陶湾群),晚震旦世砂泥岩、冰碛砾岩组合(罗圈组)。

南秦岭地区在青白口纪早期碰撞之后,于青白口纪晚期开始拉张,发育武当岩群、耀岭河群裂谷火山岩。已发表的不同地区的武当岩群、耀岭河群火山岩单颗粒锆石和锆石微区同位素年龄相互交叉(表2-14),说明目前划分的武当岩群、耀岭河群可能为同一套火山-沉积岩系的构造叠置或构造重复。武当岩群上部杨坪组变沉积岩最小碎屑锆石年龄为640Ma(祝禧艳等,2008),沉积时代可能与下震旦统陡山沱组底部火山灰[(635.2±0.2)Ma;Condon et al.,2005]同期。武当岩群-耀岭河群火山活动的时限为晚青白口世—早震旦世,峰期为早南华世。在火山活动的峰期,发育一套早南华世裂解环境的超镁铁岩-中酸性杂岩带。南秦岭各构造岩石地层单位中普遍存在的暗色岩墙、岩席或岩体的侵入时期主要为晚南华世,个别跨入早震旦世,有关岩墙群的地球化学特征反映源自地幔柱活动(夏林圻等,2008)。华北陆块南缘的碱性火山岩、辉长岩席活动于青白口纪中晚期,与南秦岭裂解事件在时代上不存在关联。

表 2-14 新元古代火山岩、岩浆杂岩单颗粒锆石及原位 U-Pb 同位素年龄一览表

采样地点	岩石(体)名称	地层单位	测试方法	年龄(Ma)	文献作者	时间(年)
陕西安康牛山	变流纹岩	陨西群	LA-ICP-MS	782.8±4.9	夏林圻	2008
武当山地区	变流纹岩	武当岩群	LA-ICP-MS	(813±8)～(752±3)	凌文黎	2007
	凝灰岩			(833±6)～(752±4)		
	变流纹岩	耀岭河群		(800±5)～(682±6)		
	变辉长岩			679±3		
武当山地区	变基性、中酸性火山岩	耀岭河群	TIMS	632±1	蔡志勇	2007
陕西石泉水库	基性火山岩为主	耀岭河群	TIMS	808±6	李怀坤	2003
淅川县城北	变石英角斑岩	耀岭河群		746±2		
淅川北部	变质石英砂岩	武当岩群杨坪组	LA-ICP-MS	2520～640	祝禧艳	2008
	变质熔岩	武当岩群双台组		818±10,747±5,683±16,850,900		
	变石英角斑岩			726±17,777±16		
陕西柞水-凤凰镇	磨沟峡闪长岩	陡岭岩群	SHRIMP	743±12	牛宝贵	2006
	黑沟碱性花岗岩			686±10		
	冷水沟辉长岩			680±9		
淅川北部	甘沟闪长岩、石英闪长岩	陡岭岩群	LA-ICP-MS	701±8	李森	2003
	三坪沟闪长岩、花岗闪长岩			756±19,726±18		
	封子山花岗闪长岩			740±182,683±4		
唐河周庵	二辉辉橄岩、二辉橄榄岩	陡岭岩群	LA-ICP-MS	641.2±4.5,636.5±4.4	王梦玺	2012
湖北随州-枣阳	橄长岩	陡岭岩群	SHRIMP	632±6	薛怀民	2011
湖北随州-枣阳	大阜山橄长岩	陡岭岩群	SHRIMP	599.4±8	洪吉安	2009
信阳	柳林辉长岩	周进沟组	SHRIMP	611±13	陈玲	2006
新县	苏家河、浒湾北变质花岗岩	周进沟组	SHRIMP	726±6,758±12	刘贻灿	2010
新县	王母观橄榄辉长岩	周进沟组	SHRIMP	635±5	刘贻灿	2006
安徽舒城县	卢镇关、新开岭花岗岩	佛子岭群	LA-ICP-MS / SHRIMP	754±10 / 756±26	郑永飞	2004
栾川	碱性粗面岩	大红口组	SHRIMP	860.3±8.2	阎国翰	2010
栾川	辉长岩	栾川群	LA-ICP-MS/SHRIMP	830±6,830±7,826±34	Wang Xiaolei	2011

南秦岭裂解活动在震旦纪延续,南部为被动陆缘-碳酸盐岩台地,北部周进沟裂谷发育碱性玄武岩,并逐渐向洋盆演化。北秦岭裂谷(小寨组、歪头山组)中下部一套变质低成熟度长石砂岩、变

玄武岩和变质岩浆杂岩尚无确切同位素时代,可能起源于南华纪,上部含炭浊积岩系则可能已进入震旦纪。

四、寒武纪—奥陶纪

扬子陆块与华北陆块已互相漂移至邻近位置,受秦岭弧盆活动的影响,宽坪洋岛以北的华北陆块自寒武纪开始接受来自南方的海侵,在早寒武世辛集组浅水陆棚和滨岸潮坪沉积之后,继而很快成为广阔的陆表海,接受寒武系厚层碳酸盐岩沉积,并在寒武纪末全面海退(图2-17)。随后受奥陶纪古亚洲洋活动的影响,改为来自北方的海进与海退,继续接受陆表海碳酸盐岩盖层沉积。

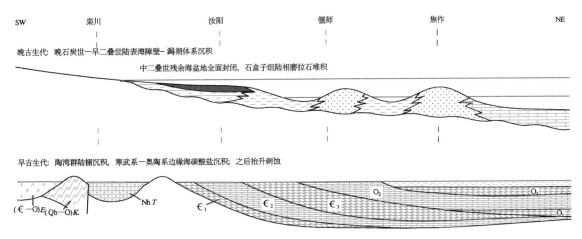

图2-17 华北陆块寒武纪—中二叠世大地构造演化模式图

(Qb-O)K.青白口系—奥陶系宽坪岩群;NhT.南华系陶湾群;(∈—O)E.寒武系—奥陶系二郎坪群;∈₁.下寒武统;
∈₂.中寒武统;∈₃.上寒武统;O₁.下奥陶统;O₂.中奥陶统;O₃.上奥陶统

寒武纪—奥陶纪期间,扬子陆块与华北陆块之间发育秦岭弧盆系(图2-18)。丹凤洋北侧依次为丹凤弧前盆地、秦岭岛弧、二郎坪弧后盆地,其中宽坪古洋岛已处在二郎坪弧后盆地的近陆一侧;南侧依次为周进沟弧前盆地、陡岭古陆及淅川被动陆缘。丹凤洋主要在寒武纪期间强烈扩张,在秦岭岛弧之前构造侵位蛇绿岩套,在秦岭岛弧之下发育北秦岭高压—超高压榴辉岩带及北侧与之共生的小寨组高温低压红柱石-堇青石带。榴辉岩中锆石 SHRIMP U-Pb 下交点为(493±170)Ma,含金刚石片麻岩(石榴白云石英片麻岩)锆石边部 SHRIMP U-Pb 平均年龄为(511±35)Ma,下交点为(502±45)Ma 代表高压变质年龄(杨经绥等,2002)。与高压变质带同期的二郎坪弧后盆地,主要扩张形成二郎坪群底部的细碧岩系及基性岩体,之后发育细碧-角斑岩建造。

五、志留纪—早石炭世

秦岭弧盆系在志留纪开始与华北陆块碰撞,华北陆块南部在志留纪—早石炭世期间为风化剥蚀的古陆。在碰撞过程中,商丹结合带的南侧为泥盆纪南湾残余盆地,后过渡为周缘前陆盆地;宽坪岩群成为华北陆块南缘的增生楔,并在宽坪结合带的南侧发育泥盆纪—早石炭世弧后前陆盆地。碰撞过程中的志留纪深成岩浆岩,首先是同碰撞过铝质石英闪长岩-花岗闪长岩组合,稍后为后碰撞富钾二长花岗岩、二云母花岗岩组合;并按照由北向南的碰撞顺序,两两成对地发育两条深成岩浆岩带,即北侧的板山坪-黄岗-马畈杂岩带,南侧的灰池子-桐柏杂岩带;最终,富含 Nb、Ta、Li 等

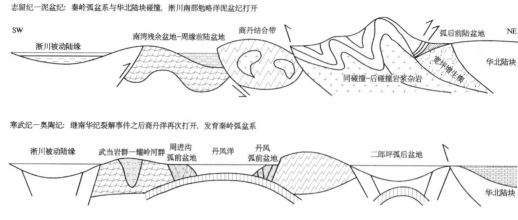

图 2-18 秦岭弧盆系寒武纪—泥盆纪大地构造演化模式图

低倾角钾长伟晶岩带的出现标志造山过程的结束。在秦岭与华北陆块的碰撞过程中,勉略洋于泥盆纪打开,南秦岭的南部仍有淅川被动陆缘盆地。

六、晚石炭世—中三叠世

晚石炭世—早二叠世,来自北东方向的海侵在华北陆块发育碎屑岩陆表海沉积。中二叠世全面海退,在封闭的残余海盆地发育石盒子组陆相磨拉石堆积。早—中三叠世,转入坳陷盆地河湖相砂岩、粉砂岩、泥岩沉积。

秦岭造山带在晚石炭世—中三叠世期间继续压缩,晚石炭世前陆盆地消失,桐柏-大别深俯冲,北秦岭褶皱带北侧发育前陆盆地。桐柏南部榴辉岩锆石 U-Pb 年龄为 (257 ± 16) Ma(Liu et al.,2008),桐柏北部退变榴辉岩锆石 U-Pb 年龄为 (255 ± 6) Ma,(216 ± 14) Ma(Liu et al.,2008),反映俯冲的南秦岭于晚二叠世达到榴辉岩相变质深度。大别超高压变质带的变质时代已发表有数百个同位素年龄数据,主要为 240~220Ma(杨经绥等,2009)。

勉略洋盆在石炭纪扩张,南秦岭褶皱带的南侧仍发育石炭纪陆棚沉积,二叠纪海退后,河南省境内不再有海相沉积。

七、晚三叠世以来

1. 晚三叠世—早侏罗世

受西伯利亚板块、古特提斯板块和古太平洋板块三面汇聚的影响,已拼合的华北陆块和秦岭造山带在不同方向和部位呈现不同的大地构造特征。大别山深地震反射剖面(图 2-19)揭示,总体北倾的莫霍面和同样北倾的下地壳结构反映中生代扬子陆块的向北俯冲,在大别山超高压变质带的南、北两侧存在北倾的莫霍面错断、叠置现象(高锐等,

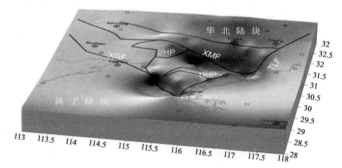

图 2-19 大别山南、北两个莫霍错断带三维图像
(据董树文,2007)
UHP.超高压变质带;XMF.晓天-磨子潭断裂;XGF.襄樊-广济断裂;TLF.郯庐断裂

2004)。大别山北缘高精度重磁电震解析的深部地质结构,显示华北陆块向南俯冲、浅部地壳向北推覆(张交东等,2012)。扬子陆块与华北陆块的相向俯冲,造成秦岭造山带南、北两侧断面相向的"花状造山"样式,且华北陆块南缘卷入了造山带,造山带被压缩的程度自东向西逐渐减小。一般认为在碰撞过程中即伴随高压变质带的折返,经历同碰撞期俯冲板块的浮力隆升、构造挤出和晚期伸展拆离,伴随花岗质岩浆活动的底劈上升等复杂过程。大别山在侏罗纪发生了强烈的陆内造山事件,持续的碰撞由东向西穿时进行,合肥压陷盆地早侏罗世地层中的三叠纪碎屑锆石含有超高压矿物包裹体,证明大别山东部的超高压变质带在早侏罗世时期已出露至地表(李任伟等,2005)。

在北西-南东方向上,郑州以西的义马-济源早—中侏罗世原型盆地可能属于鄂尔多斯前陆盆地的东缘,郑州以东的侏罗纪古生物特征迥然不同于西部,因而在地层划分对比上长期存在争议;河南省东部存在大面积的新太古代基底隆起,方城以东的秦岭造山带和陆块南缘地层普遍达角闪岩相以上变质程度,以西则为绿片岩相以下变质程度;因此,河南省东、西部在早侏罗世时已存在落差非常大的东高西低的地貌台阶。

2. 中侏罗世—白垩纪

华北和秦岭进入中—晚侏罗世的多向陆块汇聚与白垩纪克拉通的破坏期,突发的灾变事件对河南省的地质构造和矿产分布带来了最为深刻的影响。在华北陆块南缘,晚三叠世之后最早的斑状二长花岗岩体有上房[SHRIMP U-Pb(157.6 ± 2.7)Ma;叶会寿等,2006]、南泥湖[SHRIMP U-Pb(157.1 ± 2.9)Ma;叶会寿等,2006]和万村[SHRIMP U-Pb(156.8 ± 1.2)Ma;李永峰等,2005]等晚侏罗世岩体,稍后有娘娘山[SHRIMP U-Pb(141.7 ± 2.5)Ma;王义天等,2010]、文峪[SHRIMP U-Pb(138.4 ± 2.5)Ma;王义天等,2010]、马圈[Re-Os(144.5 ± 2.2)Ma、(145.0 ± 2.2)Ma;李永峰等,2004]等白垩纪初期的二长花岗岩体。在秦岭造山带,出现早期的花岗斑岩体为秋树湾[Re-Os(147 ± 4)Ma;郭保键等,2006]、白石坡[SHRIMP U-Pb 142Ma;李厚民等,2007]和母山[LA-ICP-MS U-Pb(142 ± 1.8)Ma;杨梅珍等,2011]。而无论华北陆块南缘或秦岭造山带,大规模的花岗岩浆活动均在130~110Ma,表明晚侏罗世157Ma左右为挤压体制向伸展体制的转换点。

在157Ma之前,来自古特提斯板块的北东向挤压、西伯利亚板块的南东向挤压和古太平洋板块的北北西向侧向挤压(左行剪切),嵩山—箕山地区和岱嵋山地区产生早期北东向挤压与晚期左行剪切相叠加的褶皱,褶皱的向斜部位是河南省铝土矿、煤矿的主要保存构造。太行山区除岱嵋山地区发生早—中侏罗世褶皱外,其他地区为相当稳定的陆块。由于太行山区缺少中侏罗世以后的沉积,一般认为其在中侏罗世初步隆升,白垩纪之后才成为山地。

已有资料显示,河南省内从小秦岭到商城有大小16个晚侏罗世—早白垩世花岗岩体为高Sr低Yb的埃达克岩,它们处在中国东部晚中生代(175~113Ma)高原的西南缘(张旗等,2008)。从河南省内安鹤、陕县、鲁山、确山、永夏和山东菏泽煤田中发育的天然焦与早白垩世花岗岩体来看,没有足够的地壳厚度则很难在稳定的陆块内形成花岗岩体。中—新生代华北盆地可能是当时高原的分布范围,因为在西南界的早白垩世火山岩中分布有巨大的硅化木和炭化木碎屑,之下为炎热气候的红色泥砂岩层。以上埃达克岩可能是高原边界加厚地壳的标志。

中侏罗世—白垩纪花岗岩总的变化趋势是:随时代变新,岩体规模突然由小岩体变为规模巨大的岩基或花岗岩带,最终消失于富K小岩体或环状正长花岗岩墙。尽管K_{60}与地壳厚度的关系只适用于俯冲造山带(汪洋,2007),但推广到碰撞造山带所推算的地壳厚度仍有一定的变化规律,或许可相对指示山根厚度的变化。由K_{60}推算有关岩体的地壳厚度,总的趋势是随年龄变小而地壳厚度减少,并在晚期明显减少。在晚期花岗岩活动时期分布大量的基性岩脉,尤其是在金银矿区和花岗岩基内部,已有的锆石微区或表面 U-Pb 同位素年龄有:伏牛山花岗岩基中的基性岩墙 SIMS 锆石 U-Pb 116Ma(高昕宇,2012),刘山岩铜矿区煌斑岩中的花岗岩团块 LA-ICP-MS 锆石 U-Pb (144±1)Ma(蔡锦辉等,2010),大别山北部祝家铺、小河口和椒岩 3 个辉石岩-辉长岩侵入体 SIMS 锆石 U-Pb(130~123)Ma(李曙光等,1999),北大别造山带岳西沙村镁铁—超镁铁岩侵入体 SIMS 锆石 U-Pb(128±2.0)Ma(葛宁洁等,1999)。

在华北陆块南缘和秦岭造山带,同时代大花岗岩基与小花岗(斑)岩体共生是十分普遍的现象。灵山花岗岩基与北侧早白垩世陈棚组火山碎屑岩相距仅约 3km,其间分布不同深度相的同期花岗斑岩脉和小岩体,而它们之间仅有规模相当小的但相当密集的脆性正断层。豫皖交界地带的金刚台组火山岩代表大别造山带北缘最早的中生代火山活动,采用 LA-ICP-MS 锆石 U-Pb 法测定粗面安山岩、熔结凝灰岩的年龄分别为(128.8±0.7)Ma 和(127.6±0.5)Ma,紧邻火山岩的正长斑岩的年龄为(129.8±0.7)Ma,这 3 组年龄值在误差范围内近于一致,说明火山喷发与大规模岩浆活动是同时进行的(黄皓等,2012)。在周口坳陷,125~110Ma 期间沉积岩的最大埋藏深度约 5km (图 2-20)。在此期间周口坳陷与大别山之间的信阳盆地沉降量尚不清楚,估计白垩纪期间秦岭与南华北盆地之间的升降约 15km。

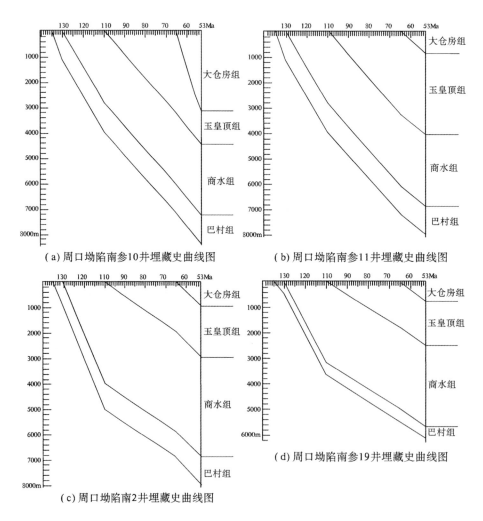

图 2-20 周口坳陷南参 10、南参 11、南 2 井、南参 19 井埋藏史曲线图

(未恢复剥蚀;据吉林大学地质地球物理项目组,2002;转引自:张艳,2003)

从以上现象可以理解,125～110Ma期间应存在秦岭山根和高原的垮塌事件,即发生了岩石圈拆沉和软流圈物质的上涌。秦岭造山带和北侧的早白垩世岩浆活动与火山喷发仅限于东秦岭及其以东,实质是环绕南华北盆地乃至整个华北盆地的活动,之所以在造山带及其北侧的岩浆活动如此强烈,除山根垮塌的因素外,可能还与垂直古太平洋板块的拉张作用有关。伴随大规模岩浆活动的中上地壳的伸展运动,形成了遍及陆内岩浆弧的钼铅锌矿和萤石矿,南华北盆地四周的矽卡岩型铁矿和重晶石矿。尚形成了华北陆块南缘的穿隆群和桐柏山-大别山的大型穿隆构造,穿隆四周的断裂系统和背斜构造控制了金银矿集区的分布。在短暂的岩浆活动之后,地壳转入平衡调整时期,发育晚白垩世红色断陷盆地沉积,此时恐龙的足迹遍及豫西南和豫南地区。

3. 古近纪—第四纪

古近纪之后的大地构造演化完全受控于滨西太平洋构造域,现今华北克拉通的岩石圈厚度东薄西厚,沉积盆地下部的岩石圈发生了明显的减薄(图2-21)。根据流动地震台阵探测,在华北克拉通东部上下地幔过渡带为高速体,高速体上、下存在一些低速异常体,保存了太平洋板块俯冲物质在过渡带停滞的特性(朱日祥等,2009)。太平洋板块俯冲使东亚大陆下方地幔流动呈现快速和不稳定的特点,这一独特的区域地幔流动体系促进了华北克拉通上地幔中熔流体含量的增加和岩石圈软化,导致了华北克拉通不同地区分别以拆沉和热侵蚀为主的不同方式被破坏(图2-22)。

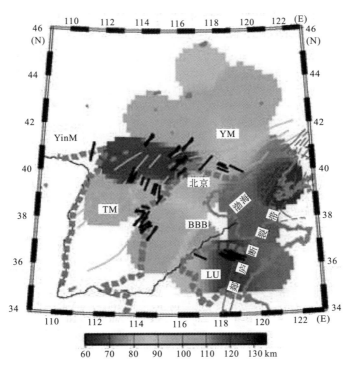

图 2-21 由接收函数偏移成像推断的华北
克拉通东部岩石圈厚度分布
(据Chen,et al.,2005;转引自:朱日祥等,2009)
下方的色标为岩石圈厚度,图中黑色线段是横波分裂测量结果;BBB.渤海湾盆地;LU.鲁西隆起;TM.太行山;YinM.阴山;YM.燕山

喜马拉雅早期构造运动划分为4幕:喜马拉雅一幕发生于晚古新世末期,喜马拉雅二幕发生于早始新世末期,喜马拉雅三幕相当于渤海湾盆地的"华北运动"发生于晚始新世晚期,喜马拉雅四幕

发生于渐新世晚期。晚古新世原型盆地分布较广,整体可能是呈近东西向展布的"广盆式"沉积。喜马拉雅一幕强烈的差异块断运动,致使晚古新世沉积盆地大多遭受严重剥蚀。早始新世沉积盆地呈"东厚西薄"的分块展布。喜马拉雅二幕构造变动也表现出以北西西向为主的块断运动,重要差异在于北北东向的断裂活动明显变得强烈,且数量增多、展布密集,致使早始新世沉积残留盆地分割,常形成较多的"掀斜断块"。中、晚始新世沉积盆地以"断陷型"为主。喜马拉雅三幕发生于晚始新世晚期,结束于晚始新世末,其块断强度明显减弱,而沉积盆地普遍抬升。喜马拉雅四幕终止了古近纪的块断运动,表现为"东强西弱",致使南华北盆地自渐新世中期开始逐步全面抬升,与渤海湾盆地相比,呈现了盆地衰减、消亡较早的特点。在喜马拉雅早期四幕构造运动的控制下,河南省覆盖区内的古近纪沉积经历了晚古新世的断坳型盆地,早始新世的坳陷型盆地,中、晚始新世的断陷型盆地和渐新世的断坳盆地的演化,具有纵向上交错叠置,横向上往北、往东逐渐迁移的特点。

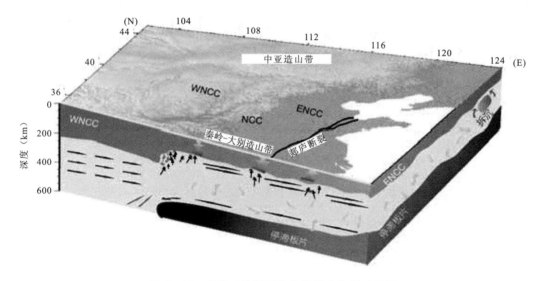

图 2-22 华北克拉通下的地幔流动体制示意图
(据朱日祥等,2009)

顶面是研究区域的地形图,垂直剖面是俯冲板块停滞物质、邻近古老克拉通根的构造以及地幔对流示意图,地幔流动包含稳定对流(黑色箭头)和局部扰动,在郯庐断裂带和太行山下方示意热侵蚀破坏方式,在辽东下方示意拆沉破坏方式。NCC. 华北克拉通;ENCC. 华北克拉通东部;WNCC. 华北克拉通西部

第三章 河南省矿产资源概况

第一节 矿产种类与类型

一、矿产种类

河南省是全国重要的矿产资源和矿业大省,矿业产值连续多年位于全国前 5 位。截至 2010 年末,全省已发现的矿种为 136 种(含非金属亚种为 179 种),其中能源矿产 9 种,金属矿产 38 种,非金属矿产 87 种(非金属矿产亚种 130 种),水气矿产 2 种。截至 2010 年末,全省已探明资源储量的矿种为 114 种(含非金属亚矿种为 124 种),其中能源矿产 8 种,金属矿产 27 种,非金属矿产 77 种,水气矿产 2 种(表 3-1)。在全国矿产资源储量汇总表(2010)中,河南省保有资源储量居首位的有 13 种,居前 3 位的有 36 种,居前 5 位的有 52 种,居前 10 位的有 91 种(表 3-2)。

表 3-1 河南省已探明资源储量矿产种类统计表(截至 2010 年底)

矿产类别		矿种(亚矿种)	矿种数(种)
能源矿产		石油、天然气、煤、石煤、油页岩、铀、钍、地热	8
金属矿产	黑色金属	铁、锰、钒、钛	4
	有色金属	铜、铅、锌、铝土矿、镍、钴、钨、钼、锑、镁	10
	贵金属	金、银	2
	稀有金属	铌、钽、铍、锂、铷、铯、锗、镓、铟、铼、镉	11
非金属矿产	冶金辅助原料	蓝晶石、矽灰石、红柱石、菱镁矿、普通萤石、石灰岩(熔剂用灰岩)、白云岩(冶金用白云岩)、石英岩(冶金用石英岩)、砂岩(铸型用砂岩)、耐火黏土、铁矾土、橄榄岩(耐火用橄榄岩)、脉石英(冶金用脉石英)	13
	化工原料	硫铁矿、重晶石、天然碱、石灰岩(电石用灰岩)、含钾砂页岩、蛇纹岩(化肥用蛇纹岩)、岩盐、砷、磷、含钾岩石、白云岩(化工用白云岩)、橄榄岩(化肥用橄榄岩)	12
	金刚石、水晶	水晶(压电水晶)、石榴石、方解石、玉石	4
	硅灰石、高岭土	硅灰石、滑石、长石、叶蜡石、砂岩(陶瓷用砂岩)、霞石正长岩、高岭土、陶瓷土	8

续表 3-1

矿产类别		矿种（亚矿种）	矿种数（种）
非金属矿产	玻璃原料	白云岩（玻璃用白云岩）、砂岩（玻璃用砂岩）、脉石英（玻璃用脉石英）、粉石英、凝灰岩（玻璃用凝灰岩）、石英岩（玻璃用石英岩）	6
	水泥原料	石灰岩（水泥用石灰岩、制灰用灰岩）、泥灰岩、砂岩（水泥配料用砂岩、砖瓦用砂岩）、其他黏土（砖瓦用黏土、水泥配料用黏土、水泥配料用黄土）、凝灰岩（水泥用凝灰岩）、大理岩（水泥用大理岩）、玄武岩（水泥混合材玄武岩）、页岩（砖瓦用页岩）	8
	黏土类	海泡石黏土、伊利石黏土、膨润土、陶粒用黏土	4
	饰面建筑用	石灰岩（建筑石料用灰岩、饰面用灰岩）、白云岩（建筑用白云岩）、辉绿岩（建筑用辉绿岩、饰面用辉绿岩）、安山岩（建筑用安山岩、饰面用安山岩）、闪长岩（建筑用闪长岩）、花岗岩（建筑用花岗岩、饰面用花岗岩）、凝灰岩（建筑用凝灰岩）、大理岩（饰面用大理岩、建筑用大理岩）、玄武岩（建筑用玄武岩）、角闪岩（建筑用角闪岩）、片麻岩、板岩（饰面用板岩）	12
	石墨及其他	石墨、蓝石棉、云母、蛭石、沸石、石膏、透辉石、珍珠岩、天然油石、玄武岩（铸石用玄武岩、岩棉用玄武岩）	10
水气矿产		地下水、矿泉水	2

表 3-2 河南省矿产保有查明资源储量在全国的位次表（截至 2010 年底）

位次	矿种	矿种数（种）
1	钛矿（金红石矿物）、镁矿、钼矿、蓝晶石、红柱石、天然碱、化肥用橄榄岩、玻璃用灰岩、水泥配料用黏土、水泥混合材用玄武岩、伊利石黏土、建筑用灰岩、珍珠岩	13
2	白钨矿、铝土矿、耐火黏土、铸型用砂岩、耐火用橄榄岩、玻璃用凝灰岩、伴生磷、水泥用灰岩、水泥用大理岩、建筑用凝灰岩、饰面用安山岩、蓝石棉、天然油石	13
3	钨矿、铼矿、铁矾土、方解石、泥灰岩、水泥配料用黄土、建筑用闪长岩、建筑用安山岩、建筑用闪长岩、建筑用页岩	10
4	镓矿、普通萤石、熔剂用灰岩、含钾岩石、岩棉用玄武岩、建筑用玄武岩、建筑用大理岩、建筑用砂、建筑用白云岩、建筑用砂岩、石墨（晶质）	11
5	金矿、镍矿、砖瓦用砂岩、陶瓷用砂岩、片麻岩	5
6	钛矿（金红石 TiO_2）、炼焦用煤、锂矿（Li_2O）、铯矿（Cs_2O）、玻璃用石英岩、冶金用石英岩、硅灰石、滑石、海泡石黏土、建筑用辉绿岩	10
7	铷矿（Rb_2O）、电石用灰岩、饰面用玄武岩、化工用白云岩、含钾砂页岩、玻璃用脉石英、水泥用凝灰岩、建筑用花岗岩、饰面用板岩、陶粒用黏土、饰面用灰岩	11
8	沸石、混合钨矿、饰面用大理岩	3
9	煤炭、铅矿、锑矿、铍矿（BeO）、玉石、盐矿、石榴石、制灰用灰岩、石墨（隐晶质）、透辉石	10
10	铁矿、铟矿、化肥用蛇纹岩、砖瓦用页岩、普通萤石	5

续表 3-2

位次	矿种	矿种数（种）
11	油页岩、钽矿（Ta_2O_5）、菱镁矿、硫铁矿、重晶石、叶蜡石、建筑用辉绿岩	7
12	石油、钒矿、钛矿（磁铁矿 TiO_2）、石膏	4
13	铌矿（Nb_2O_5）、冶金用白云岩、饰面用花岗岩	3
14	锌矿、银矿、锗矿、水泥配料用砂岩	4
15	玻璃用白云岩、高岭土、砖瓦用黏土、伴生硫	4
16	天然气、磷矿、云母（片云母）	3
17	镉矿、冶金用脉石英、压电水晶、玻璃用砂岩	4
18	锰矿、铜矿、砷、熔炼水晶、长石	5
19	膨润土	1
20	富铜矿（Cu>1%）	1
21	钴矿	1

资料来源：《截至 2010 年底全国矿产资源储量汇总表》。

截至 2010 年末，全省已开发利用的矿种为 90 种，含非金属亚矿种为 115 种，其中能源矿产 6 种，金属矿产 21 种，非金属矿产 61 种，非金属矿产亚种 86 种，水气矿产 2 种。已利用矿区数 1575 个，未利用矿区数 826 个。

二、矿产地和矿床数

按照矿业权管理的矿区数为 2382 个。资源储量达到大型的矿区有 240 个，中型 401 个，小型 1741 个。有关矿区不是矿产地或矿床的自然边界，存在分割或跨越矿床（矿产地）自然边界的现象。

按照独立的矿产地统计（表 3-3），河南省共有各种矿床数 921 个，其中：超大型 12 个，大型 160 个，中型 239 个，小型 510 个；各种矿点 690 个。河南省的优势矿产可归纳为煤、石油、天然气三大能源矿产；钼、金、铝、银四大金属矿产；天然碱、盐岩、耐火黏土、蓝石棉、珍珠岩、水泥灰岩、石英砂岩七大非金属矿产。

三、矿床类型划分

关于矿床类型的划分有上百种分类方案，如基于成矿地质作用、成矿环境、含矿建造、热水性质等众多的矿床成因分类，按照矿种进行的矿床工业类型划分。本次重要矿产和区域成矿规律研究由"全国成矿规律研究组"统一制定矿床类型分类方案（陈毓川等，2010），分类原则是按照成矿地质作用将矿床类型归纳为 13 种基本成因类型："岩浆型、伟晶岩型、斑岩型、接触交代型、热液型（狭义）、海相火山岩型、陆相火山岩型、海相沉积型、陆相沉积型、沉积变质型、砂岩型、风化壳型、不明成因型"，然后根据各矿种在不同地质环境客观存在的特点和通常已有的称谓，分别进行 23 个矿种的矿床类型划分。该分类方案是一种介于矿床成因类型与工业类型之间的自然分类，系统、简明而具有明确的客观实体。

表 3-3 河南省矿产地一览表

矿产类别	矿种	超大型(个)	大型(个)	中型(个)	小型(个)	矿点(个)	总计(个)
能源矿产	煤	2	55	49	186	6	298
	油页岩				2	4	6
	铀				2	7	9
	钍					1	1
黑色金属矿产	铁		3	12	85	190	290
	锰				1	13	14
	铁锰				1	2	3
	铬				1	3	4
	钒			1	1	1	2
	金红石	2	1	1		15	19
	风化壳型金红石	1	2			1	4
有色金属矿产	铜				5		5
	铜钼			1	1	6	8
	铜锌			1	1	3	5
	铜金				5		5
	铅		1	9	21	22	53
	铅钼				1	2	3
	铅锌			1	8	34	43
	铅银					1	1
	锌			1	1		2
	铝		13	18	23		54
	镍					3	3
	钼	3	5	7	4	10	29
	钼钨	2	2				4
	钨					1	1
	锑				2	6	8
	多金属		7	10	2	32	51
贵金属矿产	金		12	24	55	71	162
	银		1	7	4		12
	金银(银金)			1	1	2	4
稀有金属矿产	铌钽				2	6	8
	锆					1	1
稀土金属矿产	钇					1	1

续表 3-3

矿产类别	矿种	超大型(个)	大型(个)	中型(个)	小型(个)	矿点(个)	总计(个)
非金属工业矿物	石墨		3		3	24	30
	红柱石		1				1
	矽线石					4	4
	蓝晶石		1	1		2	4
	萤石		1	1	8	64	74
	重晶石				3	17	20
	磷矿			5	11	32	48
	硫铁矿		2	3	7	9	21
	天然碱		2				2
	盐矿		1	2			3
	砷矿				1		1
	蓝石棉		1	6		10	17
	石棉					2	2
	水晶				5	24	29
	滑石				2	6	8
	云母			1	6	20	27
	蛭石					17	17
	沸石		1		1	5	7
	石膏(含泥膏)	1	1		2		4
非金属工业岩石	耐火黏土	1	2	12	5	1	21
	熔剂用灰岩		2	7			9
	化工灰岩		2	1	1		4
	水泥用灰岩(大理岩)		19	29	19		67
	冶金用白云岩		2	5	2		9
	玻璃用白云岩				1		1
	冶金用砂岩		1				1
	熔剂用石英岩		1	2	1		4
	玻璃用石英岩(石英脉)		3		4		7
	含钾岩石		1		1		2
	化肥用蛇纹岩			1	1		2
	玄武岩					1	1
	珍珠岩		1		1		2
	玻璃用凝灰岩		1				1
	膨润土					4	4
	高岭土		1				1
	陶瓷土			1	1		2
	伊利石黏土		1				1
	水泥配料用砂岩		1	1	1		3
	铸型用砂岩		1				1
	水泥配料用黏土		2	12	9		23
	水泥配料用黄土				1		1
	饰面用花岗岩				2		2
	饰面用大理岩		1	2			3
宝玉石矿产	玉石		1		1	5	7
合计		12	160	239	510	690	1611

四、矿产预测类型

矿产预测类型(陈毓川等,2010)是为了满足预测的需要,对矿床类型进一步的自然分类;即在矿种的矿床类型之前冠以×××式的名称,以区分同成因(自然)类型的矿产因成矿要素的差别而带来的具有不同预测要素组合的某类预测对象。根据矿产预测的需要,全国统一进行了重要矿产预测类型的划分(陈毓川等,2010),即首先按照矿产自然类型划分大类,再依成矿要素和预测要素的差别划分亚类(矿床式)。从成矿规律研究的角度,矿产特征需要高度归纳,不宜划分过多的矿床式;而从预测的角度,相同成矿特征的矿产因产于成矿前不同的地质背景,相应的综合信息预测要素便存在较大差异,又需划分很多的矿床式。在全国重要矿产预测类型划分方案的框架下,进一步划分河南省重要矿产预测类型(表3-4)。

表3-4 河南省矿产预测类型划分一览表

矿产预测类型	时代(Ma) 基底建造	时代(Ma) 成矿时代	矿种	典型矿床	研究区范围	底图类型	对综合信息的要求
鞍山式沉积变质型铁矿	Ar_3—Pt_1	2520	铁	许昌铁矿 铁山铁矿 鲁山西马楼铁矿 经山寺铁矿	修武—武陟、濮阳、许昌—鲁阳—舞阳—淮滨	1:25万新太古代变质建造构造图	磁异常信息
邯邢式接触交代型铁矿	$\in$—O_2	130		安阳市李珍铁矿 永城市大王庄铁矿	安阳—林县、永城	1:5万燕山期侵入岩浆构造图	磁异常信息
八宝山式接触交代-热液型铁铜矿	Pt_2	K_1		卢氏县八宝山铁矿	卢氏	1:5万燕山期侵入岩浆构造图	磁异常信息
曲里式接触交代型铁锌矿	Pt_3	K_1		卢氏县曲里铁锌矿	卢氏	1:5万燕山期侵入岩浆构造图	磁异常信息
宣龙式沉积型铁矿	Ch	Ch		渑池县岱嵋寨铁矿	渑池	1:5万中元古代岩相古地理图	磁异常信息
赵案庄式岩浆变质型铁矿	Ar_3	2530		舞阳赵案庄铁矿	舞阳	1:5万燕山期侵入岩浆构造图	磁异常信息
铁山河式接触交代-热液型矿床	Pt_1	Pt_1		济源铁山河铁矿	济源	1:5万侵入岩浆构造图	磁异常信息
黄岗式岩浆变质型铁矿	Nh	Nh		新县黄岗(钒)钛磁铁矿	新县	1:5万侵入岩浆构造图	磁异常信息
条山式海相火山岩型铁矿	Pz_1	$\in$—O		断树崖铁铜矿 泌阳县条山铁矿 桐柏县宝石崖铁矿	豫西南、二朗坪群	1:5万早古生代沉积建造古构造图	磁异常信息
山西式风化沉积型铁矿	C_2	C_2		焦作市上刘庄铁矿	沁阳—焦作	1:5万古生代构造岩相古地理图	磁异常信息
张家山式残积型铁矿	Pt_2	Kz		卢氏县张家山铁(钼)矿	卢氏	1:5万建造构造图	磁异常信息

续表 3-4

矿产预测类型	时代(Ma) 基底建造	时代(Ma) 成矿时代	矿种	典型矿床	研究区范围	底图类型	对综合信息的要求
刘山岩式海相火山岩型铜锌矿	Pz_1	$\in-O$	铜	桐柏县刘山岩铜锌矿	桐柏	1:5万早古生代沉积建造古构造图	物化遥自然重砂
秋树湾式斑岩型铜矿	K_1	145		镇平县秋树湾铜(钼)矿	镇平—西峡	1:5万燕山期侵入岩浆构造图	物化遥自然重砂
小沟式沉积变质型铜矿	$Ar-Pt_1$	Pt_1		济源市安坪铜矿 济源市小沟铜矿	济源	1:5万建造构造图	物化遥自然重砂
郁山式古风化壳沉积型铝土矿	C_2-P_1	C_2-P_1	铝土矿	新安县郁山铝土矿	三门峡—新安—焦作、荥阳—伊川—汝阳—宝丰—禹州	1:5万晚古生代构造岩相古地理图	遥感信息
夜长坪式斑岩-矽卡岩型钼钨矿	Pt_3	145		卢氏县夜长坪钼钨矿	卢氏—栾川地区	1:5万燕山晚期侵入岩浆构造图	物化遥自然重砂
栾川式斑岩-矽卡岩型钼钨矿	Pt_3	141.5		栾川县南泥湖-三道庄钼钨矿	卢氏—栾川地区	1:5万燕山晚期侵入岩浆构造图	物化遥自然重砂
石门沟式斑岩型钼矿	K_1	109		西峡县石门沟钼矿	豫西南地区	1:5万燕山晚期侵入岩浆构造图	物化遥自然重砂
杨堂凹式斑岩型钼银多金属矿	K_1	K_1	钼钨	桐柏县杨堂凹	桐柏大别山地区	1:5万燕山晚期侵入岩浆构造图	物化遥自然重砂
大湖式热液脉型钼矿	Ar_3	232~223		灵宝市大湖金矿钼矿体	灵宝	1:5万建造构造图	物化遥自然重砂
母山式斑岩型钼矿	D	142		罗山县母山钼矿	大别山地区	1:5万建造构造图	物化遥自然重砂
千鹅冲式斑岩型钼矿	Pz	128		新县千鹅冲钼矿	大别山地区	1:5万建造构造图	物化遥自然重砂
汤家坪式斑岩型钼矿	Pt_1	113		商城县汤家坪钼矿	大别山地区	1:5万建造构造图	物化遥自然重砂
祁雨沟式侵入角砾岩型金矿	Ar_3	130		嵩县祁雨沟金矿	嵩县	1:5万侵入岩浆构造图	物化遥自然重砂
小秦岭式岩浆热液型金矿	Ar_3	126		灵宝市大湖金矿	小秦岭地区	1:5万建造构造图	物化遥自然重砂
上宫式岩浆热液型金矿	Ar_3	126	金	上宫金矿	卢氏—嵩县—鲁山	1:5万建造构造图	物化遥自然重砂
高庄式破碎-蚀变岩型金矿	Pz_1	K_1		西峡县高庄金矿	卢氏—西峡—镇平	1:5万建造构造图	物化遥自然重砂
老湾式岩浆热液型金矿	Pt_{2-3}	K_1		桐柏县老湾金矿	桐柏	1:5万建造构造图	物化遥自然重砂
银洞坡式变质碎屑岩中热液型金矿	Pt_3	K_1		桐柏县银洞坡金矿	桐柏—沁阳	1:5万建造构造图	物化遥自然重砂

续表 3-4

矿产预测类型	时代(Ma) 基底建造	时代(Ma) 成矿时代	矿种	典型矿床	研究区范围	底图类型	对综合信息的要求
蒲塘式侵入角砾岩型金矿	Pt_3	130	金	西峡县蒲塘金矿	西峡地区	1:5万侵入岩浆构造图	物化遥自然重砂
余冲式岩浆热液型金矿	Pt_{2-3} Pz_1	K_1		光山县余冲金矿	大别山地区	1:5万建造构造图	物化遥自然重砂
凉亭式岩浆热液型金银矿	Pt_{2-3}	K_1		光山县凉亭金银矿		1:5万建造构造图	物化遥自然重砂
许窑沟式破碎蚀变岩型金矿	Pz_1	K_1		内乡县许窑沟金矿	内乡—镇平	1:5万建造构造图	物化遥自然重砂
砂金矿	Z_2—K_2	Q		淅川县寺湾砂金矿	淅川地区	1:5万地貌与第四纪地质图	物化遥自然重砂
银洞沟式热液型银铅锌矿	Pt_3、∈	429	银	内乡县银洞沟银铅锌矿	内乡	1:5万建造构造图	物化遥自然重砂
铁炉坪式热液型银矿	Ar_3	147		洛宁县铁炉坪银矿	洛宁、嵩县	1:5万建造构造图	物化遥自然重砂
破山式层控热液型银矿	Pz_1	K_1		桐柏县破山银矿	桐柏—大别山地区	1:5万建造构造图	物化遥自然重砂
板厂式次火山岩型银多金属矿	Pt_1	130		内乡县板厂银钼铅锌矿	内乡—镇平	1:5万侵入岩浆构造型	物化遥自然重砂
皇城山式火山岩型银矿	K_1	K_1		罗山县皇城山银矿	信阳地区	1:5万火山岩性岩相图	物化遥自然重砂
白石坡式次火山岩型银多金属矿	Pt_{2-3}	142		罗山县白石坡银铅锌矿	信阳地区	1:5万火山岩性岩相图	物化遥自然重砂
水洞岭式海相火山岩型铅锌(铜)矿	Pz_1	∈—O	铅锌	南召县水洞岭铅锌矿	栾川—南召	1:5万早古生代沉积建造古构造图	物化遥自然重砂
赤土店式岩浆热液型铅锌矿	Pt_2	K_1		栾川县赤土店、百炉沟、冷水北沟铅锌银矿	栾川	1:5万建造构造图	物化遥自然重砂
沙沟式层控热液型铅锌矿	∈$_3$	145		济源县沙沟铅锌矿	济源	1:5万建造构造图	物化遥自然重砂
上庄坪式海相火山岩型铅锌多金属矿	Pz_1	Pz_1		嵩县上庄坪铅锌银矿	二郎坪群	1:5万早古生代沉积建造古构造图	物化遥自然重砂
西灶沟式岩浆热液型铅锌矿	Pt_2	K_1		汝阳县西灶沟铅锌矿	外方山	1:5万侵入岩浆构造图	物化遥自然重砂
老龙泉式岩浆型铬矿	Pz_1	Pz_1	铬	桐柏县老龙泉铬矿点	桐柏	1:5万侵入岩浆构造图	物化遥自然重砂
周庵式基性—超基性铜-镍硫化物型镍矿	Pt_1	641~636	镍	唐河县湖阳镍矿	唐河	1:5万侵入岩浆构造图	物化遥自然重砂

续表 3-4

矿产预测类型	时代(Ma) 基底建造	时代(Ma) 成矿时代	矿种	典型矿床	研究区范围	底图类型	对综合信息的要求
南阳山式花岗伟晶岩型铌钽锂矿	S	S	铌钽锂	卢氏县官坡南阳山铌钽锂矿	卢氏地区	1:5万侵入岩浆构造图	化探信息、遥感
大河沟式岩浆热液型锑矿	Pt_{2-3}	K_1	锑	卢氏县大河沟锑矿	卢氏地区	1:5万侵入岩浆构造图	物化遥自然重砂
辛集式沉积型磷矿	ϵ_1	ϵ_1	磷	鲁山县辛集磷矿	汝阳—鲁山—宝丰	1:5万早寒武世构造岩相古地理图	化探信息
冯封式沉积型硫铁矿	C_2-P_1	C_2-P_1	硫	焦作市冯封黄铁矿	三门峡—新安—焦作、荥阳—伊川—汝阳—宝丰—禹州	1:5万晚古生代构造岩相古地理图	化探信息
银家沟式岩浆热液型硫铁矿	Pt_2	147~142	硫	灵宝市银家沟硫铁矿、栾川县骆驼山硫锌(钼)矿	灵宝	1:5万建造构造图	化探自然重砂
尖山式岩浆热液型萤石	K_1	130	萤石	信阳市尖山萤石矿	豫西南、大别山地区	1:5万建造构造图	化探信息
上庄坪式海相火山岩型重晶石	Pz_1	Pz_1	重晶石	嵩县上庄坪重晶石矿	二郎坪群	1:5万早古生代沉积建造古构造图	自然重砂
宋宫瞳式热液型重晶石	ϵ_1-O_2	K_1	重晶石	辉县大池山重晶石矿	辉县	1:5万建造构造图	自然重砂

第二节 煤 矿

一、成矿特征

河南省含煤地层发育较全,既有华北型的,又有华南型和过渡型的。含煤地层主要有:南秦岭南部下寒武统杨家堡组(水沟口组);北秦岭北部下石炭统杨山组,上石炭统杨小庄组,上三叠统留山组;华北陆块南缘煤窑沟组;华北陆块南部上石炭统—下二叠统本溪组,下二叠统太原组,中二叠统山西组和下石盒子组,上二叠统上石盒子组;以及上三叠统春树腰组、谭庄组,早—中侏罗统义马组,古近系核桃园组、潭头组等。其中二叠纪煤层和早—中侏罗世煤层为河南省的主要煤产地,石炭纪、晚三叠世煤层薄或煤质差,其他有关地层仅含石煤或泥炭。根据有关煤层分布和煤田保存构造,河南省共划分有18个煤田和2个含煤区(图3-1),除石炭纪商固煤田、晚三叠世南召煤田和早—中侏罗世义马煤田外,其他均为晚石炭世—二叠纪煤田。截至2010年底,全省查明煤矿区数327个,累计查明资源储量 $3\,253\,395.6\times10^4$ t,保有资源储量 $2\,797\,410.8\times10^4$ t。

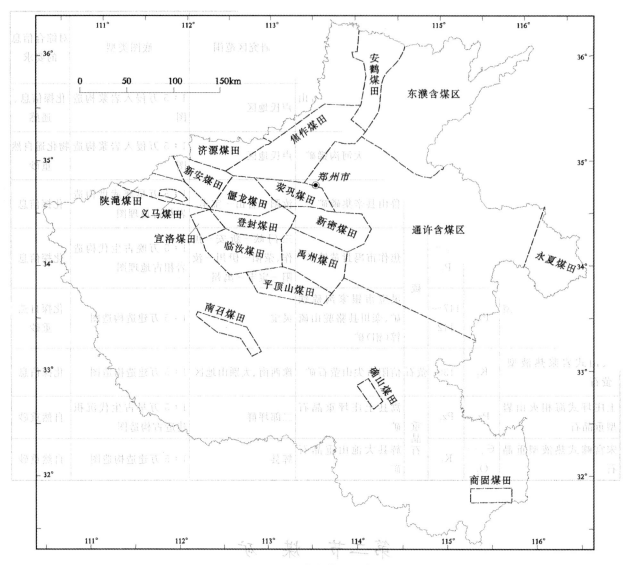

图 3-1　河南省煤田分布图

1. 二叠系含煤特征

二叠纪是河南主要成煤期，分布于三门峡、确山、固始一线以北地区。含煤地层总厚 520～950m，共划分 9 个组段，含煤 15～74 层，各地含煤性有一定差异，总体有自北西向南东煤层层数增多、聚煤层位升高的变化趋势。在黄河以南，中二叠世晚期和晚二叠世早期煤层发育，是有别于华北其他地区的显著特征。由下二叠统太原组开始，自下而上划分为 9 个煤段，即下二叠统太原组为一煤段，中二叠统山西组为二煤段，下石盒子组划分为三、四、五、六煤段，上二叠统上石盒子组划分为七、八、九煤段。总观各煤段特征，一煤段为海陆交互相，二煤段以上各煤段均为过渡相，并在七、八煤段之间有过数次短暂海侵影响。含煤性一、二煤段较佳，煤层总厚度大且全区发育。上部诸煤段在豫北地区不含煤，向南东含煤性渐好。各煤段厚度虽各地有所差异，但一般厚度多变化在 67～95m 之间，尤以 80m 左右者居多。各煤段含煤情况详见表 3-5。

表 3-5 华北区石炭系—二叠系各煤段特征表[①]

地层单位	煤段	煤层编号	标志层	含煤两极层数/一般	主要煤层	主要煤层可采性	煤段两极厚度/一般(m)
孙家沟组			平顶山砂岩				
上石盒子组	九煤段		九、八煤段分界砂岩	$\frac{0-8}{0-1}$			$\frac{21-165}{91}$
	八煤段		硅质海绵岩八、七煤段分界砂岩	$\frac{0-9}{1-2}$			$\frac{17-162}{95}$
	七煤段	七$_4$、七$_3$ 七$_2$、七$_1$	田家沟砂岩	$\frac{0-7}{2-3}$	七$_4$	局部可采	$\frac{60-187}{94}$
下石盒子组	六煤段	六$_4$、六$_2$ 六$_1$	红砂碳质砂岩	$\frac{6-5}{1-2}$	六$_2$	局部可采	$\frac{36-115}{74}$
	五煤段	五$_4$、五$_3$ 五$_2$	五、四煤段分界砂岩	$\frac{0-10}{4-5}$	五$_2$	局部可采	$\frac{30-130}{71}$
	四煤段	四$_3$、四$_2$ 四$_1$	四、三煤段分界砂岩	$\frac{0-11}{4-5}$	四$_2$	局部可采	$\frac{36-120}{71}$
	三煤段	三$_4$、三$_3$ 三$_2$、三$_1$	大紫泥岩砂锅窑砂岩	1-4	三$_2$	局部可采	$\frac{31-152}{81}$
山西组	二煤段	二$_4$、二$_3$ 二$_2$、二$_1$	大占砂岩	$\frac{2-8}{3-5}$	二$_1$	普遍可采	$\frac{48-138}{84}$
太原组	一煤段	一$_8$、一$_5$ 一$_3$、一$_1$	灰岩	2-9	一$_8$ 一$_5$ 一$_1$	局部可采 大面积可采	$\frac{10-165}{67}$
本溪组			铝土岩				

2. 侏罗系含煤特征

早—中侏罗世义马煤田东西长 24km,南北宽 3~7km,含煤面积 110km^2。含煤地层为义马组,平均总厚 75.20m,可分为上、中、下段。共含煤 3~5 层,平均纯煤总厚 15.31m,含煤系数 20.40%。

二、成矿规律

1. 主成煤期沉积格局[②]

岩相古地理研究表明,二叠纪主要有 3 个三级聚煤层序:中二叠世 P_2Sq1 层序,中二叠世 P_2Sq4 层序与晚二叠世 P_3Sq1 层序。中二叠世 P_2Sq1 层序沉积时期,地层厚度一般为 15~40m,最大厚度 47m,最小厚度约 10m;地层层位分布稳定,厚度变化较小,总体有向北、向东变厚的趋势;等厚线的

[①] 刘传喜,许军,郭海英,等. 河南省煤炭资源潜力评价报告. 河南省煤炭地质勘察研究院,2010.
[②] 王建平,周洪瑞,王训练,等. 河南省华北板块中元古代—古生代主要成矿期岩相古地理和构造古地理研究. 河南省地质调查院, 中国地质大学(北京),2009.

延伸方向近东西向,其总体变化特征反映了该时期北部靠陆、东南靠海的古地理格局。层序的岩相组合类型比较简单,大致可划为3类。Ⅰ类为煤-泥质岩相区,以煤、碳质泥岩与泥页岩为主,砂岩基本不发育,在河南东部、西部及南部都有大范围分布;Ⅱ类为煤-砂岩-泥质岩相区,呈条带状分布于Ⅰ类组合之间;Ⅲ类为煤-泥质岩-砂岩相区,以砂岩为主,分布于Ⅱ类岩相区之内,如济源西、安阳、平顶山及永城等地(图3-2)。大面积分布的煤-泥质岩组合代表潮坪上部的泥炭坪环境或潟湖沼泽环境,煤-泥质岩-砂岩组合反映潮道、砂泥混合坪或障壁岛等环境。

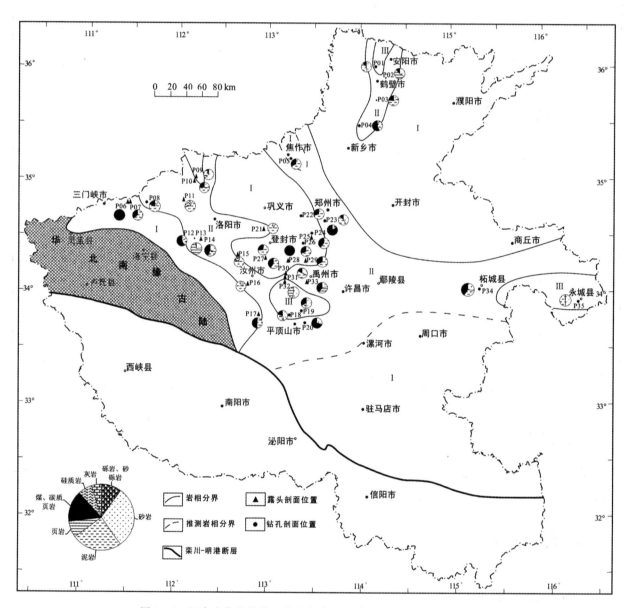

图3-2 河南省华北陆块上古生界中二叠统 P_2Sq1 层序岩相分区图

(据王建平等,2009)

Ⅰ.煤-泥质岩相区;Ⅱ.煤-砂岩-泥质岩相区;Ⅲ.煤-泥质岩-砂岩相区

该层序经历了海湾—三角洲—潮坪—潟湖等沉积环境的演化。主要有3个三角洲朵体开始进入本区:其一是发育在北起济源、渑池,南至新安及洛阳、宜阳一带的三角洲朵体,其进积方向大致由西北向东南方向延伸;其二是北起焦作,南至荥阳的三角洲朵体,该三角洲朵体规模较小,近于南北向延伸;其三是北起安阳,南至新乡的三角洲朵体,基本由北往南进积。

在河南省中北部形成了三角洲体系与碎屑障壁体系共存的沉积古地理格局：北部的安阳—新乡和济源—汝州一带为河控三角洲沉积体系分布区，砂体厚度由北向南逐渐变薄，分流河道古流向比较单一。由汝州—新郑—开封一线往南，转为受潮汐作用影响很强的潮道、河口潮汐砂脊，古水流方向不稳定。潮道相分布于荥阳-新密煤田的大峪沟、谷山、崔庙、三李、新郑井田，汝州-禹州煤田的三峰山、大刘山等井田。潮坪相主要发育在三角洲间湾或分流间湾滨岸地区，它们占据了河口侧翼及三角洲间的广大地区，横向上常相变为分流河道、潮汐砂脊或潮道。潮坪相在本区主要以潮间坪、潮上泥炭坪为主，在平顶山—柘城—永城一带为砂坪发育区。在南部确山地区则以潟湖相区为主。

$二_1$煤是在早二叠世晚期海侵向中二叠世早期海退转变的过渡阶段形成的。本区自早二叠世晚期最后一期海侵高潮后即转入海退阶段，海水逐渐从本区向东南方向退出，从而由开阔的陆表海过渡为半封闭的海湾环境。进入早二叠世早期，由于华北北部陆源区上升，河流作用开始加强，并携带大量陆源碎屑注入海湾，故海湾逐渐淤平，陆地面积不断扩大，出现广阔的滨海平原。在滨海平原的淡水森林泥炭沼泽形成了较厚的$二_1$煤层，由于滨海平原地形平坦，使$二_1$煤分布广泛且层位稳定。在广阔的泥炭沼泽发育的同时，仍有进入潮坪的潮道和潮沟活动，这种活动一般只影响局部地区，使泥炭层发育变差。$二_1$煤高硫部位呈狭长的条带状分布，可能就是这样造成的。此后，盆地再次缓慢下降，海水侵入，又一次出现了海湾沉积，从而使$二_1$煤层得以保存。

不同沉积环境对煤层发育的影响差别较大。广阔滨海平原和三角洲平原上广泛发育了成煤沼泽，成为泥炭堆积最有利的环境，形成了横向比较连续的富煤地带，本区大面积分布的$二_1$煤就形成于这样的环境，废弃的潮道和潮沟沉积物之上也可以形成泥炭，而与成煤沼泽同期发育活动的潮道和潮沟分布区则不利于泥炭发育，成煤很差。潮道砂体上覆的$二_1$煤层多为不可采薄煤带或无煤带，如禹县煤田，$二_1$煤层厚度在潮道附近2～3km以内，由0.7m增至3.5m，煤层结构由含两层夹矸变为不含夹矸，原煤灰分由富灰变为低灰。

中二叠世P_2Sq4层序沉积时期，沉积厚度一般为40～60m，最大厚度为90余米，最小厚度约20m。在沁阳—密县—登封—平顶山一带沉积厚度较大，一般大于50m，此外在新乡、柘城附近也存在高值区，反映了沉积物供给速率的差异，地层厚度总体有向南变薄的趋势。该时期的最大沉积中心位于登封附近。地层厚度在禹州—商丘以北为近北北西向展布，在其以南为近东西向。其变化反映了沉积时期北陆南海的古地理格局。

该层序岩相组合类型共分为4类：Ⅰ类为砂岩-泥质岩相区，主要位于黄河以北地区，以泥页岩为主，但煤系建造不发育；Ⅱ类为煤-砂岩-泥质岩相区，主要位于黄河以南地区，仍以泥页岩为主，但煤、碳质泥岩等煤系建造明显增多；Ⅲ类为煤-泥质岩-砂岩相区，分布范围局限，主要位于焦作、新郑至禹州、平顶山至鲁山及永城至柘城等地带，煤层-碳质页岩含量一般在10%～20%之间；Ⅳ类为泥质岩-砂岩相区，发育于陕县、济源、安阳等地（图3-3）。

中二叠世P_2Sq4层序主要形成于浅水三角洲-海湾沉积环境。该层序发育时期，有3个三角洲朵体进入本区：其一是陕县、济源、渑池及新安一带；其二是北起焦作，南至荥阳时发生分支，西支延伸至登封附近，另一支沿郑州、禹州、平顶山一线向南延伸；其三是北起安阳，南至商丘、永城等地。三角洲朵体基本上从北向南延伸，其规模自西向东逐渐变大。

在宜阳—登封以北地区，砂体古流向为单向式，垂向序列为向上变细的正粒序，另外北部的焦作、济源等地，砂体粒度明显较粗，且砂岩底部多含有石英砾石，说明越向北越靠近冲积平原。南部平顶山、永城等地砂体古流向离散度较大，并出现双向式、多向式，砂体形态呈东西向拓宽的朵叶状，垂向序列出现下部具有逆粒序特征的河口沙坝沉积，说明该地区已进入三角洲前缘地带。

三角洲进积作用明显，在平原部分分布广泛。黄河以北以三角洲平原分流河道发育为特色，也

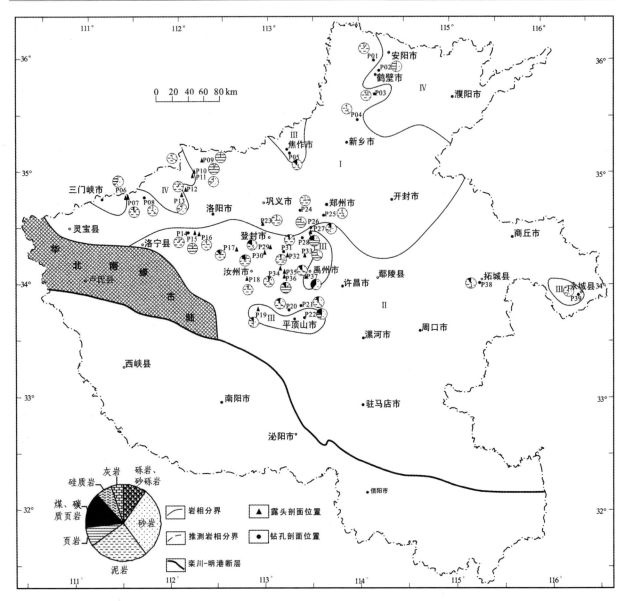

图 3-3 河南省华北陆块上古生界中二叠统 P_2Sq4 层序岩相分区图

(据王建平等,2009)

Ⅰ.砂岩-泥质岩相区;Ⅱ.煤-砂岩-泥质岩相区;Ⅲ.煤-泥质岩-砂岩相区;Ⅳ.泥质岩-砂岩相区

被称为上三角洲平原相区,分流河道位于陕渑、济源—新安、焦作—登封、安阳—商丘等地带,由于分流河道水动力条件较强,侧向迁移较快,不利于分流河道间聚煤作用的发生,故该相区基本不含煤。向南至洛阳、禹州、开封等地区为分流河道、决口扇、河漫沼泽共存的相区,也称为下三角洲平原相区,出现局部可采的不稳定煤层,如登封地区三。煤厚 0.13～3.73m,平均 0.61m,具有高灰低硫的特点。在三煤的顶底板常出现海相动物化石,如登封煤田发现的瓣鳃类、海绵骨针等化石。往南至漯河—周口一带为三角洲前缘相区,发育三角洲水下分流间湾、河口沙坝等相。聚煤作用主要发生于分流间湾的靠陆一侧,并随着三角洲向南推进,分流间湾逐渐淤浅并随之泥炭沼泽化。在该相区三煤累厚 1～4m,出现了一些可采煤层,如平顶山十三矿、禹州云盖山煤田等。往南至确山一带为海湾相区,在海湾边缘的潮坪上直接泥炭沼泽化,形成的煤层数多,一般 11 层,厚度大,累厚可达 12～20m,全硫含量一般为 2%～4%,灰分中等—较高,具有滨岸沼泽成煤的特征。

该时期聚煤作用发育较好的相区主要是下三角洲平原相区、三角洲前缘相区和海湾相区。聚煤地带沿海岸线近东西向展布,并且具有越往南聚煤条件越优越的规律,这不仅表现在向南煤层层数增多,同时表现在煤层的可采性、稳定性向南也都变好。

晚二叠世 P_3Sq1 层序沉积时期,沉积厚度一般为 70～130m,最大厚度为 160 余米,最小厚度约 40m。在豫北、豫东地区厚度较大,代表了较高的沉积速率,是本区的沉积中心。地层厚度总体有自东北向西南变薄的趋势。等厚线的延伸方向近北北西向,反映了南北向有相对隆起和相对凹陷区的存在。

从岩相分区图(图 3-4)可以看出,该层序岩相组合类型共分为 4 类:Ⅰ类为泥质岩-砂岩相区,主要发育于焦作、安阳等地,砂体极为发育;Ⅱ类为砂岩-泥质岩相区,主要分布于宜阳—新郑—开封—商丘一线以北地区,以泥页岩发育为特征,但煤系建造不发育;Ⅲ类为煤-砂岩-泥质岩相区,主

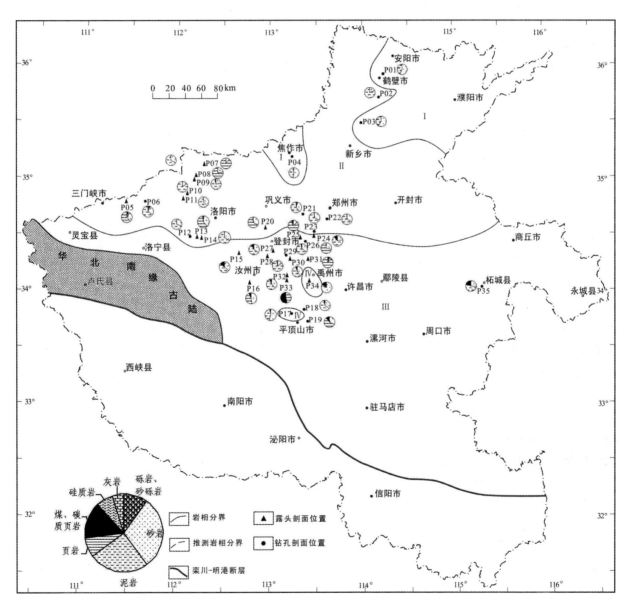

图 3-4 河南省华北陆块上古生界上二叠统 P_3Sq1 层序岩相分区图

(据王建平等,2009)

Ⅰ.泥质岩-砂岩相区;Ⅱ.砂岩-泥质岩相区;Ⅲ.煤-砂岩-泥质岩相区;Ⅳ.煤-泥质岩-砂岩相区

要位于黄河以南地区,仍以泥页岩为主,但煤、碳质泥岩等煤系建造向南明显增多;Ⅳ类为煤-泥质岩-砂岩相区,分布范围局限,主要位于禹州、平顶山等地。

相分析资料表明,晚二叠世 P_3Sq1 层序为发育在海湾中的浅水三角洲沉积体系,以河流作用为主,局部受潮汐作用影响。其沉积环境和古地理格局主要有3个三角洲朵体由北部进入本区:其一是自陕渑往东南至新安、洛阳一带;其二是北起焦作、沁阳,南至荥阳时发生分支,西支延伸至汝州附近,另一支沿登封、禹州延伸至平顶山一带;其三是北起安阳,南至商丘、永城等地。

沉积古地理图可划出如下几个相区:①上三角洲平原相区,分布在新乡—巩义—宜阳以北地区,以分流河道为主,分支河间主要位于济源附近。该相区含煤性较差,如新安和济源含煤2~4层,局部可采或偶尔可采。②下三角洲平原相区,分布在宜阳—汝州—禹州—开封一线以北地区,出现局部可采的不稳定煤层,如宜阳含煤3~5层,此外在东部永城葛店也见有薄煤层。③三角洲前缘相区,发育三角洲水下分流间湾、河口沙坝、潟湖等相。聚煤作用主要发生于分流间湾的逐渐泥炭沼泽化和沙坝障壁导致的潟湖-潮坪化。在禹州、平顶山一带含煤多达6层,属于大面积可采,此外柘城的含煤性也很好。④海湾相区,位于太康—漯河以南地区,聚煤作用形成于海湾边缘的潮坪上直接泥炭沼泽化,在豫东的太康、周口一带含煤较好,如太参2井发育4层煤,每层厚度1~1.5m,均达可采厚度,具有滨岸沼泽成煤的特征。

如上所述,该层序所含煤层比较稳定,但含煤性及可采性不尽相同。这种差异主要受到沉积古地理格局控制,煤层的分布与三角洲朵叶体的形态基本一致。

2. 成煤期构造古地理演化

中二叠世之初,南部秦岭弧盆系沿商丹带由点接触转入面接触碰撞阶段,由于秦岭与华北陆块分别呈顺时针和逆时针方向旋转,在商南—镇平—桐柏一线以西挤压应力迅速增加,并逐步向板内传递。在挤压应力作用下,原来沿商丹带发育的残余海盆地全面封闭,并在挤压作用下发育逆冲推覆构造,使华北陆块南缘仰冲在秦岭地块上。北部的华北陆块南部地区产生挤压坳陷,形成沉积中心,成为二叠纪华北陆表海盆地中沉积作用最活跃的地区。而商南—镇平—桐柏一线以东的旋转扩张作用,致使东部北淮阳仍然维持范围较大的残余海盆地并延续至早中二叠世,华北陆块南部的海侵即来源于此,加之从确山—淮南一线显示为面状海侵以及缺少中粗粒碎屑沉积物,表明该带并未隆升。这一碰撞过程可称为反向剪刀状闭合。随之华北陆块北部西伯利亚板块的俯冲加剧与海西期兴蒙造山带的继续隆升,一方面导致河流-三角洲体系大范围向华北陆块的东南部不断推进,另一方面东南部沉降加剧,堆积了厚度达400余米的含煤碎屑建造。

总之,华北陆块南部中二叠世的构造古地理仍为北西高、南东低,该区发育多旋回进积型为主的三角洲沉积体系。此间,在由陆表海盆地转换为坳陷盆地的早期,形成广为分布的滨岸潮坪泥炭沉积建造,之后海水曾短暂侵入。表明华北板块南部处于缓慢沉降阶段,也反映了该期沉降阶段与早二叠世之间有比较明显的继承性(图3-5)。

晚二叠世早期,华北板块南部基本继承了中二叠世的构造古地理格局,但沉降速度有所减慢。至晚二叠世晚期,秦岭与华北陆块的碰撞挤压作用加剧,北淮阳及其北侧隆升成山,与北秦岭一起成为华北板块南部稳定的物源区,由于地势夷平,各地晚二叠世晚期沉积特征更趋一致,形成干旱气候的红色河湖碎屑沉积建造,晚古生代含煤岩系沉积由此结束。从平顶山—两淮地区石千峰组均发育海相夹层可知,本区湖泊盆地仍然间歇性与残余海沟通,属陆源近海湖盆,反映出北秦岭-北淮阳构造带的隆升幅度不大,可能是一种低矮山地的古地理景观(图3-6)。

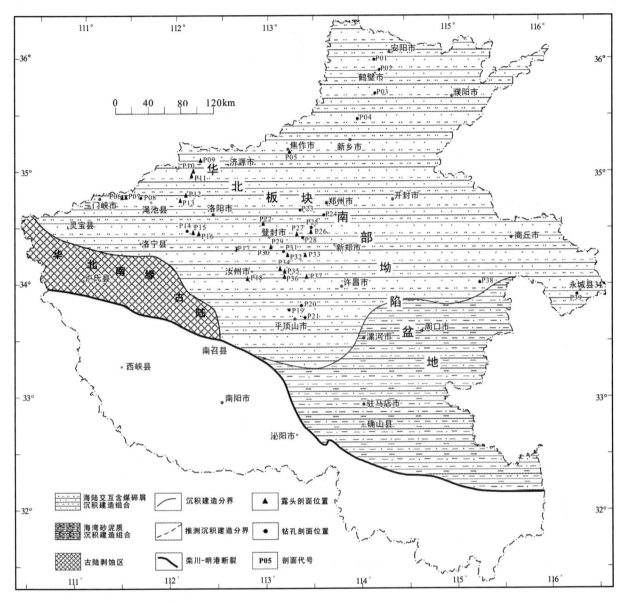

图 3-5 河南省华北板块中二叠世构造古地理图
(据王建平等,2009)

3. 煤变质规律

二叠纪主要煤类为无烟煤、贫煤、贫瘦煤、瘦煤、焦煤、肥煤、1/3 焦煤和少量的气煤。主要煤层($二_1$)呈现以下变质规律:①煤变质的分带性明显,中部变质程度高,南部和北部变质程度低。高变质中心位于荥巩、偃龙、焦作、济源克井,向南、北煤的变质程度依次降低。②变质带的分布具有明显的方向性,多呈东西向和北西向分布。③全区煤的反射率值高,如济源克井$二_1$煤反射率达 6.06%,偃龙嵩山 7305 孔达 6.55%,荥巩大峪沟 1906 孔高达 7.19%,在禹县$二_1$煤中还发现有均质镜质体内生裂隙中渗出的沥青质体。④$二_1$煤分布区的边缘地带发育天然焦,而中部高变质带则未见天然焦。

以上变质特征表明:①$二_1$煤曾普遍具有非常高的埋藏深度,嵩箕一带的埋深应超过 3500m;

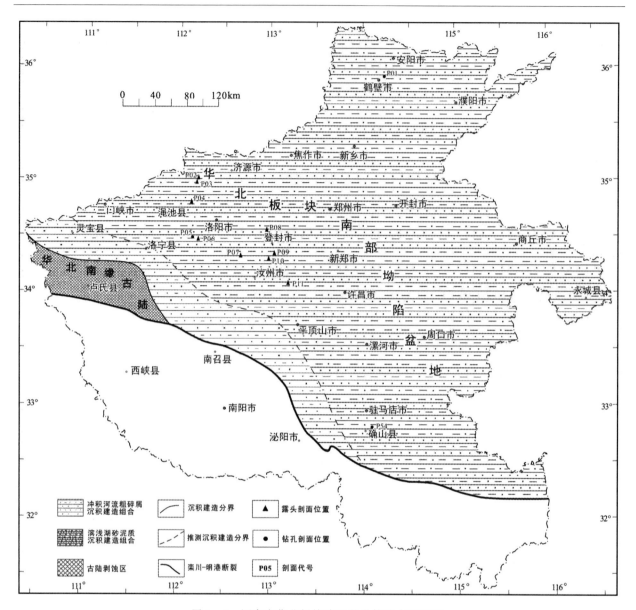

图 3-6 河南省华北板块晚二叠世构造古地理图
(据王建平等,2009)

②煤层变质程度与被保存的完整程度呈正比,变质带的分布状况显示河南省中部中—新生界覆盖区应存在大面积高变质煤区;③中—新生代盆地的发育史预示煤层经历了中侏罗世之前、之后两期变质,镜质体中渗出沥青的现象即说明存在两期变质,暗示煤系地层深埋区可能存在源于其二次变质所形成的次生天然气场;④高变质煤中"煤层气"的解析利用技术久攻未破,转在煤层外寻找"煤成气"可能是另一番天地。

4. 煤田构造规律

煤层形成之后的构造决定其被保存或被剥蚀,河南省保存煤田的基本构造有两种,即晚三叠世—中侏罗世晚期叠加褶皱和早白垩世以来的断陷盆地、断块构造。两种构造联合作用的结果,造成煤层被保存于叠加褶皱的向斜部位或断陷盆地、断块之中。晚三叠世褶皱的轴迹呈北西走向,中三叠世地层卷入皱褶;中侏罗世晚期褶皱的轴迹呈北北西走向,中侏罗世地层卷入褶皱。叠加褶皱带出露在秦岭与太行山的过渡地带,即岱嵋山(王屋山)—嵩山(箕山)地区,是河南省煤铝经济区最重要、最基础的构造形式,也是地理上太行山不跨越秦岭的构造表现形式。这种叠加褶皱形式及形成时代长期以来被忽视,甚至将叠加褶皱的背斜部位视为古陆。具体到煤田级别的构造样式有五大类 17 小类,见表 3-6。

表 3-6 河南省煤田构造样式一览表(据刘传喜等,2010)

大类	类型	简要特征描述	实例	模式图
压缩构造样式	逆冲褶皱构造	由于边界逆冲断层的挤压和逆冲牵引,岩(煤)层发生褶皱变形,褶皱轴向与边界逆冲断层平行	宜阳于沟—石门沟地区等	
	纵弯褶皱	岩层受到顺层挤压作用而形成褶皱,一般认为岩层在褶皱前处于初始的水平状态,所以纵弯褶皱作用是地壳受水平挤压的结果	东濮煤田如浚县背斜	
	冲起构造	在两侧对冲挤压作用下,形成倾向相向的两组逆冲断层,其共同上升盘煤系抬升变浅,有利于煤炭资源勘探开发	登封大冶向斜	
	逆冲叠瓦构造	逆冲叠瓦构造是由产状相近、近乎平行排列的一系列由浅至深,断面由陡变缓的分支逆冲断层组成,在深部归为一条主干逆冲断层	硖石-义马逆冲断层,韩梁矿区等	
	双冲构造	由顶板冲断层和底板冲断层所围限的叠瓦冲断夹块组合而成。多分布在造山带前缘,形似楔状,楔入沉积层中使上覆地层被动变形	宜阳的兰家门地区,嵩县的九店地区	
伸展构造样式	堑垒构造	平行或近平行排列、相向倾斜或相背倾斜正断层及其所夹持的地层组合而成。相向正断层之间的含煤块段为共同下降盘,构成地堑;相背倾斜正断层之间的含煤块段为共同上升盘,构成地垒	安鹤煤田的黑玉地堑,天喜镇地垒等	
	掀斜断块	在拉张应力作用下,正断层不均匀运动引起断块旋转,一端倾斜、另一端掀起的断裂断块组合	嵩箕地区	
	箕状构造	如果地堑中一侧断层发育,形成一侧由主干正断层控制的不对称构造,称为箕状构造或半地堑	舞阳单断盆地、东濮找煤区东濮断陷、汤阴断陷等	
	单斜断块	主体构造形态为缓倾斜至中等角度的单斜,可以是大型褶皱的一翼成为大型逆冲岩席的一部分,通常被断层切割,但断层对单斜构造形态不具主导控制作用,煤层变形一般不强烈	确山单斜	

续表 3-6

大类	类型	简要特征描述	实例	模式图
同沉积构造样式	同沉积断层	主要发育于沉积盆地边缘。在沉积盆地形成发育的过程中,盆地不断沉降,沉积不断进行,盆地外侧不断隆起。一般,同沉积断层都为走向正断层,剖面常呈上陡下缓的凹面向上勺状,上盘地层明显增厚	平顶山矿区锅底山断层	
	同沉积褶皱	指煤系沉积过程中,由于受构造应力场作用,形成中间沉积厚、两翼沉积薄,或者中间沉积薄、两翼沉积厚的褶皱形态	渑池-义马向斜	
剪切和旋转构造样式	正-平移和逆-平移断裂	当正断层具有走滑性质和平移分量,则为正-平移断裂;当逆断层具有走滑性质和平移分量,则为逆-平移断裂	驻马店-正阳逆断层	
	走滑型控煤构造	大型平移断层,两盘顺直立断层面相对水平滑动,称为走向滑动断层。在河南省多为北西向的左行平移断层	五指岭断层、嵩山断层、草店断层等	
滑动构造样式	背斜型重力滑动	在区域性挤压作用后的应力松弛构造环境中,在背斜隆起区域,地质体在重力作用下沿倾斜界面从核部向翼部滑移	崔庙重力滑动	
	掀斜型重力滑动	在伸展体制中,地质体在重力作用下沿掀斜断块倾斜面,与区域地层同向或者反向滑动	蔡寺重力滑动、圈门重力滑动	
	翘板型重力滑动	先期形成的滑脱面上再次发生反向的重力滑动,呈现翘板式运动,反映重力滑动构造的多期性	芦店重力滑动	
	层间滑动构造	挤压应力驱使下的地质体沿软弱层相对位移,形成层间滑动构造	陕渑煤田	

第三节 铝土矿

一、成矿特征

河南省铝土矿赋存于晚石炭世—早二叠世本溪组地层中,之上为早二叠世—中二叠世煤系地层,因此称之为煤下铝。如图3-1所示,铝土矿集中分布在豫西地区济源煤田及其以南,平顶山煤田及其以北的11个煤田中(不包括侏罗纪义马煤田)。截至2010年底,全省累计有铝土矿矿区数115个,累计查明铝土矿资源储量78 423.95×10⁴t。由于铝土矿层总体分布较为连续,矿区范围系人为界定,以往提交的主要勘查成果中分别有大型铝土矿床13处,中型18处,小型23处。

含矿岩系处在寒武系—奥陶系碳酸盐岩古风化壳之上,从下向上的层序为:

(1)古风化壳。主要由下伏奥陶系或寒武系碳酸盐岩砾石和黏土质杂基组成,表面凸凹不平,呈孔隙式或基底式胶结,胶结物为蛋青色或灰黑色的黏土质,砾石常具明显铁染现象。

(2)铁质黏土岩。是铁质或含铁质高岭石黏土岩、水云母黏土岩,具多色斑杂状,局部有较好的页理,常含植物碎片。中深部普遍含较多的黄铁矿,呈浸染状或团块状,地表或浅部氧化成赤铁矿和褐铁矿,构成凸镜状和鸡窝状的"山西式铁矿"。

(3)铝土矿层。呈似层状、凸镜状、洼斗状产出,上下常与黏土矿伴生,二者呈相变过渡关系。

(4)硬质或高铝黏土矿。呈深灰—灰黑色,硬而脆,常相变为铝土质页岩、黏土岩,含植物化石碎片。硬质黏土矿具贝壳状断口,高铝黏土矿常呈致密状或稀疏豆鲕状结构。

(5)黏土质页岩、粉砂质页岩,夹碳质页岩、薄煤层或煤线。呈灰白、黄褐—黑褐色,含植物及根系化石。

二、成矿规律

1. 成矿期沉积格局

晚石炭世沉积厚度较小,一般为15～40m,最大厚度为50余米,最小厚度在10m以下;鹤壁地区厚度较大,为该时期的沉积中心;焦作、周口等地区厚度较小,有自东北向西南变薄的趋势;等厚线的延伸方向为北西向,其变化反映了该时期西南部相对较高的古地理格局。

从岩相分区图(图3-7)可以看出:该期沉积总体粒度偏细,大多以泥质岩为主,砂岩主要分布于鹤壁、焦作、柘城等局部地区。煤系建造很薄,且分布零星。铝土岩仅在郑州等地分布。根据拼图可大致划出4个相区,自东向西依次为灰岩-泥页岩相区,砂岩-泥质岩相区,铁铝质泥页岩相区,铝土岩-泥质岩相区。

自永城至焦作,晚石炭世以潟湖相区为主,潮坪相区仅分布在郑州附近,沉积相在垂向及横向上分布较稳定(图3-8)。由鹤壁到新密,从潟湖-局限碳酸盐岩台地相变为潟湖及潮坪相区,潟湖依然为主要相区,垂向上沉积范围不断扩大,沉积相区有向西南迁移的趋势(图3-9)。

晚石炭世主要为陆表海环境。由于下古生界基底的差异性风化剥蚀,造成基底面不平坦,导致了海水连通较差的古地理格局,发育了以潟湖为主,间有潮坪、局限台地及障壁岛的相组合。相区的分布格局是:

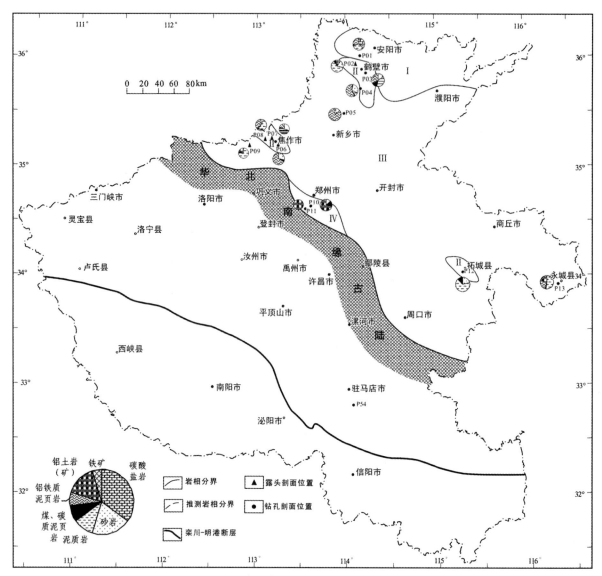

图 3-7 河南省华北陆块上石炭统岩相分区图

(据王建平等,2009)

Ⅰ.灰岩-泥质岩相区;Ⅱ.砂岩-泥质岩相区;Ⅲ.铁铝质泥页岩相区;Ⅳ.铝土岩-泥质岩相区

(1)在广大的地区内主要表现为潟湖相区的分布,鹤壁、濮阳及其以北地区主要为局限台地、潟湖的混合相区,障壁岛相区仅在鹤壁地区较为发育,潮坪分布范围不大,以南部较宽、北部较窄为特征,砂坪不发育,主要为泥坪及混合坪。

(2)相区分布表明,晚石炭世,本区西南部地形较高,为华北南缘古陆分布区,海水来自北东方向,往西南方向侵入河南省。

早二叠世沉积时期沉积厚度一般为 50~90m,最大厚度为 115 余米,最小厚度约 40m;在豫北、豫东地区厚度较大,厚度变化较小;在嵩箕、渑池、偃师等地厚度虽小,但变化较大,反映了基底地形的差异,地层厚度总体有自东北向西南变薄的趋势;等厚线的延伸方向近北北西向,其变化反映了沉积时期豫西地区古地形相对较高的古地理格局。

从岩相分区图(图 3-10)可以看出:该时期灰岩十分发育,最大可占地层厚度的 50% 以上。砂岩主要分布于鹤壁、济源、新安、密县、禹州等局部地区,砂地比例一般为 30%~50%。煤系很薄,且分布零星。铁铝岩建造主要分布在渑池、偃师、巩义、鲁庄等地。根据岩相拼图中的各岩性比例可

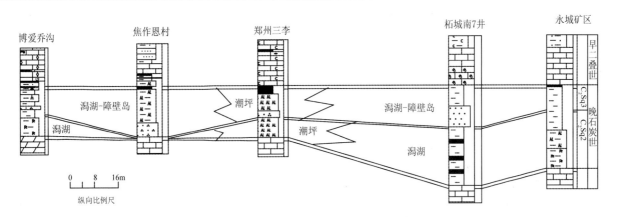

图 3-8 河南省华北陆块晚石炭世地层沉积东西向联合柱状图
(据王建平等,2009)

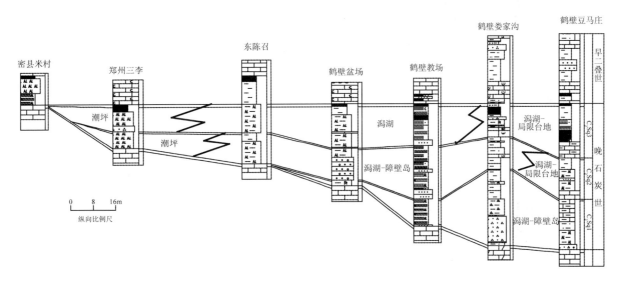

图 3-9 河南省华北陆块晚石炭世地层沉积南北向联合柱状图
(据王建平等,2009)

大致划出 6 个相区。砂泥岩相区分别位于西南部的近陆缘处和豫东北的濮阳、安阳等地,灰岩含量小于 20%;铝土岩-砂泥岩相区仅分布在西北部,铝土岩比较发育;铝土岩-泥质岩-灰岩相区主要位于新安、三门峡、偃师等地;砂岩-灰岩-泥岩相区岩石粒度较细,灰岩比例一般为 10%~35%,主要分布在洛阳、汝州、商丘等地;砂岩-泥质岩-灰岩相区分布最广,位于研究区中部。该岩相区的灰岩比例一般大于 35%。

该时期仍为受限陆表海沉积背景,相区类型也与晚石炭世相似,但相区的分布范围及海陆的构造格局已发生了明显变化,其具体古地理特征(图 3-11、图 3-12)为:

(1)相区类型主要为碳酸盐岩台地相区,台地-潮坪混合相区,台地-潟湖混合相区,潮坪相区,潟湖-障壁岛相区等。

(2)相区的分布规律为:安阳—淇县—开封—商丘一线以北主要为潟湖-障壁岛相区;确山—禹州—登封—焦作—郑州—柘城围限区主要为碳酸盐岩台地相区;此区以北及以东与安阳—淇县—开封—商丘一线之间以台地-潟湖混合相区;济源—新安—宜阳—伊川—汝州一线以西为潮坪相区,此外在鹤壁西部、濮阳等地也分布有潮坪区;该相区与台地相区之间以台地-潮坪混合相区为主,间有障壁岛、潟湖相区;潮坪相区分布于本区西部,呈北宽南窄展布,北部渑池、济源、新安一带

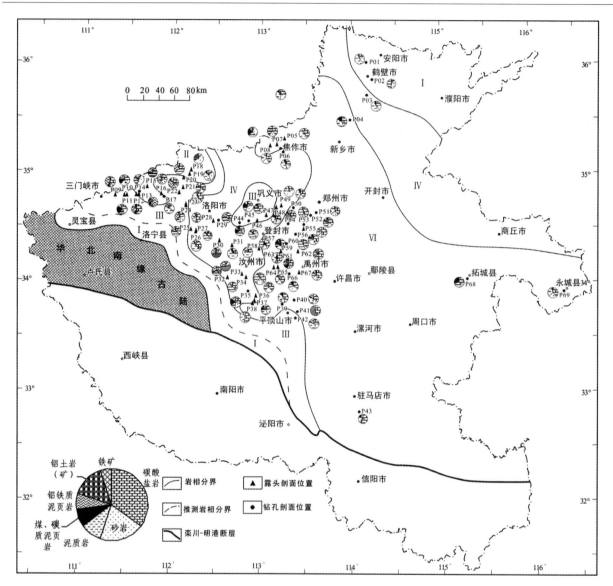

图 3-10 河南省华北陆块下二叠统岩相分区图

(据王建平等,2009)

Ⅰ.砂泥岩相区;Ⅱ.铝土岩-砂泥岩相区;Ⅲ.铝土岩-泥质岩-灰岩相区;Ⅳ.砂岩-灰岩-泥质岩相区;Ⅴ.灰岩-砂岩-泥质岩相区;
Ⅵ.砂岩-泥质岩-灰岩相区

发育潮间坪背景下的潮汐通道亚相。

(3)相区分带呈北西西-南东东向展布、东西分异的分布特征。

(4)相区分布以碳酸盐岩台地及其同潮坪、潟湖间的混合相区为主,铝土岩主要聚集在近陆的潮坪相(以潮间坪为主)及潟湖边缘。

(5)同晚石炭世相比,海侵方向改为自东南向侵入到本区,海侵范围急剧扩大,古岸线西移至华北南缘古陆的灵宝—南召—泌阳一线。

2. 成矿期构造古地理演化

晚古生代不同时期的沉积盆地性质和构造古地理演化可分为 4 个阶段:晚石炭世为缓慢沉降阶段,华北板块南部的盆地性质为陆表海盆地;早二叠世为沉降反转阶段,盆地性质仍为陆表海盆地;中二叠世为快速沉降阶段,沉积盆地性质表现为由陆表海盆地向坳陷盆地过渡的性质;晚二叠

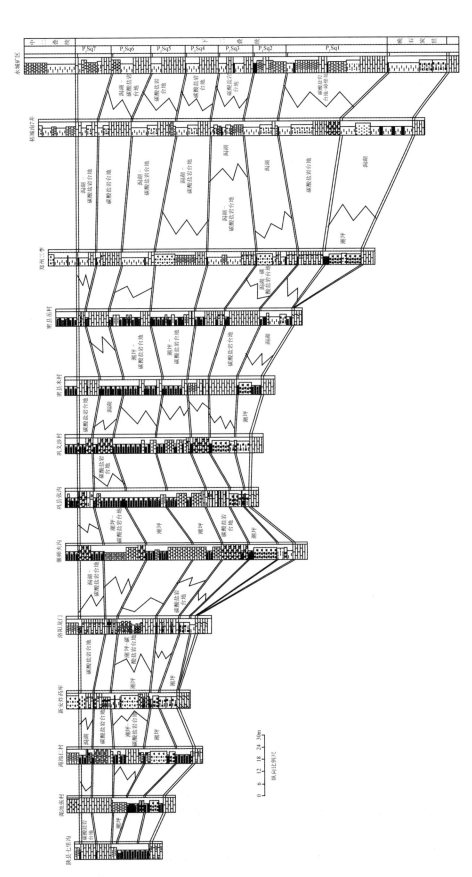

图 3-11 河南省华北陆块早二叠世地层沉积东西向联合柱状图
（据王建平等，2009）

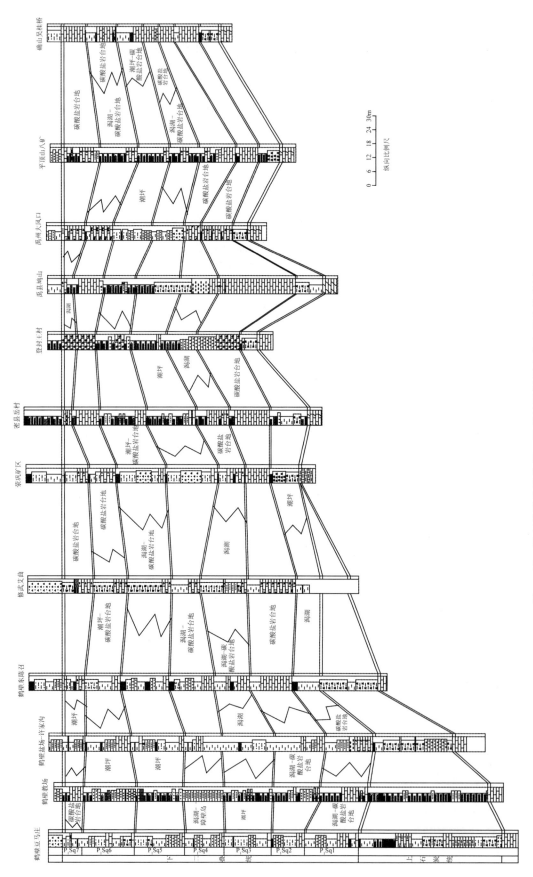

图 3-12 河南省华北陆块早二叠世地层沉积南北向联合柱状图

(据王建平等,2009)

世为加剧抬升、沉降阶段,盆地性质为坳陷盆地。总之,华北陆块南部及其大陆边缘构造演化的前两个阶段表现为陆表海盆地,而后两个阶段转为坳陷盆地。

自中奥陶世开始,华北陆块在两侧板块的俯冲作用下总体抬升,经长期风化剥蚀,区内晚古生代的沉积基底主要为上寒武统和中奥陶统。至晚石炭世,华北板块南部才开始下降,板内地形呈南高北低状,海水从北或北东方向入侵,河南中北部处于华北南缘古陆的北缘,在凸凹不平的古风化壳上接受了一套以铝质岩为主的滨岸细碎屑沉积建造。根据岩性、岩相共生建造模式,发现在上石炭统以高岭石、铝土矿、石英砂为主的稳定性共生区相序发育最全(何镜宇等,1987;孟祥化等,1993)。其中,自豫北的三级层序 $C_2Sq1—C_2Sq3$ 向西南出现递减,而至郑州—鄢陵一线以南则全部尖灭。上超层序只限于河南北部地区,而河南、安徽大部分地区为暴露古陆,未遭受到海泛和沉积。

晚石炭世构造古地理的主要特征是盆地沉降幅度小,沉积范围不大。总体表现为盆地南部为低隆,中北部沉降(图 3-13)。

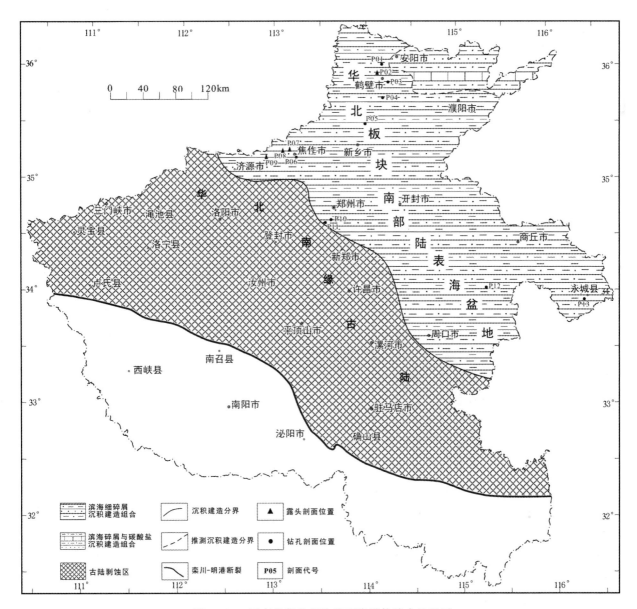

图 3-13 河南省华北板块晚石炭世构造古地理图

(据王建平等,2009)

早二叠世构造古地理主要特征与晚石炭世相反,主要表现为盆地北高南低,沉积范围有所扩大,这一构造古地理格局的重大改变与华北陆块南、北两侧造山作用在时间上的先后差异有关,因此可以称为沉降反转阶段。

早二叠世初,华北板块与西伯利亚板块发生了全面碰撞造山作用。随着挤压应力从板缘向板内逐步传递,不仅在板块北缘活动带形成了海西期兴蒙造山带,使早古生代弧-陆碰撞形成的燕山-加里东期阴山造山带进一步隆升,而且也使华北陆块挤压拗陷,形成沉积盆地。此时,秦岭与华北陆块进入点接触碰撞阶段。通过对商丹-北淮阳带石炭纪地层分布特征、丹凤蛇绿岩特征、构造变形特征及岩浆活动的分析研究(张国伟等,1995,1996),认为沿主缝合带首先发生对接碰撞的地区是丹凤—商南—镇平一线。在点接触碰撞造山作用下,北秦岭构造带开始隆升。与点接触碰撞地区相对应,首先隆升的地区是小秦岭和伏牛山地区。

随着华北板块北部的西伯利亚板块俯冲加剧,南部的古秦岭特提斯洋壳俯冲减退,华北陆块发生了北升南降的"翘板式"构造运动,早二叠世的华北陆块南部具有西陡东缓,沉积中心偏向东北部及东部的特点,总体为受限的陆表海盆地。沉积中心由晚石炭世位于华北北部的太原—唐山一线向南迁移至华北南部的商丘—徐州一线以南地区,含 $Pseudoschwagerina$ 的海水由两淮地区向华北腹地侵入,于确山、周口及其东南一带形成层数多、厚度大的灰岩沉积。此一海域向北到达现今北纬38°附近,其北则为同期的陆相沉积。此时,晚石炭世原华北陆块南部低隆区转变为主要沉降和沉积区,由寒武系、奥陶系组成的基底之上直接覆盖了含 $Pseudoschwagerina$ 的地层,下部铁铝岩组亦属同时沉积,其间缺失石炭系。此乃构造体制转换最重要的实证之一。由于板内地形比较平缓,海水进退频繁且时限较短暂,省内形成一套受限陆表海的碎屑岩与碳酸盐岩交互沉积建造组合(图3-14)。

通过这次活动使华北陆块南部由南隆北倾体制转换为北隆南倾体制,此一板缘构造机制转折在板内的表现是沿东西方向之主轴作"翘板式"运动。由于转换期盆内地势持平,海水退出之际遗留大范围既平坦又富水的环境,十分宜于成煤物质的繁衍及成煤沼泽之扩展,于是形成太原组厚煤层,可称之为"转换期成煤"(尚冠雄,1995)。这是晚古生代造盆构造演化对成煤最有意义的一个阶段。

3. 成矿物质来源

王庆飞等(2012)应用铝土矿中碎屑锆石 U-Pb 和 Lu-Hf 同位素特征,判识了多个喀斯特型铝土矿集中区的物质来源,提出多数喀斯特型铝土矿多具有异源特征,与区域重大地质事件具有成因联系,是洋陆俯冲、大陆漂移以及集中风化等多因耦合的结果。河南、山西两省8个铝土矿碎屑锆石年龄主体集中分布在新元古代(956~812Ma)和古生代(455~414Ma)两个阶段,其中河南郁山铝土矿区两件铝土矿样品的碎屑锆石 SHRIMP U-Pb 年龄为2700~414Ma,峰值年龄分别集中在(445±4)Ma、(453±4)Ma,均为晚奥陶世。铝土矿周围的最新地层为其基底的中奥陶世灰岩,现今河南省境内的北秦岭也不存在晚奥陶世地质体,这一年龄值与北秦岭西段草滩沟群岛弧型火山岩和红花铺火山弧花岗岩(董增产等,2009)一致。有可能的是,在豫西南的北秦岭之上曾经存在如同西段的晚奥陶世火山弧,在华北沉积石炭系—二叠系时被剥蚀了,即铝土矿的成矿物质来源于西南侧的古陆。另一方面,如铝土矿的物源来自碳酸盐岩风化壳,在海岸向西南迁移的过程中应在豫北等地区形成铝土矿,事实上济源—郑州一线的东北侧仅分布耐火黏土及黏土岩,省内的铝土矿被限定在济源—郑州一线的西南侧,并且铝土矿的 A/S 自西南向北东方向降低。因此,铝土矿的成矿物质来源于秦岭古陆(北秦岭)硅铝质风化壳,基本上与寒武系—奥陶系之上的红土型风化壳无关。

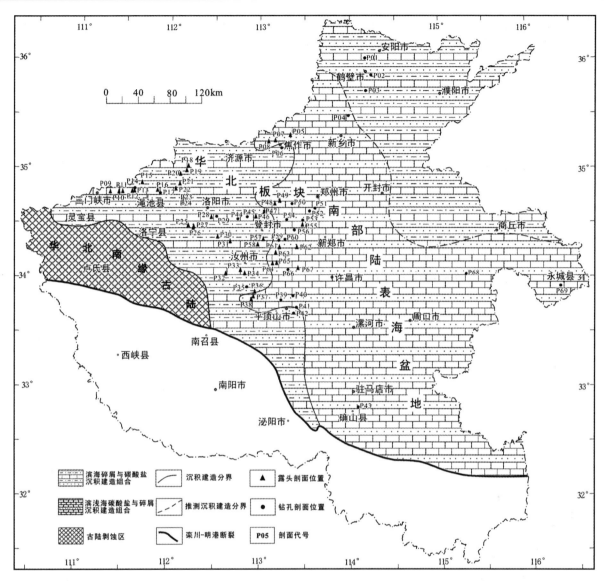

图 3-14　河南省华北板块早二叠世构造古地理图

(据王建平等,2009)

4. 铝土矿富集规律

铝土矿有两种赋存形式,即充填在碳酸盐岩层中的溶斗、溶凹和溶沟中,或似层状分布在溶盆中。铝土矿的富集来自3个方面的因素:古陆旁侧成矿物质来源丰富的地带、古陆旁侧碳酸盐岩溶蚀地貌地带、早二叠世主成矿期海浸的潟湖地带,这3种因素限定了河南省内铝土矿的成矿范围为豫西地区。反之,远离古陆则成矿物质来源有限,岩溶亦不发育,很难有高铝硅比的铝土岩沉积。富铝土矿床的分布表现在两个方面:自三门峡向东,有关铝土矿床的 A/S 总体降低,矿体稳定性总体变差;三门峡—郑州一带聚集了河南省主要的铝土矿床及铝土矿资源储量;即从三门峡向郑州可能是古地貌的低洼地带,与成矿期构造古地理面貌完全吻合。

5. 铝土矿保存构造

铝土矿的保存或剥蚀受控于秦岭与太行山结合部位的叠加褶皱(见本章第二节),叠加褶皱中的 11 处向斜即 11 个铝煤矿田。考虑中—新生代盆地的分布和深部煤下铝底板富承压水,在目前 11 个铝煤矿田分布范围之外,存在可利用的铝土矿资源可能性不大。

第四节 铁 矿

一、成矿特征

(一)铁矿产分布

河南省已发现铁矿产地、矿点 290 处,其中大型矿床 3 处,中型 12 处,小型 85 处,矿点 190 处。这些矿产地遍及前中生界地层出露区(图 3-15)。截至 2010 年底,河南省矿产资源储量表中共有铁矿区(含共伴生)168 处,累计查明铁矿资源储量 14.7×10^8 t。

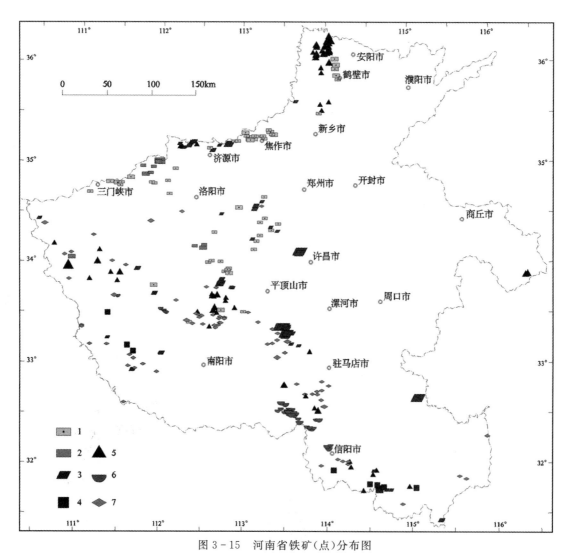

图 3-15 河南省铁矿(点)分布图

图中矿产地符号大小相对表示大、中、小型及矿点。1. 晚古生代陆相沉积铁矿;2. 长城纪海相沉积铁矿;3. 新太古代—古元古代沉积变质铁矿;4. 南华纪区域变质岩浆铁矿;5. 早白垩世接触交代铁矿;6. 奥陶纪海相火山喷流-热水交代铁矿;7. 其他时代或其他成因类型矿点

（二）铁矿类型

河南省铁矿成因与矿产预测类型如表3-7所示，主要为鞍山式沉积变质型铁矿和赵案庄式变质海相火山-沉积型铁矿，有关矿田"整装勘查"结束后，2类型铁矿资源储量将占全省铁矿资源总量的90%以上，是当前利用的主要铁矿类型。条山式海相火山岩型铁矿和邯邢式接触交代铁矿是以往利用的主要铁矿类型，目前面临闭坑的危机。其他类型铁矿的资源储量几乎可忽略不计。

表3-7 河南省铁矿类型划分表

大地构造环境	含矿地质建造	矿床成因	矿产预测类型	矿产实例
新太古代—古元古代绿岩盆地	斜长角闪片麻岩-辉石角闪磁铁矿（-磁铁石英岩）	海底火山喷流-区域变质改造	鞍山式沉积变质型铁矿	许昌铁矿、铁山铁矿、新蔡铁矿
新太古代绿岩盆地	角闪片麻岩-蛇纹石磁铁矿（上部石膏）-辉石角闪磁铁矿	海底岩浆喷出-火山喷流-区域变质改造	赵案庄式区域变质海相火山-沉积型铁矿	赵案庄铁矿
古元古代裂谷	变碎屑岩-泥岩-碳酸盐岩沉积建造，闪长岩墙（席）	接触交代	铁山河式接触交代型铁矿	铁山河
长城纪裂谷边缘相	石英砂岩建造	浅海沉积	宣龙式海相沉积型	岱嵋寨铁矿
早古生代秦岭弧后盆地	二郎坪群细碧（角斑）岩-层状矽卡岩	火山喷流	条山式海相火山岩型	条山小型铁矿、童老庄铁铜矿点
南华纪裂谷	超高压变质火山岩-基性岩体	岩浆分凝-变质改造	黄岗式岩浆变质型铁矿	黄岗小型铁矿
晚石炭世—早二叠世华北古陆	煤-铝土岩	风化的沉积黄铁矿	山西式陆相沉积型铁矿	焦作上刘庄铁矿
晚侏罗世—早白垩世陆内岩浆弧	陶湾群碳酸盐岩-钾长花岗斑岩墙	接触交代	曲里式接触交代型铁矿	曲里铁锌矿
	栾川群碳酸盐岩-钾长花岗斑岩体	接触交代	上房式接触交代型铁矿	上房钼铁矿
早白垩世陆内岩浆弧	官道口群碳酸盐岩-钾长花岗斑岩体	风化的接触交代硫铁矿	八宝山式铁帽型铁矿	八宝山铁矿

（三）成矿特征

1. 鞍山式沉积变质型铁矿

鞍山式铁矿主要分布于许昌地区、鲁山—舞阳—新蔡地区及焦作地区。矿床一般处在时代更老的TTG片麻岩穹隆的旁侧，矿层赋存于新太古代、古元古代初期的角闪岩相-麻粒岩深变质片麻岩系中，顶底板一般为角闪片麻岩，由不同含量的辉石-角闪石-石英-磁铁矿组成条带状矿石，磁铁石英岩出现很少。在深变质过程中，基性岩（基性火山岩）、碳酸盐岩和铁矿层基本保留原岩矿物成分,而富铝长英质岩石发生不同程度的混合岩化,因此混合花岗岩与含铁岩系一般平行产出。铁矿层在变质过程中可能产生层内物质重组或流动变形,但即使被包含于 TTG 片麻岩或晚期二长花岗岩中,其内部的矿体仍保持层状。华北前寒武纪条带状铁建造可划分为与火山岩关系密切的阿尔戈马型和沉积岩为容矿岩石的苏必利尔型(沈保丰等,2006;张连昌等,2011),河南省有关的矿床均属于阿尔戈马型,但该类型铁矿最初建立的成矿模式不能完全解释河南有关的矿床。

2. 赵案庄式区域变质海相火山-沉积型铁矿

赵案庄式铁矿分布在舞阳铁矿田的中东部,有北东-南西走向分布的赵案庄-王道行大型铁矿,下曹、余庄、梁岗和苗庄小型铁矿,以及曾庄、陈厂矿点。矿床赋存在舞阳铁矿田下部新太古代含铁建造中,为新太古代英云闪长质片麻岩体中规模很大的变质表壳岩包体,并遭受了时代约 2.5Ga(LA-ICPMS 锆石 U-Pb)片麻状二长花岗岩的侵入活动。同一平面上存在海相火山喷出与海相沉积两个矿相,即似层状赋矿原岩存在超镁铁质火山熔岩—热水沉积(热水交代)岩—沉积岩的相变。超镁铁质火山熔岩中的矿石主要为蛇纹石磁铁矿型,富含磷灰石、钛磁铁矿等,顶板含石膏(团块或细脉),碳酸盐岩围岩中的方解石具有辉石假象;外侧相变为石英辉石磁铁矿型,与上部古元古代含铁建造中(铁山铁矿等)的矿石类型(沉积变质型)一致。火山喷出相中的铁矿石 SFe 最高达 56%,平均约 35%,伴生磷、钒、钛和稀土元素矿产;沉积相中的铁矿石 SFe 多在 30%以下,无达到伴生组分评价指标的伴生矿产。层状侵位于含铁建造中的古元古代早期二长花岗岩,残余锆石 U-Pb 年龄(LA-ICPMS)约 2.8 Ga,表明成矿时代可能为新太古代早期。主要变质时代约 1.9Ga。

3. 黄岗式岩浆变质型铁矿

赋矿地质体为大别山浒湾高压—超高压变质带中的榴辉(闪)岩包体,大小悬殊的包体呈带状分布在一套花岗片麻岩、白云母片岩中,部分榴辉(闪)岩包体的原岩可能属于南华纪辉长岩体。在新县黄岗榴辉(闪)岩包体的中部,分布长 100~200m,厚 1~20m 的 5 层似层状钒钛磁铁矿体。矿石矿物为磁铁矿、钛铁矿;脉石矿物为透闪石-阳起石、斜方辉石和角闪石等。具有海绵晶铁结构,条带状和块状构造。含 TFe 19.07%~30.21%,TiO_2 7.20%~9.30%,V_2O_5<0.2%,P 0.15%~1.0%,S 0.03%~0.22%。黄岗钒钛磁铁矿区探明铁矿石资源储量为 $227.3×10^4$t,找矿潜力不大,但具有重要的矿产地质研究意义。

4. 邯邢式接触交代型铁矿

河南省邯邢式接触交代型铁矿床产于中性、中酸性或酸性中浅成侵入体与碳酸盐岩的接触带(矽卡岩)中,以中性(偏基性、偏碱性)侵入体与中奥陶统碳酸盐岩的接触带居多,本省称安林式。其主要特征是:①与成矿有关的侵入体是以闪长岩-二长岩系列为主体,包括一部分的铁质基性岩、碱性正长岩和酸性岩等组成的中性侵入岩系列,它们是岩浆演化、多次侵入活动的结果。②与铁矿关系密切的中性侵入岩系列形成时代可能为早白垩世。③侵入岩体一般呈岩席产状,具有一定的入侵层位,赋矿围岩以中奥陶统含泥质较低的岩溶角砾状碳酸盐岩为主。④形态复杂的岩体产状受断裂构造和层间构造的联合控制,矿体主要产在岩体上部或末端接触带内。⑤铁矿床的规模多数为中、小型。⑥围岩蚀变发育,并明显呈带状分布。蚀变作用可划分为前期气液交代和后期热液交代,气液交代作用的早期阶段为钠长石化,晚期阶段为矽卡岩磁铁矿化。热液交代作用早期阶段为金云母化、透闪-阳起石化、绿帘石化等,晚期阶段为绿泥石化、蛇纹石化、碳酸盐化。钠长石化不仅是重要的找矿蚀变标志,而且与铁矿形成具有密切成因关系。⑦矿石成分简单,选矿性能好,回收率高,主要的有益伴生元素有钴、硫、铜、镍、硒、碲等。

5. 条山式海相火山岩型铁矿

海相火山岩型铁矿少量分布在卢氏南部—南召地区,主要集中分布在泌阳县—信阳市一带。矿产赋存于早古生代二郎坪群的火神庙组、刘山岩组中的层状矽卡岩中,普遍有下列成矿特征:①容矿岩层(系)主要为变细碧岩-基性火山碎屑岩,其间夹少量变角斑岩,矿层(尤其顶部)或含矿层位中分布(硅质条带)大理岩。变细碧岩中火山碎屑、假气孔及气孔普遍分布于南北两侧和南部的 VMS 型 Cu-Zn 矿带,反映较小的静水压力,结合大理岩的分布表明相对 VMS 型矿带处于浅水环境。志留纪同碰撞花岗闪长岩等岩浆杂岩带与层状矽卡岩型矿带形影不离,指示矿带形成时为近陆脊状火山隆起。②具与围岩同步的褶皱和变质程度,但含矿层能干性较弱,发育剪切透镜体。③可具明显上弱下强的不对称蚀变现象,铁(铜)矿体底板时常发育纹层-条带状矽卡岩,矽卡岩常具较单一的矿物组成,总体由下向上为透辉石矽卡岩、石榴石岩及绿帘(绿泥)石岩,铁矿体紧邻绿泥石层,大理岩中仅具有弥散状磁铁矿化,相邻多层矿化时仍有这种现象。锌矿层则直接产于绿帘石矽卡岩,矿层下部或下盘出现石榴石,顶部大理岩常无蚀变。④缺少重晶石层,但发育 Ba 异常。⑤矿体(层)在走向上可相变为铁锰矿或含锰大理岩。⑥铁(铜)矿体呈似层状、透镜状、盆状或周围不发育矽卡岩的孤立囊状,下盘透辉石矽卡岩、石榴石岩及绿帘石岩仅出现浸染状磁铁矿矿化。矿体与围岩的接触界线明显。厚富矿体中可见透辉石矽卡岩、石榴石岩及绿帘石岩的同生角砾。⑦由黄铁矿、黄铜矿或少量方铅矿组成的块状硫化物矿体规模甚小,出现在磁铁矿层的顶、底或包含其中,局部可见磁铁矿层中的黄铁矿-黄铜矿纹理。以上符合 VMS 型矿产的特征,以热核模式可以很好地解释火山喷流成矿作用。条山式海相火山岩型铁矿出现在二郎坪群($\in$—O)的顶部,成矿时代应为奥陶纪。

6. 宣龙式沉积型铁矿

河南宣龙式铁矿床主要产于长城纪汝阳群云梦山组中下部的砂页岩、砾岩层中。在目前已发现矿点之外,地表极少有矿化地段出现,个别地质填图点见红色含铁砂岩。唯岱嵋寨矿区含矿性较好,含矿层中一般有 1~5 层赤铁矿,主要为页片状、鲕状、肾状赤铁矿矿石,TFe 品位 27%~55%。

7. 山西式风化沉积型铁矿

山西式铁矿赋存于本溪组铝土岩系,铁矿有两个层位:一是寒武系—奥陶系顶部沉积改造古风化壳,赤铁矿呈砾石状、豆荚状、囊状、团块状等无规律和无工业矿体分布;二是铝土矿层(铝土岩)下部,处在硫铁矿层上部氧化带,为多孔褐铁矿-赤铁矿混合矿石。山西式铁矿的出现往往与含铝岩系上部$二_1$煤的发育程度正相关,与铝土矿的质量负相关。原因是:上部泥炭环境酸性溶液向下淋滤含铝岩系中的铁质,在脱硅去铁的含铝岩系(铝土矿层)下方还原形成黄铁矿层,$二_1$煤的出现表明有利于黄铁矿生成的条件存在,间接有利于后期氧化的褐铁矿-赤铁矿存在。另一方面,当质量很好的铝土矿床存在时,处于倾向下方的黄铁矿层没有处在氧化界面之上;当优质铝土矿床剥蚀后,黄铁矿层才暴露,方能氧化形成褐铁矿-赤铁矿。山西式铁矿的氧化时代可能起始于中侏罗世,主要氧化成矿时期为新生代。

二、成矿规律

(一)铁矿时空分布与成矿作用

河南省的铁矿产先后出现在8个时期：新太古代、古元古代初期、滹沱纪、长城纪、南华纪、奥陶纪、早白垩世、新生代。成矿作用归为4种：海底火山喷流-热水交代、超基性—基性岩浆分凝、浅海沉积、表生风化，变质作用只是形成受变质铁矿产而无新生铁矿出现。

1. 海底火山喷流-热水沉积(交代)铁矿

新太古代、古元古代初期海底火山喷流成因的铁矿主要分布在华北陆块区聚合前各离散陆块之间的绿岩盆地，是河南省最主要的铁矿成因类型，在大别古(微)陆块中亦见1处小型矿产地。奥陶纪海底火山喷流-热水交代铁矿普遍出现在二郎坪弧后盆地近陆一侧，铁矿品位高，但单个矿产地规模甚小，尤其是志留纪板山坪-黄岗同碰撞岩浆杂岩带与成矿带形影不离，被杂岩带侵蚀后保留的矿产地更为零散。

2. 超基性—基性岩浆分凝铁矿

南华纪与基性岩浆分凝有关的铁矿仅发现有大别超高压变质带中的1处小型矿床，但南华纪基性火山岩及其基性岩浆岩带是一次纵贯南秦岭的裂解事件，基性火山岩和基性岩体磁铁矿化普遍，在南阳盆地西缘即有初步验证属强磁铁矿化角闪岩引起的河南省最大的磁异常，有关南华纪超镁铁岩带的成矿研究具有重要的意义。新太古代火山喷出相中的铁矿与超基性岩浆分凝有关，只不过岩浆分异、分凝作用在岩浆房或扩张洋脊。

3. 接触交代铁矿

接触交代铁矿先后出现在滹沱纪、早白垩世，前者局限有古元古代裂谷中的铁山河铁矿，后者在华北中生代盆地四周分布广泛(部分被新生代盆地掩盖)。受中—新生代盆岭构造的控制，仅在安林地区保存有重要的铁矿田。矽卡岩为接触交代铁矿的表现形式，与成矿有关的岩浆岩主要为闪长岩和钾长花岗岩，以闪长岩与铁矿关系更为密切。矽卡岩与铁矿体并不是普遍分布于岩浆岩与碳酸盐岩接触带，往往是聚集在各种产状的岩体的上方或末端，缺少活动流体的"干"的花岗岩往往与大理岩呈"冷"接触。从接触交代铁矿的形成需要岩浆流体聚集的空间来看，矽卡岩和铁矿体是可以偏离岩体的，而在安林铁矿田的闪长岩席的下盘存在第二个安林铁矿田的设想可能只是美好的愿望。由于岩浆侵入及其流体活动总是向着构造薄弱部位或层面，尤其是岩席的侵入与岩浆流体的活动往往有特定的层位，因此如安林铁矿，矿体的分布也有固定的层位。

4. 沉积铁矿

在长城纪华北陆块区的燕辽裂谷、豫陕(熊耳)裂谷和徐淮被动陆缘盆地的边缘，云梦山组和高山河组普遍存在海相沉积红铁矿，但铁矿品位达到一般工业要求的仅有岱嵋寨地区。岩相古地理研究表明，铁矿分布在当时的沉积沉降中心附近，含矿地层的沉积厚度决定了铁矿的规模大小。

5. 风化成因铁矿

本溪组中的硫铁矿大致在垂深100m范围内被氧化为褐铁矿。豫西卢氏盆地以西分布众多源于硫铁矿风化的脉状褐铁矿点,氧化深度可达 600m 以上,但仅在八宝山闪长岩-二长花岗岩与碳酸盐岩的外接触带,由硫铁矿、磁铁矿氧化为褐铁矿,形成目前唯一的中型褐铁矿矿床。

6. 变质作用

铁矿形成之后的受变质作用有 3 种情况:①前滹沱纪经历了花岗岩的层侵或混合花岗岩化作用,但绿岩和铁矿层(体)的原始层位未变,铁矿层(体)内的物质重组非常有限,对矿田构造起决定作用的是构造变形;②确山县一带的原宣龙式海相沉积铁矿经历了深埋的角闪岩相变质作用和区域动力变质作用,原海相沉积赤铁矿转化为镜铁矿(团山小型铁矿)或磁铁矿点,由于该地区原海相沉积铁矿含锰,因此变质后出现一些铁锰矿化点;③南秦岭三叠纪俯冲杂岩带及其高压—超高压变质带中与基性岩浆分凝有关的铁矿,基性岩体与铁矿体主要是遭受动力破坏,铁矿体在高压变质岩中原始成矿部位不变,仍然保留原始矿石组构。

(二)前滹沱纪铁矿找矿标志与分布规律

全省新太古代沉积变质铁矿和古元古代初期岩浆变质铁矿仅有个别露头,矿田被中—新生代地层覆盖,其中部分为覆盖层下的隐伏矿床,因此仅能从重、磁场及其异常来探讨成矿规律,只是道理浅显,但时至今日才明白过来的数十年来覆盖区铁矿找矿的经验总结。

首先指出关于前滹沱纪铁矿区域重、磁场分析的几个理念:

(1)密度地质体、磁性地质体的场强与埋深成反比,绝对值大小无关紧要。

(2)密度地质体、磁性地质体的场强与其延深成正比。

(3)重力场值的大小首先是与地质体的变质时代成正比,其次与岩石的基性程度成正比。

(4)磁场强度与地质体基性程度成正比。

根据以上的概念和大量的钻探验证情况,有关前滹沱纪铁矿的构造单元及其周围的地质体有以下几种重、磁异常表现:

(1)时代最老的古陆核区域重力场一定是最强的,根据其中基性岩组分的多少,磁场可以很强亦可以很弱。因此古陆核或古老地块有两种重磁场表现:重力高磁力高,重力高磁力低。

(2)铁矿赋存于古陆核四周或更古老地块之间的绿岩盆地,与绿岩共生的富铝碎屑岩经历了晚期花岗岩化。绿岩盆地的重力场或剩余重力值相对旁侧更古老的地块一定是相对的重力低。绿岩盆地的磁场有两种表现:当绿岩有很大的厚度,磁场(异常)很强;当绿岩所占比例小,则磁场(异常)很弱。

(3)铁矿层在绿岩盆地中所占比例少,厚度(延深)有限,只有在浅覆盖的情况下才有弱磁异常表现,深埋情况下往往被绿岩的磁场(异常)所淹没。

(4)在赵案庄式铁矿带的南侧平行展布晚期闪长岩带,单个岩体具有等轴状重力高、磁力高。

(5)铁矿带旁侧的中生代火山岩(安山岩)相对古老片麻岩表现为重力低,但具有胜过铁矿层的强而跳跃的磁异常。

通过以上相关地质单元和地质体重磁场特征分析,总结 4 条关于覆盖区前滹沱纪铁矿的重要找矿标志:

(1)铁矿区一定处在重力高的旁侧而不是重力高的部位。

(2)当绿岩厚度大时,铁矿区磁场强,如许昌铁矿田和新蔡铁矿田;当绿岩所占比例少时,铁矿区磁场微弱,如舞阳铁矿田西、南部的鞍山式(铁山式)铁矿分布区。

(3)赵案庄式铁矿相对铁山式铁矿有较强的磁场和相对微弱的重力高,但与旁侧闪长岩体和安山岩体的磁场无法比拟,与闪长岩体的重力高相比亦显得微不足道。

(4)在1∶1万及其以小比例尺上,显示度高、重力高磁场强的异常一般对应基性岩体或变质深成基性侵入体。区域重力低旁侧突出而跳跃的磁场为安山岩的表现。

在全省尺度上,借助重磁场分析,关于前滹沱纪铁矿有2条重要的分布规律:

(1)华北陆块区各古陆块的重力、磁场方向存在一定的方向各异性,其中五台-太行陆块的重力场明显偏低,已知的绿岩带的总体分布情况也与这些陆块的结合带吻合,预示河南省与绿岩盆地有关的铁矿有很大的找矿潜力。所不利的是,这些陆块结合带的边界与中—新生代盆地的边界吻合,又在很大程度上缩小了可探索的空间。

(2)绿岩盆地及其铁矿围绕古陆块分布。多次钻探验证表明,在各陆块内部重力、磁场最高的部位和区域不是成矿有利的部位;它们周围重力相对低或梯级下降的部位,与区域重力高不吻合的明显或非常微弱的磁异常才是找矿靶区;如鲁山、舞阳、许昌铁矿和登封北东的铁矿点即环绕嵩箕地区的区域重力高值区分布。推而广之,应在覆盖区中区域重力高值区的四周开展找铁工作;换个思路,基岩区深部的铁矿远远比中—新生界覆盖的铁矿更有利于开发,可考虑在前滹沱纪地质体上方基岩盖层厚度有限的区域开展铁矿找矿攻关,直接覆盖或推覆在新太古界之上的云梦山组安山岩、熊耳群火山岩比含铁建造具更强的磁场,找矿难度是相当大的。在进行铁矿成矿远景区划时,总是将鲁山—舞阳—新蔡—霍邱一带作为铁矿的成矿带,这无疑是对的;但具体到某一区段,首先是围绕区域重力高值区四周的找矿,而不是沿着直线方向的找矿。

第五节 铬铁矿

一、成矿特征

河南省共有铬铁矿小型矿产地1处,矿点7处,无备案的铬铁矿资源储量。其中古元古代初期铬铁矿(化)点分布在熊耳山及泌阳县北东部的古元古代片麻岩系中,新元古代小型矿产地和早古生代矿点均分布在商丹蛇绿岩片中。

1. 古元古代初期铬铁矿(化)点

铁炉坪铬铁矿点:位于熊耳山地区西南部全宝山西北侧。该区在古元古代灰色片麻岩系(英云闪长质片麻岩-奥长花岗质片麻岩)中分布变超镁铁质岩块近200个,呈大小不等的鸡卵状、团块状、透镜状悬浮包体,以长度小于50m居多。岩性主要为次闪石化辉石岩和次闪石岩,个别含蛇纹石化次闪石化辉橄岩异离体。矿物颗粒一般达中—粗中粒,个别细粒,原岩可能系堆晶岩。矿点所处次闪石化辉石岩-蛇纹石化次闪石化辉橄岩呈透镜状,长约100m,宽度在数十米。基本岩性为次闪石化辉石岩,含早期结晶的(蛇纹石化次闪石化)辉橄岩异离体。在蚀变辉橄岩中发现豆荚状铬铁矿,矿体长不足10m,厚数十厘米,延深仅数米。

熊耳山地区北东部廖凹—马家庄一带为超镁铁质杂岩包体最为集中的地区(图3-16),其中规模较大的马家庄超镁铁质杂岩体长700m,最大宽度为300m,面积0.12km²。呈北西部北西向、东部近东西走向的蝌蚪状,倾向北北东,地表倾角60°～80°,向下底板倾角变缓(约20°)。岩体产出类型复杂,各类岩石呈渐变过渡关系,平面上大致呈同心环状,由外向内依次是角闪石岩、橄辉岩(夹条带状、透镜状辉橄岩)和橄榄岩。剖面上呈似层状产出,下部岩石基性度较高,为橄榄岩夹透镜状辉橄岩;向上岩石酸度增加,渐变为橄辉岩和角闪石岩。杂岩体中各类岩石约占比例:辉橄岩

0.5%，橄辉岩10%，角闪石岩及其蚀变蛭石岩等89.5%。岩体矿化较弱，地表系统槽探和9个钻孔中的大量样品分析结果：Cr_2O_3 0.12%~0.78%，NiO 0.65%~0.60%，CoO 0.002%~0.023%，Pt$(0~0.11)×10^{-6}$，均达不到工业品位。

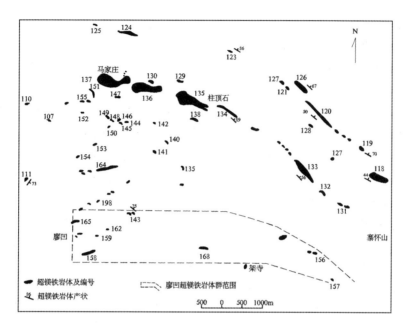

图 3-16 熊耳山地区北东部超镁铁岩分布图
（据李茂等，1983）

碾盘山铬铁矿点：位于泌阳县王店。地理坐标：E113°26′28″，N32°49′15″。处在南阳中—新生界盆地东北角北西、近东西和北东走向3组盆缘断裂交会部位，其中北西向断裂为卢氏-栾川断裂带晚期构造活动界面，北东侧依次出露古元古代太华杂岩残留岩片及大面积的早白垩世片麻状二长花岗岩，南西侧零星出露宽坪岩群及二郎坪群，近东西向碾盘山-确山断裂表现为早白垩世片麻状二长花岗岩与南侧宽坪岩群、栾川群等不同地层之间的构造混杂岩带，北东走向断裂为泌阳凹陷与东侧隆起的界面，箕状凹陷的最深处超过5000m。

铬铁矿见于碾盘山构造混杂岩带中，带内斜长角闪岩、斜长角闪片麻岩、超基性岩透镜体，与"条带状混合岩、均质混合岩及混合花岗岩"等大小不等的透镜体构造交织在一起，透镜体轴面向南缓倾并左行斜列，可能为左行走滑-推覆型构造带。构造混杂岩带中长215m、宽1~4m范围内，金云阳起石岩、金云透闪石岩与铬铁矿呈群出现。其中铬铁矿群长60m，共左行斜列47个不规则状、团块状、透镜状铬铁矿块体，单个透镜体长1m、宽30~50cm，倾向南，倾角40°~50°。

矿石主要由铬尖晶石、含铬金云母和少量阳起石、透闪石、滑石、铬绿泥石等组成，浸染状或致密块状构造。致密块状矿石 Cr_2O_3 42.96%，铬铁比为2.6，浸染状矿石 Cr_2O_3 12.61%~34.30%，铬铁比为1.14~2.5。

薛头湾铬铁矿点：位于泌阳县大路庄乡。地理坐标：E113°34′10″，N32°50′25″。处在碾盘山构造混杂岩带及碾盘山铬铁矿点的东延部位。共见3个矿体，1号矿体长2.2m，宽0.4m，延深1.5m，倾向南，倾角52°~60°；2号矿体长0.92m，宽0.36m，倾向152°，倾角56°；3号为隐伏矿体，长1m左右，宽0.1m，延深0.8m。1号、2号矿体相距180m，矿石成分为铬尖晶石及含铬金云母，自形、半自形中细粒结构，稠密—稀疏浸染状构造，Cr_2O_3 含量为34.33%~35.60%，铬铁比值2.3。3号矿石为含铬尖晶石云母角闪片岩，含 Cr_2O_3 6.05%。

碾盘山铬铁矿和薛头湾铬铁矿经历了强烈的动力变质作用,可能最初产于华北陆块区南侧的古大洋扩张脊,经历了古元古代大洋板块的俯冲、弧陆碰撞和志留纪以来的造山过程。

2. 新元古代铬铁矿

松树沟-洋淇沟铬铁矿位于陕西商南县与河南西峡县交界地带,所在松树沟岩体是秦岭造山带规模最大、唯一赋存于铬铁矿床的基性—超基性岩体。基性—超基性岩以韧性剪切带为边界,呈透镜状岩片拼贴在商丹断裂北侧的秦岭杂岩或峡河岩群中,并处在由高压基性麻粒岩、长英质高压麻粒岩和高压不纯大理岩等构成的高压变质带中。

松树沟超基性岩由上百个大小不等的橄榄岩透镜体组成,并总体呈透镜状包裹于基性岩中。超基性岩主要由细粒橄榄岩质糜棱岩和中粗粒橄榄岩组成,均以纯橄岩为主,含少量方辉橄榄岩。基性岩主要由斜长角闪岩、石榴斜长角闪岩和角闪岩组成,夹有少量透镜状大理岩,经历了 1000Ma 左右从榴辉岩、榴闪岩到角闪岩相的退变质作用和 485Ma 左右又一期高压碰撞事件。

铬铁矿矿体呈透镜状,主要赋存于中粗粒纯橄岩和少量的块状构造方辉橄榄岩中。矿体一般长数十米,厚数十厘米至数米,延深数十至数百米。矿石类型包括浸染状、条带状、块状等矿石。铬铁矿的自形程度自矿体边部向内逐渐变差,边部为细粒半自形—自形晶结构,向内为不同粒度的他形—半自形晶结构,中部为中粗粒他形晶结构。单个矿体的边部为稀疏浸染或网状浸染的贫矿条带,向内为中等浸染、斑杂状浸染、稠密浸染以至块状条带(董云鹏等,1996)。

李犇等(2010)通过对松树沟橄榄岩的岩相学、主微量、稀土元素地球化学的系统研究,认为松树沟细粒方辉橄榄岩为洋脊扩张过程中地幔岩减压-近分离熔融产生的残留体,细粒纯橄岩主要由地幔橄榄岩熔融残留橄榄石、消耗辉石的减压熔融反应($aCpx+bOpx+cSpl=dOl+lMelt$)生成的橄榄石和少量的地幔方辉橄榄岩残留体组成,但均受到了后期渗滤熔体的再富集作用;中粗粒纯橄岩和方辉橄榄岩主要为上述反应产生的渗滤熔体被圈闭在迁移通道或减压扩容带内在热边界层通过反应:$Melt\ A=Ol+Melt\ B$ 冷凝结晶而成,属堆晶橄榄岩。Pb-Sr-Nd 同位素地球化学的证据显示,松树沟橄榄岩与基性岩具有共同的地幔源区,二者同为松树沟蛇绿岩的重要组成部分。通过矿床地质特征及铬铁矿电子探针测试研究,认为松树沟铬铁矿床是产于中粗粒堆晶纯橄岩中的层状铬铁矿床,形成于格林威尔期洋盆的扩张过程中,是中粗粒纯橄岩在热边界层的冷凝结晶过程中岩浆分异作用的产物。

3. 早古生代铬铁矿矿点

在二郎坪弧后盆地南侧的蛇绿岩带,双山—大河段先后发现超基性岩体 104 个,按岩体出露位置划分为南、北两个亚带。北亚带西起双山,东至瓦屋庄,长 25km,宽 2~3km,主要岩体有双山、大山庄、罗沟、柳树庄、上瓦屋庄、台子庄、南冲和瓦屋庄等 18 个超基性岩体。规模最大者长 680m,宽 20~450m;最小者长 10 余米,宽 1 余米。南亚带位于北亚带之南 2~3km,西起龙盘嘴,东至大岭南,长 2km,宽约 2km,主要岩体有龙盘嘴、祖师顶、老龙泉、八亩沟、吴家湾、高庄和大岭南等 57 个岩体。最大者长 500~800m,最小者几米至几十米。双山—大河一带发现有老坟扒和老龙泉铬铁矿矿点。

老坟扒铬矿点:位于桐柏县大河乡,地理坐标:E113°16′03″,N32°32′47″。老坟扒超镁铁岩体处在双山—大河基性—超基性岩带(构造混杂岩带)的西北部,构造就位于斜长角闪片岩中,由蛇纹岩、滑石岩、透闪石岩及辉石岩、橄榄岩组成。岩体呈北西向展布,长 450m,宽 180m,倾向南西,倾角中等。在岩体底盘的滑石岩及蛇纹岩中浸染状铬铁矿化普遍,Cr_2O_3 最高含量 0.76%。其中见块状铬铁矿两处,大者长 1.5m,宽 0.5m,延深小于 1.5m,Cr_2O_3 含量 30%~32%。

老龙泉铬铁矿点:位于桐柏县西北部老龙泉寨,地理坐标:E113°15′43″,N32°30′57″。老龙泉超镁铁岩片构造在秦岭杂岩中的新元古界—寒武系雁岭沟岩组大理岩片中,沿300°方向延伸,长400m,宽20~50m,延深小于60m(图3-17)。岩体中以单辉辉橄岩和辉石岩为主,中部较基性,边缘偏酸性。岩体内MgO含量较低,镁铁比值最高5.71,一般为0.96~3.63,仍偏酸性。可分3个含矿带,各矿带长35~70m,宽5~10m。含矿带延长方向、产状与岩体基本一致,其组成岩石主要有斜方辉橄岩、单辉辉橄岩、辉石岩,岩石中Cr_2O_3含量一般为2%~3%。含矿带中局部见有少量空心豆状铬铁矿及不均匀分布的浸染状铬铁矿,局部富集成不规则的团块状矿体。较大矿体有两个,分别位于一、二号矿带。Ⅰ号矿体长15m,宽3.6~3.8m,延深2~3m;另一矿体长20m,最宽13m;前者Cr_2O_3含量15.12%~33.79%,为空心豆状矿石。后者Cr_2O_3含量5%,由空心豆状和浸染状铬铁矿组成(图3-18)。达到工业品位要求的铬铁矿均产于斜辉辉橄岩中,脉石矿物有蛇纹石、滑石,次为伊丁石、蛭石。

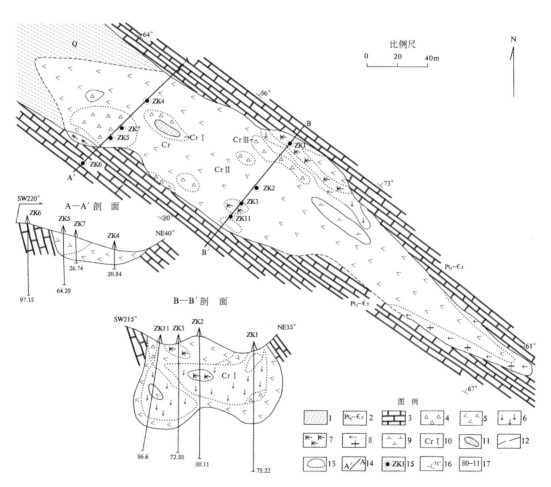

图3-17 桐柏老龙泉基性—超基性岩片地质略图
(据漆丹志等,1981)

1.第四系坡积层;2.新元古界—寒武系雁岭沟岩组;3.大理岩;4.斜辉辉橄岩;5.单辉橄榄岩及辉石岩;6.二辉辉石岩;7.单辉辉石岩;8.角闪石岩、辉石角闪石岩;9.闪长岩;10.铬矿体及编号;11.空心豆状铬铁矿体;12.地质界线;13.岩相界线;14.剖面位置;15.钻孔位置及编号;16.地层产状及倾角;17.钻孔深度(m)

卧虎铬铁矿点:位于信阳市西北,地理坐标:E113°55′15″,N32°11′43″。卧虎超基性岩体构造就位于秦岭杂岩北侧构造混杂岩带,由大小不等的30多个岩片、岩块组成。其中1号岩体最大,长

3.2km，宽20～380m；其他岩体规模较小，长数十米至百余米，宽数米至数十米，为不连续的孤立体。岩石类型以斜辉辉橄岩为主，有纯橄岩和斜辉橄榄岩异离体。在该岩体中共发现铬铁矿体30处，包括70余个小矿体，多分布于岩体的宽大部位。铬铁矿多呈透镜状、串珠状和细脉状，有时成群出现或雁行状排列，绝大多数为北西西走向，倾向南西，倾角40°～60°。矿体规模较小，一般长0.2～0.5m，宽0.1m左右；长度大于1m者仅有4个矿体，最长者3.25m，宽0.9m。致密块状铬铁矿多产于斜辉辉橄岩中，矿体表面常有蛇纹石或绿泥石外壳，铬铁矿Cr_2O_3含量为38.46%～45.64%，Cr_2O_3/FeO为2.2～2.98。浸染状铬铁矿的围岩多为纯橄

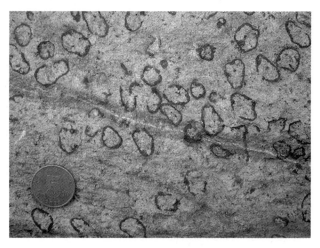

图3-18　老龙泉豆荚状铬铁矿石

岩或滑石化蛇纹岩，含Cr_2O_3 4.16%～6.9%。卧虎超基性岩体经勘探提交化肥用蛇纹岩资源储量$5966.1×10^4$t。

张家冲铬铁矿点：位于信阳市平桥区张家冲，地理坐标：E114°10′06″，N32°04′34″。张家冲超基性岩体构造就位于二郎坪群与秦岭杂岩残片之间，由大小7个岩体组成，其中1号岩体规模最大，为776m×53m，最小的为7号，呈线状延伸，长、宽比为17∶1。岩石类型有纯橄岩、斜辉辉橄岩、滑石化超基性岩等。致密块状铬铁矿产于超基性岩带东南端（6号岩体）的滑石碳酸盐化斜辉辉橄岩中，10多个小矿体分布在岩体北界内，呈透镜状顺片理产出。含矿带宽2～4m，长10余米，单个矿体一般厚3～5cm，最大的厚0.3m和0.7m。矿石为半自形—自形中细粒结构，块状构造，少许浸染状，Cr_2O_3含量32.43%。其他在1号岩体的ZK2孔，深331.85～333.85m处矿化较好，铬尖晶石粒度1～2mm，最高含量达20%。张家冲超基性岩体经勘探提交化肥用蛇纹岩资源储量$653.5×10^4$t。

双山—大河—卧虎—张家冲基性—超基性岩带处在二郎坪群与秦岭杂岩之间的构造混杂岩带，一些更小的碎块混杂在秦岭杂岩中。该基性—超基性岩带在开展过详细的普查工作之后，对含蛇纹石矿的柳树庄、卧虎、张家冲岩体进行了勘探。所发现的铬铁矿点及其他矿化现象均进行过详尽的工程揭露，由于矿化局部出现在辉橄岩异离体的边部，且有关岩片、岩块规模甚小，因而不具备进一步找矿的价值和预测的依据。

二、成矿规律

（一）成矿时代特征

1. 古元古代铬铁矿

铁炉坪铬铁矿点所在的熊耳山片麻岩穹隆的东北部，含超镁铁岩包体的TTG质片麻岩LA-ICP-MS锆石U-Pb分析结果，不一致线的上交点年龄为(2336±13)Ma、(2316±16)Ma，二者在误差范围内完全一致，代表了TTG岩石原岩的成岩年龄。TTG质片麻岩的Hf同位素数据表明，其两阶段模式年龄主要在3.01～2.57Ga之间，平均值为2.82Ga，说明该区基底的形成时代可能为2.8Ga或更老（第五春荣等，2007）。

2. 青白口纪铬铁矿

洋淇沟小型铬铁矿赋存于东秦岭松树沟蛇绿岩片中,蛇绿岩片主要由下部变质橄榄岩和上部变质玄武岩组成。变玄武岩全岩 Sm-Nd 同位素等时线年龄为(1030±46)Ma,代表蛇绿岩形成时代(董云鹏等,1997);石榴石-角闪石矿物的 Sm-Nd 等时线年龄为(983±140)Ma,为蛇绿岩构造侵位或变质年龄(李曙光,1991);超镁铁质岩片早期经历了麻粒岩相的塑性变质变形,其变质辉石 $^{40}Ar/^{39}Ar$ 高温坪年龄为(833.8±2.3)Ma,系岩体消减俯冲发生高压变质后抬升冷却的地质事件,因辉石对 Ar 的封闭温度明显低于石榴石-角闪石矿物对 Sm-Nd 的封闭温度,从而导致计时滞后(陈丹玲等,2002);松树沟高压基性麻粒岩中锆石核部区 $^{206}Pb/^{238}U$ 加权平均年龄值为(485±3.3)Ma,反映早古生代高压—超高压变质带时代(陈丹玲等,2004)。总之,洋淇沟铬铁矿最初形成于中、新元古代之交的大洋上地幔,经历了青白口纪俯冲消减与抬升冷却,并再次遭受早古生代高压—超高压变质,最终出露于晚三叠世以来的陆内造山带。

近年来,Sm-Nd 同位素年龄受到锆石微区 U-Pb 年龄的质疑,但并没有给出明确否定 Sm-Nd 同位素测年方法的结论。锆石也有碎屑的、岩浆的和不同期次变质的成因,在复杂变形的高级变质地质体中,任何一种方法、某几个样点的同位素年龄均不能一概堆垛叠置的、时代跨度可能相当大的岩群或岩组的时代。我们认为,各种同位素年代学的原理是不容置疑的,关键是测试样品要满足"同时、等效、封闭"的原则并具有明确的地质含义。如采样范围大,采样对象未曾达到同位素组成的均一化,则多样点或同一地点不同样品组成的同位素等时线可能只是一种巧合。如伏牛山花岗岩多颗粒锆石 U-Pb 等时线年龄与原位锆石 U-Pb 同位素年龄相比,测试结果相差甚远,前者是不可信的。因此认为,石榴石-角闪石矿物是同时、等效形成的,形成之后 Sm-Nd 同位素体系难以被破坏,其 Sm-Nd 等时线年龄有其他方法同位素年龄佐证,测定结果是可信的。

3. 早古生代铬铁矿

河南省内早古生代超镁铁岩及其铬铁矿点尚无直接的同位素年龄,采自西峡县二郎坪以北湾潭一带的二郎坪群枕状火山岩的 SHRIMP U-Pb 年龄为(466.6±7)Ma,丹凤岩群变火山岩中获得的锆石 SHRIMP U-Pb 年龄为(499.8±4)Ma(陆松年等,2006)。有关超镁铁岩带与岛弧火山岩、基底杂岩构造混杂在一起,处在弧后盆地枕状熔岩南侧的俯冲带,时代应为早古生代。

古元古代铬铁矿代表华北陆块区最后一次陆块聚合时期的洋壳,青白口纪铬铁矿、早古生代铬铁矿对应秦岭弧盆系两次洋盆出现的洋壳。

(二)成矿分布规律

有关铬铁矿在空间上定位于较深层次或经历了深层次的变质作用,就矿产的空间分布规律总结了以下几点。

1. 超镁铁岩、蛇绿岩及其矿产的空间分布

1)蛇绿岩的概念

1972 年美国地质学会彭罗斯会议上将蛇绿岩定义为一种可与洋壳对比的独特的镁铁质—超镁铁质岩石组合:地幔橄榄岩+堆晶岩+岩墙群+熔岩,以及深海沉积物(硅质岩等),其中地幔橄榄岩包括方辉橄榄岩、二辉橄榄岩和少量的纯橄岩,一般均发生不同程度的蛇纹石化,堆晶岩包括堆积辉长岩和均质辉长岩,上部熔岩以具枕状构造为特点,深海沉积物一般是条纹状的硅质岩。近年来完善的 MOR 型和 SSZ 型蛇绿岩理论体系认为 MOR 型蛇绿岩形成于洋中脊,SSZ 型蛇绿岩形

成于俯冲带上,二者的地幔橄榄岩、堆晶岩组合及上部熔岩在岩石学、矿物学和地球化学方面均有不同的特征,洋-陆俯冲和洋内俯冲是形成 SSZ 型蛇绿岩的两种机制,较为合理地解释了蛇绿岩的多样性及其与大洋岩石圈的差异。由于大洋板块的俯冲作用,在缝合带中 MOR 型蛇绿岩很少被保存下来,保存较好的大多数为 SSZ 型蛇绿岩(史仁灯,2005)。

蛇绿岩有 3 种主要侵位类型:俯冲刮削拼贴式、俯冲折返拼贴式、仰冲推覆式。蛇绿岩一般呈两种形式产出:构造岩片或蛇绿混杂体(高坪仙,2000)。

2)古元古代超镁铁岩与铬铁矿

古元古代有关超镁铁岩呈规模相当小的包体分布在熊耳山片麻岩穹隆四周的古元古代 TTG 质片麻岩系中。在太古宙是否存在蛇绿岩尚无定论,陈征等(2006)认为存在新太古代蛇绿杂岩,通过华北新太古代豆荚状铬铁矿变形机制的研究,提出早期大洋类似现今板块构造体制,豆荚状铬铁矿形成于大洋扩张脊莫霍面以下的方辉橄榄岩中,初始呈岩墙状,随着大洋板块扩张,矿体形态也从不整合型逐步变为整合型。

3)青白口纪蛇绿岩与铬铁矿

在东秦岭,仅从一个松树沟蛇绿岩片就推断存在古秦岭洋是遭到质疑的,因此有小洋盆或裂谷之说。实际上,松树沟蛇绿岩片本不是孤立的存在,而是由断陷、构造混杂和滑覆等构造的原因所造成的缺失。在松树沟岩片东南走向延伸部位,至镇平约 120km 范围内为晚白垩世断陷盆地,继续向东南约 90km 为南阳中—新生界盆地。在南阳盆地与吴城盆地之间约 30km 范围内,基性、超基性岩块完全与秦岭岩群构造混杂,形成南、中、北 3 个包体带,少数见于雁岭沟岩组大理岩中,一般单个包体大小仅数平方米或小于 $1m^2$。在吴城盆地以东,桐柏-大别高压—超高压变质带折返背景下,核部杂岩北侧地层向北滑覆,沿龟山-梅山断裂龟山岩组滑覆在秦岭岩群及二郎坪群之上,真正的青白口纪商丹结合带完全被滑覆岩片掩盖。另一方面,在秦岭基底杂岩带的南部(底部)对应突出的高值重力异常带和磁异常,有可能是蛇绿杂岩所致。

松树沟岩片东部约 20km,相当于倾向方向约 10km,分布陈阳坪基性—超基性岩体。该岩体以铁质基性岩为主体,经 1∶5 万地质测量认定岩体与围岩呈侵入接触。当大洋玄武岩 MORB 和亏损的地幔橄榄岩发生俯冲作用,或地幔楔发生部分熔融时可以形成岩浆弧,因此陆缘岛弧区下面也存在一套镁铁和超镁铁岩组合(Westbrook,1982)。陈阳坪岩体即可能属岛弧区岩浆弧,而非蛇绿岩。

淇河庄-龙潭沟超基性岩带可能对应松树沟岩片在古秦岭洋南侧的岛弧,显示残余地幔的地球化学特征,具有 K‐Ar 896Ma 的参考年龄值,是否属于蛇绿岩还无定论。

4)早古生代蛇绿岩与铬矿

在南、北秦岭的商丹结合带同时存在青白口纪早期、早古生代早期蛇绿岩及青白口纪晚期、志留纪两期碰撞后花岗岩带,碰撞并不意味着立刻全面地造山,残余海盆地会延存很长时期,没有证据表明古商丹洋是在新元古代末彻底封闭后,才在早古生代再度打开。青白口纪之后随即是南华纪的裂解事件,至早古生代洋盆再度扩张。大洋俯冲与弧后盆地的扩张也是此消彼长的关系,两个时期的大洋俯冲先后在北侧对应有歪头山-小寨裂谷,以及在裂谷基础上形成的二郎坪弧后盆地。秦岭基底杂岩是在三叠纪以后逆冲至结合带,将青白口纪早期和早古生代早期蛇绿岩分割在其南、北两侧,因此处在大河断裂带、龟梅断裂带中的早古生代早期蛇绿岩及其铬铁矿点属于商丹洋蛇绿岩片,而不是弧后盆地的蛇绿岩,不能成为二郎坪弧后盆地双向俯冲的证据。

(三) 矿化富集规律

超镁铁岩铬、镍矿化规律

早在1963年,吴利仁根据我国166个基性—超基性岩镁铁比值(m/f)出现的频率,将基性岩、超基性岩按镁铁比划分为5类,各类岩石的m/f:镁质超基性岩大于6.5,铁质超基性岩为2～6.5,富铁质超基性岩或铁质基性岩为0.5～2,富铁质基性岩为0～0.5。单一岩相的镁铁比值常变化于同一范围之内,岩体的分异作用很强时各岩相的镁铁比值变化较大,镁铁比值的平均值代表岩浆性质。通过分析m/f与铬镍含量的相关性及其岩石化学成分与成矿的内在联系,指出以下重要的成矿规律:尖晶石类矿物是共价键和离子键的化合物,氧的极化程度很高,因此铬铁矿的晶格能与橄榄石及辉石相近,故无论是壳下层的选择重熔及岩浆的结晶作用均使这些组分常相伴随。由镁质超基性岩至富铁质基性岩代表着结晶温度依次降低的矿物组合,尖晶石类矿物只于高温时出现,因此铬铁矿仅与镁质超基性岩有关,且m/f与铬含量正相关。

(四) 成矿物质来源

青白口纪洋淇沟层状铬铁矿(MOR型蛇绿岩)中铬铁矿矿物堆积于镁质超基性岩中,成矿物质无疑来自亏损大洋上地幔。东秦岭早古生代豆荚状铬铁矿点处在大洋俯冲带构造环境,一般认为熔体是原始地幔岩高度熔融再造的产物(李江海等,2002;鲍佩声,2009)。

第六节 镍 矿

一、成矿特征

河南省仅发现1处镍矿,即周庵大型镍矿床。周庵镍矿查明矿石量1.95098×10^8t,镍金属65.6776×10^4t。该矿床属南华纪Cu-Ni硫化物型镍矿,桐柏北部早古生代柳树庄超基性岩体具有镍矿化。

1. 南华纪镍矿

周庵镍矿处在三叠纪桐柏高压变质带,含矿岩体与榴辉岩共生。根据王梦玺、王焰(2012)的研究,周庵隐伏超镁铁质岩体主要由二辉橄榄岩组成,岩体从上到下分为3个部分:上部绿泥石-蛇纹石化二辉橄榄岩相带、中部二辉橄榄岩相带和下部绿泥石-角闪石化二辉橄榄岩相带。岩体由两期岩浆侵位形成:形成上部和中部岩相带的岩浆分异程度低,没有发生过硫化物饱和与熔离;形成下部岩相带的岩浆分异程度较高,而且可能在岩浆通道中发生过硫化物熔离。

2. 早古生代镍矿化点

早古生代镍矿点仅见于商丹蛇绿岩带双山-大河超基性岩段的柳树庄超基性岩片中,该无根岩片处在构造混杂岩带上,平面上呈蝌蚪状,长1550m,宽6～430m,最大延深约220m,出露面积$0.27km^2$。岩片总体倾向北东,倾角约80°。岩体岩石类型以斜辉辉橄岩为主,次有二辉辉橄岩、含辉纯橄岩、橄榄岩、辉石岩及透闪石-阳起石岩。岩体核心为具有橄榄岩、含辉纯橄岩、辉石岩异离体的辉橄岩相带,边缘为具有辉橄岩异离体的橄辉岩-辉石岩相带。岩石强烈蛇纹石化、次闪石化和滑石化,经勘探提交化肥用蛇纹岩资源储量 $25.93×10^4$ t。

镍矿化体呈雁行状分布于超基性岩的内部相带(图 3-19),矿化岩石呈浸染状结构、粒状鳞片变晶结构,块状构造。少量的金属矿物主要有磁黄铁矿、黄铁矿、镍黄铁矿;少量及微量矿物有黄铜矿、白铁矿、碲铅矿、碲铋镍矿、方黄铜矿、硫铋镍矿;脉石矿物有橄榄石、顽火辉石、透辉石、透闪石、阳起石、方解石、菱镁矿、滑石、绿泥石、蛭石等。

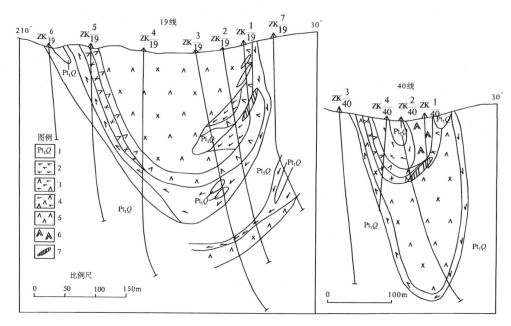

图 3-19　柳树庄超基性岩体 19 线、40 线勘探线剖面图

(据河南省地质局地质八队,1971)

1.古元古界秦岭岩群;2.变辉石岩;3.蛇纹石化橄辉岩;4.蛇纹石化辉橄岩;5.蛇纹石化橄榄岩;6.蛇纹石化纯橄岩;7.镍矿化体

经含镍超基性岩体详细普查(原河南省地质局地质八队,1971—1973),共圈定 8 个镍矿化体,矿化体长 20～115m,视厚 0.82～16.02m,斜深 19.57～169.64m。矿化体含硫化镍和硅酸镍 0.31%～0.58%,仅 1 个样品(>0.5%)达到硅酸镍矿的边界品位。经个别物相样品分析,全镍 0.25%的样品含硫化镍 0.17%。镍矿化体含铂族元素 $(0.1～0.2)×10^{-6}$,最高 $0.6472×10^{-6}$。在原详细普查的基础上,河南省地质矿产局地调三队 2005—2006 年补充开展工作,在超基性岩体中上、下圈定了 3 个较大的镍矿化体。

Ⅰ-1 号矿体,矿化体形态为似层状,地表控制宽 101～135m,向下钻孔见于 26.18～95.40m,平均厚 35.49m。矿化体含 Ni 0.20%～0.37%,地表工程 Ni 含量高于钻孔,平均 0.22%;含 Co 0.0074%～0.019%,平均 0.011%;含 Pt 平均 $(3.05～17.58)×10^{-9}$,Pd 平均 $(3.97～11.50)×10^{-9}$。

Ⅰ-2 号矿体,矿化体形态为透镜状,地表控制宽 77m,向下钻孔见于 96.23～182.76m,平均厚 27.89m。矿化体含 Ni 0.20%～0.51%,平均 0.24%,含 Co 0.0062%～0.019%,平均 0.0096%;平均含 Pt $3.61×10^{-9}$,平均含 Pd $3.30×10^{-9}$;部分地段 Pt 平均 $370.27×10^{-9}$,Pd 平均 $287.50×10^{-9}$。

Ⅰ-3 号矿体,矿化体形态为似透镜状,地表控制宽 12m,向下钻孔见于 140.70～210.15m,平均厚 10.89m。矿化体含 Ni 0.20%～0.35%,地表工程 Ni 含量稍高于钻孔,平均 0.20%;平均含

Co 0.011%；平均含 Pt $8.26×10^{-9}$、平均含 Pd $10.66×10^{-9}$。

经对不同含矿岩性进行的物相分析，矿石中镍的赋存形式较复杂，硅酸盐中镍含量占 58.33%。较高的硅酸镍含量反映超基性岩的熔融程度不够，演化程度不高，岩浆没有经历明显的硫化物熔离，不利于铜镍硫化物矿产的形成，事实上也不存在蛇绿岩型铜镍硫化物矿产。不同时期对双山—大河—卧虎—张家冲基性—超基性岩带的含矿性调查表明，仅有柳树庄超基性岩片存在硅酸镍镍矿化体。

二、成矿规律

1. 成矿时代特征

周庵所属超镁铁质岩体锆石 $^{206}Pb/^{238}U$ 年龄平均值为 $(636.5±4.4)$ Ma（王梦玺等，2012）。与周庵处在同一构造-岩浆岩带的随州—枣阳一带，新近发现多个约 635Ma 的镁铁—超镁铁质岩体，其中与周庵邻近的大阜山橄榄辉长岩 SHRIMP 锆石 U-Pb 年龄为 $(638±18)$～$(571±14)$ Ma（洪吉安等，2009）。耀岭河群基性火山岩中有 13 粒锆石出现高度一致的年龄，为 $(632±1)$ Ma（蔡志勇等，2007），尚有 LA-ICP-Ms 锆石 U-Pb 年龄为 $(685±5)$ Ma、$(679±3)$ Ma（凌文黎等，2007）。超镁铁质岩体与基性火山岩年龄的一致性，反映了南华纪大陆裂谷事件。

周庵岩体侵位于陡岭杂岩中，出露与高压变质带的折返有关。陡岭地区陡岭杂岩中的淇河庄-龙潭沟超基性岩带与周庵超镁铁质岩体相比，淇河庄-龙潭沟岩带中的超基性岩呈岩片、岩块产状，时代为 896Ma（K-Ar；河南区调队，1976），可能为构造混杂的新元古代蛇绿岩。陡岭地区尚分布有锆石微区同位素年龄 743～683Ma 的闪长岩、辉长岩带，形成于南华纪早期大陆裂解环境，与周庵岩体不同期，但不能排除该区存在南华纪晚期超镁铁岩的可能。

大别山地区柳林辉长岩 SHRIM 锆石 U-Pb 年龄为 $(611±13)$ Ma（陈玲等，2006），王母观橄榄辉长岩 SHRIMP 锆石 U-Pb 年龄为 $(635±5)$ Ma。包括黄岗钒钛磁铁矿在内，可能同属于南华纪晚期与周庵岩体同期的裂解事件。该区已知岩体的基性程度较低，主要与岩浆型铁矿有关，但尚未关注在超高压变质带榴辉岩包体群中是否存在辉橄岩包体。

2. 成矿分布规律

南华纪晚期基性岩—超基性岩广泛分布在扬子陆块北缘（图 3-20），在湖北省十堰地区，环状展布的基性岩—超基性岩带成为环状分布的耀岭河群以基性火山岩为主的双峰式火山岩的内环。在河南周庵—湖北枣阳、随州一带，基性岩—超基性岩带状展布于桐柏核部杂岩西南侧的高压变质带及蓝闪石片岩中。635Ma 左右的基性岩—超基性岩相伴同期大陆裂谷双峰式火山岩，反映了南华纪晚期扬子陆块北缘的拉张事件。目前在南华纪晚期基性岩—超基性岩带中仅发现了周庵镍铜硫化物矿床，矿床的剥露与高压变质带的折返关系密切。

3. 矿化富集规律

镍有两重性质：亲石和亲硫性。镍在高温时与镁的作用相近，高温阶段（1100～1500℃）镍常进入含镁较高的橄榄石晶格中，少量进入辉石、角闪石晶格中，当岩浆中镁的含量过高时，镍多成硅酸镍，趋于分散，难以形成硫化物，因此镁质超基性岩中镍的含量虽很高却不成矿。低温时镍与铁的作用相近，具亲硫性，当岩浆中 Al_2O_3、CaO、SiO_2 等组分的增加使硫化物的溶解度降低，易于镍的熔离、富集。但如果岩浆中 Al_2O_3、CaO、SiO_2 等组分过高时也不易成矿，因为岩浆分异过程中未达

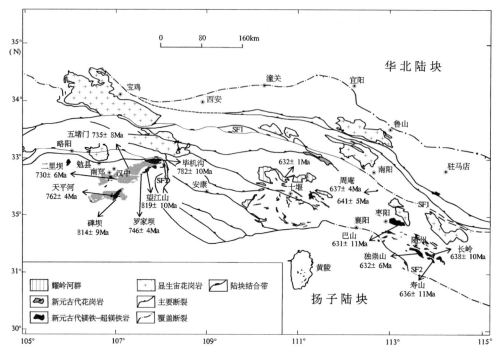

图 3-20 秦岭—桐柏新元古代镁铁—超镁铁质岩体分布图
(据王梦玺等,2012)

此种组分前硫化物已经熔离了,所以辉长岩、闪长岩中多不能形成规模较大的硫化铜镍矿床。因为以上原因,硫化镍矿只出现在铁质超基性岩中,m/f 在 2~6.5 的区间内与镍含量正相关,具有经济意义的铜镍矿床 m/f 多为 4~6。

吴利仁(1963)总结的成矿规律在河南省基性、超基性岩地质找矿与勘查实践中得到了非常好的印证。表 3-8 为河南省主要基性—超基性岩 m/f 一览表,对照总结以下几点:

(1)超镁铁岩中松树沟岩片 m/f 最高,众数在 10 以上,其他无与伦比,并且继新元古代之后超基性岩的 m/f 总体下降,所以河南省找铬潜力不大。

(2)m/f 反映了蛇绿岩的成因类型,形成于洋中脊的 MOR 型蛇绿岩 m/f 高,形成于俯冲带上的 SSZ 型蛇绿岩和岩浆弧上的超镁铁岩侵入体 m/f 明显降低。

(3)MOR 型蛇绿岩具有堆晶岩中的层状铬铁矿,成矿条件最佳;SSZ 型蛇绿岩表现为豆荚状铬铁矿化,因 m/f 低,很难有工业意义的矿化;岩浆弧上的超镁铁岩总体不会出现高 m/f,不是铬铁矿的找矿对象。

(4)满足 m/f 为 4~6 的铁质超基性岩有许多,但仅有稳定陆块拉张环境中的富集地幔岩形成镍铜硫化物矿床。已不断发生过部分熔融的 SSZ 型蛇绿岩属于亏损地幔岩,铜镍等容易进入液相的元素已不断地移出地幔源区进入岩浆,虽然符合铁质超基性岩的 m/f,但很难再形成铜镍硫化物矿床。同理,在俯冲楔再度熔融基性—超基性岩浆,曾有过亏损地幔岩的属性,即岩浆弧中的超镁铁岩亦不易形成铜镍硫化物矿床。

(5)柳树庄超镁铁岩反映了镍的亲石性,相对具有较高的 m/f,镁质超基性岩中镍的含量虽很高却达不到工业要求。由于该岩块分异差,所以也未出现铬铁矿化。

表 3-8 河南省基性—超基性岩 m/f 一览表

时代	基性—超基性岩名称	产状	样品数（件）	一般 m/f	最高 m/f	平均 m/f	矿化情况
古元古代	熊耳山	包体	6	2.45～4.40	6.00		铬铁矿点
青白口纪	松树沟	岩片	15	4.75～17.38	17.38	11.18	小型铬铁矿
	陈阳坪	岩体	8	0.61～5.69	5.69	4.15	无
	淇河庄	岩块	2	4.91～7.17	6.04	7.17	无
	周庄	岩席	26	0.58～1.41	2.04	1.30	无
南华纪	周庵	岩体	11	4.3～5.4	5.4	4.79	镍铜矿
	大阜山	岩体	5	1.63～2.68	2.68	2.20	无
早古生代	双山	岩块	2	1.57～2.61	2.64	1.87	无
	老坟扒	岩块	3	2.1～6.4	6.4	4.98	铬铁矿点
	山庄	岩块	2	2.54～3.9	3.9	3.22	无
	柳树庄	岩块	19	2.35～8.29	9.77	5.44	出现镍铜硫化物细脉，硅酸镍矿化
	老龙泉	岩块	6	1.48～6.13	6.13	4.43	铬铁矿点
	罗沟	岩块	1	3.30	3.30	3.30	无
	瓦屋庄	岩块	3	3.96～4.46	4.46	4.20	无
	邓庄	岩块	2	1.98～2.91	2.91	2.45	无
	卧虎	岩块	8	2.8～7.59	9.07	4.98	铬铁矿点

4. 成矿物质来源

根据王梦玺、王焰（2012）的研究，周庵岩体锆石 $\varepsilon_{Hf}(t)$ 值为 $+1.3\sim+7.6$，明显低于同时期的亏损地幔 ε_{Hf} 值（约+15），说明岩浆源区可能为富集地幔。个别锆石 $\delta^{18}O$ 值为 7.0‰，反映源区中存在少量地壳物质的加入。周庵岩体二辉橄榄岩的全岩初始 $^{87}Sr/^{86}Sr_{(t)}$ 比值（I_{Sr}）变化范围较小（0.7046～0.7055），$\varepsilon_{Nd}(t)$ 值在 $-4.4\sim+1.0$ 之间，基本落在富集地幔范围内，而且接近 EM1 地幔端元，也表明岩浆源区可能为富集地幔，与锆石 Hf 同位素反映的结果一致。同一超镁铁岩带中随州独崇山岩体[(631.5±6.1)Ma]的轻、重稀土具有强烈分异的特征，也被认为具有富集地幔的特征（薛怀民等，2011）。

从图 3-20 来看，南华纪镁铁、超镁铁岩的分布具有带状和环状展布的双重特点，大多超镁铁岩一向延长而似岩墙产状。镁铁、超镁铁岩分布区对应有突出的短轴状重力高，而总体磁场强度却不高，这种重、磁场可能预示镁铁、超镁铁岩的根基非常之深。综合以上现象，南华纪扬子陆块北缘可能存在地幔柱，不同于源自大洋上地幔的蛇绿岩，分异铜镍硫化物的超基性岩可能源自下地幔。

第七节 锂 矿

一、成矿特征

河南省共有锂矿区(含伴生锂的铌钽矿区,不含伴生锂的铝土矿区)3处,均分布于卢氏南部地区。累计查明锂资源储量矿石量 $299.55 \times 10^4 t$,Li_2O $1845.5 \times 10^4 t$。其中:卢氏县南阳山锂矿矿石量 $77 \times 10^4 t$,Li_2O $4098t$(小型);蔡家沟铌钽矿区伴生锂矿石量 $222 \times 10^4 t$,Li_2O $1.4295 \times 10^4 t$(中型);卢氏县官坡七里沟前台锂矿区矿石量 $0.55 \times 10^4 t$,Li_2O $62t$(小型)。

志留纪南北秦岭碰撞后,由花岗岩母岩浆分异、演化产生大量花岗伟晶岩脉,标志着一个造山过程的终结。伟晶岩属富含挥发分熔浆缓慢结晶的产物,围岩封闭条件较好,常为深成和区域深侵蚀的标志。在东秦岭 $800km^2$ 的范围内已发现花岗伟晶岩脉6913条,构成商南、峦庄、官坡、龙泉坪4个密集区(图3-21),其中官坡、龙泉坪密集区分布在河南省境内(卢欣祥等,2010)。

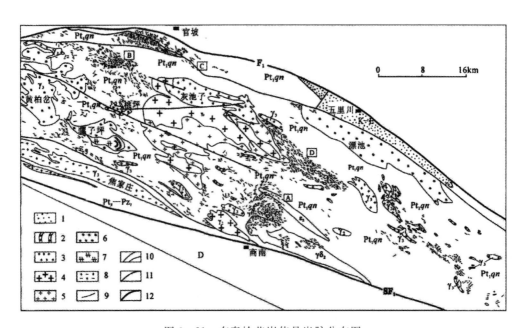

图 3-21 东秦岭花岗伟晶岩脉分布图
(转引自卢欣祥等,2010)

K—E.白垩系—古近系红色砂砾岩;D.泥盆系;$Pt_3—Pz_1$.丹凤群蛇绿岩;Pt_1Qn.秦岭岩群混合岩、片麻岩、大理岩;γ_3.加里东期花岗岩;γ_2.晋宁期花岗岩;$\gamma\delta_2$.晋宁期花岗闪长岩;ε_2.晋宁期橄榄岩。1.砂砾岩;2.大理岩;3.细粒黑云母二长花岗岩;4.中—粗粒黑云母二长花岗岩;5.肉红色黑云母二长花岗岩;6.细—中粒二长花岗岩;7.伟晶状二云母二长花岗岩;8.片麻状黑云母花岗岩;9.花岗伟晶岩脉;10.地质界线;11.断层;12.板块主缝合带;伟晶岩密集区。A.商南;B.峦庄;C.官坡;D.龙泉坪;F_1.栾川断裂;SF_1.商丹结合带

花岗伟晶岩矿化主要稀有金属元素有 Nb、Ta、Be、Rb、Li、Cs、Th 等。工业矿物有绿柱石、铌钽铁矿、锂云母、锂辉石、锂电气石、铯榴石、细晶石、黑稀金矿、复稀金矿、白云母、黑云母、蛭石等。有工业价值的矿物以绿柱石、白云母、电气石(黑色及红色)、锂辉石及蛭石等最为发育。根据稀有元素矿化组合特征可以划分为 Nb-TR 型、Be-白云母型、Li-Be 型、Be-Nb 型、Cs-Ta 型 5 种矿化

类型(栾世伟,1985)。Nb、Ta 矿化主要与钠长石化、锂云母化、红电气石化密切相关,而 Li、Rb、Cs 矿化则与锂云母化、红电气石化密切相关。稀有元素含量从黑云母微斜长石伟晶岩到锂云母钠长石型伟晶岩明显增高,同一岩脉从结晶早期到晚期稀有元素含量也明显增高。围绕同源花岗岩,不同类型伟晶岩及相关矿产呈带状产出,其中锂矿化分布在外围(图3-22)。

二、成矿规律

1. 成矿时代特征

含铌钽锂矿花岗伟晶岩脉尚无同位素年龄,环抱之中的同源灰池子花岗岩锆石 LA-ICPMS、SIMS 年龄分别为 (421±27)Ma 和(434±7)Ma(王涛等,2009)。灰池子岩体东南端大毛沟岩株白岗质花岗岩株 ICP-MS 锆石 U-Pb 谐和曲线加权平均值为(418.3±8.8)Ma,与南侧花岗伟晶岩脉中光石沟铀矿的成矿年龄为 405Ma、412Ma、418Ma 基本一致(左文乾等,2010)。花岗伟晶岩型铌钽锂矿形成灰池子花岗岩体周围的收缩裂隙,时代应与光石沟铀矿的成矿年龄相同,与灰池子岩体可能存在 30Ma 的时差,时代仍为志留纪。后碰撞的灰池子花岗岩与花岗伟晶岩

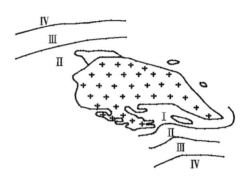

图 3-22 灰池子花岗岩外围伟晶岩分带示意图
(转引自卢欣祥等,2010)
Ⅰ.黑云母型花岗伟晶岩带;Ⅱ.二云母型花岗伟晶岩带;Ⅲ.白云母型花岗伟晶岩带;Ⅳ.含稀有金属矿物型花岗伟晶岩带

脉,在时代上依次晚于丹凤岛弧火山岩及二郎坪弧后盆地北侧的同碰撞中酸性杂岩,时差较为协调。

2. 成矿分布规律

花岗伟晶岩墙是板块体制结束的标志之一,在商丹结合带志留纪后碰撞深成花岗岩与花岗伟晶岩墙呈较为稳定的带状展布,花岗伟晶岩主要分布在条带状志留纪花岗岩体的走向延伸部位,其次为岩体的南、北两侧。而深成花岗岩带中花岗伟晶岩型铌钽锂矿仅出现在志留纪灰池子花岗岩体周围(图3-23),这可能是因为,灰池子岩体为透镜状秦岭杂岩中最大的岩体,并处在周围强应变域之中的弱应变域,为深源岩浆-流体活动的中心。

围绕灰池子花岗岩体向外,不同伟晶岩类型的分带依次是:Ⅰ带黑云母型花岗伟晶岩,Ⅱ带二云母型花岗伟晶岩,Ⅲ带白云母型花岗伟晶岩,Ⅳ带含稀有金属矿物型花岗伟晶岩。铌钽锂矿分布在最外侧的含稀有金属矿物型花岗伟晶岩带(Ⅳ带)中,二云母型花岗伟晶岩(Ⅱ带)具有铀矿化,出露规模最大的为白云母型花岗伟晶岩(Ⅲ带),延岩体走向方向稳定延伸,分布中、小型白云母矿及矿点。最外侧的含稀有金属矿物型花岗伟晶岩带在空间分布上择寓而居,Ⅳ带伟晶岩与 Li 成矿地球化学场吻合,主要分布在灰池子岩体北侧。这是因为,灰池子岩体倾向北东,岩体上盘为晚期同源岩浆-流体聚集带,是含稀有金属伟晶矿物生长的最好环境。

3. 矿化富集规律

伟晶岩墙大小不一,呈脉状、囊状、不规则状产出,其中规模大的岩脉主要分布在灰池子花岗岩体上盘。岩脉的规模与矿化强度不一定相关,但灰池子花岗岩体上盘铌钽锂矿化强度最高,已发现的铌钽锂矿产地均处在该岩体上盘。

在伟晶岩内部,常具带状构造,大致分为4个带:①边缘细晶岩带;②外侧粗粒—伟晶花岗岩带;③中间文象结构或微斜长石块状巨晶带;④石英核。富 Li、Na 的伟晶岩产于中间带与内核中,

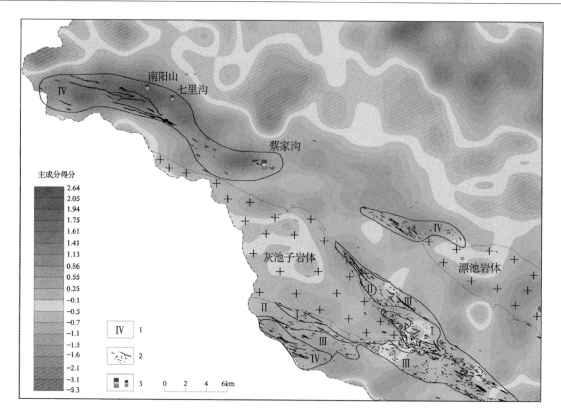

图 3-23 东秦岭志留纪灰池子花岗岩体周围成矿分带与锂主成矿因子主成分得分图
1.伟晶岩类型(见正文说明);2.伟晶岩脉;3.中、小型铌钽锂矿

或切割原已形成的伟晶岩内各带;其从边部向内呈现内部分带:白云母-石英带、叶钠长石-锂辉石带、石英-锂辉石带、白云母-薄片状钠长石带、钠长石-锂云母带,以及石英-铯榴石带(陈西京,1976)。

4. 成矿物质来源

普遍认为灰池子岩体为碰撞型花岗岩(裴先治等,1995;陈岳龙等,1995),李伍平等(2001)通过对灰池子花岗质复式岩体源岩元素-同位素地球化学研究,认为灰池子花岗岩是由深部下地壳新元古代玄武质岩石部分熔融形成的 Adakitic 质岩。花岗岩轻稀土元素富集,大离子亲石元素(Rb、Ba、Th、Sr 等)相对富集,高场强元素(Nb、Ta、Ti、Zr)相对亏损。其亏损地幔模式年龄 t_{DM} 约 1.0 Ga,与松树沟蛇绿岩的形成年龄基本一致。岩体亏损的 Nb、Ta、Ti、Zr 元素恰是含稀有金属矿物型花岗伟晶岩的指示元素,与灰池子岩体同源的铌钽锂矿形成于岩体侵位之后的补充期岩浆-流体活动,成矿物质从根本上来自俯冲熔融的新元古代洋壳。

第八节 钼钨矿

一、成矿特征

(一)钼钨矿产分布

河南省钼矿有长城纪、中—晚三叠世和早白垩世 3 个成矿时期,分布在小秦岭—大别山地区。

占绝对主要地位的早白垩世钼矿受控于东秦岭-大别陆内岩浆弧。钨矿（白钨矿）仅出现在早白垩世，与钼矿共生或伴生，仅分布在卢氏—栾川地区（图3-24）。截至2010年底，河南省矿产资源储量表中钼矿区数42个，一般约在600m以浅查明钼金属资源储量437.71×10⁴t。目前尚有4个达到普查以上工作程度未经储量评审的矿产地，钼金属资源储量约215×10⁴t。连同豫陕、豫皖相邻的钼矿，东秦岭-大别山钼矿带已跃居全球第一大钼矿带。

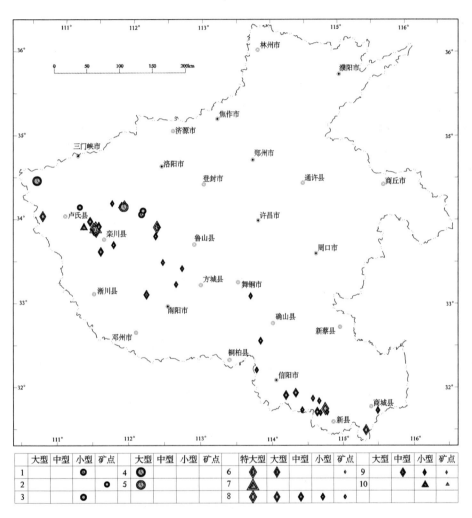

图3-24　河南省钼钨矿产地分布图

1.长城纪热液型铜钼矿；2.长城纪热液型钼矿；3.晚三叠世热液型钼矿；4.晚三叠世热液型金钼矿；5.早白垩世热液型金钼矿；6.早白垩世斑岩型钼钨矿；7.早白垩世矽卡岩型钼钨矿；8.早白垩世斑岩型钼矿；9.早白垩世斑岩型铜钼矿；10.早白垩世矽卡岩型铅钼矿。图中色区为早白垩世二长花岗岩分布区

（二）钼钨矿类型

一般将形成于岩浆作用的钼矿类型划分为斑岩型、矽卡岩型、岩浆-热液型。而河南省的钼矿在斑岩型与矽卡岩型之间也需要一个连接符，没有出现完全是矽卡岩型的钼矿。在划分钼（钨）矿自然类型之前首先需要澄清几个概念：

花岗斑岩与花岗岩是两种不同成岩环境和岩石学概念的名词。河南省钼矿的赋矿岩石很少可定义为斑岩，只是相对旁侧花岗岩基矿物粒度较小，或具有不等粒结构和似斑状结构，考虑长期以来的习惯仍沿用斑岩型称谓。

爆破角砾岩与侵入角砾岩也分属于火山岩及侵入岩类，考虑有关钼矿的角砾-集块状岩石与火山活动无关，为避免产生有关钼矿与火山弧之间的联想和误导，因此本书改称以往所指的爆破角砾岩为侵入角砾岩。

侵入角砾岩控制的钼矿属于斑岩型钼矿的变种。远离于岩体上方且面状分布的钼矿仍可归属于斑岩型，它不同于大脉状产出的岩浆（石英-钾长石脉或伟晶岩脉）-热液（石英脉）型钼矿。

根据熔浆体系与流体体系的相互关系（图3-25），即岩体与矿体之间的空间位置关系，以及围岩物理、化学性质的不同，钼矿及共伴生钨矿等可演化出不同的矿产自然类型（表3-9）。因此划分河南省Mo矿自然类型为3类12种矿床式。

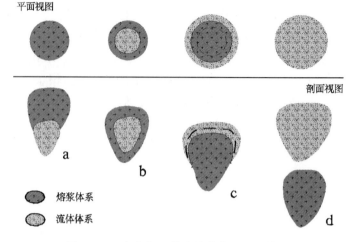

图3-25 高位侵入体中熔浆体系与流体体系的相互关系
（据罗照华等，2009）
a. 无矿或岩体底部矿床；b. 岩体中矿床；c. 接触带矿床；d. 岩体外矿床

表3-9 河南省钼钨矿自然类型谱系表

熔浆与流体关系		岩体产状及围岩	钼矿自然类型	矿床自然类型
花岗岩-花岗斑岩型	岩体内	独立小岩体	斑岩型钼	汤家坪式
		大岩基边部小岩体	斑岩型钼	石门沟式
			侵入角砾岩型钼	鱼池岭式
	接触带	层状长英质围岩	斑岩型钼	东沟式
			侵入角砾岩型钼	雷门沟式
		碳酸盐岩围岩	斑岩-矽卡岩型钼铜	秋树湾式
			斑岩-矽卡岩型钼钨	夜长坪式
		含碳酸盐岩围岩	斑岩-矽卡岩型钼钨	南泥湖-三道庄式
			斑岩-矽卡岩型钼钨铁	上房沟式
	岩体外	具各种裂隙的片岩	斑岩型钼	千鹅冲式
岩浆-热液型			石英脉型	大湖式
			石英-钾长石脉型	纸房式

斑岩型Mo矿包括：①以同世代花岗岩基为围岩，矿体产于细粒花岗岩小岩体中的石门沟式Mo矿；②以同世代花岗岩基为围岩，矿体产于侵入角砾岩体中的鱼池岭式Mo矿；③以长英质岩石为围岩，矿体主要产于小岩体外接触带的东沟式Mo矿；④以长英质岩石为围岩，矿体产于侵入角砾岩体内外接触带的雷门沟式Mo矿；⑤以发育各种裂隙的变质岩为围岩，矿体产于小岩体内和外侧不同距离的千鹅冲式Mo矿；⑥以深变质岩为围岩，矿体产于小岩体内的汤家坪式Mo矿。

斑岩-矽卡岩型：①以碳酸盐岩为围岩的秋树湾式Cu-Mo矿；②以碳酸盐岩为围岩的夜长坪式Mo-W矿；③围岩中含有碳酸盐岩夹层的南泥湖-三道庄式Mo-W矿；④围岩中含有碳酸盐岩

夹层的上房沟式Mo-Fe矿。

岩浆-热液型：①赋存于石英脉中的大湖式Mo矿；②石英-钾长石脉中的纸房式Mo矿。

尚有以上类型复合出现在同一个矿区的矿床式，如在母山矿区，岩体中、岩(脉)体外均出现Mo矿，可称为母山式Mo矿。

(三)成矿特征

与花岗(斑)岩体关系密切的钼矿总体成矿特征是，赋矿岩体与不含矿岩体在岩石结构和矿物成分上存在或不存在差别，矿体与赋矿岩体之间一般也没有明确的岩体界线。矿石金属矿物成分简单，主要是辉钼矿和少量黄铁矿等，在岩体内外接触带(细脉)呈浸染状、斑杂状分布。围绕矿体的围岩蚀变一般从内向外是硅化、钾长石化、黑云母化、绢云母化、绿泥石化。硅化常出现在岩体顶部，由石英复脉或大脉组成，因走向上延伸很短，所以也称为石英核。钾长石化、黑云母化是岩体内部普遍的蚀变，向外长英质岩石为绢云母化，中基性岩石出现绿泥石化。岩体几乎没有以大面积的中基性、基性岩石为围岩，所以通常不出现大范围的青磐岩化。

当花岗(斑)岩体与大理岩-含钙质的碎屑岩接触时，在岩体外接触带形成矽卡岩化带和相应的矽卡岩型钼钨(白钨矿)矿，较大岩体外侧的矽卡岩型钼钨矿体厚度可达100m以上。有关矽卡岩型铜钼矿的单个矿体则很小。与矽卡岩型钼钨矿共生的铁矿不是普遍现象。

脉状钼矿有3种表现形式：①断裂带中的石英脉型；②花岗斑岩脉(内)外接触；③石英(硅化)-钾长石(化)脉(带)型，当矿物结晶粗大时可称为伟晶岩脉型。

以下概述不同时代具代表性的钼(钨)矿床或矿产地的特征。

1. 长城纪Mo矿

长城纪Mo矿分布在豫陕陆缘裂谷盆地中，初步发现有寨凹和纸房-黄庄Mo矿点(本次地质年代划分依据全国地层委员会，2012，中国地层表试用稿)。

寨凹Mo矿点分布于熊耳山西南部，3条Mo-Cu矿化带近东西走向展布于熊耳山片麻岩穹隆内侧，围岩为古元古界太华岩群黑云角闪斜长片麻岩和花岗细晶岩，穹隆外侧分布长城系熊耳群玄武安山岩、安山岩、杏仁状安山岩、英安流纹岩和碎屑岩。矿化带由倾角近直立的网脉状、团块状石英脉和外侧钾化、黄铁绢英岩化蚀变带组成，石英单脉中分布细脉状-浸染状辉钼矿、黄铜矿。辉钼矿Re-Os等时线年龄为$(1804\pm12)\sim(1686\pm67)$Ma，为中国已知最老的Mo矿成矿年龄(李厚民等，2009)。

纸房-黄庄Mo矿点处在熊耳山片麻岩穹隆与东南侧外方山穹隆之间的向斜地带，发现似层状分布于熊耳群流纹岩、安山岩及粗面岩中的石英脉30余条。辉钼矿化出现在石英脉和两侧强硅化、钾长石化及黄铁矿化地带，金属矿物有黄铁矿、方铅矿、闪锌矿、黄铜矿、辉钼矿和白钨矿等。石英脉K-Ar同位素参考年龄为(1352.95 ± 27.06)Ma(白凤军等，2009)，K-Ar法同位素年龄一般有很大误差。

2. 中—晚三叠世Mo矿

中—晚三叠世，中国东部处在古特提斯构造域向古太平洋构造域的转换时期，扬子陆块与华北陆块拼合，有关陆缘岩浆弧见于西安市以西的西秦岭地区，东秦岭地区相应的岩浆弧(连同三叠纪盆地)已被大规模剥蚀(彭兆蒙等，2009)。该时期与岩浆活动有关的Mo矿只见有中三叠世前范岭Mo矿点、晚三叠世大湖Mo矿床及相邻分布的Mo矿点。

嵩县前范岭Mo矿点处在熊耳群地层分布区及轴迹呈北东走向的宽缓向斜中。分布北东和北西走向3条石英脉,脉两侧依次有硅化、钾长石化和青磐岩化蚀变带。辉钼矿赋存于石英脉内和外壁中,共生黄铁矿和少量黄铜矿、方铅矿。辉钼矿Re-Os等时线年龄为(239 ± 13)Ma(高阳等,2010)。

灵宝市大湖中小型Mo矿床(2.03×10^4t)及相邻分布的荆山峪、间家峪、焕池峪、泉家峪Mo矿点,处在小秦岭片麻岩穹隆北缘,与早白垩世大湖Au矿同构造共生。穹隆内侧主体为新太古代TTG片麻岩,少量古元古界太华岩群变质表壳岩,外侧为长城系熊耳群火山岩。Mo矿体和晚期Au矿体呈脉状赋存于石英脉中,围岩钾长石化、钠长石化、硅化、绢云母化、黄铁矿化、碳酸盐化、绿泥石化。其中硅化、黄铁矿化、绢云母化与金矿关系密切。矿石中金属硫化物主要为辉钼矿和黄铁矿。辉钼矿Re-Os模式年龄为$(232.9\pm2.7)\sim(223.0\pm2.8)$Ma(李厚民等,2007)。

3. 早白垩世Mo(W)矿

自中侏罗世起,古太平洋俯冲机制占主导地位,太行山开始挤压隆升,将华北地区分为西部鄂尔多斯盆地和东部华北盆地(彭兆蒙等,2009)。早白垩世,华北地区东部进入大规模伸展裂陷时期,在华北断陷盆地群的四周发育隆起和陆内岩浆弧。古近纪以来南华北盆地进一步坳陷,使得东秦岭-大别陆内岩浆弧北侧(周口盆地)白垩系沉积岩的最大埋深在10km以上,南侧东秦岭-大别Mo矿带相对隆升而得以剥蚀出露。

早白垩世为河南省Mo-W、Pb-Zn-Ag、Au、Sb、萤石、重晶石成矿爆发时期,所处东秦岭-大别陆内岩浆弧的西北、东南段存在相当大的剥蚀程度差异:南阳市以西的东秦岭地区,陆块区熊耳群盖层基本未变质,北秦岭核部二郎坪群仅有绿片岩相变质程度;南阳市以东的桐柏-大别山地区,熊耳群、二郎坪群均达角闪岩相变质程度,并有著名的桐柏-大别高压、超高压变质带。这种东高西低的剥蚀台阶也造就了矿种和矿床类型在空间分布上的差异。

镇平县秋树湾Cu-Mo矿:垂深400m以上查明Mo 0.31×10^4t,Cu 9.83×10^4t。矿床处在北秦岭南缘商丹断裂与朱夏断裂在志留纪五垛山花岗岩基南侧的归并部位,而次级断裂主要与祁子堂式岩浆热液型Au矿有关,航磁和地球化学异常显示,花岗斑岩及Cu-Mo矿受控于穿越五垛山花岗岩基的北西走向隐伏深断裂,地表未发现控制花岗斑岩体展布的断裂迹象。多达300余个脉状矿体平行密集分布在花岗斑岩枝两侧的矽卡岩带、侵入角砾岩带,少量分布在花岗斑岩中。由岩体向外,大体依次出现Mo—(Mo-Cu)—(Cu-Mo)—Cu(Ag)矿体。围岩蚀变从岩体向外依次为石英核、石英钾长石化、石英绢云母化、矽卡岩化、青磐岩化。矿石金属矿物主要是黄铜矿、黄铁矿、辉钼矿,少量磁黄铁矿、闪锌矿、方铅矿等。辉钼矿Re-Os模式年龄为(147 ± 4)Ma(郭保健等,2006)。

卢氏县夜长坪Mo-W矿(Mo 15.39×10^4t,W 12.1×10^4t):是经磁异常查证发现的隐伏矿床,矿区处于华北陆块南缘潘河-马超营断裂带的南侧,地质构造格架表现为轴迹北西西向褶皱及走向、倾向脆性断层交织的断块构造。矿体产于隐伏钾长花岗斑岩体与龙家园组白云岩的内外接触带,形成顶面圆滑、中下部不规则的穹状Mo-W矿体。围岩蚀变表现为花岗斑岩内硅化、高岭石化、钾长石化、绢云母化,外侧碳酸盐化和Fe-Mn碳酸盐化。矿石自然类型主要为矽卡岩型矿石,次为花岗斑岩型矿石,主要金属矿物为辉钼矿、白钨矿、磁铁矿,次为黄铁矿、黄铜矿、闪锌矿、钼钙矿等。辉钼矿Re-Os等时线年龄为(145.3 ± 4.4)Ma(晏国龙等,2012)、(144.89 ± 0.96)Ma(毛冰等,2011;晏国龙等,2012)。

栾川县南泥湖Mo-W矿田最初指紧密相邻的上房沟超大型Mo-Fe矿床、南泥湖-三道庄(东北侧三道庄与西南侧南泥湖为先后完成勘探工作的连续的一个矿床)超大型Mo-W矿床、马圈小型Mo矿床及骆驼山硫多金属矿床(W中型),面积14km²。在垂深338~600m内,查明资源储量

Mo 234.96×10^4 t,W 159.5×10^4 t,矿床深部均未完全控制。实际上,矿田对应的完整的 1:20 万重力、航磁及水系沉积物地球化学异常面积达 $180km^2$,近年来在南泥湖-三道庄 Mo-W 矿南部 2.5km,新发现可望达超大型规模的鱼库 Mo-W 矿产地。该矿田最深钻探见矿深度已超过 1000m,预测 1250m 以浅 Mo、W 资源总量(含查明资源储量)分别达 940×10^4 t、518×10^4 t。矿田处在华北陆块南缘,新元古代陆棚碎屑岩-碳酸盐岩组成轴面北东倾的复式向斜构造,发育北东向南西的推覆构造和北东向断裂。在等轴状重力低—强磁异常的北部出露上房、南泥湖、马圈斑状二长花岗岩体,南部为黄背岭、鱼库、石宝沟斑状二长花岗岩体,单个岩体出露面积 $0.03\sim0.4km^2$。地震及 TM 剖面显示,这些小岩体在深 $1500\sim2000m$ 相连为同一个岩体,延深 5km 以上。Mo-W 矿体分布在上述小岩体的内外接触带,总体向深部隐伏岩体的中心倾斜。围岩蚀变自岩体向外总体为钾化-绢云母化带,钾化-硅化带,碳酸盐-阳起石-绿帘石-绿泥石化带。Mo 矿体赋矿岩石为斑状二长花岗岩、长英质角岩及矽卡岩,W 矿体主要分布在岩体外侧长英质角岩和矽卡岩中,矿石金属矿物主要有辉钼矿、白钨矿、磁铁矿、黄铁矿,少量黄铜矿、方铅矿、闪锌矿、钼钙矿、铁钼华等。采自上房沟、南泥湖-三道庄矿床 6 件辉钼矿 Re-Os 等时线年龄为 (141.5 ± 7.8)Ma(李永峰等,2004)。

石门沟 Mo 矿(勘查中):受控于北秦岭北缘长条状被动就位的满子营-洞街白垩纪花岗岩带,晚期含矿细粒二长花岗岩体(枝)侵位于早期粗粒二长花岗岩带中,Mo 矿体长轴状、柱状或透镜状赋存于晚期花岗岩体(枝)的上部,岩体边部发育钾长石化、黑云母化,顶部发育短脉状或复脉状石英脉组成的石英核。矿石金属矿物主要为辉钼矿,微量黄铁矿、闪锌矿、黄铜矿、方铅矿等。花岗岩中辉钼矿 Re-Os 加权平均年龄为 (109.0 ± 1.7)Ma,石英核中辉钼矿 Re-Os 加权平均年龄为 (107.1 ± 0.6)Ma(邓小华等,2011)。

嵩县鱼池岭 Mo 矿 $(55\times10^4$ t):矿区位于华北陆块南缘早白垩世合峪二长花岗岩基的西北角,该岩基面积达 $784km^2$,在东西长约 1200m,南北宽约 1600m 的范围内,晚期灰白色花岗斑岩、细粒钾长花岗岩及侵入角砾岩(胡伦积,1977)侵入于早期含斑黑云二长花岗岩中,形成垂深 500m 内似层状、透镜状钼矿体。赋矿岩石表现为钾长石化、硅化、绿帘石化,外侧围岩黄铁绢英岩化及高岭石化。矿石金属矿物主要为辉钼矿,少量为黄铁矿、黄铜矿等。辉钼矿 Re-Os 等时线年龄为 (131.2 ± 1.4)Ma(周珂等,2009)。

汝阳县东沟 Mo 矿 $(134.76\times10^4$ t):处在华北陆块南缘面积达 $332km^2$ 的早白垩世太山庙钾长花岗岩基的北东侧,赋矿早白垩世钾长花岗斑岩体出露面积仅 $0.003km^2$。Mo 矿体似层状赋存于钾长花岗斑岩体与长城系熊耳群火山岩接触带内侧 70m、外侧 360m 区间。由岩体向外的蚀变分带:强硅化,硅化-钾长石化-萤石化,绿泥石化-碳酸盐化。金属矿物主要为辉钼矿,少量磁铁矿、铁矿、黄铜矿、方铅矿、闪锌矿、白钨矿等。辉钼矿 Re-Os 模式年龄为 $(116.5\pm1.7)\sim(115.5\pm1.7)$Ma(叶会寿等,2006)。

嵩县雷门沟 Mo 矿 $(40.07\times10^4$ t):处在熊耳山片麻岩穹隆东南部,矿床受控于面积 $0.77km^2$ 的白垩纪细粒斑状花岗岩-二长花岗斑岩小岩株及周围侵入角砾岩体。矿体似层状分布在角砾岩体内 600m 与外侧 300m 范围中。围岩蚀变由岩体向外依次是石英-钾长石化带,钾化-绢云母化带,绢云母-绿泥石化带。辉钼矿与少量黄铁矿、黄铜矿、自然金、方铅矿等呈细脉-浸染状分布。辉钼矿 Re-Os 模式年龄加权平均值为 (132.4 ± 1.9)Ma(李永峰,2005)。

罗山县母山 Mo 矿 $(5.45\times10^4$ t):处在大别造山带面积约 $1600km^2$ 的早白垩世鸡公山-灵山复式花岗岩基的北侧,矿床受同期面积约 $1.5km^2$ 的花岗斑岩-斑状花岗岩体和外围花岗斑岩脉控制,锆石 LA-ICP-MS U-Pb 同位素年龄为 (142.0 ± 1.8)Ma(杨梅珍等,2011)。主矿体似层状分布在岩体中部和围岩 $200\sim400m$ 范围。围岩蚀变主要表现为硅化、石英绢云母化、青磐岩化。矿石矿物主要为辉钼矿,局部含较多黄铁矿、黄铜矿和方铅矿。

光山县千鹅冲 Mo 矿(60.99×10^4 t):处在面积 210km^2 的早白垩世新县二长花岗岩基及高压变质带的北侧,矿区内仅见个别花岗斑岩脉,经钻探在约 1200m 深处见二长花岗岩体。辉钼矿在各种岩石裂隙中呈细脉-浸染状分布,总体构成如塔松树形状的矿体,分布在东西长 3km、南北宽 1.5km、面积约 4.5km^2 的范围内,与下方隐伏花岗岩体相距 200~700m。自下而上出现钾化-硅化带、硅化-绢云母化带、绿泥石-绿帘石-叶蜡石-方解石化带,辉钼矿化主要集中在硅化-绢云母化带。Mo 矿体金属矿物主要为辉钼矿,在北西向断裂中含较多硫化物,分布 Cu、Ag 矿体各 5 个。辉钼矿 Re-Os 同位素等时线年龄为(128.7 ± 7.3)Ma(李吉林,2010;罗正传,2010)。

商城县汤家坪 Mo 矿(23.73×10^4 t):处在高压变质带及大面积早白垩世二长花岗岩基围限的区域,矿体受控于面积 3.4km^2 的钾长花岗斑岩体,岩体上部全岩矿化,极少扩散到周围大别片麻岩中。矿石含辉钼矿和少量黄铁矿,辉钼矿 Re-Os 等时线年龄为(113.1 ± 7.9)Ma(杨泽强,2007)。

二、成矿规律

1. 成矿作用特点

归纳以上 Mo 矿类型有以下成矿特点:同世代粗粒花岗岩基与细粒花岗岩-花岗斑岩小岩体在同一剥蚀层面紧密相伴,甚至呈先后侵入接触关系;含矿小岩体与不含矿小岩体在岩石成分、结构上没有区别;Mo 矿体与小岩体的关系分为岩体内部、内外接触带和岩体外部 3 种情况;个别花岗岩基(如晚侏罗世蟒岭岩体)边部沿节理充填的钾长伟晶岩细脉具有辉钼矿化;含矿石英脉或石英-钾长石脉与小岩体具有相同的围岩蚀变,是一种介于残浆和流体作用之间的岩石;与 Mo 矿有关的大、小岩体穿越华北陆块、北秦岭和南秦岭中各地层单位,不存在某一特定地层单位的矿源层。

岩浆侵入时的演化分为正岩浆期、残浆期和气液期,对应有岩浆矿床、伟晶岩矿床和气液矿床。与 Mo 矿关系密切的细粒花岗岩-花岗斑岩小岩体仍属于正岩浆期岩浆岩,但为大规模岩浆结晶、侵入之后补充期岩浆活动。无论以何种岩浆演化期,岩石均为赋矿岩石,有关 Mo 矿均属于岩浆期后气液矿床。尽管东秦岭相对桐柏-大别造山带剥蚀程度低,而晚侏罗世花岗岩基已大面积出露,大湖 Mo 矿北侧的晚白垩世—全新世箕状盆地也深愈 10km(权新昌,2005),曾经可能存在的中—晚三叠世、晚侏罗世斑岩型 Mo 矿已经遭到剥蚀,因此仅在造山带北缘残留中—晚三叠世岩浆-热液型 Mo 矿,以及晚侏罗世二长花岗岩基边缘伟晶岩薄脉中的 Mo 矿化。

早白垩世,普遍兼有 I 型、S 型特征的大岩基岩浆起源深度 10~15km,居中上地壳;具 I 型特征的小岩体岩浆起源深度大于 30km,居下地壳(卢欣祥,2000)。由于小岩体在流体驱动下具有更快的上升速率,因此与冷侵位的大岩基同时定位在地壳浅部。熔浆与流体分属两种体系,按照透岩浆成矿理论(罗照华等,2009)可以很好地解释早白垩世 Mo 矿大规模的成矿作用。

在东秦岭段岩浆弧,流体逃逸速度略高于熔浆-流体混合体系的冷却速度,常形成于接触带并偏向岩体外侧的 Mo 矿。其中处在豫西幔向斜周边壳幔陡变带上的 Mo 矿,由于幔源流体参与了成矿作用,因此 Mo 矿与金矿孪生,如秋树湾式斑岩-矽卡岩型 Cu-Mo 矿与祁子堂式岩浆热液型 Au 矿共生。在幔向斜核部小岩体与碳酸盐岩接触带,则形成夜长坪式斑岩-矽卡岩型 Mo-W 矿。南泥湖-三道庄式斑岩-矽卡岩型 Mo-W 矿与夜长坪式 Mo-W 矿在成矿作用上无本质区别,只是前者岩体已部分剥蚀并存在碎屑岩围岩,但两者在化探预测要素上存在差别,因此未归为同一矿产预测类型亚类。当处于幔向斜边部并完全以铝硅酸盐岩石为围岩时,则表现为矿体偏向岩体外侧的东沟式、雷门沟式斑岩型 Mo 矿,雷门沟式 Mo 矿具有侵入角砾岩体而不同于东沟式 Mo 矿。石门沟式、鱼池岭式斑岩型 Mo 矿是以同世代大岩基为围岩的 Mo 矿特例,其中石门沟式 Mo 矿是流体未逸出混合体系的矿体局限于小岩体内的 Mo 矿,这是典型的斑岩型矿床特征,但赋矿岩石是细粒花岗岩而非斑岩。鱼池岭式与石门沟式的差别在于前者发育侵入角砾岩体,因而流体扩散到围岩中。

在大别山段岩浆弧,中部为折返的超高压变质带,北为向北滑覆的断裂系统,存在大规模的地壳切除。钼矿分布在各个构造单元,但不一定被限定在花岗岩体中,属于广义的斑岩型 Mo 矿,形成于早白垩世花岗岩带中透岩浆流体系统。按 Mo 矿体与岩体的关系,可分为 5 种类型:早期二长花岗岩基边缘岩基内小岩体中 Mo 矿,成矿流体没有向围岩扩散;大别杂岩中花岗岩体内 Mo 矿,矿体边界很少跨越岩体与围岩接触带(汤家坪式);隐伏花岗岩体上方与岩体完全分离的无接触型 Mo 矿(千鹅冲式),矿质扩散在远离岩体的岩层片理和各种裂隙中,总体呈塔松形态;接触带型 Mo 矿,矿体赋存于花岗岩体或岩脉(枝)内外接触带;脉带型 Mo 矿,一定范围内无矿液运移途经的岩体,众多小矿体按构造规律展布。母山式斑岩型 Mo 矿则集以上 5 种矿体与岩体的关系于一身。

2. 成矿时代特征

在成矿时间上,东秦岭-大别造山带的 Mo 矿最早出现在长城纪,中—晚三叠世及晚侏罗世亦存在 Mo 矿点或 Mo 矿化,而大规模成矿作用发生在早白垩世。晚侏罗世及之前的钼矿均为岩浆-热液型,单个 Mo 矿床的钼金属量不过 1×10^4 t 左右,与早白垩世上千万吨 Mo 金属量的聚集相比可以忽略不计。早白垩世 Mo 矿有 2 个成矿期:早期为晚侏罗世与早白垩世之交 145~140Ma,该时期 Mo 矿石 Cu-Mo 或 Mo-W 共伴生;晚期为 130~120Ma,为单一的 Mo 矿。

3. 成矿分布规律

在成矿构造空间上,晚侏罗世及之前的 Mo 矿属于古亚洲构造域,早白垩世 Mo 矿为滨西太平洋构造域。由于存在东高西低的剥蚀程度台阶,晚侏罗世之前的 Mo 矿仅分布在东秦岭。早白垩世深源浅成小岩体总是与同世代浅源浅成大岩基密切共生,不仅存在"小岩体成大矿"的规律,而且存在大岩基边缘和旁侧成大矿的规律。

北东向、北西向隐伏构造超越了前中生代构造格局,控制了钼钨等矿产的展布。一些在地表非常清楚的大断裂在区域重磁场上变得弯曲或模糊不清,如栾川断裂带、龟梅断裂带;而重磁场上非常突出的物性边界在地表却找不到断裂,即众多的北西、北东走向交织的重磁场边界。毕竟在地表可以见到北东走向断裂控矿,沿着北东方向将分布的矿产联系起来成为共识;但在北西西—北西方向上,地表(北西西向)地质体界线成为分析思考矿产的路线,忽视了北西走向上矿产的分布和清晰对应的重磁场,如铁炉坪—栾川—秋树湾、祁雨沟—东沟—杨树洼、皇城山—母山—栈板堰—山峡店等方向上分布的金钼等多金属矿产。秦岭造山带现今表现为上部近东西走向、深部北东向构造体制的立交桥式结构(张国伟,2001),那么在近东西向构造体制与北东向构造体制之间是否存在或曾经出现过大规模的北西向的构造-岩浆活动?沿着卢氏—栾川—鲁山轴线分布的花岗岩体为等轴状(合峪、太山庙)或东西走向(伏牛山),北侧岩体(熊耳山花山、斑竹寺)呈北东走向,以南全部早白垩世花岗岩体为北西走向,尤其是在大别山表现得更为明显。对应早白垩世成矿作用大爆发的大规模花岗岩浆活动呈北东、北西交织的构造格局,与羽状断裂系统和重磁场反映的深部构造相吻合,由此说明沿着北西、北东走向寻找早白垩世矿产比沿着北西西向的地层与断层走向更为重要。

在各构造单元 Mo 矿石共伴生元素上,Mo-W 矿仅出现在华北陆块南缘幔向斜核部地壳厚度最大的部位,也是陆棚碳酸盐岩-碎屑岩系发育的部位。Cu-Mo、Mo-Ag 共伴生现象出现在北秦岭,南秦岭及其高压变质带中的斑岩型钼矿为单一 Mo 矿。

在相邻独立矿床共生规律上,幔向斜内的 Mo 矿周围分布脉状 Pb-Zn-Ag 矿床,幔向斜周边的壳幔陡变带上则 Mo 矿床与金矿床共处。在地壳厚度已较薄的大别造山带,仅在个别钼矿周围出现 Pb-Zn 金属量可达到 1×10^4 t 的 Pb-Zn-Ag 矿,分散的 Au 矿化则较为普遍。在太平洋板块俯冲的远程效应下,早白垩世强烈的岩浆作用造成了自陆内岩浆弧向外的 Mo、W、Cu、Pb、Zn、Ag、Sb、Au,以及萤石、珍珠岩、膨润土、重晶石成矿系列,之前与古秦岭洋演化有关的矿产甚少,主要是新元古代蛇绿岩型铬铁矿、震旦纪 Cu-Ni 硫化物型 Ni 矿、早古生代块状硫化物型 Zn-Cu 矿、志留纪花岗伟晶岩型 Nb-Ta-Li 矿,以及金红石、矽线石、蓝晶石、红柱石等变质矿产。

4. 成矿物质来源

在成矿物质来源上,早白垩世主成矿期 Mo 源自下地壳小岩体岩浆起源部位的深部流体储层,不排除之前有秦岭-大别造山作用所造成的下地壳 Mo 的积淀。相关 W 和贱金属的富集部位则指示来自上地壳。张本仁等(1994)详细研究了华北地台南缘岩石圈组成,Mo 元素主体上富集于下地壳和上地幔,结合 Nd、Sr 同位素组成特征,认为成矿物质主要来源于下地壳,但混有少量地幔组分。毛景文等(1999)、李永峰等(2005)通过 Re-Os 同位素体系进行示踪研究,得出了同样的结论。

第九节 铜 矿

一、成矿特征

截至 2010 年底,河南省矿产查明资源储量表中非伴生的铜矿区 43 处,伴生铜矿区 28 处;查明资源储量 63.5357×10^4 t,其中非伴生铜 36.5939×10^4 t。这些铜资源储量主要分散在以其他矿种为主的矿产地中,列入上述非伴生铜矿区统计的单个矿区最少铜资源量仅有 36.22 t。由于我国矿产资源储量规模划分标准中对铜等矿产的小型规模未设下限,造成小型矿产地与矿点之间的界线不清。

河南省具有突出铜矿类型成矿特征的矿产地主要有 3 处:小沟火山-沉积变质型铜矿,铜金属资源储量 0.3593×10^4 t;刘山岩海相火山岩型铜锌矿,铜金属资源储量 2.38×10^4 t,锌金属资源储量 12.28×10^4 t;秋树湾斑岩-矽卡岩型铜钼矿,其中铜为矽卡岩型,铜金属资源储量 8.7×10^4 t,钼金属资源储量 0.1413×10^4 t。

小沟铜矿:成矿大地构造环境为古元古代嵩山陆内裂谷盆地,铜矿体呈似层状、透镜状分布在银鱼沟群变质火山-沉积岩系中,赋矿围岩和含矿岩石为石英角闪片岩及条带状石英黑云母片岩。

刘山岩铜锌矿:处在早古生代二郎坪弧后盆地,含矿岩系为二郎坪群上部的细碧-角斑岩建造,铜锌矿体呈多层的似层状产出,在单个成矿纹层中 Cu 居底部并趋向一端富集。矿体形成之后经历了较强的变形改造,但相对赋矿层位没有改变。

秋树湾铜钼矿:矿体处在早白垩世花岗斑岩与古元古代石墨大理岩的接触带,从岩体向外的蚀变分带是:石英核—石英钾长石化—石英绢云母化—矽卡岩化—青磐岩化。钼矿出现在石英钾长石化带,铜矿位于石英绢云母化和矽卡岩化带,青磐岩化带具有铅锌矿化。

二、成矿规律

河南省铜的成矿时代有古元古代、早古生代(∈—O)和早白垩世 3 个时期,大地构造背景分别为嵩山陆内裂谷盆地、二郎坪弧后盆地和板内岩浆弧。古元古代、早古生代铜矿以海相火山岩为围岩和容矿岩石,矿层与岩层具有一致的纹层或条带状构造,均形成于海底火山喷流作用。与花岗斑岩有关的矽卡岩型铜矿相对130～120Ma大规模花岗岩浆活动及其钼的主要成矿时代略早,辉钼矿Re-Os同位素年龄为(146.42±1.77)Ma,为白垩纪与侏罗纪之交。与白垩纪之初的岩浆活动有关的铜、共伴生铜矿产地呈北西方向展布,受控于北西走向隐伏深断裂,并不沿着秦岭造山带各地质构造单元的北西西走向分布,如小秦岭—八宝山—曲里—东山洼—秋树湾一带的与金、铁、铅锌矿共伴生的铜矿,大别山地区白石坡—母山—栈板堰—山峡店等沿着北西走向的铜矿化。河南省并不缺少铜的成矿地质作用,造成铜矿资源匮乏的原因主要有3个方面:①古元古代嵩山陆内裂谷盆地遭到长城纪熊耳裂谷和中—新生代盆地的破坏,现今保存的含矿建造的分布范围有限;②省内延伸约400km的二郎坪群已大多重熔为志留纪闪长岩、二长花岗岩杂岩带;③在北西方向上侏罗纪与白垩纪之交的花岗斑岩体与大理岩接触的机遇有限。

第十节 铅锌矿

一、成矿特征

截至2010年底,河南省矿产查明资源储量表中铅矿区数112个,累计查明资源储量282.4815×10⁴t;锌矿区数88个,累计查明资源储量287.4315×10⁴t。基于矿业权管理的矿区和查明资源储量与矿产勘查意义上的矿区、矿种和矿产地规模之间无法对照,本次工作整理的小型规模以上的铅锌矿产地共42处,一般只要经勘查获得资源储量便列为小型及其以上规模的矿产地(图3-26)。铅锌矿化的分布遍及所有基岩出露区,以铅锌为主的矿产地主要分布在豫西南地区;银铅锌矿主要分布在北秦岭和熊耳山西南端,其他地区仅有个别小型矿产地分布。

1. 二郎坪群中的海相火山岩型铅锌矿

二郎坪群上部细碧-角斑岩建造中的块状硫化物矿床,在不同部位共生矿种不完全一致,从古岛弧向陆缘方向依次是:桐柏孤山头黄铁矿型硫铜矿点,桐柏刘山岩铜锌矿,桐柏大栗树铜铅锌矿点,南召水洞岭铜铅锌(银)矿,上庄坪铜铅锌银金矿产地,反映古陆一侧的基底参与了成矿作用(提供部分成矿物质)。矿产地命名中之所以将铜置在前面是为了突出铜,如按共生矿种的资源储量规模铜应排在后。

2. 处在北秦岭志留纪后碰撞花岗岩带中的岩浆热液型银铅锌矿

北秦岭志留纪二长花岗岩、闪长岩带周围具有十分普遍的铅锌矿化,但一般容矿空间过小,仅出现分散的矿囊或小的脉体,不具有矿产意义。而在有利的构造部位(背斜)形成了内乡县银洞沟大型银铅锌矿产地和桐柏破山大型银铅锌矿床。

3. 早白垩世花岗岩周围岩浆热液型铅锌(银)矿

在早白垩世花岗岩和钼矿床的周围普遍分布脉状的或层间断裂中的铅锌(银)矿床,在河南省以铅锌为主的矿床中占绝对主要的地位。主要有汝阳南部东沟钼矿外围以熊耳群为围岩的脉状铅锌矿床,栾川地区南泥湖钼矿田外围以官道口群、栾川群为围岩的铅锌银矿产地,以及熊耳山西南

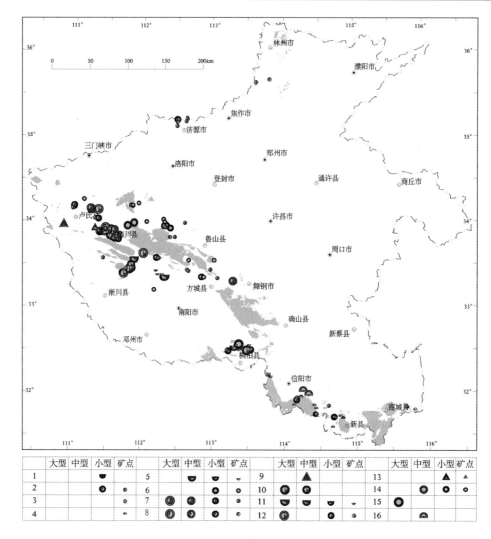

图 3-26 河南省铅锌和银矿产地分布图

图中色区为早白垩世二长花岗岩。1.寒武纪—奥陶纪海相火山岩型银锰矿;2.早白垩世热液型铅锌铜矿;3.早白垩世热液型铜铅矿;4.早白垩世陆相火山岩型铜铅锌矿;5.寒武纪—奥陶纪海相火山岩型铜铅矿;6.早白垩世热液型铅锌矿;7.早白垩世热液型铅锌矿;8.早白垩世热液型铅锌银矿;9.早白垩世接触交代型铁锌矿;10.志留纪热液型银铅锌矿;11.寒武纪—奥陶纪海相火山岩型银铅矿;12.早白垩世热液型银铅锌矿;13.早白垩世矽卡岩型铅钼矿;14.早白垩世热液型银矿;15.志留纪热液型银矿;16.早白垩世陆相火山岩型银矿

端寨凹地区以太华 TTG 片麻岩系为围岩的脉状银铅锌矿床。在栾川地区,除受控于高角度断裂呈网格状展布的脉状铅锌矿外,尚有与地层走向基本一致低角度断裂控矿的"层控热液型",主要发育在官道口群白云质灰岩和栾川群煤窑沟组灰岩及碳质片岩中。有关铅锌银矿一般具有粗粒的结构或块状矿石的条带状构造,靠近岩体和钼矿出现矽卡岩型硫锌矿化,远离岩体的铅锌矿中银品位较高。

4. 赋存于寒武系灰岩中的"层控热液"型铅锌矿

分布在华北盆地边缘寒武系辛集组、朱砂洞组和三山子组中的铅锌矿也是常见的一种矿化。在一定地区,铅锌矿体在灰岩地层中的分布有相对一致的层位,矿体一般呈囊状,主要由晶体特别粗大的块状方铅矿组成。以往关于该类铅锌矿有岩溶控矿或 MVT 型之说,一般在矿体倾向上不再有见矿钻孔,因此对该类铅锌的找矿价值持否定态度。本次研究认为,这种铅锌矿的层控性仅仅体现在某一化学性质活泼的一层灰岩与高角度断层面的交线上,所谓溶洞可能不是事先准备好的,而是来自高角度断裂的热液在特定层位热水溶蚀的结果。也许是后期岩溶的结果,块状铅锌矿并未充满整个溶洞,像是洞藏在那里。因此这种铅锌矿是沿着一条线断续分布,自然不会有大的找矿潜力。成矿是后生的,可能的时代是华北盆地开始形成时的早白垩世,热液起源于盆地周边的深部花岗岩浆活动。

二、成矿规律

河南省铅锌矿及与铜、银矿共生的铅锌矿主要有3个成矿时代,即寒武纪—奥陶纪块状硫化物矿床,志留纪岩浆热液银铅锌矿床(下节银矿中讨论),早白垩世具有广泛围岩的岩浆热液型铅锌银矿。

受构造控制的铅锌银矿具有一致的矿体特征:脉状、透镜状、似层状等形态,矿石中贱金属硫化物具有粗大的晶体。围岩蚀变大同小异,从矿体内向外依次呈现硅化、绢云母化、绿泥石化、碳酸盐化等褪色蚀变,长英质围岩表现为绢云母化,中基性岩石出现绿泥石化。

无论以何种建造的地层为围岩,铅锌银矿总是出现在地壳厚度相对最大处,即出现在稳定陆块边缘具有陆缘裂谷盆地和被动陆缘盆地长期发育历史的部位;铅锌矿区周围总是存在着花岗岩体,或根据重磁场等推断深部存在着花岗岩体。在大别山,由于超高压变质带的折返使得上地壳大规模被剥蚀,尽管在钼矿周围存在着铅锌矿化,但只是星星点点。

第十一节 银 矿

一、成矿特征

截至2010年底,列入河南省查明矿产资源储量表中的非伴生银矿49处,资源储量4585.38t。银矿资源集中分布在5处大、中型银矿产地集中的地区(图3-26):①洛宁县铁炉坪、嵩坪沟、沙沟银铅锌金矿区;②内乡县银洞沟及周围银铅锌矿产地;③栾川县南泥湖钼钨矿田外围铅锌银矿产地;④桐柏县破山、银洞岭银铅锌矿床;⑤罗山县皇城山独立银矿床及东南至白石坡一带的银铅锌矿产地。这些银矿产地穿越了东秦岭-大别造山带。

1. 建造与控矿构造

有关银矿分布在不同时代不同建造特点的围岩中,以往将银矿区出现的围岩均列为有利的矿源层,原因是矿区周围成矿物质含量高,尤其是矿体直接的围岩。并由此演化出"三位一体"说,即有利的地层、有利的构造和必要的岩浆活动,然后用万能的热核模式解释矿床成因。这种颠倒的思维长期统治着我们的思想,是流体扩散产生了异常高的背景,还是异常中的元素迁移成矿?本次研究工作中,我们建立了以往未完成的全省岩石地球化学数据库,有关样品采集是回避矿区的,自然就不会存在Ag、Au等矿源层了。就水系沉积物地球化学异常而言,含矿建造的比例是非常有限的,分散到水系后往往贫化就产生不了异常,如刘山岩块状硫化物矿床对应的异常就非常微弱;相反,岩浆热液造成的元素扩散范围很广,往往产生有突出的异常。

河南省所有的银矿均赋存在脆性断裂中,无论是高角度或低角度的含矿构造均非常明显地破坏围岩,如果不在一定的含矿建造之中,将低角度切层断裂控制的银矿归为层控热液型就显得不合适。关于"碳质层控"问题,确实如煤窑沟组、小寨组和歪头山组,断层往往会沿着碳质层发育,这仅仅是岩层的物理能干性所造成的,其中煤窑沟组中的碳质层是石煤,很难与含银的沉积建造产生联系,目前尚未发现含银的碳-硅-泥建造。银洞沟矿区的赋矿构造就非常能说明问题,矿区南部的含矿断裂顺着小寨组中的碳质层发育,北部二郎坪群细碧岩中的容矿断裂则是切层的。背斜核部的褶皱虚脱部位是有利的容矿空间,如破山银矿。

2. 矿石组构与金属分带

银矿石的组构与前述铅锌矿无别,具有明显的热液交代、充填结构和构造。矿体中银的品位变化较大,银矿物常赋存在方铅矿的裂隙之中,因此块状矿石银的品位一般很高;强硅化部位银的含量较高。一般银元素向上富集,矿体尖灭部位仅有自形立方体黄铁矿。Ag 与通常所称的尾部高温,基性元素 Mo、Bi、Cr、Ni 正相关,出现逆向元素轴向分带是成矿流体的幔源性质所致。矿体两侧的围岩蚀变也与前述铅锌矿相同,围岩蚀变是对称的。

关于破山银矿的矿床成因类型,矿床是受一组共轭逆冲断层控制的,矿石的断裂蚀变岩特征是非常明显的,应与银洞沟银矿一起归为岩浆热液成因。

二、成矿规律

有关河南省银矿产的成矿规律可归纳为:3 种成矿部位,2 个成矿时代,1 种来自深层次的成矿流体。即:岩浆活动部位,致密地质体围限或夹持的背斜部位,火山活动部位;志留纪,早白垩世;来自下地壳或壳幔边界岩浆起源部位的流体和地幔的流体。

1. 成矿部位

所有银矿区均处在花岗岩浆强烈活动区的周围或火山活动中心,如:铁炉坪银矿处在熊耳山热穿隆的边缘,穿隆内为早白垩世二长花岗岩基;南泥湖钼钨矿田四周的铅锌银矿围绕中心的复式花岗岩体;银洞沟银矿区四周为志留纪花岗岩;破山银矿处在志留纪二长花岗岩体的旁侧;皇城山银矿赋存在火山口旁侧的火山裂隙中。银洞沟矿区、破山矿区和银洞岭均处在复式向斜的次级背斜部位,周围为志留纪岩体或二郎坪群细碧岩、闪长岩,如果存在流体活动,这些矿区必然是流体聚集的场所。

2. 成矿时代

关于成矿时代,铁炉坪银矿蚀变绢云母 $^{40}Ar/^{39}Ar$ 坪年龄为 (134.6 ± 1.2) Ma,相应的等时线年龄为 (135.3 ± 2.4) Ma,与嵩坪沟矿脉绢云母 $^{40}Ar/^{39}Ar$ 坪年龄为 (134.9 ± 0.8) Ma,嵩坪沟花岗斑岩锆石 SHRIMP U-Pb 年龄为 (133.5 ± 1.4) Ma,显示成岩与成矿时空的一致性(高建京等,2011)。南泥湖花岗斑岩、上房沟花岗斑岩 SHRIMP 锆石 U-Pb 年龄分别为 (157.1 ± 2.9) Ma 和 (157.6 ± 2.7) Ma(李永峰等,2005);南泥湖、三道庄、上房沟钼矿床辉钼矿 Re-Os 模式年龄分别为 (141.8 ± 2.1) Ma、$(145.0\pm2.2)\sim(144.5\pm2.2)$ Ma 及 $(145.8\pm2.1)\sim(143.8\pm2.1)$ Ma(李永峰等,2005);冷水北沟 S27 矿脉中铅锌银矿化石英脉中石英的 $^{40}Ar-^{39}Ar$ 坪年龄为 (137.87 ± 0.39) Ma;反映岩浆活动,钼钨矿和铅锌银矿从内向外、从早到晚的时空演化。

皇城山银矿以早白垩世火山碎屑岩为围岩,成矿时代可能与火山活动同期。

银洞沟银铅锌矿区西北约 1.5km 的银金钼矿体,5 件辉钼矿 Re-Os 模式年龄介于 $(432.2\pm3.4)\sim(423.4\pm44)$ Ma 之间,加权平均年龄为 (429.3 ± 3.9) Ma(李晶等,2009)。这个年龄填补了以往北秦岭志留纪后碰撞岩浆弧成矿时代的空白,有可能代表了银洞沟矿区及其四周同类矿化的成矿时代。

破山银矿区云斜煌斑岩获得的锆石 SHRIMP 测年结果为(461.8±9.7)Ma(江思宏等,2009a),这期煌斑岩可成为银矿石中的角砾。另一期蚀变云斜煌斑岩的黑云母中获得的 $^{40}Ar/^{39}Ar$ 坪年龄为(129.0±1.1)Ma,等时线年龄为(128.4±3.5)Ma(江思宏等,2009b)。银洞坡金矿床含金石英脉中绢云母的 $^{40}Ar/^{39}Ar$ 坪年龄为(373±3.2)Ma,等时线年龄为(373±13)Ma;银洞岭银矿床矿化蚀变岩中绢云母的 $^{40}Ar/^{39}Ar$ 坪年龄为(377.4±2.6)Ma,等时线年龄为(377.8±5.7)Ma(江思宏等,2009b)。多硅白云母(翟淳等,1983)和绢云母是二期普遍存在的区域变质矿物,晚泥盆世的绢云母可能代表的是晚期区域变质的时代。即以上同位素年龄限定破山、银洞岭银矿床的形成时代在中奥陶世—晚泥盆世之间,很可能与处在同一大地构造环境的银洞沟银铅锌矿的成矿时代一致,即志留纪。与破山银矿相邻的银洞坡金矿的成矿时代应与早白垩世含金煌斑岩同期。

3. 成矿物质与流体起源

南泥湖钼矿床、杨树凹铅锌矿床、冷水北沟铅锌矿床、骆驼山硫多金属矿床的铅同位素主要集中在地幔铅演化线附近,其次分布于地幔与造山带铅演化线之间,少数分布于地幔铅平均演化曲线之下,表明南泥湖地区矿床中的铅具有以深源铅为主的壳幔混合源特点。南泥湖花岗岩多数投影于上地幔和造山带铅平均演化曲线间,少数投影于地幔铅平均演化曲线之下,亦具有壳幔混合源特征(王长明等,2006)。

张静等(2008)对围山城矿带6个金、银矿床(点)的41件矿石硫化物以及20件地层样品进行了铅同位素的组成分析。矿石铅同位素组成相当稳定(图3-27),但矿石铅与矿床所处的北秦岭岩石的铅同位素组成相差甚远,北秦岭不可能是铅源。与南秦岭基底的铅同位素组成也不一致,并且成矿后矿石铅中没有放射成因铅的再积累,南秦岭基底仍有放射成因铅添加,而矿石铅 $^{208}Pb/^{204}Pb$ 比值高于南秦岭基底,南秦岭基底也很难作为矿石铅的来源。遗憾的是,图3-27中没有矿区周围花岗岩和煌斑岩的数据,推测矿石的铅源只有地幔来源,并在熔浆-流体通道中遭到周围物质的混染。

江思宏等(2009)对矿石铅同位素组 Pb-Sr-Nd 同位素示踪研究表明,破山银矿区侵入岩体的成岩物质来源具有很大的差异,中奥陶世云斜煌斑岩的源岩可能来自富集地幔与亏损地幔的混合源,志留纪花岗岩的源岩可能来自亏损

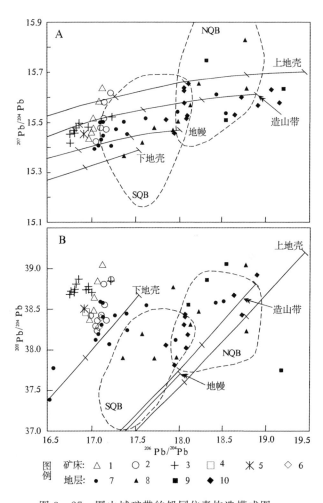

图3-27 围山城矿带的铅同位素构造模式图

1.破山银矿床;2.银洞坡金矿床;3.银洞岭银矿床;4.栾家冲银矿点;5.张庄金矿点;6.南小沟银矿点;7.歪头山组;8.大栗树组;9.张家大庄组;10.刘山岩组。NQB.北秦岭铅同位素组成范围;SQB.南秦岭铅同位素组成范围

地幔,而早白垩世花岗岩类的源岩可能来自下地壳。

据翟淳(1981)的研究,桐柏北部的煌斑岩脉群分别属于钙碱性煌斑岩类和碱性煌斑岩类。其硅量不饱和至近饱和,TiO_2量高,近于玄武岩。全碱量高,而且$K_2O>Na_2O$。煌斑岩的微量元素成分特征既具有幔源玄武岩的微量元素成分特点,又具有壳源花岗岩类的微量元素成分特征,它们可能是二者相混造成的。从成分的相似性表明,本区的各种煌斑岩可能来源于共同的母浆,而主要成分和微量元素成分的分配趋势都近于基性岩浆。因此,它们可能都是由原始的碱性橄榄玄武岩浆在不同的条件下派生形成的。在碱性橄榄玄武岩浆派生成各种煌斑岩的过程中,曾有明显的陆壳岩石的同化混染作用发生。

在破山银矿-银洞坡金矿-银洞岭银铅锌矿区,不仅存在2个时代的煌斑岩,而且分别具有银、金矿化,破山银矿床深部的煌斑岩可达到1×10^{-6}左右的金含量,银洞岭银矿区的煌斑岩可成为低品位银矿体[$(80\sim 120)\times 10^{-6}$]。皇城山银矿矿体的下部见绿泥石-蛇纹石岩墙,无论是否存在浅成低温热液作用,归根到底银的物质来自地幔。

第十二节 金 矿

一、成矿特征

金矿集中分布在豫西南地区、桐柏地区,大别山北麓仅有个别小型金矿床(图3-28)。截至2010年底,河南省矿产资源储量简表中共有:岩金矿区132处,累计查明资源储量950.68t;砂金矿区7处,累计查明资源储量7.84t;伴生金矿区18处,累计查明资源储量24.51t。

概括河南省金矿的成矿地质背景与成矿特征表现在以下几个方面:①金矿集中分布在幔坳区的边缘;②金矿对围岩无选择性,没有确切的证据表明存在某个特定的矿源层;③金矿区普遍存在燕山期花岗岩和煌斑岩等基性岩墙;④穹隆(式)构造、背斜(形)构造、构造混杂岩带和先存的韧性剪切带是有利的控矿构造;⑤金矿体呈脉状、不规则状赋存于各种脆性断裂或侵入角砾岩中,多期活动的断裂在成矿期往往为正断层性质;⑥围岩蚀变在以铝硅酸盐矿物为主的岩石中表现为硅化、绢云母化、高岭石化,在基性围岩中表现为绿泥石化、绿帘石化等;⑦已测定的成矿时代均为燕山期。

大量金矿床的流体包裹体H、O等同位素地球化学特征表明,成矿流体普遍具有岩浆水、变质水和中生代大气水的混源特征;矿石Pb同位素组成范围较广,难以示踪某一特定围岩的铅源;元素地球化学特征指示Au与基性元素和岩浆射气元素高度相关。基于以上成矿地质背景、成矿特征和目前的认知程度,认为中生代岩浆活动背景下幔源流体的演化或壳-幔流体的混合是成矿流体的来源,岩浆活动是产生金矿之本,可将河南省已发现的金矿全部归为广义的岩浆热液成因。关于原"隐爆角砾岩"型金矿的成因归类问题,隐爆角砾岩的同义词有爆破角砾岩、气爆角砾岩、震碎角砾岩、自碎角砾岩、侵入角砾岩、贯入角砾岩等,《火山岩地区区域地质调查方法指南》(原地矿司,1987)将此类岩石构成的地质体通称为角砾集块状地质体,未一概而论为潜火山岩或浅成侵入地质体。考虑类似于潜火山岩的岩石面貌,可将豫西南有关金矿归类于火山岩型金矿,那么地质体特征完全相同的有关钼矿也应归为尚无称谓的"火山岩型钼矿"。然而,是否伴随有火山喷发的角砾集块状地质体有本质的区别,祁雨沟、蒲塘—毛堂等金矿的下方为花岗斑岩,斑岩上方围岩的集块可拼,周围同时代地表沉积岩为不含火山碎屑岩的红色陆相碎屑岩,不存在火山作用,也就不应归作火山岩型。考虑"隐爆角砾岩""爆破角砾岩筒"偏向潜火山岩的名词属性,应将豫西南有关角砾集

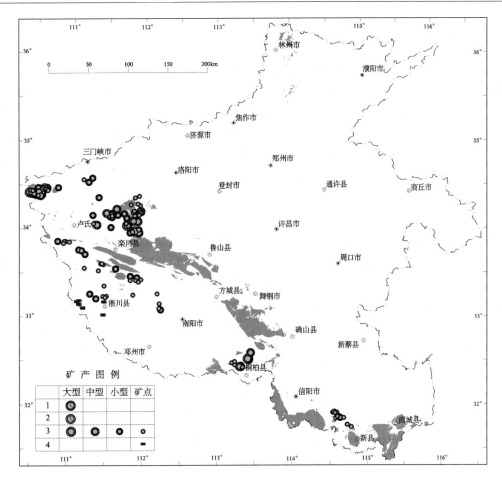

图 3-28 河南省金矿产地分布图

图中色区为早白垩世二长花岗岩。1.晚三叠世热液型金钼矿;2.早白垩世热液型金钼矿;3.早白垩世岩浆热液型金矿;4.第四纪砂金矿

块岩体改称为侵入角砾集块岩体。并不是一定要改变对有关金矿、钼矿习惯上的称谓,但如归类为火山岩型金矿、火山岩型钼矿就完全造成了误解,因此应视作岩浆热液型金矿、斑岩型钼矿的不同矿床式。关于变质碎屑岩中热液型金矿(银洞坡式)有变质建造—断层—岩浆岩复成因或沉积喷流成矿的观点,而岩浆活动背景、成矿时代、矿体等特征无异于其他岩浆热液型金矿,实质仍为岩浆热液成因,只是赋矿围岩有所差别。

二、成矿规律

1. 成矿时间规律

成矿具多期、多阶段性,上宫金矿早期贫硫化物金矿[$^{40}Ar/^{39}Ar$(222.8±24.9)Ma]与小秦岭大湖金矿早期石英脉型钼矿[Re-Os(232.9±2.7)~(223.7±2.8)Ma]的同位素年龄相当,即成矿起始于晚三叠世。以多金属矿化为特征的不同类型金矿与区内钼矿出现一致的成矿年龄[上宫金矿 Rb-Sr(113±6)Ma];祁雨沟金矿 Re-Os(135.6±5.6)Ma;雷门沟钼矿 Re-Os(136.6±2.0)Ma,(133.1±1.0)Ma;鱼池岭钼矿 Re-Os(131.2±1.4)Ma,并与花山、合峪二长花岗岩基的时代相同,表明早白垩世为区内成矿鼎盛时期。

2. 空间分布规律

小秦岭、熊耳山为豫西地区齐名的两个金矿集区,成矿深度大(逾10km)是共同的特征;与之间剥蚀程度相对低、金矿分布少的崤山相比,深度剥蚀是大量金矿出露的条件。与小秦岭片麻岩穹隆金矿限于太华杂岩内部不同,熊耳山穹隆式构造中的金矿主要分布在太华杂岩四周的熊耳群地层中。在容矿构造上,北东走向左列正断层成为熊耳山地区金矿的主控构造,不同于片麻岩穹隆中金矿的围斜外倾。在成矿系列上突显金银钼共生规律,无论是整个地区还是寨凹、雷门沟、鱼池岭3处局部中心,总是呈现从中心向外钼—银(铅锌)—金的矿产分带。

3. 成矿物质来源

豫西地区金矿分布在太华杂岩、熊耳群和中生代花岗岩分布区,成矿流体寓于周围地质系统中,即使不进行大量的同位素、微量元素分析,也能想象出矿石中某种元素、组分来自某种围岩,或成矿流体具有混合来源的结论,因此"Au主要来自太古宇绿岩,花岗岩提供热源"成为主流认识。然而,某种元素、组分的来源不一定与Au同源,从更大的范围总结成矿规律则很难解释Au就近来自围岩,很多现象支持Au来自幔源流体的结论。如:①根据重力推断解释,豫西地区同时代金矿床环绕幔向斜四周地幔陡变带分布,太华杂岩存在与否不是必备条件;②像舞阳等地区,存在太华杂岩、熊耳群和中生代花岗岩,但离开地幔陡变带便不存在金矿;③金矿床分布在足以产生花岗岩的深度,总是与幔源煌斑岩形影不离;④围绕花岗岩热区的钼-铅锌-金矿床分带,所谓降温序列只是表象,本质是Au的穿透性,Au的运移既离不开岩体又总是远离岩体,因此金矿床总是分布在热区四周或上方数千米内,其定位总是晚于壳源Mo、Pb、Zn矿床。

第十三节 锑 矿

一、成矿特征

截至2010年底,河南省矿产资源储量简表中共有锑矿区9处,累计查明资源储量10.35×10^4t。已知锑矿床集中分布在卢氏南部,其他在南召县大庄、罗山县仙桥各分布1处锑矿点。

卢氏南部锑矿带西起兰草,向东经南阳山、双槐树至朱阳关一带,长约60km,宽0.5~6km。锑矿主要受朱夏断裂带南侧次级断层控制,赋矿围岩为中元古界峡河岩群界牌岩组变质岩系及之上的古元古界雁岭沟组大理岩推覆体。在大河沟锑矿区,钻探证实上三叠统五里川组碳质板岩等推覆在矿体之上,表明锑矿带曾为上三叠统逆掩。矿体在断裂带中透镜状断续分布,倾向北北东,倾角75°~85°。矿石金属矿物主要为辉锑矿,少量黄铁矿及微量辉银矿,特征脉石矿物为石英、方解石和重晶石。碳酸盐岩中的辉锑矿一般结晶粗大,其他岩石中细小并自形程度低。矿石呈浸染状、网脉状或角砾状构造。围岩蚀变主要为硅化、碳酸盐化及绢云母化。

二、成矿规律

1. 成矿时代特征

河南省已知锑矿产地、矿(化)点均分布在中生代活动的区域性断裂-岩浆岩带,沿断裂带分布晚侏罗世及早白垩世花岗斑岩、花岗闪长岩、煌斑岩墙,卷入锑矿控矿构造的最新地层为晚三叠世,控矿断裂带又被晚白垩世盆地沉积覆盖,因此成矿时代在早白垩世。

2. 成矿分布规律

锑矿化及其异常带自北向南受控于4个区域性断裂带:华北陆块与北秦岭分界的栾川断裂带,北秦岭核部南侧的秦岭构造混杂岩带,南北秦岭界线的龟梅断裂带,南秦岭中的丹江断裂带。

锑矿虽分布在断裂-岩浆岩带,但总是出现在岩浆活动弱或无岩浆岩分布的地段,这与其远程岩浆热液的属性相一致。

具有工业意义的锑矿产出现在造山带强烈缩短的推覆构造发育部位,控矿构造组合为上部推覆构造加下伏高角度深断裂带。构造圈闭是成锑的必要条件,在纵张裂隙和断层牵引背形的核部出现的是袖珍式矿点,开放的断裂发育区尚未发现满足当前工业品位要求的矿化。与河南淅川锑异常区大地构造位置相当的陕鄂相邻的公馆、青铜沟等汞锑矿产受控于弧形断裂带(屈开硕,1984),近东西走向与北西走向的两条控矿断裂向西收敛的特征,雷同于河南卢氏南部地区,弧形断裂控矿的本质可能亦是推覆构造在起作用。

在深部构造上锑矿化带处在莫霍面陡变带,这一特征与滇东广南-文山锑矿带和师宗-个旧锑矿带相同(肖启明等,1993)。

3. 成矿物质来源

河南省已发现的锑矿化以不同时代不同类型的岩层为围岩,断控特征明显。Sb在河南省地壳中的丰度向上部富集,深部古老地层中强分异,成矿与围岩Sb丰度无关。在各类岩浆岩中,超基性岩类中Sb弱富集,基性岩类中富集,中性、中酸性、酸性岩类中极强分异。全省水系沉积物Sb成矿因子($Sb+Pb+Ag+Zn+Ni-Co-Cr$)和卢氏南部地区Sb成矿因子($Cu+Co+Cr+V+As+B+Zn+Au+Sb$)也表明Sb与基性岩浆元素相关。各种迹象说明成矿物质来自深部,幔源物质参与了成矿作用。

马振东(1992)研究东秦岭及邻区各矿带稳定同位素指出,南秦岭Hg-Sb矿带的铅同位素组成十分均一,同位素比值是秦岭地区各矿带矿石铅中最大的,与围岩(白云岩)具铀异常铅同位素比值的组成明显不同,成矿元素不是来自围岩,可能是来自深部,这与丁抗(1986)研究石英和辉锑矿中的过剩^{40}Ar,推断^{40}Ar与深部喷气活动有关的结论一致。

第十四节 磷 矿

一、成矿特征

河南省已知磷矿的成因类型可划分为沉积型磷块岩矿床、沉积变质型磷灰岩矿床、晚期岩浆型磷灰石矿床[榴辉(闪)岩型和云煌岩脉型磷灰石矿床],以沉积磷块岩矿床为主。有关磷矿分布广、品位低,按现行一般工业指标,矿产资源储量表3-1(截至2010年底)中共有:磷矿区7处,磷矿石资源储量$8500.2×10^4$t;伴生磷矿3处,P_2O_5资源储量$471.57×10^4$t。

(一) 沉积型磷块岩矿

河南省沉积磷块岩矿床主要有4个成矿层位,即:华北陆块区汝阳群云梦山组、下寒武统辛集组,南秦岭上震旦统陡山陀组、下寒武统水沟口组。

1. 汝阳群云梦山组磷矿

云梦山组磷矿为低变质程度的沉积磷块岩矿床,典型矿床为伊川石梯磷矿,暂定为石梯式磷矿。目前发现中型矿床1处,矿点1处。含磷岩系下部为紫红、紫灰色中厚层状中—粗粒石英砂岩,杂砂岩;中上部为灰白色厚层砾岩、含砾中粗粒石英砂岩夹中粗粒石英砂岩;上部为紫红色、肉红色硅质泥岩,硅铁质条带或透镜体;顶部为磷矿层,自下而上分为:紫红色砾质磷块岩,紫红色、暗紫色铁质磷块岩,灰黑色、铁黑色铁锰质磷块岩。

2. 下寒武统辛集组磷矿

含磷岩系为一套含磷陆源碎屑岩建造,属滨海相潮间带亚相沉积。目前发现中型矿床2处,小型矿床7处,矿点、矿化点12处。早寒武世早期海侵方向由东南向西北,含磷岩系厚度和沉积建造由东到西有所差异。东部固始陈集一带矿体赋存于砂页岩和含磷灰岩中,矿石类型有结核状磷块岩、黑色致密块状磷块岩、黑色砾状磷块岩。中部鲁山—汝阳一带的含磷岩系有5层:饼砾状砂质磷块岩或含磷砾岩,海绿石含磷砂岩,砂质磷块岩,含磷砂岩,含磷铁钙质砂岩,矿层为黑灰色砂质磷块岩。西部灵宝一带含磷岩段下部为灰色、灰褐色、灰黄色砂质砾屑磷块岩,砾屑磷块岩,局部为砾状砂岩,中上部为砂质页岩夹含磷石英砂岩,矿石类型为砾屑磷块岩和砂质砾屑磷块岩。

3. 上震旦统陡山陀组磷矿

含磷岩系下部为千枚岩、片岩、石英岩夹少量大理岩;上部为大理岩、硅质灰岩与片岩互层。矿体赋存在硅质角砾状灰岩与片岩之间,为胶质磷块岩、含磷砂质灰岩、铁锰质含磷砂质灰岩。初步发现的磷矿点矿体长100~700m,厚0.1~0.5m,P_2O_5品位4.07%~25.48%。

4. 下寒武统水沟口组磷矿

含磷岩系为一套含钒、磷硅质-碳酸盐岩建造,属浅海相沉积。含磷岩系由下到上分为4层:灰黑色中厚层—薄层状硅质岩(燧石层),杂色页岩(钒矿层),紫红色页岩,顶部含磷鲕状灰岩、泥质条带灰岩。钒矿赋存于杂色页岩中,磷矿赋存于紫红色页岩顶部含磷鲕状灰岩中。矿石类型有鲕状灰质磷块岩、小结核状灰质磷块岩。淅川余家庄钒磷矿区磷矿体长度为65~450m,厚度为0.25~0.74m,P_2O_5含量为9.28%~19.12%。

(二) 沉积变质型磷灰岩矿

1. 古元古界嵩山群五指岭组、花峪组磷矿

五指岭组、花峪组均为浅变质滨海-浅海相含磷陆源碎屑岩建造,含磷地层分布较稳定,矿石类型主要为含细晶磷灰石的各类千枚岩。含磷地层中矿体规模较小,呈透镜状产出,长50~500m,一般长100~200m,矿体厚度为1~2m,P_2O_5含量为0.3%~29%。

2. 古元古界秦岭群雁岭沟组磷矿

磷灰石大理岩赋存在一套石墨条带大理岩的上部,由于处在强烈变形的基底杂岩带,区域上无

稳定的层位。其中松扒磷矿点矿体呈层状、似层状、透镜状，长 140~1900m，厚度为 1~5m，P_2O_5 含量为 2%~8%，一般为 3%~4%。

3. 新元古界—早古生代宽坪群磷矿

桐柏北部的左老庄组（广东坪岩组）上段为含磷层位，岩性主要为云母斜长片（麻）岩与斜长角闪片岩互层，原岩为碎屑岩-火山岩建造，矿石类型主要为含磷灰石的各类片岩，其中的桐柏虎头庄磷矿矿体呈层状、似层状、透镜状，长 40~1200m，厚度为 1~26m，P_2O_5 含量为 2%~4%。TFe 为 10%~16%。

4. 青白口纪石门冲组（煤窑沟组）磷矿

该磷矿呈推覆岩片分布在商城县北部的石门冲组，相当于栾川地区的煤窑沟组。由磷块岩、条纹条带状磷块岩组成的磷矿层赋存于该组下部绢云石英片岩与碳质片岩之间，矿体平均厚度为 3~6m，P_2O_5 平均品位为 6%~14%。

（三）晚期岩浆型磷灰石矿

1. 榴辉（闪）岩型磷矿

大别超高压变质带榴辉（闪）岩包体中，发现新县杨冲磷金红石共生矿床 1 处，磷灰石矿体最大厚度为 190m，P_2O_5 平均为 1.85%。

2. 云煌岩脉型磷矿

在鲁山县背孜发现矿点 1 处，云煌岩脉长 13km，厚度为 0.40~5.76m，平均厚度为 3.74m。P_2O_5 含量为 2%~4.68%，平均为 2.97%。

二、成矿规律

与岩浆活动有关的磷矿分布局限，沉积磷矿是河南省磷矿的主要类型，但普遍为低品位磷矿。沉积磷矿先后出现在：古元古代古陆块盖层沉积时期，长城纪、青白口纪陆缘盆地沉积时期，寒武纪碳酸盐岩陆表海形成时期。其中寒武纪是主要的成磷时期。

磷的来源可能有两个方面，一是长期风化的古陆物质，二是海洋生物作用。沉积环境为陆棚之上的滨海潮间带，同时富磷层的边缘又是当时沉降沉积的中心。寒武纪之前生物不发育，陆缘盆地的规模也有限，含磷层的磷品位普遍很低。寒武纪初期，华北古陆和扬子古陆接受来自秦岭弧盆系的海侵，逐步的海进过程中形成了区域上稳定分布的含磷层，在沉积中心上升洋流、海洋生物和古陆物质汇入的地段形成一定品位的磷块岩。

辛集期华北陆块区的海进从东南向西北进行，保安镇—确山一带含磷岩系呈现东厚西薄的变化趋势，西部叶县、舞阳一带含磷岩系厚 40~60m，东部确山含磷岩系厚 60~100m，局部大于 100m，且矿层数量增多。含磷岩系底部为一层磷砾岩，厚 0.2~0.8m，局部大于 1m。含磷岩系由下向上组成砾岩-砂岩-页岩-含磷灰岩建造，由西向东泥质、碳质含量增加。确山一带不仅含磷岩系厚度大，而且磷块岩层数多。

汝阳—平顶山一带含磷岩系厚度变化较大，西部汝州一带较薄，一般为 10~20m，向东到叶县、舞阳一带稍厚，一般为 20~40m。含磷岩系底部磷砾岩厚 0.2~0.6m，中下部为含磷砂岩和砂质磷块岩,在辛集磷矿含磷岩系下部发育一层海绿石含磷砂岩。上部岩性变化较大,主要有含磷灰岩、含磷白云岩和钙质含磷砂岩。

邵原—济源一带含磷岩系厚度为 $0\sim25.7m$,底部为含磷砾岩,厚度为 $0.2\sim0.6m$。中下部为含磷砂岩和砂质磷块岩,上部主要为砂岩、页岩、泥质白云岩。

第十五节 硫 矿

一、成矿特征

河南省已初步查明 28 个硫铁矿区(截至 2010 年底),累计查明硫铁矿石资源储量 17.134×10^8t;伴生硫矿区 39 处,硫资源储量 18.5116×10^8t。硫矿类型为"煤系沉积型硫铁矿"和"岩浆热液型硫多金属矿"两大类型。

煤系沉积型硫铁矿广泛分布在本溪组底部地层中。赋存硫铁矿的铁质黏土岩厚 $0.12\sim9.57m$,底部普遍含一层硫铁矿,有时在铁质黏土岩的顶部含上层硫铁矿。下硫铁矿层的底板为奥陶系或寒武系灰岩,上硫铁矿层的顶板为铝土质黏土岩,有时为碳质页岩。下层硫铁矿分布广,为主要含矿层,矿层(体)形态受制于古岩溶地貌,呈不规则囊状、透镜状、似层状。上层硫铁矿透镜状、似层状,主要是因黄铁矿含量低而使矿层及其在区域上的分布不稳定。

岩浆热液型硫多金属矿主要有卢氏县银家沟和栾川骆驼山 2 处共生硫矿床,硫铁矿体分布在小花岗岩体之外的碳酸盐岩或含钙质围岩中,一般形成于多金属硫化物期之前的高温阶段,常为白钨矿-铁闪锌矿-磁黄铁矿矿物共生组合。

二、成矿规律

1. 成矿作用

煤系硫铁矿不仅沉积在古碳酸盐岩岩溶地形之上,而且渗透到基底白云质灰岩中的非开放的裂隙之中,显然黄铁矿是晶出于溶液的,即泥沼环境下酸性溶液向下淋滤铝土岩中的铁质,在深部还原生成黄铁矿层。因此,硫铁矿层的发育情况与上覆 $一_1$ 煤层代表的泥沼环境密切相关, $一_1$ 煤层相对发育的豫北地区硫铁矿的发育程度也较好;并且, $一_1$ 煤层之下铝土质黏土岩的厚度与之下硫铁矿的厚度呈正比。

2. 成矿时代

河南省的本溪组是由北东向南西穿时沉积的,以济源—郑州一线为界划分为 2 个三级沉积层序,豫北焦作一带的本溪组铝土质岩系沉积于晚石炭世—早二叠世,嵩箕地区的本溪组沉积于早二叠世。因此,豫北地区的下层硫铁矿形成最早,其上层硫铁矿的形成时代与嵩箕地区的下层硫铁矿时代相同。

3. 空间分布规律

伴随海进过程,豫北地区发育 2 层硫铁矿,并且有利的泥沼环境使得其下层硫铁矿发育良好;

西南部嵩箕地区仅有底部一层硫铁矿,因上覆泥沼发育状况不如早期而硫铁矿发育不好。由于接近古陆的嵩箕地区岩溶发育程度高,硫铁矿的分布很不稳定,豫北岩溶发育差,硫铁矿层相对稳定。硫铁矿形成于成煤期,铁质来自铝土岩系,氧化后为山西式铁矿,因此由下向上构成硫铁矿、山西式铁矿、铝土矿(耐火黏土)、煤等系列共生矿产。

第十六节 重晶石

一、成矿特征

河南省已发现的重晶石产地较多,而矿产勘查和研究程度低。截至2010年底,全省矿产查明资源储量表3-1中共有重晶石矿区17处(含共生矿产),累计查明重晶石矿资源储量$4173×10^4$ t(图3-29)。

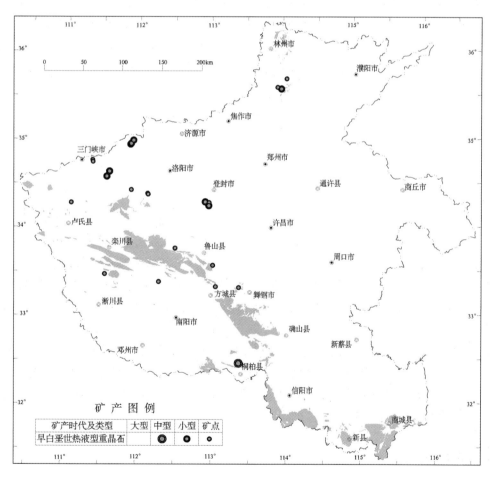

图3-29 河南省重晶石矿产地分布图
图中色区为早白垩世二长花岗岩

有关重晶石矿的成因类型分为早古生代火山喷流沉积型和早白垩世岩浆热液型,以后者为主要类型。尚有1处矿点分布在志留纪五垛山花岗岩基中的古元古界雁岭沟组石墨大理岩捕虏体中,暂不明确属于古元古代沉积成因或为志留纪岩浆热液成因。

早白垩世重晶石矿产地,分布在太行山及其与秦岭造山带结合部位的岱嵋寨-嵩箕褶皱区。矿体多呈复脉状,具有北西、北东、近南北等各种走向,具有长城系熊耳群、寒武系、奥陶系等广泛的围岩。矿体与围岩之间均为切层关系,不存在所谓的碳酸盐岩控矿的层控热液型。

早古生代海相火山岩型重晶石矿产地一般与块状硫化物矿床共生,也单独出现,规模均很小。与块状硫化物矿床共生的重晶石层在桐柏地区成为铜锌矿的边缘相,因规模小而单独不具有矿产地意义。在嵩县上庄坪—南召水洞岭一带,重晶石纹层常置于块状硫化物纹层之上,并一同发育褶叠层构造,使重晶石与金属硫化物完全共生在一起。

二、成矿规律

河南省重晶石矿先后有早古生代、早白垩世2个成矿时期,早古生代重晶石矿受控于二郎坪弧后盆地细碧-角斑岩建造,矿体规模小,一般作为块状硫化物矿床的找矿标志或共生矿产。

早白垩世重晶石矿分布在秦岭-大别早白垩世花岗岩带的东北侧和华北盆地的西北侧,受控于太行山闪长岩、石英二长斑岩等岩浆活动带,成矿时期为华北盆地开始形成之际。沿着先存的断裂构造带,重晶石脉穿越了华北陆块区各个地层单位,为板内岩浆活动远程岩浆热液的产物,岩浆及其热液起源于华北陆块的基底,与矿脉的碳酸盐岩围岩无关。由于秦岭-大别造山带已剥蚀去顶,所以重晶石矿产分布区一般不越过秦岭-大别早白垩世花岗岩带的北界,即三门峡-鲁山断裂带。

第十七节 萤 石

一、成矿特征

河南省目前已发现95个大、中、小型萤石矿床和矿点(图3-30),由于矿产勘查程度不高,全省矿产资源查明资源储量表3-1(截至2010年底)中仅有6处矿区,累计查明萤石资源储量$1268.3×10^4$t。

有关萤石矿产地分布在早白垩世大花岗岩基的周围,尤其是密集分布在岩基倾伏部位的上方。矿体在走向和倾向上的分布完全符合断裂组合及其空间展布规律,热液活动以充填为主,但发育强烈的硅交代作用,围岩普遍见很强的硅化。

矿石矿物主要为萤石,呈红、绿、紫、白等色,常形成伟晶状单晶或发育梳状构造,脉石矿物主要是石英,偶成玉髓。个别萤石脉中共生重晶石。萤石形成之后尚有一期脉状铅锌金银成矿期,发育少见的淡绿色、黄白色低温闪锌矿,富自然银,具特高银、金品位,尚见由方铅矿组成的细脉。与辉钼矿关系密切的萤石一般只是弱的萤石矿化。

二、成矿规律

与斑岩型钼矿相比,与萤石矿有关的花岗岩基与早白垩世晚阶段钼成矿期同时代,一般为120Ma左右或更晚。受控于早白垩世花岗岩带(图3-30),萤石矿的分布有华北陆块南缘和桐柏-大别两个成矿亚带。北亚带有合峪、车村、鲁山、方城、竹沟、尖山等成矿集中区;南亚带有董家河、朱堂、山店、新县等矿化集中区;其中高密度萤石脉分布区均处在花岗岩基的倾伏部位。

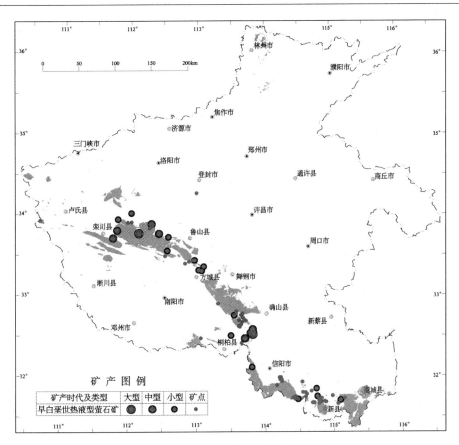

图 3-30 河南省萤石矿产地分布图
图中色区为早白垩世二长花岗岩

第十八节 其他矿产

一、石墨、矽线石

石墨、矽线石广泛出现在前滹沱纪地层中，以古元古代初期地层为主。矿产分布主要与富铝表壳岩系保存和出露情况有关，新太古代富铝表壳岩多已花岗岩化或表壳岩包体很小，滹沱纪及其之后的稳定陆块沉积变质微弱，因此与石墨、矽线石相关的区域变质岩被限定在古元古代初期。

在华北陆块南缘，石墨、矽线石主要赋存在太华岩群上亚群的水底沟组、观音堂组富铝变质岩系，赋矿地层为一套石墨片麻岩、含石墨大理岩，部分地段构成石墨、矽线石矿产地，主要见于小秦岭北麓、鲁山和舞阳3地，有关矿产地工作程度很低。

古元古代秦岭群、陡岭群在卷入秦岭弧盆系演化之前为扬子北缘的稳定陆块，下部为一套含矽线石的富铝岩系，上部为石墨大理岩夹角闪片（麻）岩。在秦岭岩群，矽线石带稳定出现在郭庄岩组片麻岩系顶部，顶部的雁岭沟岩组为石墨大理岩、钙质晶质石墨片岩、斜长角闪岩等。在郭庄岩组与雁岭沟岩组接触地带分布一系列矽线石、石墨成矿地段，但尚未开展系统的普查工作。陡岭群岩群含矽线石，尚未发现矽线石矿产地，石墨大理岩分布普遍，初步发现1处石墨矿点或小型矿产地。

二、蓝晶石、红柱石

蓝晶石矿仅出现在南阳市北的隐山和桐柏固县镇，两处均为大型矿床。矿床处在北秦岭核部角闪岩相中压中温变质带，从先后大规模展布的志留纪同碰撞闪长岩带和后碰撞二长花岗岩带来看，变质作用的峰期应在志留纪。赋矿地层在桐柏地区称为歪头山组，固县镇蓝晶石矿处在出露的歪头山组的近底部（未见底）；南阳盆地西缘的隐山蓝晶石矿，从赋存的大地构造部位和重、磁场推断的覆盖地层空间展布的情况来看，赋矿地层同属北秦岭正核部（近底部）的歪头山组（勘查报告将矿区的地层就近挂靠到小寨组）。两矿床的矿层均由蓝晶石石英岩及蓝晶石岩组成，围岩同为一套绢云石英片岩。在北秦岭不缺乏富铝的泥质岩石，之所以在两处赋存蓝晶石矿床，主要是北秦岭深部的变质相带起了决定作用。

红柱石矿赋存在小寨组低角闪岩相低压中温变质带中（图3-31），原岩为含有富铝泥质岩的浊积岩系，红柱石带稳定地展布在一套红柱石黑云石英片岩中。已初步探明的杨乃沟大型红柱石矿床，在厚达600m的含矿岩系中发现8层红柱石含矿层，红柱石最大单晶达30cm×5cm×5cm。关于该红柱石带可能不是很容易联想的与南侧高压变质带共同组成的双变质带，据张阿利等（2004）的研究，该低压变质带是叠加变质带，低压变质作用是在早期中压变质的抬升过程中发生的，中压变质的温压条件为：0.5～0.6GPa，560～580℃；低压变质的压力为0.3～0.45GPa，红柱石十字石带的温度为510～580℃，堇青石带为590～620℃。叠加变质带的中压阶段对应蓝晶石矿形成时期，低压红柱石阶段略晚，仍为志留纪变质矿床。

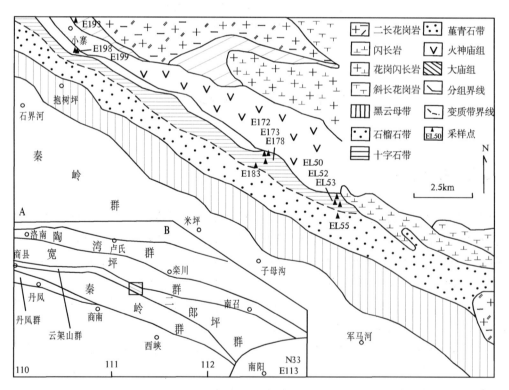

图3-31　小寨组低压变质带分布图

（据张阿利等，2004）

三、珍珠岩、膨润土、沸石

1. 火山岩相构造

与早白垩世火山岩有关的矿产分布在信阳中—新生代盆地的南缘,由于新生界覆盖的原因,珍珠岩、膨润土等直接与火山岩有关的矿产主要见于信阳市东的上天梯矿区(图3-32)。根据火山构造的区域线性展布特点,本区早白垩世陈棚组火山喷发带可划分出双桥火山群、皇城山火山台地和

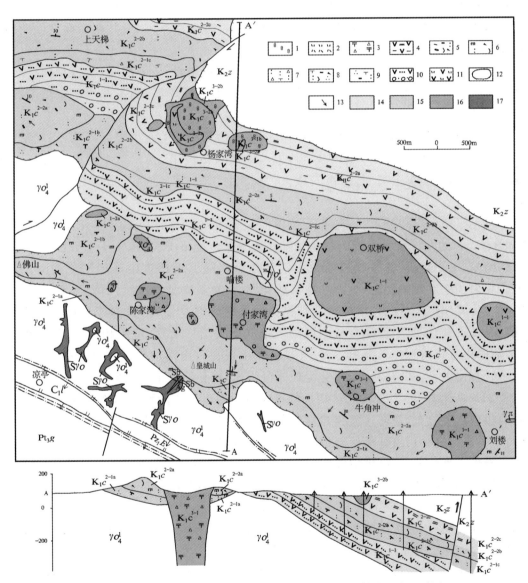

图3-32 大别山北缘上天梯—皇城山一带火山岩相构造基岩地质图

K_2z. 上白垩统周家组砂岩、砂砾岩;K_1c. 下白垩统陈棚组,上标3、2、1分别为杨家湾段、皇城山段、双桥段,上标后缀为分层编号;C_1l. 下石炭统凉亭组;Pz_1E. 下古生界二郎坪群;Pt_3g. 新元古界龟山组;γO_4^1. 志留纪斜长花岗岩;$\gamma \pi$. 花岗斑岩脉;$S\gamma \pi$. 枝状火山裂隙及硅化斜长花岗岩;Sb. 硅化凝灰岩;Ag. 银矿体。1.珍珠岩;2.流纹岩;3.角砾集块状粗安岩;4.钙质页岩及凝灰质页岩;5.流纹质玻屑凝灰岩及流纹质晶屑岩屑凝灰岩;6.流纹质浆屑熔结凝灰岩;7.粗面凝灰岩及含砾粗面凝灰岩;8.石英粗面质岩屑凝灰岩及石英粗面质浆屑熔结凝灰岩;9.石英粗面质晶屑凝灰岩;10.凝灰质泥砂岩、砂砾岩及巨砾岩;11.英安岩;12.火山穹隆(丘)或角砾集块岩筒;13.浆屑流向;14.喷发-沉积相;15.爆发相;16.侵出-喷溢相;17.潜火山相

上天梯火山洼地3个次级火山构造单元。

双桥火山群：是以英安质穹状火山群组合在一起的火山构造单元，呈北西西向带状展布，为本区早白垩世初始火山活动的产物。火山活动横向上由东向西迁移，并向酸度增高的方向演化。

皇城山火山台地：指北西西走向的爆发相，在陈棚火山喷发带南侧所构成的台状地貌单元。火山中心均为后期粗安质穹状火山占据，从浆屑具收敛中心和火山碎屑岩相序的环状收敛特征，以及残存的火山管道相等特征来看，单个中心式火山机构可能属锥状火山。枝杈状、楔状火山裂隙紧邻火山中心分布，为锥状火山机构的组成部分。需要指出的是，串珠状火山喷发中心一线南侧的火山碎屑岩层，浆屑流向与岩层倾向相反，表明火山碎屑岩层的产状经历了围斜外倾向内倾的改造。这种现象的产生可能源于不对称塌陷作用，或推覆体制下由南向北的构造掀斜作用。

上天梯火山洼地：上天梯非金属矿区为上天梯火山洼地的南半部分，其底面向下倾角渐缓而趋于向形内倾。它是由火山作用逐渐形成，与皇城山火山台地对应的洼陷部分。洼地内火山喷发沉积物由上、中、下3部分组成，下部为双桥段顶部的喷发沉积相岩石；中部为皇城山段喷发相的火山碎屑流堆积和火山灰空落堆积，并夹杂陆源搬运碎屑、生物及化学沉积；上部为杨家湾段流纹岩、珍珠岩穹状火山或岩流、岩盆。

以火山岩相模式的建立为基础，根据不同火山喷出物的接触关系确定先后顺序，确定陈棚火山喷发旋回共有6次火山喷发。按顺序排列为：①英安质火山侵出；②花岗质潜火山侵位；③石英粗面质火山喷发；④流纹质火山喷发；⑤粗安质火山侵出；⑥流纹质火山侵出及喷溢。由此划分陈棚组火山岩地层如表3－10所示。

爆发相仅见于陈棚组皇城山段，先期石英粗面质火山喷发与后期流纹质火山喷发具相似的岩相模式（图3－33），喷发机制为连续的高喷发柱体的塌落。喷发-沉积相位于上天梯火山洼地，存在两种类型的喷发-沉积相：一种为双桥段火山活动之后伴随上天梯火山洼地形成的喷发-沉积相。其特征是受火山洼地发展的制约，火山洼地形成初期，大量英安岩和流纹岩角砾、集块快速堆积，形成紫红色为主的补偿沉积（砾岩、巨砾岩），后渐处于补偿不足状态，形成绿或黑色的细碎屑沉积岩（砂岩、泥砂岩及页岩）。另一种为皇城山段喷发期间远火山口喷发-沉积相，特征是以火山灰沉积为主，夹杂陆源正常碎屑和化学沉积。侵出-喷溢相出现在火山活动的始末（图3－34）。始于双桥段的英安质岩浆侵出，岩浆沿隐伏断裂交会处缓慢挤出，堆积冷凝形成线状排列的串珠状英安岩穹丘，如图3－34A所示，中心相为具斑状结构的英安岩。由于岩浆的膨胀和逐步分层次冷凝，以及斑晶与基质的相对集中分布，使得过渡相具层纹状流动构造。当穹丘边部岩石冷凝并为生长膨胀的岩浆挤碎，便形成了边缘相角砾集块岩带。本区英安岩穹丘的上部一般已被剥蚀，并时常缺失边缘相角砾集块岩带。复合早期（皇城山段）火山通道或断裂裂隙侵出的角砾集块状粗安岩穹丘，以及于火山洼地侵出-喷溢的珍珠岩与流纹岩穹丘、岩盆和岩流为该区最后的两次火山活动。角砾集块状粗安岩穹丘的相模式如图3－34B、C所示。岩浆侵位于火山管道或断裂中冷凝，并再次为岩浆冲碎胶结，形成了以中心相为主体的角砾集块状粗安岩，并在最中心部位出现具陡立流线之粗安岩，而在边缘相时含大量围岩角砾及集块。当岩浆由中心挤出冷凝于中心相和边缘相之上，方形成规模甚小的细晶粗安岩岩流（喷溢相）。粗安岩穹丘遭受了不同程度的剥蚀作用，当剥蚀较深时，在中央出现了岩筒状角砾集块状粗安岩体（岩筒相）。图3－34D为未发生喷溢的珍珠岩穹隆，在它的顶部为围岩（流纹岩）岩帽。图3－34E、F为侵出-喷溢-火山管道三相一体模式，主体部分为具层纹流动的珍珠岩及流纹岩，边缘相时发生自碎角砾岩化，喷溢相为规模较小珍珠岩岩盆和流纹岩岩流，火山管道相由含硅质球体珍珠岩或石泡状流纹岩构成。其硅质球体直径数十厘米及1余米，表面具冷缩纹，垂直空洞壁多有树枝蛋白石生长或石英晶簇晶出。本书对它的解释是岩浆分异的SiO_2沿管道旋转上升并冷缩形成，葡萄状的蛋白石、玉髓或玛瑙石泡则形成于富SiO_2气水岩浆的沸腾条件下。

表 3-10 上天梯—皇城山一带陈棚组火山岩地层划分一览表

韵律	地层段	地层层	厚度(m)	岩相及岩性 喷发相	喷溢相	侵出相	喷发-沉积相	火山道相	潜火山相	接触关系	矿产
3	杨家湾段	K_1c^{3-2b}	20～105		珍珠岩、角砾状珍珠岩	珍珠岩		含硅质球体珍珠岩		侵入产状协调	珍珠岩、沸石、钙基膨润土、玉髓、玛瑙
		K_1c^{3-2a}	10～80		流纹岩、角砾状流纹岩	流纹岩		石泡状流纹岩		未见直接接触	
		K_1c^{3-1}				粗安岩、角砾集块状粗粗安岩					
2	皇城山段	K_1c^{2-2c}	4～28	火山灰空落堆积：火尘凝灰岩、玻屑凝灰岩			凝灰质页岩、凝灰钙质页岩、夹凝灰质砂岩及粉砂岩			截切产状不协调	钠基膨润土、沸石、含碱玻璃原料银矿、银多金属矿
		K_1c^{2-2b}	40～85	火山碎屑流堆积：玻屑岩屑凝灰岩、凝灰角砾岩、含集块滞后火山角砾岩				流纹质角砾集块熔岩残块	花岗斑岩及细晶岩脉		
		K_1c^{2-2a}	112～135	滞后爆发溅落堆积：流纹质弱熔结角砾、凝灰岩、流纹质浆屑熔结凝灰岩夹层状浆屑凝灰岩、含集块滞后火山角砾岩						产状不协调	
		K_1c^{2-1b}	1～5	火山灰空落堆积：火山灰凝灰岩			沉凝灰岩、凝灰质、页岩				
		K_1c^{2-1c}	40～63	火山碎屑流堆积：粗面凝灰质晶质岩屑凝灰岩、石英粗面质浆屑熔结凝灰岩							
		K_1c^{2-1b}	30～55	滞后爆发溅落堆积：石英粗面质晶屑岩屑熔结凝灰岩						产状不协调	
		K_1c^{2-1a}	60	地面涌流堆积：石英粗面质晶屑凝灰岩							
1	双桥段	K_1c^{3-2b}					凝灰质泥砂岩、砂岩、砾岩、巨砾岩				铀钍矿、钙基膨润土、萤石、硫铁矿、银多金属矿、钼矿
		K_1c^{3-2b}				霏细岩、石英斑岩、花岗斑岩、似斑状花岗岩、侵入角砾岩				侵入	
		K_1c^{3-2b}				英安岩					

2. 火山岩矿产

上天梯含碱玻璃原料：工业上亦称无纯碱玻璃原料或瓷石，岩性为粗面凝灰岩与含角砾粗面凝灰岩。有益组分含量 SiO_2 70%～78.18%，K_2O+Na_2O 达 8.5%～11.85%。用以制造玻璃可代替纯碱 35.5%左右。粗面凝灰岩为皇城山段石英粗面质火山喷发碎屑流堆积的主体部分。顶部为同火山碎屑流火山灰云堆积，并具强蒙脱石化而成膨润土质黏土。底部为岩石碎屑聚集带（凝灰角砾岩）。岩石为灰白色，火山灰结构，块状构造。主要成分为月牙状及毛发状玻屑和火山尘，少量石英、透长石及斜长石晶屑（5%～10%）或岩屑。其之所以能作为含碱玻璃原料利用，除取决于火山喷发的岩石化学性质及火山碎屑岩相序所呈现的碎屑物成分分异因素外，另一个重要因素是粗面凝灰岩遭受了后期广泛的面型蚀变作用。硅化作用表现在火山尘普遍为石英微晶交代，冰长石化则表现为冰长石微晶垂直玻屑壁生长呈显微梳状构造，或沿透长石和斜长石晶屑边缘交代呈净边结构，或沿长石解理交代呈腐丝绸状。硅化与冰长石化的伴生，反映了碱性低温热液的存在及其成矿作用。

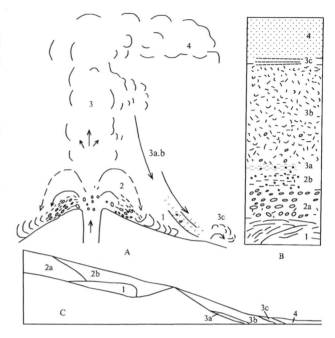

图 3-33 皇城山段爆发相模式图

（参考 Cas R A F, Wrlght J V, 1983）

A.喷发模式：1.地面涌流；2.滞后爆发溅落（炽热火山云）；3.喷发柱；3a、3b.塌落火山碎屑流；3c.同火山碎屑流火山灰云；4.火山灰云。B.与A对应的堆积序列：1.地面涌流堆积；2a、2b.滞后爆发溅落单元；2a.富浆屑滞后爆发溅落堆积；2b.贫浆屑滞后爆发溅落堆积；3a、3c.火山碎屑流堆积；3a.细粒底层；3b.差分选正粒序层；3c.同火山碎屑流火山灰云堆积；4.火山灰空落堆积。C.与A、B对应的横向剖面结构

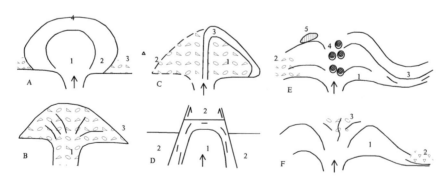

图 3-34 双桥段及杨家湾段侵出-喷溢相模式图

A.英安岩穹丘：1.中心具斑状结构；2.过渡部位具有岩石结构差异呈现的纹层状流动构造；3.边缘可出现角砾集块状英安岩。B.角砾集块状粗安岩穹丘：1.中心岩筒具陡立流线；2.主体角砾集块状粗安岩；3.边缘含围岩角砾和集块。C.伴有岩流的角砾集块状粗安岩穹丘：1.主体角砾集块状粗安岩；2.边缘含围岩角砾和集块；3.细粒粗安岩岩流。D.珍珠岩穹隆：1.珍珠岩及边缘脱玻化；2.围岩及岩帽。E.珍珠岩岩丘及岩盆：1.中心珍珠岩；2.边缘角砾状珍珠岩；3.珍珠岩盆；4.火山管道相含硅质球体珍珠岩；5.围岩托块。F.流纹岩岩丘及岩流：1.中心花状流动构造流纹岩；2.边缘角砾状流纹岩及岩流；3.火山管道相石泡状流纹岩，含脉状玉髓和玛瑙

上天梯钠基膨润土矿：蒙脱石化及钠基膨润土矿广泛分布于皇城山段爆发相火山碎屑岩及陈棚组喷发-沉积相岩石中。主要工业矿体呈层状产于上天梯火山洼地流纹质火山喷发碎屑流堆积中。赋矿岩石类型为玻屑凝灰岩。顶底板均为喷发沉积相凝灰质页岩、砂岩等。碱性介质是形成和保存蒙脱石的必要条件。从钠基膨润土矿层顶底板岩性来看，玻屑凝灰岩等处于水环境中。由于酸性火山玻璃的水解释放出 K^+、Na^+，必然使水介质碱度增高而形成碱性环境。但这种碱性环境只有在弱循环介质系统中才能获得，因为只有水解产生的 H^+、SiO_2 等被不断带出其碱性环境方得以保持。火山喷发期后的高地热异常及顶底板页岩的阻隔层作用正是产生这种弱循环的原因，即上天梯钠基膨润土矿床形成于火山洼地中的浅成地热流体循环。经测定介质（膨润土）pH 值一般为 8.5～9.1，最高达 9.55(pH 值大于 8 即满足钠质膨润土的形成条件)。

上天梯沸石矿：沸石矿呈层状夹于上述钠基膨润土矿层中，与钠基膨润土矿渐变过渡，经 X 光衍射分析及差热分析，沸石矿主要由斜发沸石组成。斜发沸石呈交代玻屑的形式存在。英国学者布拉特等认为，沸石一般形成的形式为：火山玻璃＋水介质＝沸石＋二氧化硅＋金属离子（溶液）。pH 值 9～11，温度 100～180℃，压力 98Pa 有利于沸石的形成。上部温度偏低，下部 pH 值的偏低可能是造成上天梯沸石矿夹于钠基膨润土矿层中的原因。

上述矿床同时形成于皇城山期后不同火山构造部位，从成因机制上同形成于浅成火山地热流体循环。即在火山洼地水介质环境中，酸性火山玻璃水解释放出 K^+、Na^+，由于 SiO_2 溶胶与重金属离子或其络合物的向下渗透而形成一种碱性环境，便生成蒙脱石及其钠基膨润土矿床。并于适宜的温度、压力及 pH 值条件下在钠基膨润土矿层中形成沸石矿床。当碱度较低的溶液继续向下运移，于偏高的温度及压力条件下交代粗面凝灰岩就形成了含碱玻璃原料矿床。

杨家湾珍珠岩、钙基膨润土矿：与流纹岩、珍珠岩矿共生的矿产主要为钙基膨润土矿、沸石矿及玉髓、玛瑙等玉石矿床。钙基膨润土矿及沸石矿为流纹岩、珍珠岩的脱玻化产物。钙基膨润土矿一般分布于流纹岩、珍珠岩岩流或岩盆底部，或分布于珍珠岩的弧状裂隙发育带和流面间。沸石矿则主要分布在珍珠岩与流纹岩的接触带附近。钙基膨润土和沸石矿的形成主要为伴随岩浆侵出上升型的开放性碱水热液活动。并有玉髓、玛瑙等玉石矿产于火山管道中，其中玛瑙主要产于流纹岩管道中的裂隙及石泡中，呈橘红、淡蓝等色，具同心纹饰，透明，无沙心，部分稍有裂纹，块重可大于500g，分布量较少。玉髓及蛋白石产于珍珠岩管道硅质球体中，呈纯白、淡蓝、浅灰及黑等色，具环状纹饰，透明、无杂质及裂纹，块重可达数十磅以上。

四、天然碱、盐岩、油页岩

（一）天然碱

1. 天然碱成因

国内外的诸多研究认为，天然碱的形成过程是先有钠盐的聚集，提供充足的物质来源；其次是需要一个必要的进一步碱化过程，不仅需要提供大量二氧化碳或碳酸根的条件，而且，在钠盐溶液中必须要有其他可溶的碱性物质（如氨），才能加快钠盐形成碳酸钠或碳酸氢钠的速率。因此，天然碱成矿规律受控于大地构造背景、古地理、古沉积、物质来源、古气候、古盐度等多种地质条件。

与美国的绿河、犹英塔等成碱盆地相比，泌阳凹陷和桐柏盆地既有相似特征，又具有并不完全相同的成矿机理。美国绿河盆地是新生代内陆沉积盆地，始新世早期的绿河组蒂普顿段夹有油页岩和白云岩，威尔金斯峰段主要由原生白云质泥晶灰岩、泥灰岩、泥岩、砂岩组成，夹有多层天然碱和天然碱-石盐混合层。而安棚碱矿层通常夹于泥质白云岩与白云质泥岩之中,基本未见石盐,却又发育较多的芒硝。吴城碱矿则呈现与油页岩共生的特点。

2. 成矿控制因素

以泌阳凹陷为例,归纳天然碱成矿控制要素有以下5个方面(王觉民,1987;秦伟军等,2003;陈小军等,2009)。

1) 持续沉降、相对封闭的古近纪始新世沉积环境

泌阳凹陷是在北西走向的内乡-桐柏断裂和北东走向的栗园-泌阳断裂联合控制下的"南断北超型"箕状断陷。以持续沉降的古近纪始新世沉积为主体,现有的钻井地质资料证实,核桃园组三段、二段和一段的最大沉积厚度分别为1365m、896m和773m。诸多的有关研究认为,核三段是凹陷沉降幅度最大、水体最深的时期,核二段则是沉积幅度相对减小、湖水最为浓缩的时期,南部的深凹部位均以半深湖-深湖相为主,两者范围分别为150km² 和40km²(图3-35)。

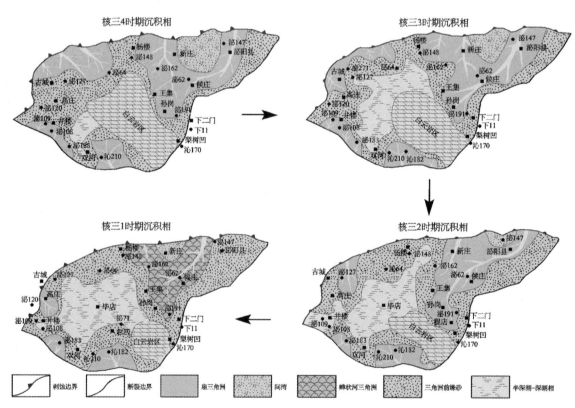

图 3-35　泌阳凹陷核三段上部沉积相示意图
(引自刘俊青,2010)

值得关注的是,泌阳湖盆的南、东和北东部三面为桐柏和伏牛山脉环绕,与近8000m落差的内乡-桐柏、栗园-泌阳断裂共同构成了相对封闭的古地貌背景,致使湖盆不仅持续接受四周的汇水和物质供给,而且湖盆基本没有相应通畅的排泄口,因此提供了易于在湖盆深凹部位形成天然碱的沉积环境。

2) 丰富的钠盐物质来源

泌阳凹陷的周缘分布大面积的古元古界、中—新元古界、古生界和多期花岗岩。根据河南石油勘探局和河南省地质矿产勘查开发局的有关资料,凹陷四周的混合片麻岩、细碧角斑岩和花岗岩均

富钠贫钙,主要成分为斜长石和钾长石,前者以钠长石为主,后者以含钠长石组分的微斜长石为主。钠长石经风化淋滤,可生成易溶于水的碳酸氢钠,其本身则呈现高岭石化,部分黏土矿物和水溶性碳酸氢钠一起汇流入湖。由此可见,泌阳凹陷周缘钠长石的风化淋滤,提供了形成天然碱的主要物质来源。

3)有机质的降解提供了丰富的二氧化碳

核桃园组二、三段是泌阳凹陷的主要生油岩层段,其中核三段生油岩厚度为 400~500m,面积为 374km^2,有机碳平均含量高达 2.05%,氯仿沥青"A"平均含量为 2252×10^{-6},干酪根以腐泥型为主。并且,泥质白云岩的有机质丰度也相对较高。在热演化进入成熟或高成熟阶段,相应的有机质降解作用不仅大量生成烃类,而且能够提供丰富的二氧化碳,使之水溶液中的碳酸钠和碳酸氢钠相互转化,即 $Na_2CO_3+CO_2+HO_2=2NaHCO_3$,继而形成天然碱($Na_2CO_3 \cdot 3NaHCO_3$)。

4)适宜的古气候及古盐度条件

泌阳凹陷的大量孢粉样品分析成果反映,核三段上亚段的裸子植物花粉以松科类为主,其次是麻黄粉属,可占总量的 77.45%;被子植物花粉以榆粉属、栎粉属占优,可占总量的 22%左右;核二段的麻黄粉属、杉科类和榆粉属、栎粉属又有明显增多;这些孢粉组合特征都指示当时的古气候应属亚热带干旱—半干旱气候。同时,大量介形虫、轮藻类化石鉴定分析成果表明,核三段和核二段均以美星介属、真星介属、盘星藻类、褶皱藻类、渤海藻科等为主,未见轮藻化石或含量甚少,反映沉积期的湖水含盐度较高,主要为咸—半咸水,直至核一段沉积期的湖水才趋于淡化,因此有利于天然碱的形成。

5)白云岩相带是碱矿分布的主控因素

根据安棚碱矿多呈层状分布和单层厚度变化的特点,有关研究认为,由于深湖区位于风暴浪基面之下,未受湖浪或湖流搅动,属于低能、缺氧的强还原环境,以深灰色、灰黑色泥岩,泥质白云岩为主,夹有油页岩和天然碱,通常组成泥岩或油页岩→天然碱→白云岩的韵律。如泌 69 井的 2080~2095m 井段可见 3 个油页岩与白云岩互层,夹有 2 层天然碱的韵律。这种干旱时期的蒸发岩(天然碱)与湿润时期的有机泥岩(油页岩)的互层韵律,应是季节性的湖水涨落与湖盆沉积环境的咸化→淡化→再咸化的变化。因此,天然碱常与泥质白云岩呈互层分布,白云岩相带控制了碱层分布,成为寻找古代碱湖的重要指示标志。

3. 成矿规律

1)成碱时期

赋存吴城碱矿的五里堆组与赋存安棚-曹庄碱矿的核桃园组均属于上始新统,表明晚始新世为重要的成碱时期。

2)含碱盆地的空间分布规律

河南省处在南华北新生代盆地西南部及其外侧山脉地带,继华北古隆起早白垩世大规模沉降并周缘发育岩浆弧之后,新生代整体进入新的陆内伸展构造演化阶段。古近纪盆地的展布统一具有北东及北西走向交织的特点,但周边山间盆地与中间稳定陆块区中的盆地各有不同的基底及构造特色。山间盆地为富含钠的铝硅酸盐基底,盆地规模小而稀少,受控于先存北西走向深断裂与隐伏北东走向深断裂的交会部位;稳定陆块区以碳酸盐岩基底为主,盆地交织连片,深凹带环绕山麓外侧分布。

在古地理环境上,山间盆地相对封闭,不断接受四周富钠基底含有 $NaHCO_3$ 风化淋滤溶液的供给,在湖盆深凹部位低等植物腐泥的作用下,持续形成滞流的碱化湖;稳定陆块区中的盆地,汇水来源广泛,大部分来自灰岩地区的径流,丰水期深凹带连通并排泄,枯水期咸化。因此,山间盆地与山外高原中的盆地分别控制了碱湖及盐湖的分布,显示基底与构造环境对碱、盐矿的控制作用。

3)赋碱凹陷构造特点

古近纪山间凹陷均表现为受交叉断裂两边控制的簸箕状形态,尽管其在第四纪相对周围隆起处于沉降状态,但在新近纪期间连同所处造山带相对于南华北盆地大幅度抬升,致使山间古近纪原形盆地大范围剥蚀,残留箕状凹陷的面积很小。因此所保留的盆地或凹陷不论大小,与含矿性并不相关,往往是小盆地含大矿。

4)含矿沉积建造

与通常盐湖中矿物的沉淀顺序(方解石—白云石—石膏—石盐—钾盐)所不同,吴城、安棚-曹庄碱矿具有独特单纯的碱性环境,构成泥岩—油页岩—天然碱—白云岩或与之反向的沉积韵律。

5)共生矿产

在层序上由下至上的矿产共生序列为:油页岩—天然碱—岩盐—芒硝—石油—天然气,其中"下碱、上盐"的现象仅出现在吴城碱矿,安棚-曹庄碱矿在上部层位出现了芒硝矿。形成油页岩之前的腐泥物质是分解 CO_2 或 NH_3 促使天然碱形成的因素,亦是石油、天然气的生烃物质,是以上成矿系列的基础。

(二)岩盐

1. 岩盐成因

盐湖是沉积蒸发盐矿物的湖泊,一般以富含氯化物盐类和硫酸盐为特色。在干旱的古气候条件下,湖水逐渐浓缩,盐度相应增高,致使当达到某种盐类饱和度时就会有某种盐类矿物析出,通常呈现首先沉淀碳酸盐矿物(方解石),进而是镁质碳酸盐矿物(白云岩)和石膏($CaSO_4 \cdot H_2O$)沉淀,再后是石盐(NaCl)的沉淀,最后才是钾盐的沉淀。

2. 成矿控制因素

岩盐矿床的形成与特定的沉积环境及成矿物源密切相关,也受控于相应的古盐度、古气候等条件。以古近系核桃园组一段中的平顶山盐田为例,分析成矿控制因素主要包括以下3个方面。

1)具有盐湖沉积环境

大量的油气勘探及研究表明,舞阳凹陷核桃园组二段上部—核一段中部为"持续沉降、频繁交替"的内陆湖泊沉积,河南石油勘探局曾多次编制了有关的沉积相预测图件。随着平顶山盐田的勘探逐步深入,诸多勘探部门修改、调整了盐湖相的范围。对此,本次研究进一步吸纳新的勘探及研究成果,重新编制了舞阳凹陷核一段沉积相分布略图(图3-36)。核一段沉积受控于叶鲁断裂,呈北西西向延展的不对称环状展布,长度为120km,宽度为15~20km不等;南、北两侧的多物源供给和汇水,自凹陷中心向四周依次为盐湖相、半深湖相、浅湖相,并在边缘可见多个冲积扇或扇三角洲砂体。其中,含盐地层在纵向上表现为多套韵律,每个韵律由泥岩相、膏泥岩相和盐岩相构成,泥岩相主要岩性是浅灰色、灰黑色泥岩,局部为褐灰色、褐色或浅黄灰色泥岩,约占地层总厚度的30%~50%。膏泥岩相通常发育在盐岩层的上部,主要是硬石膏岩和含泥、泥质、泥灰质等硬石膏岩。由于古水深和古盐度的频繁变化,使之水体交替变浅、咸化程度交替增高、淡化层厚度逐渐减小。

2)特殊的古地理环境提供了丰富的成矿物源

舞阳凹陷位于周口坳陷西部与豫西隆起区的交接部位,夹于平顶山凸起与平舆凸起之间,构成了四周环陆、相对封闭的汇水盆地古地理环境,其北缘主要残存元古宙变质岩系、古生界碳酸盐岩,南缘主要残存有新太古界变质岩系和燕山期岩浆岩。李凤勋等(中国石化河南油田分公司,2009)

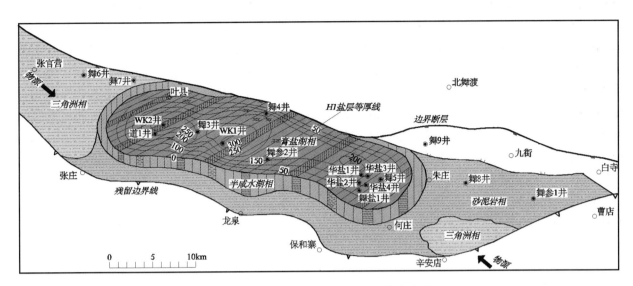

图 3-36 舞阳凹陷核一段沉积相分布略图

通过舞阳凹陷 8 口探井核二段砂岩的锆石样品阴极发光测试和裂变径迹测年数据分析，认定北部物源体系的母岩以元古宙变质岩为主，西部物源体系的母岩为元古宙变质岩和燕山期侵入岩，南部物源体系的母岩以早白垩世火成岩为主，东部物源体系的母岩以燕山期侵入岩为主，其次是元古宇和太古宇。姜敏德、沈佩霞（河南省煤田地质局四队，2005）研究认为，这些古老岩体经历长时期的风化、分解和淋滤，提供了含有 Na^+、K^+、Ca^{2+}、Mg^{2+} 等离子的成矿物质，而且盆地北侧下寒武统辛集组含矿 17 层硬石膏和石膏，并夹有石盐晶体，最大累积厚度达 82.04m，其在长时期的风化、分解和淋滤作用下，可能提供含有 Na^+、Ca^{2+}、SO^-、Cl^- 等离子的成矿物质。

3）高盐度湖泊的浓缩咸化与相对干燥的古气候

根据舞阳凹陷核桃园组泥页岩的氯离子、碳酸盐含量统计可知，核一段的氯离子含量均在 1‰以上，平均值可达 2.596‰，明显高于核三段和核二段，表明当时的水体进一步浓缩咸化；同时，各段碳酸盐含量范围值较大，表明水化学组分曾经历了碳酸盐型交替变化过程，使之逐渐由以淡化阶段的碳酸盐-硫酸盐型为主，转至以咸化阶段的硫酸盐-氯化钠型为主，并在核一段时期趋于相对稳定。根据核桃园组烃源岩的多项生物标志物特征及相关研究成果，也指示核一段具有高盐度咸化湖泊的还原—强还原环境。

根据核桃园组孢粉化石组合及含量统计，核三段的被子植物花粉以榆粉属、砾粉属为主，胡桃科、桦科的花粉较连续出现，反映喜热成分占绝对优势；核二段的栎粉属、芸香粉属和楝粉属继续发育，反映喜热成分相对减少、喜湿水生植物向上增多，古气候一度趋于潮湿；核一段以栎粉属为主，楝粉属、芸香粉属和朴粉属含量也较高，呈现喜热成分增多的组合特征，表明古气候趋于相对干燥，利于水体的高度咸化。

3. 成矿规律

1）成盐时期

赋存岩盐的核桃园组、沙河街组均属于上始新统地层，成盐时代与天然碱一致，均为晚始新世。

2）盐湖的空间分布规律

始新世的构造古地理面貌继承了中生代高原盆山构造格局，一方面是南太行山和伏牛山-大别山脉怀抱南华北盆地，另一方面从桐柏山块体（角闪岩相）及两侧伏牛山（绿片岩相）、大别山（榴辉岩相)迥然不同的变质程度来看,全省由东南向西北存在3个依次降低的不同剥蚀程度的台阶,南阳盆地—舞阳凹陷—襄城凹陷—东濮凹陷即处在北东走向的中部台阶上,在该台阶内又存在桐柏山、通许、濮阳3个依次降低的断块。始新世总体地势是:东南部高,西北部低;西南部高,东北部低。古水系发育于各大断块之间的坳陷带,通过关联各个凹陷的岩相古地理特征,推测存在两大间歇性河流:北部干流处在南太行山东南侧,相当于当今的洛河—黄河位置;中部干流源自大别山北麓,向西北流向舞阳凹陷,转向北东至东濮凹陷。还可能存在经黄口向东濮,自沈丘到襄城的次级河流。以上古地理格局造就了南华北盆地与外侧山脉之间的三大内陆盐湖,位置处在各大坳陷带中地势最低的一端,分别对应舞阳凹陷、襄城凹陷和东濮凹陷。

3)岩盐凹陷构造特点

断块两侧差异升降促成"掀斜块断"之上的箕状盆地,古近纪凹陷既发育在先存北西西向断裂部位,又沿新生的北东向断裂展布,形成北西西、北东向交织的坳陷区或坳陷带,控盐凹陷处在坳陷区、带收敛的一端。

4)含矿沉积建造

盐盆长期处于欠补偿状态,发育厚层暗色泥岩-油页岩-泥质白云岩-石膏-石盐建造,所在坳陷区、带上游的凹陷则以超补偿和稳定的补偿状态为主,充填物以砂砾岩、粉砂岩、泥砂岩为主体,最上游的凹陷充填物常呈红色。

5)共生矿产

在层序上由下至上的矿产共生序列为:油页岩—岩盐—石膏—石油—天然气。

(三)油页岩

1. 油页岩成因

油页岩成矿的基本条件是必须具备丰富的有机质来源,以及良好的有机质演化及保存,即要有相应的古地理、古气候和古构造等要素的配置。

2. 成矿控制因素

吴城盆地以古近纪沉积为主,呈"南断北超型"断陷结构。现有的研究认为,中始新统毛家坡组、李士沟组构成古近纪沉积的下部层序。

毛家坡组为一套紫红色的粗碎屑岩,表现为洪积供给、快速堆积、气候干燥等沉积环境。

李士沟组以整合接触类型覆盖其上,呈现"下粗上细"和由砂砾岩—含砾砂岩—砂岩—粉细砂岩—粉砂质泥岩—页岩(劣质油页岩)的韵律,可见清晰水平层理、波状层理和少量斜层理,表明断陷湖盆的水体扩展,古气候逐渐转至温暖湿润。

上始新统五里堆组、大张庄组构成古近纪沉积的上部层序,前述的岩性组合和沉积特征充分表明,其底部虽可见厚度不大的砂砾层,反映构造变动有所差异,可能出现短期回升和沉积侵蚀。整体而言,断陷湖盆进入稳定演化阶段,五里堆组的下部呈现粉砂岩—粉砂质泥岩—泥灰岩—白云岩—盐碱层—泥岩—油页岩的沉积韵律,形成36个盐碱层和43个厚度大于0.5m的油页岩层。其上部的沉积韵律大致相近,只是砂质相对增多,油页岩相对减少、变差,反映古气候以温暖湿润为主,并交替出现炎热干燥的波动,致使湖水频繁咸化,造成油页岩与盐碱共生。在主控断层的不同影响下,该组的沉降中心由盆地西北往东南方向逐渐迁移,造成不同构造部位的油页岩发育层位及程度有所差异。

大张庄组的底部也见厚度不大的砂砾层,表明盆地再度出现短期回升和沉积侵蚀,其整体的岩性组合表现为色调变黄、颗粒变粗,油页岩变差,减少至 1~4 层,多具波状层理和变形层理。由此可见,吴城盆地虽小,而古近纪沉积层序比较齐全,沉积相序比较完整,沉降幅度大于 2000m,以五里堆组为主体的半深湖相沉积环境和交替的古气候条件,提供了形成油页岩和与盐碱共生的良好基础。

3. 成矿规律

1)油页岩形成时期

河南省含油页岩层见于上古生界煤系地层、上三叠统等多个层位,而稳定的油页岩层主要分布在始新世地层中。

2)油页岩空间分布规律

油页岩和油气母岩广泛分布在全省新生代盆地的深凹中,但由于古近纪盆地之上叠置了新近纪盆地,因此在南华北盆地中已不存在埋深≤800m 的固体矿产概念上的油页岩矿。相对于南华北盆地,造山带中盆地的新近系厚度小,并在新近纪之后相对华北盆地抬升剥蚀,出露地表的油页岩的演化程度指示其剥蚀深度约 1500m,因此符合 ICP 开采技术条件的油页岩仅出现在秦岭造山带中。

3)共生矿产

因为埋藏深度对油页岩矿产的限定,仅在造山带中的含碱盆地出现油页岩-天然碱-岩盐-芒硝-石油-天然气的共生。

第四章　典型矿床及其成矿模式

第一节　铝土矿

一、典型矿床及矿床式

关于本溪组"古风化壳沉积型铝土矿"的亚类型(廖士范等,1989,1994),曾归为:碳酸盐岩古风化壳准原地堆积亚型铝土矿床,以河南省新安县张窑院、贾沟铝土矿床为代表;异地堆积亚型,指河南省禹县、宝丰一带的铝土矿床和山西孝义克俄等铝土矿床。因此有了如"新安式(张窑院式)碳酸盐岩古风化壳原地堆积亚型铝土矿矿床"等称谓。罗铭玖等(2000)归纳总结全省铝土矿的综合成矿特征,以巩义市竹林沟铝土矿床命名河南省内的铝土矿为竹林沟式,认为这些环绕古陆分布的铝土矿床具有总体一致的成矿特征。

新的研究成果表明,沉积在华北陆块南缘的古碳酸盐岩岩溶地貌中的铝土矿主要来自北秦岭,显而易见的道理是,华北陆块区包括本溪组在内的石炭系—二叠系不可能在古碳酸盐岩台地上无中生有,只能是来自周围造山带的揭顶,因此有关铝土矿全部是长途搬运的异地沉积。张窑院式的具体描述是,铝土矿直接沉积(堆积)在碳酸盐岩溶斗中,缺失了底部的山西式铁矿;将大的岩溶漏斗及其下有铁或无铁作为区分不同样式铝土矿的标准。然而张窑院式只是一种矿体式,在各铝土矿床中普遍存在,在溶斗外侧即有山西式铁矿,主要是因为以往人为的勘探区太小才有了张窑院式的称呼。竹林沟式等称谓也附带了前人关于铝土矿的岩相古地理、构造古地理的属性。

河南省铝土矿床总的变化趋势是:西部渑池一带的沉积相主要处在铝土岩-砂泥岩相区,铝土矿的 A/S 高,矿体厚而稳定;向东在嵩箕地区的西部主要处在砂岩-灰岩-泥岩相区,矿石 A/S 与矿体稳定性降低;嵩箕地区的东部主要处在砂岩-泥质岩-灰岩相区,矿石 A/S 很低,黏土岩层薄而稳定;向着远离古陆的方向,随沉积物粒度变细,铝土矿消失。在铝土矿床分布区,矿体形态、层序等无可区分的标志。因此,河南省的铝土矿在全国可统称为豫西式;如山西式铁矿,不一定要按具体矿床命名。本书暂称河南省的铝土矿为郁山式,原因有 2 点:郁山铝土矿床的研究程度最高,当前关于铝土矿成因的新观点与样品均来自该矿区;它是在高强度矿产勘查区运用新的岩相古地理分析思路,在编制 1:5 万矿产调查设计时就决定其必被发现的新的大型铝土矿床,持续了长达 8 年的综合研究,进行了众多的勘查技术方法试验,其对地质找矿工作具有重要的指导意义。

二、郁山铝土矿床及成矿模式

（一）矿区地质

该矿床位于新安县城西南约5km处，在华北陆块南缘太行山与秦岭结合部位的中三叠世以后的叠加褶皱区。矿区地质构造为岱嵋寨、嵩箕叠加褶皱区之间的一个次级背斜，北东翼地层倾向北东，南西翼地层倾向南西。矿区中部主要出露寒武系和奥陶系，本溪组露头偶尔可见，东部及西南部断续出露二叠系—三叠系，大部为第四系和新近系覆盖（图4-1）。

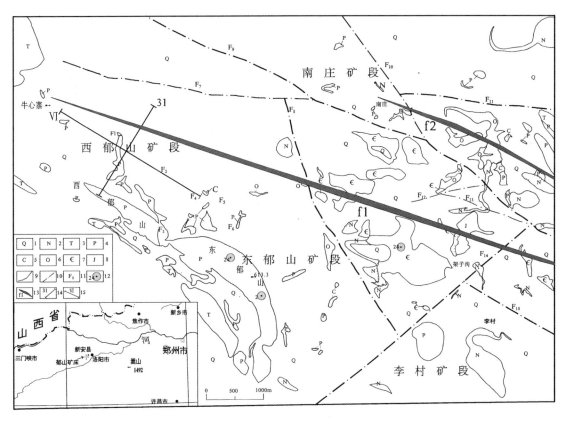

图4-1 郁山矿床地质构造简图（据马瑞申等，2012）

1.第四系；2.新近系；3.三叠系；4.二叠系；5.石炭系；6.奥陶系；7.寒武系；8.蓟县系；9.地质界线；10.断层；11.断层编号；12.产状；13.褶皱及编号；14.典型横勘探线及其编号；15.典型纵勘探线及其编号

铝土矿赋存于本溪组中，沉积基底和含矿层序自下而上包括：①沉积基底，为中奥陶统马家沟组二、三段灰质白云岩和白云岩等，喀斯特作用形成了大型岩溶盆地，其底部起伏不平，有多个次级溶斗等。②铁质岩带，灰红色含铁、铁质泥岩及赤铁矿主要为碳酸盐岩风化残积物，泥岩中的黄铁矿、菱铁矿主要为海水环境沉积。③铝土质泥岩带，以经搬运异地再沉积为主兼原地化学沉积的富铝黏土物质，部分鲕粒为海水环境化学沉积而成。④铝土矿带，形成主矿层（体），经海水机械分选搬运异地再沉积成矿为主，部分铝土矿鲕粒等为海水环境化学沉积而成。可见不明显的斜层理，偶尔可见渠模构造。⑤含碳泥岩带，原地沉积为主兼再沉积的含碳或碳质黏土物质，可见植物化石碎片，偶见水平层理。

(二)矿床特征

矿床构造格架为北西、北西西和北东向断层切割的架子沟背斜。背斜分布于新安县蝎子山—架子沟—青石山一带,总体轴向为北西-南东向,核部地层为寒武系和奥陶系,两翼依次均为本溪组、太原组、山西组、石盒子组、孙家沟组、刘家沟组、和尚沟组等地层。基岩地层受北西西、北东和北西向断裂切割,尤其是其中东部被切割为数个小断块。背斜的东北翼发育一次级背斜即煤窑洼背斜。

含铝岩系厚度为1.18～26.06m,平均8.65m。一般自下而上分为4个岩性层:一层为灰褐色中薄菱铁矿层或含菱铁矿铝土质泥岩,以铁质黏土岩为主,厚0～4.80m;二层为灰色中薄层含豆鲕、粒屑铁铝质黏土岩层,局部含碳质而呈深灰色,黄铁矿零星发育,菱铁矿以豆鲕状、团粒状产出,层理发育,可发育成耐火黏土,为矿层直接底板,厚0～4.56m;三层为主矿层,为灰—深灰色中厚层状碎屑—豆鲕状铝土矿及泥晶铝土矿,偶尔见层理构造,厚0～10.18m;四层为深灰—灰黑色中薄层含碳质铝土质泥岩或碳质泥岩或矸石,为矿层直接顶板,可见层理,含植物化石,普遍含黄铁矿团块,厚0～3.35m。4个岩性层组合为一个完整的沉积旋回,矿区内一般可见2个沉积旋回。上部与太原组整合接触。

铝土矿体围绕背斜核部分布,共发现10个铝土矿体。东郁山、李村和南庄3个矿段各为1个,均为单层,形态为似层状或透镜状,平均厚度分别为5.33m、2.51m和3.00m。矿体直接顶板多为含碳质铝土质泥岩,间接顶板多为含砾长石石英砂岩,局部为太原组中薄状灰岩。直接底板多为中厚层状含铁质泥岩或菱铁矿层,间接底板为奥陶系灰岩、白云岩等。矿体深部连续延伸达1000m以上,较少发育夹石。

西郁山矿段位于架子沟背斜西南部,自上而下包括7个铝土矿体(层),最上层为主矿体,呈层状、似层状连续产出,分布于全矿段;其下部发育6个透镜状小矿体。钻孔控制长约2476m,宽约1500m。矿体真厚度0.48～9.65m,平均真厚度2.79m,矿体厚度变化系数为78.81%,矿体厚度变化曲线呈单峰,矿体厚度集中在1.5～3.5m。矿体倾向上总体呈上凸的弧形,如横31勘探线剖面(图4-1、图4-2);走向上总体向北西方向倾伏,如纵Ⅵ勘探线剖面(图4-1、图4-3)。横31勘探线以东,纵Ⅵ勘探线以南矿体向南倾斜,倾角一般12°～32°,倾角最大42°11′,矿体埋深76.97～561.62m;横31勘探线以东、纵Ⅵ勘探线以北矿体倾向320°,倾角8°～25°,矿体埋深76.79～441.25m。横31勘探线以西总体

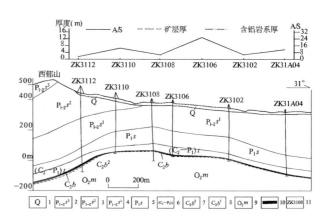

图4-2 西郁山矿段横31勘探线剖面图(据马瑞申等,2012)
1.第四系;2.石盒子组三段;3.石盒子组二段;4.石盒子组一段;5.山西组;6.太原组;7.本溪组上段;8.本溪组下段;9.奥陶系马家沟组;10.矿层;11.钻孔编号

呈扇形分布,倾向249°～358°,倾角一般20°,矿体埋深325.30～626.21m。矿区铝土矿的厚度与含矿岩系厚度总体呈较明显的正相关关系;A/S与含铝岩系厚度及矿体厚度相关性很小(图4-2、图4-3)。

铝土矿石的主要结构为豆鲕状(内碎屑)结构和泥晶结构。按矿石的结构其自然类型主要可划分为豆鲕(内碎屑)状铝土矿和泥晶铝土矿,偶尔可见多孔状铝土矿。

豆鲕状(内碎屑)结构:依据粒屑及泥晶含量不同可分为粒屑结构(粒屑含量≥50%)、粒屑泥晶

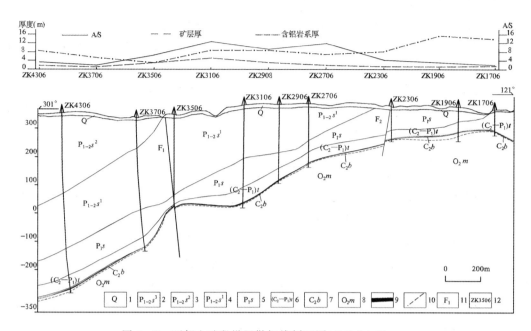

图 4-3　西郁山矿段纵Ⅵ勘探线剖面图(据马瑞申等,2012)

1.第四系;2.石盒子组三段;3.石盒子组二段;4.石盒子组一段;5.山西组;6.太原组;7.本溪组;8.奥陶系马家沟组;9.矿层;10.断层;11.断层编号;12.钻孔编号

结构(粒屑含量为25%~50%)、含粒屑泥晶结构(粒屑含量为10%~25%),分别由粒屑和泥晶基质组成。粒屑类型有内碎屑、鲕粒、豆粒等。①内碎屑呈卵圆状、次圆状、长条状、次棱角—棱角状,分选差,砾屑、砂屑、粉屑常混杂在一起。②鲕粒呈圆形、卵形、扁圆形,定向、半定向分布,主要由一水硬铝石组成,次要矿物有水云母、高岭石、菱铁矿和黄铁矿。鲕粒直径0.08~1.7mm,豆粒直径2~4.8mm。豆鲕中心或为水云母、高岭石、黄铁矿、菱铁矿,或为结晶较好的水铝石,或为陆源碎屑、金红石、锆英石、电气石、石英等;边缘为隐晶质水铝石。多个鲕粒被混杂包裹于同一个豆粒中,形成"砾中鲕"结构,显示矿床形成过程中风化与搬运的复合过程。鲕粒按内部构造可分为:同心层状,由一水硬铝石、高岭石、水云母相间分布构成,层次由1层到5层,常可见薄皮鲕;放射裂纹状,氧化铝胶体围绕液泡或气泡成鲕,失水后形成放射状裂纹;复鲕状,一个大型豆鲕包含数个小鲕,可见包含小的复鲕。胶结物主要由泥微晶一水硬铝石组成,黏土矿物少量。

泥晶结构:矿石由泥晶一水硬铝石(75%~97%)矿石矿物组成,少量黏土矿物,金红石、锐钛矿等微量。一水硬铝石呈泥晶状,粒间零散分布有鳞片状高岭石、水云母,并具少量铁质、有机质渲染,部分矿石沉积形成过程中出现渗流构造。

铝土矿矿石主要构造为致密块状构造和平行定向构造,偶尔可见多孔状构造和层理构造。

致密块状构造:隐晶状,较致密,碎后呈棱角状,可见微层理,晶粒状,隐晶状的矿石常具此种构造。

平行定向构造:主要由一水硬铝石组成的扁圆状鲕粒或豆粒碎屑,长轴排列方向大部分与层面平行,作定向排列。平行定向构造显示矿石遭受后期构造剪切作用。

多孔状构造:矿石多空隙,大小不一,一般1~5mm,呈灰白色,具后期淋滤特征,铁流失强烈,多出现富矿石,硅含量很低。

层理构造:主要分布于矿层顶部,具薄层状层理,层厚1~3cm,反映了较明显的沉积特征,多与平行定向构造接近或同时生成。

矿石矿物成分主要含铝矿物是一水硬铝石（42%～88%），其次是高岭石（1%～20%）和伊利石（1%～15%）。含铁矿物中赤铁矿、针铁矿主要分布于浅表处铝土矿石中。方解石、白云石主要见于矿石微细裂隙中。黄铁矿、菱铁矿较普遍分布于下部矿石中，显示矿石形成于还原性沉积洼地。主要含钛矿物是金红石，次为锐钛矿、板钛矿，另有微量钛铁矿、白钛石、金红石。

铝土矿的化学成分主要为：Al_2O_3、SiO_2、Fe_2O_3、TiO_2、S和烧失量，共占总成分的94%以上。矿石工业类型主要为含铁性、高硫的中品位矿石。次要化学成分为Ga、K_2O、Na_2O、Li_2O、CaO、MgO、P_2O_5、V_2O_5共8种，占总成分的不到5%。

铝土矿石的主要微量元素有As、B、Ba、Co、Hf、Nb、Rb、Sc、Sr、Th、U、Zr、Ni等。单工程稀土元素总量（$\sum REE$）（230.30～1556.47）$\times 10^{-6}$，平均为621.27×10^{-6}，变异系数51.94%，分布不均匀；轻稀土总量（$\sum LREE$）（129.34～1556.47）$\times 10^{-6}$，平均为621.27×10^{-6}，变异系数57.94%，分布不均匀；重稀土总量（$\sum HREE$）（122.41～286.83）$\times 10^{-6}$，平均为621.27×10^{-6}，变异系数22.96%，分布均匀；轻、重稀土分异系数为1.06～5.43，平均为3.50，分异程度高；稀土单元素中，Ce平均变异系数68.08%为最高，反映其分异程度最高，活跃性最强。

与铝土矿共生的矿产主要为耐火黏土、铁矾土和煤。耐火黏土矿体一般赋存于含铝岩系中上部，铝土矿位于矿体上部，偶尔见于其下部；铁矾土矿体一般赋存于含铝岩系中下部，铝土矿位于矿体下部，偶尔见于其顶部。耐火黏土矿体和铁矾土矿体多数与铝土矿直接接触，是铝土矿的直接顶板或底板。铝土矿与耐火黏土、铁矾土多呈渐变接触，无明显沉积分界。本溪组底部偶尔赋存山西式铁矿，连续性差。煤矿在矿区中东部较发育，有正在开采的郁山井田等，而西部较不发育，整体赋存于含铝岩系上部的太原组—石盒子组二段地层中。耐火黏土资源量达中型规模，主要为硬质黏土，耐火强度大于1580℃；铁矾土和煤资源量均为小型规模。其综合开发前景较好。

与铝土矿伴生的矿产主要有：镓为中型规模，平均含量为0.0073%，与区域上铝土矿伴生镓特征相似（汤艳杰，2002；李中明，2007）。据中国铝业有限公司现今生产技术，生产氧化铝的同时，镓的回收率为63%～65%。轻稀土氧化物（REO）为中型规模，平均含量为0.0964%，初步认为是风化壳吸附型轻稀土矿（李中明，2007），具体赋存状态需进一步研究，稀土氧化物的浸出率较低，应进一步开展开发利用研究。钛（TiO_2）为大型规模，平均含量为2.81%；据对山西铝土矿的研究（柴东浩，2001），在拜耳法氧化铝生产过程中主要富集于赤泥中，一般大于7%，含量较高，因此，应引起重视，并应开展相应的开发利用研究。锂（Li_2O）为中型规模，平均含量为0.0988%。据研究（柴东浩，2001；杨军臣，2004），结合河南省有关资料，认为Li主要是以分散状态存在于一水硬铝石等铝矿物和高岭石、伊利石等铝硅酸盐矿物中。在氧化铝生产过程中有明显的富集，主要富集于循环母液中，其综合利用应同主元素铝的利用结合起来。

截至2011年12月，矿区工作程度达到详查，共估算铝土矿2362.79×10^4t，平均Al_2O_3 64.56%，平均A/S为5.34。其中，（332）铝土矿资源量815.09×10^4t，平均Al_2O_3 62.75%，平均A/S为4.98，（332）类资源量占（332）+（333）类资源量的34.50%。为大型铝土矿床。

估算和提交铝土矿共生矿产：耐火黏土（332）+（333）资源量404.38×10^4t，其中（332）类资源量5.04×10^4t，（333）类资源量399.31×10^4t，达中型规模；铁矾土（333）资源量共150.72t，共生煤（333）类资源量共89.37×10^4t。估算和提交铝土矿伴生矿产：镓1739.28t，平均含量为0.0073%，为中型规模；轻稀土矿（REO）22 513.80t，平均含量为0.0964%，为中型规模，伴生钛（TiO_2）67.43×10^4t，平均含量为2.81%，为大型规模；锂（Li_2O）2.34×10^4t，平均含量为0.0988%，为中型规模。

（三）矿床成因与成矿模式

据岩相古地理研究成果，通过对本溪组古生物群的分布与生物地层划分，认为河南省含矿岩系本溪组在不同地区的时代是不同的,具有明显的穿时性,本溪组沉积于晚石炭世—早二叠世早期。志留纪至早石炭世期间,秦岭弧盆系与华北陆块的碰撞造成全区隆升与长期的风化剥蚀状态。晚石炭世—二叠纪期间,华北陆块在南、北板块的交替挤压下做"翘板式"构造运动。本区晚石炭世开始缓慢沉降,自北向南的海侵入侵至矿区以北的豫北地区;早二叠世初,矿区开始接受海侵,同时北秦岭构造带开始隆升,造成南隆北倾的地势与沉积环境。因此,位于豫西地区的新安县郁山铝土矿床成矿时代为早二叠世。

晚石炭世时河南省中西部位于北纬6°54′—33°49′12″,长期处于热带-亚热带,气候湿热且又干旱季节;长期的准平原化结果使豫西喀斯特地貌十分发育(吴国炎,1996;温同想,1987)。二叠纪早期,海侵造成矿区的潮坪-沼泽环境。根据含铝岩系的岩性组合、沉积构造和地球化学特征的研究,铝土矿主要赋存于豆鲕状(含砂砾屑)铝土矿微相中,为局限潮下带上部环境。该环境具有弱酸性—弱碱性的弱还原特点,一般水动力条件中等,在风暴潮作用下,强大的风暴潮搬运大量的铝土物质如三水铝土矿等可在短期内形成铝土矿沉积,因此,潮下带上部成为铝土矿层(体)形成最为有利的沉积环境,其次为潮下带下部和潮间带环境。

据郁山矿区钻孔岩芯有关微量元素的分析,通过 Cr/TiO_2、Hf/TiO_2、Nb/TiO_2、Th/TiO_2、Zr/TiO_2等对比,表明本溪组沉积基底马家沟组白云岩、之上的黏土质菱铁矿层和铝土矿之间没有明显的相关性,说明铝土矿物质的来源与基底碳酸盐岩关系不大。铝土矿样品的锆石、金红石和锐钛矿颗粒扫描电镜形貌分析,反映这些颗粒都经历了一定程度的磨损、溶蚀及破碎作用,经历了一定距离的搬运作用;在厚层的寒武系灰岩之上,继续接受碳酸盐岩台地沉积的中奥陶世白云岩,根本没有上述碎屑物质的来源;即铝土矿物质的来源为异地而非原地物质。

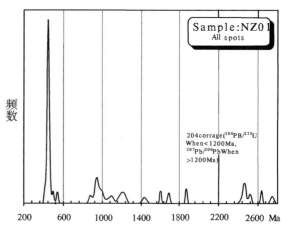

图4-4 典型矿区铝土矿碎屑锆石年龄图谱
(据李中明等,2013)

通过矿区两件铝土矿样品的碎屑锆石SHRIMP U-Pb测年,年龄峰值为1000Ma与450Ma(图4-4),尤其是峰值为晚奥陶世的碎屑锆石晚于铝土矿底板及其周围寒武纪—中奥陶世灰岩的时代,与北秦岭新元古代和晚古生代的两期造山活动相对应,证实是秦岭古陆提供了铝土矿的成矿物质。

早二叠世,快速的海侵在豫西形成了广阔的潟湖潮坪-沼泽相,来自秦岭古陆风化的富铝物质通过风暴作用搬运沉积,尤其是在潮间-潮下带经过机械分选的"去泥作用"和部分的离子、胶体的化学沉积,最终就位于溶斗、溶洼、溶盆和溶原中,形成了最初的铝土矿体。伴随海平面的升降与沉积环境的相应变化,构成2~3个沉积旋回,形成多达3层的铝土矿体。

铝土矿层之下普遍共生硫铁矿层,即所谓的煤系硫铁矿和风化以后的山西铁矿。这种煤层之下、基底之上的黄铁矿层,源自上部泥沼酸性溶液的向下渗滤,溶解铝土岩中的铁和硅质,在下方还原生成黄铁矿。这种脱硅去铁作用提高了铝土矿的A/S和品质,也可能促成一些铝土岩转化为铝土矿。

浅表区铝土矿体受表生作用一般形成氧化铝土矿体,矿石颜色变浅且普遍铁染,其中的黄铁矿和菱铁矿基本消失,出现蜂窝状和多孔状构造,品位相对提高,体重相对减小。表生作用可沿断层和裂隙带影响深部矿石,总体上影响深度和范围非常有限,不是铝土矿满足工业指标的决定因素。这种认识在21世纪初才逐步达成共识,之前认为工业铝土矿的形成不可缺少这一表生富集阶段,因此以往铝土矿的勘探深度均很小。

归纳郁山式铝土矿的形成,经历了3个阶段:同生沉积、埋藏改造和保存-剥蚀。建立成矿模式如图 4-5 所示。

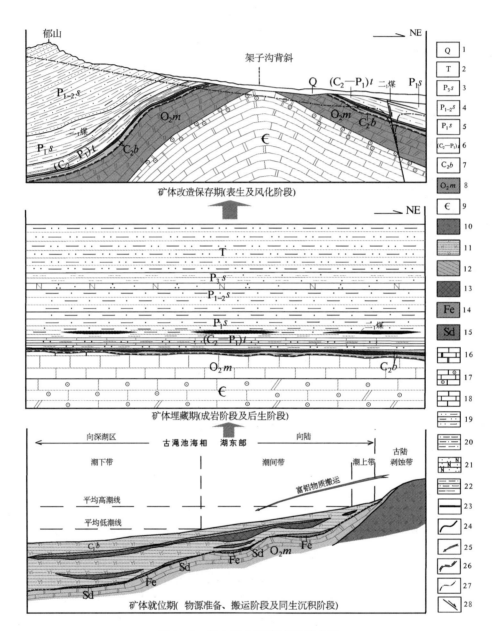

图 4-5 郁山铝土矿床成矿模式图

(据李中明等,2012)

1. 第四系;2. 三叠系;3. 二叠系孙家沟组;4. 二叠系石盒子组;5. 二叠系山西组;6. 二叠系太原组;7. 石炭系本溪组;8. 奥陶系马家沟组;9. 寒武系;10. 硅铝酸盐基岩;11. 铝土质泥岩带;12. 泥晶-粒泥铝土矿;13. 砂砾屑铝土矿;14. 铁质泥岩;15. 菱铁矿;16. 灰岩、白云岩等;17. 鲕粒灰岩、白云岩等;18. 灰岩;19. 泥岩、粉砂质泥岩、砂岩层;20. 泥岩、砂岩等;21. 长石石英砂岩;22. 泥岩、砂岩、含碳泥岩等;23. 煤层;24. 地质界线;25. 成矿物质运移方向;26. 不整合界线;27. 风化及表生作用界线;28. 断层

第二节 铁 矿

一、典型矿床及矿床式

河南省铁矿的自然类型繁多，大多资料陈旧和不具有典型矿床的研究程度，分布范围也非常局限，以下仅讨论主要的铁矿自然类型。有关矿床式的名称，在全国具有普遍一致特征的或具有代表性的矿床，沿用以往已有名称。本省重要的或区域上矿化普遍的铁矿自然类型主要有：赵案庄式区域变质海相火山-沉积型铁矿，代表矿床为赵案庄铁矿；鞍山式沉积变质型铁矿，代表矿床为铁山铁矿，本省可称铁山式；邯邢式接触交代型铁矿，代表矿床为李珍铁矿，本省可称安林式；海相火山岩型铁矿，代表矿床为条山铁矿，本省可称条山式；宣龙式海相沉积型铁矿，代表矿床为岱嵋寨铁矿；山西式陆相沉积型铁矿，代表矿产地为上刘庄铁矿。

二、赵案庄铁矿床及成矿模式

赵案庄铁矿床位于舞钢市八台镇南侧。矿区东西长 10km，南北宽 5km，面积 50km^2。中心地理坐标：东经 113°30′，北纬 33°22′。截至 2013 年，累计探明铁矿石资源储量 20 492.93×10^{4}t。矿床所处的舞阳铁矿田在不同勘查时期及相应的勘查区段曾命名过许多矿床名称，按照含矿建造的连续性、保存矿床的构造和磁异常的分布范围，目前界定有赵案庄、经山寺和铁山 3 个大型铁矿床，以及前鲁和岗庙刘 2 个小型铁矿床。

1. 矿区地质

矿田处在华北陆块南缘与南华北中—新生代沉积盆地过渡地带的半覆盖区。前长城纪地质构造格架为以新太古代 TTG、片麻状二长花岗岩体及其变质表壳岩包体为核部，古元古代 TTG、片麻状二长花岗岩体和变质表壳岩包体分布在四周的片麻岩穹隆。赵案庄、前鲁、岗庙刘铁矿床的赋矿岩系属于新太古代变质表壳岩——太华岩群下亚群。经山寺、铁山铁矿床处在古元古代变质表壳岩——太华岩群上亚群中。

太华岩群下属地方性岩石地层单位名称众多，各地均不相同，本区一般按鲁山地区地质剖面自下而上划分为下亚群荡泽河岩组及上亚群铁山岭岩组、水底沟岩组、雪花沟岩组。

荡泽河岩组：呈不同规模的长条状、透镜状及不规则状表壳岩残片，以大小不一的包体出现在 TTG 质片麻岩中，为一套经历了深层次塑性流动变形、变质程度达高角闪岩相的变质岩系。主要岩性为斜长角闪岩、斜长角闪片麻岩、含石榴黑云斜长角闪片麻岩、变质超基性岩，夹黑云斜长片麻岩、矽线蓝晶片麻岩、大理岩等，原岩为一套基性、超基性火山岩夹富铁泥砂质碎屑岩、碳酸盐岩建造。LA-ICPMS 锆石 U-Pb 年代学研究表明（第五春荣等，2010），奥长花岗质片麻岩、英云闪长质片麻岩与斜长角闪岩岩浆成因锆石的不一致线上交点年龄分别为（2752±5）Ma、（2763±4）Ma 及（2791±7）Ma，反映荡泽河组的原岩和变形侵入体的时代为新太古代。

铁山岭岩组：下部为磁铁石英岩、磁铁变粒岩、透辉大理岩夹石榴斜长角闪岩；中部为条带状黑云斜长片麻岩夹斜长角闪岩、石榴斜长角闪岩；上部以斜长角闪岩、条纹状石榴斜长角闪岩为主，夹石榴矽线片麻岩。原岩为浅海相碎屑岩夹硅铁质岩、碳酸盐岩、火山岩组合。

水底沟岩组：岩性以石墨黑云斜长片麻岩、石墨矽线黑云斜长片麻岩、石墨透辉斜长片麻岩、石墨石榴黑云斜长变粒岩、石墨黑云变粒岩、石墨大理岩、石墨透辉大理岩为主，夹含石墨硅质大理岩、石榴石石英岩等。原岩为一套含碳泥砂质碎屑岩-钙镁质碳酸盐岩建造的副变质孔兹岩系，形成于相对稳定的海相沉积环境。

雪花沟岩组：下部为斜长角闪岩、斜长角闪变粒岩、角闪斜长透辉变粒岩及阳起斜长变粒岩，在鲁山虎盘岭一带夹有沉积变质铁矿；中部为透辉斜长变粒岩、斜长角闪岩及角闪斜长片麻岩；上部为黑云斜长片麻岩、斜长浅粒岩、角闪斜长变粒岩、斜长角闪岩夹石英二长浅粒岩，鲁山西马楼一带赋存沉积变质铁矿层。原岩为含硅铁沉积物的碎屑岩、火山岩建造。雪花沟岩组与铁山岭岩组在东端铁山岭—西马楼一带的关系不明，虎盘岭、西马楼铁矿的地层归属存在争议，存在系列总体向东仰起的次级向斜，两岩组存在同层位转折相连呈紧闭向斜的可能，即雪花沟岩组有可能是铁山岭岩组的重复命名。

铁山岭岩组、水底沟岩组和雪花沟岩组为一套经历复杂变形及变质程度达角闪岩相的变质岩系，底部铁山岭岩组不整合于荡泽河岩组及太古宙TTG岩系之上。在水底沟岩组石墨矽线片麻岩中获得最年轻的碎屑锆石 SHRIMP U-Pb 年龄为(2.310～2.250)Ga，变质锆石年龄为(1.84 ± 0.07)Ga；侵入于雪花沟岩组的石榴钾长花岗片麻岩岩浆锆石 SHRIMP U-Pb 年龄为(2.146 ± 0.02)Ga，变质锆石年龄为(1.87 ± 0.01)Ga，从而确定太华岩群上亚群的形成时代为古元古代（杨长秀，2008）。

舞阳铁矿田在勘查工作中自下而上划分太华岩群为赵案庄组、铁山庙组和杨树湾组。赵案庄组一套深变质拉斑玄武岩、超镁铁（火山）岩对比为荡泽河岩组，铁山庙组一套含铁火山-沉积岩对应为铁山岭岩组，杨树湾组含碳孔兹岩系即鲁山剖面的水底沟岩组，雪花沟岩组在舞阳铁矿田中不存在（图4-6）。

赵案庄铁矿床赋矿地层为太华岩群下亚群荡泽河岩组（赵案庄组），呈北东走向长条状表壳岩残片赋存在新太古代晚期变质深成侵入体（灰色片麻岩）中。下段钻探控制铅直厚度18～367m，下部主要岩性为含石榴石金云石英片麻岩、金云斜长石英片麻岩、云母石英岩、辉石石英岩、含石榴石石英岩、条带状石英岩，局部（ZK15604）见含石墨绢云黑云片岩；中上部为铁铝榴石金云斜长片麻岩、铁铝榴石更长角闪片麻岩、铁铝榴石角闪片麻岩，其中铁铝榴石更长片麻岩层位相对稳定，铁铝榴石最高含量达43%。上段呈变质表壳岩岩片分散在变质深成侵入体（灰色片麻岩）中，一般保留在铅直"厚度"34～145m范围内，最大垂向分布范围336m，岩性为磁铁蛇纹岩、蛇纹石磷灰石磁铁矿、金云母片岩、透辉更长片麻岩，局部见大理岩等，主要包含在中粒芝麻点状、条带状角闪更长片麻岩中。本组具有泥质岩类、基性岩石的中压高角闪岩相（局部达到麻粒岩相）特征变质矿物组合：矽线石＋石榴石＋黑云母＋钾长石＋石英＋斜长石；普通角闪石＋斜长石＋透辉石＋石英；局部出现紫苏辉石。综合地质产状、岩石共生组合、岩相学标志、特征矿物、岩石化学及地球化学特征方面的研究（从柏林等，1978；张雯华等，1978；涂绍雄，1984；孙勇，1985；），原岩建造自下而上为：硅铁质泥岩-热水沉积岩（下段下部）；玄武岩（下段中上部）；玄武岩夹超基性火山岩-热水沉积岩（上段）。

上述表壳岩系的围岩主要为一套角闪更长片麻岩，岩石灰白—灰绿色，粒状变晶结构，片麻状构造、条带构造。主要矿物组成：更长石发育聚片双晶，粒径0.2～1.2mm，含量55%～60%；石英他形粒状，粒径0.02～3mm，含量15%～20%，多具波状消光；角闪石绿色柱状，粒径0.2～1.2mm，含量15%～20%，发育两组斜交解理；黑云母片状，粒径0.1～0.3mm，含量2%左右。对该套岩石尚缺乏岩石地球化学特征的研究，仅从岩性特征方面可与鲁山地区新太古代魏庄片麻岩（杨长秀等，2008）对比，为英云闪长质片麻岩，即属于变质深成侵入体。在英云闪长质片麻岩中常分布规模不等的更长角闪片麻岩透镜体，角闪石含量达45%～55%，原岩可能属闪长岩-安山岩类。

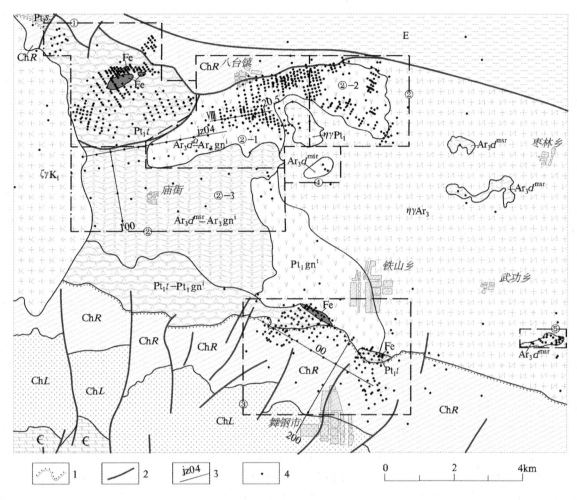

图 4-6 舞阳铁矿田前新近系地质图

Ar_3d^{Ω}—Ar_3gn^i.新太古代荡泽河岩组变质海相超基性喷发岩及新太古代晚期变质深成侵入体(未分);Ar_3d^{msr}—Ar_3gn^i.新太古代荡泽河岩组变质海相沉积岩及新太古代晚期变质深成侵入体(未分);Pt_1t.古元古代铁山岭岩组;Pt_1t—Pt_1gn^i.古元古代铁山岭岩组及古元古代变质深成侵入体(未分);Pt_1s.古元古代水底沟岩组;Pt_1gn^i.古元古代英云闪长质片麻岩;ChR.长城纪汝阳群;ChL.长城纪洛峪群;∈.寒武系;E.古近系;$\eta\gamma Ar_3$.新太古代晚期二长花岗岩;$\zeta\gamma K_1$.早白垩世正长花岗岩;Fe.铁矿层。①经山寺矿区范围;②赵案庄矿区范围;②-1.赵案庄—王道行矿段范围;②-2.下曹—余庄矿段范围;②-3.庙街矿段范围;③铁山矿区范围;④前鲁矿区范围;⑤岗庙刘矿区范围。1.角度不整合界线;2.断层;3.勘探线及编号;4.钻孔

侵位于赵案庄矿区荡泽河岩组上部的一套条带状混合岩、均质混合岩和混合花岗岩,碱性长石与斜长石含量相当,当属片麻状二长花岗岩体。有5个 LA-ICPMS 锆石 U-Pb 不一致线上交点年龄值(本矿区同位素年龄值由李怀乾提供,2013;天津地质调查中心实验测试室测定)。ZK11604,750m,(2887±11)Ma(MSWD=1.8);ZK14804,506m,(2505±71)Ma(MSWD=4.8);ZK14804,340m,(2361±40)Ma(MSWD=8.0);ZK10004,860m,(2301±84)Ma(MSWD=4.2),(1946±110)Ma(MSWD=3.7);ZK13204,100m,(2068±150)Ma(MSWD=4.2)。其中约25 Ga可能是岩浆结晶年龄,捕获或残余约28 Ga的锆石,约23 Ga、19 Ga可能是变质锆石的年龄。赋矿表壳岩系有2个 LA-ICPMS 锆石 U-Pb 不一致线上交点年龄值,磁铁矿化金云透闪蛇纹岩(2068±150)Ma(MSWD=4.2;ZK13204,1060m),硅化金云石榴石片麻岩(1897±44)Ma(MSWD=1.02;ZK14804,1080m),均反映的是变质年龄。

在矿床东侧至喜庄一带，钻探揭露岩性以片麻状二长花岗岩为主。岩石呈肉红色，多呈鳞片粒状变晶结构、条带状构造或平行定向构造，部分花岗结构、块状构造；主要矿物成分为钾长石、斜长石和石英，少量黑云母，副矿物有锆石、磷灰石。钻孔中时见厚度数十米不等的角闪斜长片麻岩，或厚10余米不等的斜长角闪岩等。应为片麻状二长花岗岩基，含有早期英云闪长质片麻岩和变质表壳岩包体。在喜庄钻孔中(ZK50812,1249m)获得LA-ICPMS锆石U-Pb不一致线上交点年龄(2546±44)Ma(MSWD=2.3)，(2048±25)Ma(MSWD=0.53)，可能分别代表侵入年龄及变质年龄。

侵位于赵案庄矿区新太古代晚期片麻状二长花岗岩体中的细粒闪长岩脉、花岗斑岩脉、正长斑岩体分别获得LA-ICPMS锆石U-Pb加权平均年龄(417.7±5.5)Ma(MSWD=1.8,probability=0.10；ZK14804,463m)，(122.6±1.5)Ma(MSWD=1.9,probability=0.030；ZK14804,365m)，(124.9±1.3)Ma(MSWD=2.6,probability=0.000；ZK11504,500m)。矿区内北东走向闪长岩墙或岩株，分为细粒闪长岩和闪长斑岩两个脉群或岩带。细粒闪长岩墙的LA-ICPMS锆石U-Pb年龄在赵案庄矿区为晚志留世，晚于南侧北秦岭的志留纪闪长岩带，标志华北陆块与扬子陆块碰撞后拉张环境的岩浆活动，是两大陆块结合时期在华北陆块一侧唯一的岩浆岩证据。闪长斑岩墙（株）可能与舞阳—新蔡一带10个磁异常查证钻孔所见早白垩世安山岩、安山玢岩和闪长岩体同时代，LA-ICPMS锆石U-Pb加权平均年龄（由王丰收提供,2013；天津地质调查中心实验测试室测定）为(123.63±0.4)~(120.45±0.35)Ma(9个钻孔样品)及(139.37±0.72)Ma(1个钻孔样品)。西侧分布近南北走向花岗岩带，其中张士英岩体钾长花岗岩、似斑状花岗岩和石英斑岩脉的SHRIMP锆石U-Pb年龄(向君峰等,2010)分别为(107.3±2.4)Ma、(106.7±2.5)Ma和(101±3)Ma。

褶皱分为两期，早期褶皱轴迹北东走向，晚期褶皱轴迹北西西走向，两期褶皱叠加而成系列宽缓的背、向斜构造。先后发育近南北、北西西及北东走向3组断裂，北西西走向断裂又分为早、晚两期。早期北西西走向断裂分布在矿田北侧，为由南西向北东的推覆构造带，为区域上三门峡-鲁山断裂带的东南延伸部分，太华岩群、长城纪云梦山组依次构造叠置在寒武系之上。晚期北西西走向断裂表现为正断层，属于中—新生代盆地边缘的阶梯状断裂。多组断裂切割叠加褶皱，造成矿田中部分地段含铁建造复杂的保存状况。

2. 矿床特征

按照矿床自然边界，兼顾以往勘查工作边界及"矿床"命名，新界定的赵案庄矿床自西南向北东划分为庙街矿段、赵案庄—王道行矿段、下曹—余庄矿段。其中：庙街矿段指新发现的石英辉石型铁矿层的分布范围；赵案庄—王道行矿段包括以往命名的赵案庄矿床、王道行矿床和姚庄矿床，以及新普查的原赵案庄矿床蛇纹石型铁矿层在西南深部的延伸范围；下曹—余庄矿段包括以往命名的下曹矿床、余庄矿床、梁岗矿床和苗庄矿床。

在赵案庄—王道行矿段和下曹—余庄矿段，单个含矿层一般自下而上由金云古铜辉石角闪岩→磁铁蛇纹岩-磷灰石磁铁矿→金云角闪岩→金云母片岩组成，或金云母片岩直接为矿体的顶、底板，其中矿体顶面内外普遍发育团块状—脉状硬石膏层。在赵案庄—王道行的矿井中，矿体上部还出现大量重晶石（卢克学,2013）。庙街矿段的含矿层由透辉石大理岩、石英辉石型磁铁矿、石英岩等组成，围岩为金云角闪斜长片麻岩、石榴斜长片麻岩等。

中部赵案庄—王道行矿段有上下紧密叠置的5个含矿层，其中底层局部可采，顶层不可采，矿体层数自中心向四周减少。1~4层中共有17个矿体，单个矿体长100~1840m，倾向斜宽100~1900m，厚0.24~37.50m。各矿层在垂向上的累计厚度0.24~81.94m，平均累计厚度31.94m。矿体长、宽、厚呈正比，一般长宽比为3.13～4.03，单个矿体与各矿体在总体上呈舌状延伸。钻孔控制矿体顶板最浅埋深84.83m，最深达900m。矿体走向75°～130°，倾向北西或南东（图4-7），倾角20°～25°。在横向上总体呈舒缓褶曲，纵向上向南西倾伏（图4-8），倾伏角13.5°。各矿层TFe平均品位32.90%～41.07%，底层TFe平均品位最高。

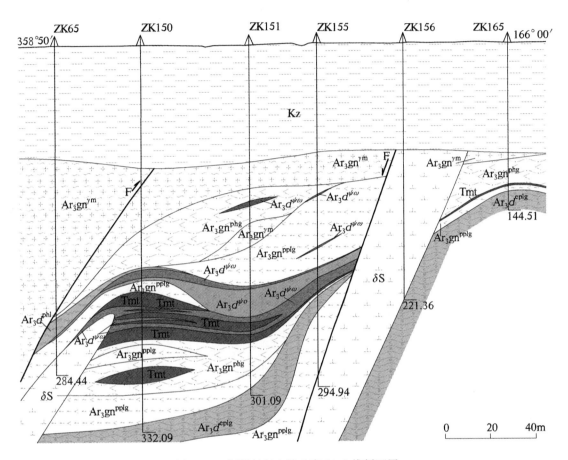

图4-7 舞阳赵案庄铁矿床20.5线剖面图

$Ar_3d^{\psi\omega}$. 新太古代荡泽河岩组蛇纹岩；$Ar_3d^{\psi_0}$. 新太古代荡泽河岩组角闪岩；Ar_3d^{eplg}. 新太古代荡泽河岩组铁铝榴石更长片麻岩；Ar_3d^{phl}. 新太古代荡泽河岩组金云母片岩；Kz. 新生界；$Ar_3gn^{\gamma m}$. 新太古代条带状混合岩、混合花岗岩；Ar_3gn^{plg}. 新太古代角闪更长片麻岩；Ar_3gn^{phg}. 新太古代更长角闪片麻岩；Ar_3gn^{pplg}. 新太古代金云角闪更长片麻岩；δS. 志留纪细粒闪长岩；Tmt. 钛磁铁矿；F. 断层

东部下曹—余庄矿段分布大小50个矿体，主要呈透镜状，少为似层状。单个矿体长20～520m，倾向延伸7～420m，厚1.36～27.99m。矿体埋深117～432m。矿体倾向210°～303°，倾角2°～35°。各矿体TFe平均品位23.77%～49.61%，多在30%以上。

在南西部庙街矿段分布上下紧邻的2个含矿层，共3个矿体。矿体呈似层状，长3250～4500m，倾向延伸600～2150m，厚1.01～11.78m。控制埋深110～2065m。矿体倾向195°～257°，倾角15°～39°（图4-9）。纵向上向西南倾伏，倾伏角14.5°（图4-10）。矿体平均品位TFe 25.78%～30.30%，mFe 17.37%～21.72%。

赵案庄—王道行矿段和下曹—余庄矿段的矿石成分复杂，已发现矿物达87种（表4-1）。

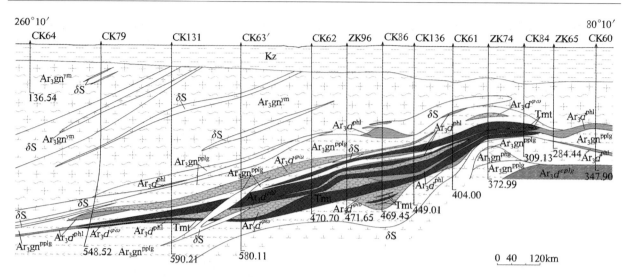

图 4-8 舞阳赵案庄铁矿床纵Ⅷ线剖面图

Ar_3d^{eplg}. 新太古代荡泽河岩组铁铝榴石更长片麻岩;$Ar_3d^{φω}$. 新太古代荡泽河岩组蛇纹岩;Ar_3d^{phl}. 新太古代荡泽河岩组金云母片岩;Kz. 新生界;$Ar_3gn^{γm}$. 新太古代条带状混合岩、混合花岗岩;Ar_3gn^{phg}. 新太古代更长角闪片麻岩;Ar_3gn^{pplg}. 新太古代金云角闪更长片麻岩;δS. 志留纪细粒闪长岩;Tmt. 钛磁铁矿;F. 断层

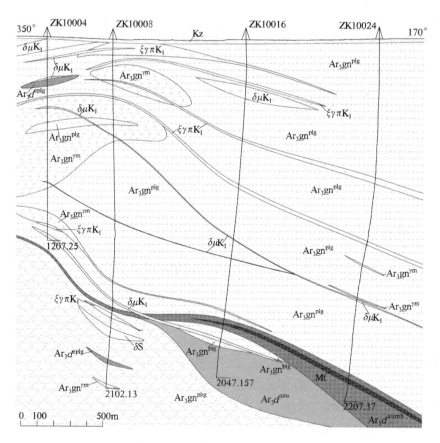

图 4-9 舞阳赵案庄铁矿床庙街矿段 100 线剖面图

Ar_3d^{eplg}. 新太古代荡泽河岩组铁铝榴石更长片麻岩;Ar_3d^{qau}. 新太古代荡泽河岩组石英辉石岩;Ar_3d^{aumb}. 新太古代荡泽河岩组辉石大理岩;Kz. 新生界;Ar_3gn^{plg}. 新太古代角闪更长片麻岩;Ar_3gn^{phg}. 新太古代更长角闪片麻岩;$Ar_3gn^{γm}$. 新太古代条带状混合岩、混合花岗岩;δS. 志留纪细粒闪长岩;$δμK_1$. 早白垩世闪长斑岩;$ξγπK_1$. 早白垩世正长花岗斑岩;Mt. 钛磁铁矿

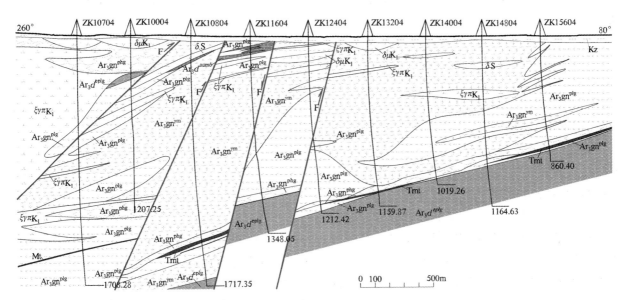

图 4-10 舞阳赵案庄铁矿床庙街矿段—赵案庄—王道行矿段深部纵 jz04 线剖面图

Ar_3d^{eplg}. 新太古代荡泽河岩组铁铝榴石更长片麻岩;Ar_3d^{aumb}. 新太古代荡泽河岩组辉石大理岩;Kz. 新生界;Ar_3gn^{plg}. 新太古代角闪更长片麻岩;Ar_3gn^{phg}. 新太古代更长角闪片麻岩;Ar_3gn^{ym}. 新太古代条带状混合岩、混合花岗岩;δS. 志留纪细粒闪长岩;$\delta\mu K_1$. 早白垩世闪长斑岩;$\xi\gamma\pi K_1$. 早白垩世正长花岗斑岩;Tmt. 钛磁铁矿;Mt. 钛磁铁矿;F. 断层

表 4-1 赵案庄—王道行和下曹—余庄矿段矿石的矿物成分(据俞受鋆等,1983)

金属矿物	主要	钛磁铁矿
	次要	磁铁矿、镁钛铁矿、钛铁矿、黄铁矿、镁铁尖晶石、方钍石、锐钛矿
	少量—微量	铝铬铁矿、硬铬尖晶石、镍黄铁矿、针镍矿、红砷镍矿、硫钴矿、磁黄铁矿、铀方钍石、含钍晶质铀矿、钍石、钙钛锆石、钙钛矿、水钙钛矿、金红石、板钛矿、黄铜矿、斑铜矿、蓝辉铜矿、方铅矿、闪锌矿、辉钼矿、赤铁矿、白铁矿、褐铁矿、针铁矿、白钛石、铅丹、孔雀石
非金属矿物	主要	叶蛇纹石、利蛇纹石、氟磷灰石
	次要	贵橄榄石、古铜辉石、普通辉石、透辉石、斜硅镁石、普通角闪石、直闪石、浅色角闪石、透闪石、金云母、淡斜绿泥石、叶绿泥石、方解石、铁方解石、铁白云石、白云石、石膏、硬石膏、滑石、纤维蛇纹石、胶蛇纹石、皂石
	少量—微量	锆石、斜锆石、独居石、磷钇矿、褐帘石、榍石、水铝石、铬镁绿泥石、铬绿泥石、钠铁闪石、红钠闪石、钙铁榴石、铁铝榴石、白云母、电气石、中长石、绿帘石、黝帘石、斜黝帘石、石棉、葡萄石、石英、石髓、蛋白石、萤石、重晶石

钛磁铁矿:肉眼下呈灰黑色,带蓝灰色反光,(111)裂理发育,粒径多在 0.5~1.5mm 之间,少数达 5mm 以上。分布于橄榄石、磷灰石及古铜辉石颗粒之间,呈海绵陨铁结构。沿钛磁铁矿(111)或(100)面分布钛铁矿片晶和细点状、片状尖晶石的固溶体分离物。

镁钛铁矿-钛铁矿:镁钛铁矿多呈他形粒状与钛磁铁矿镶嵌连生,颗粒内部有细小乳滴状、叶片状赤铁矿及平行叶片状磁铁矿的固溶体分离物。镁钛铁矿多蚀变为锐钛矿,局部被钙钛矿、水钙钛矿交代。钛铁矿常分解成金红石和赤铁矿。

黄铁矿:早期黄铁矿颗粒内常有细小磁黄铁矿、镍黄铁矿、硫钴矿、针镍矿及黄铜矿的包体。晚期黄铁矿常与叶绿泥石、钙铁榴石、方解石、石膏等共生,充填于早期形成的矿物空隙中,构成环带状构造。

方钍石:是含铀钍的主要矿物,多呈立方体与菱形十二面体或八面体聚形,有时构成肾状或葡萄状的连晶。粒径 0.2~1mm。常呈脉状分布,局部富集,可见方钍石交代钛磁铁矿的现象。方钍石与钍石、铀方钍石、含钍晶质铀矿、钙钍锆矿共生,属晚阶段的产物。

氟磷灰石:主要为灰白色圆粒状,粒径 0.3~1.5mm,呈条带状、团粒状或星散状分布在矿石中,与贵橄榄石、古铜辉石、斜硅镁石及钛磁铁矿共生。其次为浅绿色磷灰石,生成较晚。

锆石:分布普遍,量少。岩浆阶段锆石为浅玫瑰色,受轻度溶蚀,延长系数 1~1.2,粒径一般 0.03~0.12mm,呈圆粒状包裹在古铜辉石、角闪石、磷灰石等矿物中。晚阶段锆石为无色、浅黄色、浅褐色,自形晶棱平直,粒径 0.18mm 左右,延长系数 3~6,晶体内有气液包体,多与淡斜绿泥石、金云母、蛇纹石等共生。变质锆石为乳白色斜锆石。

碳酸盐矿物:早期主要为铁方解石、铁白云石,多呈不规则粒状或细脉状交代磷灰石、钛磁铁矿、贵橄榄石、角闪石及蛇纹石等。晚期主要为方解石。蒋永年和陈勇华(1987)研究发现,矿体和围岩中的碳酸盐矿物晶体粗(大者直径 0.5 cm),颇似辉石的短柱状晶形,有时见辉石式解理和闪石的残留体,零乱分布的柱状体与一般大理岩中方解石或白云石形成的三面镶嵌结构完全不同。方解石的 MgO 含量高(3.38%~4.31%),稀土总量高达 136.33×10^{-6}。白云石的 CaO 偏高,X 射线衍射资料显示与方解石混入有关。因此认为方解石来自矿体中钙辉石的热液蚀变。

铁矿石的主要结构有自形—半自形粒状变晶结构、海绵陨铁结构、固熔体分离结构、碎裂结构等。矿石主要构造为条带状构造、块状构造、斑杂状构造等。根据铁矿石矿物组成,矿石类型划分为蛇纹磁铁矿、磷灰石磁铁矿、角闪磁铁矿、阳起石磁铁矿、金云磁铁矿,块状磁铁矿等多种类型,以蛇纹磁铁矿占主导地位。

矿石 TFe 最高品位为 60.40%,单样出现频率高的 TFe 品位依次为 43%、29%、21%。不同地段伴生 TR_2O_3(轻稀土氧化物)0.045%~0.050%,TiO_2 1.043%~1.106%,Co 0.0053%~0.0059%,V_2O_5 0.140%~0.152%,P_2O_5 1.241%~1.825%,U 0.0003%~0.0019%,ThO_2 0.0044%~0.0102%。

庙街矿段有石英辉石磁铁矿和辉石磁铁矿 2 种矿石类型,以前者为主。呈粒状变晶结构,条带状构造或均质构造。矿物组成主要有磁铁矿、霓辉石、辉石、石英,微量斜长石等。

磁铁矿:呈半自形—半自形粒状,粒径 0.02~2.6mm,灰色微带浅棕色,均质性,高硬度,强磁性,石英和霓辉石中均有包裹,呈浸染状分布。

霓辉石:他形柱状,粒径 0.3~2.0mm,绿色,多色性较显著,高正突起,辉石式解理发育,倾斜消光。

辉石:粒状,粒径为 0.3~1mm,裂纹发育,淡绿色、黄绿色,吸收性微弱,正高突起,干涉色二级到三级。

石英:他形粒状,粒径为 0.02~6.6mm,可见波状消光,集合体呈条带状分布。

3. 矿床成因与成矿模式

根据含矿层上下岩层结构和矿物生成顺序,划分为海底超基性—基性火山喷发与区域变质两个成矿期,无明显的成矿阶段。其中海底火山喷发成矿期(相)自下向上存在自变质-高温热水交代亚相和中温热水交代-沉积亚相,在平面上庙街矿段等代表的边缘低温热水沉积相分布在火山喷出相的周围(图 4-11)。

火山喷出相:分异的超基性—基性岩浆在海底脉动、间歇式喷出,众多岩舌汇成岩席。每次火

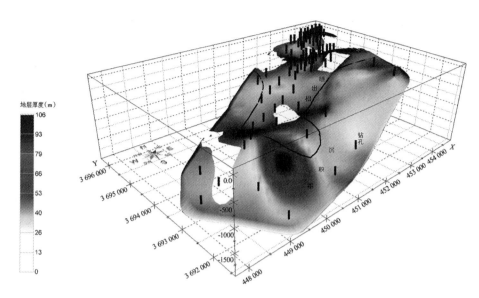

图 4-11 舞阳赵案庄铁矿床含铁表壳岩系三维地质模型及岩相分布图

山活动的最后喷出矿浆,其中的岩浆矿物为贵橄榄石、磷灰石、古铜辉石、斜硅镁石、角闪石、钛磁铁矿、镁钛铁矿-钛铁矿、镁铁尖晶石及镍黄铁矿、硫钴矿等,是铁、钛、磷的主要矿相。

自变质-高温热水交代亚相:喷出岩(矿)浆矿物在海底的自变质作用产生蛇纹石化等,同时在气-液作用下形成方钍石、钍石、钙钛锆矿、钙钛矿、水钙钛矿、磁铁矿、黄铁矿、锆石、铁方解石、铁白云石、水铝石、淡斜绿泥石及蛇纹石等矿物,构成伴生铀、钍矿。

中温热水交代-沉积相:在喷出岩(矿)浆层表层内,由热水交代作用形成黄铁矿、纤维蛇纹石、叶绿泥石、方解石、硬石膏等矿物,上方热水沉积石膏、重晶石沉淀在岩(矿)浆淬火收缩的裂隙或白烟囱中。

边缘低温热水沉积相:形成铁氢化物(水硅铁石)、硅质和泥灰质沉积。

区域变质期:变质形成辉石、石英、钙铁榴石、角闪石、透闪石、斜锆石、金云母等。在变质作用过程中水硅铁石转化为磁铁矿,但无铁含量的新增。

表生环境形成褐铁矿、白钛石等矿物,未构成表生成矿期。

超镁铁岩浆富含粒状矿物但易于流动,一般认为在原地分异、分凝。赵案庄矿区的超镁铁岩与热水交代-沉积岩共生,表明属超镁铁火山岩,可能为分异的含钛磁铁矿岩浆从洋脊(火口)流出。超镁铁岩单辉石地质温度计为920℃(俞受鋆等,1983),矿石中辉石、磁铁矿的包体爆裂温度分别为690℃、590℃(李达周,1980),有关温度当代表火山喷溢前岩浆矿物的晶出温度。当熔浆流入海底,自下而上、自内向外必然产生陡变的温度梯度和水岩交换。海水为碱性环境,而熔浆挥发分和水岩交换产生的大量 SO_4^{2-} 等则上逸造成矿体上部裂隙(烟囱)内热的酸性、强氧化环境,喷流形成石膏-重晶石烟囱。矿区区域变质程度为角闪岩相,局部向麻粒岩相过渡(690~780℃),超镁铁岩的强能干性决定其在区域变质过程中不发生改变。而海底泥质沉积物等必然产生相应的区域变质作用,形成包括石英辉石型磁铁矿在内的副变质岩。

变质赋矿超基性—基性岩段自下而上具有铜辉石角闪岩→磁铁蛇纹岩-磷灰石磁铁矿→金云角闪岩的分层,表现为超基性→基性的岩浆分异。但矿层顶、底板和矿体之间出现金云母片岩等副变质岩,以及硬石膏、重晶石代表的脉状—团块状热水沉积岩层。因此,含矿层中的超基性—基性岩并非侵入岩的分凝,而是分异的岩浆以岩舌流出海底,汇集成似层状岩席,原岩应为苦橄岩-玄武岩。庙街矿段东侧营街一带成群分布的具有铬镍矿化的橄榄岩、辉橄岩包体可能代表洋脊内残留的上地幔岩。庙街矿段中的石英辉石型磁铁矿赋存在碳酸盐岩层和石英岩层中,与赵案庄—王道行矿段含矿层之间为同层位的相变关系,应形成于热水沉积作用。以上表明,矿床成因类型贴切的命名应为区域变质的海相火山-沉积型铁矿。成矿机制为超基性—基性岩浆分异的晚期直接喷出钛磁铁矿浆,并在周围热水沉积作用下形成富铁沉积,后变质成为磁铁矿层。变质前成矿模式如图4-12所示。

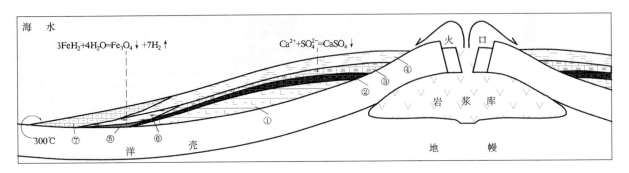

图4-12 舞阳赵案庄铁矿床成矿模式图

三、铁山铁矿床及成矿模式

矿区位于舞钢市北侧。矿区东西长5km,南北宽3.3km,面积16.5km^2。中心地理坐标:东经113°31′,北纬33°18′。矿床自然边界包括走向上相连的原铁山、石门郭矿区,2013年深部普查扩大了矿区南界。截至2013年底累计探明铁矿石资源储量4.8991×10^{8}t,其中包含(334)?铁矿石资源量1.1609×10^{8}t。

1. 矿区地质

矿区处在舞阳铁矿田的南部(图4-6),地质构造结构为古元古代铁山岭岩组(铁山庙组)变质表壳岩系呈岩片包裹在古元古代变质变形改造的岩浆杂岩(TTG片麻岩和片麻状二长花岗岩)中,局部上置古元古代雪花沟岩组(杨树湾组),长城纪熊耳群、汝阳群角度不整合覆盖在古元古代变质杂岩之上。

铁山岭岩组:因遭受古元古代变质变形深成侵入体的侵入,不同地段(钻孔)保留岩性、厚度多不相同(图4-13)。地层倾向203°~223°,倾角25°~50°,一般35°~45°;钻探控制岩层最大厚度103m。有上、下两个含铁建造,总体上每个含铁建造下部为石榴石斜长角闪片麻岩、石榴石(斜长)片麻岩,上部为磁铁矿层夹(蛇纹石)白云石大理岩、(辉石)角闪岩、(石英)辉石岩、含铁石英岩、金云母片岩等。

雪花沟岩组:下部岩性主要为石榴石角闪石英片麻岩、斜长角闪片麻岩、角闪岩,局部含蛇纹石碳酸盐型磁铁矿;上部为一套碳酸盐化含石墨云母片麻岩、石墨大理岩。本组同样遭受TTG片麻岩和片麻状二长花岗岩的侵入,但变质变形改造程度相对(铁山岭岩组)较弱。

TTG片麻岩:从岩石矿物组分上一套角闪更长片麻岩-黑云更长片麻岩-更长角闪片麻岩分别对应为英云闪长质-奥长花岗质-花岗闪长质片麻岩(TTG),目前尚缺乏岩石地球化学研究。

片麻状二长花岗岩:原矿区勘查工作将一套命名为条带状混合岩、均质混合岩和混合花岗岩的岩石归为地层。该类岩石具有二长花岗岩的矿物成分,呈花岗结构、片麻状或定向构造,与围岩侵入接触并具有接触蚀变现象,应当归为变质变形改造的二长花岗岩。

铁山矿区铁山岭岩组变质表壳岩与赵案庄矿区荡泽河岩组沉积相变质表壳岩在空间产状上近于衔接,变质程度同为高角闪岩相-麻粒岩相,似为同一岩层。两矿区的 TTG 片麻岩与片麻状二长花岗岩在岩石特征上亦表现一致。而铁山矿区锆石同位素年代学研究结果(兰彩云等,2015),铁矿石中碎屑锆石和黑云斜长片麻岩(奥长花岗质片麻岩)中的岩浆锆石年龄,限定铁山岭岩组和 TTG 片麻岩的时代为古元古代成铁纪。

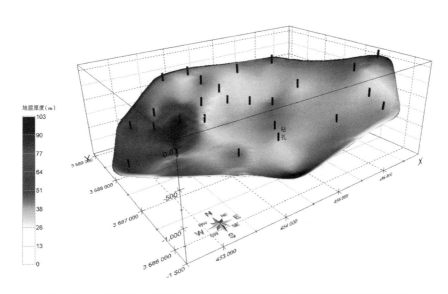

图 4-13 舞阳铁山矿区铁山岭岩组含铁变质表壳岩包体产状和厚度图

2. 矿床特征

铁山岭岩组含铁变质表壳岩系中上下有 4 个含铁层位,围岩为辉石岩、辉石大理岩、TTG 片麻岩和片麻状二长花岗岩等(图 4-14,图 4-15)。共圈定 9 个似层状矿体。单个矿体走向长 380~4500m,倾向宽 400~1800m,厚 1.41~50.05m。夹石有 TFe 含量 10%左右的含铁石英岩、含铁碧玉岩、磁铁辉石岩、磁铁大理岩等,以及角闪片麻岩、石英岩、辉石岩、绿泥云母片岩、绿帘石榴石矽卡岩、(蛇纹岩化)大理岩等。矿体中夹石层一般 0~6 层,最多分隔矿体为 23 个分层;单个矿石分层厚度 0.28~9.62m,夹层厚度 0.22~6.88m。矿体与夹石的分布有以下几个显著特点:矿体总厚度愈大则夹石层数愈多;矿层尖灭部位夹石层较多;自地表向深部夹石层增多;矿区西段的夹石量多于东段。

矿石成分较为复杂,金属矿物主要有磁铁矿、赤铁矿,微量褐铁矿、黄铁矿、黄铜矿。非金属矿物主要有石英、单斜辉石,次要有玉髓、角闪石、方解石、白云石、透闪石、斜方辉石;微量绿泥石、黑云母、滑石、绢云母、方柱石、重晶石、磷灰石。常见主要矿物组合为:磁铁矿-石英;磁铁矿-辉石-石英;赤铁矿-石英。

矿石呈他形、半自形、自形粒状结构,条带状、散点状构造。磁铁矿多为半自形粒状,粒径一般 0.5~1.0mm。部分达 2~3mm;散点状磁铁矿常与辉石连生,条带状磁铁矿集合体多与石英连生。按照矿石组构有石英辉石型磁铁矿石、石英型磁铁矿石和条带状赤铁矿石等矿石类型,以石英辉石型磁铁矿为主要矿石类型。矿石化学组分简单,铁品位变化小。TFe 平均品位浅部与深部分别为 29.10%、30.92%,深部 mFe 平均品位 25.55%。其他浅部与深部分别含 SiO_2 40.27%~45.82%,

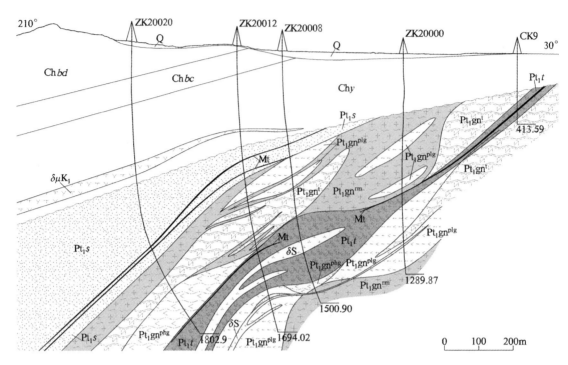

图 4-14 舞阳铁山铁矿区 200 勘探线剖面图

Pt_1t. 古元古界铁山岭岩组;Pt_1s. 古元古界雪花沟岩组;Chy. 长城系汝阳群云梦山组;$Chbc$. 长城系汝阳群白草坪组;$Chbd$. 长城系汝阳群北大尖组;Q. 第四系;Pt_1gn^{plg}. 古元古代角闪更长片麻岩;Pt_1gn^t. 古元古代黑云更长片麻岩;Pt_1gn^{phg}. 古元古代更长角闪片麻岩;$Pt_1gn^{\gamma m}$. 古元古代片麻状二长花岗岩;δS. 志留纪细粒闪长岩;$\delta\mu K_1$. 早白垩世闪长斑岩;Mt. 磁铁矿

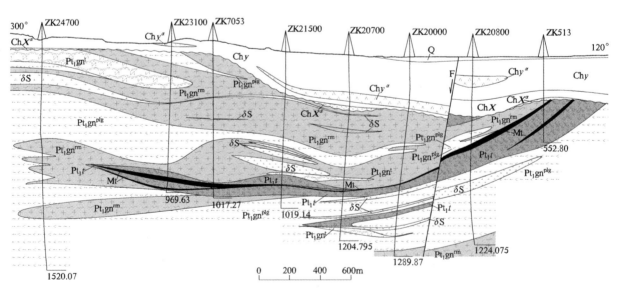

图 4-15 舞阳铁山铁矿区纵 00 勘探线剖面图

Pt_1t. 古元古界铁山岭岩组;ChX. 长城系熊耳群;ChX^α. 长城系熊耳群安山岩;Chy. 长城系汝阳群云梦山组;Chy^α. 长城系汝阳群云梦山组安山岩;Q. 第四系;Pt_1gn^{plg}. 古元古代角闪更长片麻岩;Pt_1gn^t. 古元古代黑云更长片麻岩;Pt_1gn^{phg}. 古元古代更长角闪片麻岩;$Pt_1gn^{\gamma m}$. 古元古代片麻状二长花岗岩;δS. 志留纪细粒闪长岩;Mt. 磁铁矿

Al_2O_3 0.575%～1.44%，CaO 5.20%～6.85%，MgO 3.41%～6.155%，MnO 0.205%～0.27%。

雪花沟岩组中局部见上下相邻的2层铁矿体(图4-14)。由3个钻孔初步控制：下层矿体长600m，斜宽1600m，厚1.66～3.74m；上层矿体长600m，斜宽1000m，厚0.76～2.48m。矿体倾向215°～271°，倾角23°～41°。围岩为含磁铁辉石岩、石榴石斜长片麻岩、黑云斜长片麻岩、角闪更长片麻岩等。矿石类型主要为蛇纹石碳酸盐型磁铁矿。

3. 矿床成因与成矿模式

含铁变质表壳岩系的变质矿物成分和组合反映原岩主要为海相含铁碳酸盐岩、含铁硅质岩、铁硅质泥岩沉积。包括矿层夹层在内的表壳岩系中多见角闪片麻岩，原岩应为玄武岩，因此含铁建造的岩相为海底基性火山喷出-沉积相。

兰彩云等(2013)研究认为：铁山矿床各类型铁矿石中磁铁矿的TFeO含量接近理论值，主量元素含量总体上与世界典型BIF相近，原岩为极少受到陆源碎屑混染的化学沉积成因；矿石均具有轻稀土亏损、重稀土富集[$(La/Yb)_{PAAS}$=0.29～0.995，PAAS指太古宙澳大利亚沉积岩]，La、Eu、Y的正异常[$(La/La^*)_{PAAS}$=1.10～1.89，$(La/La^*)_{PAAS}$=$La_{PAAS}/(3\times Pr_{PAAS}-2\times Nd_{PAAS})$；$(Eu/Eu^*)_{PAAS}$=1.30～2.23，$(Eu/Eu^*)_{PAAS}$=$Eu_{PAAS}/(0.67\times Sm_{PAAS}+0.33Tb_{PAAS})$；$(Y/Y^*)_{PAAS}$=1.47～1.84，$(Y/Y^*)_{PAAS}$=$2Y_{PAAS}/(Dy_{PAAS}+Ho_{PAAS})$]，较高的Y/Ho比值(39.7～51.3)，具有现代海水与高温热液混合的特征。李永峰等(2013)通过矿石稀土元素地球化学特征的研究，同样得出成矿物质来源中有与海底火山活动有关的高温热液输入的结论；并通过流体包裹体的研究确定成矿流体为低盐度(ω_{NaCl} 1%～14%)、低密度(0.75～1.00g/cm^3)的Na^+、Ca^{2+}、SO_4^{2-}、Cl^-型水，含有较高的CO_2，一定量的O_2、N_2和少量CH_4；矿石中包裹体均一温度峰值为120～320℃，含矿围岩中的包裹体均一温度集中在120～360℃之间。

综上所述，除代表火山活动的玄武岩外，原始含矿建造中的碳酸盐岩、纹层状硅铁泥沉积物和矿石中的少量重晶石，均形成于海底基性火山喷发期间的热水喷流作用，成矿景象如现代海底火山活动的白烟囱群。从矿层围岩(每层底板)至矿层，流体包裹体均一温度略有降低，说明存在热水对流循环作用。适用于流行的Algoma型BIF海底热核对流成矿模式解释铁山铁矿的成因，但尚不明铁质是间接来源于海底玄武岩和沉积物，还是直接来自火山热液。TTG片麻岩系和片麻状二长花岗岩在一定程度上破坏了赋矿建造，但通常保留了规模很大的含矿岩片，使得花岗质岩石可以成为矿层的顶底板。深变质作用促使了磁铁矿等矿物的(重)结晶，而无新的铁质加入迹象。

四、李珍铁矿床及成矿模式

矿区位于安阳市西北35km李珍村一带，矿区东西长约3.5km，南北宽约4.5km，面积约9.70km^2。中心地理坐标：东经114°2′，北纬36°13′。在局部勘探区曾分别命名有李珍、东山、窟窿脑、犬沟、黄岭子、武祖洞和石塘7个"矿床"，本书归属为李珍铁矿床的7个矿段(体)，累计查明铁矿石资源储量452.998×10^{4}t，为中型规模铁矿床(富矿)。

1. 矿区地质

矿区处在中侏罗世以来太行山隆起区(图4-16)，近南北走向早白垩世闪长岩墙带两侧的岩席与中奥陶统马家沟组灰岩的接触带控制了铁矿体的分布。

区内出露地层主要为中奥陶统马家沟组灰岩第三—第四岩性段。第三岩性段下部以白云质灰岩为主，局部呈角砾状，夹灰岩；中部为白云质灰岩和泥质灰岩，上下部常含有角砾；上部为灰色中

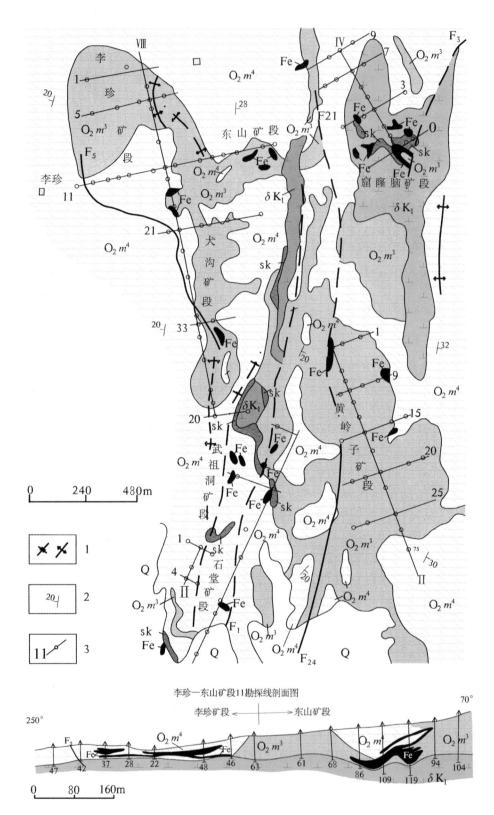

图 4-16 李珍铁矿区地质图

O_2m^3.中奥陶统马家沟组第三段;O_2m^4.中奥陶统马家沟组第四段;Q.第四系;δK_1.早白垩世闪长玢岩;sk.矽卡岩;Fe.磁铁矿体。1.向斜及背斜轴;2.岩层产状;3.勘探线(编号)及钻孔

厚层状石灰岩。本段厚约140m，下部为铁矿主要赋存部位。第四岩性段以泥质白云质灰岩或泥质白云质角砾状灰岩为主，局部夹白云岩及灰岩透镜体。该段地层具塑性变形，厚度一般30～50m。

闪长玢岩呈近南北向狭长带状分布于公光背斜轴部和黄岑子背斜轴部。前者长达2000m，宽40～80m；后者长1500m，在窟窿脑矿体南东大片出露。根据钻探情况和磁场推断，岩体在横向的中心部位为陡立的岩墙产状，顶部呈外倾约15°的岩席或岩盖产状（底部未揭穿），剖面上呈蘑菇状形态。中心部位的闪长玢岩呈灰白色，半自形粒状或似斑状结构，块状构造。斑晶和基质均为斜长石和角闪石，局部暗色矿物蚀变成绿泥石。边缘钠长石化闪长玢岩呈灰白色或灰绿色，斑状和似斑状结构，块状构造。斑晶为钠长石及角闪石，部分具环带构造。基质为微晶质—中细粒，主要矿物成分为角闪石及钠长石，暗色矿物强烈蚀变为蛇纹石、绿泥石及绿帘石，近矿体钠化加强。岩石SiO_2含量53%～62%。在矿区北东方向约20km的东冶角闪闪长岩体SHRIMP锆石U-Pb年龄为(125.9±0.9)Ma(彭头平等，2004)，矿区西南约30km的西安里角闪辉长岩LA-ICP-MS锆石U-Pb年龄为(135～127)Ma(王春光等，2011)，三门峡高庙石英闪长玢岩的LA-ICP-MS锆石U-Pb年龄为135Ma(王师迪等，2013)，时代均为早白垩世。

发育轴迹近南北走向的舒缓褶皱，矿体多分布在背斜的两翼。公光背斜是贯穿整个矿区的背斜构造，轴向近于南北，长约3000m，由李珍-犬沟背斜、东山-犬沟向斜、黄岑子背斜等组成。背斜两翼为马家沟组角砾状石灰岩，东翼倾角在30°～40°之间，西翼倾角约为20°。纵横向断裂构造发育，其中近南北走向一组断裂控制了闪长岩的展布。

公关大背斜轴部正断层(F_1)：走向近南北，长约2000m，断面向东倾斜，断距50m左右。上盘岩石多为大理岩类岩石及蚀变角砾灰岩，在地形上形成低矮的山丘；下盘岩层多为蚀变石灰岩，在矿窟山南北一带拖引形成背斜，山势高大。沿断裂带侵入闪长斑岩体。

发育总体近南北走向一组断层。石塘西北正断层(F_2)位于公光背斜的西翼，长达1000m以上，断面向西倾斜，断距30m左右，南端有早白垩世闪长玢岩体侵入。窟窿脑东逆断层(F_3)长达1500m，倾向西，水平断距约5m，沿断裂带侵入早白垩世闪长玢岩体。矿窟山北正断层(F_4)长达500m以上，断面向西倾斜，倾角较陡。李珍村西南逆断层(F_5)断裂带宽20～50m，长560m，断层面向北东倾斜，倾角在45°以上。

2. 矿床特征

铁矿体一般呈不规则状分布于早白垩世闪长玢岩席的上盘，仅在岩席的尖灭端可见下盘矿体。分布层位主要在马家沟组灰岩第三岩性段顶部，少数在第四岩性段底部。赋矿岩石主要为角砾状灰岩及其矽卡岩。李珍矿段位于矿区西北部，矿体分布范围南北长550m，东西平均宽200～300m，平均厚度11.7m；南部厚大部位呈似层状，向北逐渐分为多层或者尖灭，局部胀缩形成扁豆状或囊状矿体。东山矿段位于矿区北中部，矿体长300m，宽100m，平均厚度1.56m，从中心部位向两侧逐渐变薄或突然尖灭。犬沟矿体位于矿区东北部，南北长450m，东西平均宽80m，平均厚度7.0m。窟窿脑矿段位于矿区东北部，为公光背斜东翼之北部矿体，矿体走向330°，分布长约500m，平均宽150m。黄岑子矿段位于矿区东南部，矿体最大厚度5.39m，最小0.73m，一般为2～3.5m。武祖洞矿段位于F_1断层上盘破碎带，矿体长约150m，走向330°，倾向南东，倾角30°～40°。石塘矿段位于矿区西南部，仅有零星的小矿体。

矿石呈自形晶粒状结构，自形晶—半自形、他形晶粒状结构，交代及格状结构；块状构造、浸染状构造、条带状构造、角砾状构造。主要金属矿物为磁铁矿，其次为赤铁矿、黄铁矿、褐铁矿；微量镜铁矿、黄铜矿、斑铜矿、磁黄铁矿等。非金属矿物以透辉石、透闪石、阳起石为主，次为方解石、绿泥石，微量的蛇纹石、金云母、黑云母、石棉、堇青石、滑石、石英、长石、磷灰石、白云母、叶蜡石、重晶石等。矿石平均TFe含量35%~45%,有益组分为微量Ni、Co、Ti、Mn,有害组分为S、P。其中李珍、东山矿体为高硫低磷矿石,其他各矿体硫含量较低,全区磷含量大部分低于0.15%,符合工业要求。根据赋矿岩石与矿物成分,分为大理岩型磁铁矿石和矽卡岩型磁铁矿石。

3. 矿床成因与成矿模式

矿床形成的地质背景为华北大陆岩石圈大规模减薄前夕,华北盆地西侧太行山超基性—基性—中性深成岩组合岩浆活动时期。磁铁矿体产于早白垩世钠长石化闪长玢岩与中奥陶统碳酸盐岩的外接触带附近,铁质来源于深成岩浆流体,铁矿体形成在早阶段接触交代矽卡岩之后,属邯邢式矽卡岩型铁矿床(图4-17)。矿床的形成经历了4个成矿阶段。

矽卡岩阶段:在闪长玢岩与石灰岩、白云质灰岩接触带形成透辉石矽卡岩。首先生成大量透辉石细粒集合体,较晚形成少量透辉石粗大晶体和少量浸染状分布在矽卡岩矿物间隙的自形—半自形磁铁矿。在热条件下,碳酸盐围岩重结晶产生大理岩化。

磁铁矿阶段:含矿热液主要沿角砾状石灰岩层位充填和进一步交代石灰质,并交代、穿插早期形成的矽卡岩,形成细—中粒、自形—他形磁铁矿及稠密浸染状、条带状磁铁矿石。据沈保丰等(1977)和郑建民等(2007)的研究,磁铁矿的形成与闪长岩的钠长石化关系密切。在高温富含挥发分流体的作用下,岩浆从交代石灰岩的热液中带入Na_2O,形成大量的钠长石;相应的暗色矿物(角闪石、黑云母等)和磁铁矿则在碱性状态下解体消失,带出铁质和K_2O,在碳酸盐围岩中沉淀富集磁铁矿。

石英-硫化物阶段:黄铁矿等硫化物沿磁铁矿石间隙和裂隙穿插交代,黄铜矿多分布于黄铁矿中,尚有少量赤铁矿交代磁铁矿。

重晶石-碳酸盐阶段:重晶石和方解石细脉穿插在矿石或围岩中,时伴有镜铁矿。其中本阶段重晶石可能与该区分布的重晶石矿床同期。

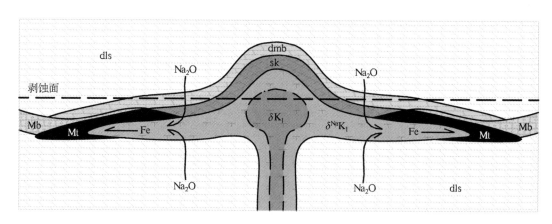

图4-17 李珍铁矿成矿模式图

dls.白云质灰岩;δK_1.早白垩世闪长岩;$\delta^{Na}K_1$.早白垩世钠长石化闪长岩;sk.透辉石矽卡岩;dmb.白云质大理岩;Mb.角砾状大理岩-角砾状石灰岩;Mt.磁铁矿体

五、条山铁矿床及成矿模式

条山铁矿位于泌阳县城东南22km,属于泌阳县马谷田镇辖区。地理坐标:东经113°26′43″,北纬32°38′10″。累计查明资源储量$442.42×10^4$t,为小型铁矿床。

1. 矿区地质

条山铁矿处在北秦岭复向斜的北翼,矿床寓于二郎坪刘山岩组北部变质细碧-角斑岩建造中,成矿构造环境为早古生代(奥陶纪)近陆弧后盆地亚相。矿区基本地质构造为以北西走向志留纪英云闪长岩带为核部,两翼向背分布刘山岩组的次级背形构造(图4-18)。

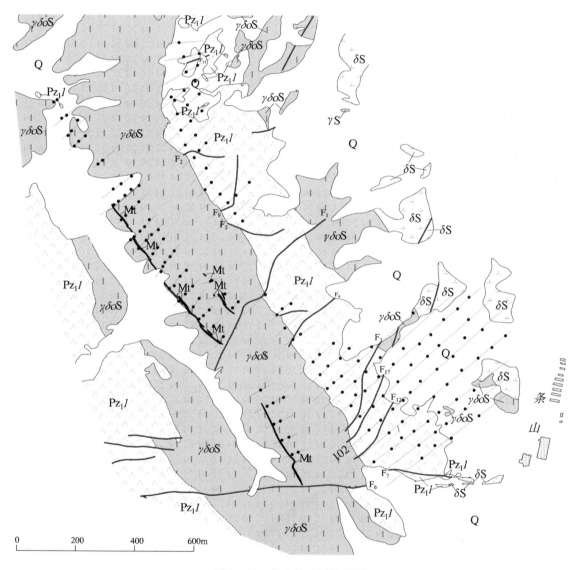

图 4-18 条山铁矿区地质图

Pz_1l.早古生代刘山岩组;Q.第四系冲积物、残坡积物;$\gamma\delta oS$.志留纪英云闪长岩;δS.志留纪闪长岩;γS.志留纪斜长花岗岩;Mt.磁铁矿体;F_{12}.断层及编号。图中黑点与细直线为钻孔位置及勘探线(编号)

本区刘山岩组岩性以斜长角闪片岩夹大理岩为主,夹有条痕状变细碧岩,厚8~178m。北东翼斜长角闪片岩2~8层,单层厚度1.54m;大理岩2~16层,一般8层,单层厚度3~34m。底部常见绿帘石榴透辉矽卡岩及似层状或透镜状富磁铁矿体,为A矿带的赋存层位,厚度一般2~10m,最大约20m,向深部有厚度变薄尖灭的趋势。南西翼的斜长角闪片岩厚度较大,有较多的斜长花岗岩枝穿插,部分地段含有条带状硅质岩,底部与细碧岩接触带出露规模较小的矽卡岩层(C矿带层位,尚未发现工业矿体)。

英云闪长岩为灰白色、褐黄色，发育交代结构，片麻状构造。主要矿物成分：更长石 35%～40%，更钠长石 15%～20%，石英 20%～30%，角闪石、黑云母、绿泥石等占 5%～15%，微量的白云母、磁铁矿、石榴石、榍石等。其中更长石普遍被石英和更钠长石交代，少量被白云母交代；普通角闪石多被黑云母、绿泥石交代。

闪长岩带分布于矿区北部，岩石灰绿色，中粗粒结构，略具片麻状构造。主要矿物成分：柱状角闪石 40%～60%，斜长石 30%～40%，石英 5%～10%，含微量磁铁矿、黄铁矿、榍石等。

条山背形轴向北西-南东向，核部为志留纪斜长花岗岩带，与两翼早古生代（奥陶纪）刘山岩组呈侵入接触。自东向西两翼逐渐开阔，南西翼产状较陡，倾向 210°～250°，倾角 50°～70°；北东翼倾向 40°～60°，倾角 30°～50°，局部地段倾向近 90°。发育一组北东走向平移-逆断层和近东西走向逆断层。

2. 矿床特征

矿区由 3 个成矿带组成。A 矿带位于背形东北翼，以富铁矿为主；B 矿带位于背形轴部，以贫铁矿为主；C 矿带位于背形西南翼，无工业矿体。

A 矿带中矿体产于斜长角闪岩与大理岩之间及层状矽卡岩中，长约 2000m。矿带内有大小矿体 7 个，矿带顶板为大理岩，底板为斜长角闪岩，局部顶、底板为志留纪斜长花岗岩。矿体多为似层状、透镜状，倾向 40°～60°，倾角 30°～60°。Ⅰ号矿体规模最大，长 400m，倾向延深 300m 以上（图 4-19）。其余长数十米至近百米，各矿体平均真厚度 0.87～9.30m，最大真厚度 16.96m。

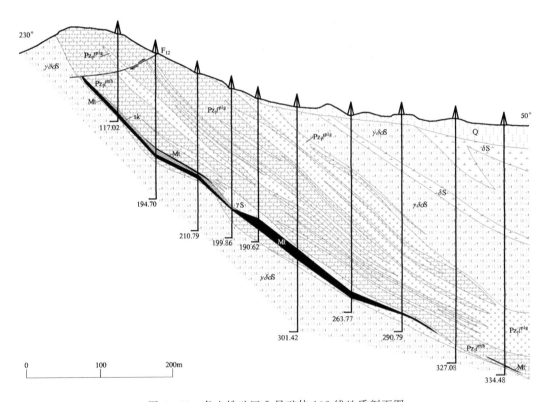

图 4-19 条山铁矿区 Ⅰ号矿体 102 线地质剖面图

$Pz_1 l^{plg}$. 早古生代刘山岩组斜长角闪岩；$Pz_1 l^{mb}$. 早古生代刘山岩组大理岩；Q. 第四系冲积物、残坡积物；$\gamma\delta oS$. 志留纪英云闪长岩；δS. 志留纪闪长岩；γS. 志留纪斜长花岗岩；Mt. 磁铁矿体；sk. 矽卡岩；F_{12}. 断层及编号

B 矿带中矿体呈包体产于英云闪长岩中，矿带长约 1500m，由大小 13 个矿体组成。矿体呈条

带状或透镜状,沿倾向呈雁行排列。

层状矽卡岩为赋矿围岩,根据不同的矿物组分大致可分为如下 3 种:①角闪绿帘矽卡岩、绿帘石矽卡岩,分布比较普遍,形成时期较早(分布于铁矿层位下部)。矿物成分大部分由绿帘石组成,少量斜长石和角闪石。该类矽卡岩为海底热水交代的产物,普遍具锌矿化。②角闪绿帘透辉石矽卡岩,多分布于条山沟贫矿带及条山背斜南西翼 C 矿带,A 矿带分布较少。岩石主要由透辉石、绿帘石组成,少量石英长石、角闪石、黄铁矿等。③透辉石石榴石矽卡岩,多分布于 A 矿带,主要由透辉石及石榴石组成,两种矿物相互增减,并含少量的石英、绿帘石、磁铁矿、方解石等,是寻找富矿的主要标志。

铁矿围岩无明显蚀变,与矿体密切共生的透辉石榴矽卡岩形成于铁矿体之前,是一种海底高温热水交代岩。成矿后期绿泥石化、碳酸盐化及硅化为区域退变质的产物,常形成细小的碳酸盐脉和石英脉。矿体顶板大理岩常矽卡岩化,蚀变成含少量石榴石的角闪绿帘矽卡岩、角闪绿帘透辉矽卡岩及透辉矽卡岩。富矿体大多直接与围岩接触,局部隔有 1~3m 厚的矽卡岩。矿体与矽卡岩接触呈迅速过渡关系,界线清楚,呈波状、港湾状和锯齿状,在矿体中常有一定流向的塑性矽卡岩角砾。

矿石呈自形—半自形粒状结构,局部呈他形粒状结构,浸染状和条带状构造。矿石金属矿物主要为磁铁矿、赤铁矿和黄铁矿,黄铜矿、方铅矿、闪锌矿含量甚微,星散分布于脉石中。脉石矿物为透辉石、普通角闪石(包括绿帘石、黑云母及绿泥石)、斜长石,以及微量的磷灰石、方解石、石榴石、榍石等。

矿石类型大致分为块状及浸染状磁铁矿矿石。矿石化学成分 TFe 含量 20%~64.40%,平均 27.73%,;SiO_2 含量富矿小于 10%,贫矿高达 40%;S 含量一般小于 2%;P 含量一般小于 0.02%;其他含微量元素 Cu、Pb、Zn、Mn、Ti、V、Ga,平均含量均不超过有害元素允许含量,亦达不到综合利用指标,均无工业价值。

3. 矿床成因与成矿模式

条山铁矿为海相火山岩型铁矿,符合对流热核成矿模式(图 4-20):矽卡岩矿物微粒状,向上呈降温序列的薄层或条带,与大理岩或磁铁矿层呈沉积接触,反映其形成于海底水岩界面的下方;含矿建造以细碧岩为主,矿质来源于镁铁质岩石的矽卡岩化;与矿层形影不离的时代稍晚的斜长花岗岩、花岗闪长岩等侵入杂岩带在成矿时处于矿层下部的热核位置,偶见于矿层中的花岗质岩石表明矿层与热核的距离很近;近陆脊状火山隆起的浅水环境具有很高的氧化程度,不利于硫化物的生成,因而仅在喷口附近形成规模非常小的块状硫化物矿体;弥散状的磁铁矿沉积于凹地,与不同岩石接触,常出现孤立的磁铁矿体;这种喷流沉积的磁铁矿一般具有高的品位,可出现几乎纯由磁铁矿组成的块状矿石;矿石中半塑性的绿帘石和绿泥石等同生角砾、团块或条带的出现表明局部存在再堆(沉)积作用;规模甚小的铜硫化物矿体出现在磁铁矿体的底部、顶部或包裹其中,反映与岩浆活动协调的间歇式喷流作用,即硫化物出现在岩浆活动间歇,而不是一次喷流的相变;含微量磁铁矿的层状绿帘矽卡岩中的锌矿具有浸染状的矿化特征,亦不是一次喷流作用中形成,反映这时的热水对流循环系统较形成磁铁矿时有更深的水体;局部锰铁矿的出现则为远向喷流中心的更浅水方向的相变。

六、岱嵋寨铁矿床及成矿模式

岱嵋寨铁矿位于新安、渑池县交界处,东南至陇海铁路新安站 65km 处。地理坐标:东经 111°45′—112°05′09″,北纬 34°51′04″—35°02′45″。

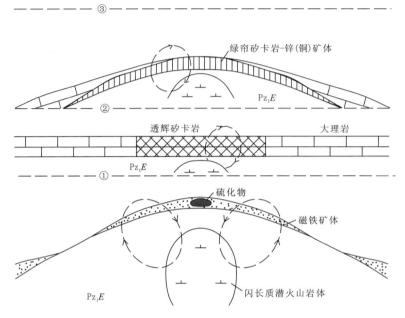

图 4-20 条山式海相火山岩铁矿床成矿模式图
①穹状火山热核-浅的海水对流成矿系统；②氧化环境下形成层状（透辉）矽卡岩之
碳酸盐沉积物下的对流热核系统；③较深海水下形成（绿帘）矽卡岩及锌（铜）矿的
对流热核系统；Pz₁E. 二郎坪群细碧角斑岩海相火山碎屑沉积岩

1. 矿区地质

矿区位于岱嵋寨叠加背斜的南翼。该背斜为轴迹北西向背斜与轴迹北北西向背斜叠加而成的穹隆状叠加背斜，以长城纪熊耳群为核部，长城纪汝阳群、寒武系、奥陶系、石炭系、二叠系、三叠系、下—中侏罗统依次为翼部。

矿区出露长城系云梦山组下段地层，厚 200～260m。底部为砂砾岩及安山玢岩；中部为铁矿层、砾岩、砂岩、砂质页岩；上部为石英砂岩、砂质页岩和泥质砂岩互层（图 4-21）。

2. 矿床特征

矿体呈大小不等的透镜状。共有 23 个矿体，长度最大 1500m，最小几十米，一般 200～450m；最大厚度 15.27m，一般 2.5m。矿体在走向上间距 70～1800m，一般在 250m 内，其间为含铁页岩。矿体在倾向上延深不稳定，一般相变为砾岩。

矿层底面凹凸不平，岩性不尽相同，多为紫红色页岩或薄层状灰紫红色含铁砂岩，厚度一般 0.2～1.27m。铁矿夹层大部分为紫红色页岩，厚 0.14～1.2m，局部为砂岩，厚 1m。矿层顶板主要为砾岩及砂质页岩。砂质页岩的厚度变化大，最厚 10.27m，最薄 3.21m，一般 6m 以上。在矿体尖灭处可见顶板砂质页岩迅速被砾岩所代替，砾岩一般厚 1m，最厚 2～3m。砾石成分主要为石英砂岩，其次为乳白色或粉红色石英团块及赤铁矿，一般硅质及泥质胶结，矿体附近铁质胶结。

矿石一般呈叶片状、肾状及砂状结构，致密块状及条带状构造。主要矿石矿物为赤铁矿及针铁矿，含铁可达 40%～60%。黏土矿物是矿石中的主要杂质，此外有微量锆石、电气石、白云母、滑石、重晶石等。

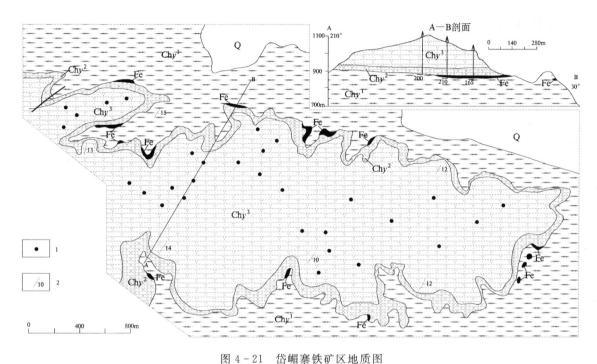

图 4-21 岱嵋寨铁矿区地质图

Chy¹、Chy²、Chy³.长城系云梦山组下、中、上部;Q.第四系;Fe.赤铁矿体。1.钻孔;2.岩层产状

3. 矿床成因与成矿模式

矿层分布在长城纪熊耳夭折裂谷边缘滨-浅海区,古陆富铁硅酸盐(熊耳群玄武-安山岩、含铁碎屑岩)经过长期的风化侵蚀、水化、生物化学作用,使得铁质从岩石中析出。Fe^{3+} 以 $Fe(OH)_3$ 的胶体溶液或细悬浮体形式,Fe^{2+} 呈 $Fe(HCO_3)$ 或与腐殖质酸结合形式,由河流搬运入海,在滨浅海凹陷处强氧化作用、电解质及异性电荷等参与下,铁质(Fe_2O_3)沉淀形成铁矿层。成矿模式见图 4-22。

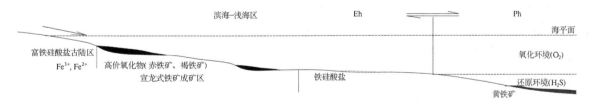

图 4-22 岱嵋寨铁矿成矿模式图

(据罗铭玖等,2000)

七、上刘庄铁矿及成矿模式

河南省目前已发现山西式铁矿(点)共计 52 个,资源储量规模一般在 100×10^4 t 左右,唯有焦作市上刘庄铁矿达到中型规模。该矿进行了勘探,提交铁矿石储量 1045.16×10^4 t(河南冶金三队,1962),TFe 26.5%～32.5%,但未上河南省矿产资源储量表,原因是见矿钻孔随机分布,资源储量不可靠。由此可见,很难获得达到勘探程度的铁矿石储量,呈矿点散布是山西式铁矿最大的特点。

1. 矿区地质

上刘庄铁矿位于焦作市东北约18km,属韩五乡所辖。地理坐标:东经113°21′00″,北纬35°19′00″。

矿区出露地层包括中奥陶统马家沟组、上石炭统—下二叠统本溪组、下二叠统太原组、古近系、新近系和第四系。地层呈向南东倾斜的单斜构造,倾角为15°～25°。断裂构造发育,表现为北东-南西走向正断层,该组断层将铁矿分成几个互相平行的矿带。

中奥陶统马家沟组:厚层状深灰色隐晶质石灰岩,质纯、性脆,富含方解石脉。表面由于铁染的结果,局部呈紫红色或黄色。该岩层有时成为铁矿的底板,因其古风化壳面形状不规则,致使铁矿体形状复杂多样。

上石炭统—下二叠统本溪组:为赋矿地层,底部直接为山西式铁矿。有时底部的灰白色或微带黄色的铝土页岩成为铁矿的底板。矿层的上部为灰白色、灰黄色、黄色铝土页岩,砂质铝土页岩和极不稳定的石英砂岩。在铝土页岩之中存在有褐铁矿结核或透镜体。

下二叠统太原组:由砂岩、砂质页岩、页岩、燧石灰岩和煤层组成。太原组与本溪组的分界以其最低一层含燧石灰岩为标志层。

2. 矿床特征

铁矿分为3个矿带:①土门掌-黄地坡-刘庄矿带;②王荔-孤堆后-三河矿带;③大南坡-孟泉矿带。其中土门掌-黄地坡-刘庄矿带:呈北东向分布,矿体倾向南东,倾角20°～30°,最大可达40°,东西长3500余米。矿体厚度最小0.4～0.5m,最大8～10m,平均4.05m。矿层在走向上基本保持连续。其他2个矿带中矿体稳定程度差,厚度较薄。

矿体赋存在本溪组下部的铝土页岩中,或奥陶系的古风化面上。不同的矿体在赋存位置、矿体形状和矿石特征上存在相应的变化。

(1)赋矿层位在奥陶系的古风化面上时,矿体形状一般为透镜状或鸡窝状,矿石为致密块状赤铁矿,品位较高(40%左右)。

(2)赋存在灰岩的裂隙或溶洞,矿体形状极不规则,为裂隙状或溶洞式,矿石类型为褐铁矿,多呈土状、葡萄状、蜂窝状或致密块状。矿石品位较高。

(3)当赋矿层位为本溪组下部的铝土页岩,矿体呈似层状,矿石呈豆状赤铁矿,品位在28%～35%之间,局部富集品位达40%以上。

3. 矿床成因与成矿模式

区内山西式铁矿的空间分布有以下规律:

(1)在中奥陶统地层上部古风化壳,山西式铁矿分布最大的规律就是无规律分布;在铝土岩下部的山西式铁矿,倾向深处为硫铁矿层,蜂窝状铁矿石中可见黄铁矿假象,表明为硫铁矿层氧化成因,该层位山西式铁矿可圈定出矿体。

(2)铝铁质黏土岩建造顶部—$_1$煤层发育情况与已知硫铁矿的规模相关,则间接与山西式铁矿相关。即—$_1$煤层发育好的地段氧化-还原作用强,有利于下部硫铁矿的形成,在—$_1$煤层可采区、局部可采区与偶尔可采区对应了大、中、小型硫铁矿产地的分布,这便是将有关的硫铁矿称之为煤系硫铁矿的根本原因,间接对应氧化产生褐铁矿的有利程度,是预测山西式铁矿存在的重要要素。

(3)在古岩溶发育地区,铝铁质黏土岩分布不稳定,一般无规模意义的山西式铁矿存在,其深部硫铁矿也处在氧化带之下,因此岩溶发育地区是山西式铁矿的不利要素。反之,层状铝土岩系的分布有利于黄铁矿,间接有利于山西式铁矿形成。

(4) 山西式铁矿可出现在潟湖、滨岸沼泽沉积相的各种岩相中,唯与黄铁矿相关系最为紧密。

(5) 铝土矿的规模和品质与山西式铁矿的出现呈负相关,已知铁矿床点均分布在铝土矿质量很差(A/S小)或达不到铝土矿 A/S 要求的地段。原因是黄铁矿相出现在铝土矿床的倾向下方,当脱硅祛铁的优质铝土矿分布有一定范围时,下方处在还原环境,往往只有硫铁矿而没有山西式铁矿存在。当优质铝土矿被剥蚀,黄铁矿才得以氧化产生山西式铁矿。

以上分析表明,山西式陆相沉积铁矿的形成有 2 个过程:首先在上覆沼泽的还原条件下,含铁高铝黏土中铁质向下淋滤,于底部还原形成黄铁矿层,而后在抬升地表后风化形成赤铁矿-褐铁矿。

第三节 铬铁矿

一、典型矿床及矿床式

铬铁矿来自亏损地幔岩,河南省的铬铁矿见于古元古代 TTG 片麻岩中的包体和商丹蛇绿岩带中。其中,商丹蛇绿岩带中的铬铁矿分别有属于岩浆结晶分异亚型的青白口纪洋淇沟铬铁矿产地,以及属于地幔岩局部熔融改造亚型的早古生代老龙泉铬铁矿点。除洋淇沟式的铬铁矿有望达到小型规模外,其他形式的铬铁矿点不具有矿产地的意义。

二、洋淇沟铬铁矿及成矿模式

矿区位于河南省西峡县西坪镇西北 13km 处,地理坐标:东经 $111°00'00''—111°03'07''$,北纬 $33°30'50''—33°34'10''$。洋淇沟铬铁矿与西侧陕西省商南县的松树沟铬铁矿属同一个矿床,河南省一侧累计查明铬铁矿矿石总量 24 427.8t,换算为铬金属量 608.1t,其中符合一般工业要求的矿石铬金属量 506.7t,贫矿中铬金属量 101.4t。

1. 矿区地质

洋淇沟铬铁矿赋存在褶皱变形的拼贴于北秦岭南缘的新元古代松树沟蛇绿岩片中,经历了洋壳俯冲、古生代基底杂岩再造的复杂过程。河南省境内的洋淇沟矿区处在松树沟蛇绿岩片的东南端(图 4-23)。超镁铁岩片平面形态呈透镜状,总体走向 310°~320°,倾向北东,倾角 70° 左右。根据磁法反演,河南省境内岩片底端的最大埋深为 1450m。

2. 矿床特征

铬铁矿呈似层状、透镜状及不规则状,分布在透镜状的纯橄榄岩带中。矿体规模很小:一般长 20~30m,最长 40m;厚度大于 0.1m 的矿体 51 个,其中 Cr_2O_3 平均含量大于 12%,厚度大于 0.3m 的矿体 15 个,厚度小于 10cm 的小矿体分布普遍。矿体走向 300°~330°,总体倾向北东,个别倾向南西,倾角 65°~75°,与岩片产状基本一致。已控制矿体垂向延深约 400m,最深在西沟、东沟矿段达 780m。矿体形状较复杂,多似脉状,少数呈透镜状及不规则状。

铬铁矿体 60% 赋存在中粗粒纯橄榄岩中,39% 赋存在细粒纯橄榄岩内,个别矿体围岩为斜辉辉橄岩。浸染状矿体与围岩一般呈渐变过渡,致密块状矿体与围岩接触清楚。近矿围岩常有铬尖晶石,向外逐渐消失。矿体边缘常有斜绿泥石或胶蛇纹石组成外壳,围岩多具蛇纹石化、斑点状滑

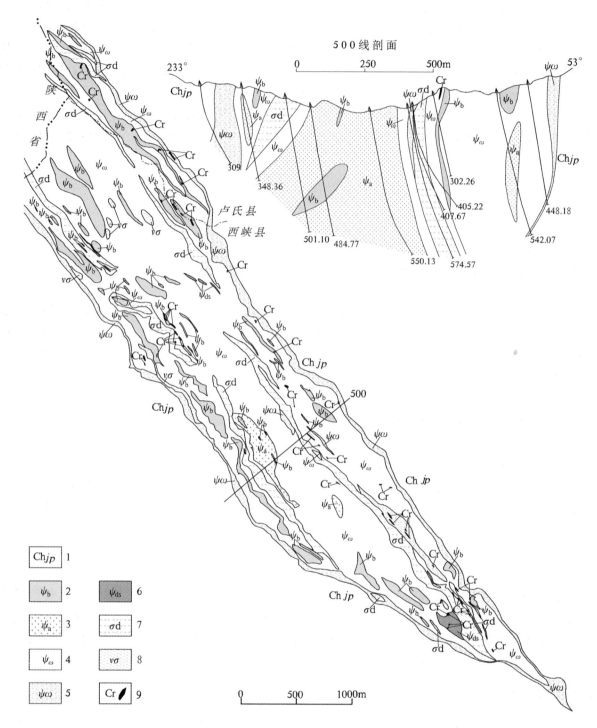

图 4-23 西峡县洋淇沟铬铁矿区地质图

1.长城纪界牌岩组；2.中粗粒纯橄榄岩；3.细粒纯橄榄岩；4.蛇纹石化纯橄榄岩；5.全蛇纹石化纯橄榄岩；6.蛇纹石化（斑点滑石化）含透辉石条带纯橄榄岩；7.透辉石橄榄岩及透辉石岩；8.（斜辉）橄榄岩；9.铬铁矿体

石化现象。含矿围岩中透辉石岩脉发育，常与矿体相间出现或直接为矿体的顶底板。

矿石中主要金属矿物为铬尖晶石，伴生有少量黄铁矿、镍黄铁矿、赤铁矿等，偶见铂族矿物。从稀疏浸染条带状矿石—中等浸染条带状矿石—致密块状矿石，镍黄铁矿的含量明显增高。脉石矿物因矿石类型不同而异。稀疏浸染状及中等浸染状矿石的脉石矿物主要为镁橄榄石、纤维蛇纹石、胶蛇纹石、叶蛇纹石,时有滑石及方解石。稠密浸染状矿石的脉石矿物以斜绿泥石、纤维蛇纹石、叶蛇纹石、胶蛇纹石及碳酸盐为主,偶有橄榄石残晶。致密块状矿石中脉石矿物为铬斜绿泥石及少量纤维蛇纹石、叶蛇纹石。

矿石结构以半自形—他形不等粒结构、自形—半自形中细粒结构为主,次为他形不等粒结构、包橄结构、熔蚀结构等。矿石构造大部分为浸染状构造,少量准致密块状构造。浸染状构造又分为稀疏浸染状构造、中等浸染状构造、稠密浸染状构造。

Cr_2O_3平均含量:稀疏浸染状矿石4.55%,中等浸染状矿石11.14%,稠密浸染状矿石24.17%,致密块状矿石38.18%。按贫矿Cr_2O_3平均含量大于或等于12%,前两种矿石暂不能利用。平均铬铁比值:稀疏浸染状矿石1.77,中等浸染状矿石1.44,稠密浸染状矿石2.05,致密块状矿石1.99;整体介于1.4～2之间,不适合火法冶炼铬的要求(铬铁比大于2)。

铂族元素在铬铁矿石和岩石中含量均较低,为$(0.031\sim0.295)\times10^{-6}$,不具有独立的工业价值。但据陕西地质勘探公司713队资料,松树沟矿段272、219矿体中发现的铂族元素在铬铁矿选矿过程中可以回收,具有一定的综合利用价值。

3. 矿床成因与成矿模式

洋淇沟铬铁矿研究程度低,缺少相关的矿床地球化学研究资料,相邻同一矿床的陕西松树沟铬铁矿研究程度较高。苏犁等(2005)对松树沟纯橄榄岩体中的橄榄石、斜方辉石和尖晶石矿物的原生岩浆包裹体进行了研究。包裹体呈孤立状产出,也见有随结晶收缩产生的细小包裹体环绕大包裹体分布。单个包裹体多呈卵圆形、负晶形、管状、不规则状,长径通常大于10mm,偶见达25mm。包裹体内部相成分复杂,常包含多个子矿物相,主要为硅酸盐和不透明金属矿物相,显示这些包裹体是被捕获的熔浆珠。电子探针分析这些不透明矿物主要为橄榄石(Ol)、斜方辉石(Opx)、铬铁矿(Chr)和磁铁矿(Mag)。各类岩石中包裹体的均一温度介于1250～1300℃之间,它们的初始熔融温度普遍较高,高达1000℃上下,暗示寄主矿物橄榄石、斜方辉石结晶于地温梯度高的岩石圈下部。除上述包裹体温度外,董云鹏等(1996)在研究橄榄石位错构造时,还发现了残斑橄榄石中同时发育有高温位错构造(位错弓弯、位错环、位错壁和亚颗粒)和低温位错构造(直线型自由位错),前者形成温度一般大于1000℃,后者形成温度为600～900℃。

周鼎武等(1998)和李犇等(2010)对松树沟岩体Pb、Sr和Nb做了较系统的研究。但由于该区构造演化复杂,变质作用强烈,同位素地球化学在解释成矿物质来源时存在较大的困难。周鼎武等(1998)通过对岩体内斜长角闪岩的Pb同位素研究后认为,Pb源区具有富集地幔的特征,并发现有DUPAL型异常,推测为DMM(亏损地幔端元)和EM(富集地幔)混合的结果。$^{207}Pb/^{204}Pb$比值相对$^{208}Pb/^{204}Pb$比值更偏离NHRL(北半球参考线),或许是变质流体作用的反映。李犇等(2010)将松树沟超镁铁质岩、镁铁质岩、铬铁矿的$(^{206}Pb/^{204}Pb)_i-(^{207}Pb/^{204}Pb)_i$和$(^{206}Pb/^{204}Pb)_i-(^{208}Pb/^{204}Pb)_i$进行拟合,发现具有良好的相关性,并与校正后的1079Ma的NHRL线位置非常接近(图4-24),认为其具有相同的物质来源。松树沟橄榄岩和基性岩的Sr同位素特征见图4-25。在$(^{87}Sr-^{86}Sr)_i$-Rb/Sr图解中,大部分样品落在1100～900Ma海水的$^{87}Sr-^{86}Sr$比值变化范围内,少量与同期地幔的$^{87}Sr-^{86}Sr$比值相接近,反映了基性岩和超基性岩的Sr同位素均受到了海水的强烈混染作用,即两类岩体都产自与蛇绿岩相关的洋底环境。周鼎武等(1998)测得Nd(t)比值在+4.2～+6.9之间,指示源自亏损地幔,但可能受到来自富集地幔物质的影响,致使$\varepsilon_{Nd}(t)$值有一较宽的变化范围。松树沟橄榄岩及单矿物$(^{143}Nd/^{144}Nd)_i=0.511498,\varepsilon_{Nd}(t)=4.9\sim5.0$(陈志宏等,2004),基性岩$(^{143}Nd/^{144}Nd)_i\approx0.511610,\varepsilon_{Nd}(t)=4.2\sim6.9$(Dong et al.,2008),二者一致的Nd同位素组成指示其具有相同的亏损地幔来源。从Pb、Sr和Nd同位素特征可以看出,橄榄岩和基性岩由相同的地幔来源物质演化而成,意味着橄榄岩和基性岩同为松树沟蛇绿岩的共同组成部分。而铬铁矿与橄榄岩也具有共同的物质来源。

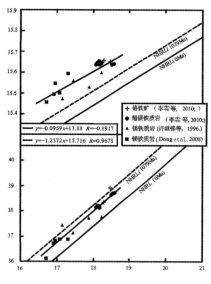

图4-24 松树沟橄榄岩、基性岩和铬铁矿Pb同位素图解
(据李犇等,2010)
NHRL. 北半球参考线(Hart,1984);NHRL(1074Ma)计算采用
MORB的$^{238}U/^{204}Pb(\mu)=11.20$和$^{232}Th/^{238}U(\kappa)=2.67$(White,1993)

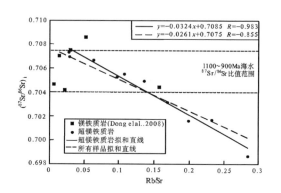

图4-25 松树沟橄榄岩和基性岩的
$(^{87}Sr-^{86}Sr)_i$-Rb/Sr图解
(据李犇等,2010)

董云鹏等(1996a)发现Ⅰ类橄榄岩(中粗粒纯橄榄岩和少量的块状构造方辉橄榄岩)比Ⅱ类橄榄岩(糜棱质橄榄岩)更富集Cr_2O_3,并且在$NiO-Cr_2O_3$图解中,Ⅰ类橄榄岩投点落在层状超镁铁堆晶岩范围,Ⅱ类橄榄岩落在阿尔比斯橄榄岩区域,而方辉橄榄岩则两者都有。松树沟铬铁矿矿体中的Fe^{3+}/Fe^{2+}平均比值和围岩蚀变纯橄榄岩中副矿物铬铁矿的Fe^{3+}/Fe^{2+}平均比值十分相近,说明二者总体形成氧逸度一致。自块状矿体到浸染状矿石Fe^{3+}/Fe^{2+}比值有递增趋势,说明矿体不是在同一氧逸度条件下形成的(程寄皋等,1997)。在$Cr^{\#}-Mg^{\#}$图解中(图4-26),铬铁矿均落入蛇绿岩中的铬铁矿区域,表明松树沟橄榄岩产出于与蛇绿岩有关的洋底环境(李犇等,2010)。

关于松树沟岩体的稀土元素研究较多,张泽军等(1989)、余妍等(1994)、董云鹏等(1996a,1996b)、苏犁等(2005)、刘军峰等(2008)和李犇等(2010)都做过较系统的研究,

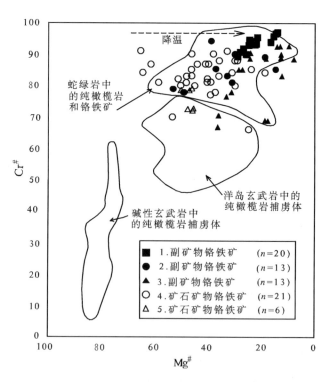

图4-26 松树沟橄榄岩中铬铁矿的$Mg^{\#}-Cr^{\#}$图解
(据李犇等,2010)

其结果基本一致。①中粗粒纯橄榄岩稀土总量较高,稀土元素配分曲线右倾,轻稀土富集,弱 δCe 正异常;细粒纯橄榄糜棱岩和方辉橄榄糜棱岩稀土总量较低(大体为标准球粒陨石含量的 $0.01\sim0.1$ 倍),稀土元素配分曲线略左倾,轻稀土弱亏损,弱 δCe 负异常。②中粗粒纯橄榄岩和细粒纯橄榄糜棱岩稀土元素组成具有显著的差异,表明两者具有不同的成因。前者被认为是地幔橄榄岩残余体再次部分熔融熔体分离结晶的产物;后者为地幔橄榄岩经历复杂变形并多次部分熔融的残余体。对松树沟岩体的同位素年龄测试较多,根据其经历的地质过程,大致有以下几种年龄。

蛇绿岩形成年龄:松树沟铬铁矿的形成年龄与中粗粒纯橄榄岩的形成时代一致,董云鹏等(1997)镁铁质岩的 Sm-Nd 全岩等时线年龄为 (1030 ± 46) Ma,代表了蛇绿岩的形成年龄;Sm-Nd 模式年龄为 $(1440\sim1271)$ Ma,代表玄武质岩浆从地幔中分异出的时间。

蛇绿岩块俯冲后侵位年龄:侵位年龄较多,李曙光等(1991)利用石榴石、角闪石单矿物和一个全岩样品获得 Sm-Nd 矿物内部等时线年龄为 (983 ± 140) Ma,代表了超镁铁岩块侵位时间。陈丹玲等(2002)对超镁铁质岩中辉石巨晶进行 $^{40}Ar/^{39}Ar$ 快中子活化法测年,得其高温坪年龄为 (833.8 ± 4) Ma,等时线年龄为 (848.2 ± 4) Ma,代表该超镁铁质岩体发生高压变质后初始抬升的冷却事件。刘军峰等(2005)利用 LA-ICPMS 锆石 U-Pb 法对榴闪岩定年,$^{206}Pb/^{238}U$ 年龄为 (518 ± 19) Ma,代表构造侵位年龄。

综上所述,赋存洋淇沟铬铁矿的超镁铁岩属于蛇绿岩片,由新元古代洋壳底部的堆晶橄榄岩,以及原岩属辉长岩、玄武岩的上部基性岩组成,铬铁矿随同橄榄石堆积于高度亏损的地幔岩的底部,属于产于堆晶橄榄岩底部的层状铬铁矿床。洋淇沟式铬铁矿形成于新元古代古秦岭洋中脊,经历了新元古代末向秦岭岛弧的俯冲,在早古生代进一步深俯冲达到高压—超高压基性麻粒岩相环境。之后,不可避免地经历了晚三叠世陆内俯冲,以及之后的构造挤出、推覆隆升和断块抬升等复杂构造过程,最终定位在南、北秦岭缝合带中的蛇绿岩岩片中(图4-27)。

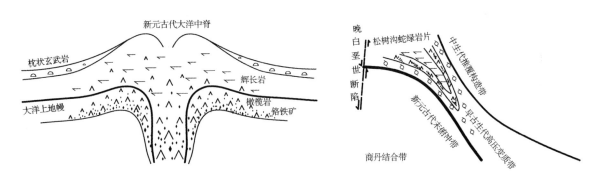

图 4-27 洋淇沟式蛇绿岩型铬铁矿成矿模式图

第四节 镍 矿

一、典型矿床及矿床式

河南省仅发现了周庵镍矿床,可表述为:南秦岭三叠纪高压变质折返带中的南华纪晚期周庵式基性—超基性铜-镍硫化物型镍矿。深俯冲后再折返的经历无益于矿床的保存,只是对矿床的剥露产生影响,重要意义在于揭示了南华纪大陆裂解事件中存在基性—超基性铜-镍硫化物矿床。

二、周庵镍矿床及成矿模式

周庵镍矿区位于唐河县南部豫鄂相邻地区,处在南阳盆地的东南缘。地理坐标:东经112°42′45″—112°45′05″,北纬32°26′52″—32°28′20″,面积8.69km²。探明金属量:镍32.83×10⁴t,铜11.75×10⁴t,伴生铂族元素(铂+钯)33.03t。

1. 矿区地质

矿区处在新元古代南秦岭被动陆缘,中生代以来逐渐折返的高压变质带。矿区大部分为新生界覆盖,基岩区出露陡岭岩群一套层状无序的变质岩系,主要岩性为上部白云石大理岩、黑云斜长片麻岩夹黑云石英片岩、石榴斜长角闪岩、榴闪岩、榴辉岩及石英岩;中部石榴黑云石英片岩夹石榴斜长角闪片岩、榴闪岩、榴辉岩;下部黑云石英片岩、石墨大理岩、透闪大理岩、黑云斜长片麻岩夹透闪透辉石岩和石英黑云母片岩(图4-28)。

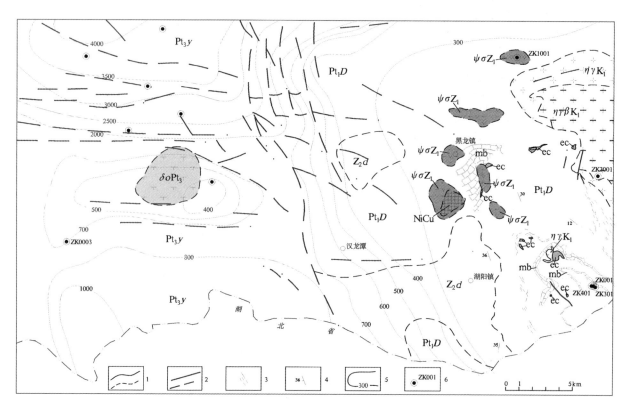

图4-28 西峡县洋淇沟铬铁矿区地质图

Pt₁D.古元古界陡岭岩群;ec.榴辉岩;mb.石墨大理岩;Pt₃y.新元古界耀岭河群;δoPt₃.新元古代石英闪长岩;Z₂d.上震旦统陡山沱组;ψσZ₁.早震旦世辉石橄榄岩;ηγK₁.早白垩世二长花岗岩;ηγβK₁.早白垩世似斑状二长花岗岩;NiCu.铜镍硫化物矿体分布范围。
1.实测及推断地质界线;2.实测及推断断层;3.实测韧性剪切带;4.岩层产状;5.新生界底板等深线;6.钻孔及编号

周庵隐伏超基性岩体侵位于古元古界陡岭岩群变质岩层中,岩石类型比较单一,根据矿物成分的含量变化、共生组合、蚀变程度,分为二辉辉橄岩、二辉橄榄岩、蚀变二辉橄辉岩及全蚀变岩(次闪石岩、蛇纹岩、绿泥-次闪石、次闪-绿泥石岩)等岩石类型。属二辉辉橄岩-二辉橄榄岩型,以二辉橄榄岩为主。除此之外,在岩体内部常见数量较多的基性脉岩。

二辉辉橄岩:灰黑色,粗—中粒结构,块状构造,主要矿物为橄榄石,含量为75%～80%,次为斜方辉石和单斜辉石,含量一般小于10%。橄榄石以Fo 85%～90%的贵橄榄石为主,常呈自形粒状,具浑圆外形,粒径一般1～2mm,大者4～5mm;斜方辉石,主要为紫苏辉石,少数为顽火辉石和古铜辉石,呈半自形柱状,粒径一般1～2mm,大者超过5mm;单斜辉石属透辉石,半自形粒状。斜方辉石略多于单斜辉石。上述矿物间隙常有微量呈柱粒状棕色角闪石(钛铁角闪石)和鳞片状黑云母。副矿物有铬尖晶石、磁铁矿,含量10%左右。岩石较新鲜,具粒状镶嵌结构、包橄结构。蚀变明显的橄榄石,其蚀变矿物为次闪石、蛇纹石(似胶蛇纹石、纤维蛇纹石为主)沿橄榄石边缘分布,具反应边结构,胶状填间结构。

二辉橄榄岩:为岩体的主要岩石类型,灰黑色,黑白间杂,中粒结构,块状构造。主要矿物为橄榄石,岩体边部含量为30%～50%,向中心增至60%～70%;辉石含量20%～40%。橄榄石和辉石种类及特点同二辉辉橄岩。仅Fo含量减少(约80%)。岩石蚀变较二辉辉橄岩稍强,但程度不均匀。蚀变矿物含量20%～30%,岩石普遍具胶状填间结构和反应边结构。微量矿物同二辉辉橄岩,并含磷灰石。该类岩石为岩体的主要组成部分。

蚀变二辉橄辉岩:灰绿色,中—细粒结构,块状构造,岩石蚀变强烈。主要矿物为蛇纹石、次闪石,含量约50%,蛇纹石以叶蛇纹石和纤维蛇纹石为主,交代橄榄石和辉石;次闪石为次生的透闪石,纤柱状,一般长径1mm,多数表现为纤状变晶,有的粗粒呈辉石假象。残余橄榄石含量10%～20%,大多被蛇纹石交代呈假象。粗大辉石晶体大于5mm,单斜辉石多于斜方辉石,残余辉石较普遍。具包橄结构、交代残余结构。

蛇纹岩:颜色较暗,致密块状,几乎全由蛇纹石组成,含少量碳酸盐、次闪石及残余橄榄石等。具胶蛇纹石和纤维蛇纹石组成的网格状结构或由叶蛇纹石构成的席状结构。主要分布在岩体外壳(即蚀变壳)。当次闪石含量增加,过渡为次闪-蛇纹石岩。碳酸盐化强时,则为碳酸盐化蛇纹岩。岩石残余结构明显,呈纤状变晶结构。

次闪石岩:浅灰绿色,细粒结构,主要由纤柱状次闪石组成,其次有蛇纹石、绿泥石、滑石等。具纤状变晶结构,可见粗大晶体呈辉石假象。当蛇纹石含量增加,组成蛇纹-次闪石岩,绿泥石增多时(交代透辉石或由黑云母蚀变而来)组成绿泥-次闪石岩或次闪-绿泥石岩。主要分布于岩体东部外壳。从残余结构及分布部位来看,推断由橄辉岩蚀变而来。

脉岩:岩体内所见后期脉岩种类和数量较多,主要有角闪岩脉、辉绿(长)岩脉、辉石岩脉、煌斑岩脉等。

从岩石类型、矿物含量变化、结构构造、蚀变作用及其分布情况来看,岩体分异作用不明显。周庵岩体超镁铁岩类SiO_2含量在37.42%～42.96%之间,MgO含量在31.68%～35.53%之间,岩石具低铝(平均Al_2O_3含量2.95%,<7.14%,A/CNK=0.229～0.697)、低钙(平均CaO含量2.49%,<5.03%)、低K_2O+Na_2O(平均含量0.49%,<1%)的特点。m/f值介于4.3～5.4之间,平均4.97,属于吴利仁(1963)所划分的铁质超基性岩(2～6.5)。辉橄岩类的$Mg^\#$值介于0.71～0.75之间,表明主要由岩浆早期结晶的矿物组成,岩浆分离结晶作用是形成周庵岩体的主要机制。在深成岩R_1-R_2分类中属辉橄辉长岩,少为辉长苏长岩;在侵入岩$SiO_2-(Na_2O+K_2O)$(TAS)中主要为霓方钠岩/磷霞岩/粗白榴岩,少为橄榄辉长岩;在岩石K_2O-SiO_2系列划分中属低钾(拉斑)-钙碱性系列。

2. 矿床特征

周庵超基性岩体总体呈NE40°方向展布,平面形态大致呈一东宽西窄不规则梯形,沿走向长约2450m,西部宽约700m,东部宽约1500m,水平投影面积2.25km²(图4-29)。剖面形态呈西厚(500～

700m)、东薄(135～168m),埋深西浅、东深的楔状体(图 4-30)。岩体中部略向上突,向四周缓倾斜,倾角一般 0°～20°,东部倾角约 30°,西部倾角 42°,在岩体侧围倾角较陡,局部产状可达 80°以上。

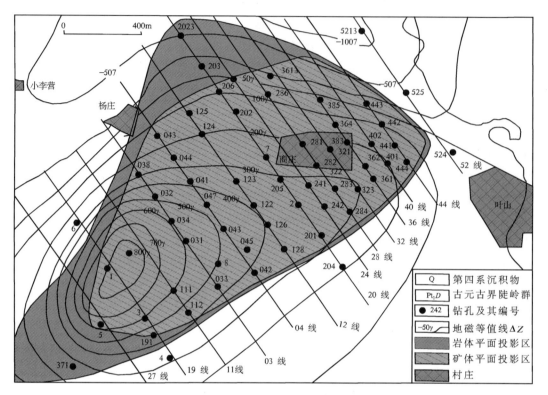

图 4-29 周庵矿区超基性岩体及镍硫化物矿体平面投影图(据王建民等,2006)

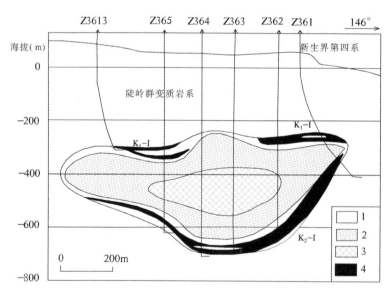

图 4-30 周庵矿区 36 勘探线剖面图
(据王建民等,2006)
1.橄榄辉石岩相带;2.二辉橄榄岩相带;3.橄榄岩相带;4.矿体

岩体三维形态如拳状,镍硫化物矿体呈皮壳状附于表面(图 4-31),仅在岩体下部的内部见有 1 个规模甚小的次要矿体。根据连续性分为 3 个矿体。

K_1-1 矿体：埋深 291.57～546.07m，倾向长 1820m，走向宽 80～1060m，厚 1.06～31.96m，呈中间宽两端窄的板状（似层状）体，形态不规则。平面上总体展布方向约 40°，平面投影面积 1.23km²。镍品位 0.20%～0.61%，平均 0.33%，品位变化系数为 72%；铜品位为 0.01%～0.28%，平均 0.13%；铂品位为 $(0.03～1.30)\times 10^{-6}$，平均 0.19×10^{-6}；钯品位为 $(0.03～2.30)\times 10^{-6}$，平均 0.17×10^{-6}。

K_2-1 矿体：埋深 456.48～990.87m，倾向长 1500m，走向宽 350～1100m，厚 1.62～69.40m，平面投影面积为 1.0km²。镍品位为 0.20%～0.65%，平均 0.34%，品位变化系数为 42.2%；铜品位为 0.01%～0.43%，平均 0.12%；铂品位为 $(0.03～1.12)\times 10^{-6}$，平均 0.20×10^{-6}；钯品位为 $(0.03～0.89)\times 10^{-6}$，平均 0.17×10^{-6}。

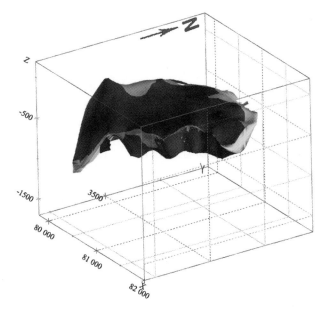

图 4-31　周庵超基性岩体及镍矿三维图
灰黑色．皮壳状铜镍硫化物矿体；灰白色．辉石橄榄岩体

K_3-1 矿体：埋深 469.56～874.41m，倾向延深约 680m，宽约 600m，厚 10.15～19.38m，平面投影面积为 0.03km²。镍品位为 0.22%～0.31%，平均 0.25%；伴生铜品位为 0.01%～0.03%，平均 0.01%。

矿石金属矿物主要为磁黄铁矿、镍黄铁矿、铬尖晶石、磁铁矿、黄铜矿等。金属矿物占矿物总量的 4%～7%，分布不均匀，局部富集达 20% 以上。脉石矿物总量在 95% 左右，以蛇纹石、次闪石为主，次为角闪石、辉石、橄榄石等。矿石结构比较复杂，主要有：他形晶粒状结构，交代残余结构，细脉、网脉状结构，环带状结构，骨晶结构，包含结构等。矿石构造主要以浸染状构造和斑杂状构造为主，金属矿物镍黄铁矿、黄铁矿、磁黄铁矿、黄铜矿、磁铁矿等，以单晶或集合体，呈星点状、稀疏浸染状和或斑杂状分布在脉石矿物中，金属矿物的含量占 4%～5%。局部见有致密块状构造和细脉浸染状构造。镍、铜平均品位分别为 0.34%、0.12%，铂 0.20×10^{-6}、钯 0.17×10^{-6}。

3. 矿床成因与成矿模式

糜梅等（2009）对周庵岩体的橄榄岩全岩做了铂族元素分析，发现所有样品 Pd/Ir 比值为 1.4～21，Pt/Ir 比值为 2.4～22。由于一般情况下，热液型镍矿石的 Pt/Ir 比值超过 100，而岩浆型镍矿石的 Pt/Ir 值较低（Maier 等，1997）。说明周庵铜镍矿床铂族矿物来源于岩浆，是岩浆成矿作用的产物。

闫海卿等（2010）研究发现，周庵岩体的微量元素 Sr、K、Rb、Ba、Th、Ti、P、Ce、Sc 富集，Nb、Ta、Zr、Hf、Sm 弱亏损，Y、Yb 强烈亏损；原始地幔标准化显示 Rb、Th、U、Sr、La、Ti 富集，Sm、Zr、Hf、Eu、Nd、Ta 的弱富集，Y、Er、Yb、Lu 亏损，具有板内拉斑玄武岩特征。

王梦玺、王焰（2012）研究认为，周庵岩体从上到下分为 3 个部分：上部绿泥石-蛇纹石化二辉橄榄岩相带、中部二辉橄榄岩相带和下部绿泥石-角闪石化二辉橄榄岩相带。通过研究周庵岩体中橄榄石、铬铁矿和辉石的矿物成分变化，探讨了岩浆演化过程和含矿岩体成因。从岩体中部带橄榄石和铬铁矿的成分计算得到，母岩浆 $Mg^\#$ 为 0.63，MgO/FeO 摩尔比值为 1.72，Al_2O_3 含量为 10.2%～11.7%，Ni 含量为 476×10^{-6}，说明其为高镁玄武质岩浆；岩体中部带原生铬铁矿和粒间相铬铁矿核部Cr_2O_3与Al_2O_3的正相关关系说明,铬铁矿与粒间硅酸盐熔体发生了平衡交换,铬铁矿的高TiO_2含量和$Cr^\#$值与拉张环境中层状岩体的铬铁矿特征一致;根据辉石温压计得到岩体中部单斜辉石和斜方辉石的共结温度为1017~1077℃,压力为3.6~4.5kbar(1bar=10^5Pa),暗示形成岩体的浅部岩浆房深度为12km。岩体上部和中部带的橄榄石Fo值大部分集中在(80~85)mol%,Ni含量介于(2255~4455)×10^{-6}之间,说明这些橄榄石是从没有经过强烈分离结晶和硫化物熔离的岩浆中结晶出来的。岩体下部带橄榄石的Fo值[(67~68)mol%]和Ni含量[(1500~2000)×10^{-6}]都低于岩体上部和中部带的橄榄石相应值,说明岩体下部带的橄榄石可能形成于演化程度较高,并经历了硫化物熔离的岩浆。因此认为周庵岩体是由相对原始的和比较演化的高镁玄武质岩浆两期侵位形成的。

闫海卿等(2011)测试了周庵岩体含长二辉橄榄岩的Sr、Nd同位素,Sr、Nd同位素组成显示出高$w(^{87}Sr)/w(^{86}Sr)$和低$w(^{143}Nd)/w(^{144}Nd)$的特点,$\varepsilon_{Nd}(t)$-I_{Sr}图解样品落入BSE地球原始均一地幔附近,具有向EMⅡ富集地幔演化的趋势(图4-32)。

王梦玺、王焰(2012)对二辉橄榄岩中的锆石进行了U/Pb定年和Hf-O同位素研究,以探讨岩体的形成时代和源区性质。锆石多呈宽板状,具明显振荡环带和扇状环带,Th/U比值介于0.8~10.6之间,具有基性岩浆结晶锆石的特征。锆石$^{206}Pb/^{238}U$年龄平均值为(636.5±4.4)Ma(2σ,n=15),被认为是岩体的形成时代。锆石$\delta^{18}O$值介于5.2‰~7.0‰之间,平均为(5.8±0.1)‰(2σ,n=33),与地幔的锆石$\delta^{18}O$值接近。锆石$^{176}Hf/^{177}Hf_{(t)}$比值介于0.282410~0.282594之间,$\varepsilon_{Hf}(t)$值在+1.3~+7.6之间,具有富集地幔的特点。

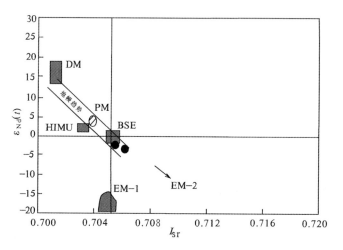

图4-32 周庵岩体含长二辉橄榄岩$\varepsilon_{Nd}(t)$-I_{Sr}图解
(据闫海卿等,2011)

与周庵铜-镍硫化物矿床同时代的耀岭河群发育厚层大陆拉斑玄武岩,超基性岩具有熔融程度低的富集地幔岩和快速贯入的特点,对应超镁铁岩带无板块构造边界和分划性深大断裂带,推测可能为Rodinia超大陆裂解背景,与超级地幔柱引起的地幔热点活动有关。尽管对周庵超镁铁岩体的岩相分带存在不同认识,但对岩浆来自富集地幔,以及矿物成分、元素含量在空间上的变化,认识是一致的。即超基性岩体的主体快速侵位和结晶,不具有明显的相带和硫化物的熔离,晚期发生硫化物熔离的二辉橄榄岩二次侵位,熔离的镍硫化物沿早期未发生熔离的二辉橄榄岩与围岩接触带(冷却收缩面)贯入,形成了皮壳状的镍硫化物矿体。对于早期未发生熔离的二辉橄榄岩而言,相当于岩浆晚期贯入矿床。这种成矿过程也很好地解释了处在岩体内部的镍硫化物矿体,即处在二次岩浆活动的界面(图4-33)。

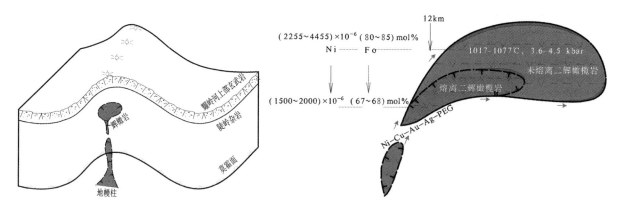

图 4-33　周庵式基性—超基性铜-镍硫化物型矿床成矿模式图
(图中数据引自王梦玺、王焰,2012)

第五节　锂　矿

一、典型矿床及矿床式

河南省的锂矿仅有一种类型,以南阳山铌钽锂矿床为代表,取名南阳山式花岗伟晶岩型铌钽锂矿,指分布在南、北秦岭碰撞带,与志留纪后碰撞深成岩浆杂岩有关的伟晶岩型矿床。

二、南阳山铌钽锂矿床及成矿模式

南阳山铌钽锂矿位于河南省卢氏县官坡南约 2.5km 处,面积约 1.33km², 地理坐标:东经 110°44′00″,北纬 33°53′10″。累计查明:锂 4098t,钽 185t,铌 84t。矿区平均品位分别为:锂 1%,钽 0.01%,铌 0.011%。

1. 矿区地质

矿区处在商丹蛇绿岩带北侧秦岭基底杂岩逆冲岩片中,出露大量的含铌钽锂矿伟晶岩脉(图 4-34)。出露地层主要为峡河岩群界牌岩组下段($Chjp^1$),根据岩性不同分为两层。

下层 $Chjp^{1-2}$:分布在矿区的南部,由透辉石岩、透辉石大理岩夹斜长角闪片岩组成,倾向 25°~30°,倾角 60°~80°,局部倾向南西,与上层呈整合接触。透辉石岩灰绿色、浅灰色,矿物成分为透辉石(60%~65%)、斜长石、方解石、方柱石,少量石英、绿帘石、金云母、透闪石等,不等粒变晶结构,块状构造或条带状构造。透辉石大理岩呈浅灰绿色,矿物成分以方解石、透辉石为主,少量金云母、绿帘石、次闪石、黑云母、长石、石英等。斜长角闪片岩灰绿色、暗绿色,矿物成分为角闪石(65%~70%)和斜长石(30%~35%),含少量绿泥石、黄铁矿、金云母等,细粒变晶结构,片状构造,片理发育。

上层 $Chjp^{1-1}$:分布于矿区北部,由白云质大理岩夹斜长角闪片岩组成,倾向 30°~40°,倾角 70°~80°。白云质大理岩灰白色、浅灰色,主要矿物成分为方解石和白云石,两者含量大于 95%,局

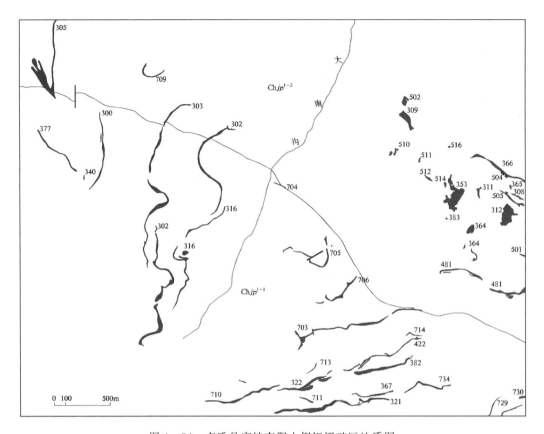

图 4-34 卢氏县官坡南阳山铌钽锂矿区地质图

$Chjp^{1-1}$.峡河岩群界牌岩组下层;$Chjp^{1-2}$.峡河岩群界牌岩组上层;灰黑色区与数字为伟晶岩脉及编号

部含少量透辉石和金云母,粒状结构,块状构造。斜长角闪片岩岩性同上。

2. 矿床特征

矿区共有伟晶岩脉 80 条,其中矿脉 42 条(图 4-35)。依主要矿物成分划分为白云母微斜长石型、白云母钠长石微斜长石型和锂云母钠长石型 3 种类型。

白云母微斜长石型:分弱钠长石化、中等钠长石化两个亚类。弱钠长石化亚类以 308 脉为代表,长 500~1000m,厚 30~50m,稀有金属矿物含量低,仅见个别绿柱石和铌钽铁矿。中等钠长石化亚类,以 302、303、707、710 等脉为代表,分布在矿区南半部,规模大小不一,长 26~478m,厚 0.24~4.24m,延深 30~280m。矿脉产状主要有两组,一组倾向 35°~75°,倾角 37°~56°;另一组倾向 305°~350°,倾角 14°~44°。302、303 等脉均为充填两组裂隙而成,为不规则的脉状,具分枝复合特点。该类型伟晶岩矿物组成以微斜长石和石英为主,钠长石、白云母、斜长石次之,副矿物以常见黑色电气石为特征。稀有元素矿物常见铌钽铁矿、绿柱石和锂辉石。铌钽铁矿晶体长 0.05~1mm,与微斜长石、钠长石、石英、白云母嵌生,并可见锡石、曲晶石与铌锂铁矿伴生。锂辉石原生晶体长 1~40cm,交代生成的长仅 1~10mm。此外还可见到很少的细晶石、磷铝石、锰钽矿等。结构分带不明显,以中—粗粒石英微斜长石带为主体。围岩蚀变发育,与矿化有关的主要为锂闪石化、萤石化和白云岩蚀变 3 种。锂闪石呈紫色,以针状集合体产出,分布于离伟晶岩脉 0.5~5m 的斜长角闪片岩中,蚀变强度随远离伟晶岩而减弱。白云岩蚀变呈黄褐色条带分布,宽 0.5~2m,分布在距伟晶岩脉 1~3m 处。萤石化呈紫色,呈浸染状或集合体产出,萤石化强时对找矿具有指示意义。

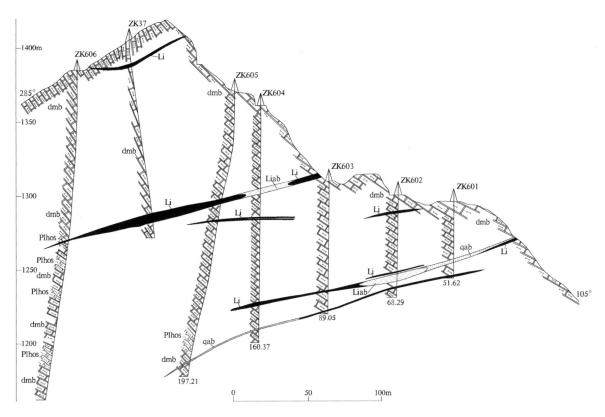

图 4-35　南阳山铌钽锂矿 302、303 脉第 6 勘探线剖面图
dmb. 透辉石大理岩；Plhos. 斜长角闪片岩；Li. 伟晶岩脉及编号铌钽锂矿体；Liab. 含锂辉石钠长石化石英微斜长石带；
qab. 石英钠长石带

白云母钠长石微斜长石型：为本矿区最主要矿石类型，矿脉总体表现为北西向延伸近平行的脉群，以 312、506、366 等脉为代表，分布于矿区北部小南沟、十亩地沟一带。364、312 构成向北东缓倾斜的平行脉组，366、512、506、724 等构成一组向北东陡倾斜的平行脉组。此类矿脉规模较大，长度介于 51~262m 之间，厚度一般为 1.25~8.66m，延深达 32~210m。312 脉倾向 28°，倾角 22°~29°；长 243m，厚 1.64~15.67m，平均 6.55m，延深 210m。506 脉倾向 35°，倾角 80°；长 262m，平均厚度 3.84m，延深 172m。366 脉产状总体变化较大，倾向 171°~207°，倾角 32°~76°；长 124m，延深 115m，平均厚度 2.75m。查明矿物成分有 32 种，其中矿石矿物有锰铌矿、锰钽矿、细晶石、钠锂绿柱石和锂辉石。铌、钽矿物晶体 1~2mm，不均匀散点状分布。钠锂绿柱石呈黄色、黄绿色，直径 0.5~2cm，分布零散。锂辉石呈柱状、板柱状晶体，长 10~50cm，含量 10%~30%。标型矿物为绿色电气石、钠锂绿柱石、磷铝石。磷铝石块径 1~5cm，与石英嵌生，含量 5%~10%。结构分带良好，共分为 8 个带，即：石英微斜长石带，石英微斜长石锂辉石带，微斜长石带，石英锂辉石带，石英锂辉石白云母带，中叶钠长石带，小叶钠长石带，高岭石带。交代作用以锂白云母化、小叶钠长石化、高岭石化最为发育，中叶钠长石化次之，锂云母化微弱。在交代体中，铌、钽矿化显著增强，锂辉石也略有增加。稀有矿物含量介于白云母微斜长石型和锂云母钠长石型之间。Ta_2O_5 平均含量 0.010%，Nb_2O_5 平均含量 0.011%。

锂云母钠长石型：规模较小，以 309、703、363 等脉为代表。长 9.35~75m，厚 1.14~4.55m，多数延深大于长度，矿体形态比较复杂，有明显的膨胀收缩，有些矿脉是白云母钠长石微斜长石型矿脉的支脉。此种类型矿物成分，交代作用最复杂，矿化最好。查明矿物成分近 40 种，矿石矿物有

12种：细晶石、黑钽铀矿、锰钽矿、锑钽矿、钛钽铌矿、锰辉石、磷锂铝石、锂云母、铯榴石、铯锂绿柱石、锆石、锡石，包含钽、铌、锂、铍、铷、铯、锆、铪、锡等有益组分。锂辉石晶体较白云母钠长石微斜长石型矿脉要小，长1～10cm，其他矿物晶体粒径一般多小于110cm。标型矿物为锂云母、多色电气石（主要为红色电气石）、锑钽矿、铯锂绿柱石、磷锂铝石和铯榴石。稀有矿物含量颇高，Ta_2O_5平均含量0.040%，Nb_2O_5平均含量0.015%，Li_2O 1%，BeO 0.045%，Rb_2O 0.30%，Cs_2O 0.22%。

3. 矿床成因与成矿模式

南阳山铌钽锂矿研究程度较低，目前仅有少量锂辉石的稀土元素研究资料（白峰等，2001）。但对成矿母岩灰池子岩体的研究资料较多（张正伟，1991；张宏飞等，1994；郭继春等，1994；李伍平等，2000，2001；王涛等，2009），作为伟晶岩型矿床，矿床的地球化学特征基本取决于母岩，因此灰池子岩体的同位素组成、成岩年龄和物质来源直接地反映了伟晶岩矿床的相关地球化学特征。根据前人资料（张宏飞等，1994；严阵等，1985；张正伟，1991；胡受奚等，1981；），灰池子岩体主体的黑云母斜长花岗岩具有以下特征：岩石中SiO_2含量$\omega(SiO_2)$值范围67.60%～72.86%，平均70.83%；富Na贫K，$\omega(Na_2O)=4.6\%$，$\omega(K_2O)=2.58\%$；$K_2O/Na_2O=0.56$，$A/CNK=1.10$，具准铝性质，里特曼指数（σ）为1.85，属钙碱性系列岩石。在ACF图解上，样品点均落入I型花岗岩区。

南阳山矿区锂辉石稀土配分模式见图4-36。在锂辉石稀土元素配分模式图中可以看出，河南省官坡锂辉石存在一定程度的铕负异常，可见河南省官坡伟晶岩中的锂辉石是在结晶分异过程中斜长石结晶析出后而逐渐结晶析出。这是因为在各类岩浆岩中Eu异常的产生常与斜长石的结晶有关，不同矿物具有不同的REE分配系数，斜长石对Eu的分配系数远远大于其他REE，在岩浆分离结晶过程中，斜长石的大量晶出将导致残余熔体中形成明显Eu负异常（王志畅，2004）。

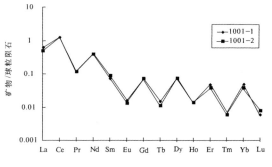

图4-36 河南省官坡伟晶岩锂辉石
稀土元素球粒陨石配分模式图
（引自白峰等，2001）

张宏飞等（1994）对黑云母二长花岗岩的氧同位素测试，$\delta^{18}O$值为7.60‰～9.08‰；张正伟（1991）对灰池子岩体两期岩体进行氧同位素全岩分析，$\delta^{18}O$值前期为7.5‰，后期为8.29‰。郭继春等（1994）测得两个样品的$\delta^{18}O$值为7.50‰和9.24‰。氧同位素值都属于正常花岗岩范围，与华南花岗岩的资料（改造型花岗岩为10.5，同熔型为7.5～10.0）相比，其氧同位素接近于华南同熔型花岗岩类。

严阵（1985）测得灰池子岩体的$^{87}Sr/^{86}Sr$初始值为0.706，与华南改造型花岗岩相似。张宏飞等（1994）测得$\varepsilon_{Nd}(t)$值为-1.50和-0.80，$\varepsilon_{Sr}(t)$值为+21.2和+23.8；王涛等（2009）测得$\varepsilon_{Nd}(t)$值为-0.9～1，I_{Sr}值为0.705 30～0.7062。Sr-Nd同位素资料表明黑云母二长花岗岩的物源为洋壳经过下地壳深熔形成。

秦岭弧盆系于志留纪发生聚合碰撞。早期俯冲板片的消融，产生了以高Sr、低Y为特点的I型花岗岩浆，在岩体侵位之后，源区残余流体随之上升，产生围绕早期岩体展布的大量花岗伟晶岩墙，富含挥发分的含稀有金属矿物的伟晶岩带分布在最上方或最外侧，形成了带状展布的花岗伟晶岩型铌钽锂矿，也标志着碰撞造山阶段的结束（图4-37）。

南阳山铌钽锂矿为典型的花岗伟晶岩脉矿床，其成矿母岩为灰池子岩体，原始岩浆为地幔岩浆与下地壳局部混染形成的岩浆流体。含稀有金属花岗伟晶岩滞后于花岗岩体侵位，属岩浆起源部位富含挥发分的补充期岩浆流体活动。其形成最晚，定位在花岗岩体最外侧。根据邹天仁

(1975)的理论,区内伟晶岩脉成因应为岩浆分异自交代,早阶段以结晶作用为主,后期以交代作用为主,铌钽锂矿的形成主要在后期交代作用下形成。在交代作用下,岩体周围自内向外形成黑云母化、白云母化和锂云母化的带状分布,锂矿的形成主要与锂云母化密切相关。在通常环境下,稀有金属元素与 K、Na 以易溶络合物的形式赋存在充满 F、Cl、B、CO_2、P 的成矿溶液下,随着成矿作用发育到一定程度,温度和压力下降,稀有金属络合物被破坏,产生碱质的交代作用,稀土元素随之晶出成矿。

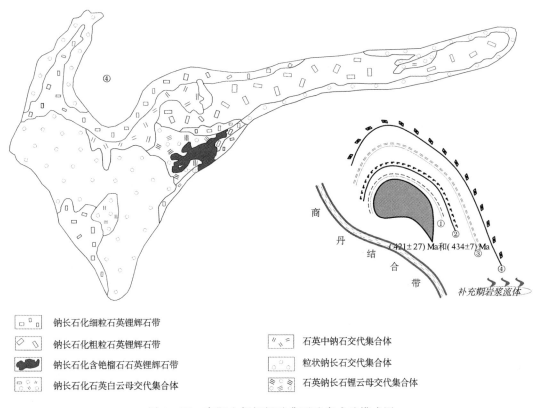

图 4-37 南阳山铌钽锂矿典型矿床成矿模式图
①黑云母型花岗伟晶岩;②二云母型花岗伟晶岩;③白云母型花岗伟晶岩;④含稀有金属矿物型花岗伟晶岩
(内部结构见图左上部位)

第六节 钼钨矿

一、典型矿床及矿床式

表 3-9 列出了河南省钼钨矿床的自然类型谱系,共 12 种矿床式。斑岩型钼矿可进一步归为 4 类:岩体容矿的汤家坪式;矿体远离花岗岩体的千鹅冲式;处在大岩基边部的石门沟式;侵入角砾岩体容矿的雷门沟式。接触带控矿的钼钨矿归为 2 类:以矽卡岩控矿为主的夜长坪式;岩体内外普遍成矿,内钼外钨的南泥湖-三道庄式(可泛称为栾川式)。不出现岩体的脉状钼矿称为大湖式。秋树湾式归为铜矿床类型。

二、夜长坪钼钨矿床及成矿模式

夜长坪钼钨矿位于卢氏县木桐乡夜长坪村，地理坐标：东经110°43′06″—110°44′24″，北纬34°02′49″—34°03′55″。截至2009年底累计探明钼储量达$15.39×10^4$t，伴生钨资源量(334)？12.1$×10^4$t，属大型钼钨矿。

1. 矿区地质

夜长坪钼钨矿区位于华北陆块南缘中—新元古代增生带，成矿地质构造环境属中生代小秦岭-伏牛山碰撞造山晚期板内岩浆弧。矿区出露地层主要为蓟县系官道口群龙家园组、巡检司组一套白云岩(图4-38)。

龙家园组：分布于矿区及其东部和北部，厚约559.00m。矿区出露本组中上岩性段地层。中段岩性自下而上分别为中厚层硅质条带白云岩、深灰色硅质条带白云岩、条纹条带状白云岩；上段岩性自下而上分别为条纹状白云岩、纹带状白云岩、厚层状白云岩、中厚层硅质条带白云岩、厚层状白云岩、中厚层状硅质条带白云岩。

巡检司组：按岩性组合自下而上可划分为3个岩性段。下段岩性为钙质绢云片岩、泥质白云岩、白云岩；中段岩性为中厚层硅质团块白云岩；上段岩性为中厚层宽硅质条带白云岩。

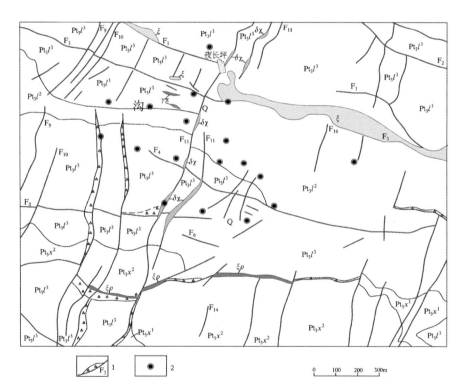

图4-38 夜长坪钼钨矿平面地质简图

Pt_3x^1.巡检司组下段；Pt_3x^2.巡检司组中段；Pt_3l^2.龙家园组中段；Pt_3l^3.龙家园组上段；$\delta\chi$.闪斜煌斑岩；ξ.片理化正长岩；$\xi\rho$.黑云正长岩；$\gamma\pi$.花岗斑岩。1.构造角砾岩、断层及编号；2.钻孔

矿区位于潘河-马超营区域性深大断裂西延部分的南侧，发育轴迹北西西向褶皱和北西西向、北北东向交织的断层。

夜长坪背斜：位于矿区北部，走向280°～290°，轴面北倾，倾角75°左右，向西倾伏。轴部地层为龙家园组中段，两翼由龙家园组上段地层组成。北翼地层缓倾，倾角10°～30°；南翼地层陡倾，倾角50°～70°。在背斜轴部发育成群分布的石英细脉，沿260°和340°方向两组裂隙分布，或分布于垂直岩层面的裂隙。

下黄叶-拐峪断层（F_1）：位于矿区北部，延伸几十千米，宽几十米，在夜长坪以西分成两条近于平行的断裂。断层走向280°～290°，断面北倾，倾角60°～80°。断层面沿走向、倾向呈舒缓波状，发育构造角砾岩带和剪切透镜体。早期断裂为正断层，北盘明显下降，充填中侏罗世（?）正长岩脉；晚期右行剪切活动，断裂带中的正长岩脉发育扭曲的破劈理带。

北北东向断裂：具成群成带分布特点，一般延伸300～800m不等，断裂带厚0.5～1m。断层面走向一般20°～30°，倾向北西，倾角50°～70°。规模较大者有东沟（F_{12}）、夜长坪（F_{13}）、西沟脑（F_{11}）3条断裂，断层面平直，常见摩擦镜面、擦痕构造角砾岩和断层泥。断裂性质为左行平移-正断层，断层中煌斑岩脉产生破劈理化带。

岩浆岩不发育，主要为钾长花岗斑岩、正长岩和闪斜煌斑岩。钾长花岗斑岩的时代为早白垩世与晚侏罗世之交[辉钼矿Re-Os模式年龄(145.4±2.1)～(143.6±2.4)Ma，等时线年龄(145.3±4.4)Ma；毛冰等，2010]，之前的K-Ar年龄为163.1Ma。正长岩(169Ma,Rb-Sr)和闪斜煌斑岩的时代尚有疑问。钾长花岗斑岩在矿区范围内出露3处，均位于西沟北坡，呈岩脉状产出，规模较大者长约270m，宽1～2m，钻孔中见到较多花岗斑岩脉或岩枝。花岗斑岩脉或岩枝多沿东西向断裂产出。与钼矿化关系较为密切的为钾长花岗斑岩。呈浅肉红色，斑状结构，基质微粒结构、文象结构、微细粒花岗结构，块状构造。斑晶含量15%～50%，由石英、钾长石组成，粒径1～3mm。基质由斜长石（25%～30%）、钾长石（30%～40%）、石英（30%）及少量黑云母组成。副矿物为磷灰石、锆石、磁铁矿、榍石等。钾长花岗斑岩有两期，早期在钾长花岗斑岩脉或岩枝与钼矿化之间存在较强的硅化蚀变，矿化存在于硅化蚀变带及其外围。晚期侵入活动无明显的成矿作用，并穿插矿体，主要分布于地表和钻孔浅部，岩脉周围蚀变微弱，仅在0.5m至几米范围内出现矽卡岩化。夜长坪钾长花岗斑岩体岩石化学成分：SiO_2 73.05%，K_2O+Na_2O 10.16%，$\omega(K_2O)/\omega(Na_2O)$ 2.76；具高硅、富碱、高钾特征，里特曼指数（σ）3.44，属碱性系列。

2. 矿床特征

矿体主要呈似层状或透镜状赋存于官道口群龙家园组与隐伏花岗斑岩体接触带的透闪石矽卡岩和透辉石矽卡岩中，其次赋存于斑岩体中（图4-39）。主矿体东西长800余米，南北宽大于500m，顶面埋深70～150m。矿体在平面上呈环状，剖面上呈向上凸出的弧状；从中心向四周呈5°～15°的缓倾斜；边部较陡，倾角40°～50°。主矿体由上部和下部两个矿体组成，两者之间在+900m标高由无矿带或矿化体分开，无重合或叠加现象。上部矿体赋存标高+1150～+780m，埋深70～400m，厚150～230m，向四周有变薄的趋势（未控制边界）；下部矿体控制标高+960～+420m，埋深220～760m，厚180～230m，深部和四周均未控制边界。矿区钼品位0.03%～1.36%，平均0.133%；钨品位一般0.07%～0.98%，平均0.102%，伴生有低品位磁铁矿。

矿体普遍具有强烈的围岩蚀变，主要有透辉石化、透闪石化、蛇纹石化、阳起石化、铁锰碳酸盐化、金云母化、绿泥石化和硅化，其中与钼成矿关系最为密切的为透闪石化、阳起石化、金云母化和透辉石化。一般情况下，蚀变越强矿化愈好，金云透闪阳起石岩带、透闪阳起石岩带均为矿体，透辉石岩带部分为矿体，矿化标志非常清楚。

矿石金属矿物主要有辉钼矿、白钨矿、磁铁矿、黄铁矿，次为黄铜矿、闪锌矿，以及少量辉铜矿、方铅矿、蓝铜矿、黝铜矿、锡石，氧化矿物有褐铁矿、钼华、钼铅矿、钼钙矿及少量钼钨钙等。脉石

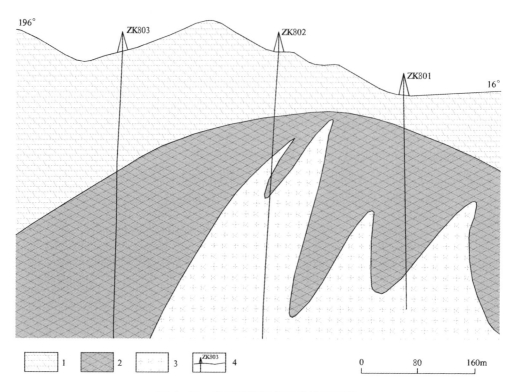

图 4-39 夜长坪隐伏钼钨矿体剖面图
1.龙家园组大理岩;2.钼钨矿体;3.钾长花岗斑岩;4.钻孔位置及编号

矿物主要有透辉石、透闪石、阳起石、金云母、滑石、绿泥石、萤石、石英、白云石、硅镁石,次为石膏、方解石、石榴石、蛇纹石、钾长石、更长石、黑云母等。矿石以粒状结构为主,其中金属矿物辉钼矿、黄铁矿多为自形晶,白钨矿、多数磁铁矿多为他形粒状—半自形晶。矿石构造呈细脉状、浸染状、细脉浸染状、条带状及塑性变形构造,以浸染状、细脉浸染状和条带状构造为主。

矿石中 Mo 含量 $0.031\%\sim0.441\%$,一般 $0.056\sim0.275\%$,平均 0.116%。其中,上部矿体 Mo 平均品位 0.131%,下部矿体 Mo 平均品位 0.103%。WO_3 含量 $0.051\%\sim0.490\%$,一般 $0.070\%\sim0.177\%$,平均 0.088%,其中上部矿体 WO_3 平均品位 0.079%,下部矿体 WO_3 平均品位 0.082%。钨含量与钼含量呈正相关关系。Fe_3O_4 含量 $0.35\%\sim13.91\%$,一般 $1.25\%\sim3.75\%$,平均 1.60%。矿石中伴生有益组分为 mFe、W 等。

3. 矿床成因与成矿模式

对于夜长坪钼钨矿床成矿物质来源,早期有两种认识:源自下地壳(安三元等,1984;陈衍景等,2000)和壳幔混合来源(张正伟等,1989,2001b;张本仁等,1994)。近年来,新的元素示踪方法支持壳幔混合来源,毛景文等(1999)通过研究辉钼矿中 Re 含量来指示成矿物质来源,推断夜长坪钼钨矿区侵入岩体为 I 型花岗岩体,成矿物质来源及其成矿母岩钾长花岗斑岩主要来源于下地壳,同时混有少量幔源物质。

毛冰等(2011)对夜长坪钼钨矿辉钼矿进行 Re-Os 同位素测年,测得模式年龄为 $(145.4\pm2.1)\sim(143.6\pm2.4)$ Ma,等时线年龄为 (145.3 ± 4.4) Ma;晏国龙等(2012)同样采用辉钼矿 Re-Os 同位素测年,获得模式年龄为 $(147.2\pm2.5)\sim(144.2\pm2.0)$ Ma,加权平均年龄为 (145.28 ± 0.76) Ma,等时线年龄为 (144.89 ± 0.96) Ma。

晚三叠世—早白垩世受特提斯构造域和太平洋构造域动力机制转变的影响，整个中国大陆中东部构造体制开始转换，东秦岭构造应力方向由近东西向转为北北东向，由挤压构造体制转入伸展环境。在该环境下，壳幔混合来源的富含Mo、W及挥发分的岩浆上升侵位，形成夜长坪钾长花岗斑岩岩体。跟随岩浆侵位的高温流体，首先在岩体及其围岩内外接触带与围岩碳酸盐岩交代形成矽卡岩。稍后中温含矿流体滞留于岩体顶部、先形成的矽卡带及断层中，形成斑岩-矽卡岩型钼钨矿体与外围脉状硫化物矿脉(图4-40)。

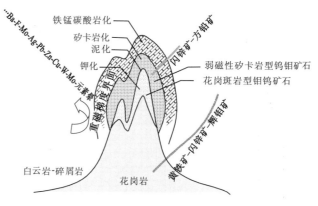

图4-40 夜长坪钼钨矿区成矿模式图

三、南泥湖-三道庄钼钨矿

南泥湖-三道庄钼钨矿床位于栾川县城北西20km左右的冷水镇境内，地理坐标：东经111°28′25″—111°29′55″，北纬：33°54′10″—33°56′02″。该矿床包含以往先后勘探的但矿体连通的"三道庄矿区"和"南泥湖矿区"，探明储量：Mo 140.12×10^4 t，WO_3 59.20×10^4 t，属超大型钼钨矿。矿床西南侧为骆驼山硫多金属矿区，西北侧为冷水北沟铅锌（银）矿区，北侧为马圈钼矿区及杨树洼铅锌（银）矿区，东南侧为银和沟铅锌（银）矿区。

1. 矿区地质

矿区处在华北陆块南缘，栾川深大断裂北侧，成矿地质构造背景为中生代小秦岭-伏牛山板内岩浆弧（图4-41）。区内出露一套中—新元古代陆缘盆地沉积，自下而上为蓟县系官道口群和青白口系栾川群；北侧与东侧外围分布的长城系熊耳群及古元古界太华岩群上亚群倾没于矿区深部；南侧外围出露的陶湾群在时代和是否归属于华北陆块的问题上存在不同的认识。

官道口群分布在矿区北部，由下向上出露：巡检司组灰色、灰白色厚层状硅质条带白云石大理岩；杜关组杂色薄层状白云石大理岩，夹绢云母千枚岩及钙质千枚岩；冯家湾组灰色厚层状硅质条带白云石大理岩，上部夹含碳绢云千枚岩；白术沟组上段黑色板状千枚岩、碳质板岩（夹石煤层）、含碳大理岩，底部为碳质石英岩。

栾川群出露在矿区中南部，自下而上分别为：三川组下段变石英砂岩；三川组上段青灰色条纹、条带状大理岩夹钙质粉砂岩薄层，中厚层状大理岩、黑云大理岩及顶部浅绿色钙质绢云片岩。南泥湖组下段白色石英砂岩，灰色钙质砂岩；南泥湖组中段下部钙质绢云片岩、绢云石英片岩、碳质绢云片岩及石英砂岩薄层，上部钙质绢云片岩夹钙质黑云片岩、碳质绢云石英片岩、灰白色薄层状大理岩；南泥湖组上段深灰色条带大理岩，碳质黑云片岩、钙质片岩，灰黑色片状黑云母大理岩、大理岩、绢云母大理岩。煤窑沟组下段下部黄褐色钙质绢云片岩、二云片岩、石英大理岩、白色细粒石英岩、浅灰褐色钙质细砂岩，上部灰白色石英大理岩，碳质大理岩；煤窑沟组中段白色厚层状白云石大理岩、青灰色薄层状大理岩、叠层石大理岩、二云片岩、碳质板岩及含碳质大理岩；煤窑沟组上段底部灰白色含磁铁石英岩、含磁铁二云英片岩，下部灰白色白云石大理岩夹含碳大理岩及石煤层，上部灰白色含石英条带白云质大理岩、白云石大理岩。

区内侵入岩先后有青白口纪辉长岩（席），时代不明正长斑岩脉，晚侏罗世南泥湖似斑状二长花

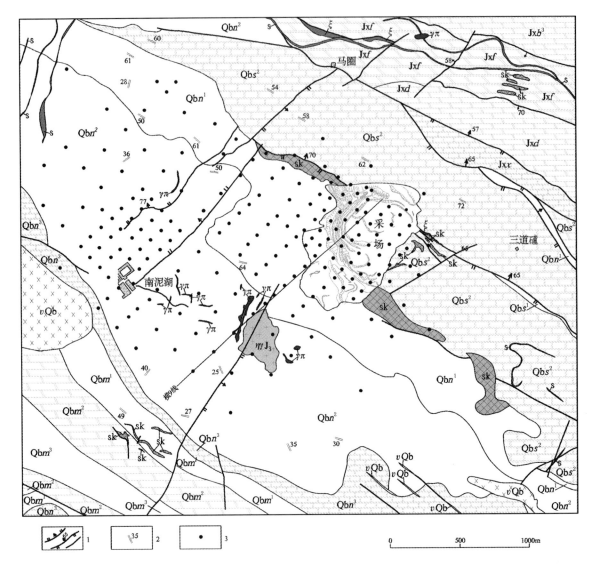

图 4-41 南泥湖-三道庄矿区地质图

Jxx.官道口群巡检司组;Jxd.官道口群杜关组;Jxf.官道口群冯家湾组;Jxb^3.官道口群白术沟组上段;Qns^1.栾川群三川组下段;Qbs^2.栾川群三川组上段;Qbn^1.栾川群南泥湖组下段;Qbn^2.栾川群南泥湖组中段;Qbn^3.栾川群南泥湖组上段;Qbm^1.栾川群煤窑沟组下段;Qbm^2.栾川群煤窑沟组中段;Qbm^3.栾川群煤窑沟组上段;vQb.青白口纪辉长岩;ξ.正长斑岩脉;ηγJ_3.晚侏罗世二长花岗岩;$\gamma\pi$.花岗斑岩脉;sk.矽卡岩;s.铅锌(银)矿化带。1.正断层、逆断层及性质不明断层;2.面理产状;3.钻孔位置

岗岩体,以及晚侏罗世花岗斑岩脉。

南泥湖岩体在地表呈不规则椭圆形小岩株产出,岩体南北出露长 405m,东西宽 300m,出露面积 0.12km^2。深部工程控制该岩体东西长大于 900m,南北宽 60m,面积 1.2km^2。岩体走向 290°,在南西、北西与围岩接触面倾角 20°～40°,南东、北东侵入边界倾角 50°～80°,总体呈向北西倾伏的下部被压扁的喇叭形。中浅部为细—中粒似斑状二长花岗岩,岩石矿物成分:中粒似斑晶占 20%～50%,主要由长石、石英组成;其中钾长石多为高温变种,斜长石以更长石为主(An=7—20),石英为 β 型;基质显晶质,由细粒钾长石(30%～40%)、斜长石(25%～30%)及少量黑云母(<5%)组成。中深部过渡为细粒黑云母花岗闪长岩,岩石矿物成分:斜长石 51%左右,钾长石 20%左右,石英 20%左右,黑云母 5%～10%;呈细粒结构,中粒钾长石、石英含量占 5%～10%。似斑状二长花

岗岩与黑云母花岗闪长岩之间存在交替的过渡带,可能系熔浆中的中粒钾长石与细粒斜长石分别上、下富集造成的岩石类型的相变。上部斑状二长花岗岩岩石化学成分:SiO_2 73.55%,K_2O+Na_2O 8.79%,$\omega(K_2O)/\omega(Na_2O)$ 2.30,具高硅、富碱、高钾特征。里特曼指数 σ2.53,属钙碱性系列;分异指数 DI 90.50,分异度高。主要微量元素含量 Mo 54×10^{-6},W 54×10^{-6},F$(831\sim1020)\times10^{-6}$(罗铭玖等,2000)。在岩体外接触带不同围岩中分布石榴石硅灰石矽卡岩、透辉石斜长石角岩、透辉石长英质角岩或(黑云母)长英质角岩。

在矿田构造上,矿区处在栾川地区向西倾伏的复式背斜的中段。矿区内次级褶皱构造分别有南庄口-三道庄岭背斜和南泥湖向斜。南庄口-三道庄岭背斜,东起南庄口,西经三道庄岭至南泥湖,在王家东沟和桦树院一带倾伏。轴向 $280°\sim310°$,轴长达 2000 余米,核部宽 $400\sim600m$。两翼不对称,北翼倾向 $0°\sim40°$,倾角 $30°\sim80°$,向南西倒转,并发育纵向冲断层。南翼地表倾向 $180°\sim240°$,倾角 $30°\sim70°$;深部向北东倒转;倾伏向 $280°\sim320°$,倾伏角 $30°\sim70°$;核部产状平缓,倾角 $5°\sim10°$。背斜倾伏部位及南翼是南泥湖二长花岗岩体及南泥湖矿段钼矿体的主要赋存部位。南泥湖向斜,自北翼向南翼依次由南泥湖组下段、南泥湖组中段及煤窑沟地层组成,其中核部地层为南泥湖组中段。

发育北西西—北西向及北北东向断裂。北西西—北西向断裂,走向 $275°\sim305°$,倾向北东或南西,倾角 $50°\sim70°$,为具有左行走滑的自北东向南西推覆的犁式逆冲断裂系统。北北东向断裂,走向 $30°\sim40°$,倾向北西,倾角 $60°\sim70°$,为具有左行走滑的正断层带。

2. 矿床特征

根据钼钨矿体相对分布情况,矿床分为东北侧的三道庄矿段和西南侧的南泥湖矿段。三道庄矿段处在南泥湖岩体的上盘,钼钨矿体赋存于三川组上部由大理岩交代形成的矽卡岩及钙硅酸角岩中。矿体规模大,形态简单,呈层状或似层状产出。主矿体沿走向最长达 2100m,沿倾向达 1800m,厚度一般 $80\sim150m$,最大厚度 364.56m,钼平均品位 0.115%,钨平均品位 0.117%。矿体总体走向 $280°\sim310°$,主体倾向南西,倾角 $5°\sim10°$;边部受褶皱、断裂影响,倾角 $50°\sim90°$,似箱状背形形态。

南泥湖矿段处在南泥湖岩体内外接触带(图 4-42)。钼矿矿化范围大于钨矿,钨矿体主要分布在钼矿化范围内的矽卡岩和钙硅酸角岩中。圈定钼钨矿体 296 个,总体呈似层状向四周分枝尖灭,

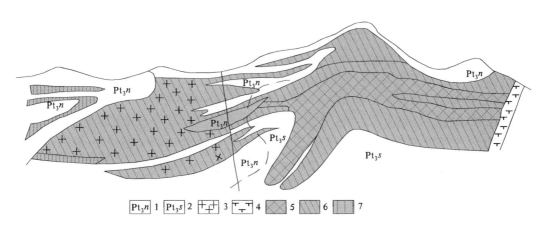

图 4-42 南泥湖-三道庄钼钨矿床横 9 勘探线矿体形态简图

(据罗铭玖等,1991)

1.南泥湖组;2.三川组;3.似斑状二长花岗岩;4.正长岩;5.钼钨矿体(矽卡岩型);6.钼矿体(斑岩型、角岩型、伴生钨);7.贫钼矿体(角岩型,伴生钨)

走向318°,倾向南西,倾角一般15°~26°,最大42°,平均20°。其中主矿体北西走向长2400m,北东-南西宽1000~1179m,厚2~420.12m,平均厚144.13m,钼矿储量占南泥湖矿段的92%。边部矽卡岩中圈出似层状钨矿体41个,倾向北东,倾角8°~34°,为三道庄矿段钨矿体向南西的延伸部分。矿段平均品位:钼0.076%,钨0.101%。

矿石结构主要为辉钼矿的片状、束状、放射状结构,白钨矿、黄铁矿、磁黄铁矿的自形—半自形粒状结构,白钨矿、辉钼矿与黄铁矿之间的镶嵌结构,次为包体结构、交代残余结构、充填结构。矿石构造主要为稀疏浸染状、细脉状及细脉—浸染状,分别多分布于矽卡岩、角岩及岩体中。按钼钨金属储量,各类型矿石所占比例:矽卡岩型51%,长英角岩型34%,透辉石斜长石角岩型8%,花岗岩型7%。各类矿石的矿石矿物组成基本一致,主要为辉钼矿、白钨矿、黄铁矿,少量磁铁矿、黄铜矿、方铅矿、闪锌矿、钼钙矿、铁钼华等。矽卡岩型矿石脉石矿物主要为硅灰石、透辉石、石榴石。长英角岩型矿石脉石矿物主要为长石、石英等。矽卡岩-角岩型钼钨矿石共生钨矿可构成独立钨矿床,伴生镓可综合利用;各类矿石均伴生硫、铼并可综合利用。

区内蚀变主要有矽卡岩化、钾交代、硅交代3种。矽卡岩化包括钙铁辉石化、钙铁榴石化、硅灰石化;钾交代主要有钾长石化、黑云母化、白云母-绢云母化、绢(云)英岩化、黄铁云英-黄铁绢英岩化;硅交代则以石英化为主。矽卡岩化主要分布于三川组上段碳酸盐岩中,先经接触变质作用形成钙硅酸角岩,后被含矿热液以渗透交代作用带入大量的硅、铁、铝等元素形成钙质矽卡岩。矽卡岩化产状与地层一致,呈层状或似层状产出,厚度大,分布广,矿物成分复杂。钾化主要表现为钾长石或石英-钾长石呈细脉(网脉)状沿各种角岩节理裂隙充填交代,脉宽1mm左右,个别达5m,蚀变范围广泛;其次表现为围岩中的斜长石普遍被绢云母取代。硅化表现为石英呈细脉(网脉)状沿各种岩石节理裂隙充填交代,是主要成矿阶段的一种蚀变,在岩体内也有分布,但较前者不发育。各类蚀变、矿化类型随岩体、围岩特性不同有显著的差别,形成明显的蚀变矿化分带。这种分带自岩体向围岩大体可分为:钾化带、石英-钾长石化带、角岩-矽卡岩化带。前者主要分布在岩体内,后两种蚀变主要分布于围岩中,围绕着南泥湖岩体北西、北东部位呈扇形展开,表现为明显的面形蚀变特征。

3. 矿床成因与成矿模式

罗铭玖等(2000)和郑榕芬等(2006)研究认为存在3个矿化阶段:①基本无矿化的硅、铝、钾交代阶段,碳酸盐岩石接触交代产生矽卡岩化,硅铝质岩石沿裂隙产生钾长石化、硅化,以带入硅、铝、钾为特征;②水、钼、钨、铁矿化交代阶段,大量的水参与交代早期矽卡岩矿物,形成大量含水的透辉石-阳起石等晚期矽卡岩矿物,并形成以浸染状为主的钼、铁矿化;③石英-硫化物阶段,是辉钼矿的主要形成阶段,以形成大量的黄铁矿、辉钼矿,及少量黄铜矿、闪锌矿等硫化物为特征,并与石英、钾长石、方解石、萤石等组成各种细脉,充填于矽卡岩、大理岩等岩石的裂隙中。

根据王长明等(2006)的研究,南泥湖钼矿田的流体包裹体主要为原生包裹体,次生包裹体较少。流体包裹体类型主要为含CO_2、CH_4、N_2、H_2S的富气相流体包裹体,液相包裹体,熔融包裹体及玻璃质包裹体。钼钨矿中心带气相包裹体含量较高,流体包裹体的气液比介于10.0%~33.3%之间;向外为气液包裹体、液相包裹体及少量含CO_2包裹体,成矿流体的气液比介于15%~30%之间;边缘带主要为液相包裹体,少量气相包裹体,成矿流体的气液比为8.3%~20%;反映在斑岩型-矽卡岩型成矿系统中,流体从热液中心往外围迁移的演化特征。石英包裹体爆裂温度:下部黑云母花岗闪长岩为940~960℃,上部二长花岗岩为860~950℃。

成矿流体为贫还原性气体的H_2O-CO_2-NaCl体系,气相成分主要为H_2O、CO_2,次为CH_4、H_2、CO和N_2等还原性气体;液相成分主要为Na^+、Cl^-、K^+、Mg^{2+}、Ca^{2+}、F^-、SO_4^{2-},次为Li^+、NH_4^+、Br^-等离子(周坐侠等,1993)。据叶会寿等(2006)的研究结果,辉钼矿的形成从早到晚有3

种矿物共生组合：辉钼矿-钾长石-石英，辉钼矿-黄铁矿-石英，沸石-辉钼矿-石英。成矿流体的盐度依次为3.2%~10.3%、8.41%~9.6%及3.0%~40%，总体上为中低盐度但顺序增高。盐度的增高为成矿流体减压沸腾的结果，计算所得的成矿压力为600×10^5Pa。成矿温度由早期的400℃降至晚期的250℃，总体属于高温范畴。

在δD-$\delta^{18}O$图中，强硅化石英（南泥湖西侧上房沟花岗斑岩体顶部石英核）的投点落在岩浆水中，而辉钼矿成矿流体的投点由早到晚逐渐偏离岩浆水，说明成矿流体存在由岩浆水向雨水方向的演化（叶会寿等，2006）。

各种硫化物的$\delta^{34}S$算术平均值：磁黄铁矿2.84‰，黄铁矿2.91‰，辉钼矿2.93‰，闪锌矿5.13‰，平均值为2.99‰。根据黄铁矿-辉钼矿矿物对，采用高温平衡外推法求得成矿热液的$\delta^{34}S$ ΣS为2.75‰，与硫化物的平均值十分接近（罗铭玖等，2000）。推测硫主要来自深部重熔的花岗岩熔浆和流体，混有上地壳和矿床围岩的源硫。

方铅矿、钾长石、黄铁矿的铅同位素组成分别为：$^{206}Pb/^{204}Pb$ 17.189~17.605，$^{207}Pb/^{204}Pb$ 15.381~15.54，$^{208}Pb/^{204}Pb$ 37.71~39.01。在铅同位素构造模式图中，投点分布范围大，有幔源铅、下地壳铅和造山带铅，具有壳幔混合的来源特征（罗铭玖等，2000）。铅同位素示踪的原理是在地质作用过程中稳定的铅同位素组成保持不变，或相同铅同位素组成的地质体具有共同的来源。矿床铅同位素组成的范围大，自然在区域上无已知特定铅同位素组成的地质体与之对应，有关成矿物质来自某个地层单位的推测均缺乏铅同位素特征的支持。

南泥湖岩体和南泥湖-三道庄矿床新的同位素年龄先后有：南泥湖-三道庄不同矿物组合中5件辉钼矿样品Re-Os模式年龄为(156 ± 8)~(146 ± 5)Ma，等时线年龄为147Ma（黄典豪等，1994）；南泥湖矿段辉钼矿Re-Os模式年龄为(141.8 ± 2.1)Ma，三道庄矿段辉钼矿Re-Os模式年龄为(145.0 ± 2.2)~(144.5 ± 2.2)Ma（李永峰等，2004）；南泥湖似斑状二长花岗岩体SHRIMP锆石U-Pb年龄为(157.1 ± 2.9)Ma（李永峰等，2005）；南泥湖似斑状二长花岗岩体LA-ICP-MS锆石U-Pb年龄为(157.1 ± 2.9)Ma（包志伟等，2009）。向君峰等（2012）系统获得一组精确的同位素年龄：南泥湖似斑状二长花岗岩体LA-ICP-MS锆石U-Pb年龄为(176.3 ± 1.7)Ma和(146.7 ± 1.2)Ma；三道庄白色花岗斑岩脉LA-ICP-MS锆石U-Pb年龄为(158.2 ± 1.2)Ma和(145.2 ± 1.5)Ma；三道庄红色花岗斑岩脉不一致线上交点年龄为(2277 ± 21)Ma，下交点年龄为(151 ± 31)Ma，下交点附近13个谐和分析点的$^{206}Pb/^{238}U$加权平均年龄为(145.7 ± 1.2)Ma；南泥湖5件辉钼矿Re-Os模式年龄为(145.8 ± 2.2)~(143.4 ± 2.0)Ma，三道庄5件辉钼矿Re-Os模式年龄为(146.5 ± 2.3)~(144.5 ± 2.3)Ma；所有10件辉钼矿样品加权平均年龄为(145.03 ± 0.69)Ma，等时线年龄为(146.3 ± 1.1)Ma。考虑成岩、成矿的一致性和测年误差，南泥湖岩体和南泥湖-三道庄矿床的成岩、成矿时代在约145Ma的侏罗纪与白垩纪之交，年龄值偏向于晚侏罗世末期，不排除早白垩世初存在另一期成矿作用。

岩浆锆石的年龄谱或许间接指示了成岩、成矿的物源。约2.2Ga的岩浆锆石为继承锆石，该时代在华北陆块南缘发生了地壳增生和大规模岩浆事件，间接指示南泥湖岩体部分起源于华北陆块基底中的古元古代岩浆岩。约175Ma的早侏罗世末期为太行山隆起（张岳桥等，2007；杨文涛等，2012）、秦岭-大别造山带伸展坍塌（江来利等，2003；李任伟等，2005）和华北盆地形成的前夕，是幔源物质上涌导致深部地壳物质部分熔融和前晚三叠世陆内造山带去山根作用的起始时间，南泥湖岩体所捕获的该时期的岩浆锆石指示源区可能存在早侏罗世末期岩浆岩带。捕获约158Ma的岩浆锆石与熊耳山地区五丈山二长花岗岩体[SHRIMP锆石U-Pb(157 ± 1)Ma；毛景文等，2010]及其花岗伟晶岩脉中辉钼矿[Re-Os(155.0 ± 2.2)Ma；高亚龙，2010]同时代，说明源区存在晚侏罗世中期岩浆岩及其钼矿成矿作用。约145Ma的年龄为南泥湖岩体最终侵位时间，被捕获的不同时代锆石均指示岩浆来自火成岩的重熔,为Ⅰ型花岗岩。秦岭-大别钼矿带横跨了华北陆块南缘和南、北秦岭,但统一处在南华北盆地的西南侧,有着晚侏罗世及更为普遍的早白垩世大规模成矿时代,理当有统一的成矿物质基础。或许南泥湖-三道庄矿区已获得成矿岩体(脉)源区的先期岩浆锆石的年龄并不全面,但至少说明存在早侏罗世末期和晚侏罗世中期隐伏岩浆弧成矿物质的积淀。这种跨越陆块和造山带的成矿物质基础,只能是跨越不同构造单元的先期多次活动的岩浆岩带。

综合以上研究,南泥湖-三道庄钼钨矿为产于晚侏罗世似斑状二长花岗岩体内外接触带,以外接触带为主的斑岩-矽卡岩型矿床。成岩与成矿分别为相对独立的系统,矿床的形成经历了岩体的侵位与围岩的角岩-矽卡岩化,起源于岩浆源区的含矿流体滞后于岩体的侵位,沿尚未凝固的岩体侧边向上运移,在岩体顶部和角岩-矽卡岩化带的裂隙中减压沸腾,以细脉-浸染的形式晶出辉钼矿和白钨矿,成矿模式如图4-43所示。

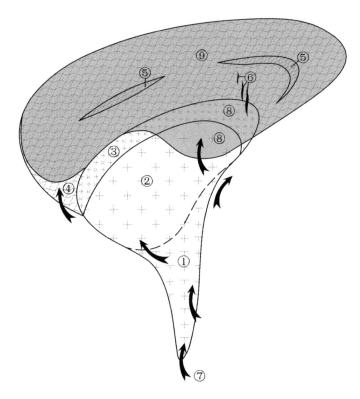

图4-43 南泥湖-三道庄钼钨矿成矿模式图
①晚侏罗世花岗闪长岩;②晚侏罗世似斑状二长花岗岩;③钾化带;④角岩及矽卡岩化带;⑤矽卡岩;⑥复脉状石英;
⑦起源于岩浆源区的含矿流体;⑧花岗岩型辉钼矿成矿范围;⑨角岩-矽卡岩型辉钼矿和白钨矿成矿范围

四、雷门沟钼矿床及成矿模式

雷门沟钼矿位于嵩县德亭乡境内,地理坐标:东经111°54′00″—111°56′25″,北纬34°11′40″—34°12′40″。矿床共提交资源储量钼金属量41.5×10^4t,平均品位0.073%。

1. 矿区地质

雷门沟钼矿位于熊耳山背斜核部的东南部,早白垩世花山二长花岗岩基的东南侧和晚侏罗世五丈山二长花岗岩体的北东侧。出露古元古代太华岩群上亚群片麻岩岩系,主要岩性为黑云斜长片麻岩、黑云角闪斜长片麻岩等，可能属英云闪长质片麻岩和花岗闪长质片麻岩，夹少量的斜长角闪岩透镜体属于变质表壳岩。片麻理产状 100°～140°∠15°～35°。分布古元古代片麻状二长花岗岩，以及长城纪辉长岩、辉绿岩脉和石英正长斑岩脉，早白垩世岩浆活动尤为强烈(图 4-44)。

矿区出露早白垩世雷门沟花岗质岩体，以及早白垩世北北东、北东、北西和北西西走向岩脉群，主要为花岗斑岩脉、二长花岗斑岩脉及石英斑岩脉，少量花岗闪长斑岩脉、正长岩脉和石英脉。

雷门沟岩体在平面上呈近东西向纺锤状，剖面上呈漏斗状，出露面积 0.77km²。岩体自中心向外依次为似斑状花岗岩、似斑状二长花岗岩、花岗斑岩及石英斑岩，各种岩性之间为不同次的脉动侵入关系。主体为最晚侵入的二长斑状花岗岩，与钼矿化关系密切；之前的侵入体被破坏或产生角砾-集块状碎裂，并成为钼矿的赋矿围岩。岩体中心部位较早侵入的似斑状花岗岩成为下部似斑状二长花岗岩的顶盖，岩石呈浅肉红色，少斑—似斑状结构，基质呈细粒结构。矿物成分：钾长石 50%～60%，斜长石(An=5—16)10%～20%，石英 20%～40%，黑云母 1% 左右。中粒似斑晶占 10%～15%，主要是钾长石、石英，其次有少量的斜长石；基质主要由石英、钾长石组成，粒径为 0.02～0.2mm。深部似斑状二长花岗岩呈灰白色，斑晶数量较顶部似斑状花岗岩增加至 30%～35%，自形或半自形结构，部分呈聚斑状结构。斑晶中斜长石含量(An=16—22)10%～20%，钾长石占 10%～25%。基质为细粒—微细粒结构。副矿物占 0.2%～1%，主要为磷灰石、磁铁矿、金红石、锆石、榍石和白钛矿等。

在雷门沟岩体的周围分布规模不等的侵入角砾岩体，尤其在隐伏岩体的顶部大面积分布，其次分布在岩体边部及内部，分布面积约占矿区面积的 10%。侵入角砾岩的角砾成分为岩体围岩(各种片麻岩)和早期侵入的花岗岩，大小数厘米至数十厘米，晚期花岗岩胶结。该类角砾状地质体形成于岩浆脉动侵入作用，以往称为爆破角砾岩。考虑到爆破角砾岩是火山岩的专属名称，而熊耳山等地分布的角砾-集块状地质体无火山活动与之对应，因形成于岩浆侵入活动而称为侵入角砾岩。

熊耳山背斜由核部古元古界太华岩群上亚群和周围长城系熊耳群地层组成，且核部大面积被早白垩世花山二长花岗岩基占据，背斜轴呈北东走向，轴面西北侧成为洛宁晚白垩世—新生代断陷盆地的基底。矿区褶皱属于该背斜的次级背斜，处在次级王庄-陶村背斜的轴部和西翼。发育北西向、近东西向、北东向和北北东向断裂构造，近东西向断裂为正断层，北东向断裂为平移-正断层。

2. 矿床特征

钼矿体在平面上呈向南开口的半环状，剖面上呈近水平的似层状及透镜状(图 4-45)，局部有膨缩及分枝复合现象。走向近东西，倾角平缓，倾向和倾角受接触带制约。矿体呈半环状赋存在雷门沟花岗岩体的内接触带 0～600m 和包括侵入角砾岩体在内的外接触带 0～300m 范围内。赋矿岩石中似斑状花岗岩占 10%，侵入角砾岩占 35%，蚀变围岩占 55%。

主要矿体有两个，其中Ⅰ号矿体东西长 2000m，西部宽 800～1050m，东部宽 200～350m，厚度一般 250m，呈向南西倾伏的板状体；Ⅱ号矿体东西长 1000m，南北宽 450～600m，矿体厚 50～250m，亦呈向南西倾伏的板状体。

矿石金属矿物主要为辉钼矿、黄铁矿，含少量黄铜矿、自然金、方铅矿等；脉石矿物主要为石英、钾长石、斜长石和绢云母等。矿石结构主要为硫化物的自形—半自形、他形晶粒结构，浸染状、细脉浸染状、脉状、角砾状构造。自岩体向外矿石构造呈现规律变化，依次为浸染状构造、细脉浸染状构造、细脉构造、脉状构造、角砾状构造。根据赋矿岩石划分为花岗岩型、角砾岩型和片麻岩型 3 种钼矿石。按氧化程度划分为氧化矿石、混合矿石及原生矿石。氧化带呈褐色、褐黄色，距地表一般 3～19m(0～3m 为 Mo 淋失带)；混合带呈黄褐色、灰色，位于氧化带之下 37～57m 不等；原生带呈灰色、铅灰色。

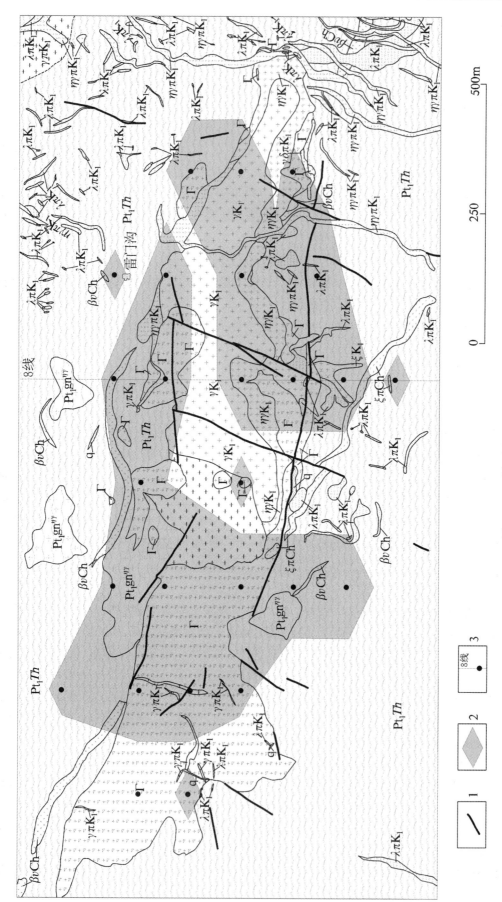

图 4-44 雷门沟钼矿区地质图

$Pt_1Th.$ 古元古界太华岩群上亚群片麻岩；$Pt_1gn^{\eta\gamma}$. 古元古界麻状二长花岗岩；$\beta\nu Ch.$ 长城纪辉长岩、辉绿岩；$\xi\pi Ch.$ 长城纪石英正长斑岩；$\gamma K_1.$ 早白垩世似斑状花岗岩；$\eta\gamma K_1.$ 早白垩世似斑状二长花岗岩；$\gamma\delta\pi K_1.$ 早白垩世花岗闪长岩斑岩；$\gamma\pi K_1.$ 早白垩世花岗斑岩；$\eta\gamma\pi K_1.$ 早白垩世二长花岗斑岩；$\xi K_1.$ 早白垩世正长岩；$\lambda\pi K_1.$ 早白垩世石英斑岩；$q.$ 早白垩世石英脉；$\Gamma.$ 侵入角砾岩。1. 断层；2. 钼矿体水平投影范围；3. 钻孔位置、勘探线及编号

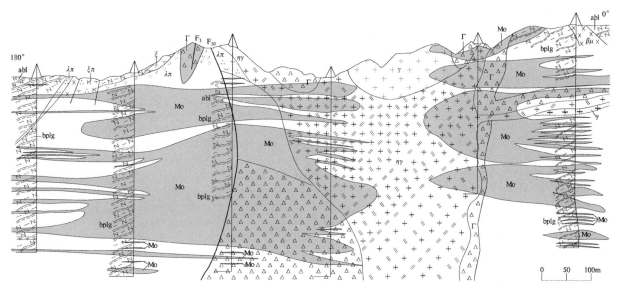

图 4-45 雷门沟钼矿区横 8 勘探线剖面图

bplg. 古元古界黑云斜长片麻岩；abl. 古元古界斜长角闪片麻岩；βμ. 长城纪辉绿岩；ξπ. 长城纪石英正长斑岩；γ. 早白垩世似斑状花岗岩；ηγ. 早白垩世似斑状二长花岗岩；λπ. 早白垩世石英斑岩；ξ. 早白垩世正长岩；Γ. 侵入角砾岩；F₁₀. 断层及编号；Mo. 钼矿体

围岩蚀变有钾化、硅化、沸石-碳酸盐化、钙矽卡岩化等，围绕岩体呈环带状分布，岩体内部主要是石英-钾长石化带，接触带为钾化-绢云母化带，外接触带为绢云母-绿泥石化带。

3. 矿床成因与成矿模式

成矿期划分为 3 个阶段（王天聪等，1985）。①基本无矿化的钾长石-石英阶段，无矿石英脉爆裂温度为 400~410℃；②硫化物-石英阶段：为钼矿主成矿阶段，石英形成温度 325~430℃，多为 350~405℃；③硫化物-萤石-钾长石-石英阶段：石英形成温度平均为 330~385℃。罗铭玖等（1991）获得了基本一致的 3 个阶段的流体包裹体温度，分别为：380~420℃（石英包裹体）；350~410℃（石英和黄铁矿）；290~385℃（钾长石和萤石）。

严正富等（1986）测定矿床硫同位素 $\delta^{34}S$‰ 值为 -2.18‰~3.72‰，平均 2.05‰，与南泥湖岩体相似，表明岩浆源区硫同位素组成趋于均一化。

李永峰等（2006）通过 SHRMP 锆石 U-Pb 测定雷门沟岩体的成岩年龄为 (136.2±1.5)Ma，采用 Re-Os 同位素获得雷门沟钼矿的成矿年代为 (132.4±1.9)Ma，在误差范围内成岩、成矿年龄十分接近，成矿略晚于成岩。此对年龄晚于西南侧的五丈山二长花岗岩体[SHRIMP 锆石 U-Pb (157±1)Ma；毛景文等，2010]和南泥湖-三道庄矿区约 145Ma（向君峰等，2012）的成岩、成矿时代，与西北侧的花山二长花岗岩基[SHRMP 锆石 U-Pb (132.0±1.6)Ma；毛景文等，2005]时代接近，反映了同一源区更大规模的岩浆活动。

与一般斑岩型钼矿床相比，雷门沟钼矿以发育侵入角砾岩并赋存侵入角砾岩型钼矿为特征，可称为雷门沟式侵入角砾岩型钼矿。而在成矿机制上与斑岩型钼矿并无本质区别，只是岩体就位相对较浅，多次岩浆脉动形成的侵入角砾岩成为赋矿岩石之一。成矿发生在末次侵位的似斑状二长花岗岩及其边缘钾长石-石英蚀变带形成之后，起源于岩浆源区的含矿流体在岩浆未完全冷凝之前运移至岩体边部，并在岩体外侧各种岩石的裂隙中产生沸腾，形成分布范围大于岩体的钼矿体（图 4-46）。

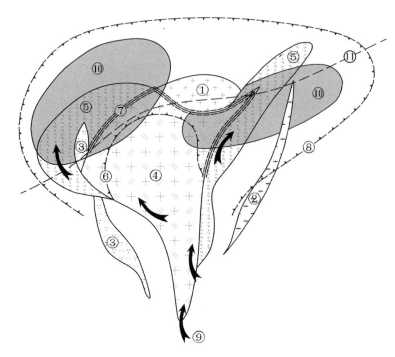

图 4-46 雷门沟钼矿成矿模式图

①似斑状花岗岩;②花岗斑岩;③石英斑岩;④似斑状二长花岗岩;⑤侵入角砾岩;⑥石英-钾长石化带(箭头指向蚀变范围);⑦钾化-绢云母化带;⑧绢云母-绿泥石化带(箭头指向蚀变范围);⑨来自岩浆源区的成矿流体;⑩钼矿体分布范围;⑪现代剥蚀面

五、石门沟钼矿床及成矿模式

石门沟钼矿位于西峡县北军马河乡与太平镇交界处,地理坐标:东经111°33′30″—111°35′30″,北纬33°39′00″—33°40′00″。

1. 矿区地质

本区处在北秦岭早古生代褶皱带及伏牛山早白垩世花岗岩带的南缘,南部为早白垩世第一阶段满子营中粗粒二长花岗岩体,北部为早白垩世第二阶段石门沟中细粒二长花岗岩体(图4-47)。

早白垩世满子营中粗粒二长花岗岩体:呈北西-南东向展布的岩基,主要岩性为灰—灰白色中粗粒二长花岗岩,中粗粒结构和似片麻状的碎裂结构。岩石化学成分(表4-2)富 SiO_2,贫 Al_2O_3、K_2O、MgO;K/Na 0.85,σ 1.6,AR 3.1,A/CNK 1.08,在 SiO_2-ALK、SiO_2-AR 分类中分别属亚碱性岩系、碱质岩石及钠质钙碱性岩系。ΣREE 160.41×10^{-6},LREE/HREE 13.08,δEu 0.56,分布模式为向右倾斜的"V"字形,与世界花岗岩稀土元素相比,具较低的稀土总量、较高的轻重稀土分馏程度及不明显的铕负异常,具壳源S型花岗岩特征。

早白垩世石门沟细粒二长花岗岩体:分布于矿区西北部,为二次侵入的细粒二长花岗岩岩株,呈北西320°方向展布,面积约7.2km²。第一次侵入的细粒二长花岗岩($\eta\gamma K_1^{2a}$)呈半环状分布在石门沟岩体边部,赋存钼矿体。岩石为灰白色,主要矿物有钾长石(37%)、斜长石(36%)、石英(23%)、黑云母(3%);副矿物为磁铁矿、褐帘石、磷灰石等;主要矿物粒直径1～2mm,呈细粒花岗结构,块状构造。第二次侵入的细粒二长花岗岩($\eta\gamma K_1^{2b}$)位于石门沟岩体内部,局部见有浸染状分

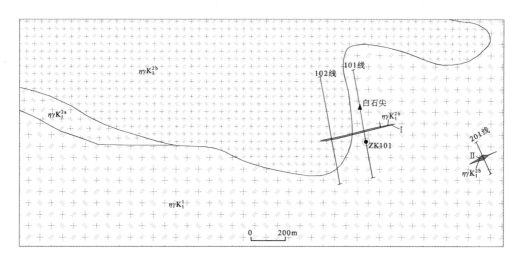

图 4-47 石门沟钼矿区平面地质简图

$\eta\gamma K_1^1$. 早白垩世第一阶段中粗粒二长花岗岩;$\eta\gamma K_1^{2a}$. 早白垩世第二阶段第一次细粒二长花岗岩;$\eta\gamma K_1^{2b}$. 早白垩世第二阶段第二次细粒二长花岗岩;Ⅰ. 矿体及编号;ZK101. 钻孔及编号

布的辉钼矿、黄铜矿、黄铁矿等。岩石为灰红色,由钾长石(58%)、斜长石(17%)、石英(20%),及少量黑云母、白云母等组成;主要矿物粒径 0.5~1mm,呈细粒花岗结构,块状构造。石门沟岩体岩石化学成分 SiO_2 72.25%~75.58%,K_2O+Na_2O 8.30%~8.40%,$\omega(K_2O)/\omega(Na_2O)$ 1.19~1.56,具高硅、富碱、富钾,贫 MgO、CaO 特征;里特曼指数(σ)2.10~1.41,属钙碱性系列;分异度高(DI 88.78~93.91),有利于成矿。稀土元素 ΣREE(90.54~163.79)$\times 10^{-6}$,LREE/HREE 为 6.51~8.60,δEu 0.54~0.65,分布模式为向右倾斜的"V"字形;稀土总量较低,轻重稀土分馏程度中等,铕负异常不明显。岩石地球化学特征显示为兼有 I 型特点的 S 型花岗岩,源区物质可能为燕山早期陆内俯冲带。

表 4-2 石门沟矿区主要侵入岩化学成分[ω_B%]及有关参数表

岩性单元	样品数(件)	SiO_2	TiO_2	Al_2O_3	Fe_2O_3	FeO	MnO	MgO	CaO	Na_2O	K_2O	P_2O_5	Loss	总量
石门沟岩体第二次细粒二长花岗岩	1	75.88	0.13	12.43	2.00	0.16	0.04	0.54	0.07	3.24	5.06	0.04	0.71	99.59
石门沟岩体第一次细粒二长花岗岩	1	72.25	0.28	14.38	1.84	0.20	0.08	0.99	0.79	3.83	4.57	0.08	0.54	99.83
蛮子营岩体中粗粒二长花岗岩	3	74.32	0.24	12.75	1.31	0.74	0.073	0.75	1.07	3.82	3.26	0.04	1.18	99.56

岩性单元	样品数(件)	A	K/Na	σ	AR	A/CNK	Q	Or	Ab	An	C	Di	DI
石门沟岩体第二次细粒二长花岗岩	1	8.30	1.56	2.10	4.95	1.14	36.60	29.89	27.41	0.09	1.59	0.00	93.91
石门沟岩体第一次细粒二长花岗岩	1	8.40	1.19	2.41	3.48	1.13	29.38	27.00	32.41	3.40	1.89	0.00	88.78
蛮子营岩体中粗粒二长花岗岩	3	7.08	0.85	1.60	3.10	1.08	36.08	19.26	32.32	5.05	1.09	0.00	87.66

2. 矿床特征

初步发现钼矿体 2 个,控制程度均很低。已发现的矿体分布在石门沟第二次侵入体与蛮子营岩体接触带和外围的同期小岩株(枝)中。其中Ⅰ号矿体沿走向控制长度大于200m,沿倾向控制延伸大于110m。矿体走向北东东约80°,倾向南,倾角75°。矿体厚4.1～17.0m,呈似层状,具膨胀分枝现象(图4-48)。

矿石结构主要为辉钼矿的片状、团块状、放射状结构,自形—半自形粒状结构等,稀疏浸染状构造、细脉状构造。根据赋矿岩石有中粗粒二长花岗岩型、细粒二长花岗岩型、脉石英型3种矿石类型。矿石矿物主要为辉钼矿、黄铁矿、黄铜矿等;脉石矿物主要为钾长石、石英、斜长石等,次为黑云母。矿体钼品位0.04%～1.77%,平均0.22%。

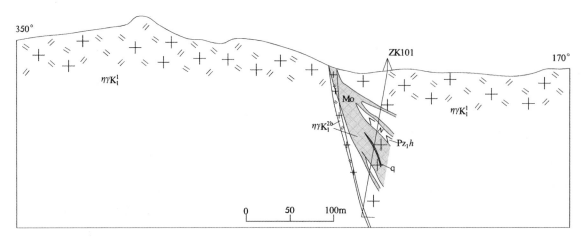

图4-48 石门沟矿区第1勘探线剖面图

$\eta\gamma K_1^1$.早白垩世第一阶段中粗粒二长花岗岩;$\eta\gamma K_1^{2b}$.早白垩世第二阶段第二次细粒二长花岗岩;Pz_1h.早古生代火神庙组斜长角闪岩(包体);q.石英脉;Mo.钼矿体

3. 矿床成因与成矿模式

石门沟式斑岩型钼矿受控于北秦岭或华北陆块南缘花岗岩带,含矿早白垩世二长(钾长)花岗岩侵位于早白垩世粗粒二长花岗岩基中,钼矿体赋存在晚期花岗岩体上部,周围花岗岩体中发育有钾长石化、黑云母化,顶部发育有短脉状石英核,含矿流体为深部富钾高挥发分热水,透过晚期熔浆形成二长花岗岩体顶部"斑岩型"钼矿床(图4-49)。

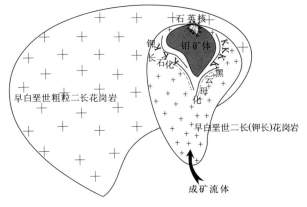

图4-49 石门沟式斑岩型钼矿成矿模式图

六、汤家坪钼矿床及成矿模式

汤家坪钼矿位于商城县达权店乡境内,地理坐标:东经113°45′—116°00′,北纬31°20′—32°40′。探明钼矿资源储量23.5×10^4 t。

1. 矿区地质

矿区处在东秦岭-大别折返带(T_3)大别超高压变质杂岩隆起区,区内主要出露古元古代英云闪长质片麻岩和二长花岗质片麻岩,其中分布少量古元古代大别岩群变质表壳岩包体,主要岩性为黑云斜长片麻岩、斜长角闪片麻岩等。赋存钼矿的汤家坪岩体属于北东走向花岗岩亚带中的小岩株（图4-50）。

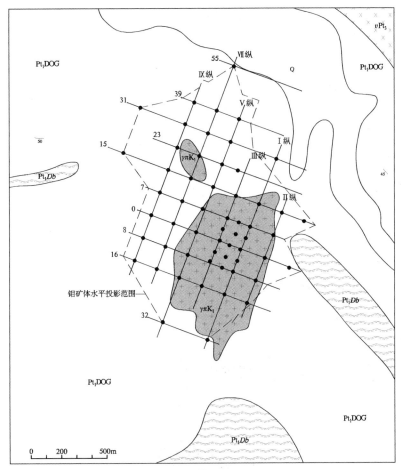

图4-50 商城县汤家坪钼矿平面地质图
Pt_1Db.古元古代大别岩群；Q.第四系；Pt_1DOG.古元古代英云闪长质片麻岩和二长花岗质片麻岩；υPt_3.新元古代辉长岩；$\gamma\pi K_1$.早白垩世花岗斑岩

汤家坪花岗斑岩南北方向长1200m，东南部宽600m，北西部宽约300m，出露面积约0.34km²。岩体侵入边界东部陡，倾角在75°左右；南西部较缓，倾角在10°～20°之间；在剖面上呈向南西方向倾伏的不规则小岩株。受汤家坪岩体侵入的影响，围岩被动弯曲呈穹隆状构造。新鲜岩石呈灰白—肉红色，斑状结构，块状构造；斑晶含量约10%，主要为钾长石、斜长石、石英；基质由微细粒钾长石、斜长石、石英和少量黑云母组成。岩体化学成分：SiO_2 76.33%，K_2O+Na_2O 9.11%，$\omega(K_2O)/\omega(Na_2O)$ 1.81，具高硅、富碱、高钾特征；里特曼指数(σ)为2.15，属钙碱性系列；分异度高，分异指数DI为93.9；铝指数(ALK)0.98，属铝不饱和类型岩石。岩石稀土元素总量($292.44\sim214.16)\times10^{-6}$，轻稀土元素含量$(261.05\sim190.16)\times10^{-6}$，明显富集轻稀土元素和亏损重稀土元素。铕异常系数(δEu)为0.46～0.52，具中等负铕异常特征，稀土元素分布曲线为左高右平的倾斜"U"字形。据达权店幅1:5万区域地质调查报告，汤家坪花岗斑岩在Q-Or-Ab相系中成岩温度为760℃；在$Q-Or-Ab-P_{H_2O}$相系中形成压力为1000～2000bar(1bar=0.1MPa)，属浅成相侵入岩。利用Pearce(1996)的Rb-(Y+Nb)及Harris Hf-Rb/30-3Ta图解判别汤家坪花岗斑岩形成的构造背景为后碰撞造山构造环境。

汤家坪岩体侵入年龄为(121.6 ± 4.6)Ma(LA-ICPMS锆石U-Pb；魏庆国等，2010)。岩体中常见安山岩包体,此类安山岩见于该花岗岩亚带北端的金刚台,并与早白垩世二长花岗岩基呈侵入接触,SHRIMP锆石U-Pb年龄为(129.1±2.2)Ma和(129±2)Ma(黄丹峰等,2010),LA-ICP-MS锆石U-Pb年龄为(128.8±0.7)Ma和(127.6±0.5)Ma(黄皓等,2012)。说明汤家坪岩体及所在的花岗岩亚带就位深度小,侵位在潜火山(安山岩)活动之后。

2. 矿床特征

矿区共圈定矿体16个,均分布在汤家坪岩体的内外接触带,以内接触带为主。主要为Ⅰ号矿体,赋存了矿区90%的钼储量。其他矿体赋存于Ⅰ号矿体底部,一般厚度较小,延伸不大(图4-51)。Ⅰ号矿体南北长1760m,东西宽960m,地表出露面积0.33km²,水平投影面积1.48km²。矿体厚3~349.75m,平均125.81m。整体呈似层状产出于花岗斑岩内接触带或外接触带附近,与围岩无明显接触界线,矿体向南西方向倾伏,倾伏角在20°左右,倾伏部位厚度最大。矿体钼品位0.0027%~2.40%,平均品位0.076%。

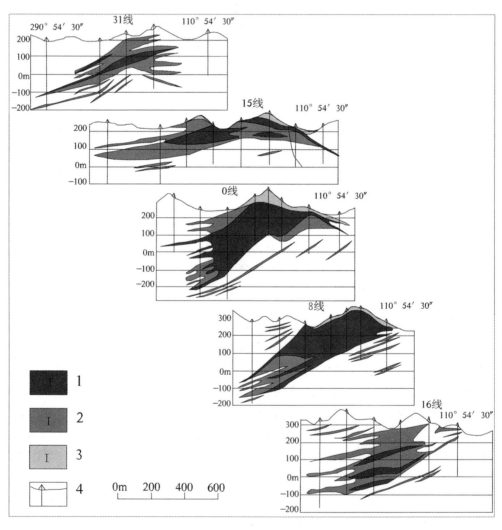

图4-51 汤家坪矿区钼矿体联合剖面图
(据杨泽强,2007)
1.工业钼矿体及编号;2.低品位钼矿体及编号;3.氧化钼矿体及编号;4.钻孔位置

矿石矿物主要为辉钼矿、黄铁矿，氧化带为褐铁矿、钼华；次要矿物为磁赤铁矿、自然铁等；脉石矿物以石英、钾长石、斜长石为主，黑云母、绿泥石、角闪石次之。矿石结构主要为硫化物的自形—半自形粒状结构、交代残余结构、碎裂状结构；浸染状构造、细脉-网脉状构造及蜂窝状构造。矿石类型主要为花岗斑岩型矿石，次为蚀变片麻岩型矿石。矿体钼品位 0.03%～2.40%，平均品位 0.076%。

主要蚀变类型有硅化、钾长石化、绢云母化及黄铁绢英岩化、绿泥石化等。各类蚀变因围岩岩性不同而有显著的差别，总体蚀变分带为：岩体上部硅化-钾长石化带，岩体边缘硅化-绢云母化带，围岩硅化-青磐岩化带（硅化、绿泥石化、绢云母化，钾长石化）。前两种蚀变带分布在岩体内，后者分布于岩体外接触带 50～100m 范围内。

据杨泽强（2007）的研究，成矿分为 3 期 5 个阶段：①岩浆气液成矿期，于花岗斑岩体成岩晚期，在较长阶段的流体作用下，形成自形粒状黄铁矿、大片花瓣状辉钼矿和磁铁矿等。该期蚀变主要为岩体自变质，以钾长石化为主、绢云母化次之，钼矿化强度较弱，形成的矿物组合为：钾长石＋石英＋绢云母＋辉钼矿＋黄铁矿。②岩浆期后热液成矿期，分为 3 个成矿阶段。早阶段为面型钾长石化、硅化、绢云母化，黄铁矿和辉钼矿呈星散状分布，形成岩体中广泛分布的低品位稀疏浸染状矿石；中阶段为主成矿阶段，硅化作用强，大量石英-硫化物细脉穿切早期形成的细脉，形成网脉状构造；晚阶段在低温热液作用下，形成主要在岩体中分布的石英-萤石-黄铁矿细脉和围岩中的黄铁矿细脉，局部发育晶洞构造，其中含辉钼矿较少。③表生成矿期，原生硫化物氧化为褐铁矿、钼华等，次生富集带不发育。

3. 矿床成因与成矿模式

通过较系统的流体包裹体研究（杨泽强等，2008；杨艳等，2008），大量发育的流体包裹体分为 3 类：①CO_2 包裹体。形态呈不完全负晶形、米粒状和不规则状，包裹体大小一般在 5～10μm，CO_2 占包裹体体积的 30%～60% 不等，部分可达 95%。该类包裹体常成群出现，多与含子矿物包裹体共存，主要分布在辉钼矿-石英脉中。②含子矿物的多相包裹体。形态呈米粒状，包裹体大小一般 3～5μm。子矿物体积占包裹体体积的 10%～25%，部分多相包裹体中含多个子矿物，通常分布在辉钼矿-石英脉中。③二相气-液包裹体。形状呈圆粒状、长条状，部分包裹体沿一个方向分布，并向延长方向拉长。石英-萤石脉中包裹体大小一般 2～4μm，石英脉中包裹体大小为 8～13μm。在主成矿期的石英硫化物阶段，以 CO_2 包裹体和含子矿物的多相包裹体为主，少量二相气液包裹体；早期石英-钾长石脉中晚期晚阶段均为二相气液包裹体。流体包裹体均一温度分布在 131～387℃ 之间，其中 CO_2 包裹体均一温度在 260～387℃ 之间；爆裂温度在 314～321℃ 之间。含子矿物的多相包裹体升温后，首先部分均一为气相，其部分均一温度为 131～346℃；子晶融化温度为 214～419℃，多数集中在 279～387℃ 之间，其爆裂温度为 340～427℃；二相气液包裹体的均一温度为 133～310℃，多数集中在 140～270℃ 之间。主要成矿期成矿温度为 260～419℃，为中高温流体。

同位素地球化学研究（杨泽强等，2008；袁德志等，2008）表明，成矿期石英氢氧同位素 $δ^{18}O$ 值在 8.6‰～11.1‰ 之间，汤家坪岩体全岩 $δ^{18}O$ 值为 7.79‰，低于一般含钼花岗斑岩。石英的 $δD$ 值分布在 −58‰～−84‰ 之间，基本与岩浆水的 $δD$ 值范围一致，但随着成矿作用的进行，石英的 $δD$ 值从 −58‰ 降至 −84‰，说明成矿晚期有大气降水参与。此外，计算所得 $δ^{18}O_水$ 值为 −0.11‰～4.44‰，$δD$-$δ^{18}O_水$ 投点大多分布范围在正常岩浆水范围内，只有晚期中—低温热液阶段石英-萤石脉中的氢氧同位素组成偏离岩浆水较远。$δ^{34}S$ 变化范围在 3.0‰～3.9‰ 之间，钼矿石中黄铁矿 $δ^{34}S$ 值为 3.9‰，辉钼矿的 $δ^{34}S$ 值为 3.0‰，成矿期硫化物的 $δ^{34}S$ 值变化范围小，具有岩浆源区单一硫源的特点。

汤家坪钼矿辉钼矿 Re-Os 同位素等时线为 (113.1±7.9)Ma（杨泽强等，2007），在误差范围内与汤家坪岩体年龄[(121.6±4.6)Ma;魏庆国等,2010]接近,可能略晚。

晚三叠世以来的中国东部已成为统一陆块,华北及南华北盆地西南侧的秦岭-大别岩浆弧(K_1)跨越了晚三叠世之前的华北陆块和秦岭造山带,岩浆弧内早白垩世花岗岩(亚)带呈北西与北东走向交织的格局。从大地构造着眼,地处大别山腹地的汤家坪钼矿与东秦岭(华北陆块南缘)钼矿有着统一的成矿物质来源,即前晚三叠世陆内造山带的山根。矿床成因与成矿模式符合我国板内斑岩型钼矿通常的特征,与大陆边缘岩浆(火山)弧中斑岩型铜钼矿床相比,钼非伴生于斑岩型铜矿而是形成单一的钼矿床,原因在于洋-陆俯冲岩浆源区富集来自洋壳的铜,而板内起源于前期陆内俯冲带的岩浆源区仅富集了钼。

七、千鹅冲钼矿床及成矿模式

该矿床位于大别山北侧光山县河棚乡千鹅冲村南,地理坐标:东经114°43′11″—114°44′18″,北纬31°47′17″—31°48′14″。矿床资源储量钼金属60.00×10^{4}t,平均品位0.081%,为一特大型钼矿。

1. 矿区地质

千鹅冲钼矿床地处桐柏-大别陆内俯冲折返带(T_3—J_1)及早白垩世陆内岩浆弧。出露地层主要为泥盆系南湾组上段地层(Dn^3),为一套浅变质复理石建造,主要岩性为斜长角闪片岩、石英斜长片岩、云母片岩及变粒岩等,经历了强烈变形和低级变质作用(图4-52)。

矿床处在长轴北北西走向新县早白垩世二长花岗岩基的北西倾伏部位,南距宝安寨二长花岗岩体1.5km。矿区内在钼矿体的下方,经钻探发现隐伏的千鹅冲二长花岗岩体,距钼矿体底板70～170m处,面积约0.26km^2。千鹅冲二长花岗岩呈灰白色,细粒结构,主要矿物含量:石英20%～25%,正长石35%～40%,斜长石30%～35%;次要矿物黑云母含量2%～4%;副矿物有锆石、磷灰石、榍石、磁铁矿、钛铁矿等。岩体化学成分:SiO_2 74.93%,K_2O+Na_2O 8.44%,$\omega(K_2O)/\omega(Na_2O)$ 1.44;具高硅、富碱、高钾特征。矿区北部沿地层走向分布大量闪长玢岩脉,见有煌斑岩脉。中部分布近东西走向花岗斑岩脉,与二长花岗岩体接触面具冷凝边,形成晚于千鹅冲岩体。花岗斑岩呈肉红—暗红色,斑状结构。斑晶含量15%～20%,主要为正长石(40%～50%)、石英(35%～40%)、斜长石(15%～20%)及少量黑云母;基质含量约80%,粒径0.1～0.4mm,矿物组成与斑晶相同。近南北走向石英斑岩脉穿切闪长玢岩脉和花岗斑岩脉。

同地层和花岗斑岩脉走向的一组高角度正断层极其发育,断裂带由膨缩变化的构造角砾岩或碎裂岩组成,断面倾角63°～85°,倾向多与地层产状一致,部分反向北倾,似隐伏千鹅冲二长花岗岩体上方的地堑式断裂系统。其次发育近南北走向同石英斑岩脉产状的高角度正断层,切割北西西向断裂和岩脉。矿区南部展布桐(柏)-商(城)韧性剪切带,糜棱面理陡向北北东倾,为泥盆系南湾组与震旦系—下奥陶统肖家庙岩组的分界,亦是大别高压—超高压变质带的北界。

2. 矿床特征

钼矿体底板位于隐伏千鹅冲二长花岗岩体顶面70～170m处,岩体顶面与钼矿体顶面相距约700m。矿体分布范围在平面上大致呈椭圆形,北西-南东长1.8km,北东-南西宽0.91km,面积约1.15km^2;垂向上多分布于-500～0m标高,自地表向下最大见矿深度766.26m;矿体总体上呈顶尖底宽、周缘锯齿状的塔松树形态。主矿体(M-1)长1600m,宽430～1020m,平均厚354.40m,钼资源储量占全矿区的95%以上。矿体钼品位0.03%～1.09%,中部品位高,顶、底部及边部逐渐变贫。

钼矿化受千鹅冲隐伏二长花岗岩体上方南湾组中层状网状裂隙带控制,矿化强度与各种裂隙

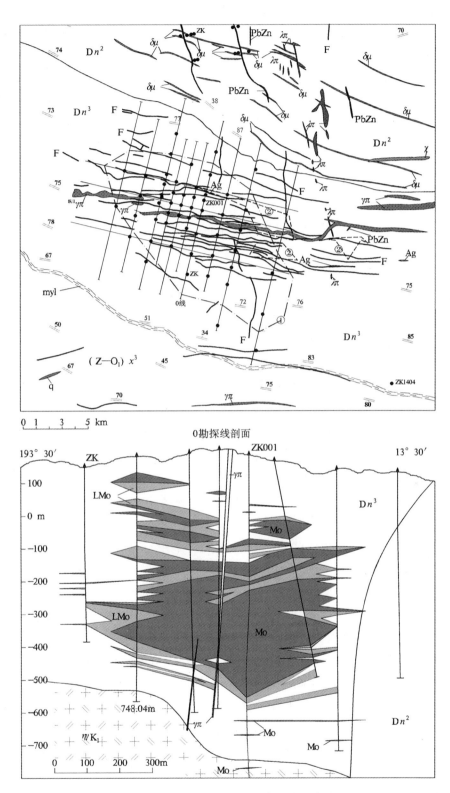

图 4-52 河南省光山县千鹅冲钼矿地质图

Dn^2.泥盆系南湾组中段;Dn^3.南湾组上段;$(Z—O_1)x^3$.震旦系—早奥陶统肖家庙岩组;$\eta\gamma K_1$.早白垩世二长花岗岩;χ.煌斑岩;$\delta\mu$.闪长玢岩;$\gamma\pi$.花岗斑岩;$\lambda\pi$.石英斑岩;q.石英脉;F.断层;myl.桐商韧性剪切带。①隐伏钼矿体水平投影范围;②铜矿体水平投影范围;Mo.钼矿体;LMo.低品位钼矿体;PbZn.铅锌矿体;Ag.银矿体;ZK(001).钻孔及编号

发育程度密切相关，岩体内仅在顶部的局部具钼矿化。矿化具垂向和水平分带，自隐伏岩体向上和向外的矿化分带为钼、铜、银、铅锌。铜矿化受控于隐伏岩体东侧仰起部位北西西向断裂，分布3个小型铜矿体。同受北西西向断裂控制的5个小型银矿（化）体分布在地表与铜矿体上方。透镜状铅锌矿化体主要右行斜列于钼矿化区以北的北北西向断裂，仅圈定出露于地表的2个小型铅锌矿体。

矿石金属矿物主要为黄铁矿、黄铜矿、辉钼矿、方铅矿、闪锌矿、磁铁矿、赤铁矿，次为磁黄铁矿、斑铜矿、脆硫锑铅矿等，金属矿物含量一般占1%~5%，局部富集达20%以上。脉石矿物以石英、绿帘石、钾长石、黑云母、绿泥石、斜长石、绢云母为主，方解石、萤石、角闪石次之。常见辉钼矿的鳞片状、粒状结构，黄铁矿、黄铜矿的压碎结构，黄铜矿、黄铁矿、闪锌矿、方铅矿的固溶体出溶结构，方铅矿的填隙结构；金属硫化物的细脉状、网脉状、浸染状构造，晚期辉钼矿的束状构造。

据李法岭（2011）的研究，断裂构造带中的线状蚀变有早期的石英-钾长石化，伴有磁铁矿、黄铁矿、辉钼矿等；晚期硅化、绢云母化、绿帘石化、绿泥石化、方解石化，共生黄铁矿、辉钼矿、黄铜矿、方铅矿、闪锌矿等。总体上，围绕隐伏二长花岗岩体的面型蚀变与断裂带中的蚀变相同，即钼矿体中上部至岩体的石英-钾长石化，钼矿体中上部以上的硅化、绢云母化、绿帘石化、绿泥石化、方解石化。根据不同脉体的穿切关系，成矿过程划分为4个阶段（杨永飞等，2011）：①石英-钾长石-磁铁矿阶段；②石英-辉钼矿阶段；③石英-方解石-硫化物阶段；④碳酸盐阶段。

3. 矿床成因与成矿模式

杨永飞等（2011）开展了千鹅冲钼矿床成矿流体特征的研究，存在4种类型的流体包裹体，分别为纯CO_2型、CO_2-H_2O型、水溶液型和含子晶多相型包裹体。其中纯CO_2型仅见于Ⅰ阶段石英脉中，CO_2-H_2O型分布在Ⅰ、Ⅱ阶段热液石英中，含子晶多相型主要见于Ⅰ、Ⅱ阶段，少见于Ⅲ阶段，水溶液型在各阶段均有发育。Ⅰ阶段：CO_2-H_2O型包裹体盐度2.00%~8.82% $NaCl_{eq}$，密度0.45~0.84g/cm³，爆裂温度266~425℃，未爆裂者均一温度295~396℃；水溶液型包裹体盐度2.24%~11.46% $NaCl_{eq}$，密度0.60~0.84g/cm³，均一温度257~400℃；含子晶多相型包裹体流体盐度2.07%~11.58% $NaCl_{eq}$，流体相均一温度211~422℃，子矿物不熔。Ⅱ阶段：CO_2-H_2O型包裹体盐度2.20%~6.37% $NaCl_{eq}$，密度0.53~0.83g/cm³，液相均一温度211~348℃；水溶液型包裹体盐度1.06%~10.98% $NaCl_{eq}$，密度0.62~0.97g/cm³，液相均一温度146~370℃。Ⅲ阶段：水溶液型包裹体盐度0.53%~9.47% $NaCl_{eq}$，密度0.76~0.97g/cm³，均一温度137~300℃；很少的含子晶多相型包裹体的盐度2.34%~8.28% $NaCl_{eq}$，流体相液相均一温度143~299℃。根据CO_2-H_2O型包裹体特征计算Ⅰ、Ⅱ阶段流体包裹体的最小捕获压力范围分别为15~100MPa及5~62MPa，推算Ⅰ阶段最大成矿深度大于或等于4km。初始成矿流体属H_2O-CO_2-NaCl体系，具有高温、高K、低NaCl、富CO_2及金属元素的特征。Ⅰ阶段流体中氧逸度较高，流体作用主要产生了围岩钾化和磁铁矿的沉淀。早期蚀变消耗了热液系统的碱金属离子、OH^-、SiO_2等溶质，CO_2逸逃，导致流体氧逸度、黏度、盐度与温度的降低，溶液酸度、S^{2-}活度和渗透能力的增强，致使Ⅱ阶段大范围辉钼矿的生成。各成矿阶段脉石英的$\delta^{18}O$为7.1‰~10.2‰，与其平衡的成矿热液水的$\delta^{18}O$为-1.41‰~5.7‰，脉石英中包裹体水的δD为-72‰~-55‰，氢氧同位素特征显示成矿热液由岩浆水向大气降水的演化。Ⅲ阶段大气降水的混入，促使流体氧逸度、酸度的再度升高，为低温方铅矿、闪锌矿、石英和方解石的成生阶段。Ⅳ阶段热液主要为热核循环的大气降水，以方解石脉标志矿化的结束。

高阳等（2014）通过SHRIMP锆石U-Pb测年，获得钼矿体下方千鹅冲隐伏二长花岗岩体与矿体中花岗斑岩脉的侵位年龄分别为（130±2）Ma（MSWD=1.4）及（129±2）Ma（MSWD=1.9），并获得6件辉钼矿的Re-Os等时线年龄为(129±2)Ma(MSWD=0.63);杨梅珍等(2010)和李法岭(2011)进行了LA-ICP-MS锆石U-Pb与ICP-MS辉钼矿Re-Os同位素定年,获得矿区南侧宝安寨二长花岗岩体年龄为(135.3±1.9)Ma(MSWD=1.5),矿体中花岗斑岩年龄为(128.8±2.6)Ma(MSWD=1.3),4件辉钼矿Re-Os等时线年龄为(128.7±7.3)Ma,模式年龄加权平均值为(127.82±0.87)Ma;陈伟等(2013)获得宝安寨岩体南侧新县二长花岗岩体LA-ICP-MS锆石U-Pb年龄为(125.5±1.5)Ma(MSWD=1.11)。以上早白垩世约135Ma、130Ma和125Ma三次二长花岗岩浆活动均对应有钼的成矿作用,其中千鹅冲花岗斑岩晚于二长花岗岩体侵位约1Ma,与钼矿床时代吻合。

陈伟等(2013)根据新县花岗岩元素地球化学、Sr-Nd-Pb-Hf同位素研究认为:①岩基具有高硅、富碱,贫镁、铁、钙,富集轻稀土元素、大离子亲石元素(Rb、K、Th、U)和Pb,亏损重稀土元素、高场强元素(Nb、Ta、Ti)和Sr、Ba的特征,属于高钾钙碱性I型花岗岩,是下地壳物质在深度小于35km环境下部分熔融的产物;②全岩Sr-Nd-Pb同位素和原位Hf同位素示踪表明,岩基来源于扬子北缘下地壳,其成分可能类似于扬子北缘新元古代TTG型岩浆岩;③成岩构造环境是由挤压收缩向拉张伸展转换,加厚的下地壳发生垮塌,地幔物质上涌,诱发俯冲的扬子下地壳部分熔融。

大别造山带经历三叠纪扬子陆块深俯冲和高压变质作用,与折返、剥蚀程度相反,当前侵蚀面最大成矿年龄出现在西部的母山钼矿[辉钼矿Re-Os模式年龄(155.7±5.1)Ma;李明立,2009],最小成矿年龄为东部的沙坪沟钼矿[辉钼矿Re-Os模式年龄(109.9±1.6)Ma;孟祥金等,2012]。从晚侏罗世至早白垩世末期,各期次钼矿床与花岗岩的关系均有岩体内、外的多种分布,千鹅冲钼矿床为成矿流体完全超越岩体的典型代表,矿床成因类型仍为与陆内花岗岩浆活动有关的"斑岩型"钼矿。如图4-53所示,起源于下地壳的花岗质熔浆与成矿流体先后就位,滞后二长花岗岩基约1Ma的含矿流体透过尚未完全固结的岩基而成矿。

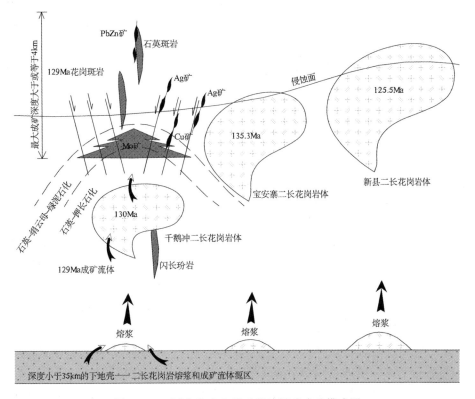

图4-53 河南省光山县千鹅冲钼矿成矿模式图

第七节 铜 矿

一、典型矿床及矿床式

河南省的铜矿归为3种类型:小沟式变质海相火山岩型铜矿、刘山岩式海相火山岩型铜矿、秋树湾式斑岩-矽卡岩型铜钼矿。

二、小沟铜矿床及成矿模式

小沟铜矿位于济源市西北约35km,行政区划隶属济源市王屋乡林山村。矿区面积约8.5km^2。地理坐标:东经112°17′27″—112°18′06″,北纬35°10′12″—35°10′36″。铜矿平均品位0.96%,累计查明铜金属储量4251.48t,为小型铜矿床。

1. 矿区地质

矿区处在太行山中—新生代隆起带西南端东南侧的新太古界断块中。出露地层为新太古代林山岩群曹庄岩组变质表壳岩系,为残留在新太古代TTG片麻岩和二长花岗岩中的一套绿片岩岩片,倾向205°~230°,倾角40°~80°(图4-54)。曹庄岩组总体上自下而上的岩性依次为石英绢云片岩、绿泥片岩、角闪片岩和黑云母片岩,局部夹角闪岩、斜长角闪岩透镜体等。

对于矿区一带的TTG片麻岩尚缺乏划分和系统的岩石学研究,其中黑云斜长片麻岩的岩石矿物成分以斜长石和石英为主,以往命名为片麻状浅粒岩,应属变质深成侵入岩。片麻状二长花岗岩约占矿区面积的50%,岩石呈肉红—灰白色,花岗变晶结构,片麻状构造,主要矿物为钾长石、斜长石、石英,次为黑云母、白云母,副矿物为锆石、磁铁矿、榍石、磷灰石。零星出露闪长岩、角闪安山岩、正长岩、伟晶岩等岩脉。

新太古代地层及岩体围限于脆性断裂带中,周边分布古元古界银鱼沟群、长城系熊耳群和寒武系等地层。前人研究认为,矿区处在北翼倒转的安坪背斜的核部。

2. 矿床特征

铜矿体顺层分布在宽600~800m的表壳岩带中,单个岩片厚度一般几十厘米到数十米,个别大于100m。北西、南东两端划分为小沟、汤凹矿段。

小沟矿段圈定相距45m左右的3个矿体群,共14个矿体。矿体呈透镜状、似层状产于条带状石英黑云母角闪片岩、石英角闪片岩中。Ⅰ号矿体群分布于4~5线之间,由8个矿体组成;Ⅱ号矿体群分布在1~4线,由2个矿体组成;Ⅲ号矿体群处在9~13线,由4个矿体组成。矿体长49~303m,厚1.04~2.23m,延深50~140m,一般埋深0~140m,最大埋深190m。单个矿体铜平均品位0.53%~1.97%,伴生银(5.00~14.80)×10^{-6}。

汤凹矿段由4个矿体组成。矿体长48~93m,厚1.20~3.18m,仅1个矿体倾向延深150m,其他2个矿体延深小于50m。矿体均由氧化矿石组成,单个矿体铜平均品位0.54%~1.05%。

矿石呈深灰色、黑色和黑绿色,中细粒鳞片粒状变晶结构,条带状构造。主要金属矿物为黄铁矿、黄铜矿、磁铁矿,微量磁黄铁矿、自然铜、辉钼矿,氧化矿物有斑铜矿、蓝铜矿、铜蓝、孔雀石;脉石

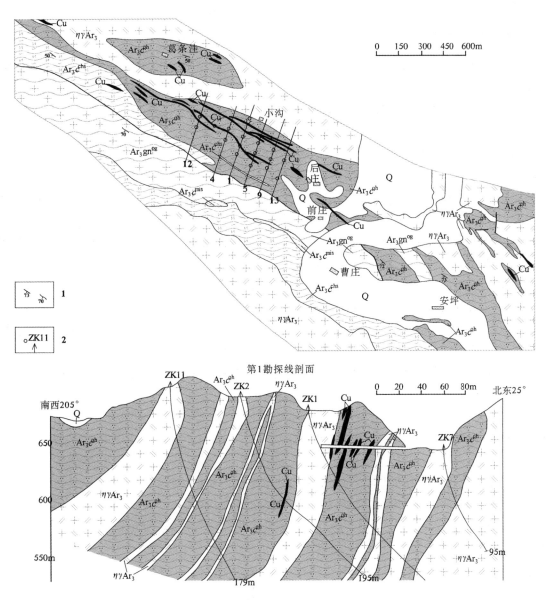

图 4-54 河南省济源市小沟铜矿区地质图

Pt_1c^{qh}.曹庄岩组石英角闪片岩;Pt_1c^{chs}.曹庄岩组黑云斜长片岩、绿泥石片岩;Pt_1c^{mis}.曹庄岩组白云母片岩;Q.第四系;Pt_1gn^{og}.古元古代片麻状花岗岩;$\eta\gamma Pt_1$.古元古代二长花岗岩;Cu.铜矿体及铜矿化体。1.片理及片麻理产状;2.钻孔及编号

矿物主要是黑云母(10%～45%)、角闪石(15%～50%)、石英(40%左右),次为斜长石、绿泥石、透闪石等。黑云母或角闪石中细粒平行分布,构成 0.5～10mm 宽的暗色条带;石英中细粒,粒度均匀,彼此镶嵌,构成 1～10mm 宽的白色条带;黄铜矿粒径 0.1～0.4mm,呈星点状或集合体不均匀分布于暗色条带中或条带界面上,少量呈细脉状、浸染状分布;磁铁矿呈细粒集合体,条带状分布于片岩中。

根据赋矿岩石种类划分为石英黑云母型和石英角闪石型两种矿石类型,石英黑云母型矿石铜含量高于石英角闪石型矿石。单个样品 Cu 品位变化于 0.30%～4.55%之间;银含量(2.2～31.5)$\times 10^{-6}$,平均 9.7×10^{-6},银、铜含量呈正相关关系;硫含量一般 1.5%,最高 7.3%,硫与铜含量呈正比;全铁含量一般 15%,最高 32.74%,铁与铜含量大致呈反比。

含矿表壳岩经历了复杂的区域变质作用,但矿体与围岩之间无明显的蚀变。

3. 矿床成因与成矿模式

有关小沟铜矿及其林山岩群的时代,翟文建等(2014)获得矿区南部林山岩群迎门宫组斜长角闪片岩(岛弧拉斑玄武岩)LA-ICP-MS锆石U-Pb年龄为(2538±16)Ma(MSWD=1.5),黑云斜长片麻岩(变质深成侵入岩)SHRIMP锆石U-Pb年龄为(2602±16)Ma(MSWD=6.4),推测小沟铜矿与林山岩群曹庄岩组的年龄亦在新太古代。

相邻的中条山地区:涑水杂岩中冷口变英安质凝灰岩,以及绛县群铜矿峪组变流纹质凝灰岩,SHRIMP锆石U-Pb年龄(孙大中等,1991)分别为$(2330±5)$Ma$(1\sigma, n=15)$、$(2115±6)$Ma$(1\sigma, n=14)$;铜矿峪铜矿花岗闪长斑岩LA-ICP-MS锆石U-Pb年龄(许庆林等,2012)$(2149±3)$Ma(MSWD=0.61, n=17)。中条山地区的铜矿与小沟铜矿的时代、建造并不相同,仅处在落家河构造窗(小沟西约20km)中的落家河铜矿(孙桂琴等,2011;姜玉航等,2013)与小沟铜矿成矿特征相似,不同之处在于落家河铜矿的赋矿岩石为含石墨绿泥片岩。

小沟铜矿赋矿地层的岩性上下主要呈角闪片岩、石英角闪石片岩及石英黑云母片岩交替变化,在含矿层位上的岩性变化规律大致为角闪岩—石英角闪石片岩—黑云石英片岩—石英黑云母片岩,推测原岩为围绕海底火山四周的玄武岩—热水沉积硅铁质泥岩—泥岩。黄铜矿等硫化物纹层状赋存在黑云母或角闪石条带中,可能处在海底火山周边低洼地带的还原环境,生成于海底火山喷流作用。矿床成矿大地构造相为古元古代早期大陆边缘弧后盆地,系经历绿片岩相区域变质作用的海相火山岩型铜矿。

三、刘山岩铜锌矿床及成矿模式

该矿床位于河南省桐柏县城西北28km大河镇,矿山名称为大河铜矿。地理坐标:东经113°18′06″—113°19′20″,北纬33°32′49″—33°33′25″。累计查明资源储量:铜$3.38×10^4$t,锌$22.64×10^4$t,铅$1.27×10^4$t。矿山经历了30余年的开采,于2006年闭坑。外围保有资源储量:铜$0.41×10^4$t,锌$3.02×10^4$t,铅$0.21×10^4$t。

1. 矿区地质

矿区处于北秦岭褶皱带东段,歪头山背斜南侧的向斜核部。出露地层为早古生代二郎坪群刘山岩组一套经绿片岩相以上变质程度的细碧角斑岩系,主要岩石类型有变基性凝灰岩、细碧岩、辉绿玢岩,变酸性凝灰(角砾)岩、石英角斑岩,以及凝灰质大理岩与硅质板岩等(图4-55)。地层总体倾向25°~50°,倾角60°~80°;倾角上陡下缓,具有向形转折的构造形态或趋势。发育由糜棱岩化石英角斑岩、绿帘阳起石岩和硅质糜棱岩(朱振明,1991)组成的,总体呈北西走向的网络状韧性剪切带。沿不同岩性界面脆性断裂发育,见少量石英钠长斑岩和云煌岩脉。

各类岩石走向延伸尚稳定,但倾向变化极大,尤其细碧岩、辉绿玢岩、硅质板岩倾向延伸一般不足100m,反映了裂隙式喷发或海沟发育的特点,但不排除韧性变形构造的影响。以硅质岩、矿体、钙质凝灰岩所代表的火山喷发间断,不同岩性、岩相的叠置或相变关系,以及地层的倒转层序,划分矿区已知含矿建造有6个火山喷发韵律,火山喷发由基性至酸性结束。需要指出的是,图4-55中的中基性凝灰岩类沿用了以往定名,但区内未见中基性喷出岩或潜火山岩,已达绿片岩-角闪岩相变质程度的火山碎屑岩很难确定火山喷发的岩浆岩属性,岩石化学方法也不适用成分多来源的火山碎屑岩,因此区内是否存在中基性火山活动尚有待研究。石英角斑岩与石英角斑凝灰岩的区别

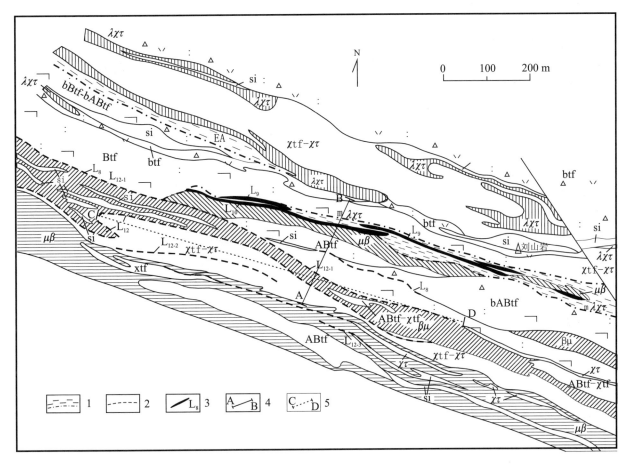

图 4-55 刘山岩铜锌矿区地质图

1.韧性剪切带；2.赋矿层位及隐伏矿体编号；3.矿体及编号；4.图 4-56 剖面位置；5.图 4-57 垂直纵投影位置；βμ.变细碧岩（钠长角闪岩）；μβ.变辉绿岩（斜长角闪岩）；χτ.变角斑岩（钠长片岩）；λχτ.变石英角斑岩（石英钠长片岩）；btf.变基性凝灰岩（绢云绿泥片岩）夹钙质凝灰岩及凝灰质大理岩透镜体；ABtf.变中基性凝灰岩（黑云斜长片岩、角闪斜长片岩、方解绿泥钠长片岩）；bBtf.变含角砾基性凝灰岩；bABtf.变含角砾中基性凝灰岩；ABtf-χtf.变中基性凝灰岩夹变角斑质凝灰岩；χtf-χτ.变角斑质凝灰岩夹变角斑岩及钙质凝灰岩透镜体；btf.变角砾（晶屑）凝灰岩、集块岩；si.硅质板岩（绢英片岩夹含石墨绢英片岩）；EA.绿帘阳起石岩（糜棱岩）；mλχτ.糜棱岩化石英角斑岩

在于后者具晶屑（凝灰）结构，且基质（凝灰物）中石英含量较高（朱振明，1987），两者为过渡关系，是爆发-喷溢过渡相的产物。纹层状硅质-钠长石岩（赋矿岩石）与石英角斑岩或石英角斑凝灰岩亦呈过渡关系，镜下可见硅质岩中残留玉髓的火焰状跟踪消光（邓起等，1987），反映火山喷出-热水沉积过渡相的产物。矿区北部（图 4-55 北侧）长轴状、环带状展布与围岩变质程度相同的石英角斑岩岩墙，岩墙环带内部角斑岩、角斑质凝灰岩（夹钙质凝灰岩及角斑岩透镜体）等层序较为紊乱，曾发现火山弹。岩墙外对称展布角砾凝灰岩（集块岩）、硅质、较厚层钙质凝灰岩（夹凝灰质大理岩、滑塌角砾岩）。推测该岩墙为火山喷发期后沿环状断裂的岩浆活动，岩墙环绕范围为变形的破火山口。

2. 矿床特征

矿床主要有 4 个工业矿体组成，呈不规则层状、透镜状，产状与围岩一致，多分布在酸性与基性火山岩岩性界面并靠近酸性岩一侧，亦即硅质岩与石英角斑岩（凝灰岩）发育层位。受剪切作用影响,矿体或含矿层位平面上总体呈北西西走向网络状展布。剖面上各矿体向南隐伏趋深,倾角变缓,总体呈弧形平行排列(图4-56)。走向与倾向上矿体局部断续斜列,但总体连续性较好。矿体中存在规模不等的沉积夹层,貌似断裂构造的分枝复合现象。在长2000km、宽90~150m范围内,仅北部出露L9、L10矿体。矿体走向长数百米,最长达千余米,倾向延伸几十米至数百米。矿体厚0.5~20.10m,平均厚1.53~2.53m。单个矿体平均品位Cu 0.21%~1.95%、Zn 2.62%~11.94%。图4-57是根据均匀分布的31个工程的见矿情况在纵投影面上圈定的等值线图,可以看出:矿石的厚度、品位呈明显的正相关,Cu、Zn密切共生,在矿层中有多个厚度、品位中心,Pb的分布则偏离于Cu的富集中心。

矿石金属矿物主要为黄铁矿(15%~80%)、闪锌矿(3%~20%),次为黄铜矿(0.5%~6%),少量方铅矿(0~1%)等。脉石矿物有钠长石、角闪石、石英、重晶石、绢云母、绿泥石,少量方解石、电气石及金红石。矿石呈半自形—他形粒状结构、变晶结构,纹层状、条带状、浸染状、网脉状、片麻状、褶皱状及角砾状构造。矿石矿物粒度一般微细,黄铜矿0.0042~1.04mm,闪锌矿0.004~4mm,方铅矿0.01~0.7mm,黄铁矿0.0074~1.98mm。立方体黄铁矿内存在胶

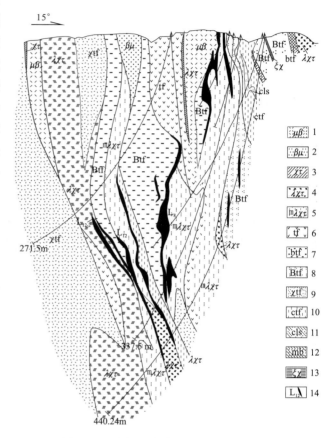

图4-56 刘山岩铜锌矿14线剖面图
1.变细碧岩;2.变辉绿岩;3.变角斑岩;4.变石英角斑岩;5.糜棱岩化石英角斑岩;6.变凝灰岩;7.变角砾凝灰岩;8.变基性凝灰岩;9.变角斑质凝灰岩;10.变钙质凝灰岩;11.变滑踢岩;12.大理岩;13.煌斑岩;14.矿体及编号

体沉淀成因的不规则弯曲环带,黄铁矿、闪锌矿普遍具拉长"流动"和重结晶现象,这种组构记录了海底火山喷流和后期的变质作用(胡受奚等,1988)。矿石的角砾状构造有两种类型:一种为矿层叠加后期脆性断层的破裂构造,另一种为叠加变形的原生角砾状构造。矿石中褶皱与挤压变形的、原为不规则状的围岩和各种组构的矿石角砾,指示的是一种成分复杂的滑塌堆积。矿石之中还存在滚动状的围岩碎屑。矿石类型按组构主要为以纹层状、条带状及角砾状构造为主的黄铁矿-闪锌矿-黄铜矿矿石,边部过渡为条带状重晶石-方铅矿-闪锌矿-黄铁矿-黄铜矿矿石,切层的网脉状或细脉浸染状矿石见于局部,块状、角砾状矿石为浸染状矿石所连接(图4-58)。含有原生角砾的部位矿体厚度最大,反映块状硫化物经再次搬运聚集于洼地,厚度较薄的浸染状矿石可能代表正地形。重晶石层作为块状硫化物矿体的边缘相标志尤其重要,如矿区第20勘探线250m深处及其外围仍见重晶石层,反映矿区深部与外围仍具有一定的找矿潜力。

矿体无明显围岩蚀变,但矿体及顶底板围岩具不同程度的糜棱岩化,并叠加脆性断裂构造。糜棱岩化带仅具黄铁矿化,酸性凝灰岩等酸性围岩的糜棱岩化带中多见自形呈星点状黄铁矿,粒径一般在1mm左右;细碧岩或基性凝灰岩的剪切压力影中自形黄铁矿粒径可达1~2cm。脆性断裂构造中无任何矿化。沿动力变质带的退变质作用往往是酸性岩石的绢云母化及基性岩石的绿泥石化。

3. 矿床成因与成矿模式

据韦昌山等(2003)和燕长海等(2007)的研究,刘山岩铜锌矿床矿石中流体包裹体较发育。石英中常见流体包裹体有6种类型:气相包裹体 $V_{H_2O+CO_2+CH_4}$,盐水溶液包裹体 L_{H_2O},A型两相盐水溶液包裹体 $L_{H_2O}+V_{H_2O}$,B型两相盐水溶液包裹体 $L_{H_2O}+V_{CO_2}$,富 CO_2 两相包裹体 $L_{CO_2}+V_{CO_2}$,含 CO_2 三相包裹体 $L_{H_2O}+L_{CO_2}+V_{CO_2}$。重晶石中主要有单相盐水溶液包裹体 L_{H_2O} 和 A 型两相盐水溶液包裹体 $L_{H_2O}+V_{H_2O}$。包裹体气相成分 CO_2 为 CO,CO_2 高于 CO;液相成分主要有 K^+、Na^+、Ca^{2+}、Mg^{2+}、F^-、Cl^- 等,总体上是 $F^-<Cl^-$,$K^+<Na^+$,$Ca^{2+}>Mg^{2+}$,流体包裹体为 $NaCl-CaCl_2-CO_2-H_2O$ 型,符合海底热水的成分特点。浸染状矿石中的流体包裹体为中—高盐度(17.7%~22.3%;ω_{NaCl},下同),少数盐度高达 18%~23%,均一温度为中低温(135~250℃),少数中—高温(275~315℃)。含砾块状矿石的流体包裹体一般为中—低盐度(10%~12%),有中—低温(150℃)、中温(220~260℃)和中—高温(285℃)3个峰值。重晶石中流体包裹体为低盐度(2.0%~3.4%)、中—低温(140~178℃)。按照由下至上、自内向外的产状顺序,浸染状矿石、块状矿石、重晶石中流体包裹体的温度、盐度总体依次降低,符合海底喷流作用的特征。

南阳盆地西侧西峡二郎坪群火神庙组角

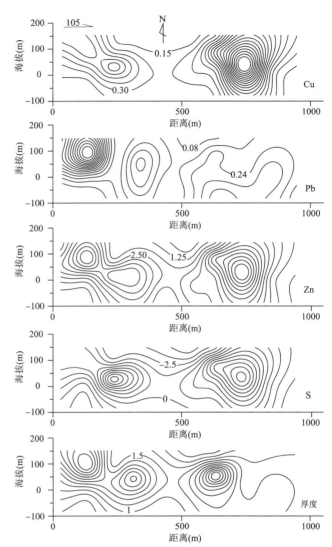

图4-57 12号矿体成矿元素及厚度变化垂直纵投影图
(含量单位:元素,%;厚度,m)

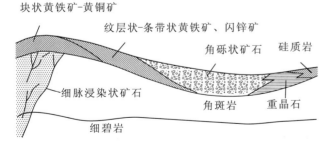

图4-58 刘山岩铜锌矿海底火山喷流相结构图

闪岩(变细碧岩)SHRIMP 锆石 U-Pb 年龄为(466.6±7)Ma(陆松年等,2003),为中奥陶世。近年来获得了大量的侵入于二郎坪群的闪长岩、二长花岗岩 SHRIMP 和 LA-ICP-MS 锆石 U-Pb 年龄,时代多为志留纪;其中获得侵入于二郎坪群的最大闪长岩年龄在黄岗附近,LA-ICP-MS 锆石 U-Pb(492±14)Ma(苏文等,2013),为寒武纪末。考虑刘山岩组处在二郎坪群的顶部,刘山岩铜锌矿的成矿时代应为奥陶纪。

刘山岩铜锌矿床以地震泵模式可以得到很好的解释(图4-59)。矿石的结构构造反映矿体多属一次喷发形成,多层矿体的相隔分布表明多次地震泵作用;矿床、点沿区域构造线的展布除与褶皱出露的因素有关外,带状展布的细脉浸染状矿化和老的脉岩的分布表明存在成矿期的断层;成矿与角斑岩、石英角斑岩和火山碎屑岩关系密切,较大规模的矿产地均处于脊状火山喷发中心(粗碎屑火山碎屑岩或侵入产状的石英角斑岩)的旁侧,酸性火山碎屑岩所占比例较高,不乏卤水储集层和深部热源,并存在厚的细碧岩隔水层;不同构造环境的卤水储集层具有一定的物质成分差异,因而产生不同的金属成矿类型;因为深水环境氧化程度低,所以不出现铁建造,仅出现周围重晶石层。

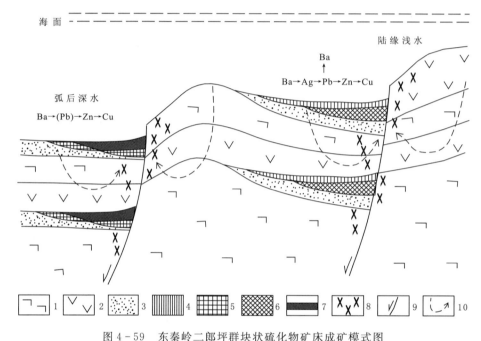

图 4-59 东秦岭二郎坪群块状硫化物矿床成矿模式图
1.细碧岩;2.角斑岩;3.火山碎屑(沉积)岩;4.重晶石层;5.磁黄铁矿和黄铜矿(黄矿);
6.多金属矿(黑矿);7.铜锌矿;8.细脉浸染状矿;9.同火山期断层;10.对流循环海水

四、秋树湾铜钼矿床及成矿模式

秋树湾矿区位于镇平县城北 13km 的老庄镇境内,面积 1.76km²。地理坐标:东经 112°13′33″—112°14′51″,北纬 33°08′04″—33°09′21″。累计查明资源储量:铜 9.87×10⁴t,钼 0.66×10⁴t(含伴生钼 0.24×10⁴t),伴生银 139.78t。

1. 矿区地质

矿区处在北秦岭褶皱带南缘,商丹断裂与朱夏深大断裂带归并部位的北侧。出露北秦岭基底古元古界秦岭岩群郭庄岩组和雁岭沟岩组深变质岩系(图 4-60)。郭庄岩组为一套无序叠置的构造片岩,主要岩性为黑云母片岩、矽线石片岩、长石云母石英片岩和铁英岩。各种岩性的岩片倾向 170°~210°,倾角一般为 50°~70°。雁岭沟岩组由斜长角闪片岩、大理岩、白云石大理岩、白云石方解石大理岩、石墨大理岩等岩组成,与郭庄岩组的各种岩片交织拼贴在一起,两岩组的岩片之间呈韧性剪切带接触。

矿区北侧为志留纪五垛山片麻状二长花岗岩基。矿区内石英闪长玢岩-花岗闪长斑岩-花岗斑岩-石英斑岩-伟晶岩等小岩株、岩脉呈北西、北东走向交织分布,并具有环状、放射状分布的特点。

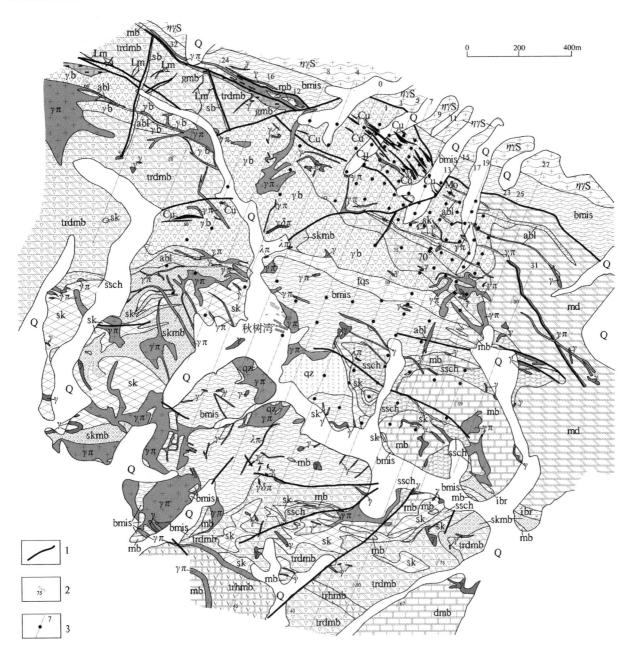

图 4-60 镇平县秋树湾铜钼矿区地质简图

abl. 斜长角闪片岩;mb. 大理岩;md. 白云石大理岩;dmb. 白云石方解石大理岩;gmb. 石墨大理岩;bmis. 黑云母片岩;ssch. 矽线石片岩;fqs. 长石云母石英片岩;ibr. 铁英岩;Q. 第四系;$\eta\gamma S$. 志留纪片麻状二长花岗岩;γ. 花岗岩;$\gamma\delta\pi$. 花岗闪长斑岩;$\lambda\pi$. 石英斑岩;$\gamma\pi$. 花岗斑岩;γb. 侵入角砾岩;sb. 构造角砾岩;trdmb. 碎裂白云石方解石大理岩;trhmb. 碎裂角闪大理岩;skmb. 矽卡岩化大理岩;sk. 矽卡岩;qz. 硅英岩;Lm. 褐(赤)铁矿脉;Cu. 铜矿体;Mo. 钼矿体。1. 断层;2. 片理产状;3. 勘探线及钻孔

根据航磁场特征,以花岗斑岩为主的小岩株-岩脉带呈北西走向延伸于矿区西北的五垛山片麻状二长花岗岩基中,而不是沿着北西西走向的朱夏断裂带展布。秋树湾花岗斑岩-花岗闪长斑岩体为岩带中规模较大的岩株之一,东西长 300m,南北宽 200m,面积 0.06km²。岩体平面上呈椭圆状,剖面呈蘑菇状,自南西向北东斜向侵入于秦岭岩群中,周边分布大量岩枝,辉钼矿 Re-Os 法同位素年龄为(146.42±1.77)Ma(郭保健,2006)。岩石呈斑状结构,基质微一细粒结构;矿物成分主要为斜长石(更-中长石)、钾长石、石英,少量黑云母和角闪石;副矿物为磁铁矿、锆石、磷灰石、石榴石,富含

硫化物。深部与浅部的岩石化学成分有很大差别,自深部向浅部 SiO_2、Fe_2O_3 增加,TiO_2、FeO、CaO、MgO、MnO、P_2O_5 均明显减少。岩石的氧化系数从深部 0.39 增至浅部 0.65,反映岩浆最终定位时的浅成环境(罗铭玖等,2000)。

中北部分布侵入角砾岩体,地表出露长约 800m,宽约 400m,面积为 $0.3km^2$。角砾岩体平面为一椭圆形,剖面为一向南西倾斜的筒状,与周边碎裂岩石呈断层接触或呈过渡关系。岩石角砾呈棱角状、次圆状和长条状,大小 1～5cm 不等,大者长 200cm。角砾分布杂乱,成分随围岩成分变化而变化。胶结物在岩筒上部以碳酸盐岩岩屑、岩粉为主,下部以细粒矽卡岩及岩浆物质为主。大理岩角砾具有宽 0.5～100mm 的暗色细粒矽卡岩反应边,常见先期形成的角砾岩再次成为角砾,或细粒矽卡岩胶结矽卡岩角砾。该类角砾状地质体形成于浅部就位的岩浆脉动侵入和岩浆流体作用,因上覆岩层压力小而被冲碎成角砾。

断裂构造发育,呈近东西、北西西、北西、北北西和北东走向展布,长度几十米至上千米不等。一般早期北西西向断裂为断面向北北东倾斜的高角度逆冲断层,其他走向断裂多为侏罗纪末岩浆活动期间的高角度正断层。

2. 矿床特征

矿床由南向北总体呈钼—钼铜—铜钼—铜矿化的分带,众多铜、钼矿体在空间上南、北分离,相应划分矿区北部的北山铜矿段与南部的南山钼矿段(图 4-61)。北山铜矿段共探明大小脉状、透镜状铜矿体 76 个,主要矿体集中分布在东西长约 750m,南北宽约 350m 的范围内,在侵入角砾岩体中上下叠瓦状排列。主要矿体顶点埋深 100～200m,倾向 220°～240°,倾角 30°～40°。长度大于 130m 的铜矿体 26 个,其中 13 个规模较大的矿体长 300～600m。斜深一般在 150～250m 之间,最大斜深 370m。单工程见矿厚度一般在 3～10m 之间,薄者 1～2m,最厚为 27.02m。

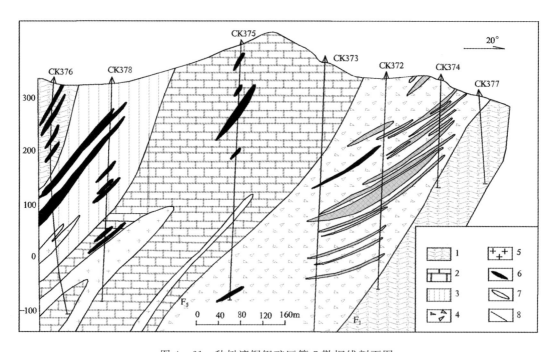

图 4-61 秋树湾铜钼矿区第 7 勘探线剖面图

1.斜长角闪片岩;2.大理岩;3.矽卡岩;4.含铜侵入角砾岩;5.晚侏罗世花岗岩、花岗斑岩;6.钼矿体;7.铜矿体;8.断裂南山矿段钼矿体的控制程度低,矿体呈脉状、透镜状密集分布于花岗斑岩体外接触带、矽卡岩带和花岗斑岩脉中,主要赋存于矽卡岩中。矿体相对花岗斑岩体(带)相向内倾,北半部钼矿体与上述铜矿体产状相同,南半部钼矿体倾向北东,倾角5°~80°。初步圈定了30个钼矿体,间距一般为1~5m,最大间距30m,埋深6.3~466m。矿体最大延长800m,最大斜深400m,厚1~55.72m。

矿石结构主要为赋矿岩石的中粗粒粒状变晶结构、柱粒状结构、角砾状结构,金属硫化物的包体结构、充填结构等。矿石构造表现为赋矿岩石的片状构造、条带状构造、揉皱状构造等,金属硫化物以细脉-网脉状和薄膜状构造为主,浸染状构造次之。依据赋矿岩石种类可划分为矽卡岩型矿石、角砾岩型矿石、片岩型矿石及少量花岗斑岩型矿石。矿石金属矿物主要为黄铜矿、黄铁矿、辉钼矿,以及少量磁黄铁矿、闪锌矿、方铅矿等,矿物生成顺序为辉钼矿→磁黄铁矿→黄铁矿(早期)闪锌矿→黄铜矿→方铅矿→黄铁矿(晚期)。各类矿石脉石矿物差异较大,矽卡岩型矿石主要为透辉石、石榴石、方解石等,角砾岩型矿石主要为方解石、石英等,花岗斑岩及片岩型矿石主要为长石、石英等。

铜矿石一般含铜0.5%~1%,最高为11.72%,26个主要铜矿体平均品位为0.8%。钼矿石钼品位一般为0.018%~0.18%,平均0.119%。

围绕侵入角砾岩体和花岗斑岩体的蚀变主要为硅化、钾化、绢云母化、矽卡岩化及青磐岩化,自内向外的分带为石英核—石英钾长石化—石英绢云母化—矽卡岩化—青磐岩化。石英核见于秋树湾花岗斑岩体的东南缘,分布长、宽约200m,系由热液石英组成的硅英岩。石英钾长石化-矽卡岩化带为钼矿化的部位。铜矿体处在石英绢云母化-矽卡岩化部位。外围青磐岩化地段则有铅、锌、银的矿化。

3. 矿床成因与成矿模式

根据秦臻等(2012)对秋树湾铜钼矿矿相学、流体包裹体特征的研究,成矿作用分为3期:早期为高温蚀变-矽卡岩期,先后有干矽卡岩(石榴石、硅灰石、透辉石)-钾长石化-石英阶段,侵入角砾岩阶段,湿矽卡岩(阳起石、透辉石、角闪石)阶段及磁铁矿阶段;中期为硫化物沉淀期,包括斑岩型铜钼矿和石英硫化物2个平行的成矿阶段;晚期为方解石-重晶石-石英期。流体包裹体均一温度范围:早期为222~406℃,中期为152~315℃,晚期为119~189℃。盐度$\omega(NaCl_{eq})$:早期为4.2%~36.5%,中期为3.3%~34.8%,晚期为4.2%~11.9%。主要成分:早期为H_2O、CO_2、CH_4、H_2S,中期为H_2O、CO_2、N_2、O_2、SO_4^{2-}、Cl^-、F^-。早期高温、高盐度、含CO_2的岩浆流体,随着流体沸腾、CO_2逸失、温度下降、大气水的加入、盐度下降等过程,导致中期大量金属硫化物沉淀,晚期逐渐演化为低盐度、中低温度、贫CO_2的流体体系。

H、O、S稳定同位素研究(秦臻等,2012)表明:石英中$\delta^{18}O$为9.2‰~10.59‰,δD分布在-94‰~-40.19‰之间,显示出岩浆流体特征;黑云母中的$\delta^{18}O$为6.61‰~7.12‰,δD为-58.61‰~-45.24‰,为地幔流体范围;黑云母中的$\delta^{18}O$值均小于10‰,说明其成因类型与I型花岗岩有关;硫化物中的$\delta^{34}S$值分布在-0.1‰~6.22‰,平均1.83‰,显示出深源的特征;不同硫化物的$\delta^{34}S$存在一定差异,$\delta^{34}S$黄铁矿变化范围较大,$\delta^{34}S_{辉钼矿} < \delta^{34}S_{黄铜矿} < \delta^{34}S_{磁黄铁矿}$,表明辉钼矿与黄铜矿之间的硫同位素分馏基本达到平衡,而黄铁矿与其他硫化物的硫同位素分馏尚未完全达到平衡;黄铁矿中的$\delta^{34}S$有离开深源硫向负值或向正值漂移的趋势,这说明有少量地层来源的硫加入。

与成矿有关的秋树湾花岗斑岩具有高硅、高铝、高Ba、高Sr、富碱、富钾、低镁、贫钙、低稀土总量、铕异常不明显、富集大离子亲石、低Nb和Ti等特点,与苏格兰北部高Ba-Sr花岗岩类似,说明岩浆起源于壳幔混合作用(秦臻等,2011)。

秋树湾铜钼矿床所在大地构造相,在成矿前主要为志留纪闪长岩-二长花岗带的南缘,晚二叠世—中三叠世南秦岭深俯冲楔的上盘,而成矿的发生以中侏罗世大规模地壳均衡调整为开端,为晚侏罗世末期陆内岩浆活动时期。成矿具有斑岩型、矽卡岩型矿床的复合特征,如图4-62所示,起源于壳幔边界部位的花岗质熔浆、流体先后侵位、运移至地壳浅部,经历斑岩体-干矽卡岩-侵入角砾岩体-湿矽卡岩-钼铜矿体的先后形成和晚白垩世之后的剥蚀出露过程。同时期幔源流体的作用,尚在铜钼矿床的外围形成金矿床。

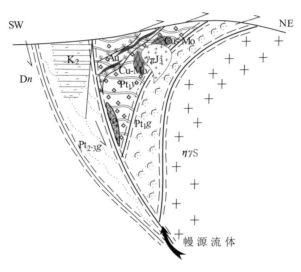

图4-62 镇平县秋树湾斑岩型铜钼矿成矿模式图

Pt_1g. 秦岭岩群郭庄岩组;Pt_1y. 秦岭岩群雁岭沟岩组;$Pt_{2-3}g$. 龟山岩组;Dn. 南湾组;K_2. 上白垩统;$\eta\gamma S$. 志留纪二长花岗岩;ρ. 志留纪钾长伟晶岩墙;$\gamma\pi J_3$. 晚侏罗世花岗斑岩;Cu-Mo. 铜钼矿体;Au. 金矿体

第八节 铅锌矿

一、典型矿床及矿床式

铅锌矿与银、铜等矿产共生,本着不重复归类的原则,不再划分共生铅锌矿的自然类型。与岩体关系密切的岩浆热液型铅锌矿可统称为赤土店式,代表斑岩-矽卡岩型钼钨矿、斑岩型钼矿周围的铅锌矿床。将碳酸盐岩中的铅锌矿归为广义的层控热液型,命名为沙沟式。

二、赤土店铅锌银矿床及成矿模式

矿区位于栾川县赤土店镇西侧西沟—银洞沟一带,东西、南北长均约6km,面积约36km²。地理坐标:东经111°30′50″—111°34′34″,北纬33°48′40″—33°52′03″。区内铅锌银矿未开展过系统的矿床勘查工作,2005年、2008年通过调查评价工作累计估算(111b)+(332)+(333)资源储量:铅

$18.78×10^4$t,锌 $16.36×10^4$t,银 405.64t。预测资源量(334_1):铅 $70.921×10^4$t,锌 $58.57×10^4$t,银 1615.93t。

1. 矿区地质

本区处在北秦岭与华北陆块结合部位的北侧,南泥湖钼钨多金属矿田的东部。矿区内出露地层主要有蓟县系官道口群巡检司组、冯家湾组、白术沟组和青白口系栾川群各组(图4-63),为华北陆块南缘蓟县纪—青白口纪陆缘盆地沉积。矿体围岩主要是栾川群煤窑沟组上段,少为官道口群白术沟组及栾川群大红口组、鱼库组。西南侧出露的下古生界陶湾群与栾川群呈韧性剪切带接触,碎屑锆石中940~920Ma的U-Pb谐和年龄指示扬子构造域的属性(苏文等,2013)。其他相关地层没于矿区深部,各岩石地层单位的岩性见表4-3。

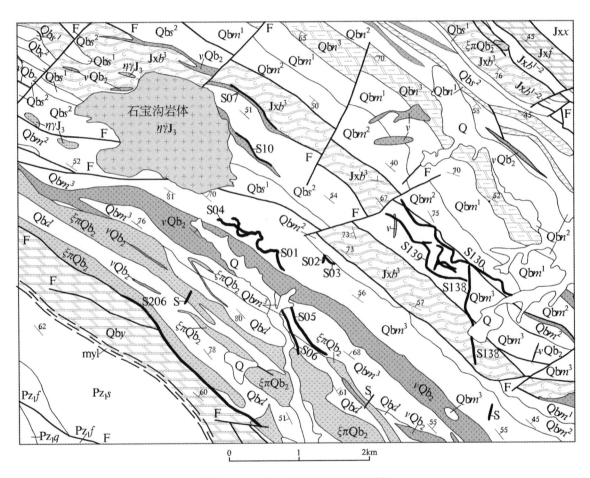

图4-63 赤土店铅锌银矿区地质图

Q.第四系;νQb_2.晚青白口世辉长岩;ν.晚侏罗世(?)辉长岩;$\xi\pi Qb_2$.晚青白口世正长斑岩;$\eta\gamma J_3$.晚侏罗世二长花岗岩;F.断层;myl.糜棱岩带;S、S01.铅锌银矿化带及编号;其他地层代号见表4-3

岩浆活动分为晚青白口世和晚侏罗世。晚青白口世变辉长岩(SHRIMP 和 LAICPMS 锆石 U-Pb 820Ma;Wang Xiaolei et al.,2011)呈岩墙产状侵入官道口群、栾川群中,一般低角度斜切岩层。包志伟等(2009)在赤土店矿区西沟矿段通过SHRIMP锆石U-Pb测年发现晚侏罗世辉长岩脉,年龄为(147.5±1.7)Ma($n=9$,MSWD=1.5)。青白口纪霓辉正长斑岩[LA-ICPMS 锆石 U-Pb(844.3±1.6)Ma]主要呈带状展布在大红口组碱性粗面岩中,少数呈脉状侵入官道口群。

表 4-3 栾川矿集区地层表

岩石地层单位			代号	岩性
群	组	段		
陶湾群	秋木沟组		Pz_1q	白色、灰白色薄层状至中厚层状大理岩,石英白云石大理岩,局部夹薄层钙质绢云片岩、黑云石英片岩;杂色绢云绿泥石英大理岩、绢云石英大理岩、绿泥石英大理岩夹钙质二云片岩
	风脉庙组		Pz_1f	深灰色碳质片岩、含磁铁二云片岩、二云石英片岩,局部地段夹白色厚层状含石英大理岩,底部片岩中偶含稀疏钙质砾岩
	三岔口组		Pz_1s	巨厚层状灰黑色或黑色变质含碳钙镁质砾岩,层理不明显
栾川群	鱼库组		Qby	乳白色厚层状白云石大理岩、石英白云石大理岩及大理岩,常含不规则石英条带
	大红口组		Qbd	深灰色、灰红色变质含黑云母粗面岩(偶夹变质粗安山岩、灰白色变质粗面集块岩),灰白色、灰褐色绢云钠长片岩,黑云钠长片岩,碳质绢云石英片岩及白云石大理岩透镜体
	煤窑沟组	上段	Qbm^3	上部灰白色含石英条带白云质大理岩、白云石大理岩。下部灰白色白云石大理岩夹含碳大理岩及1~2层煤层,底部灰白色块状层含磁铁石英岩、含磁铁二云石英片岩
		中段	Qbm^2	白色厚层状白云石大理岩、青灰色薄层状大理岩、叠层石大理岩、二云片岩、碳质板岩及含碳质大理岩
		下段	Qbm^1	上部为灰白色具砂质细层理或交错层理石英大理岩,碳质大理岩,下部黄褐色钙质绢云片岩、二云片岩、石英大理岩、白色细粒石英岩、浅灰褐色钙质细砂岩
	南泥湖组	上段	Qbn^2	灰黑色片状黑云母大理岩、大理岩、绢云母大理岩,碳质黑云片岩,钙质片岩,底部为深灰色条带大理岩
		下段	Qbn^1	上部灰色钙质砂岩,下部白色石英砂岩
	三川组	上段	Qbs^2	上部灰白色中厚层状大理岩、黑云大理岩,顶部为浅绿色钙质绢云片岩,下部青灰色条纹、条带状大理岩夹钙质粉砂岩薄层
		下段	Qbs^1	上部灰褐色变石英细砂岩夹碳质石英细砂岩及碳质板岩薄层,下部以灰白色变石英砂岩为主,夹钙质粉砂岩
官道口群	白术沟组	上段	Jxb^3	黑色板状千枚岩、碳质板岩(偶夹石煤层)、含碳大理岩,底部为碳质石英岩
		中段	Jxb^2	上部为巨厚层状变长石石英砂岩,东部含碳质大理岩,下部为灰色具碳质细条纹绢云石英千枚岩
		下段	Jxb^1	上部二云片岩、含碳绢云千枚岩夹薄层石英岩,常具碳质细条纹,下部为细粒含铁变质砂岩夹含碳千枚岩,底部薄层状绿泥石英片岩夹碳质千枚岩
	冯家湾组		Jxf	灰色厚层状硅质条带白云大理岩,含叠层石,上部夹含碳绢云千枚岩
	杜关组		Jxd	浅灰色板状绢云白云大理岩、大理岩及条带状黑云大理岩
	巡检司组		Jxx	中厚层状白云石大理岩夹具不均匀硅质条带白云石大理岩,偶夹石英白云石大理岩
	龙家园组	上段	Jxl^3	灰白色白云石大理岩夹深灰色石英白云石大理岩及灰白色硅质细条纹白云石大理岩
		中段	Jxl^2	灰白色白云石大理岩夹深灰色细条纹石英白云石大理岩和浅灰色硅质条带白云石大理岩
		下段	Jxl^1	浅肉红色、褐红色白云石大理岩夹肉红色及灰白色硅质条带白云石大理岩。底部含细砾石英岩
熊耳群	高山河组		Chg	深灰色变细粒石英砂岩
	鸡蛋坪组		Chj	紫灰色杏仁状安山岩,灰色、紫红色杏仁状安山岩,紫灰色杏仁状英安岩
	许山组		Chx	灰绿色杏仁状安山岩,灰色、灰绿色大斑安山岩
	大古石组		Chd	深灰色中粗粒长石石英砂岩
太华岩群			Ar_3-Pt_1T	黑云斜长片麻岩

晚侏罗世石宝沟二长花岗岩体分布在铅锌银矿带西北侧，似斑状二长花岗岩 LA-ICPMS 锆石 U-Pb 年龄为 (156 ± 1)Ma$(n=15,MSWD=0.34)$，中细粒二长花岗岩(157 ± 1)Ma$(n=17,MSWD=0.10)$（杨阳等，2012），中粗粒黑云母花岗岩和细粒石英正长斑岩 SHRIMP 锆石 U-Pb 年龄分别为(147.2 ± 1.7)Ma$(MSWD=1.5)$及(145.3 ± 1.7)Ma$(MSWD=1.6)$（包志伟等，2009），后一组数据误差较大。岩体出露面积 2.56km^2，旁侧出露的鱼库小岩体可能为深部相连的同一岩体。岩体与围岩接触面产状南、北陡，东、西缓，根据钻探控制情况，岩体主体向西北方向倾伏。岩体自北向南（自上而下）大致可以划分出相对细粒、中细粒和中粗粒 3 个带。底部中粗粒似斑状二长花岗岩呈浅肉红—肉红色，蚀变后呈灰白色，似斑状结构，块状构造；主要矿物钾长石（30%～40%），斜长石或更长石（25%～30%），石英（30% 左右），少量黑云母（0～5%），副矿物磷灰石、锆石、白钨矿、独居石、磁铁矿、金红石、石榴石、黄铁矿、榍石等；其中斑晶含量 40%～60%，主要为钾长石、石英，次为斜长石；基质含量细—中粒花岗结构，成分与斑晶一致，但斜长石比例增加（占基质的 15%～35%）。边缘细粒相带宽度为 50～200m，黑云母和斑晶减少，分布石英细脉，普遍伴有辉钼矿化。在岩体西侧和东侧，且主要在岩体西北倾伏部位分布产于岩体内外接触带的东鱼库斑岩-矽卡岩型钼钨矿床，已控制钼、钨资源量均达到超大型规模。

矿区主体构造为由栾川群、官道口群组成的复式向斜，褶皱轴面倾向北东，北东翼地层倒转。石宝沟岩体向西约 3km 至黄背岭岩体一带，为以官道口群白术沟组为核部的次级背斜，称为黄背岭-石宝沟背斜，矿区处在该次级背斜东南倾伏部位。发育一系列北西西—北西向逆冲断层，断面产状 35°～50°∠55°～75°，组成自北东向南西的推覆构造，破坏了褶皱构造形态。少数为北西向逆断层，倾向南西，该组走向与褶皱轴向一致的纵向断裂带亦即铅锌银矿的容矿构造。另一组北北东—北东走向横向断层切割北西西—北西向断裂带，断面产状 325°～340°∠65°～85°，对矿体有一定的破坏作用。个别北东走向、近南北走向断层具有铅锌银矿化。

2. 矿床特征

在石宝沟岩体及其东鱼库钼矿的西北、东南两侧集中分布主要受纵向断裂带控制的铅锌多金属矿带，本书按照矿床自然边界分别界定为扎子沟铅锌钼钨矿区及赤土店铅锌银矿区。赤土店矿区分别有西南部银洞沟、东北部西沟两个矿化带集中分布区域，相应划分为银洞沟矿段和西沟矿段，矿化带走向以北西向为主，个别北东或近南北走向。银洞沟矿段分布 S01—S06、S206 等矿化带，圈定 6 个（S01-Ⅰ、S01-Ⅱ、S02-Ⅰ、S03-Ⅰ、S04-Ⅰ、S206-Ⅰ）铅锌银矿体。西沟矿段分布 S07、S10、S130、S138、S139、S896 等矿化带，圈定 4 个（S130-Ⅰ、S139-Ⅰ、S139-Ⅱ、S896-Ⅰ）铅锌银矿体。

S01 矿化带断续长 3200m，宽 80～110m。呈北西-南东向展布于煤窑沟组中段厚层状（硅质条带）白云石大理岩中，倾向北东，倾角 35°～62°。其中 S01-Ⅰ矿体呈不规则状赋存在矿化带顶板，长 1390m，平均厚 1.27m。平均品位：铅 4.56%，锌 2.21%，银 110.41×10^{-6}。S01-Ⅱ矿化体呈似层状、透镜状，断续长 1260m，厚 2～10.31m。平均品位：铅 6.86%，锌 3.29%，银 122.62×10^{-6}。

S130 矿化带长 1600m，宽 3～25m，倾向北东，倾角 30°～70°。矿体呈似层状、脉状、透镜状赋存在白云石大理岩中。控制矿体长度 1100m，平均厚 1.80m，最大延深 390m（图 4-64）。平均品位：铅 7.36%，锌 9.58%，银 354.81×10^{-6}。

S139 矿化带长约 1600m，圈出两个工业矿体。S139-Ⅰ矿体呈似层状，倾向南西，平均倾角 33°，围岩为白云石大理岩。控制矿体长 1235m，平均厚 1.73m。平均品位：铅 3.42%，锌 8.92%，银 68.43×10^{-6}。S139-Ⅱ矿体倾向北东，倾角 30°。控制矿体长 430m，平均厚 1.94m。平均品位：铅 0.40%，锌 11.38%，银 18.44×10^{-6}。

矿石矿物成分简单,以方铅矿、闪锌矿、黄铁矿为主,约占总矿物含量的50%,次为黄铜矿、褐铁矿、赤铁矿、硬锰矿、软锰矿等,局部见有菱锌矿、异极矿、铅矾、辉银矿、黝铜矿等,辉银矿分布于方铅矿与闪锌矿间隙中。脉石矿物主要有石英、方解石,其次为白云石、绢云母、白云母等,局部可见少量钾长石、重晶石、菱铁矿。矿石呈半自形—自形粒状结构,部分他形粒状结构、交代残余结构、碎裂结构;条(纹)带状、细脉状、浸染状构造及块状构造。

围岩蚀变主要有硅化、绿泥石化、碳酸岩化、云英岩化、透闪石化。

3. 矿床成因与成矿模式

根据段士刚等(2010,2011)对栾川地区铅锌银矿床地质、流体包裹体和同位素地球化学的研究,铅锌银矿脉可划分为3个热液成矿阶段。早期为"黄铁矿+石英"组合,表现为矿脉产状平缓时,在垂向上"黄铁矿+石英"带位于矿脉下部,"闪锌矿+方铅矿+石英+方解石"带位于上部;矿脉较陡时,"黄铁矿+石英"带位于"闪锌矿+

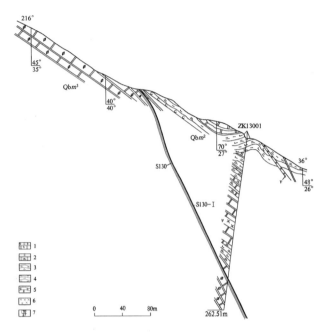

图4-64 赤土店西沟矿区勘探线剖面图
Qbm^2.煤窑沟组中段;Qbm^3.煤窑沟组上段。1.白云石大理岩;2.绢云母大理岩;3.绢云母片岩;4.二云母片岩;5.碳质片岩;6(ν).晚侏罗世(?)辉长岩;7.岩层产状。S130.矿化断裂带;
S130-Ⅰ.铅锌银矿体及编号

方铅矿+石英+方解石"带的两侧。在反光镜下,早期黄铁矿被闪锌矿和方铅矿交代。主成矿阶段为"闪锌矿+方铅矿+石英+方解石"组合,是铅锌银矿脉矿化段的主要矿物组合。晚阶段出现无矿化或微弱矿化的"黄铁矿(少量)+石英+方解石"组合脉。铅锌银矿脉与矽卡岩型多金属矿中闪锌矿均显示深褐—黑色,中—粗粒结构,常见黄铜矿出溶体,具有高温矿物学特点。

铅锌银矿脉流体包裹体类型多样,发育液体包裹体、H_2O-CO_2包裹体、三相含石盐子晶H_2O包裹体、四相含石盐子晶H_2O-CO_2包裹体、气体包裹体及纯气体包裹体等。赤土店矿床流体包裹体的气相成分复杂,有H_2O、CO_2、CH_2、H_2S等。液相成分中除H_2O外,还出现HS^-。该矿床流体包裹体均一温度为305~310℃,东侧与岩体较远的百炉沟铅锌银矿包裹体均一温度为250~260℃。铅锌银矿脉成矿流体δD值变化于-97.4‰~-52‰之间,$\delta^{18}O$值变化于-11.88‰~10.78‰之间,具有岩浆水与大气降水混合的特征。矿石中碳酸盐C、O同位素的组成:赤土店矿床$\delta^{13}C$ -3.66‰~-2.82‰,$\delta^{18}O$ 10.31‰~15.86‰;百炉沟矿床$\delta^{13}C$ -3.00‰~1.80‰,$\delta^{18}O$ 9.40‰~17.70‰。与岩浆岩的C、O同位素组成($\delta^{13}C$ -30‰~-3‰,$\delta^{18}O$ 6‰~12‰)一致。

赤土店矿床$^{206}Pb/^{204}Pb=17.005$~17.953,$^{207}Pb/^{204}Pb=15.414$~15.587,$^{208}Pb/^{204}Pb=37.948$~39.036。在$^{206}Pb/^{204}Pb$-$^{207}Pb/^{204}Pb$图上,本区地层和晚侏罗世岩体的铅同位素组成分别构成两个重叠很少的范围,赤土店矿床和冷水北沟矿床Pb同位素主要落入岩体组成范围,百炉沟矿床主要落入地层Pb同位素组成范围,反映铅源具有岩体和地层两种来源。矽卡岩型多金属矿和铅锌银矿脉与斑岩、矽卡岩型钼矿的S同位素组成峰值重合在2‰~4‰处,但铅锌矿的$\delta^{34}S$值具有向更低值或更高值方向漂移的趋势,反映铅锌矿床S具有以岩体来源S为主,或斑岩和地层混合来源S的特征。

包志伟等(2009)根据赤土店矿床西沟矿段碳酸盐-硫化物网脉穿插年龄为147.5Ma的辉长岩,认为成矿时代在147.5Ma之后。

赤土店等铅锌银矿床分布在晚侏罗世二长花岗岩体和东鱼库钼钨矿床的外围,主要受控于纵向断层。对矿田地球化学场的主成分分析表明,铅锌银成矿期主成分(Cd+Sb+Pb+Mo+Ag+Mn-W-Zn-Bi-Cu)得分正异常完全套合在钼钨成矿期主成分(W+Bi+Mo+Mn+Cd-Cu-Ag-Zn-Sb)得分正异常的外围,两者在空间位置上高度负相关,显示同一的岩浆-流体成矿作用。赤土店、百炉沟铅锌银矿的成矿温度随远离石宝沟岩体而降温,属于岩浆热液型矿床。处在石宝沟岩体西北倾伏部位的扎子沟铅锌钼钨矿则表现为矽卡岩型。石宝沟岩体一带的斑岩-矽卡岩型钼钨矿、矽卡岩型铅锌钼钨矿和铅锌银矿的成矿模式如图4-65所示。

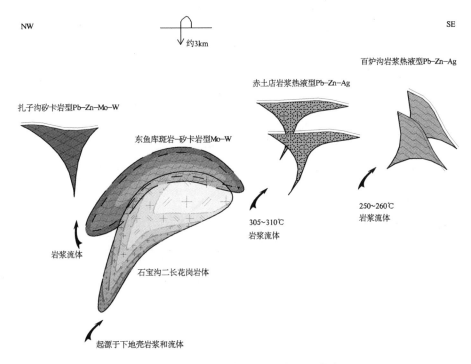

图4-65 石宝沟岩体两侧矿床成矿模式图

三、百炉沟铅锌银矿床及成矿模式

矿区位于栾川县赤土店镇九龙沟—城关镇百炉沟—庙子乡汞银沟一带,东西宽7km,南北长11km。地理坐标:东经111°38′32″—111°45′08″,北纬33°47′36″—33°48′36″。2005年底经调查评价估算(111b)+(333)资源储量:铅40.13×10^{4}t,锌29.85×10^{4}t,银861.83t。预测(334$_1$)资源储量:铅74.04×10^{4}t,锌54.88×10^{4}t,银1691.45t。

1. 矿区地质

矿床处在华北陆块南缘南泥湖钼钨多金属矿田的东缘。自东向西依次出露:新太古代—古元古代太华岩群变质表壳岩,蓟县系官道口群龙家园组、巡检司组、杜关组、冯家湾组和白术沟组,青白口系栾川群三川组和南泥湖组(图4-66)。龙家园组、巡检司组为赋矿地层,地层岩性见表4-3。

区内岩浆岩主要是古元古代片麻状英云闪长岩、片麻状闪长岩、早长城世末期钠铁闪石正长花

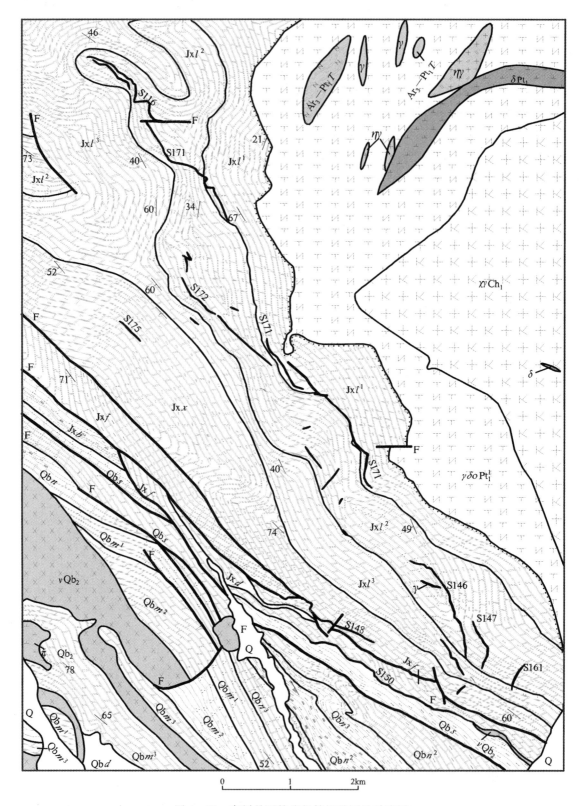

图 4-66 栾川县百炉沟铅锌银矿区地质略图

Q. 第四系;γδoPt$_1^1$. 古元古代片麻状英云闪长岩;δPt$_1$. 古元古代片麻状闪长岩;χγCh$_1$. 早长城世钠铁闪石正长花岗岩;νQb$_2$. 晚青白口世辉长岩;ξπQb$_2$. 晚青白口世正长斑岩;δ. 闪长岩;γ. 花岗岩;ηγ. 二长花岗岩;F. 断层;S171. 铅锌银矿化带及编号;其他地层代号见表 4-3

岗岩[龙王岩体，SHRIMP 锆石 U-Pb(1625±16)Ma；陆松年等，2003]，晚青白口世变辉长岩和正长斑岩。分布闪长岩、花岗岩和二长花岗岩脉，其中二长花岗岩脉可能属于晚侏罗世。

矿区地质构造构架为以太华杂岩和侵位其中的龙王岩体为核部，早长城世熊耳群（出露在矿区北侧）和蓟县系官道口群各组为两翼，轴面倾向北东，枢纽向北西倾伏，并发育次级向斜的斜歪复式背斜，称为龙王或牛心峡背斜。在背斜两翼密集发育一对与翼部岩层产状基本一致的纵向共轭逆冲断层，断层晚期活动具有正断层性质。北东翼中一组倾向北东、背向南泥湖矿田的纵向断层不具矿化现象，南西翼中一组倾向南泥湖矿田的纵向断层为铅锌银矿体的容矿构造。容矿断裂带走向290°～320°，断层倾向南西，倾角35°～79°，在背斜倾伏方向上断层倾角逐渐变陡。与两翼岩层走向近于垂直的一组横向断裂规模较小，属正断层。处在南西翼中的北东走向横向断层部分具有铅锌银矿化，其与纵向断层的交会部位往往是富矿存在的部位。

2. 矿床特征

矿床主要由 S150、S116、S171、S172 四个矿带组成，S150 矿化带受控于龙家园组与冯家湾组之间的断裂带，地表断续出露长度大于 3000m，宽度一般 2～6m，最大宽度达 20m。该矿化带沿走向呈舒缓波状，倾向 200°～210°，倾角 50°～70°。其中圈定了两个矿体：S150-Ⅰ矿体呈脉状、似层状产出，倾角 50°～75°，长 682m，平均厚度 2.68m，最大倾向延深 456m（图 4-67）。平均品位：铅 15.00%，锌 12.89%，银 420.83×10^{-6}。150-Ⅱ矿体呈脉状、似层状，倾向 205°，倾角 50°～70°，长 300m，平均厚度 4.58m，延深 601m。平均品位：铅 10.77%，锌 12.17%，银 293.10×10^{-6}。

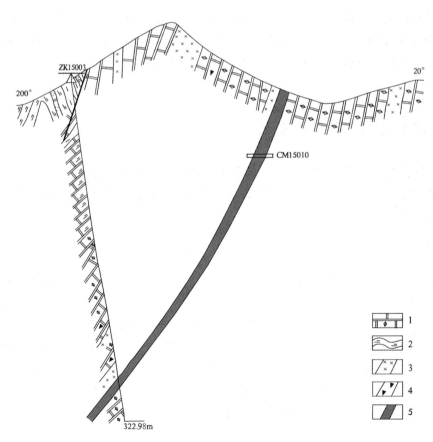

图 4-67 百炉沟矿区第 03 勘探线剖面图
1. 白云石大理岩；2. 绢云片岩；3. 辉长岩；4. 碎裂岩；5. 铅锌银矿体

S116矿化带顺层产出于龙家园组中段含滑石石英白云石大理岩内,长度大于3000m,宽5～50m,沿走向呈舒缓波状并有分枝、错断现象。倾向北东,倾角40°～50°。圈出断续分布的4个铅锌银矿体,其中116-Ⅰ矿体呈似层状、脉状分布,长1524m,平均厚2.48m,控制最大延深60m。矿体倾向40°,倾角35°～40°。平均品位:铅5.56%,锌3.79%,银42.02×10^{-6}。

矿石主要金属矿物为方铅矿、闪锌矿、黄铁矿,次有黄铜矿、辉银矿,偶见菱锌矿、异极矿等。脉石矿物主要为石英、白云石,次为方解石、重晶石及少量碳质。闪锌矿在中浅部以中细粒为主,颜色多深褐色,粒径0.20～5mm;深部颗粒粗大,最大粒径25mm,颜色不均一,多呈黄褐色。方铅矿中浅部以细粒为主,粒径0.03～0.30mm,交代闪锌矿;深部颗粒粗大(>6mm),呈细脉状穿插闪锌矿。黄铁矿由浅部至深部含量明显增高,浅部以细粒为主;深部粒度较大,粒径0.05～3mm,可见被方铅矿交代现象。偶见黄铜矿,呈乳浊状交代闪锌矿。矿物及矿物组合生成顺序:白云石—黄铁矿—磁黄铁矿,闪锌矿—方铅矿—石英—黄铁矿—毒砂。矿石多呈碎裂结构、中细粒结构,稀疏浸染状和细脉浸染状构造,富矿呈条带状构造或块状构造。

矿体平均品位Pb 10.31%～16.43%、Zn 2.33%～9.69%、Ag$(80.18～279.18)\times10^{-6}$,伴生组分As、Sb含量较高,分别为$(856～1859)\times10^{-6}$和$(50～387.5)\times10^{-6}$,与Pb、Zn、Ag呈明显的正相关关系。

与成矿有关的围岩蚀变包括白云石化、硅化和方解石化。白云石化与成矿关系最为密切。硅化较弱,常分布在矿体两侧。方解石化形成于主成矿期后。

3. 矿床成因与成矿模式

百炉沟铅锌银矿床位于南泥湖钼钨多金属矿田的东端,矿带两侧3～4km分布二长花岗岩小岩体或岩脉,处在矿田岩浆-流体活动范围。在共轭纵向断层中,仅倾向矿田一侧的断层控矿,表明属晚侏罗世二长花岗岩分布区及其斑岩-矽卡岩型钼钨矿床外围的岩浆热液型铅锌银矿床,成矿模式如图4-65所示。

四、沙沟铅锌矿床及成矿模式

矿区位于济源市北西约17km,属济源市克井镇。中心地理坐标:东经112°29′20″,北纬35°13′10″。预测铅+锌金属资源储量(334_1)不足1×10^4t,属于铅锌矿点,但该类矿化在南太行山和嵩箕地区碳酸盐岩分布区较为多见。

1. 矿区地质

矿点处在太行山中—新生代隆起区的南缘,自下而上出露:上长城统云梦山组砂砾岩、石英砂岩夹砂质页岩等;寒武系辛集组、馒头组、张夏组、崮山组、三山子组一套白云质泥灰岩,白云质灰岩,灰岩,白云岩及粉砂岩,页岩等。矿体处在三山子组中的层间断裂中(图4-68),该组下段为浅灰色中薄层—厚层中细晶白云岩夹叠层石白云岩及竹叶状白云岩,砂砾屑白云岩及鲕粒含灰白云岩,透镜状硅质白云岩;中段灰白色中厚层—巨厚层粗中晶白云岩,局部夹叠层石白云岩,竹叶状白云岩及白云质角砾岩透镜体;上段浅灰色花斑状中厚层细晶白云岩,含硅质条带微晶白云岩,细晶白云岩,灰白色中薄层细晶白云岩夹竹叶状白云岩。

2. 矿床特征

铅锌矿体呈"V"字形出露在沟谷中,其似层状,长约500m,一般厚1.53～7.06m,平均厚

3.21m。矿体倾向 240°~268°，倾角 5°~20°，平均倾角 9°。控矿构造为北北西—近南北走向的层间断裂，发育碎裂岩和岩溶角砾岩，围岩为厚层白云岩（图 4-69）。

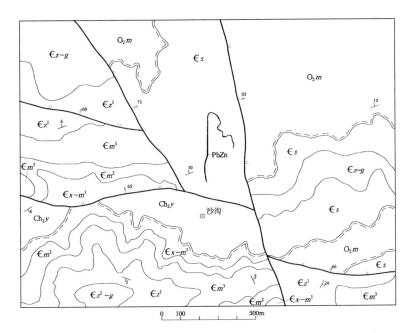

图 4-68　济源沙沟铅锌矿地质图

Ch_2y. 上长城统云梦山组；$\in x-m^1$. 寒武系辛集组—馒头组下段；$\in m^2$. 馒头组中段；$\in m^3$. 馒头组上段；$\in z^1$. 张夏组下段；$\in z^2-g$. 张夏组上段—崮山组；$\in z-g$. 张夏组—崮山组；$\in s$. 三山子组；O_2m. 中奥陶统马家沟组；ZnPb. 铅锌矿体

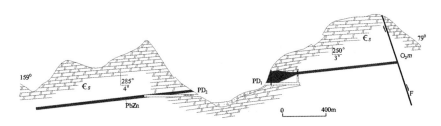

图 4-69　济源沙沟铅锌矿地质剖面图

$\in s$. 三山子组厚层白云岩；O_2m. 马家沟组白云岩；PbZn. 铅锌矿体；PD_1. 坑道位置及编号

矿石主要金属矿物为方铅矿、闪锌矿和少量黄铁矿；氧化矿物有褐铁矿、白铅矿、铅钒等；脉石矿物为白云石、方解石、石英等。矿石呈碎裂结构、交代结构、半自形及他形粒状结构；浸染状构造、细脉-网脉状构造、角砾状构造及块状构造。矿石品位一般 Pb 0.48%~2.35%，Zn 0.11%~1.93%，平均品位：Pb 1.13%，Zn 0.64%；伴生 Ag$(2\sim20)\times10^{-6}$，最高 59.8×10^{-6}。

围岩蚀变为硅化、碳酸盐化和白云岩化，硅质与碳酸盐细脉具有多期次穿插的特征。

3. 矿床成因与成矿模式

该类铅锌矿的产出特点是，矿体分布在碳酸盐岩地层高角度断裂旁侧的层间次级断裂及其交会部位，尤其在倾向上矿体延深十分有限，岩溶控矿并形成成分简单、粗大的硫化物晶体，反映长期稳定的低温热液成矿环境。从地球化学异常带的展布方向来看，近东西向断裂为导矿构造，与之相交的层间断裂及其岩溶为容矿构造。从大地构造背景来看,区域上早白垩世闪长岩侵入活动可能为热液产生的根源,矿床成因类型为远程岩浆热液型铅锌矿。

第九节 银 矿

一、典型矿床及矿床式

该矿床除共生在铅锌铜矿中的银矿产外,银铅锌矿和单一银矿有热液型和陆相火山岩型两类。其中热液型分为脉型和层控型亚类。志留纪后碰撞岩浆岩带中代表脉型、层控型的典型矿床分别是银洞沟银矿、破山银矿,分别命名为银洞沟式、破山式。与早白垩世金矿关系密切的银铅锌矿可称为铁炉坪式。陆相火山岩中的银矿为皇城山式。

二、银洞沟银矿床及成矿模式

矿区位于河南省内乡县城北 50~80km,行政区划隶属内乡县夏馆镇,面积 33.52km²。地理坐标:东经 111°46′30″—111°52′03″,北纬 33°26′26″—33°30′00″。矿床勘查程度低,2009 年浅部核查累计查明(111b)+(122b)+(332)+(333)资源储量:银 312.71t,金 4.52t,铅 $3.24×10^4$t,锌 $1.94×10^4$t。

1. 矿区地质

银洞沟银多金属矿位于北秦岭褶皱带核部,先后处在东秦岭志留纪岩浆弧及早白垩世岩浆弧。出露地层为中—新元古界小寨组和下古生界二郎坪群火神庙组(图 4-70)。

小寨组为一套含十字石红柱石黑云石英片岩、二云石英片岩、绢云石英片岩、碳质绢云(二云)石英片岩、黑云变粒岩、斜长角闪片岩,夹片理化长石石英砂岩。本组伏于二郎坪群之下,遭早奥陶世闪长岩和志留纪二长花岗岩侵入,无疑为前寒武纪地层。在大地构造相上南阳盆地西侧的小寨组完全可与东侧的歪头山组对比,时代可能为中—新元古代。

火神庙组岩性(相)变化大,矿区一带下部为变细碧岩、变细碧玢岩、角斑岩、石英角斑岩及薄层细碧质凝灰岩,上部为火山角砾岩、变细碧熔角砾岩、变含砾细碧岩、变含砾晶屑凝灰岩、碳硅质板岩。

矿区侵入岩浆岩主要有东南部两个紧邻的黑云母花岗岩体,分别为北西走向的芦家坪岩体与北东走向的茶庵(五龙潭)岩体。芦家坪岩体岩性主要为黑云母花岗岩,部分地段斜长比率高,岩性为花岗闪长岩。SHRIMP 锆石 U-Pb 年龄测定(李胜利等,2012):芦家坪岩体$(446±7)$Ma$(n=7,$MSWD$=0.45)$,时代为晚奥陶世中期,并有 7 粒锆石的时代跨越中奥陶世早期[$(468.9±8.6)$Ma]—早泥盆世[$(400.9±7.3)$Ma]的年龄;五龙潭岩体的年龄为$(424.6±4.9)$Ma$(n=5,$MSWD$=0.98)$,时代为中志留世,其他 16 粒锆石的年龄在$(510.7±6.4)$(中寒武世)~$(139.3±1.9)$Ma(早白垩世)。年龄值范围大的原因可能有两个方面:一是存在同源岩浆演化的继承锆石,在五垛山复式花岗岩基及周围岩体中,存在斜长花岗岩-英云闪长岩-花岗闪长岩-二长花岗岩-花岗岩-碱长花岗岩,以及钾长伟晶岩脉的完整岩浆演化序列;二是在岩浆岩的裂隙中新生了后期岩浆热液锆石。

矿区东侧相邻的牧虎顶二长花岗岩体属于五朵山复式花岗岩基的组成部分,南侧紧邻朱-夏馆

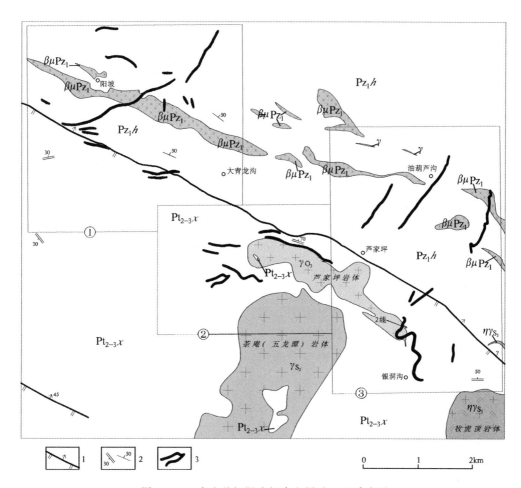

图 4-70 内乡县银洞沟银多金属矿区地质略图

①大青沟矿段；②土木崖矿段；③芦家坪矿段。$Pt_{2-3}x$. 小寨组；Pz_1h. 火神庙组；$\beta\mu Pz_1$. 早古生代辉绿岩；γO_3. 晚奥陶世花岗岩；γS_2. 中志留世花岗岩；$\eta\gamma S_3$. 晚志留世二长花岗岩。1.逆断层；2.片理及地层产状；3.银多金属矿（化）体

断裂带展布长条状黑云母二长花岗岩、斜长花岗岩体。关于这些岩体的时代，五垛山岩基多个岩体新的 SHIMP 锆石 U-Pb 同位素年龄为 428.9～416Ma，时代为早志留世末—晚志留世末期。矿区北侧分布蛮子营花岗岩体，时代为中奥陶世[La-ICP-MUS 锆石 U-Pb(459.5±0.9)Ma；郭彩莲等，2010]。矿区西侧为二郎坪（黄花幔）早白垩世二长花岗岩体。

矿区地质构造构架为以小寨组为核部，二郎坪群火神庙组、大庙组为两翼，轴面倾向南南西，向北西西倾伏的复式背斜构造。在背斜北北东翼小寨组与火神庙组之间，亦即次级向斜与背斜之间，发育与岩层走向一致的向南南西逆冲的低角度逆断层。众多控制矿脉的断层亦为倾角在 30°～40°的低角度断层，按照断层与复式背斜的关系，分为与褶皱轴向一致的纵向断层和斜切褶皱轴的横向断层。前者走向北西西—近东西向，后者北东—北东东走向，同组断层之间倾向相向或相背。这些纵、横断层可能早期属于逆断层及剪切断层，晚期在伸展环境下具有正断层性质的活动。

2. 矿床特征

矿区共发现 50 余条矿（化）体，呈薄脉状、豆荚状分布。根据矿脉相对集中范围，自北西向南东划分为大青沟矿段、土木崖矿段和芦家坪矿段。

大青沟矿段处在背斜北翼，分布走向上相邻的 2 个矿体。Z1 矿体呈脉状赋存在斜切火神庙组

变细碧凝灰岩的断层中,沿走向、倾向均呈舒缓波状,产状120°～160°∠40°～84°。控制矿体长650m,平均厚0.63m,斜深134m。矿石品位：Ag(18.11～167.22)×10^{-6},Au(0.78～8.00)×10^{-6},Pb 0.07%～1.46%,Zn 0.01%～0.39%。矿体平均品位：Ag 45.81×10^{-6},Au 3.63×10^{-6},Pb 0.44%。Z2矿体呈脉状横穿火神庙组变细碧岩、变细碧凝灰岩和变辉长岩,产状110°～182°∠40°～78°。工程控制矿体长1975m,平均厚0.88m。矿石品位：Ag(44.42～415.05)×10^{-6},Au(0.12～2.51)×10^{-6},Pb 0.12%～7.67%,Zn 0.07%～3.00%。矿体平均品位：Ag 200.9×10^{-6},Au 1.36×10^{-6},Pb 1.24%,Zn 0.89%。

土木崖矿段位于背斜轴部和芦家坪岩体北西端,于发育在小寨组的纵、横向断层中圈定10个矿化蚀变带和矿体。矿化蚀变带长100～700m,宽0.6～3m,倾向145°～340°,倾角20°～89°。其中T6矿化蚀变带长700m,宽2.0～3.0m,带中石英脉宽0.6～1.0m;倾向15°～347°,倾角22°～35°,总体倾角平均26°。圈定T6矿体长600m,厚0.60～1.13m,平均厚0.80m,倾向延深约200m。矿体品位：Ag(0.05～769.00)×10^{-6},平均186.93×10^{-6};Au(0.72～13.92)×10^{-6},平均4.12×10^{-6};Pb 0.01%～11.82%,平均2.11%;Zn 0.01%～2.52%,平均0.49%。

芦家坪矿段位居牧虎顶岩体北西倾伏部位与芦家坪岩体之间。控矿断层分布背斜轴部和北翼次级向斜中,主要有3个规模较大的矿化蚀变带,共圈出6个银金多金属矿体。I号矿化蚀变带呈北北东走向横切背斜轴和芦家坪岩体,长1070m,倾向285°～295°,倾角24°～45°。其中I-1矿体长390m,厚0.08～1.51m,倾向斜深370m(图4-71)。矿体品位：Ag(1.44～9702.38)×10^{-6},平均340.65×10^{-6};Au(0.03～159.80)×10^{-6},平均6.35×10^{-6};平均Pb 2.04%;平均Zn 1.31%。Y2号矿化蚀变带横切背斜北翼次级向斜,总体产状308°∠29°。其中Y2-1矿体长440.00m,厚0.22～0.82m,平均厚0.53m,控制斜深87.00m。倾向303°,倾角29°。矿石品位：Ag(132.17～796.60)×10^{-6},Au(1.23～21.21)×10^{-6},Pb 0.14%～2.062%,Zn 0.13%～0.31%。平均品位：Ag 224.20×10^{-6},Au 7.78×10^{-6},Pb 0.59%,Zn 0.13%。

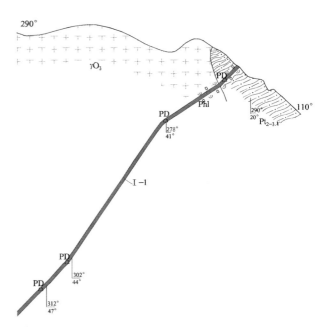

图4-71 内乡县银洞沟矿区芦家坪矿段2线剖面图
$Pt_{2-3}x$.中—新元古界小寨组二云石英片岩、绢云母片岩;γO_3.晚奥陶世花岗岩;Phl.黄铁绢英岩化带;I-1.矿体及编号;PD.坑道

矿石矿物为银金矿、辉银矿、自然金、方铅矿、闪锌矿、黄铁矿、黄铜矿、磁黄铁矿;脉石矿物主要有石英、长石、绢云母、绿泥石、方解石等。银金矿、辉银矿及自然金粒径一般在0.02～0.16mm,个别达0.68mm,以裂隙、晶隙或包体的形式赋存于黄铁矿、石英等颗粒中。矿石呈自形—他形粒状、碎裂、填隙、包裹、交代残余、交代熔蚀、角砾状等结构;浸染状、网脉状、细脉浸染状、块状及条带状等构造。

近矿围岩蚀变主要为硅化、黄铁绢英岩化、外侧绿泥石化、碳酸盐化等。

3. 矿床成因与成矿模式

根据张静等(2004)的研究,银洞沟银多金矿可划分为3个成矿阶段,分别形成含黄铁矿(毒砂)

的石英脉,多金属硫化物网脉,石英-碳酸盐细脉。脉石矿物石英、碳酸盐等含大量流体包裹体,包括富(纯)CO_2、含CO_2水溶液和水溶液3种组分类型的包裹体。矿床形成于中温(270～370℃)、低盐度(<11.4%)、低密度流体系统。从早到晚,包裹体捕获压力分别是280～320MPa,250～270MPa,90～92MPa,计算流体作用深度分别为10.0～11.4km,8.9～9.9km和3.2～3.3km。早、中成矿阶段成矿深度略有变浅,流体系统静岩压力变为静水压力(静水压力系统深度为9.0～9.2km)体系,晚阶段流体系统迅速开放,指示区域应力场由挤压向伸展转变。

矿床碳硫铅同位素研究表明(张静等,2009):流体包裹体CO_2的$\delta^{34}C$介于$-0.2‰$～$+0.9‰$之间,与海相碳酸盐一致,高于矿区内所有地质体;硫化物$\delta^{34}S$介于$+4.7‰$～$+8.1‰$之间,高于有机物和岩浆岩;矿石硫化物$^{206}Pb/^{204}Pb=18.2026～18.4426$,$^{207}Pb/^{204}Pb=15.5835～15.7739$,$^{208}Pb/^{204}Pb=38.5478～39.0890$,显示铀铅富集,钍铅微弱亏损。这些同位素地球化学特征指示物源为海相碳酸盐-碎屑沉积岩建造,对比矿床所在区域地质单元,碳硫铅最为可能的来源为秦岭岩群。

取自土木崖矿段矿石中5件辉钼矿Re-Os模式年龄介于$(432.2±3.4)$～$(423.4±4.4)$Ma之间,加权平均年龄为$(429.3±3.9)$Ma(李晶等,2009),成矿时代为中—晚志留世。成矿年龄与茶庵(五龙潭)岩体年龄在误差范围内一致。

银洞沟银多金属矿床处在北东、南东及南西三面被志留纪岩体围限的复式背斜核部,是断裂活动和热液聚集的必然部位。岩浆起源于南、北秦岭碰撞形成的山根,矿体切割早世代的花岗岩体,与晚期花岗岩同世代,属于岩浆期后热液矿床,或称为后碰撞补充期岩浆热液矿床。早阶段(期)石英脉中的Au可能来源于碰撞后伸展阶段减薄的岩石圈及幔源流体,Ag、Pb、Zn可能来自山根的消耗(秦岭岩群等)。成矿模式如图4-72所示。

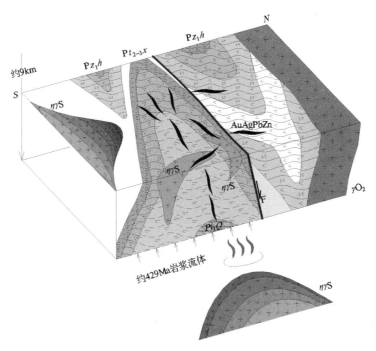

图4-72 银洞沟银多金属矿床成矿模式图

Pt_1Q. 古元古界秦岭岩群;$Pt_{2-3}x$. 中—新元古界小寨组;Pz_1h. 下古生界火神庙组;γO_2. 中奥陶世花岗岩;$\eta\gamma S$. 志留纪花岗岩;F. 正断层;AuAgPbZn. 金银铅锌矿体

三、破山银矿床及成矿模式

该矿区位于桐柏县城西北约30km,面积3.27km²,行政区属桐柏县朱庄乡。地理坐标:东经111°26′29″—111°52′57″,北纬33°20′53″—33°30′15″。经2009年底核查,累计查明(111b)+(122b)+(333)金属资源储量:银2789.78t,铅12.67×10⁴t,锌17.67×10⁴t。

1. 矿区地质

矿区处在北秦岭褶皱带的核部,"围山城金银多金属矿带"(田)的西端(图4-73)。出露歪头山组中上段地层,以韧性剪切带为界面伏于下古生界二郎坪群大栗树组之下,已知遭受了最大年龄为(470.3±8.3)Ma(SHRIMP锆石U-Pb;江思宏等,2009)中奥陶世变辉长岩的侵入,地层中变粒岩(原岩为火山岩)的LA-ICPMS锆石U-Pb年龄为(1372±100)Ma(苏文等,2013),据此推测地层时代为中—新元古代。歪头山组按岩性组合自下而上划分为下、中、上3部分,各部分根据岩性特点进一步划分为若干岩性段。其中下部划分为9段,中部划分为6段,上部划分为5段。破山矿区内仅出露中部第四岩性段至第六岩性段和上部第一岩性段至第四岩性段。

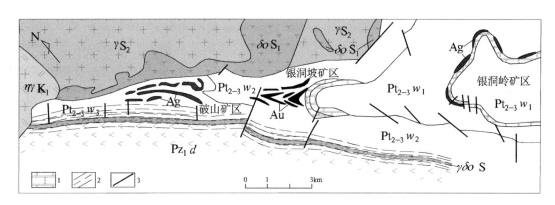

图4-73 围山城银金铅锌矿田地质略图

$Pt_{2-3}w_1$.歪头山组下部;$Pt_{2-3}w_2$.歪头山组中部;$Pt_{2-3}w_3$.歪头山组上部;Pz_1d.大栗树组;δoS_1.早志留世石英闪长岩;$\gamma\delta oS$.志留纪英云闪长岩;γS_2.中志留世桃园花岗岩体;$\eta\gamma K_1$.早白垩世梁湾二长花岗岩体。1.大理岩;2.韧性剪切带;3.脆性断层。Ag.银铅锌矿体;Au.金矿体

歪头山组中部:第四岩性段,白云石英片岩夹斜长角闪片岩及黑云变粒岩,向西绢云母化逐渐增强且受挤压变形强烈。第五岩性段,主要为含榴黑云变粒岩,上部夹碳质绢云石英片岩,中部有厚2~6m的碳质绢云石英片岩,底部为不连续的白云石英片岩。第六岩性段,由斜长角闪片岩组成,局部夹方解角闪片岩、黑云阳起片岩及角闪石片岩,中上部黑云母含量逐渐增多,本段深部断层中赋存有铅锌(银)矿体。

歪头山组上部:第一岩性段,下层主要为黑云斜长片岩,夹碳质绢云石英片岩(东部)或条带状黑云变粒岩透镜体(西部),底部含角闪石;上层为条带状黑云变粒岩,以黑云母在岩石中不均匀分布,组成条痕、条纹和条带为特征。第二岩性段,第一层为绢云石英片岩夹碳质绢云石英片岩,偶夹黑云变粒岩及黑云斜长片岩,碳质绢云石英片岩与绢云石英片岩为过渡关系,具变余微细层理,本层含有3个主要矿体;第二层下部为黑云变粒岩夹碳质绢云石英片岩及绢云石英片岩薄层,上部为碳质绢云石英片岩夹绢云石英片岩,赋存2个主要矿体;第三层为不等粒黑云变粒岩夹碳质绢云石英片岩,顶部为一层不连续的白云石英片岩,岩石中矿物粒度自下而上逐渐变细,碳质绢云石英片

岩在纵横方向上均不稳定,与绢云石英片岩、不等粒变粒岩呈过渡关系,2个矿体赋存于该层位。第三岩性段,岩性为条带状含石榴石黑云母变粒岩。第四岩性段,黑云斜长片岩夹斜长角闪片岩及大理岩、黑云变粒岩透镜体,顶部有一层不连续的白云石英片岩。

矿区北东为面积达110km^{2}的桃园岩体,岩性为黑云母花岗岩、英云闪长岩。岩体南缘为黑云母花岗岩与石英闪长岩、花岗闪长岩的混染带。据江思宏等(2009)SHRIMP锆石U-Pb测年,黑云母花岗岩年龄为(426.7 ± 9.1)Ma$(n=9,MSWD=1.6)$,时代为中志留世;混染带中的变石英闪长岩年龄为(431.5 ± 8.2)Ma$(n=10,MSWD=1.6)$,花岗闪长岩年龄为(433 ± 11)Ma$(n=7,MSWD=1.8)$,时代为早志留世末期。岩石元素地球化学和Pb-Sr-Nd同位素示踪研究(张利等,2001;江思宏等,2009)表明,桃园花岗岩与二郎坪群基性岩同处弧后盆地构造环境,具有共同的岩浆来源,两者均来自亏损地幔,由基性岩浆分异而成。

矿床周围常见规模较大的云斜煌斑岩脉,斜交或顺层贯入于歪头山组,长度数米至千余米不等,宽数十厘米至20m左右,最大延深数百米。据江思宏等(2009)测年,早期云斜煌斑岩SHRIMP锆石年龄为(461.8 ± 9.7)Ma(江思宏等,2009),该中奥陶世煌斑岩可成为银矿石中的角砾;另一期蚀变云斜煌斑岩的黑云母^{40}Ar/^{39}Ar坪年龄为(129.0 ± 1.1)Ma,等时线年龄为(128.4 ± 3.5)Ma。

矿区北西侧外围面积约为20km^{2}的梁湾二长花岗岩体,SHRIMP锆石U-Pb年龄为(132.5 ± 2.3)Ma$(n=13,MSWD=1.5)$,源岩可能来自下地壳(江思宏等,2009)。

本区处在河前庄(朱庄)背斜向北西倾伏端的南西翼,北东翼已被志留纪石英闪长岩侵位。地层走向310°~340°,倾角在东段23°~40°,西段倾角达50°~71°。控矿构造为平行发育的北西走向层间挤压破碎带,发育碎裂岩和与片理呈锐夹角的一组破劈理,部分为构造角砾岩。断裂带及两侧发育牵引褶曲,褶曲轴面和破劈理与断层面的锐夹角指示逆断层性质;另一组张性裂隙和部分发育的构造角砾岩指示断层晚期有正断层性质的活动。北北东向及北西西向两组断层规模较小,常以共轭形式产出,夹角60°左右,具较明显的剪切特征。北东向一组左行平移-正断层常切错矿体,水平断距一般5~30m,最大达94m。

2. 矿床特征

在东西长度2300m、最大垂深432m的范围内共圈出13个矿体,自上而下依次为:A_7、A_8、A_1、A_2、A_{11}、A_9、A_5、A_{5-1}、A_{4-2}、A_{4-1}、A_{6-2}、A_{6-1}及A_{10}。矿体呈条带状、脉状、透镜状产于层间破碎带,与围岩无明显界线,与地层略有斜交,沿走向及倾向具膨缩、分枝、复合、尖灭再现等特征。矿体均倾向南西,西段倾角较陡,一般50°~80°;东段倾角较缓,一般25°~40°;在倾向上上部较陡,下部较缓。各矿体平面投影位置呈左行斜列,在倾向上呈叠瓦状排列(图4-74)。

A_1号矿体:系矿区规模最大的矿体,长1900m,最大垂深466m;头部埋深一般20~35m,最深达126m。矿体呈不规则层状,纵横方向均具膨缩、分枝、复合特征,横剖面形态呈透镜状、豆荚状及人参状。总体走向320°,倾向南西,倾角上陡下缓并呈舒缓波状起伏,最大倾角75°。矿体由低品位矿石分割成3段,单个工业体长150~990m,厚0.42~23.86m,一般厚1~5m,平均厚5.92m,倾向斜深30~530m。矿体平均品位:银299×10^{-6},铅0.82%,锌1.23%。

A_6号矿体:呈似层状产出,总体走向335°,倾向南西,一般倾角30°~40°,最缓倾角10°,因晚期云煌岩脉顺层贯入,分割矿体为上、下两部分。上部矿体长870m,最大垂深320m,斜深83~625m,厚度一般1~4m,最厚12.44m,平均厚2.90m。矿体平均品位:银243×10^{-6},铅1.13%,锌1.90%。下部矿体长950m,厚度一般1~4m,最厚8.47m,平均厚2.76m,最大垂深308m,斜深630m。矿体平均品位:银300×10^{-6},铅1.14%,锌2.89%。

矿石矿物成分复杂,已查明有79种,其中金属矿物53种,非金属矿物26种。金属矿物有S-

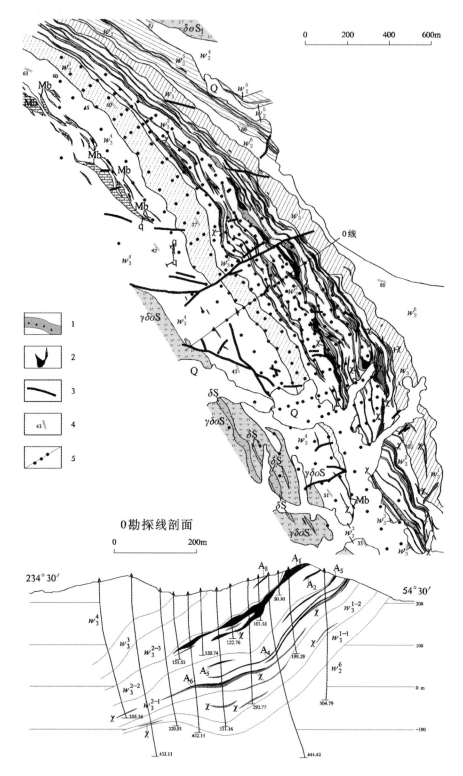

图 4-74 桐柏县破山银矿地质剖面图

w_2^6.歪头山组中部第六段；w_3^{1-1}、w_3^{1-2}.歪头山组上部第一段 1、2 层；w_3^{2-1}、w_3^{2-2}、w_3^{2-3}.歪头山组上部第二段 1、2、3 层；w_3^3.歪头山组上部第三段；w_3^4.歪头山组上部第四段。δoS_1.早志留世石英闪长岩；$\gamma\delta oS$.志留纪英云闪长岩；$\gamma\delta S$.志留纪花岗闪长岩；χ.云煌岩；q.石英脉；Mb.大理岩。1.碳质绢云石英片岩及劈理化-构造角砾岩带；2.银铅锌矿体；3.断层；4.片理产状；5.勘探线及钻孔；A_8.矿体编号

Fe-Cu,Au-Ag,S-As-Ag 和 S-Sb-Cu-Ag 四个共生系列(表4-4)。银的独立矿物主要为辉银矿、自然银,载体矿物为方铅矿、闪锌矿、黄铁矿等。银的赋存状态主要有3种形式:与金属硫化物连生、交代,呈包裹体混入载体矿物,嵌布于石英(碳酸盐)中。镉主要以类质同象赋存于闪锌矿中。

表4-4 破山银矿矿石矿物成分分类表

类别	金银矿物	金属硫化物	金属氧化物	碳酸盐	硅酸盐	磷酸盐	硫酸盐	氟化物	其他
主要	辉银矿(螺状硫银矿)	方铅矿、闪锌矿、黄铁矿	褐铁矿、铅铁矾、硬锰矿、金红石	方解石	石英、斜长石、绢云母、白云母				碳质
次要	自然银	黄铜矿、磁黄铁矿、白铁矿	赤铁矿、磁铁矿、磷硫铅铝矿、黄钾铁矾	菱铁矿	黑云石、绿泥石、角闪石				分散状氧化铁
少量	深红银矿、淡红银矿、银黝铜矿、辉锑银矿、硫铜银矿、砷硫锑铜银矿、辉锑铅银矿	铁闪锌矿、毒砂、斑铜矿、蓝辉铜矿	磷氯铅矿、磷硫铅铁矿、硫酸铅矿、白铅矿、钛铁矿、软锰矿、水磷氯铅矿	铁白云石、菱锰矿、菱镁矿	石榴石	磷灰石、胶磷石	重晶石	萤石	
微量	金银矿、银金矿、自然金、角银矿、脆银矿、硫砷铜银矿	铜蓝、辉铜矿、辉钼矿	白钛矿、板钛矿、锐钛矿、黑锌锰矿、孔雀石、蓝铜矿、锡石、镜铁矿、水锰矿	锌锰菱铁矿	高岭石、锆石、电气石				自然铜、自然锡、石墨

矿石结构:黄铁矿呈自形、半自形粒状结构;大多数银矿物、金属硫化物充填于早期结晶的矿物颗粒间,呈他形粒状结构;闪锌矿-黄铜矿、方铅矿-辉银矿、深红银矿-黄铜矿呈固溶体分离结构;早期生成的矿物如黄铁矿等,被后期生成的矿物如闪锌矿、方铅矿等溶蚀交代,形成港湾状或骸晶状的交代溶蚀结构;黄铁矿受应力作用后,常产生压碎结构或斑状压碎结构。

矿石构造:自然银、深红银矿等银矿物及方铅矿、闪锌矿、黄铁矿等呈浸染状构造分布于脉石中;由含金属硫化物的石英、碳酸盐脉沿构造裂隙充填交代或交织成网脉状构造,或浸染状金属硫化物分布在脉体两侧形成细脉浸染状构造;成矿物质胶结成矿前构造角砾呈角砾状构造;金属硫化物局部特别富集构成致密块状构造;晶簇状方解石或自形晶石英附于碳质绢云石英片岩裂隙壁形成晶洞构造,时有大颗粒或卷曲的发状自然银与之共生。

矿石自然类型按组构分为脉状、浸染状和角砾状矿石,按氧化程度分为氧化矿、混合矿和原生矿,按有用元素自上而下划分为银矿石、银铅锌矿石及铅锌银矿石。

围岩蚀变受构造裂隙控制,主要有硅化、绢云母化、碳酸盐化,其次为绿泥石化、黏土化。

3. 矿床成因与成矿模式

徐启东等(1995)开展了桐柏—大别山地区10余个金银矿床石英中流体包裹体的研究,均存在Ⅰ型三相含 CO_2 包裹体($V_{CO_2} + L_{CO_2} + L_{NaCl-H_2O}$)、Ⅱ型两相盐水包裹体($L_{NaCl-H_2O} + V_{H_2O}$)和Ⅲ型两相富 CO_2 包裹体($L_{CO_2} + V_{CO_2}$)。破山银矿流体主要成分为 $NaCl-CO_2-H_2O$ 体系,盐度小于 $10 wt_{NaCl}\%$, $CO_2 = 5 \sim 8 mol\%$,密度为 $0.58 \sim 0.64 g/cm^3$。Ⅰ、Ⅱ、Ⅲ型包裹体的温度与压力分别为: $280 \sim 360℃$,$(600 \sim 800) \times 10^5 Pa$;$340℃$,$1070 \times 10^5 Pa$;$280 \sim 360℃$,$(840 \sim 1085) \times 10^5 Pa$。计算成矿深度为 $5.1 km$,由静岩压力向静水压力的突变导致成矿物质在复杂的3个阶段不混溶过程中沉

淀。张静等(2008)通过破山银矿石英和方解石中流体包裹体的均一温度变化范围,划分早、中、晚3个成矿阶段的温度区间为300～340℃、180～280℃、120～160℃。

郑德琼和高华明(1992)获得破山银矿主矿化期石英包裹体中$\delta^{18}O_{H_2O}$为+4.6‰～+5.3‰,δD_{H_2O}为-65‰～-52‰;张宗恒等(2002)取得破山银矿流体包裹体氢氧同位素数据$\delta^{18}O_{H_2O}$为+4.6‰～+6.1‰,δD_{H_2O}为-68‰～-52‰。投点落在演化的岩浆水和演化的大气降水趋势线上,一半的点落入变质水范围内(张宗恒等,2002)。晚期方解石的平衡水$\delta^{18}O$值主体介于-4.6‰～-2.2‰之间,个别低至-10.3‰,显示了大气降水的特征。

矿石硫化物的$\delta^{34}S$介于-1.8‰～+5.3‰之间,集中在0～+4‰,呈塔式分布(张静等,2008)。大部分样品的$\delta^{34}S$值为黄铁矿>闪锌矿>方铅矿,硫同位素基本达到平衡,显示了岩浆硫源的特征。

整理以往110个稳定铅同位素数据(张静等,2008,2009;李红梅等,2009;向世红等,2012),从投影于图4-75中可以看出,处在北秦岭的银、金矿床的铅同位素组成均不相同,并分别不同于各自的围岩与已测定铅同位素组成的岩体。破山银矿石的铅同位素组成非常宽泛,主要为下地壳铅,有2个点与云煌岩一致,与围岩(歪头山组、大栗树组)和附近的早白垩世梁湾二长花岗岩体相差甚远。推测铅源主要来自下地壳的壳-幔作用,即软流圈上涌所产生岩浆源区的演化,混入了少量上地壳和造山带铅。

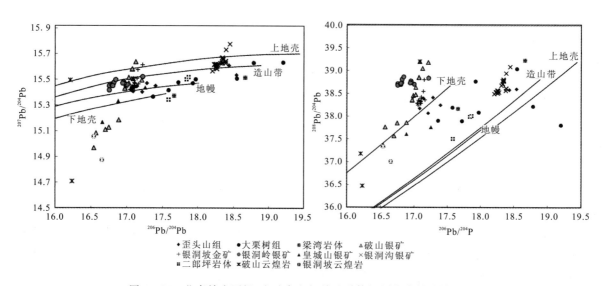

图4-75 北秦岭主要银、金矿床和相关地质体铅同位素构造模式图

基于矿床赋存在变质含碳火山-沉积碎屑岩中,含矿层位的岩石具有成矿元素极高的"丰度",最早认为破山银矿属于沉积-变质矿床或碳质层控矿床。然而,含有大量碳质和微晶石墨的赋矿岩石并不具有变余碳-硅-泥建造或其他热水沉积岩的组构与相变,顺着破劈理(少或片理)和围绕构造角砾的细脉-浸染状矿化与蚀变,毋庸置疑的是均沿着脆性断层的热液活动。碳质层控的含义亦在于构造与容矿的两个方面,一是碳质层的力学能干性最差而决定其为断裂发生的部位,二是碳质吸附为热液中金属沉淀的因素之一。原生晕研究表明(孙保平等,2007),矿体周围紧密伴有原生地球化学异常,围绕A_1矿体的轴向(由上至下)分带序列为As、Pb-Ag-Cu-Ni-Co-Mn-Mo、Cd、Zn,横向(按晕宽大小由外向内)分带序列为Ag-Zn-As-Pb-Cd-Cu-Ni-Mn-Mo-Co,纵向(自西北向南东)分带序列为Pb-Cu-Co-As-Ag-Mn-Cd-Zn-Ni-Mo。本书对成晕元素在三度空间上分带序列的解释是:轴向和横向元素分带为高温元素向中(低)温元素的降温序列;Ni-

Co-Mn-Mo并非所谓尾部元素,而是处在断裂带内的中心元素,其中Ni-Co元素组合反映基性岩浆热液组分;纵向分带序列是热液自西北深部向南东浅部运移在水平面上的分带表现,指示破山银矿向西北侧伏并侧向深部仍具有较大找矿潜力。一方面矿石中黄铁矿的Au+Ag含量与Co+Ni含量负相关(帅德权,1990),另一方面富矿部位又处在Ni-Co-Mn-Mo高异常部位,反映断裂中同一位置的降温热液作用;所谓"矿源层"中成矿元素的"丰度"并非原岩固有,而是来自成矿热液中成矿元素的扩散。

被矿体切割和切割矿体的两期云斜煌斑岩脉限定成矿时代在中奥陶世与早白垩世之间,侵入歪头山组(未侵入矿体)的石英闪长岩与侵入矿带的梁湾二长花岗岩体进一步限定成矿时代在早志留世—早白垩世。张静等(2008)获得破山银矿石中绢云母K-Ar等时线年龄(103.6±4.5)Ma。本区普遍存在区域变质多硅白云母和退变质绢云母,K-Ar等时线方法本身的参考性很差,可能是多期绢云母混合样品的巧合的等时线年龄,也可能代表早白垩世区域退变质作用的年龄。从矿床北缘的桃园岩体(基)来看,其如同五垛山花岗岩基亦具有较长时段不同岩性同源岩浆演化的特征(岩体尚待解体)。在中志留世(已知桃园岩体中黑云母花岗岩侵入时代)—早白垩世之间,与破山银矿联系最为紧密的当属桃园同源岩浆演化末期的断裂-热液活动,推测成矿时代可能为晚志留世。纵观歪头山组成岩后的地质事件,矿床所在的朱庄背斜南北为志留纪岩体夹持,或者为以潜火山岩(斜长角闪岩)为主的早古生界大栗树组,发育在背斜中的断裂成为流体运移-聚集唯一的场所。尚不能确定矿石硫化物的碎裂结构是否对应早白垩世的构造和云煌岩脉活动,是否存在跨地质年代的叠加成矿。

综合以上研究,围山城金银铅锌矿田北西、东南两端的破山银铅锌矿床、银洞岭银铅锌矿床可能属于晚志留世起源于壳幔边界的岩浆热液型矿床,矿田中部的银洞坡金矿可能属于早白垩世岩浆热液型矿床(见第十节),成矿模式如图4-76所示。

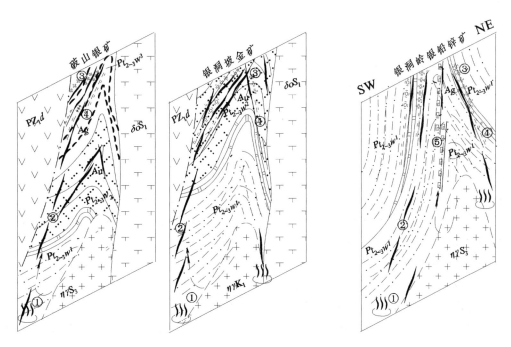

图4-76 桐柏围山城金银矿田矿床成矿模式图

$Pt_{2-3}w^3$.歪头山组上部;$Pt_{2-3}w^2$.歪头山组中部;$Pt_{2-3}w^1$.歪头山组下部;Pz_1d.二郎坪群大栗树组;$\eta\gamma S_1$.早志留世石英闪长岩体;$\eta\gamma S_3$.推测晚志留世二长花岗岩体;$\eta\gamma K_1$.推测早白垩世二长花岗岩体。①幔源含Au、Ag流体;②云斜煌斑岩脉;③硅化;④绢云母化;⑤萤石矿化;Au.金矿体;Ag.银铅锌矿体

四、铁炉坪银矿床及成矿模式

该矿区位于洛宁县下峪乡铁炉坪固始沟一带，北东距洛宁县城65km，面积3.57km²。地理坐标：东经111°21′10″—111°22′20″，北纬34°08′30″—34°09′50″。经2009年核查，累计查明（333）以上资源储量银964.19t，铅18.24×10^4t。

1. 矿区地质

矿床处在华北陆块南缘，熊耳山（龙脖-花山）背斜西南倾伏端。出露古元古代英云闪长质片麻岩、奥长花岗质片麻岩及片麻状二长花岗岩，含角闪岩包体（图4-77）。长城系熊耳群分布在矿区外南、北两侧，与古元古代变质深成侵入体呈角度不整合接触。区内分布大量时代可能属长城纪的辉绿岩、闪长岩脉。

矿区北部见二长斑岩脉，岩石肉红色，斑状结构，块状构造，主要矿物成分为钾长石、斜长石、石英等。该期二长斑岩脉切割长城纪闪长岩，并穿插于赋矿构造带中。时代可能与熊耳山东北部北东走向的花山岩体或北西走向五丈山（万村）岩相当，两岩体（基）均为以二长花岗岩为主的复式岩体。李永峰等（2005）分别测定其中的花岗岩 SHRIMP 锆石 U - Pb 年龄为(132.0 ± 1.6)Ma、(130.7 ± 1.4)Ma（花山）及(156.8 ± 1.2)Ma（五丈山）。

发育断裂构造，以北北东走向蚀变含矿断裂带为主，由碎裂岩、碎斑岩和构造角砾岩组成，其中的角砾压扁状、次棱角状等，硅质、铁质及钙质胶结。在矿区中部由10余条断层组成最宽约350m的断裂带，单个断层呈舒缓波状，多次分枝复合、膨大缩小，剖面上有上陡下缓的趋势，总体倾向290°，倾角50°，局部直立或有反倾现象。该组断层收敛于北东、南西两端，在平面上的分布范围形如透镜状；在剖面上诸断层之间的关系似透镜体的上部有所发散，表明赋矿断裂带的剥蚀程度尚浅。根据断层之间的组合关系和构造岩的性质，推测断裂带为先形成于右行挤压的逆断层，后左行改造为正断层。从断裂与褶皱的关系来看，可能早期发育在与背斜轴呈锐夹角的剪切面，形成于豫西地区北西-南东向的纵弯褶皱作用。该组断裂被洛宁晚白垩世—新生代盆地东南缘断裂切割，形成时代早于晚白垩世。此前发育的断裂主要为北东东—东西向断裂组，构造岩石为绿泥石构造片岩或糜棱岩，倾向60°～90°，倾角30°～60°，被长城纪中基性岩脉充填。

2. 矿床特征

在9条断裂矿化蚀变带中共圈定32个银铅矿体，其中29个矿体分布在Ⅰ—Ⅵ号蚀变带（图4-78）。控矿断层宽度一般为3.29～8.61m，最大宽度26.4m；其中的矿体呈脉状、分枝状和透镜状，单个矿体长200～820m，平均厚4.45m，最大厚度16.4m，总体具有上贫下富、上薄下厚的特点。矿体总体倾向290°，单个矿体平均倾角56°～65°。

矿石金属矿物主要为方铅矿，其他金属矿物有黄铁矿、闪锌矿、黄铜矿、银黝铜矿、自然银、赤铁矿等，次生矿物有褐铁矿、铅矾，脉石矿物以石英为主，次为绢云母、斜长石、绿泥石和方解石。矿石结构表现为：自形晶粒状、半自形和胶状结构，自形矿物为六方柱状石英、五角十二面体黄铁矿和柱状白铅矿，大部分矿物呈半自形和他形粒状，自然银、辉银矿、辉铜矿等呈胶状；粗中粒和细粒结构，粗—中粒者为石英、方解石和方铅矿等，大部分矿物粒径小于2mm；碎裂结构，早期黄铁矿、方解石和石英出现裂纹，后期被矿脉或石英、方解石脉充填；填隙结构，方铅矿、石英、方解石充填于早期岩石裂隙中，辉银矿和银黝铜矿呈他形粒状分布于方铅矿晶粒周边及裂隙中；固熔体分离结构，方铅矿、黄铜矿、闪锌矿、银黝铜矿等互相包裹或呈乳滴状分布；交代残余结构，长石被鳞片状绢云母交

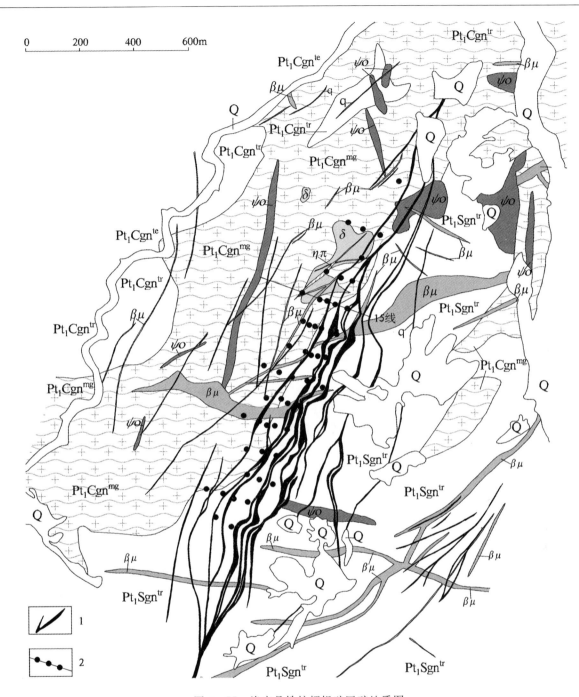

图 4-77 洛宁县铁炉坪银矿区矿地质图

Q. 第四系；Pt_1Cgn^{te}. 草沟英云闪长质片麻岩；Pt_1Cgn^{tr}. 草沟奥长花岗质片麻岩；Pt_1Cgn^{mg}. 古元古代二长花岗质片麻岩；Pt_1Sgn^{tr}. 石板沟英云闪长质片麻岩；ψo. 角闪石岩；$\beta\mu$. 辉绿岩；δ. 闪长岩；$\eta\pi$. 二长斑岩；q. 石英脉。1. 矿化带；2. 勘探线及钻孔

代,方铅矿被白铅矿交代,残余黄铜矿被铜蓝、孔雀石交代。矿石构造以脉状—网脉状、角砾状为主,其次为块状、团块状、浸染状、疏松状、鳞片状等构造。

矿石工业类型有石英-方铅矿型铅银矿石,石英-方铅矿-多硫化物型银铅矿石,绢云母-少硫化物型银矿石。矿石品级分为：贫银矿石[$(5.0\sim99.99)\times10^{-6}$]、中等银矿石[$(100\sim400)\times10^{-6}$]、富银矿石($400\times10^{-6}$以上)。矿床银平均品位 292.66×10^{-6},伴、共生铅 $1.12\%\sim4.10\%$,单样最高含铅 23.26%。采矿资料显示,800m 标高以下部分地段 Au、Cu、S 达到综合利用指标,含 Au 1×

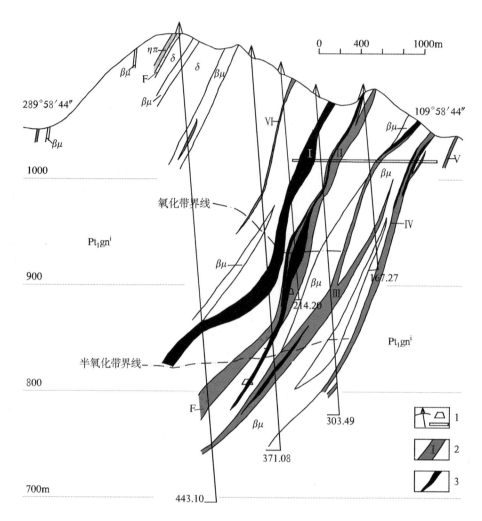

图 4-78 铁炉坪银矿床 15 线剖面图

Pt_1gn^i.古元古代灰色片麻岩系(变质侵入体);$\beta\mu$.辉绿岩;δ.闪长岩;$\eta\pi$.二长斑岩;F.构造角砾岩。1.钻孔、沿脉及穿脉坑道;2.矿化-蚀变带及编号;3.银铅矿体

10^{-6}左右,Cu 0.5%左右。

围岩蚀变主要为(黄铁)绢英岩化,自内向外对称表现为石英硫化物带(矿体),绢英岩化带(断层内),绿泥石、绢云母化带(断裂外侧)。

3. 矿床成因与成矿模式

高建京等(2011)按照铁炉坪矿床主要矿脉的矿物共生序列划分为 4 个阶段:铁镁碳酸盐阶段(Ⅰ),烟灰色石英-贱金属硫化物-银矿物主矿化阶段($Ⅱ_1$),白云石-白色石英-粗晶方铅矿-银矿物主矿化阶段($Ⅱ_2$),主成矿后的玉髓-萤石-方解石阶段(Ⅲ)。据隋颖惠等(2000)对流体包裹的研究,早、中、晚阶段温度集中在 373℃、223℃和 165℃。早阶段流体的 $\delta D=-90‰$,$\delta^{18}O=9‰$,$\delta^{18}C_{CO_2}=20‰$,属于深源;晚阶段流体 $\delta D=-70‰$,$\delta^{18}O=-2‰$,$\delta^{18}C_{CO_2}=-1.3‰$,属于浅源大气降水热液;而主成矿中阶段 $\delta D=-109‰$,$\delta^{18}O=2‰$,$\delta^{18}C_{CO_2}=0.1‰$,系深源流体与浅源流体的混合物(陈衍景等,2005)。

熊耳山地区已发表的铅同位素数据(李中烈,1993;陈衍景等,2003)表明,铁炉坪矿床铅同位素组成范围较大,与周围太华杂岩、熊耳群、花山岩体等铅同位素组成均不一致。方铅矿 δ^{34}S 变化于 $-6.4‰\sim-1.4‰$ 之间,显示富集轻硫同位素。

铁炉坪矿区近矿蚀变岩中绢云母 ^{40}Ar/^{39}Ar 坪年龄为 (134.6 ± 1.2)Ma,相应的等时线年龄为 (135.3 ± 2.4)Ma(高建京等,2001)。矿床西侧蒿坪沟矿区同类蚀变带绢云母 ^{40}Ar-^{39}Ar 年龄为 (134.9 ± 0.8)Ma,蒿坪沟花岗斑岩的锆石 SHRIMP 年龄为 (133.5 ± 1.4)Ma(叶会寿等,2006)。西南侧沙沟矿区蚀变岩绢云母和铬云母 ^{40}Ar/^{39}Ar 坪年龄为 (145.0 ± 1.1)Ma 和 (147.0 ± 1.5)Ma,相应的等时线年龄为 (145.2 ± 2.5)Ma 和 (147.6 ± 2.3)Ma(毛景文等,2006)。

铁炉坪银铅矿及相邻银铅锌、金矿处在华北陆块南缘中生代岩浆弧,熊耳山晚侏罗世—早白垩世岩浆岩带的西南端。成矿年龄与同世代同源岩化的花岗岩时代一致,当属于岩浆活动期间的岩浆热液矿床。在同一岩浆岩带中本矿床形成时代相对较晚,成矿物质来源具有深源、混源特点。因矿床就位浅,成矿温度较低,因而以银铅矿化为特征,具有向浅成低温热液矿床过渡的特点。

五、皇城山银矿床及成矿模式

1. 矿区地质

该矿区位于罗山县城西南 30km,属罗山县青山乡管辖,面积 1.8km²。地理坐标:东经 $114°15'14''\sim114°16'12''$,北纬 $32°02'18''\sim32°02'57''$。累计查明银金属量 348.00t,金金属量 0.46t。

本区处在北秦岭褶皱带的核部并罗山中—新生代盆地的南缘。矿区南缘为纵贯北秦岭—大别山北麓的龟山-梅山断裂带,简称龟梅(商丹)断裂带。由南向北中—新元古界龟山岩组、下石炭统凉亭组(第四系覆盖)、古生界二郎坪群依次呈构造叠置关系,在断裂带北缘(志留纪斜长花岗岩体南缘)发育宽约 300m 的碎裂-构造角砾岩带,断裂带主体表现为自南向北的推覆构造(图 4-79)。其中秦岭岩群被逆掩于龟山岩组之下,零星见于矿区外围。

早白垩世陈棚组火山岩在皇城山银矿区、北部的上天梯非金属矿区和东部的白石坡银多金属矿区一带有 3 个火山喷发旋回,自下而上分别对应为安山质-花岗质火山侵出活动,石英粗面质-流纹质火山喷发,以及粗安质-流纹质火山侵出活动。对应 3 个火山喷发旋回相应划分陈棚组为下、中、上 3 段,皇城山矿区北东部的火山岩属于中段近火口爆发相,自下而上分 3 个岩性层。第一层,岩性为紫红色凝灰质泥砂岩,底部可见次棱角状斜长花岗岩砾石,与志留纪斜长花岗岩呈不整合接触,产状 64°∠28°。第二层,岩性为石英粗面质晶屑凝灰岩,局部为含火山泥球晶屑凝灰岩、岩屑晶屑凝灰岩,顶部薄层凝灰质泥砂岩,厚 27~155m,与下层呈整合接触。第三层,岩性为流纹质含角砾弱熔结凝灰岩,熔结含砾浆屑凝灰岩,中部夹层状凝灰岩,顶由沉凝灰岩过渡为凝灰质粉砂岩,厚 60~222m,产状 25°∠15°,与下层呈喷发不整合接触。根据第二旋回第一次石英粗面质火山喷发含增生砾涌流相的分布,以及第二次流纹质火山喷发熔结凝灰岩中的浆屑指向与收敛中心,指示第二旋回火山喷发的火口位于皇城山银矿区 A_1 矿体北东约 1km 的喻楼,第二旋回的火口均被第三旋回的角砾-集块状粗安岩岩穹充填。

矿区内陈棚组火山岩的基底为志留纪斜长花岗岩体。岩体动力变质及蚀变强烈,经钻探揭露 150m 标高以上为斜长花岗岩,向下为斜长花岗岩与二长花岗岩交替出现。在控矿火山裂隙的深部,钻探见厚数十厘米的蛇纹石脉和绿泥石脉。

控矿构造属于火山裂隙,表现为平面上枝杈状、剖面上直立并上宽下窄的硅化带。裂隙切割火山岩和下伏的斜长花岗岩体,围岩不同而具有相应不同的硅化岩石。当裂隙中充填具有气孔的完全由硅质和微晶石英组成的硅英岩,则出现强银矿化。这些火山裂隙总体有北西西、北东两组走

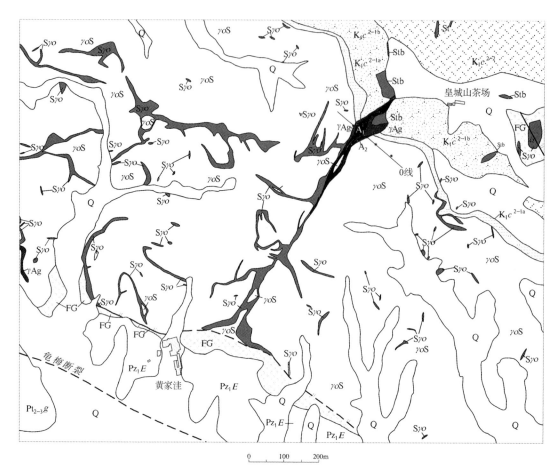

图 4-79 罗山县皇城山银矿区地质图

$Pt_{2-3}g$.中—新元古界龟山岩组；Pz_1E.古生界二郎坪群；K_1c^{2-1a}.下白垩统陈棚组中段下部第一层；K_1c^{2-1b}.下白垩统陈棚组中段下部第二层；K_1c^{2-2}.下白垩统陈棚组中段上部；Q.第四系；γoS.志留纪斜长花岗岩；γAg.含银硅英岩；$S\gamma o$.硅化斜长花岗岩；Stb.硅化岩屑晶屑凝灰岩；St.硅化熔结凝灰岩；FG.构造角砾岩；A_1.银矿体及编号

向，两组枝杈的走向分别为北西向与北东东向，反映裂隙形成之前存在北东-南西向挤压应力场，存在与挤压椭球体配套的压性、张性和剪切破裂面，火山活动期间上拱的潜火山岩体最终促成这些裂隙的张开和热液活动。仅在区内规模最大的火山裂隙中圈定出银矿体，裂隙平面上呈枝杈状，剖面上呈斜楔状，长约850m，北东端垂直延深大于500m，南西端延深小于100m。该裂隙走向37°，直指喻楼火山口，倾向北西或南东时而变化，倾角一般大于80°。

2. 矿床特征

皇城山银矿床由一个主矿体及两个分支矿体组成（图4-80）。主矿体呈不规则脉状，平面上东宽西窄，剖面上上大下小，沿走向、倾向均有膨缩、分枝复合现象，在复合交会部位厚度显著增大。矿体长500m，垂向延深200~305m，厚1m至30余米不等，平均厚5.44m，厚度变化系数115%。总体走向北东37°，向西南隐伏，倾伏角15°。上部倾向北西，倾角大于75°，下部近直立，略向南东倾斜。一般倾角77°~80°。支矿体规模小，长约100m，平均厚1.41m，斜深180m。单工程银平均品位最高1109×10^{-6}，最低平均品位143×10^{-6}。矿床银平均品位365×10^{-6}，金平均品位0.48×10^{-6}。

赋矿岩石为含金属硫化物的硅化斜长花岗岩、硅化熔结凝灰岩。金属矿物极少，仅占矿物总量的 1%～3.24%。金属矿物主要共生组合为黄铁矿-闪锌矿-辉银矿-自然银-金银矿-辉铜矿-方铅矿。其中：方铅矿粒径大的为 0.56～0.3mm，小的为 0.02mm 左右；闪锌矿粒径大的可达 1.98mm。透明度大，内反射强，含铁低，属低温型的闪锌矿。脉石矿物主要是石英，其次为玉髓及少量长石等。矿石的矿物成分如表 4-5 所示。

主要矿石结构：自形晶粒结构，见于五角十二面体的黄铁矿，正方形断面黄铁矿、针状金红石、粒状锆石；他形粒状结构：大多数银矿物、金属硫化物成不规则或呈他形细粒状分布于石英中；交代溶蚀结构，早期生成的矿物如黄铁矿、重晶石被后期生成的方铅矿、辉铜矿溶蚀交代；反应边结构，早期形成的含银方铅矿被晚期生成的含银辉铜矿交代形成反应边；固溶体出溶结构，呈固溶体出溶矿物有钛铁矿和金红石。矿石构造：浸染状构造，银矿物及金属硫化物呈星散状、浸染状分布于脉石中；细脉浸染状构造，黄铁矿呈细脉浸染状沿细小裂隙充填交代。

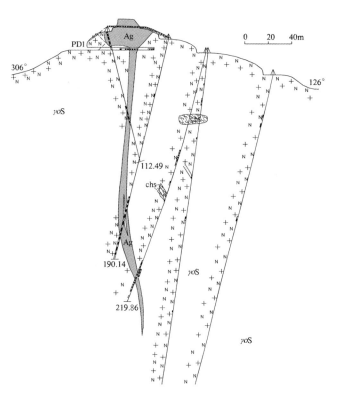

图 4-80 罗山县皇城山银矿 0 线地质剖面图
γoS. 志留纪斜长花岗岩；chs. 绿泥片岩；Ag. 银矿体；PD1. 坑道

表 4-5 皇城山银矿石的矿物成分表

相对含量	银矿物	金属硫化物	金属氧化物	硅酸盐	磷酸盐	硫酸盐
主要	辉银矿	黄铁矿	褐铁矿	石英		
次要		方铅矿、闪锌矿、辉铜矿、蓝铜矿	赤铁矿、针铁矿	玉髓		
少量	金银矿、深红银矿	白铁矿、斑铜矿、磁黄铁矿	钛铁矿、金红石	长石、绢云母		重晶石
微量	自然银		铅钒	锆石、电气石	磷灰石	

围岩蚀变：矿体由强烈硅质交代-充填作用形成的硅英岩组成，两侧依次为强泥化带，碳酸盐化带及蒙脱石化带。

3. 矿床成因与成矿模式

据该矿床成因的专题研究（彭翼等，1988），流体包裹体均一温度变化于 150～180℃ 之间，最高 200℃，盐度小于 5% $NaCl_{eqv}$，显示成矿流体具低盐度和低温特征。流体包裹体的成分显示属 SO_4-Ca 型或 SO_4-K 型，气相成分主要为 H_2O、O_2、N_2、CO_2、CO，含 CH_4、H_2 极少。而 K^+、H_2O 含量与银金含量呈负变关系，热液石英的 OH^- 红外光谱吸收性与金银含量呈正变关系，表明富气相组分的矿液在趋弱碱性的浅部环境更有利于矿质的沉淀。矿石中 2 件石英样品的 δD 为 -10.607‰、-6.711‰，$\delta D^{18}O$ 为 0.0737‰、1.059‰，显示热液中混入大量大气降水。

矿石中 Ag 与 Hg、Bi、Sb、Pb、Au、Cu 之间存在着显著正相关,因而矿脉对应有这些元素突出的地球化学正异常。这种高温元素(Bi)与低温元素(Hg、Sb)正相关的现象有悖于通常的热液地球化学元素分带规律,但在热液矿床中普遍存在这种现象。该矿床的矿相学研究表明,方铅矿中 Bi 平均含量为 3.4%,Ag 平均含量 1.29%,其 Sb/Ag=0.507。这种 Bi、Ag 含量非常之高的方铅矿晶出在低温闪锌矿之后,方铅矿常与其他金属矿物组合成细脉穿插闪锌矿。可能的解释是,时常来自火山(岩浆)的高温热液在沸腾面附近快速降温,混入低温晶出的矿物,产生高温元素异常。豫南和豫西南地球化学找矿实践证明,热液金银矿床的矿体晕不可缺少诸如 Cr、Co、Ni、W、Mo、Bi 这些"尾部"元素,否则有可能存在的矿床将埋藏非常之深。

银矿石中黄铁矿、方铅矿铅同位素组成为:$^{206}Pb/^{204}Pb$ 16.657～17.253,$^{207}Pb/^{204}Pb$ 15.163～15.439,$^{208}Pb/^{204}Pb$ 37.007～37.988。矿带铅同位素组成变化范围小,近似于下地壳铅同位素组成特征,反映铅源主要来自下地壳重熔岩浆和火山作用。黄铁矿、方铅矿的 $\delta^{34}S$ 为 -2.20‰～-1.17‰,显示重硫亏损的深源特点。

成矿前第一火山喷发旋回的时代:矿区北侧双桥石英安山岩 LA-ICP-MS 锆石 U-Pb 年龄为 (133.1±1.5) Ma(杨梅珍等,2012)。成矿发生在第二火山喷发旋回之后,可能在早白垩世晚期。

综上所述,皇城山银矿具有浅成低温热液矿床的特征,存在火山(岩浆)流体-天水热核循环系统,但成矿物质并非来自围岩,而是火山活动期间与超基性岩脉关系密切的幔源

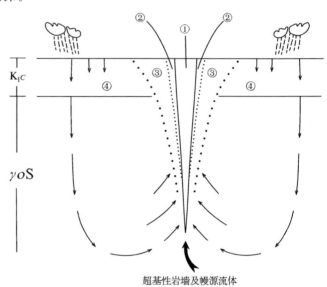

图 4-81 皇城山银矿成矿模式图
K_1c. 早白垩世陈棚组火山碎屑岩;δoS. 志留纪斜长花岗岩。
①硅英岩及银矿体;②泥化带;③碳酸盐化带;④蒙脱石化带

流体,成矿模式如图 4-81 所示。正是这种深源成矿物质来源的原因,仅在与火口沟通的火山裂隙中存在银矿体,众多缺少与深部流体沟通的火山裂隙,仅具有微弱的银矿化。

第十节 金 矿

一、典型矿床及矿床式

河南省的岩金矿统归为岩浆热液成因,在划分矿床自然类型时存在两个方面的问题:一是亚类的划分,以往的划分有石英脉型、构造蚀变岩型、爆破角砾岩型和韧性剪切带型,然而有时同一个矿体石英脉型、构造蚀变岩型是过渡的,韧性剪切带型金矿的形成也与韧性剪切带无关,因此不必强调亚类型;二是岩浆热液成因的金矿有很强的构造属性,习惯上一旦命名为某种矿床式,就会认为指的是某个具体区域、某个具体构造中的金矿。因此在省级金矿自然类型划分中需要有很多的矿床式,否则与固有观念冲突,难以被人们接受。

1. 文峪式岩浆热液型金矿

该类型金矿指分布在华北陆块南缘小秦岭片麻岩穹隆中以岩浆热液充填（石英脉型）为主，少量热液交代（构造蚀变岩型）的脉状金矿。成矿范围为边界韧性剪切带所围限，内部发育燕山期二长花岗岩体及不同时期基性岩墙，主要继承先期韧性带发育的缓倾角正断层控制了金矿体的分布，赋矿围岩为新太古界灰色片麻岩与少量表壳岩。金矿以脉状平行密集分布，石英脉型金矿向深部有变为构造蚀变岩型金矿的趋势，已命名的矿床大多不具自然边界，甚至因矿权设置出现重叠、交错或"飞地"，如考虑矿床的深部延伸则大量矿床在平面上交织在一起。选择文峪金矿命名矿床式无任何特指，称为小秦岭式可能更恰当一些。以往勘查范围的矿床规模以大、中型居多，该矿床式相当于山东玲珑式。

2. 上宫式岩浆热液型金矿

该矿床的地质构造单元为华北陆块南缘以新太古代片麻杂岩为核部，中元古代熊耳群安山质火山岩系分布四周的穹隆式构造，发育燕山期二长花岗岩体、云斜煌斑岩及侵入角砾集块岩体。金矿床受控于不同走向的脆性断裂带，对围岩无选择，断层倾角缓-中等为主，个别倾角较陡。矿体呈脉状，矿石以构造蚀变岩型为主，个别为石英脉型。该矿床式指分布在崤山—熊耳山一带的脉状金矿，矿床规模大、中、小型不等。习惯上将该矿床式与山东的焦家式对比。

3. 祁雨沟式侵入角砾岩型金矿

地质构造背景同上宫式金矿，控矿构造为花岗斑岩-侵入角砾集块岩体。该矿床式金矿目前仅发现于熊耳山地区。矿床规模达中型。该矿床式相当于山东的归来庄式。

4. 石门式岩浆热液型金矿

北秦岭瓦穴子韧性剪切带-脆性推覆断裂带上盘中的石英脉型金矿，受控于垂直推覆断裂带的一组近南北走向的张裂、剪张裂隙，石英脉体群南北宽数百米，单脉南北长数十米。瓦穴子断裂带中分布的晚侏罗世（?）花岗斑岩株、花岗斑岩脉是石英脉带型金矿存在的重要标志。矿化分散，矿床规模为小型。

5. 高庄式岩浆热液型金矿

该矿床受控于北秦岭核部下古生界二郎坪群中的韧-脆性剪切带，韧-脆性剪切带处于火神庙组变细碧岩之上大庙组变火山-沉积岩建造中。矿化以多期石英脉的形式出现，中、晚期含金硫化物石英脉穿插早期纯石英脉。沿韧-脆性剪切带分布晚侏罗世、早白垩世二长花岗岩小岩株。金矿化极不稳定，均属小型金矿。

6. 许窑沟式岩浆热液型金矿

该矿床分布于北秦岭核部志留纪二长花岗岩基及其与围岩接触带中的构造蚀变岩型金矿。控矿构造为不同走向高角度正断层，部分脆性断裂的发育与早期韧性断层重合。该类金矿见于志留纪五垛山岩体和桃园岩体的断裂中，均为小型金矿。

7. 祈子堂式岩浆热液型金矿

该矿床分布于秦岭构造混杂岩带中的构造蚀变岩型金矿。控矿构造为高角度多期活动的断层或外来大理岩推覆体底板断层,大理岩及其与其他岩层的接触面是断层发育和金矿化部位。已知矿床与周围燕山期花岗岩体、花岗斑岩脉关系密切,规模为小型。

8. 蒲塘式侵入角砾岩型金矿

该矿床受控于南秦岭陡岭杂岩带中小型花岗斑岩-侵入角砾集块岩体群,矿化分散,达小型规模。

9. 银洞坡式变质碎屑岩中热液型金矿

该矿床处于北秦岭核部新元古界歪头山组含碳碎屑岩系中,矿体受控于背斜(形)两翼一组共轭剪切脆性断层,发育早白垩世云斜煌斑岩脉,根据重、磁异常推断深部存在花岗岩体。仅发现银洞坡式特大型金矿一处。

10. 桐树庄式岩浆热液型金矿

该矿床指秦岭构造混杂岩带内碎裂钾长伟晶岩中的金矿。

11. 老湾式岩浆热液型金矿

该矿床为南、北秦岭边界(松扒)韧性剪切带中的金矿。金矿体主要表现为叠加在长英质糜棱岩带中的硅化、黄铁绢英岩化等蚀变带,富金矿体为斜切糜棱岩带的一组石英硫化物矿脉。平行韧性剪切带的早白垩世二长花岗岩带及剪切带中的花岗斑岩脉是矿床存在不可缺少的重要条件。目前仅发现老湾一处大型金矿(含上上河矿段)。

12. 余冲式岩浆热液型金矿

该矿床为大别山北麓受控不同方向脆性断裂的构造蚀变岩型金矿。金矿化区跨越南、北秦岭不同岩石地层单位,主要受龟山岩组长英质、角闪质糜棱岩及北北东向断裂控制,与早白垩世二长花岗岩体、花岗斑岩脉、云斜煌斑岩脉关系密切。

13. 凉亭式岩浆热液型金银矿

该矿床为大别山北麓受龟梅先期韧性剪切带、成矿期逆冲断层控制的金银矿。与早白垩世花岗岩、花岗斑岩关系密切。

二、文峪金矿床及成矿模式

矿区位于小秦岭分水岭北侧豫陕交界处,行政区属灵宝市豫灵镇境内,距豫灵火车站 18km。矿区面积 8.36km^2,累计查明(333)以上金资源储量 62.87t。地理坐标:东经 110°23′54″—110°26′37″,北纬 34°24′12″—34°26′01″。

1. 矿区地质

该矿床处在小秦岭片麻岩穹隆的中南部,小秦岭金矿田南矿带(河南段)的西端。出露地质体和含金石英脉的围岩主要为新太古代杨寨峪英云闪长质片麻岩(片麻状英云闪长岩),西南部出露少量古元古代太华岩群上亚群观音堂组变质表壳岩,岩性为斜长角闪片麻岩和石英岩(图 4-82)。观音堂组变质表壳岩与新太古代杨砦峪英云闪长质片麻岩呈沉积不整合接触,其南界(出矿区)为

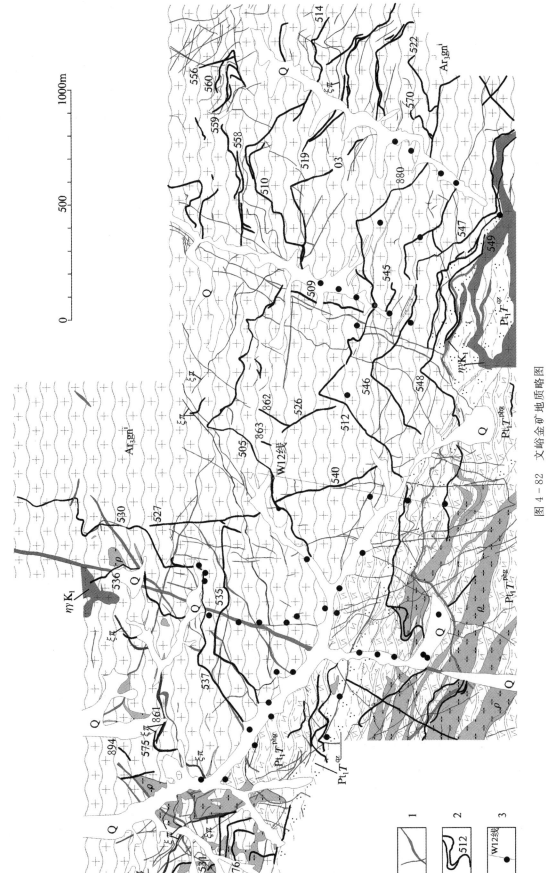

图 4-82 文峪金矿地质略图

Pt_1T^{phg}. 古元古代太华岩群上亚群石英岩; Pt_1T^{qz}. 古元古代太华岩群上亚群斜长角闪片麻岩; Ar_3gn^i. 新太古代片麻状英云闪长岩; Q. 第四系; $\eta\gamma K_1$. 早白垩世二长花岗岩; ρ. 花岗伟晶岩脉; $\xi\pi$. 正长斑岩脉。1. 辉绿岩脉; 2. 含金石英脉及编号; 3. 勘探线及钻孔

小河断裂。小河断裂之南分布以片麻状二长花岗岩为主的古元古代变质侵入体。观音堂组与杨砦峪英云闪长质片麻岩共同卷入了古元古代后期岩浆侵入与变形活动。

矿区分布众多辉绿岩脉，呈北北西、北北东、北东、北西、北西西及南北走向，切割花岗伟晶岩脉，被含金石英脉切割。毕诗健等（2011）在相邻的东闯、枪马和大湖金矿区采矿巷道中获得3个辉绿岩脉和1个煌斑岩脉一致的LA-ICP-MS锆石U-Pb同位素年代数据，加权平均年龄为（1819±10）Ma，代表古元古代末熊耳裂谷拉张前基性岩脉活动。Li Jianwei等（2012）获得杨砦峪金矿区一条辉绿岩脉的黑云母^{40}Ar-^{39}Ar年龄为134Ma，说明众多辉绿岩脉中至少存在早白垩世岩脉。根据王团华等（2008）的研究，小秦岭—熊耳山地区基性岩墙的SHRIMP锆石U-Pb年龄多为1850Ma左右，一些具有确切地质接触关系的侵位于早白垩世文峪花岗岩、娘娘山花岗岩中的基性岩墙锆石U-Pb谐和年龄分别为（1843±10）Ma及（768±15）Ma，表明基性岩墙中的锆石总体为继承锆石。仅有少量锆石给出了较为符合地质事实的年龄（128.6～126.9Ma），原因是继承锆石颗粒大，新生锆石颗粒小而难被挑选出来。综合以上研究，本区辉绿岩等基性岩墙的时代总体应为早白垩世，其中存在不同岩浆活动时期的继承锆石。

花岗伟晶岩脉呈北西西和南北走向分布在矿区西部。马桂霞等（2013）在大湖金矿区西南获得同期正长岩的LA-ICP-MS锆石U-Pb年龄为（1831.0±6.8）Ma（MSWD=0.37），为古元古代造山结束的标志。

文峪矿区零星分布的正长斑岩脉，与含金石英脉同断裂中分布或被金矿体切割。在东闯矿区中正长斑岩的黑云母^{40}Ar-^{39}Ar坪年龄为（207.29±4.15）Ma（徐启东等，1998），时代为晚三叠世末期。李春麟等（2012）在小秦岭西端东吉口获得辉石正长岩的LA-ICP-MS锆石U-Pb年龄为（214.8±3.1）Ma，时代为晚三叠世中期。

矿区西北部和东南部分布的二长花岗岩小岩体当与北部紧邻的文峪二长花岗岩体同期，李永峰等（2005）获得文峪和娘娘山二长花岗岩SHRIMP锆石U-Pb年龄分别为（138±2.4）Ma及（141.7±2.5）Ma。高昕宇等（2012）通过LA-ICP-MS锆石U-Pb定年显示，文峪和娘娘山岩体形成时间分别为（135±7）Ma（$n=7$，MSWD=6.6）及（139±4）Ma（$n=12$，MSWD=5.1），普遍含有中—晚侏罗世（173～155Ma）、晚三叠世（222～201Ma）、长城纪—古元古代晚期（1865～1732Ma）、古元古代早期到新太古代晚期（2508～2045Ma）等大量继承锆石。

关于文峪金矿及其小秦岭金矿田的控矿构造，大量文献中有受"老鸦岔背斜"和变质核杂岩控制等观点。笔者认为，与小秦岭地区金矿有关的区域构造并不局限在北部的太要断裂带与南部的小河断裂之间，北侧被汾渭地堑埋藏了一部分，南侧范围应包括小河断裂以南的小河古元古代二长花岗岩、正长伟晶岩等地质体。赵太平等测得小河偏钾质花岗岩、黑云母二长花岗岩及围岩（灰色片麻岩）的LA-ICP-MS锆石U-Pb年龄分别为（1846±47）Ma、（1837±41）Ma及（2452±71）Ma（数据暂未发表）。小秦岭首先具有典型的稳定陆块结构，即以含有少量变质表壳岩包体的新太古代—古元古代TTG为基底，周边分布长城系—蓟县系盖层，残留寒武系—奥陶系盖层。其次表现为自内向外地层年代依次变新的区域性背斜构造，或经历多阶段构造演化的穹隆式构造（张国伟等，2001）。大规模构造揭顶的时代主要为志留纪和晚白垩世以来，前期可能主要剥蚀了寒武系—奥陶系，为豫西铝土矿的物源形成时期；后期汾渭地堑造成小秦岭约10km的抬升。在早白垩世，大面积二长花岗岩和大量基性岩脉的分布表明该时期的小秦岭为热的穹隆构造。据前人研究，小秦岭南、北矿带分别向南、北缓倾的断裂构造控制了含金石英脉的分布，这些断裂沿先存韧性剪切带发育，早期为逆断层，晚期属正断层性质。其次发育北北东向、北北西向正-平移断裂带，以及北北东、北北西向平移断裂，其倾角较陡，规模较小。

2. 矿床特征

文峪金矿床主要有13条含金石英脉,其中圈定37个金矿体。除个别含金石英脉呈北北西、北北东走向,一般为近东西走向,并自西向东逐级分枝、散开。反之,含金石英脉及其矿体由东向西汇聚、倾(侧)伏,反映成矿流体自西部深处向东部上方运移。在剖面上诸矿脉呈叠瓦状分布(图4-83)。505、512号含金石英脉为纵贯全矿区的主要矿脉。

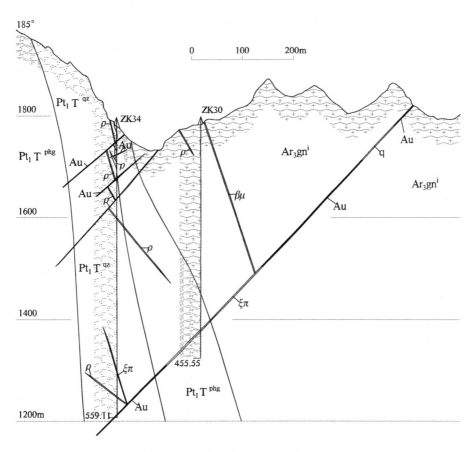

图 4-83 文峪金矿 W12 线地质剖面图

Ar_3gn^i.新太古代英云闪长质片麻岩;Pt_1T^{phg}.古元古代斜长角闪片麻岩;Pt_1T^{qz}.古元古代石英岩;ρ.古元古代花岗伟晶岩脉;$\xi\pi$.晚三叠世正长斑岩脉;$\beta\mu$.早白垩世辉绿岩脉;q.含金石英脉;Au.金矿体

505号脉出露长大于4200m,出露标高1667～2045m,西部入陕西境内。东部工业矿体长1170m,控制矿体最低标高680m。含金石英脉受走向270°～310°的脆性剪切带控制,一般倾向180°～220°,倾角37°～55°。矿体在含金石英脉中呈透镜状相间分布,常见膨大、收缩、尖灭,再现和分枝现象,单个矿体和总体上均向南西侧伏。在水平方向上,矿体中部以多金属硫化物型为主,含金品位较高,东部以黄铁矿化为主。垂直方向上,1524m标高以上矿体连续性好且金矿品位高,680～1524m标高含矿率和金矿品位低,矿石以含黄铁矿为主。

512号脉长3745m,出露标高1745～2075m,局部坑道控制最低标高1237m,最大厚度5m,平均厚0.92m,向东延伸到东闯矿区。矿脉走向90°～100°,倾向180°～200°,倾角44°～47°。含金石英脉含矿率70%左右,金平均品位10.38×10^{-6}。

金属矿物以黄铁矿为主,黄铜矿、方铅矿次之,磁黄铁矿、斑铜矿、白钨矿等微量。金矿物为单一的自然金,金的载体矿物有黄铁矿、黄铜矿、石英等。次生矿物为赤铁矿、褐铁矿,微量孔雀石、蓝铜矿、辉铜矿、白铅矿、铅矾等。脉石矿物主要为石英,次为微斜长石、斜长石、方解石,少量绢云母、黑云母、绿泥石、榍石、磷灰石。

主要矿石结构:自形—半自形—他形晶粒结构,黄铁矿呈自形立方体,方铅矿呈半自形晶,自然金、黄铁矿、黄铜矿、闪锌矿、石英呈他形晶;充填结构,自然金、黄铜矿、方铅矿等充填在石英或黄铁矿裂隙中;交代结构,黄铜矿、方铅矿交代黄铁矿,方铅矿交代黄铜矿等;包含结构,自然金呈不规则形状包含在黄铁矿、石英中,闪锌矿中包含黄铜矿等,部分被包含矿物呈乳滴状,称乳滴结构;压碎结构,部分早期石英脉被压碎,又为后期石英-金属硫化物充填胶结。

矿石构造:团块状构造,黄铁矿及多种金属硫化物呈团块状分布于石英脉中;条带状构造,部分黄铁矿呈断续条带平行分布于石英脉壁;浸染状构造,黄铁矿呈中细粒自形—他形晶粒,散点状疏密不等的分布在石英脉或黄铁绢英岩中;细脉状构造,石英、黄铁矿及多种金属硫化物,呈细脉状穿插在石英脉及蚀变岩中,少有自然金成短小细脉穿插在矿石中。

矿石类型按组构分为含金黄铁矿石英脉型、含金构造蚀变岩型及含金多金属硫化物角砾岩型。

根据矿物共生组合及相互关系划分为4个成矿阶段:黄铁矿-石英阶段(Ⅰ),石英脉呈乳白色,黄铁矿呈粗粒自形—半自形,金含量低;石英-黄铁矿阶段(Ⅱ),石英脉呈微透明的白色,含较多中—细粒他形黄铁矿,少量白钨矿,为金的次要成矿阶段;石英-多金属硫化物阶段(Ⅲ),石英脉乳白色和灰黑色,细粒状,含中—细粒他形黄铁矿和不均匀分布的方铅矿、黄铜矿等,是金的主要成矿阶段;碳酸盐-石英阶段(Ⅳ),白色石英脉与含铁白云石等碳酸盐共生。

与成矿关系密切的蚀变主要为黄铁绢英岩化,其次为黄铁矿化、硅化和碳酸盐化。

3. 矿床成因与成矿模式

根据徐九华等(1997,2004)的研究,文峪—东闯金矿各阶段的脉石英中都含有丰富的原生流体包裹体,主要类型为富 CO_2 的低盐度水溶液包裹体,偶见含子矿物的 $H_2O-NaCl-CO_2$ 体系多相包裹体。Ⅰ—Ⅳ阶段原生包裹体的均一温度分别为220~360℃、200~280℃、180~280℃和180~240℃。对不同阶段石英流体包裹体的ICP-MS分析表明,ΣREE含量低(78.66×10^{-6}),轻重稀土分馏程度不大,从早阶段至晚阶段ΣLREE/ΣHREE有增长之势,为3.19~8.45。流体中Cu、Zn、Mo、W、Pb等微量富集。结合太华杂岩、文峪花岗岩体的REE和微量元素特征,认为深部重熔过程中,稀土元素受局部熔融过程不相容元素在熔体/岩石间分配系数的影响,在花岗岩浆中富集。LREE比HREE更易于富集在岩浆中,随着局部熔融程度的增加,ΣLREE/ΣHREE增大,从而使花岗岩浆具有最大的ΣLREE/ΣHREE,而残留的太华杂岩仍具有较低的ΣLREE/ΣHREE。重熔晚期产生的 H_2O-CO_2 流体具有比花岗岩浆小的ΣREE,略高的ΣLREE/ΣHREE。

周振菊等(2011)将文峪划分为早、中、晚3个成矿阶段,研究各阶段流体包裹体特征。早阶段石英中原生包裹体主要是 CO_2-H_2O 型和纯 CO_2 型,其成分为 $CO_2+H_2O\pm N_2\pm CH_4$,均一温度集中在290~330℃,盐度为1.02%~9.59% $NaCl_{eqv}$;中阶段为主成矿阶段,该阶段石英中包含了所有3种类型的包裹体,其中以 CO_2-H_2O 型包裹体为主,获得 CO_2-H_2O 和水溶液包裹体均一温度集中在250~290℃之间,盐度为0.02%~12.81% $NaCl_{eqv}$;晚阶段石英仅发育水溶液型包裹体,具有较低的均一温度(114~239℃)和盐度(4.18%~8.95% $NaCl_{eqv}$)。根据 CO_2-H_2O 型包裹体计算早、中阶段压力分别为130~178 MPa和85~150 MPa,对应的成矿深度分别为4.7~6.5km和3.1~5.5km。

赵海香等(2009)对大湖、文峪和崟鑫(枪马)金矿中的黄铁矿进行了原位LA-ICPMS微量元素分析,发现3处金矿中黄铁矿的微量元素无系统差别,Co和Ni含量变化大,主成矿阶段黄铁矿的 Ni 含量高达 8425×10^{-6}。通常只有超基性岩具有高的 Ni 含量,表明成矿流体为幔源。

姬金生(1988)和黎世美等(1996)对小秦岭地区金矿的氢氧同位素进行了研究。本区含矿石英脉中石英的 $\delta^{18}O$ 值变化范围较小,在 $+6.29‰\sim+12.69‰$ 之间,花岗岩中石英脉的 $\delta^{18}O$ 值为 $9.69‰\sim10.08‰$。两者范围近似,都落入了 Taloy(1974)等人划分的岩浆岩氧同位素分布范围,表明两者存在一定的联系。计算得出两者的 $\delta^{18}O_{H_2O}$ 分别为 $-5.89‰\sim7.71‰$ 和 $5.44‰\sim8.56‰$,推测成矿流体可能为岩浆水和地表水的混合物。

姜能(1995)测得含金石英脉中的 $\delta^{13}C$ 值为 $2.0‰\sim2.5‰$,李国忠(2007)测得 $\delta^{13}C$ 值为 $-3.19‰\sim6.34‰$,变化范围接近于海水碳酸盐的下限和深源岩浆碳酸盐的上限。认为碳来源有可能为围岩与深源岩浆的混合来源。

小秦岭矿田 14 个金矿区 321 个硫同位素数据(黎世美等,1996),$\delta^{34}S$ 变化范围很大,为 $-12.5‰\sim11.5‰$,表明 S 来源十分复杂。

综合前人获得的小秦岭金矿田、太华杂岩和有关岩体的铅同位素数据(范宏瑞等,1994;黎世美等,1996;王团华等,2008;倪智勇,2009),投点在图 4-84 中。可以看出:小秦岭各金矿区的铅同位素组成范围相对集中,投点在地幔铅演化线上下;文峪、花山早白垩世二长花岗岩体和太华杂岩的铅同位素组成范围很宽,少量投点落在金矿铅同位素组成范围内,它们之间不存在特征的示踪关系。可以认为,金矿和早白垩世二长花岗岩体中的铅部分有太华杂岩的来源,可能不同程度地混入了地幔铅。

有关小秦岭金矿田各矿床的成矿年龄数据:南矿带东闯 507 号脉蚀变绢云母 ^{40}Ar-^{39}Ar 坪年龄为 $(132.16\pm2.64)Ma$,等时线年龄为 $(132.55\pm2.65)Ma$(徐启东等,1998);北矿带大湖钼金矿石中 3 个辉钼矿样品的 Re-Os 模式年龄分别为 $(223.0\pm2.8)Ma$、$(223.7\pm2.6)Ma$ 和 $(232.9\pm2.7)Ma$(李厚民等,2007);泉家峪钼金矿石中 2 个辉钼矿样品的 Re-Os 模式年龄分别为 $(129.1\pm1.6)Ma$ 和 $(130.8\pm1.5)Ma$(李厚民等,2007);马家洼石英脉型金钼矿辉钼矿 Re-Os 模式年龄为 $268.4\sim232.5Ma$,等时线年龄为 $(232\pm11)Ma$(王义天等,2010);北矿带秦南(桥上寨)金矿热液独居石 ICP-MS U-Pb、Th-Pb 年龄分别为 $(120.9\pm0.9)Ma$($n=13$,MSWD=1.0)及 $(122.6\pm1.9)Ma$($n=13$,MSWD=2.6)(强山峰等,2013)。

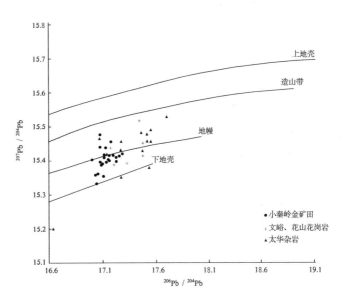

图 4-84 小秦岭地区金矿 $^{207}Pb/^{204}Pb$-$^{206}Pb/^{204}Pb$ 投点图
数据来自黎世美等(1996)、范宏瑞等(1994)、王团华等(2008)和倪智勇(2009);上地壳、造山带、地幔、下地壳线来自 Zartman and Doe(1981)

综合前述相关岩浆岩时代可以看出,南矿带尚未发现与晚三叠世末期正长斑岩同期的成矿作用,早白垩世先后出现了二长花岗岩、基性岩脉和含金石英脉,其中金矿时代为早白垩世早期。北矿带石英脉型钼矿化最早出现在晚二叠世,主成矿期为晚三叠世初;紧随二长花岗岩、基性岩脉活动之后的金矿成矿时代为早白垩世中期。花岗岩浆的结晶受热扩散条件,结晶潜热和 U、Th、K 放射成因热条件的影响,从侵位到冷却-结晶的时间一般很长,如南岭西段金鸡岭花岗岩体的冷却-结晶时间为 16.5Ma(章邦桐等,2007,2008),侵位-结晶时差 41.3Ma(章邦桐等,2012)。小秦岭矿田二长花岗岩、基性岩脉和含金石英脉的侵位时差很小,完全处在同一热事件中。

文峪等金矿以上诸方面的特征无疑显示为岩浆热液成因,问题是成矿物质从何而来,如何而来。早前关于岩浆热液萃取太华岩群成矿物质之说并无任何证据,如果存在这种成矿作用的话,应该遍地是黄金,因为区域上新太古代—古元古代变质杂岩的金丰度普遍非常低,普遍存在更高丰度的花岗岩浆活动区反而无金矿存在。花岗岩、基性岩墙与金矿的关系成为焦点,王团华等(2009)通过同位素、稀土元素示踪等方面的研究认为,它们之间只是一种"共栖"关系,成矿物质来自于造山带环境下壳幔相互作用过程中的多种相关地质体,成矿流体主要来自于地幔。从小秦岭所处成矿地质背景来看,在扬子陆块俯冲、碰撞之后的岩浆活动最初为中—晚三叠世,文峪矿区存在晚三叠世末期正长斑岩脉,外方山地区分布多个中三叠世正长岩体[LA-ICP-MS 锆石 U-Pb(245.5±8)Ma;卢仁等,2013],同造山济源盆地存在 245~220Ma 的碎屑锆石(杨文涛等,2012),联系西秦岭地区大规模的三叠纪岩浆活动,小秦岭—外方山地区可能存在较大规模的中—晚三叠世岩浆活动,只是有关岩体已被剥蚀,存在大规模的构造揭顶。后期大规模岩浆活动出现在晚侏罗世—早白垩世。在岩浆源区部分熔融之后剩下的是什么物质,为什么成矿总是发生在长期多阶段大规模岩浆活动之后?熔融实验(林强等,1993,1999)表明,封闭体系和开放体系的熔融作用是完全不同的,封闭体系的熔融作用遵循岩石体系固-液相平衡规律,初熔液相相当于岩石体系的最低点,随着熔融作用的发展,液相向着更加富集基性组分的方向演化。开放体系的熔融作用是以含水矿物脱水分解熔融为先导的非低限熔融,矿物的消失顺序为角闪石→黑云母→斜长石→石英,石英为液相线矿物。随着熔融程度的增加,熔体成分由基性向中酸性,由富钾向富钠,由强碱性向碱性、亚碱性演化。同时,熔融压力的增大使熔体富钠和铝,差应力使熔体富硅,熔融时间愈长使熔体愈富集硅而愈贫碱。可否这样理解,产生花岗岩基的熔浆形成于封闭体系,随着岩浆侵入,熔融体系趋于开放,最终形成富含重金属元素的硅质熔液。由此说明从花岗岩基→补充期小岩

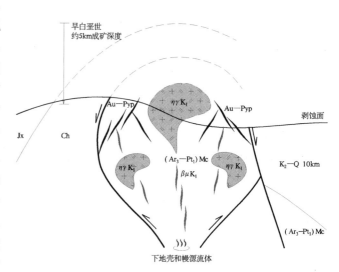

图 4-85 文峪金矿成矿模式图

(Ar$_3$—Pt$_1$)Mc.新太古代—古元古代变质杂岩;Ch.长城系;Jx.蓟县系;K$_2$—Q.上白垩统—第四系;$\eta\gamma$K$_1$.早白垩世二长花岗岩体;$\beta\mu$K$_1$.早白垩世辉绿岩等基性岩墙;Au—Pyp.含金石英脉和黄铁绢英岩化带

体→中基性岩脉→含金石英脉的共生现象和形成顺序,以及富硅小岩体成大矿的原因。这也从本质上回答了上面第一个问题,即黄金是熔炼出来的,不是从围岩中萃取的,是长期大规模的山根消耗促成了金、钼"地球化学省"或"矿源层"。岩浆侵位之后的重力失衡促使岩浆源区的成矿流体沿着略早岩浆侵入的通道或伸展的断裂被挤出,在减压沸腾面附近积淀为矿产。不可置否的是地幔上隆与岩石圈减薄是金的重要来源之一,有关花岗岩浆的形成也有幔源物质的参与。花岗岩总是侵位在相对周围较老的地质体中,这是岩浆底劈上升穹隆状构造的表现。如图 4-85 所示,小秦岭在早白垩世为大规模花岗岩浆底劈侵位的热穹隆,起源于壳幔边界的岩浆期后流体,沿穹隆边部高角度伸展断裂上升,充填在深约 5km 的低角度伸展断裂中,形成含金石英脉和黄铁绢英岩化带,与略早形成的花岗岩体、幔源基性岩墙共居一室。

三、上宫金矿床及成矿模式

上宫金矿位于洛宁县城东南27km西山底乡,包括上宫金矿(段)完成勘探(1988)之后,外围继续开展工作的干树金矿(段)勘探(1997)和虎沟金矿(段)普查(1996)范围,面积共24.29km²。经2010年资源储量核查,累计查明(333)以上金资源储量30.89t。矿区中心地理坐标:东经111°31′55″—111°34′25″,北纬34°12′49″—34°09′15″。

1. 矿区地质

矿区处在熊耳山背斜中部,西北部出露古元古代奥长花岗质、花岗闪长质片麻岩和二长花岗质片麻岩,南部出露长城系许山组安山岩、英安岩、英安质凝灰岩、玄武岩及流纹岩等(图4-86)。

各种岩脉分布在古元古代TTG质片麻岩和二长花岗质片麻岩一侧,主要为大量北西、北东走向的辉绿岩脉,个别北西走向的煌斑岩脉、正长斑岩和二长花岗岩脉。辉绿岩脉被金矿脉切割,个别与金矿脉共处同一断层。这些基性岩脉分布在片麻岩穹隆内,而不是长城系熊耳群火山岩中,因此其时代非长城纪,略早于中、晚三叠世之交的金矿脉。正长斑岩脉的时代可能同外方山地区,为中三叠世。矿区距早白垩世花山二长花岗岩基约5km,区内二长花岗岩脉有可能与之同期。

矿区基本构造为以古元古代TTG质片麻岩等为核部的穹隆式构造,或轴部断裂北西侧为中—新生代箕状盆地残缺的背斜构造。密集发育一组北东走向的正断层,其中金洞沟断裂地表出露长度大于33km,宽20~170m;走向NE45°~47°,倾向北西,倾角55°~70°;是上宫金矿段的主控断裂。北东与北北东走向断裂呈锐角相交或弧形相接,应为继承左行剪切应力场剪切破裂面发展而来的同期正断层系。

处在熊耳山残缺背斜或穹隆式构造的西南侧,发育次级褶皱。断裂构造发育,北东与北北东走向正断层弧形相接,并左行排列构成北东走向断裂带。

2. 矿床特征

历次勘查工作分别命名有上宫、虎沟、干树、刘秀沟、巧女寨-西干树凹金矿区等矿区名称,这些"矿区"中的矿体交叉重叠而不具有自然边界,应统称为上宫金矿区,可划分为西北部的虎沟矿段和南东部的干树-金洞沟矿段。全矿区共发现含金构造蚀变带36条,其中分布142个脉状、透镜状、豆荚状和不规则状矿体。干树-金洞沟矿段(图4-87)分布金矿体109个,矿体长15~735m,平均厚0.11~9.04m,垂深10~635m,平均品位$(1.38~38.04)\times10^{-6}$;主体倾向317°,倾角多数在55°~70°之间;个别矿体倾向100°~110°,倾角79°~89°。虎沟矿段分布金矿体33个,矿体长32~620m,平均厚0.47~7.09m,垂深32~314m,平均品位$(1.73~15.37)\times10^{-6}$;主体倾向310°~320°,倾角多数在60°~80°之间;个别矿体倾向260°,倾角80°。

单工程的金品位主要为$(1~9.99)\times10^{-6}$,次为$(10~19.99)\times10^{-6}$,很少大于20×10^{-6}。变化系数84%~128%,属较均匀程度。在垂直标高上,居上部矿体的银、铅含量高于下部,位于下部的矿体金、碲、硫含量高于上部;在走向上,21线以东矿体的金、银、铅含量高于西部。I_{12}、V_1矿体伴生元素相关分析表明,Au与Ag、Te,Ag与Te呈正相关。

矿石的矿物种类如表4-6所示。金矿物以自然金、银金矿为主,主要呈晶隙金产出,部分为裂隙金、包体金;次为碲金矿,以晶隙和包体晶为主,次为裂隙金。碲金银矿、金银矿微量。伴生有用元素含量:银$(3.2~862.5)\times10^{-6}$,铅0.0115%~0.35%,碲0.00036%~0.017%,硫0.01%~5.27%,锌0.014%~0.54%,铜0.0009%~0.24%,镍0.0003%~0.0176%,钴0.0016%~

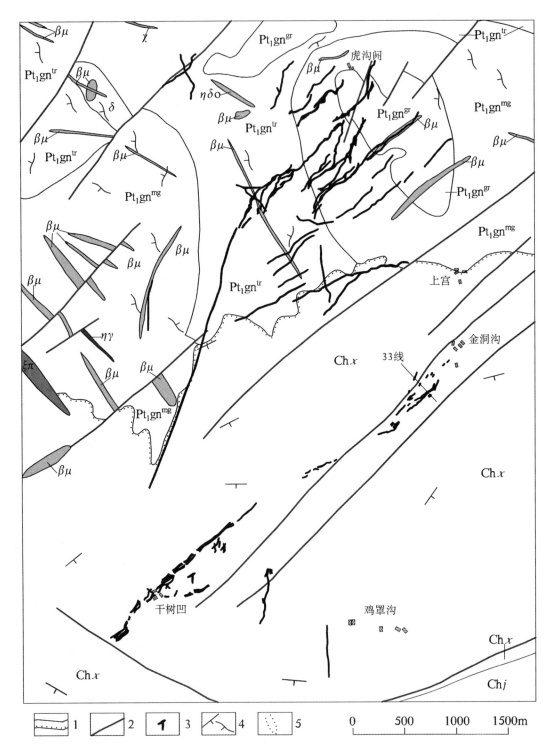

图 4-86 上宫金矿地质略图

Pt_1gn^{tr}.古元古代奥长花岗质片麻岩;Pt_1gn^{gr}.古元古代花岗闪长质片麻岩;Pt_1gn^{mg}.古元古代二长花岗质片麻岩;δ.片麻状闪长岩;Chx.长城系熊耳群许山组;Chj.长城系熊耳群鸡蛋坪组;ηγo.石英二长闪长岩脉;βμ.辉绿岩脉;ξπ.正长斑岩脉;ηγ.二长花岗岩脉。1.地质及角度不整合界线;2.断层;3.金矿脉;4.岩层及片麻理产状;5.钻孔

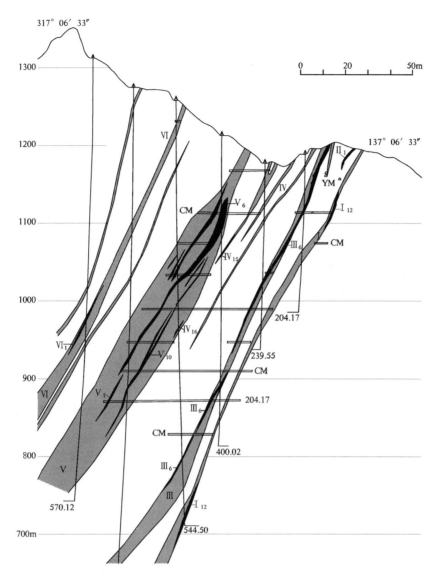

图 4-87 上宫金矿 33 线地质剖面图

V.构造蚀变带;V_1.金矿体及编号;CM.穿脉坑道;YM.沿脉坑道

0.0066%等。有害元素主要为砷(0.0143%~0.17%),于黄铁矿和方铅矿中以固溶体产出,偶发现有辰砂;其次为锑(0.0001%~0.03%),混入黄铁矿、方铅矿、石英、铁白云石等矿物中。

常见矿石结构:自形—半自形晶粒状结构,黄铁矿呈自形五角十二面体或半自形晶粒状,部分碲金矿自形板状—半自形;他形晶粒状结构,自然金、银金矿及碲金矿呈他形晶不规则粒状、圆粒状、麦粒状、片状、针状等,方铅矿、闪锌矿、黄铜矿、黝铜矿呈他形晶不规则粒状、树杈状、不规则状,少数黄铁矿呈他形不规则粒状;包含结构,方铅矿、闪锌矿、黄铜矿、黝铜矿等包裹黄铁矿,有时包裹自然金、银金矿,方铅矿包裹黄铜矿、闪锌矿、黝铜矿等;环带结构,较大黄铁矿晶体内有 1~2 组平行晶面的纹线;压碎结构,较大粒度的黄铁矿等被压碎,产生较多裂隙;交代溶蚀和交代残余结构,沿压碎的裂隙方铅矿交代闪锌矿,银金矿交代方铅矿,自然金交代黄铁矿,褐铁矿交代黄铁矿,斑铜矿、蓝铜矿、铜蓝交代黄铜矿等。

表 4-6 上宫金矿矿石的矿物成分表

类别	金属矿物(4%~6%)				脉石矿物(94%~96%)
	金、银矿物	硫化物	氧化物氢氧化物	其他矿物	
主要	自然金、银金矿	黄铁矿	褐铁矿	菱铁矿	石英、铁白云石、绢云母
次要	碲金矿	方铅矿、闪锌矿、黄铜矿	磁铁矿、赤铁矿、针铁矿	菱铁矿	绿泥石、白云石、方解石、萤石、更长石、钾长石、钠长石、蒙脱石、伊利石、高岭石、多水高岭石
微量	碲银矿、碲金银矿、金银矿、辉银矿、自然银	黝铜矿、斑铜矿、铜蓝、磁黄铁矿、辉碲铋矿、辉钼矿、毒砂	硬锰矿、钛铁矿、锐钛矿	白铅矿、水白铅矿、铅丹、铅矾、菱锌矿、蓝铜矿、孔雀石、自然铜、自然锌、自然铅、自然碲、碲镍矿、碲铅矿、碲汞矿、碲钴镍矿、黑钨矿、白钨矿、钼钙矿、黄钾铁矾、球钴矿	角闪石、绿帘石、斜黝帘石、黝帘石、重晶石、玉髓、沸石、蛇纹石、磷灰石、电气石、蓝晶石、纤闪石、辉石、白钛石、锆石、榍石、独居石、金红石

主要矿石构造：细脉-浸染状构造，黄铁矿及方铅矿、闪锌矿、黄铜矿、黝铜矿、自然金、银金矿、碲金矿等细脉状、稠密浸染状或星散状分布于矿石中；角砾状构造，菱角状、次菱角状角砾由外向内产生不同程度的黄铁绢英岩化，铅矿、闪锌矿、黄铜矿、铁白云石等充填或交代于角砾之间，矿化角砾岩再次压碎呈构造角砾岩。条带-皱纹状构造，黄铁矿-方铅矿、绢云母-石英-铁白云石与铁白云石-石英等组成相间分布的条带，部分弯曲呈皱纹状；网脉状构造，自然金、银金矿呈网脉状充填于黄铁矿晶隙，黄铜矿、方铅矿、闪锌矿网脉沿黄铁矿裂隙、晶隙和其他裂隙分布；变余杏仁状构造，蚀变安山岩中的杏仁被绢云母等取代；矿石在地表氧化呈土状、蜂窝状构造。

据范宏瑞等(1998)的研究，围岩蚀变具有以下特征：①硅化，发育于整个热液成矿阶段，并主要分布在构造破碎带内，表现为成矿热液充填在断层或交代各类构造岩产生石英脉与硅化岩石。成矿前期硅化为较大规模的单脉或复脉状石英脉，并常碎裂或破碎成角砾，被成矿期及其期后的铁白云石、方解石、黄铁矿、石英、绿泥石等穿插交代或胶结。成矿期硅化常与绢云母、黄铁矿、铁白云石和绿泥石等一起，分布于角砾状矿石的胶结物中或呈团块状产出，有时形成较透明的石英细脉，局部地段与紫色的萤石脉体共同产出。晚期硅化则与方解石化和弱的铁白云石化相伴生，形成大小不等的石英-碳酸盐细脉或网脉。②铁白云石化，成矿前期的铁白云石化分布在矿体及无矿石英脉两侧，与绢云母伴生，形成铁白云石绢云母安山岩(褪色安山岩)。成矿期的铁白云石化与绢云母、石英、绿泥石、黄铁矿等作为角砾岩型金矿石的胶结物或分布于蚀变碎裂岩石的裂隙中，部分地段粗晶铁白云石与方铅矿一起形成角砾状金矿石。③绢云母化，成矿前期的绢云母化也分布在矿体及无矿石英脉两侧，强度较大，与同期的铁白云石化相伴生。成矿期的绢云母化多出现在中等或较高品位的含金角砾岩型和蚀变碎裂岩型矿体中。④绿泥石化，蚀变强度与广度不及前3种蚀变，成矿前的绿泥石化伴随早期硅化，主成矿阶段绿泥石化与细—微粒黄铁矿、铁白云石、石英和绢云母一起成为角砾状矿石的胶结物。⑤黄铁矿化，成矿前期的黄铁矿呈细—粗粒、自形至半自形立方体状，星散分布于蚀变安山岩和白色石英脉中，主成矿期的黄铁矿以细—微细粒、自形—半自形五角十二面体浸染状分布于角砾胶结物或绢云母-铁白云石-绿泥石碎裂蚀变岩中。

根据不同矿物组合脉体的相互关系，划分为3个成矿阶段(范宏瑞等,1998)：第一，石英-(弱)

黄铁矿化阶段;第二,金-多金属硫化物阶段;第三,石英-碳酸盐化阶段。

3. 矿床成因与成矿模式

石英和碳酸盐中的流体包裹体主要为 $NaCl-H_2O$ 包裹体和少量的含 CO_2 包裹体。成矿第 I 阶段流体被捕获时的温度 365~300℃,捕获压力 285~200MPa;第 II 阶段捕获流体温度 240~325℃,压力 160~100MPa;第 III 阶段流体包裹体均一温度 190~155℃。成矿热液从早期含 CO_2 流体转变为晚期水溶液流体,来自热液的 CO_2 造成了围岩的铁白云石化等碳酸盐蚀变。从围岩、弱—中等蚀变岩、强蚀变岩至石英-铁白云石脉,ΣREE 含量明显减少,强烈围岩蚀变地段 LREE/HREE 值增加(范宏瑞等,1998)。

根据胡新露等(2013)综合前人成果进一步开展的同位素地球化学研究,第 I 阶段成矿流体的 $\delta^{18}O_{H_2O}=5.1‰~12.6‰$,平均 8.14‰;第 II 阶段 $\delta^{18}O_{H_2O}=1.9‰~4.5‰$,平均 3.05‰;第 III 阶段 $\delta^{18}O_{H_2O}=-5.6‰~-0.6‰$,平均 -2.48‰。$\delta D$ 从早到晚变化不大,变化范围为 -113‰~-56‰,主要分布在 -90‰~-70‰之间。第 I 阶段氢氧同位素投影点主要分布在岩浆水范围内及其右偏下的位置(图 4-88),第 II、III 阶段逐渐向大气水方向漂移。第 II、III 阶段铁白云石的 $\delta^{13}C_{V-PDB}=-2.1‰~-1.0‰$,$\delta^{18}O_{V-SMOW}=11.2‰~11.9‰$,碳氧同位素投影点均位于原生碳酸盐岩范围的上部(图 4-89)。第 I 阶段的 $\delta^{34}S=2.1‰~6.7‰$,平均为 4.07‰;第 II 阶段 $\delta^{34}S=-19.2‰~-6.3‰$,平均为 -12.71‰;第 III 阶段 $\delta^{34}S=0.8‰~1.5‰$,平均为 1.07‰。硫同位素直方图呈双峰式,第 II 阶段的 $\delta^{34}S$ 值与第 I、II 阶段明显不同(图 4-90),可能是大量硫化物的沉淀和大气水的加入,H_2S/SO_4^{2-} 减小和氧逸度的增高,导致 $\delta^{34}S$ 出现负值。不同成矿阶段黄铁矿和方铅矿的铅同位素组成变化范围很小(图 4-91),$^{206}Pb/^{204}Pb=17.074~17.139$,$^{207}Pb/^{204}Pb=15.492~15.504$,$^{208}Pb/^{204}Pb=37.545~37.936$,投影点集中在地幔铅和造山带铅演化线之间,明显不同于太华杂岩、熊耳群和燕山期花岗岩宽泛的铅同位素组成。铁白云石中 Rb/Sr 很低,计算铁白云石的 $I_{Sr-230}=0.7152~0.7160$,平均 0.7156;明显低于太华杂岩(I_{Sr-230} 平均 0.7504)和中—新元古界地层(I_{Sr-230} 平均为 0.7484)的 I_{Sr-230} 平均值,高于上地幔源区的 $^{87}Sr/^{86}Sr(<0.706)$,反映成矿物质来自上地幔与地壳物质的混合,与铅同位素示踪结果相一致。

任富根等(2001)利用 $^{40}Ar-^{39}Ar$ 对石英中的包裹体进行年代学测定,获得坪年龄为 (245.8±3.3)Ma。任志媛等(2010)获得蚀变绢云母的 $^{40}Ar-^{39}Ar$ 坪年龄为 (236.4±2.5)Ma。成矿时代为中三叠世,与小秦岭地区石英脉型钼矿和外方山地区正长岩体同世代。

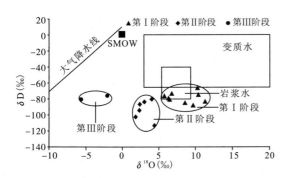

图 4-88 上宫金矿成矿流体的 $\delta D-\delta^{18}O_{H_2O}$ 组成

(据胡新露等,2013)

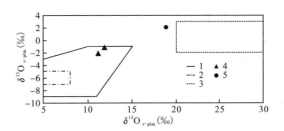

图 4-89 上宫金矿铁白云石 $\delta^{13}C-\delta^{18}O$ 图解

(据胡新露等,2013)

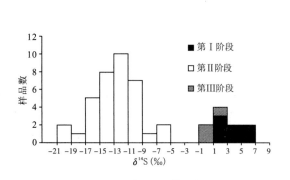

图 4-90 上宫金矿 $\delta^{34}S$ 直方图
(据胡新露等,2013)

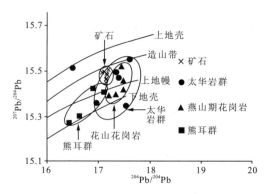

图 4-91 上宫金矿成矿流体铅同位素构造模式图
(据胡新露等,2013)

矿床地质和地球化学特征一致指示上宫金矿为中三叠世岩浆热液矿床,即在经历扬子陆块向华北陆块陆内俯冲和左行剪切碰撞之后,在伸展背景下沿先期左行剪切破裂面产生正断层系统,以石英脉的贯入标志岩浆侵入活动的结束,紧随而来的岩浆源区流体沿断裂带产生硅化、黄铁绢英岩化和铁白云石化等蚀变,在沸腾面附近于断裂带中发生金和硫化物的沉淀,形成由众多矿脉构成的金矿床。关于岩浆的起源,可能是来自岩石圈拆沉背景下由壳幔作用导致的山根和岩石圈的部分熔融,正是山根和岩石圈的消耗提炼出成矿物质,与熔融残余的 SiO_2、H_2O 和 CO_2 等组成含矿流体。辉绿岩、煌斑岩、正长斑岩和二长花岗岩脉先后聚集于背形核部,表明成矿是为热穹隆环境(图4-92)。

四、祁雨沟金矿床及成矿模式

祁雨沟金矿位于嵩县县城西北 18km,行政区隶属城关镇陶村,面积 27.25km²。地理坐标:东经 111°54′30″—111°58′00″,北纬 34°15′30″—34°11′39″。矿区范围包括原祁雨沟金矿外围不同时期勘查命名的石盘沟、公峪孟沟和摩天岭"矿区",累计查明(333)以上金资源储量 36.858t。

1. 矿区地质

矿区处在熊耳山背斜东北部南东侧,主要出露古元古代英云闪长质片麻岩、奥长花岗质片麻岩、花岗闪长质片麻岩和二长花岗质片麻岩,东部出露长城系熊耳群许山组安山岩等(图4-93)。

发育北西、北西西—北东东走向小岩体与岩脉群。在北西向岩浆岩带中,按岩体(脉)相互切割关系,总体先后有辉绿岩、正长斑岩、花岗岩、侵入角砾岩、花岗斑岩、二长花岗斑岩、石英斑

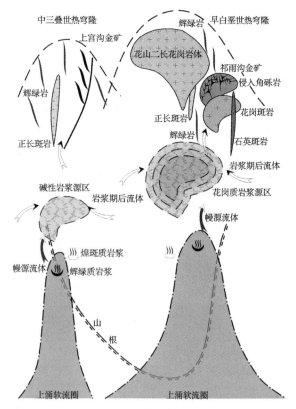

图 4-92 熊耳山地区上宫式、祁雨沟式金矿成矿模式图

图 4-93 嵩县祁雨沟金矿区地质图

Pt_1gn^i.古元古代片麻岩(未分);Chx.熊耳群许山组;$\delta\mu$.辉绿岩;$\xi\pi$.正长斑岩;γK_1.早白垩世花岗岩;$\eta\gamma\pi K_1$.早白垩世二长花岗斑岩;$\gamma\pi K_1$.早白垩世花岗斑岩;J_{19}.侵入角砾岩;F.断层及构造角砾岩;Au.金矿体。1.金矿体水平投影范围;2.钻孔

岩。北西西—北东东向岩浆岩带中有侵入角砾岩、花岗斑岩、石英斑岩。其中 16 号侵入角砾岩体下方花岗斑岩的 LA-ICP-MS 锆石 U-Pb 年龄为(134.1±2.3)Ma(姚军明等,2009),与矿区西北侧早白垩世花山二长花岗岩基[(130.7±1.4)Ma]同时代。这些小岩体和岩脉群均分布在背斜核部古元古代片麻岩内侧,除辉绿岩起源于地幔外,其他可能为下地壳部分熔融同源岩浆演化的结果。

矿区内分布 23 个侵入角砾岩体,呈不规则的椭圆状或长条状,面积 $0.01\sim0.5\mathrm{km}^2$,其中 J_4 已钻探控制最大深度 561m。角砾成分随围岩岩性不同而变化,当处在熊耳群与古元古代片麻岩不整合面上时,上部角砾成分为以安山岩等为主,下部角砾成为以片麻岩为主。不同角砾岩体和不同部位含有不同成分、不同比例的岩浆岩角砾或岩脉,种类有辉绿岩、闪长斑岩、正长斑岩、细晶正长岩、黑云母正长岩、花岗岩、二长花岗岩、石英斑岩等。岩浆岩角砾所占比例向深部增加,深部以花岗斑岩角砾为主,最终为花岗斑岩体(如 J_{16})。各种角砾-集块呈棱角状、次棱角状和不规则状等形态,大小几毫米至几米,含量占 80%~95%。大、小角砾之间相对无分选,但总体上自外向内、由浅至深有变小趋势。胶结物为同角砾岩石碎屑、含金钾长石石英脉及绿泥石、绿帘石、方解石、金属硫化物等热液(蚀变)矿物。复杂的岩浆岩角砾反映在角砾状地质体形成过程中有多次岩浆活动,而深部以花岗斑岩角砾为主和花岗斑岩侵入角砾岩体的普遍现象,反映角砾岩体主要形成于花岗斑岩侵入过程中。含水 2.7% 的花岗质熔体在 2km 深处全部结晶时,体积将膨大 50%,内压可达 10^8Pa;而岩石的抗张强度仅为 10^7Pa,因而必将发生脆性破裂(Burham C M et al.;转引自邵世才,1995)。后序次岩浆侵入和流体的减压沸腾又造成之前侵入岩体的破裂。在角砾状地质体的形成过程中可能存在爆破作用,因此普遍称之为"爆破角砾岩"。在豫西南,大岩基边缘及内侧发育角砾状地质体是一种普遍现象,但无爆发相火山岩与之对应,为避免与潜火山岩和火山作用矿床混淆,本书称之为侵入角砾岩。

发育北西、北西西—北东东、北东和北北西—北北东走向 4 组断裂,均为正断层,普遍具有金矿化,其中北东向断层含金性好。北西断裂发育最早,表现为构造角砾岩带,倾向南西或北东,倾角 65°~80°,为与熊耳山背斜轴近垂直的横向正断层,沿断裂有辉绿岩、正长斑岩、花岗斑岩等岩脉侵入。北北西—北北东断裂为矿区主干构造,发育宽的构造角砾岩带,两侧岩石发育片理化带,为继承左行剪切带发育的高角度正断层,沿断裂带侵入花岗斑岩。北东向一组断层密集发育于北东东走向断裂带两侧,系与北东东走向断裂同期的沿先存左行剪切破裂面发育的正断层,在公峪一带断层面倾向 310°~320°,倾角 45°~72°。北北西—北北东走向断层发育最晚,规模很小。

2. 矿床特征

根据不同类型金矿体集中分布范围,祁雨沟金矿床可划分为西北部的石盘沟矿段,中东部的摩天岭-公峪矿段和东南部的祁雨沟矿段。祁雨沟矿段自北西向南东相邻分布 J_6、J_5、J_4、J_2 共 4 个含矿角砾岩体,金矿化分布在角砾之间,主要表现为团块状黄铁矿化。早期勘查工作主要通过钻探工程,按边界品位 1×10^{-6} 圈定 14 个一定产状的脉状、透镜状富金矿体;后期矿山勘探阶段通过坑探工程,按边界品位 0.5×10^{-6} 圈定的金矿体为不规则块状体,具有一定中段全岩体成矿特征(图 4-94)。

J_6 金矿体分布在该角砾岩体 580m 标高以上,呈透镜状,倾向 224°,倾角 57°~62°。矿体长度 60m,厚 14.0~37.0m,平均厚 23.02m,厚度变化系数 62.58%;金品位一般 $(0.5\sim4.50)\times10^{-6}$,最高 31.61×10^{-6},平均品位 2.59×10^{-6},品位变化系数 144.76%。

J_5 岩体有上、下两个矿体,上矿体位于 540m 标高以上,已采空。下矿体直立状,上部尖顶形,下部围绕角砾岩体内侧呈环带状。下矿体长 240m,厚 2.97~84.17m,厚度变化系数 33.45%;控制矿体标高 280~400m,深部未完全控制;金品位 $(0.5\sim6.50)\times10^{-6}$,最高 61.87×10^{-6},平均 2.25×10^{-6},品位变化系数 192.68%。

J_4 岩体上部分布多个矿体或属于下部矿体的上延分枝,在 490~340m 标高为全岩体成矿,310m 标高矿体仍未尖灭,但趋向角砾岩体内侧环带状矿化。各矿体长 30~333m,宽 3.9~212m;金品位 $(0.1\sim235.27)\times10^{-6}$,平均品位 2.37×10^{-6}。

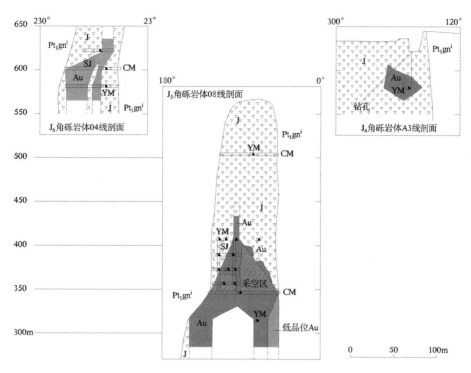

图 4-94 祁雨沟金矿区 J_6、J_5、J_4 角砾岩体剖面图

Pt_1gn^i. 古元古代正片麻岩;J.角砾岩体;Au.金矿体;CM.穿脉坑道;YM.沿脉坑道,SJ.竖井

J_2 岩体在勘查阶段圈出 5 个水平矿体。矿山开采中在 370m 标高发现沿角砾岩体边缘分布的脉状矿体,长 32m,厚 4.0m,倾向 26°,倾角 65°~70°。金品位 $(0.23 \sim 17.67) \times 10^{-6}$,平均品位 3.58×10^{-6}。

摩天岭-公峪矿段和石盘沟矿段金矿体主要受北北东—北东走向断层控制,包括切割角砾岩体的断层中的金矿体,赋矿岩石为石英脉和硅化-黄铁矿化蚀变岩。共圈定 22 个矿体,呈脉状、透镜状;倾角一般为 68°~80°,部分 30°~50°,具有舒缓波状延伸和尖灭再现、分枝复合的特点。矿体长 40~436m,多数小于 200m;单工程厚度 0.26~3.1m,矿体平均厚一般不足 1m;斜深 39~244m。金品位一般约 $(1.5 \sim 10) \times 10^{-6}$,最高 74.3×10^{-6};矿体平均金品位 $(1.49 \sim 16.18) \times 10^{-6}$,一般为 $(4 \sim 8) \times 10^{-6}$。

各类金矿石具有相同的金属矿物组成,即角砾岩体矿质胶结物与脉状矿体的金属矿物一致。根据邵克忠(1990)和王宝德(1991)的研究,金属矿物以自形黄铁矿为主,{100}单形晶约占70%,{100}+{111}聚形晶约占30%。在角砾岩体内自上而下,黄铁矿晶形总体变化为{100}→{100}+{111}、{100}→{100}(为主)、{100}+{111}(少量),{100}+{111}聚晶的出现指示富矿部位。其次是黄铜矿、方铅矿、闪锌矿,及少量的、磁黄铁矿、辉钼矿、磁铁矿等,以出现多种Bi-硫盐及Bi-碲化物等含铋矿物为本矿床特征的地球化学标志。金矿物以自然金为主,他形粒状及不规则枝杈状自然金约占70%,{100}、{100}+{111}和{111}晶形约占20%,片状约占10%,并偶见{100}歪晶。自角砾岩体的顶部向下,自然金晶形分带为{100}、{110}→{111}、{100}+{111}、{100}→{111}及{111}+{100},{111}及{111}+{100}晶形大量出现的部位显示富矿地段。其次为银金矿,金的载体矿物主要是黄铁矿及石英。脉石矿物因赋矿岩石不同而异,一般以石英为主,次为钾长石、钠长石、绿泥石、绿帘石、黑云母、角闪石、方解石、磷灰石、绢云母等。矿石呈粒状结构、包含结构、交代结构、压碎结构和固熔体分离结构等,条带状构造、团块状构造、细脉状构造、角砾状构造及斑杂状构造。

邵克忠和栾文楼(1990)根据矿石矿物组合特征将角砾岩体中金矿划分为 7 个成矿阶段(表 4-7)。第Ⅰ阶段蚀变作用以细脉、浸染状硅化为主,分布范围广,由于受后期热液的改造,残存于角砾内部。第Ⅱ阶段为硅化及极微弱、局限的正长石化,局部出现辉钼矿,偶见黄铜矿。第Ⅲ阶段在角砾之间的胶结物中普遍发育充填交代状硅化-石英化和黑云母化,仅出现微量金属矿物。第Ⅳ阶段在角砾岩体的中上部普遍强烈出现团块状和脉状的硅化-石英化,是出现多种硫化物和金矿化的开端。第Ⅴ阶段继续广泛发育硅化,在角砾岩体中(上)部出现大规模正长石化,是大量明金和金属硫化物出现的主成矿时期。第Ⅵ阶段主要表现为角砾岩体中下部出现团块状的绿钙(钠)闪石化和绿帘石化,黄铜矿、方铅矿矿化减弱,明显晶出含铋矿物。第Ⅶ阶段出现大量的团块状方解石化和绿泥石化,以出现多种铋硫盐、铋碲化物为特征,局部出现少量的镜铁矿标志着热液成矿作用而告终。各阶段热液蚀变作用的叠加,总体造成角砾岩体内自中心向外的蚀变分带依次为:石英钾长石化带、石英黑云母化带、青磐岩化带,金矿化最强部位出现在石英钾长石化带且角砾岩体由陡变缓处,对应上述蚀变分带向外矿化渐弱(王宝德,1991)。

表 4-7 祁雨沟金矿角砾岩体成矿阶段及矿物共生组合特征(邵克忠,栾文楼,1990)

成矿阶段	共生组合类型	代表性共生矿物	矿化构造	产出位置
Ⅰ	石英-黄铁矿	石英、黄铁矿、黄铜矿(少)、自然金(少)、绢云母	细脉状	整个角砾岩体
Ⅱ	黄铁矿-辉钼矿	黄铁矿、辉钼矿、黄铜矿(少)、正长石(少)、石英(少)、自然金(少)	平行脉状、交错脉状、浸染状	整个角砾岩体
Ⅲ	石英、黑云母-黄铁矿	石英、黑云母、绿帘石、绿泥石、绢云母、磷灰石、电气石、黄铁矿、黄铜矿、磁黄铁矿、磁铁矿、自然金	浸染状、脉状、角砾状	整个角砾岩体
Ⅳ	早期石英-多金属硫化物	石英、正长石(冰长石)、绿帘石、绿泥石、黄铁矿、黄铜矿、方铅矿、闪锌矿、辉钼矿、自然金	脉状、角砾状、团块状、对称条带	角砾岩体中部为主
Ⅴ	石英-正长石(冰长石)-多金属硫化物	石英、正长石(冰长石)、绿帘石、绿泥石、黄铁矿、黄铜矿、自然金、辉钼矿、方铅矿、闪锌矿、辉铅铋矿、针硫铋铅矿、硫铋铅矿、楚碲铋矿、萤石	脉状、角砾状、团块状、对称条带	以角砾岩体中部为主
Ⅵ	晚期石英-多金属硫化物	石英、绿帘石、绿泥石、绿钙(钠)闪石、正长石(冰长石)、黄铁矿、黄铜矿、自然金、辉铅铋矿、楚碲铋矿、针硫铋铅矿、硫铋铅矿、硫铋铜矿	脉状、角砾状、团块状、对称条带	岩体中部、中上部、下部
Ⅶ	石英-方解石-黄铁矿	石英、方解石、浊沸石、萤石、绿泥石、黄铁矿、辉铅铋矿、斜方辉铅铋矿、镜铁矿、楚碲铋矿、碲铋矿、硫碲铋矿、针硫铋铅矿、硫铋铜矿、硫铋铅矿	脉状、团块状、晶洞状	岩体上部、中上部
	外生铜铁氧化物和硫化物	斑铜矿、铜蓝、蓝铜矿、辉铜矿、针铁矿、黄钾铁矾、黑铜矿、高岭石	团块状	氧化带

李莉和齐金忠(2002)划分公峪断裂带中金矿的热液期为 5 个成矿阶段,分别为:乳白色石英阶段(Ⅰ);黄铁矿-石英阶段(Ⅱ);多金属硫化物-石英阶段(Ⅲ);黄铁矿-白云石-方解石阶段(Ⅳ);黄铁矿-方解石阶段(Ⅴ)。其中Ⅱ、Ⅲ为矿床的主要成矿阶段。围岩蚀变主要有硅化、正长石化、黑云母化、绢云母化、绿帘石化、绿泥石化、方解石化和高岭石化等,一般自内向外依次为黄铁矿-石英脉→石英正长石化带→石英黑云母(绢云母)化带→方解石化带。其中金矿化主要产于黄铁矿-石英

脉体之中。断裂带和角砾岩体中的蚀变与矿化高度相似。

3. 矿床成因与成矿模式

齐金忠等(2004)在综合前人研究成果的基础上进一步开展了祁雨沟角砾岩体中金矿成矿流体演化特征的研究。石英和方解石中原生流体包裹体分为4种类型：含子矿物S型、气液2相且液相体积大于50%的L型、气液2相且气相体积大于50%的V型、含液相CO_2的C型。第Ⅰ阶段：V型均一温度379.5～465.4℃，盐度9.1%～11.4%；L型均一温度301.2～443.8℃，盐度13.3%～18.6%；两者混杂分布时均一温度较接近，显示沸腾流体包裹体的特征。第Ⅱ阶段：S型盐度30.1%～31.8%；C型盐度5.8%～11.7%，CO_2密度0.195～0.319g/cm^3；L型盐度10.0%～23.2%；本阶段石英中流体包裹体均一温度变化范围较大(236.4～445.2℃)，混杂分布的S型、C型包裹体均一温度范围(342.2～358.1℃)接近，显示不混溶流体包裹体的特征。第Ⅲ阶段：S型均一温度264.9～363.1℃，盐度30.8%～37.2%；C型气相均一温度304.0～366.4℃，盐度4.7%～8.5%，与S型包裹体混杂分布时均一温度接近，显示出不混溶流体包裹体的特征；L型均一温度为243.9～372.6℃，盐度8.5%～23.0%。第Ⅳ阶段：S型、C型、L型包裹体均一温度分别为271.9～286.4℃、264.9～335.7℃和183.1～347.6℃；盐度分别为28.2%～31.9%、4.8%～8.7%和6.2%～21.7%。第Ⅴ阶段：L型流体包裹体均一温度186.6～339.0℃，盐度3.7%～20.9%。第Ⅵ成矿阶段：石英、方解石中流体包裹体均一温度为122.8～254.9℃，盐度3.5%～11.6%。从早到晚流体包裹体变小，气相所占百分比降低，包裹体类型、均一温度、盐度也出现有规律的变化，反映流体演化具有连续性、继承性和周期性。推算第Ⅰ成矿阶段压力为30～50MPa，第Ⅱ、Ⅲ成矿阶段压力为29～45MPa，对应的成矿深度为1.2～1.8km。石英中L型流体包裹体的激光拉曼光谱测试结果显示，包裹体气相成分以CO_2、H_2S、CH_4为主，个别包裹体含H_2O、CO、N_2、H_2、C_2H_2、C_2H_4、C_6H_6，反映包裹体成分的复杂性和不均一性。从成矿早阶段到主成矿阶段，气相中CO_2含量有降低的趋势，而H_2S、CH_4、CO浓度增高，反映主成矿阶段还原程度增强，有利于金属硫化物及Au的沉淀，这与第Ⅳ、Ⅴ成矿阶段黄铁矿、黄铜矿、方铅矿及自然金大量出现相吻合。在第Ⅵ成矿阶段包裹体中出现一定量的N_2、H_2O，可能与大气降水的混入有关。对J_2角砾岩体不同蚀变矿物的微量元素分析见表4-8(王宝德，1991)，其中第Ⅴ成矿阶段黄铁矿中Co、Ni、Bi最高含量分别达$1065×10^{-6}$、$601×10^{-6}$及$132.53×10^{-6}$(邵克忠，1990)，间接反映成矿流体来自高温岩浆热液的演化，并有基性岩浆组分(Co、Ni)的加入。

表4-8　J_2角砾岩体不同蚀变矿物微量元素含量表　(单位：$×10^{-6}$；王宝德，1991)

矿物	样品数	Au	Ag	Mo	As	Cu	Pb	Zn	Co	Ni
钠长石	1	15.30	0.00	3.50	261.5	41.00	31.00	31.00	0.00	51.00
黄铁矿(Ⅰ)	3	10.13	22.10	22.10	36.38	111.33	151.67	52.33	359.67	101.83
钾长石	1	8.30	1.15	—		20.00		7.00	3.00	
黄铁矿(Ⅱ)	15	63.34	20.24	0.84	37.57	1853.21	842.79	73.20	378.56	294.30
黄铁矿(Ⅲ)	1	15.20	30.00			132.00			140.00	85.00
绿钙(钠)闪石	2	4.96	0.50	0.40	13.00	355.50	25.00	148.00	12.00	37.00
绿帘石	2	2.60	0.00	0.80	22.90	7.00	36.00	47.00	7.00	7.00

李莉和齐金忠(2002)对公峪矿段脉状金矿石英中流体包裹体的研究表明,均一温度变化范围为125~367℃,主要集中于180~350℃之间,平均280℃,其温度直方图为多峰型,表现出多阶段的成矿特征。包裹体盐度$w(NaCl_{eqv})$为3.7%~17.6%,主要集中于4%~10%之间,平均8.5%。根据CO_2密度及与其共生的H_2O气液包裹体密度,求得成矿的压力值为$(240~400)×10^5Pa$,对应的成矿深度为0.9~1.5km。激光拉曼光谱分析结果表明,包裹体气相成分以CO_2、H_2S、CH_4为主,个别包裹体含H_2O、N_2、C_2H_4、C_6H_6,早阶段(Ⅱ)气相成分中CO_2、H_2S含量较高,较晚阶段(Ⅲ)出现了一定量的N_2、H_2O。包裹体液相成分以H_2O为主,含少量的CO_2、H_2S、CH_4。根据气相色谱法分析(邵克忠,1992),包裹体盐水溶液的阳离子主要为Na^+、K^+、Ca^{2+}、Mg^{2+},$Na^+>Ca^{2+}>K^+>Mg^{2+}$,Na^+/K^+摩尔数比值为15.73;阴离子主要有SO_4^{2-}、Cl^-、F^-,含有一定量的HS^-、CO_3^{2-},SO_4^{2-}含量略高于Cl^-,而F^-含量少。

流体包裹体氢氧同位素地球化学特征的多次研究(谢奕汉等,1991;范宏瑞等,1994,2000;李胜荣,1995;高永丰等,1995;李莉等,2002;齐金忠等,2004;李诺等,2008;许令兵等,2010)具有一致的结果,在$\delta^{18}O_水$-δD图解中投点均从岩浆水及与变质水重叠区向大气降水漂移。

隐爆角砾岩型金矿和破碎蚀变岩型金矿矿化晚期$\delta^{13}C_{方解石}$分别为-5.8‰~-4.2‰及-4.2‰~-1.6‰(高永丰等,1994;李胜荣,1995;郭东升等,2007),与岩浆岩及岩浆源物质(-9‰~-4‰;张理刚,1985)一致。

在祁雨沟金矿开展过多次硫同位素研究,硫化物$\delta^{34}S$值分布范围在-3.5‰~2.5‰之间,集中在-1‰~1‰之间,具有陨石硫特征,表明矿石硫主要来自岩浆-流体成矿系统(郭东升等,2007)。

郭东升(2007)集成前人有关祁雨沟金矿石和相关地质体的35个稳定铅同位素数据,投影如图4-95所示。矿石铅同位素组成非常宽泛,无示踪一致的有关地质体,部分投点在地幔线附近。反映铅源部分来自地幔,部分来自上、下地壳。

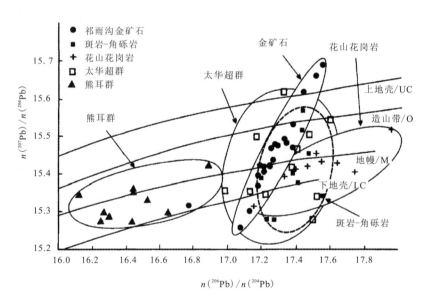

图4-95 祁雨沟金矿铅同位素构造模式图
(据郭东升,2007)

有关祁雨沟金矿的一组成矿年代数据:①J_{16}角砾岩体下伏花岗斑岩LA-ICPMS锆石U-Pb年龄为$(134.1±2.3)Ma(MSWD=1.9)$,J_7角砾岩体辉钼矿Re-Os加权平均年龄为$(134±4)Ma$($MSWD=2.3$),Re-Os等时线年龄为$(135.6±5.6)Ma(MSWD=2.0)$(姚军明等,2009);②J_2角

砾岩体石英钾长石化带 2 件钾长石的 $^{40}Ar/^{39}Ar$ 坪年龄分别为 (115.3±1.5)Ma 和 (122.3±0.4)Ma,计算相应等时线年龄分别为 (114.34±3.97)Ma 及 (125.11±1.59)Ma(王义天等,2001);③公峪矿段石英型金矿主成矿阶段石英 $^{40}Ar-^{39}Ar$ 坪年龄为 (122.61±0.61)Ma[等时线年龄为 (122.87±0.95)Ma],角砾岩体中胶结物石英坪年龄为 (130.31±0.86)Ma[等时线年龄为 (127.71±0.37)Ma],角砾岩体中多金属硫化物脉石英坪年龄为 (109.20±0.70)Ma[等时线年龄为 (107.07±1.20)Ma](李莉等,2002);④J_4 角砾岩体单颗粒黄铁矿 Rb-Sr 等时线年龄为 (126±11)Ma(韩以贵等,2007);⑤矿区西南侧雷门沟斑岩钼矿 SHRIMP 锆石 U-Pb 年龄为 (138.4±2.3)~(129.1±3.0)Ma,加权平均值为 (136.2±1.5)Ma;雷门沟钼矿 ICP-MS 辉钼矿 Re-Os 同位素模式年龄为 (133.1±1.9)~(131.6±2.0)Ma,加权平均值为 (132.4±1.9)Ma;⑥矿区南侧庙岭金矿 $^{40}Ar/^{39}Ar$ 坪年龄为 (121.6±1.2)Ma,等时线年龄为 (117.0±1.6)Ma(翟雷等,2012)。以上同位素时代均为早白垩世,其中钼矿形成时代略早,为 134~132.4Ma;金矿时代较晚,为 130.31~109.2Ma。

以上诸方面特征均显示祁雨沟金矿床为岩浆热液成因,成矿模式图见图 4-95。

五、银洞坡金矿床及成矿模式

银洞坡金矿位于桐柏山北麓,行政区属桐柏县朱庄乡,南距桐柏县城约 20km。地理坐标:东经 113°24′23″—113°25′56″,北纬 32°32′45″—32°33′44″。矿区面积 1.45km²,累计查明(333)以上金属资源储量:金 59.10t,银 14.9t,伴生银 396.53t,铅 7.21×10⁴t,伴生铅 2.69×10⁴t,伴生锌 1.68×10⁴t,伴生镉(东段)566t。

1. 矿区地质

区内出露地层主要为中—新元古界歪头山组下部第九段和中部一至三段(图 4-96)。下部第九段分布在矿区东南,岩性为大理岩,厚 30~50m。中部第一段出露在矿区南东部,主要岩性为二云变粒岩和白云变粒岩,夹黑云变粒岩、斜长角闪岩及透镜状大理岩,厚 78~160m。中部第二段在东部及背斜轴部出露,主要岩性为二云石英片岩夹绢云石英片岩,厚 32~175m。中部第三段出露在西部背斜两翼,上部为二云石英片岩、绢云石英片岩,夹白云变粒岩,中下部相变为二云变粒岩、白云变粒岩,夹少量二云石英片岩、绢云石英片岩,厚 25~154m。

银洞坡金矿区内基本无岩浆岩出露,但分布少量岩浆晚期石英脉、石英-碳酸盐脉和石英-萤石脉。金矿区范围对应区域重力低异常,推测矿区深部存在花岗岩体。在金矿区南、北两侧分布强变形的志留纪石英闪长岩带,东、西两侧的银洞岭银矿区及破山银矿区分布大量云斜煌斑岩脉,并在东侧分布正长岩脉和细晶岩脉。

矿区位于朱庄背斜西北倾伏部位,核部地层为歪头山组,两翼为早古生界大栗树组。两翼不对称,南西翼地层倾向 190°~240°,倾角 30°~70°;北东翼地层倾向 10°~60°,倾角 50°~85°。背斜轴线呈 NW300°方向延伸,向北西倾伏,倾伏向 210°~230°,倾伏角 60°~70°。根据矿区西段勘探(张宗恒等,1995)的研究,矿区脆性断裂构造主要为共轭逆冲剪切带和顺层剪切带,次为北东向断裂带和纵张断裂。

共轭逆冲剪切带为背斜形成过程中,一组共轭剪节理随着递进变形演化为共轭逆冲剪切带,控制了银洞坡金矿床各矿体的定位与分布。这些剪切带均分布于背斜的两翼,发育于能干性差异明显的岩性界面附近,且多偏向于能干性较低的岩石中。其走向与枢纽方向近平行,倾向、倾角与 S_0 大致相同,只是在断坡部分与 S_{0-1} 有 10°~20°的交角。构造破碎带宽 0.5~5m,局部地段可达 15m 左右。其中的构造岩主要是构造角砾岩、碎斑岩、碎粒岩及少量的碎粉岩。破碎带内发育挤压构造

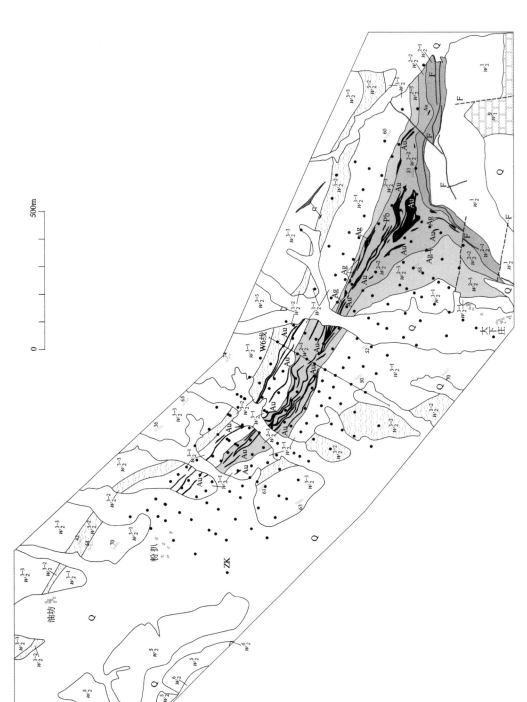

图 4-96 桐柏县银洞坡金矿区地质图

w_1^9. 歪头山组下部第九岩性段；w_2^1. 歪头山组中部第一岩性段；w_2^{2-1}. 歪头山组中部第二岩性段第 1 层；w_2^{2-2}. 歪头山组中部第二岩性段第 2 层；w_2^{2-3}. 歪头山组中部第二岩性段第 3 层；w_2^{3-1}. 歪头山组中部第三岩性段第 1 层；w_2^{3-2}. 歪头山组中部第三岩性段第 2 层；w_2^{3-3}. 歪头山组中部第三岩性段第 3 层；w_2^5. 歪头山组中部第五岩性段；w_2^6. 歪头山组中部第六岩性段；Q. 第四系；q. 石英脉；F. 脆性断裂（脆性剪切带）；Au. 金矿体；Ag. 银矿体；Pb. 铅矿体；ZK. 钻孔

透镜体,边缘发育劈理,并对S_{0-1}强置换,形成碎裂岩化岩石。主要金矿体均赋存于能干性相对较低的绢云石英片岩中,仅西段55号矿体赋存于能干性相对较高的变粒岩中。在逆冲剪切变形过程中,变粒岩发生脆性破裂而扩容,片岩则发生碎裂流动,沿剪切带走向和倾向加厚或变薄,甚至尖灭。含矿热液在上侵过程中交代充填构造岩和裂隙,形成细脉浸染状、网脉状、角砾状金矿石。矿体则呈似层状或透镜状产出,随剪切带呈舒缓波状摆动,并随剪切带的产状而呈现不同的矿体形态或膨缩加厚,或尖灭再现,或分枝复合。

由于朱庄背斜是一个无劈理同心褶皱,因此总体延深不大,向深部很快平缓消失。与此同时,两翼伴生的共轭逆冲剪切带也相应地尖灭或转换为顺层剪切带。即顺层剪切带控制了深部矿体的分布,如Ⅱ号矿体主要赋存于顺层剪切带F_1中,赋矿岩石为蚀变的碎斑岩化、碎粒岩化绢云石英片岩。顺层剪切带的最大特点是产状相对较平缓,一般不穿层,破碎带的规模相对较大,发育碎裂流动构造,显示韧脆性变形特征。其中的金矿体规模大,但沿走向变化大,常见膨缩及尖灭再现等现象。

北东向断裂带表现为左行平移正断层,规模较小,一般破碎带宽0.5～2m,高角度陡倾,垂直断距仅0.5～2m。构造岩尚未胶结,造成矿体的风化淋滤,形成氧化矿石和矿石的贫化与次生富集现象。

纵张断裂走向300°左右,倾向北,产状基本和S_{0-1}一致,局部有10°左右的交角。破碎带一般宽0.2～2m,局部达8.5m。构造岩石为构造角砾岩,角砾棱角状,胶结不好,边部有一定的磨圆,局部见有构造透镜体。发育镜面和近水平的擦痕,为叠加后期左行水平剪切变形所致。

2. 矿床特征

受控于共轭逆冲剪切带和顺层剪切带,在背斜轴面两侧共圈定36个矿体,其中金和金铅矿体27个,金铅银矿体6个,银矿体1个。矿体呈似层状或透镜状,局部在共轭逆冲剪切带的交会部位呈鞍状。E6线以东矿体形态规则,以西两翼矿体均具膨缩及分枝复合特征。矿体总体走向300°～310°,与倾伏背斜产状相一致;北东翼倾向北东,倾角40°～70°;南西翼倾向南西,倾角20°～40°;倾向上陡下缓,常呈舒缓波状起伏(图4-97)。矿体长一般80～800m,短者40～60m,最长1360m。矿体单工程厚度0.47～34m,平均矿体厚度一般1～4.42m,仅5个矿体平均厚度为0.63～0.96m,平均最厚7.6m;在缓倾部位厚度显著变薄,复合部位厚度显著增大。垂向延深多数在130～525m之间,少数在5～80m之间,最大603m。矿体金平均品位多数在$(2.85～9.41)\times10^{-6}$之间,少数在$(1.15～1.94)\times10^{-6}$之间,单样品金最高品位达421.26×10^{-6},东段个别铅矿体伴生金平均品位在$(0.01～0.26)\times10^{-6}$之间。在纵向上铅、银富集于东段浅部,向西段倾伏部位铅、银含量很低。东段个别金铅银矿体平均含银$(72～156)\times10^{-6}$,单个样品银最高品位825×10^{-6}。东段金铅矿体平均含铅0.27%～3.52%,单个样品铅最高品位31%。

矿石中已查明矿物64种,其中金、银矿物12种,金属硫化物14种,金属氧化物15种,碳酸盐矿物5种,硅酸盐矿物及其他矿物18种(表4-9)。金银矿物为自然金、银金矿、自然银、辉银矿、辉铜银矿。金以晶隙金的形式赋存于石英和黄铁矿中。

矿石的结构:自形—半自形晶粒状结构,主要是黄铁矿呈自形晶—半自形晶,其次为方铅矿、白铅矿呈自形晶集合体产出;他形粒状结构,金、银矿物和黄铁矿等金属硫化物呈他形粒状充填于先结晶的矿物颗粒之间及裂隙中;交代熔蚀结构及交代残余结构,较早形成的黄铁矿被晚期形成的方铅矿、闪锌矿交代熔蚀;固溶体分离结构,共熔矿物闪锌矿和黄铜矿,方铅矿和辉银矿,深红银矿与黄铜矿,产生乳滴状固熔体分离;压碎结构,早期形成的黄铁矿呈压碎结构;角砾状结构,赋矿岩石破碎成角砾被金属硫化物及石英细脉、团块胶结。

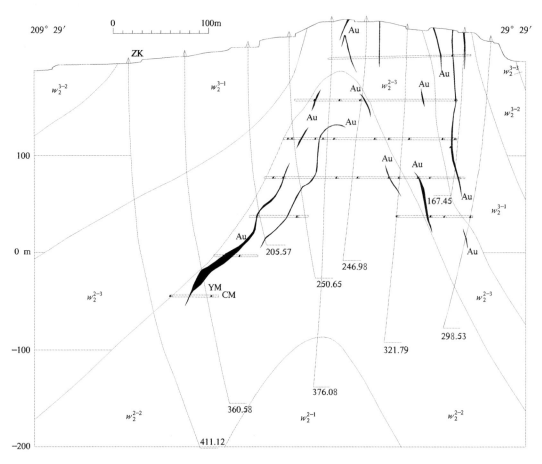

图 4-97 银洞坡金矿 W6 勘探线剖面图

w_2^{2-1}.歪头山组中部第二岩性段第 1 层;w_2^{2-2}.歪头山组中部第二岩性段第 2 层;w_2^{2-3}.歪头山组中部第二岩性段第 3 层;w_2^{3-1}.歪头山组中部第三岩性段第 1 层;w_2^{3-2}.歪头山组中部第三岩性段第 2 层;w_2^{3-3}.歪头山组中部第三岩性段第 3 层;Au.金矿体

表 4-9 银洞坡金矿矿石矿物成分表

类别	金银矿物	金属硫化物	氧化物及氢氧化物	碳酸盐	硅酸盐	磷酸盐	卤化物
主要	自然金、银金矿	黄铁矿、方铅矿、闪锌矿	褐铁矿	方解石	石英、长石、绢云母		
次要	金银矿、自然银	黄铜矿	黄钾铁矾、铅铁矾	白云石、白铅矿	白云母、绿泥石、高岭石		
少量	辉银矿、针碲金银矿、辉铜银矿、深红银矿、淡红银矿	磁黄铁矿、银黝铜矿	赤铁矿、软锰矿、硬锰矿、磁铁矿、金红石	菱铁矿、锌菱铁矿	黑云母、蒙脱石、锆石		萤石
微量	辉锑银矿、硫铜银矿、硫锑铜银矿	铜蓝、辉铜矿、蓝辉铜矿、斑铜矿、黝铜矿、砷黝铜矿、方黄铜矿、毒砂	穆磁铁矿、钛铁矿、铬铁矿、铅黄、块黑铅矿	孔雀石、蓝铜矿	榍石、电气石、帘石、硅锌矿、异极矿	磷灰石、磷氯铅矿	

矿石的构造：浸染状构造，金银矿物与金属硫化物呈浸染状分布于脉石中；脉状—网脉状构造，含金属硫化物的石英脉沿节理及裂隙充填交代，呈脉状—网脉状分布；块状构造，金属硫化物局部富集，紧密连生形成致密块状；条带状构造，细粒黄铁矿与少量方铅矿等沿碳质绢云石英片岩片理分布。

围岩蚀变主要为硅化和绢云母化，其次为碳酸盐化、褐铁矿化。金矿化与硅化关系密切。

3. 矿床成因与成矿模式

张静(2004)在前人研究(徐启东等，1995；张宗恒等，1999；杨永等，2003)的基础上进一步开展了银洞坡金矿流体包裹体的研究，总结成矿流体具有以下特征：原生包裹体均一温度范围在172～388℃之间，大致集中在290～388℃之间、210～290℃和170～210℃之间，流体包裹体的捕获压力为69～1200MPa，经压力校正后的成矿温度为200～430℃，整体上属于中温矿床；盐度变化范围为0.53%～7.53%，属于低盐度流体；盐水溶液的密度介于0.62～0.92g/cm³之间，为低密度流体(Na_2Cl)；按照成矿晚期静水压力计算，最大成矿深度在9km左右；$\lg f_{CO_2}=3.82\sim3.97$，$\lg f_{O_2}=-37.92\sim-30.64$，实测$Eh=364.8mV$，$pH=3.94\sim5.27$，说明成矿是在酸性、还原条件下；气相组分$CH_4$、$C_2H_6$含量随深度变浅呈减少趋势，反映碳质可能来源于深部；液相离子含量$Cl^-<SO_4^{2-}$，$Na^+<K^+$，属于$K^+-SO_4^{2-}$型成矿流体。

氢同位素变化范围不大(-65‰～-84‰)，从早到晚流体的δD的平均值分别为-65‰、-73‰、-79‰和-71‰。根据校正后的均一温度换算石英中流体的$\delta^{18}O_{H_2O}$值为0～10.8‰，从成矿早到晚期，$\delta^{18}O_{H_2O}$平均值依次为9.8‰、4.4‰和0.7‰。在$\delta D-\delta^{18}O$投影图上，早期和大多数中期样品落在变质水范围内，晚期介于变质水和大气降水线之间(张静，2004)。

铅同位素组成范围与相邻的破山银矿、银洞岭银矿邻近，但分布区域各不相重叠，反映有各自独立的源区，以及分别自地幔-上地壳的混合来源(图4-75)。

硫化物单矿物的$\delta^{34}S$全为正值，介于+1.3‰～+3.1‰之间，峰值集中在+1‰～+4‰，呈塔式分布(张静，2004)，具有岩浆硫源的特点。

原生地球化学异常研究表明，热液晕由内向外的分带为Cu、Mo、Co、Ni(中心带)—Ag、Au、Zn(过渡带)—Pb、As、Cd(边缘带)(简新玲，2004)。元素在横向上的组分分带与纵向上的成矿分带相一致，即成矿流体自西北深部向东南上方运移，相应自矿体倾伏部位向仰起部位的成矿分带为Au—Ag—Pb—Cd。成矿流体的核心(中心带)为高温的基性元素，反映下地壳-地幔的深源特点。

张静(2004)获得银洞坡金矿石绢云母K-Ar等时线年龄为(119.5±3.6)Ma和(171.8±4.9)Ma，赋矿围岩中白云母的K-Ar年龄为(370.9±11.0)Ma和(331.3±6.1)Ma。同时获得围岩中白云母及矿石绢云母$^{40}Ar-^{39}Ar$坪年龄分别为(361.34±7.07)Ma及(142.59±7.07)Ma。江思宏等(2009)获得银洞坡金矿含金石英脉中绢云母$^{40}Ar/^{39}Ar$坪年龄为(373.8±3.2)Ma，矿田东端银洞岭银矿蚀变岩中绢云母$^{40}Ar/^{39}Ar$坪年龄为(377.4±2.6)Ma。白云母和绢云母是本区岩石的主要矿物之一，无法与成矿期绢云母区分，尤其同一地质体的K-Ar法年龄与锆石微区同位素年龄相比存在相当大的偏差。$^{40}Ar/^{39}Ar$坪年龄与锆石微区同位素年龄或辉钼矿Re-Os年龄相比一致性较好，以上$^{40}Ar/^{39}Ar$坪(377.4～331.3)Ma的年龄应代表晚泥盆世—中石炭世的区域变质年龄，(142.59±7.07)Ma的$^{40}Ar/^{39}Ar$坪年龄可能为成矿年龄，即银洞坡金矿的成矿时代可能为早白垩世。

关于矿床的成因笔者归纳为下列几点认识：①赋矿岩石为低角度切层的构造蚀变岩，无热水沉积岩及有关的金属分带，决定其沿断裂热液成矿的属性；②所谓含矿层位即断裂产生于能干性差的含碳质层、云母含量高(粒度相对大)的岩层和岩层能干性差异大的界面，矿体集中分布在背斜倾伏端岩层倾角小的一翼,陡倾角一翼少含有矿体,实质是构造而非层位控矿;③是矿源层中的物质迁移到矿体,还是扩散晕引起地球化学异常,通过异常区的岩石地球化学测量是不能确定存在某几个矿源层的;④热液与成矿元素分带显示深源 Cu、Mo、Co、Ni 组分,与相邻矿区存在大量云斜煌斑岩呼应,指示壳幔作用为成矿流体的起源;⑤根据重(磁)场、遥感环状构造和萤石、重晶石化断裂带的分布,推断矿带深部存在隐伏花岗岩体;⑥流体包裹体和同位素地球化学特征主要显示成矿流体来自岩浆热液的演化;⑦金银铅锌矿带处在朱庄背斜倾伏部位,南、北由二郎坪群地层组成的向斜及早古生代花岗岩体、闪长岩体,以及背斜顶部的韧性剪切带,成为深部含矿流体的阻隔体,朱庄背斜东南扬起地段则无矿化和地球化学异常,正是这种特定的圈闭条件所构成的一定范围的热液聚集带才促成特大型矿床的产出。

综上所述(图 4-76),幔源岩浆活动是 Au、Ag 成矿流体的根源,早白垩世壳内花岗岩活动之后促使成矿流体的运移和贱金属等组分的加入,于褶皱圈闭的热液集聚带,早期脆性共轭逆冲断裂带张开并容矿,形成沿低能干性岩层分布,以硅化-绢云母化碎裂岩和构造角砾岩为赋矿岩石的透镜状、似层状金矿与个别银铅锌矿体。其中相邻矿床铅同位素组成的差异取决于不同时代、不同位置岩浆源区物源的差异。

六、老湾金矿床及成矿模式

老湾金矿位于桐柏县城西北 14km,行政区隶属桐柏县鸿仪河乡。矿区东西长 5km,南北宽 0.8~1km,面积 15.63km²。地理坐标:东经 113°18′1″—113°23′26″,北纬 32°27′20″—32°28′23″。经 2009 年核查,累计探明(333)以上金资源储量 12.92t,估算(334)? 金资源储量 6.45t。目前矿床深部和外围找矿取得了突破进展,金资源储量可望突破 50t。

1. 矿区地质

矿床处在南秦岭褶皱带的北缘。以松扒断裂带为界,南部中—新元古界龟山岩组为金矿床围岩,北部为古元古界秦岭群郭庄岩组和雁岭沟岩组(图 4-98)。龟山岩组根据岩性组合由南向北大致分为上、中、下 3 部分。下部(矿区北部)主要岩性为斜长角闪(片)岩,底部夹薄层及透镜状大理岩,顶部为二云石英片岩薄层及透镜体;出露宽度变化大,最宽 400 余米,约占矿区宽度的 1/2。中部二云石英片岩岩片与斜长角闪(片)岩岩片交织拼贴,呈左行书斜式排列的格局;出露宽度不稳定,为 250~500m。上部(矿区南部)主要由斜长角闪岩和变粒岩组成,底部为二云石英片岩薄层或透镜体;出露宽 100~250m。

老湾二长花岗岩体于矿床南侧近东西走向展布,出露长 23km,宽 0.6~1.8km。岩体倾向南,倾角 50°~60°。北与龟山岩组,南与肖家庙岩组和南湾组呈侵入接触。岩石呈肉红色,似斑状花岗结构,主要矿物成分:钾长石 30%~40%,斜长石 30%~40%,石英 20%~30%,黑云母 5% 左右,副矿物组有磷灰石、磁铁矿、榍石、锆石、角闪石、金红石等。薄片研究表明,主要矿物结晶生成顺序为斜长石—黑云母—钾长石—石英。自岩体中心向边缘分为中—粗粒与中—细粒相带,中心相 SiO_2 含量(73.10%)高于边缘相(66.61%),其他组分均相应减少(马宏卫等,2007)。刘翼飞等(2008)通过 SHRIMP 锆石 U-Pb 测年,确定岩体侵位年龄为 (132.15 ± 2.4)Ma$(n=12,$MSWD$=0.72)$,并存在 1 粒继承锆石的年龄为 (154.1 ± 4.0)Ma。岩体侵位年龄与围山城金银多金属矿带中的梁湾二长花岗岩体一致,继承锆石年龄在误差范围内与南泥湖似斑状二长花岗岩体相同,属相同构造背景的岩浆事件。根据徐晓春(2001)的研究,老湾岩体类似"岩墙扩展作用"快速侵位,侵位深度约为 4km,结晶温度为 780~820℃。按冷却速率 20℃/Ma(潘成荣,1999)计算,熔体自 930℃

第四章 典型矿床及其成矿模式

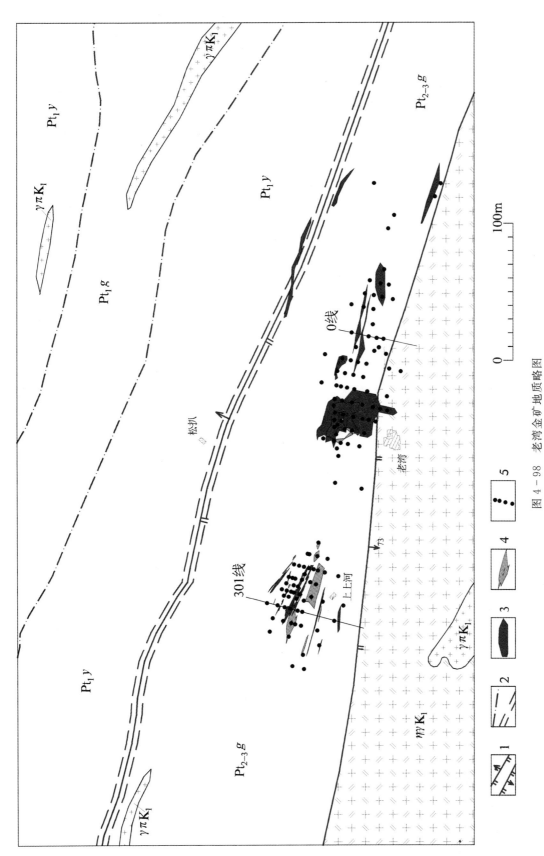

图 4-98 老湾金矿地质略图

Pt_1g. 古元古界秦岭岩群雁岭沟岩组; Pt_1y. 古元古界秦岭岩群郭庄岩组; $Pt_{2-3}g$. 中—新元古界龟山岩组; $\eta\gamma K_1$. 早白垩世二长花岗岩; $\gamma\pi K_1$. 早白垩世花岗斑岩。1. 逆断层及正断层; 2. 韧性剪切带及韧性断层; 3. 出露矿体的水平投影范围; 4. 隐伏矿体的水平投影范围; 5. 钻孔

冷却至800℃约需6.5Ma。谢巧勤等(2000)测定老湾岩体石英、钾长石的$^{40}Ar/^{39}Ar$高温坪年龄为$(108.9\pm0.3)\sim(104.1\pm1.0)$Ma，等时线年龄为$(108.7\pm0.1)\sim(102.8\pm0.1)$Ma。锆石SHRIMP U-Pb年龄与石英-钾长石$^{40}Ar/^{39}Ar$坪年龄相差23~28Ma，按20℃/Ma的冷却速率结晶温度相差460~560℃；若锆石结晶温度为800℃，则石英-钾长石结晶温度为240~340℃，在理论上低于微斜长石结晶温度范围。

花岗斑岩脉和石英斑岩脉分布范围广，其中沿松扒断裂带分布的花岗斑岩脉与金矿体同断裂构造产出，个别花岗斑岩脉的外接触带（矽卡岩）具较强金银矿化，位于松扒村庄附近的一条花岗斑岩脉含有细脉-浸染状钼银矿体，预测钼银资源量均达中型规模，沿松扒断裂带的雁岭沟岩组石墨大理岩钼银矿化十分普遍。

松扒断裂在不同区段分别称为商丹断裂、西官庄-镇平断裂及龟梅断裂，为南、北秦岭褶皱带的分界和老湾金矿床的北界。断裂带由叠加在韧性剪切带之上的一组脆性断层构成，脆性断层走向290°~310°，向北陡倾，倾角70°~85°。沿断裂带秦岭岩群雁岭沟岩组逆冲推覆在龟山岩组之上。

老湾断裂带为矿区南界断裂，由宽20~100m的构造角砾岩带组成。呈北西-南东走向，总体南倾，局部北倾，倾角70°左右。断裂南盘为老湾二长花岗岩，北盘为龟山岩组，沿次级断层的金矿化波及至岩体内侧。

松扒断裂与老湾断裂之间的断裂共分为3组：①走向265°~285°，为糜棱岩层中脆性断裂，部分充填似串珠状闪长玢岩脉，断面呈波状弯曲，延伸稳定，具矿化或构成金矿体。②走向290°~310°，呈波状弯曲的碎裂岩带，倾向及走向上具膨缩现象；一般长度数十米至百余米，宽0.1~3m；为主要控矿构造，其中的矿脉多右行斜列，单矿脉首尾很少重叠，与断层走向夹角15°左右。③走向45°~65°，一般规模小，与第二组构成"X"形共轭裂隙，控制了富矿部位。

2. 矿床特征

矿床分为东部的老湾矿段和西部的上上河矿段，初步圈定35个工业矿体。老湾矿段主要有12个矿体，呈似层状、透镜状或脉状（图4-99）。似层状、透镜状矿体赋存在白云石英片岩中，个别矿体局部围岩为斜长角闪岩；矿体倾向190°~195°，倾角57°~65°；长115~622m，平均厚0.81~1.28m，最厚6.48m；埋藏深度0~197m，垂向延深75~216m，最大斜深57~225m；平均金品位$(2.02\sim9.72)\times10^{-6}$。脉状矿体赋存在斜长角闪（片）岩中，矿体倾向205°~210°，倾角60°~80°；长240~500m，平均厚0.81~1.95m，最厚5.02m；埋藏深度0~197m，垂向延深35~85m，最大斜深45~130m；平均金品位$(4.93\sim6.44)\times10^{-6}$。

上上河矿段主要分布有23个矿体，呈透镜状或脉状切割不同围岩，倾向15°~20°，倾角68°~80°。矿体长50~472m，平均厚0.81~1.84m，垂向延深50~393m，平均金品位$(3.05\sim18.68)\times10^{-6}$。

矿石中金属矿物主要为黄铁矿，含量约5%；次为黄铜矿，含量约0.2%；微量方铅矿、闪锌矿、(砷)黝铜矿、辉铜矿、斜方砷钴矿等；金银矿物为自然金、银金矿、自然银、辉银矿、角银矿；次生矿物为褐铁矿、白铅矿、铜蓝、孔雀石、白钛石、角银矿、锑砷铅矾等。非金属矿物主要有石英、白云母、高岭石，其次为微斜长石、钠长石、条纹长石、更长石、方解石、绿泥石、铁白云石、黑云母、蓝晶石等。

常见矿石结构：自形粒状结构，黄铁矿呈自形立方体、八面体、五角十二面体及立方体与五角十二面体的聚形晶；半自形—他形微细粒结构，含金黄铁矿及少量黄铜矿、毒砂、闪锌矿等硫化物，呈半自形、他形微粒—细粒；交代结构，含金黄铜矿、方铅矿交代黄铁矿，银金矿、辉银矿交代黄铁矿、黄铜矿、方铅矿；碎裂和填隙结构，黄铜矿-黄铁矿-石英细脉沿粗粒黄铁矿裂隙分布；乳滴状结构，黄铜矿呈乳滴状分布在黄铁矿、方铅矿、黝铜矿之中。主要矿石构造：浸染状构造，含金黄铁矿和少

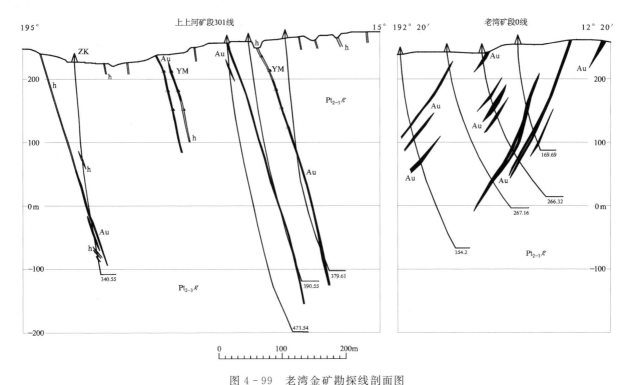

图 4-99 老湾金矿勘探线剖面图

$Pt_{2-3}g$. 中—新元古界龟山岩组；h. 矿化体；Au. 金矿体；ZK. 钻孔；YM. 沿脉坑道

量黄铜矿等金属硫化物稠密浸染状或稀疏浸染状分布；细脉、网脉状构造，含金黄铁矿等硫化物细脉、网脉状分布在矿石中；角砾状构造，金属硫化物与脉石英胶结构造角砾；块状构造，局部硫化物呈块状集合体，主要见于主矿脉与次级薄脉交叉部位，具特高金品位。

矿石自然类型表现为 3 种：一是保留赋矿岩石组构的白云石英片岩型金矿石，二是具有一般热液矿脉特点的构造蚀变岩型矿石，三是石英脉型矿石。后者分布有限，但是发现老湾金矿最初的线索。

谢巧勤等（2001）根据矿石矿物组合将成矿作用分为 3 个阶段：石英-氧化物阶段（Ⅰ），矿物组合主要为石英＋磁铁矿；石英-多金属硫化物阶段（主成矿阶段）（Ⅱ），矿物组合为石英＋黄铁矿＋金＋黄铜矿＋闪锌矿；石英-碳酸盐阶段（Ⅲ），矿物组合为石英＋方解石＋黄铁矿＋金。

围岩蚀变为黄铁绢英岩化、硅化、绢云母化、绿泥石化、碳酸盐化。

3. 矿床成因与成矿模式

陈良（2009）对老湾金矿石英中流体包裹体的研究，获得了 243 件均一温度值，根据直方图划分 3 个成矿阶段的温度分别为：340～420℃、220～340℃、120～220℃。340℃ 以上的测温数据仅占 7%，中温阶段占 52.7%，反映成矿作用主要发生在中低温阶段。根据 172 组冰点温度，计算盐度值（NaCl）分布于 1.57%～14.57% 之间，主要集中于 3%～12% 之间，平均为 7.16%，表现为一低盐度体系。张宗恒（2002）研究给出的成矿流体盐度变化于 1.19%～19.41% 之间，平均为 6.93%。据此按盐-水体系等容线法求得的成矿压力为 67.74～100.30MPa，对应的成矿深度为 2.26～3.34km；平均成矿压力为 81.6MPa，成矿深度为 2.72km。谢巧勤等（2003）的研究表明，流体包裹体液相成分具有富 K^+、Na^+、Cl^-、SO_4^{2-} 的特点，为 $K^+-Na^+-Cl^--SO_4^{2-}$ 体系；气相组分主要为 H_2O，其次为 CO_2。

张宗恒等(2002)、谢巧勤等(2003)分别绘制出老湾花岗岩初始岩浆水和区域中生代大气降水不同水岩比值和温度条件下的 $\delta^{18}O$-δD 演化曲线,成矿流体的 $\delta^{18}O$、δD 数据点显著位于大气降水与岩浆水演化线之间,且第Ⅱ、Ⅲ阶段数据点位置分别靠近岩浆水演化线、大气降水演化线,而与变质水氢氧同位素组成范围相距甚远,表明第Ⅱ阶段成矿流体以岩浆水为主,第Ⅲ阶段以大气降水为主。万守全等(2005)、陈良等(2009)的有关研究一致得出成矿流体属岩浆水与大气降水混合热液的结论。

氦同位素分析表明(谢巧勤等,2001),老湾金矿床的 $^3He/^4He$ 比值为 0.9~4.1Ra(Ra 为大气的 $^3He/^4He$ 比值,为 1.4×10^{-6}),远大于地壳区的比值,表明金矿形成过程中有地幔流体加入,考虑赋矿围岩所产生的放射性 ^4He 的影响,认为成矿时的氦同位素组成更具地幔氦特点。从成矿第Ⅱ阶段至第Ⅲ阶段,由于大气降水比例增大,其与地幔流体的混合导致成矿流体的 $^3He/^4He$ 比值不断减小。

在铅同位素特征(张宗恒等,2002;潘成荣等,2002)上,老湾花岗岩、龟山岩组和金矿石分别有各不相同的铅同位素组成(图4-100)。其中老湾花岗岩(长石和全岩)与矿石铅同位素组成范围紧邻,均处在地幔铅演化线附近,分别向下地壳、造山带铅同位素演化线偏移,反映两者有亲缘关系。龟山岩组不同岩石有不同的铅同位素组成,不存在与老湾花岗岩或矿石有同样铅同位素组成的岩石。

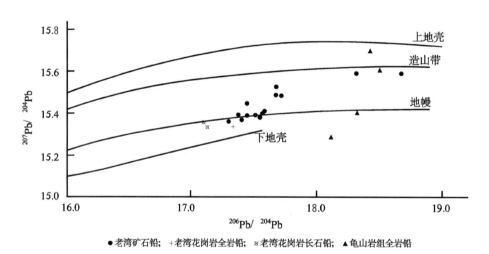

● 老湾矿石铅;　+ 老湾花岗岩全岩铅;　※ 老湾花岗岩长石铅;　▲ 龟山岩组全岩铅

图 4-100　老湾金矿铅同位素构造模式图
(据张宗恒,2002)

除个别样品外,矿石硫化物的 $\delta^{34}S$ 全部为正值,均值为 +4.6‰(张宗恒等,2002)、+3.98‰(陈良等,2009)。矿床硫同位素组成变化较小,并主要以富重硫为特点,具深源岩浆硫的特征,显示硫的来源比较单一,均一化程度比较高。

矿床原生地球化学异常的水平分带(按晕宽由外向内):Au—Sb—As—Ag—Cu—Pb—Zn—Mo(Ni),紧靠矿体出现 Mo、Ni、Co、Sn 异常;轴向分带序列(由上至下):Sb—As—Ag—Au—Cu—Zn—Pb—Ni—Mo(年平国等,1999;马宏卫,2007)。异常元素在空间上的分布与银洞坡金矿相似,具有岩浆热液元素分带序列的特点,显示了高温元素和基性元素与金矿体的亲密关系。

谢巧勤等(2005)对比研究了老湾金矿床、老湾花岗岩体和矿床围岩的稀土元素地球化学特征。矿床石英和黄铁矿的 δ_{Eu}、δ_{Ce}、轻重稀土分异程度,以及稀土元素配分模型均与花岗岩中的石英非常相似,明显不同于赋矿围岩。矿床石英和黄铁矿的稀土元素特征代表了与其平衡的成矿流体的稀土元素特征,而花岗岩石英的稀土元素组成代表了与花岗岩浆平衡的岩浆晚期热液的稀土元素组成,因此成矿流体与岩浆晚期热液中稀土元素有着共同的来源。而矿床石英和黄铁矿的稀土元素平均总量为 13.39×10^{-6},花岗岩中的石英为 6.68×10^{-6};后者稀土元素总量显著低于矿石和花岗岩,表明成矿流体并非来自岩浆分异,只是共同来自岩浆源区(本书观点)。

张冠等(2008)测得老湾金矿的白云母 $^{40}Ar/^{39}Ar$ 坪年龄为 $(138\pm1.4)Ma$;等时线年龄为 $(138.0\pm2.0)Ma(MSWD=0.89)$;存在 $(117.7\pm4.2)Ma$ 和 $(92.7\pm6.4)Ma$ 的 $^{40}Ar/^{39}Ar$ 坪年龄记录。潘成荣等(1999)测得老湾金矿的石英 $^{40}Ar/^{39}Ar$ 年龄为 $(91\pm1.5)Ma$。联系之前老湾花岗岩的侵位[$(132.15\pm2.4)Ma$]和最终结晶年龄[$(102.8\pm0.1)Ma$]的讨论,白云母所代表的韧性剪切带的活动年龄在老湾花岗岩侵入之前,符合岩体侵位(约 4km)之前更深的地质环境。白云母 $(117.7\pm4.2)Ma$ 的热扰动坪年龄可能代表主阶段成矿时代,此时的老湾岩体尚未完全固结。白云母 $(92.7\pm6.4)Ma$ 与石英 $(91\pm1.5)Ma$ 的坪年龄可能是成矿最晚阶段的年龄,其时代偏新,近年来已发表的与小秦岭-伏牛山、桐柏山-大别山花岗岩带有关的成矿年龄均未跨入晚白垩世。

对比老湾金矿与小秦岭、熊耳山地区石英脉-构造蚀变岩中的金矿,成矿前地质构造演化历史迥然不同,而成矿期地质背景和成矿特征雷同。它们同处在早白垩世花岗岩带和大花岗岩基的外侧,同处在壳幔陡变带并同为地幔成矿物质的来源,同样以石英脉、黄铁绢英岩化标记着显著的岩浆热液型矿床特征。因此它们的成矿模式相同,即前白垩纪俯冲山根的消熔导致花岗岩基快速隆升,开放体系下熔融残余的流体和幔源成矿物质在岩浆尚未彻底冷却前于旁侧择寓而居。

第十一节 锑 矿

一、典型矿床及矿床式

河南省的锑矿分布在卢氏南部地区,矿体受控于断裂构造,相邻矿体分别以碎屑岩、碳酸盐岩为围岩,因此不必区分是"碳酸盐岩地层中热液型"还是"碎屑岩中热液型",统称为岩浆热液型,命名为大河沟式。

二、大河沟锑矿床及成矿模式

大河沟锑矿位于卢氏县西南 55km,行政区隶属卢氏县五里川镇和双槐树乡。以往历次勘查工作所命名的矿床相当于矿段,按照 2010 年大河沟锑矿资源储量核查区作为大河沟锑矿区的范围,包括了以往所命名的庆家沟、王庄、大河沟、班子沟和大红沟"矿区",面积 $24km^2$。地理坐标:东经 $110°55'28''—110°59'21''$,北纬 $33°45'32''—33°48'47''$。截至 2009 年底,按矿床自然边界厘定的大河沟锑矿经核查累计探明(333)锑资源储量 $7.60\times10^4 t$。

1. 矿区地质

矿区处在北秦岭基底杂岩带的北缘,朱阳关-夏馆断裂带的西端。自北东向南西,由下而上出露古元古界、中元古界、上三叠统和古近系(图 4-101)。

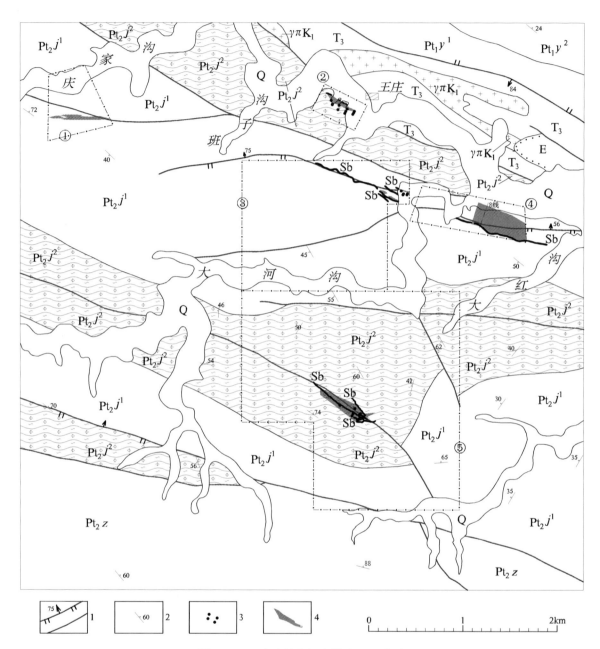

图 4-101 卢氏县大河沟锑矿区地质图

①庆家沟锑矿段；②王庄锑矿段；③班子沟锑矿段；④大河沟锑矿段；⑤大红沟锑矿段。Pt_1y^1. 古元古界秦岭岩群雁岭沟岩组下段；Pt_1y^2. 古元古界秦岭岩群雁岭沟岩组上段；Pt_2z. 中元古界峡河岩群寨根岩组；Pt_2j^1. 中元古界峡河岩群界牌岩组下段；Pt_2j^2. 中元古界峡河岩群界牌岩组上段；T_3. 上三叠统；E. 古近系；Q. 第四系；$\gamma\pi K_1$. 早白垩世花岗斑岩；Sb. 锑矿（化）体。1.逆断层及性质不明断层；2.面理产状；3.钻孔；4.锑矿体水平投影范围

古元古界秦岭岩群雁岭沟岩组：下段，白云石大理岩，夹斜长角闪片岩、变粒岩；上段，阳起石大理岩、黑云母大理岩夹斜长角闪片岩及白色大理岩。

中元古界峡河岩群界牌岩组：下段，白云石英片岩夹斜长角闪片岩及薄层状大理岩；上段，绢云绿泥钙质片岩、白云钙质片岩夹大理岩和斜长角闪片岩。

中元古界峡河岩群寨根岩组：黑云石英片岩、黑云斜长片麻岩、黑云变粒岩夹斜长角闪片岩。

上三叠统：长石石英砂岩、粉砂岩、砂质板岩夹碳质板岩，底部含砾粗砂岩。

古近系：紫红色巨厚层状砾岩、含粗砂岩。

矿区北东部沿断裂带分布长条状花岗斑岩小岩株，边缘分布有细粒花岗岩、侵入角砾岩和花岗细晶岩脉。岩体侵入于上三叠统，被上白垩统—古近系盆地沉积覆盖。从矿区西北部约25km同构造环境蟒岭二长花岗岩[(160.5±1.3)~(158.4±1.8)Ma]和钾长花岗岩[(124.1±2.0)Ma]的LA-ICP-MS锆石U-Pb年龄（秦海鹏等，2012）来看，矿区花岗斑岩的侵入时代可能为早白垩世。

区内较为密集的发育近东西—北西（西）走向高角度逆冲断层，组成朱阳关-夏馆断裂带。主断层分居北东、南西两侧，夹持于矿区中部的界牌岩组挤压收缩变形呈复式褶曲构造。近东西向断层与北西（西）向断层沿走向相接或互为相切，为左行剪切-递进收缩变形体制下的同期断裂系统，其中北西（西）向断层相对发育于晚阶段。分布于锑矿床北东、南西两侧的主断层面分别相向倾向南西（倾角85°）、北东（倾角75°），从区域构造背景来看深部构造面应归并倾向北东，为自北东向南西推覆构造的前缘。矿区中部赋存锑矿体的次级近东西—北西（西）走向断层多向南西陡倾，个别向北东缓倾，倾角变化于35°~88°之间。断层倾角变缓部位，尤其是缓倾部位为赋存锑矿体的部位。以缓倾角断层容矿的大河沟矿段约占矿床1/5的含矿区段，而锑金属资源储量占矿床的58%。

2. 矿床特征

矿体受断裂及裂隙控制，产状与所处断层一致。矿化沿构造走向和沿倾向极不稳定。一般矿化段宽0.3~3m，长80~500m，最长可达700m，沿走向矿化段断续相间出现。矿体厚可达1~5m，最薄0.2m，延伸可达40~60m。矿体中辉锑矿细脉宽1~10cm，最宽可达50cm；长3~5m，最短0.5m，最长15m（图4-102）。

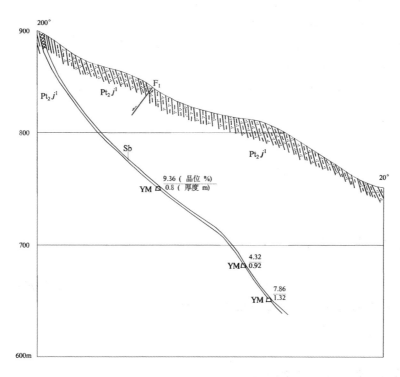

图4-102 大河沟锑矿段第8勘探线地质剖面图

Pt_2j^1. 中元古界界牌岩组下段；YM. 沿脉坑道；Sb. 锑矿体；F_1. 断层及编号

矿物成分：主要金属矿物为辉锑矿，次为黄铁矿，微量辉银矿等，地表（1～3m）氧化为锑华、赤铁矿、褐铁矿。辉锑矿呈铅灰色、银灰色，表面常有淡蓝色，一般呈针状、纤状、长柱状自形晶和放射状集合体，少为半自形粒状，粒径为 0.02～5mm，大者长可达 35mm。辉锑矿在矿石中含量变化大，一般为 4%～8%，最高可达 60%。脉石矿物主要有玉髓状石英、微细粒状石英（20%～60%）、方解石（10%～30%）、重晶石、萤石、砷矿物等，以及不同围岩的相应矿物成分。

矿石结构构造：矿石呈自形—半自形粒状结构，角砾状、网脉状、细脉浸染状和团块状构造。

矿石类型：矿石自然类型可分为块状辉锑矿石、角砾状辉锑矿石、条带状辉锑矿石和浸染状辉锑矿石 4 种类型。

矿石化学成分：矿石中常量元素或氧化物除围岩组分外 SiO_2 含量比较高，伴生微量元素为 Au、As、Cu、Pb、Zn、Ag。其中金多小于 $1×10^{-6}$，个别达 310^{-6}；含银约 $1×10^{-6}$。

矿区所见的蚀变种类繁多，有硅化、黄铁矿化、碳酸盐化、褐铁矿化、重晶石化、萤石化、砷矿化、泥化等，其中与矿化关系密切的为硅化，次为黄铁矿化、碳酸盐化、褐铁矿化。

3. 矿床成因与成矿模式

大河沟矿段及其西侧班子沟矿段石英包裹体测温结果显示，其均一温度分别为 110～230℃ 和 126～288℃。王庄矿段辉锑矿、方解石各 1 件流体包裹体成分分析结果（伏雄等，2012）显示，辉锑矿中流体包裹体成分以 H_2O、CO_2、Ca^{2+}、HCO_3^-、SO_4^{2-} 为主，pH=6.9；方解石中 SO_4^{2-} 降为 0，其他对应成分显著增高，pH=7.4。

硫同位素样品分析结果显示，$\delta^{34}S$ 在 +1.8‰～+2.6‰ 之间变化，平均值为 2.3‰，极差 0.8‰，说明硫来自地壳深部或地幔，具有岩浆热液矿床硫同位素组成特征。

在王庄矿段上三叠统砂岩中见有辉锑矿脉分布，区域上同一锑矿带的西部（陕西小碾子洼锑矿区）见有辉锑矿化的花岗岩脉穿插于三叠纪—侏罗纪地层中，成矿时代可能为早白垩世。

矿床成因可能为与矿区北东侧花岗斑岩体活动有关的中低温岩浆热液矿床。辉锑矿伟晶的形成需要一定岩浆活动时期圈闭的热水环境，矿区所在的推覆构造为锑矿床形成的构造条件。主推覆构造面为导矿构造，与之相交的低序次断层为容矿构造，断层缓倾角部位为热液聚集部位，顶部推覆构造层的存在是圈闭保持热水环境的必备条件。

第十二节　磷　矿

一、典型矿床及矿床式

河南省的磷矿有众多的矿化类型（见第三章第十四节），按现行一般工业指标，以往已勘查的大多数低品位磷矿已从全省查明矿产资源储量表中清除，暂保留的 7 处矿区当前仍无开采价值，唯有辛集式磷矿具有一定综合研究意义。

二、辛集磷矿床及成矿模式

该矿区位于鲁山县城北西 16km，行政区隶属鲁山县观音寺乡，面积 21.47km²。地理坐标：东经 112°56′29″—113°00′22″，北纬 33°47′30″—33°49′38″。1980 年，按边界品位：$P_2O_5 \geq 8\%$；工业品

位:$P_2O_5>10\%$,提交磷矿石 $2266.17×10^4$ t。2010 年,按现行一般工业指标(按边界品位:$P_2O_5 \geqslant 12\%$;工业品位:$P_2O_5>15\%$)核查磷矿石资源储量为 0。

1. 矿区地质

磷矿区处于华北陆块南缘。含磷岩系底板为长城系汝阳群陆缘盆地沉积,出露云梦山组第一段浅紫红色砾岩,第二段灰绿色页岩、紫红色页岩,第三段灰白—灰黄色长石石英砂岩夹粉砂质页岩,第四段浅灰绿色砂质页岩(图 4-103)。

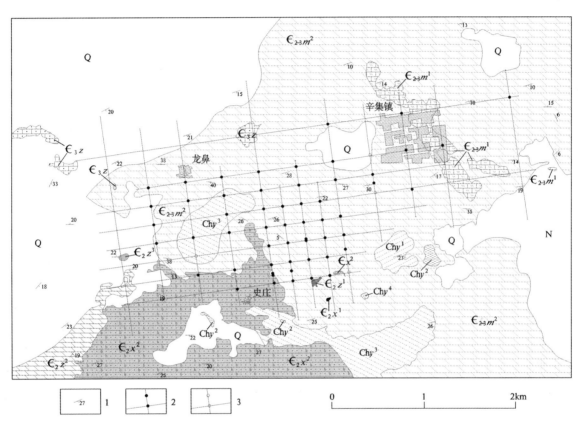

图 4-103 鲁山县辛集磷矿区地质图

Chy^1、Chy^2、Chy^3、Chy^4. 长城系汝阳群云梦山组第一至第四岩性段;ϵ_2x^1、ϵ_2x^2. 中寒武统辛集组第一、二岩性段;ϵ_2z^1、ϵ_2z^2、ϵ_2z^3. 中寒武统朱砂洞组第一至第三岩性段;$\epsilon_{2-3}m^1$、$\epsilon_{2-3}m^2$. 中—上寒武统馒头组第一、二岩性段;ϵ_3z. 上寒武统张夏组;N. 新近系;Q. 第四系。1. 岩层产状;2. 勘探线和见矿钻孔;3. 勘探线和未见矿钻孔

含磷岩系为中寒武统辛集组,厚 14~68m,一般 20~40m,为一套含磷的中—细粒石英砂岩。岩石主要呈砂粒状结构,底部见饼砾状结构,块状、条纹条带状构造。依据含磷多寡和岩性特征,自下而上分为两段 5 层:第一至第四层为辛集组下段,第五层为辛集组上段,由下至上含磷递减。①砾状砂质磷块岩或含磷砾岩:灰及灰绿色,砾石成分主要为砂质磷块岩、含磷砂岩,次有石英岩、石英砂岩、粉砂质页岩等。砾石磨圆度极好,多呈扁平的椭圆状顺层理定向排列,砾石含量 60%~70%,砾径 1~5cm,最大 15cm。本层多呈透镜状,厚 0~0.42m,P_2O_5 含量 3.02%~16.79%,最高 27.20%。②海绿石含磷砂岩:灰白、灰红及灰绿色,厚 0.05~1.98m;P_2O_5 含量 5%~7%,平均 5%。③砂质磷块岩:黑灰色,中厚层状;厚 1~2m,平均 1.47m;P_2O_5 含量 3%~18%,平均 11.48%。④磷砂岩:灰、灰白或灰黄色,薄—中厚层状,具有交错层理;厚度变化较大,一般 5~

15m；P_2O_5 含量 2.90%~5.46%，平均 4%。⑤含磷铁钙质砂岩：淡紫红色或砖红色，粒度较含磷砂岩略粗，颗粒磨圆度较好，胶结较为紧密；厚 14~23m，平均 17.72m；P_2O_5 含量一般小于 1%。

辛集组之上为一套碳酸盐岩台地沉积，依次为中寒武统朱砂洞组、中—上寒武统馒头组和上寒武统张夏组。朱砂洞组分为 3 段：第一段为灰白色白云质结晶灰岩，紫红色角砾状泥质白云质灰岩，白云质石膏岩，白云质硬石膏岩，紫红色含泥砂石膏质白云岩。第二段为含燧石结核白云质灰岩，含燧石结核灰质白云岩。第三段为含燧石结核白云质灰岩，含燧石结核灰质白云岩，橘黄及紫红色薄层状白云质泥质灰岩。

馒头组分为两段：下部第一段含白云质泥质灰岩夹薄层状灰岩，角砾状白云岩；上部第二段大面积出露，岩性为含泥质灰岩夹泥质灰岩。

张夏组零星分布，自下而上岩性为紫红色粉砂质页岩，砂质泥灰岩夹鲕状灰岩；含海绿石粉砂岩，紫红色砂质页岩夹鲕状灰岩；鲕状灰岩夹豆状灰岩，条带状灰岩夹鲕状灰岩。

矿区构造形态为单斜，发育宽缓褶曲。地层总体走向近东西，倾向北（北北西或北北东），倾角一般 10°~35°。脆性断裂较为发育，分为北西-南东走向逆断层和北东-南西走向正断裂，断距均很小。

局部沿两组断裂充填时代不明的中基性岩脉。

2. 矿床特征

含磷层位稳定，矿体呈单层状。钻探控制矿体走向长 4400m，倾向宽 1400m。厚度一般 1~2m，平均 1.47m。矿体倾向北北西—北北东，浅部倾角 25°~30°，深部倾角 10°~20°。矿体 P_2O_5 含量一般 8%~13%，平均 11.48%。

矿石呈黑灰色，矿石矿物为磷酸盐（胶磷矿）；脉石矿物主要为石英，次有少量的长石、海绿石、黄铁矿；微量矿物有绢云母、白云母、锆石、电气石、菱铁矿、燧石等。磷酸盐矿物呈黄褐及黄棕色，总含量占 20%~35%，其中皮壳状微晶磷酸盐占磷酸盐成分的 90%，粒状胶磷矿和胶结物状胶磷矿约占 9%，细小结晶状磷酸盐仅占 1%。矿石呈结核状结构和细粒砂状结构，致密块状构造和条纹（带）状构造。根据矿石组构划分为 3 种矿石类型，即结核状砂质磷块岩、致密块状磷块岩和条纹（带）状磷块岩。

3. 矿床成因与成矿模式

矿床赋存在中寒武统辛集组，含磷岩系为一套含磷的海相陆源碎屑岩建造，成因属海相沉积磷矿床。含磷岩系的分布范围限于华北陆块南缘陆缘盆地，岩相与沉积厚度的变化指示成矿期海水由南东向北西入侵，形成逐渐向内陆迁移的陆棚和滨海浅滩。据卡扎科夫（1937）的研究，此类磷块岩形成于陆棚环境生物堆积和上升洋流作用（图 4-104）。由于气候温暖湿润，浮游生物大量繁殖，吸收来自陆上和海水中的磷质，大量浮游生物遗体的分解成为磷质来源。在上升洋流作用下海水携带 P_2O_5 和生物碎屑于有障壁的滨海陆棚潮间带或潮下带，与来自陆源的砂质在反复的洋流作用下形成富含磷的碎屑层。

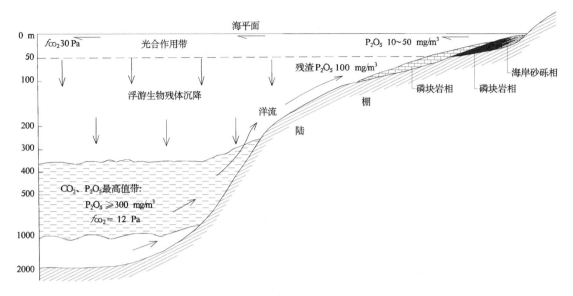

图 4-105 海相沉积磷矿成矿模式图
(据卡扎科夫,1937)

第十三节 硫 矿

一、典型矿床及矿床式

煤系硫铁矿按全国统一命名为阳泉式,与岩浆热液型多金属矿共生硫矿以银家沟(式)矿床为代表。

二、冯封硫铁矿床及成矿模式

该矿区位于焦作市西 10km,属中站区冯封村,面积 6.80km²。地理坐标:东经 113°08′15″—113°09′22″,北纬 35°12′30″—35°15′25″。累计查明(333)以上硫铁矿石资源储量 $5255.12×10^4$ t,其中 $4791.35×10^4$ t 已被中站区沿山工业聚集区压覆。

1. 矿区地质

该区处在南太行山山前,自北西向南东出露中奥陶统灰岩、上石炭统本溪组和下二叠统太原组,中二叠统山西组及中二叠统下石盒子组伏于第四系下(图 4-105)。硫铁矿赋存于本溪组,地层厚 6.33~57.15m,一般厚度为 15m。硫铁矿层上部分布有一$_2$、一$_5$、二$_1$ 煤层。岩层呈单斜构造,走向 50°,倾向 140°,倾角 10°~12°。矿区内发育 8 条高角度正断层,走向 50°,倾向北西或南东,倾角 65°以上,构成地堑和地垒构造。

图 4-105 焦作市冯封硫铁矿区地质图

O_2m.中奥陶统马家沟组;$O_{2-3}f$.中一上奥陶统峰峰组;C_2b.上石炭统本溪组;P_1t.下二叠统太原组;Q.第四系。1.实测及推测断层;2.硫铁矿体水平投影范围;3.采空区;4.见硫铁矿钻孔;5.未见硫铁矿钻孔

2. 矿床特征

矿体赋存在本溪组底部深灰色黏土岩中,共有 A_1^a、A_2^a 两层似层状矿体,上、下间距一般为 1.5~3.0m(图 4-106)。下层矿厚度大,品位高,多为富矿;上层矿厚度相对较小,品位低,贫矿较多,多不可采。两矿层总体长 4000m,宽 1900m;走向 40°~80°,倾向南东,倾角约 11°。受古地貌控制,矿层由密集、断续的透镜体组成,断面为豆荚状;间断部分多为黏土页岩,或为含硫铁矿品位较低的黏土页岩。

A_1^a 矿层(下层矿):底板为凸凹不平的奥陶系石灰岩,顶板为黏土质页岩。厚度变化在 0~12.09m 之间,平均厚 1.96m。含硫品位在 0~36.2% 之间,平均品位 17.56%,较上矿层品位高。

A_2^a 矿层(上层矿):顶底板均为黏土质页岩,厚度一般在 0~2.71m 之间,平均厚 1.17m。硫品位在 12%~18% 之间,平均品位 15.03%。矿层厚度变化不大,但含硫品位较低,造成工业矿体、低

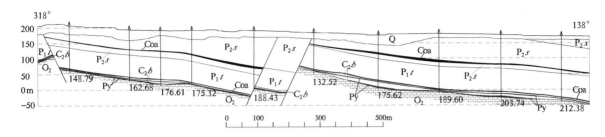

图 4-106 焦作市冯封硫铁矿区第 2 勘探线剖面图

O_2. 中奥陶统灰岩;C_2b. 上石炭统本溪组;P_1t. 下二叠统太原组;P_2s. 中二叠统山西组;P_2x. 中二叠统下石盒子组;Q. 第四系;Coa. 煤层;Py. 硫铁矿体

品位矿体和暂不能经济利用的矿化体相间出现,厚度与品位变化无明显规律。

矿石中矿物成分简单,含硫矿物主要为黄铁矿,少量为白铁矿;脉石矿物主要为黏土矿物、绢云母,少量水铝石、绿泥石、碳质物、石膏、方解石和石英等。矿石结构以浸染状为主,结核状次之;下层中黄铁矿石粒度较粗,上层黄铁矿多为细晶。呈致密块状构造或条带状构造。黄铁矿氧化后形成褐铁矿和赤铁矿。

3. 矿床成因与成矿模式

所谓煤系沉积硫铁矿指黄铁矿层赋存在煤系地层中,其黄铁矿呈粗粒自形晶,切割地层页理,并非沉积形成,是在煤层形成之前的腐殖物和泥沼的作用下,酸性溶液向下淋滤,造成含铝岩系的脱硅袪铁,向下还原生成的黄铁矿层。两层硫铁矿的成矿时期可能分别对应一、二煤层沉积之时,为早、中二叠世,相对含矿地层上石炭统本溪组是后生的。硫铁矿体如完全氧化则形成山西式褐铁矿层。

三、银家沟硫多金属矿床及成矿模式

1. 矿区地质

该矿区行政隶属灵宝市朱阳镇,东北距灵宝火车站 64km,西北距朱阳镇 21km。矿区面积 $6.21km^2$。地理坐标:东经 $110°47'30''—110°49'22''$,北纬 $34°11'10''—34°12'55''$。银家沟矿床以硫铁矿为主,累计查明(333)以上硫铁矿石资源储量 $4464.08×10^4t$(含低品位硫铁矿石 $167.51×10^4t$),铅金属储量 $1.42×10^4t$,锌金属储量 $0.14×10^4t$;共生铅 $0.15×10^4t$,褐铁矿石 $1.77×10^4t$,菱铁矿石 $0.13×10^4t$,钼 $0.06×10^4t$;伴生铜、金、银等可忽略不计。

矿床处在华北陆块南缘小秦岭-崤山片麻岩穹隆(短轴背斜)南侧的复式向斜中。出露地层为蓟县系官道口群巡检司组及龙家园组含燧石条带白云岩,为一套浅海相硅镁质碳酸盐岩建造(图 4-107)。龙家园组分 5 个岩性段,均为白云岩,主要以颜色、结构构造和厚度不同加以区分。巡检司组分 3 个岩性段,主要为厚层燧石条带白云岩,底部以薄层底砾岩和黄色页岩作为与龙家园组分界的标志。

矿区所在的卢氏县西部地区主要沿北东与近东西走向断裂带交叉部位分布花岗质小岩体,岩浆活动相对周围花岗岩基出露区较弱且剥蚀深度小。银家沟矿床受控于复式小岩体,先后侵入或相变的岩性有钾长花岗斑岩、黑云二长花岗斑岩、二长花岗斑岩、石英闪长岩斑岩及侵入角砾岩。

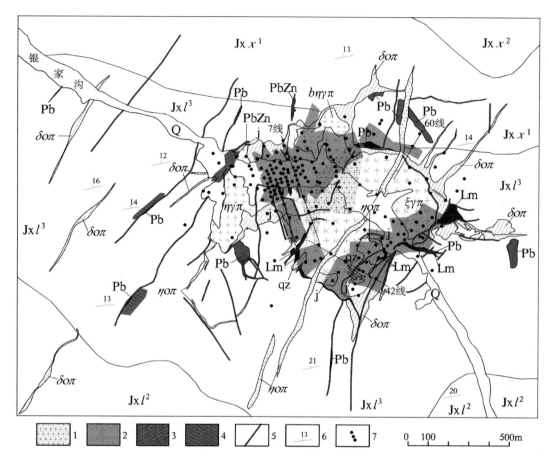

图 4-107 灵宝市银家沟硫铁矿区地质图

Jxl²、Jxl³. 蓟县系龙家园组第二、三段；Jxx¹、Jxx². 蓟县系巡检司组第一、二段；Q. 第四系；$\xi\gamma\pi$. 钾长花岗斑岩；$\eta\gamma\pi$. 二长花岗斑岩；$b\eta\gamma\pi$. 黑云母二长花岗斑岩；$\delta o\pi$. 石英闪长斑岩；$\eta o\pi$. 石英二长斑岩；J. 侵入角砾岩；Pb. 铅矿体；PbZn. 铅锌矿体；Lm. 铁帽；qz. 次生石英岩。1.钼矿体水平投影范围；2.硫铁矿体水平投影范围；3.铅锌矿体水平投影范围；4.铅矿体水平投影范围；5.断层；6.岩层产状；7.钻孔

其中主体为花岗斑岩,花岗斑岩体外侧环状、放射状和沿北东走向断裂分布的石英闪长岩斑岩与成矿最为密切。复式岩体形状不规则,东西长 1150m,南北宽 500~600m,面积约 0.6km²。岩体与围岩呈侵入接触或断层接触,西南部和东北部见大量岩枝,多数沿北北东向延伸,部分近东西向延伸。岩体四周均向内倾斜,东、西两侧接触带倾角约 82°,西北侧倾角 72°,深部倾角约 65°。地表沿岩体与围岩接触带多有铁帽分布。

中部钾长花岗斑岩呈斑状结构,斑晶主要为钾长石和石英,少量斜长石和黑云母,斑晶含量约占岩石总量的 40%。钾长石主要为透长石,呈自形—半自形板状,大小(0.2×0.4)~(1.2×2)mm,含量约 25%;斜长石半自形板状,大小(0.4×0.6)~(0.8×2)mm,含量 5%,大多绢云母化,隐约可见聚片双晶;石英他形粒状,大小 0.4~2mm,含量约 9%,熔蚀现象明显;黑云母半自形—自形片状,大小 0.1~0.4mm,含量约 1%,多发生白云母化,并伴随铁质矿物的析出。基质具隐晶质结构,主要由长英质矿物组成,含量约 60%。副矿物主要为金红石和锆石,其次为榍石和磷灰石(李铁刚等,2013)。在平面上,复式岩体中心 SiO_2 含量较高(70%~75%),边部 SiO_2 含量稍低(65%~70%),过渡为斑晶细小、基质隐晶结构的石英闪长斑岩。在垂向上,钾长花岗斑岩向深部中性斜长石及黑云母增多,石英、钾长石减少,斑晶粒度变小。胡浩等(2011)测定的洛南—卢氏地区与铁铜多金属矿床有关的中酸性侵入岩 LA-ICP-MS 锆石 U-Pb 年龄,包括夜长坪钾长花岗斑岩、后瑶峪钾长花岗斑岩、柳关钾长花岗斑岩、圪老湾钾长花岗斑岩和蒲阵沟石英闪长岩等,侵位时代介于 158~131Ma 之间。李铁刚等(2013)通过银家沟岩体二长花岗岩、钾长花岗岩和花岗闪长岩中锆石 SHRIMP U-Pb 定年,其二长花岗斑岩、钾长花岗斑岩和花岗闪长斑岩的侵位年龄分别为(147.5±2.1)Ma、(147.8±1.6)Ma 和 (142.0±2.0)Ma,为晚侏罗世—早白垩世的产物。

矿区基本构造表现为复式向斜中的宽缓褶曲,主要发育北北东—北东向断裂,次为近东西向断裂。北北东—北东向断裂为控矿控岩构造,走向 20°~45°,倾向西北,倾角 60°~80°;构造岩石为碎裂岩和构造角砾岩,见挤压透镜体,断层旁侧发育破劈理带,属于沿左行剪切面发育的正断层。近东西向断裂走向 290°,北倾,倾角 55°~60°;断面参差不齐,角砾多具棱角和杂乱分布,砾径 0.4~20cm,见圆化的早期角砾和平行断面的破劈理带,可能为继承逆断层发育的正断层。

2. 矿床特征

银家沟矿床圈出主要硫铁矿体 7 个,形态复杂多变,长 100~500m,倾斜深 230~770m,厚 2.5~47.81m。其中 Ⅰ、Ⅲ 号为主矿体,走向延伸 450~500m,斜深 500~700m,储量占总量的 77.3%。7 个矿体中,Ⅰ、Ⅱ、Ⅲ、Ⅵ 和 Ⅴ 号产于岩体与白云岩的接触带中,Ⅳ 和 Ⅶ 号矿体产在岩体内接触带。在成矿分带上,自岩体中心向外依次为钼、硫、铁、锌、铅,其中菱铁矿产于岩体与围岩接触面上;垂向上约 950m 标高之上为氧化带及褐铁矿,原生成矿分带不明显(图 4-108)。

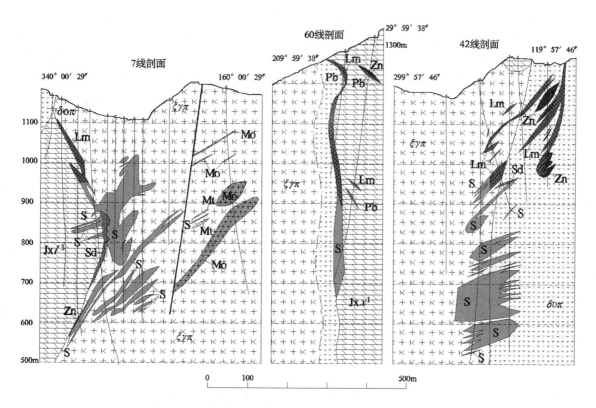

图 4-108 银家沟硫铁多金属矿区 7、60、42 勘探线剖面图

$Jx.x^1$. 蓟县系巡检司组第一段;$\xi\gamma\pi$. 钾长花岗斑岩;$\delta o\pi$. 石英闪长斑岩;Pb. 铅矿体;Zn. 锌矿体;Sd. 菱铁矿体;S. 硫铁矿体;Mt. 磁铁矿体;Mo. 钼矿体;Lm. 铁帽(褐铁矿体)

矿石矿物达 50 余种,其中金属矿物 31 种。主要原生金属矿物为黄铁矿、磁铁矿、黄铜矿、斑铜

矿、辉钼矿、方铅矿和闪锌矿。脉石矿物主要有石英、绢云母、白云石、蛇纹石和滑石等。矿石结构主要有半自形、他形粒状结构，交代残余结构；浸染状、团块状、角砾状和脉状构造等。矿石类型主要为黄铁矿矿石、黄铁矿-菱铁矿矿石、辉钼矿矿石、铅锌矿石和褐铁矿矿石等。

主要围岩蚀变为钾化、硅化、黄铁绢云岩化和泥化，次为菱镁矿化、碳酸盐化、矽卡岩化。

3. 矿床成因与成矿模式

根据武广等(2013)的研究，银家沟矿床的流体包裹分为3种类型：气液两相水溶液包裹体、含CO_2三相包裹体和含子矿物多相包裹体。钾长花岗斑岩石英斑晶中流体包裹体均一温度介于341～550℃之间，盐度介于0.4%～44.0% $NaCl_{eqv}$之间，属$H_2O-NaCl-CO_2$体系；脉状石英-辉钼矿阶段流体包裹体均一温度介于382～416℃之间，盐度介于3.6%～40.8% $NaCl_{eqv}$之间，属$H_2O-NaCl$体系；石英-方解石-黄铁矿-黄铜矿-斑铜矿-闪锌矿阶段流体包裹体均一温度介于318～436℃之间，盐度介于5.6%～42.4% $NaCl_{eqv}$之间，属$H_2O-NaCl$体系；网脉状石英-辉钼矿阶段流体包裹体均一温度介于321～411℃之间，盐度介于6.3%～16.4% $NaCl_{eqv}$之间，属$H_2O-NaCl$体系；石英-绢云母-黄铁矿阶段流体包裹体均一温度介于326～419℃之间，盐度介于4.7%～49.4% $NaCl_{eqv}$之间，属$H_2O-NaCl$体系。银家沟矿床成矿流体主要为高温、高盐度流体，总体上属于$H_2O-NaCl\pm CO_2$体系。

武广等(2013)研究认为，成矿热液的$\delta^{18}O_{H_2O}$值为4.0‰～8.6‰，δD_{V-SNOW}值为-64‰～-52‰，表明成矿流体来自岩浆水；矿石金属硫化物的$\delta^{34}S_{V-CDT}$介于-0.2‰～6.3‰之间，平均为1.6‰，具深源硫特征，硫主要来自分异很差的由火成物质组成的下地壳，官道口群白云岩亦提供了部分重硫；矿床金属硫化物的$^{206}Pb/^{204}Pb$值介于17.331～18.043之间，$^{207}Pb/^{204}Pb$值变化于15.444～15.575之间，$^{208}Pb/^{204}Pb$值变化于37.783～38.236之间，总体上与银家沟岩体的铅同位素范围一致，暗示铅主要来自矿区内的燕山期中酸性岩体，地层在成矿过程中亦提供了少量物质。

武广等(2013)选取5件接触带中矽卡岩型钼矿体的辉钼矿样品进行Re-Os同位素定年，获得(143.7±2.3)～(142.9±2.1)Ma的模式年龄，加权平均值为(143.4±0.9)Ma(MSWD=0.071)，等时线年龄为(140.0±18.0)Ma(2σ,MSWD=0.095)。1件硅化、绢云母化、黄铁矿化、辉钼矿化钾长花岗斑岩中的绢云母获得$^{40}Ar-^{39}Ar$坪年龄为(143.6±1.4)Ma，等时线年龄为(143.0±2.0)Ma(MSWD=0.13)。银家沟岩体的侵位年龄为147.5～142.0Ma，成矿在岩体侵位之后，所取得成矿年龄与地质产状相符，即成矿时代为早白垩世初期。

银家沟矿床成矿元素的分带符合与花岗斑岩有关的多金属矿床通常的分带规律，矿床和矿体的地质产状清晰指示为斑岩-矽卡岩型硫多金属矿。成矿流体应来自岩浆期末源区熔融残余的物质，岩浆侵位之后的地壳均衡调整，促使成矿流体沿岩浆侵入通道被挤出，并透过尚未固结的岩体运移，多期次的流体沸腾作用是矿质沉淀的主要机制，高温钼元素主要呈浸染状晶出于岩体内部，菱铁矿形成于岩体与碳酸盐的接触交代作用，中高温硫锌矿分布在岩体内外接触带，中低温铅矿体则分布于岩体外接触带相对远的部位。

第十四节　重晶石

一、典型矿床及矿床式

与块状硫化物矿床共生的重晶石不再单独划分出重晶石矿床类型，归为（岩浆）热液型，以大池山(式)重晶石矿床为代表。

二、大池山重晶石矿床及成矿模式

大池山重晶石矿位于卫辉市大池山乡境内,面积约 $1.86km^2$。地理坐标:东经 $113°55'53''$—$113°57'29''$,北纬 $35°35'13''$—$35°36'57''$。

1. 矿区地质

矿床处在南太行山隆起区的东南缘。分布上寒武统—中奥陶统一套碳酸盐岩地层(图 4-109)。出露大池山角闪石英二长斑岩岩体,面积 $0.7km^2$。岩石灰白色,斑状结构,斑晶以透长石为主,更钠长石、角闪石次之;基质微粒花岗结构,块状构造。发育早期北西、近南北走向断层与晚期北东、近东西走向断层。

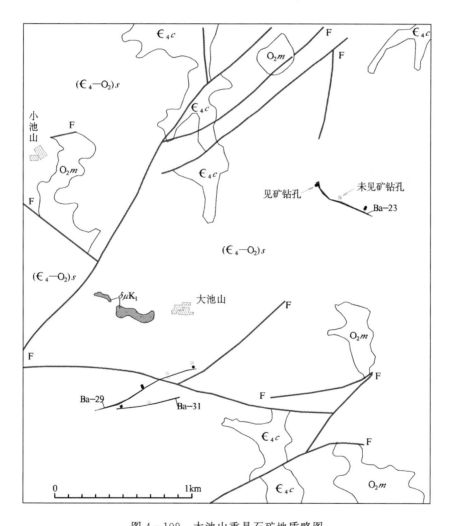

图 4-109 大池山重晶石矿地质略图

$\epsilon_4 c$. 上寒武统炒米店组;$(\epsilon_4—O_2)s$. 上寒武统—中奥陶统三山子组;$O_2 m$. 中奥陶统马家沟组;$\delta\mu K_1$. 早白垩世角闪石英二长斑岩;F. 断层;Ba-23. 重晶石矿脉及编号

2. 矿床特征

矿体呈脉状或透镜状赋存于断层中,围岩为上寒武统—中奥陶统白云岩、鲕状灰岩、条带状灰岩和竹叶状灰岩等。分布Ba-23号、Ba-29号和Ba-31号3条重晶石矿脉,其中共圈定16个矿体。矿体规模通常很小,倾角近于直立。长度一般16~50m,最长550m;厚度一般小于1m,最厚5.93m;延伸一般25~50m,最大延伸150m。

Ba-23号矿脉走向300°~350°,倾向北东,倾角约89°。矿脉长约600m,埋深0~80m。其中圈定7个矿体,矿体厚0.33~0.99m,平均品位19.14%~65.46%。

Ba-29号矿脉北东走向,倾向北西,倾角约85°。矿脉长约900m,埋深0~108m。圈定3个矿体,厚0.28~1.34m,平均品位12.03%~48.99%。

Ba-31号矿脉近东西走向,倾向北北东,倾角约89°。矿脉长约1300m,埋深0~72m。圈定6个矿体,厚0.25~1.78m,平均品位11.28%~51.91%。

矿石矿物成分主要为重晶石和石英,其次为方解石,局部含少量萤石。在矿体厚度大的部位石英含量一般在2%左右,矿体尖灭或厚度明显变小部位石英的含量较高,局部达90%。矿石一般呈不等粒镶嵌结构,块状构造,局部角砾状构造。矿体中部重晶石结晶粗大,常呈板状或长条状自形晶粒,大者直径2~4cm,晶隙中分布粒径0.05~0.4mm的石英和粒径0.19~1.5mm的方解石,晚期细粒方解石穿切重晶石晶体。

围岩蚀变主要有重晶石化、硅化和方解石化。

3. 矿床成因与成矿模式

大池山等重晶石矿的勘查和研究程度很低,众多重晶石矿点均表现为细脉状、透镜状沿断裂带的热液充填特征,具有长城系—奥陶系不同岩性的围岩,无任何证据表明成矿与围岩有任何关系。在构造背景上,有关重晶石矿(点)均分布在华北盆地周缘的断裂中,成矿时代可能略晚于安林地区的矽卡岩型铁矿,属于与早白垩世幔源岩浆活动有关的岩浆演化晚期的远程岩浆热液矿床。

第十五节 萤 石

一、典型矿床及矿床式

河南省的萤石矿均为岩浆热液型,以尖山萤石矿床为代表,命名为尖山式。

二、尖山萤石矿床及成矿模式

尖山矿区位于信阳市北西约45km,行政区隶属平桥区邢集镇。矿区面积8.8km^2。地理坐标:东经113°42′02″—113°48′35″,北纬32°33′02″—32°34′21″。累计查明(111b)萤石矿石储量331.2×10^{4}t,矿物(CaF$_2$)量22.38×10^{4}t。查明萤石储量已于2003年枯竭,目前仍处在残采状态,年产矿石保持在6×10^{4}t以上。

1. 矿区地质

矿区处在北秦岭与华北陆块的结合部位，斜切华北陆块与秦岭造山带的早白垩世岩陆内浆弧中。出露地层为青白口纪—奥陶纪宽坪岩群一套中级变质的片岩，岩性为石英云母片岩夹薄层大理岩和石英岩，以及斜长角闪片岩、含榴黑云斜长片岩、含榴石英云母片岩夹大理岩等（图4-110）。

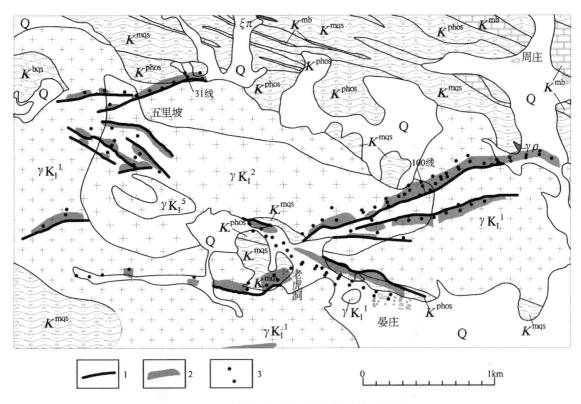

图4-110 信阳市平桥区尖山萤石矿区地质图

K^{mqs}.宽坪岩群二云石英片岩；K^{bqs}.宽坪岩群黑云石英片岩；K^{phos}.宽坪岩群斜长角闪片岩；K^{mb}.宽坪岩群大理岩；γK_1^1.早白垩世第1次细粒黑云母花岗岩；γK_1^2.早白垩世第2次中细粒黑云母花岗岩；γK_1^5.早白垩世第5次细粒黑云母花岗岩；$\gamma\rho$.花岗伟晶岩。1.断层和萤石矿脉；2.矿体水平投影范围；3.钻孔

天目山-老寨山复式花岗岩体呈北东走向展布，出露面积约40km²。从早到晚划分为5次脉动侵入活动，岩性分别为细粒黑云母花岗岩、中细粒黑云母花岗岩、粗中粒黑云母花岗岩、斑状细粒黑云母花岗岩。岩石呈浅肉红色，细粒—中粗粒花岗结构（等粒—连续不等粒结构），似斑状结构，块状构造。矿物组成及基本特征为：细粒—中粗粒花岗岩中碱性长石20%～45%，斜长石20%～40%，石英20%～30%，黑云母<5%；似斑状花岗岩中斑晶为碱性长石，占10%～45%；基质为碱性长石（35%～40%）、斜长石（30%～35%）、石英（30%）、黑云母（<2%），占55%～90%。副矿物有磁铁矿、锆石、榍石、钛铁矿等（曾宪友等，2010）。尖山萤石矿区处在复式花岗岩体的东北部，出露第1、2、5次侵入体。

主要发育北西、北东走向高角度（70°～80°）正断层，构造岩石一般表现为大小悬殊的构造角砾岩，硅质和萤石脉充填。断裂带长1～4km，宽5～20m，垂直断距一般在50m左右，最大为115m。

2. 矿床特征

矿床东、西分为老虎洞矿段及五里坡矿段，共有36个萤石矿体。矿体总体呈脉状，局部透镜状,具分枝复合现象;受控于北西、北东走向断层,倾角70°~80°(图4-111)。矿体长185~1840m,单工程厚度0.20~7.10m,平均厚0.68~2.22m;倾向延深33~280m,垂向延深30~259m;单工程 CaF_2 品位21.72%~97.30%,平均品位59.10%~81.02%。矿体长度远大于倾向延深,长度是斜宽的2~15倍。厚度与品位呈正相关,厚大富矿部位出现在断层转折或分枝部位。

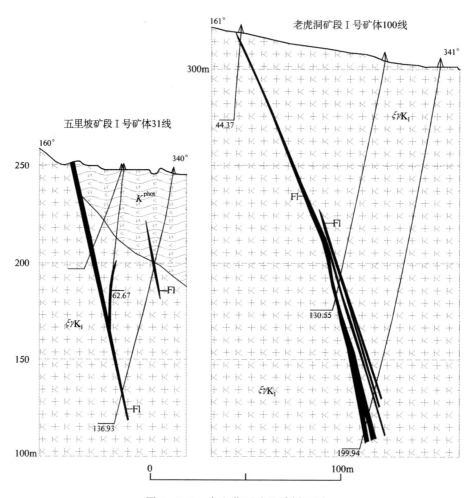

图4-111 尖山萤石矿地质剖面图

$\xi\gamma K_1$.早白垩世黑云母花岗岩;K^{phos}.宽坪岩群斜长角闪片岩;Fl.萤石矿体

矿石呈紫色和绿色,主要由萤石、石英组成,偶见玉髓。矿体尖灭部位萤石-石英-方解石组合。矿石结构主要为萤石和石英的半自形—他形晶粒结构,少见粗大自形萤石晶体;块状、角砾状、网格状及条带状、晶腺状构造。

矿体顶底板围岩均受强烈蚀变,蚀变范围一般为数十厘米到几米,蚀变种类随围岩岩性不同而异。围岩为花岗岩时主要具硅化、绢云母化,次为高岭石化等;角闪片岩主要受到硅化、绿泥石化。

矿床周围与萤石矿共生钼矿脉和铅、锌、银金矿脉。钼矿化见于两次岩体侵入接触部位或岩体中硅化断裂带,局部同体共生于萤石矿体的上盘,表现为花岗岩中浸染状钼矿化或含辉钼矿石英脉。铅矿体与萤石矿异体或同体共生,异体共生的铅矿体主要分布在岩体边缘和外围,主要由单一的方铅矿组成;同体共生的银金铅矿脉呈薄脉状穿插萤石矿,具有特高银、金品位。局部锌矿体与萤石矿同体共生,表现浅色透明的低温闪锌矿,为极少见的浅绿色或微带黄的白色,亦具特高银、金品位。

3. 矿床成因与成矿模式

萤石矿体受控于切割天目山复式花岗岩基及围岩的高角度脆性断裂，与之共生钼、铅、锌、银金矿化，反映成矿流体从高温向低温的演化。区域上萤石矿的分布与花岗岩基形影不离，天目山花岗岩体具有含水矿物（黑云母）和氟磷灰石副矿物，一般认为萤石矿的形成与早白垩世花岗岩浆侵入活动有成因联系。而成矿发生在岩体固结后的断裂中，流体来源不大可能是通常理解的岩浆分泌或岩浆热核促成的岩浆期后热液。即流体和成矿物质为伸展环境之开放体系下岩浆源区熔融终端的产物，在早期岩体固结之后，沿深断裂带远程运移，形成低温萤石矿床及更晚阶段的低温铅锌银金矿体。

第五章　成矿区带及矿集区划分

第一节　划分依据

一、成矿区带的概念与划分依据

1. 基本概念

成矿区带即成矿地质单元，往往受控于多个阶段的大地构造演化，是按照成矿规律对成矿区域、地带的综合划分。成矿区带通常划分为 5 级：Ⅰ级，成矿域；Ⅱ级，成矿省；Ⅲ级，成矿区（带）；Ⅳ级，成矿亚区（亚带）；Ⅴ级，矿田（Ⅴ级成矿带）。

2. 划分原则

一定构造阶段、一定的大地构造单元与相环境控制着一定成矿类型的矿产，而大地构造区划突出的是一定构造演化阶段中的优势相，因此又不能完全刻画成矿的主导因素及范围。一般地，大地构造分区中的板块、相系对应成矿域、成矿省，大相、相、亚相，与Ⅲ、Ⅳ、Ⅴ级成矿单元不完全对应。

在一定大地构造演化阶段，Ⅲ级成矿区（带）主要依据矿床成矿系列的范围进行划定。然而，不同大地构造演化阶段的成矿系列在不同地区有不同程度的重叠，甚至不同构造域主导的矿产相互交错；因此，需要综合考虑成矿系列的叠置关系，主导的大地构造大相、相，以及控制不同时空矿产分布的边界断裂等进行综合划分。即在各个构造阶段、不同级别的大地构造边界中，综合找出分割不同时代、不同成因类型和不同矿床群体的相应界线。在Ⅲ级成矿区带划分时尽可能保持各个成矿系列分布范围的完整，当不同成矿系列分布范围出现重叠或交叉时按主要矿种成矿系列分布范围进行区划。

在Ⅲ级成矿区（带）中按照相似而相对独立的控矿构造单元划分Ⅳ级成矿区（带），或按照矿床成矿亚系列的范围进行划分。无论Ⅲ级或Ⅳ级成矿单元的界线，均是区分相邻地区成矿差别的界线；某个构造旋回的成矿系列、成矿亚系列范围如果很大，难免会出现被分割的情况。

Ⅴ级成矿单元按照矿田构造格架、赋矿建造、保存矿床的大型构造等进行划分。分为 2 种情况：矿化普遍的地区，Ⅴ级成矿区（带）的区划全覆盖，对其中暂无依据推断可能存在任何矿产的区域，只命名大地构造单元名称，不冠名Ⅴ级成矿单元名称；矿化分布局限的地区或覆盖区中大部分地区无依据推断可能有矿产存在，仅在其中局部圈定Ⅴ级成矿单元。不同构造阶段的不同矿田受控于不同建造构造，因此Ⅴ级成矿单元的范围可以交叉和重叠。

在各级成矿区带划分过程中，综合考虑相应尺度的地球物理场、地球化学场，或者自然重砂和遥感异常。

3. 主要边界线和相关问题的处理

在河南省成矿区带划分过程中主要边界线和相关问题的处理考虑以下几个方面：

(1) 栾川-明港断裂在晚三叠世之前为华北陆块与秦岭弧盆系的分界，尽管早白垩世的陆内岩浆活动和矿产分布不遵守这一界线，仍将其作为华北成矿省与秦岭-大别成矿省的界线。该断裂在明港以东没入中—新生代沉积盆地，应转接盆地南缘断裂作为Ⅱ级成矿区带界线，因为盆缘断裂以南的地质构造单元主要属于北秦岭，且白垩纪火山成矿作用与岩浆成矿作用密不可分，宜将与陆相火山作用有关的矿产划入大别成矿省。

(2) 三门峡-鲁山断裂带即是现今地理上秦岭的北界，也是中生代陆内造山带的北界；西南侧主要分布金、钼钨等中生代岩浆热液矿产，是真正意义上的华北陆块南缘；北东侧主要分布煤、铝等沉积矿产和沉积变质铁矿产，属于华北陆块内部；应将此断裂作为Ⅲ级成矿区带界线，划分两侧分别为华北陆块南缘成矿带及华北陆块南部成矿区。

(3) 三门峡东部的岱嵋山地区处于秦岭和太行山的过渡部位，矿产分布特点主要与郑州西南的嵩山—箕山地区一致，同为重要的铝煤成矿区，宜归为华北陆块南部成矿区。而济源盆地北东的太行山区除分布具有华北陆块南部属性的煤、铁矿产外，在大地构造上还属于长城纪燕辽裂谷和早白垩世太行山岩浆弧，以分布邯邢式铁矿为特点，应划分出太行山成矿带。

(4) 济源-黄口断陷盆地归为华北中—新生代沉积盆地，按盆地边缘断裂划分出华北成矿区，以南的盆岭区归为华北陆块南部成矿区。

(5) 豫东北东走向白垩纪隆起带(岩浆弧)具有与太行山一致的邯邢式铁成矿带，应划分出豫东成矿带或归入鲁西铁铜等成矿区。

(6) 淅川蓝片岩带与桐柏-大别高压—超高压变质带在变质建造和矿产分布特点上迥然不同南、北两侧，应作为分隔东秦岭的成矿带。

(7) 淅川断裂以南的寒武系—石炭系岩片在地层和成矿特点上与扬子陆块周缘一致，单独划分为成矿区。

(8) Ⅳ级成矿亚区带的区划按照分划性断裂、盆岭构造、不同构造变形-岩浆活动区成矿特征的差异等进行划分，在沉积盆地中按照隆起与凹陷带进行划分。

二、矿集区的概念与划分依据

1. 基本概念

矿集区即矿产密集分布的地区，通常由某种成矿因素造成矿床的集群分布，在一定成矿阶段、一定范围内形成一系列成矿特征相似矿产，往往其中不乏大型规模以上的矿床；或者不同构造演化阶段的矿产出现在同一地区，造成不同成因类型、多种矿产的密集分布。

2. 划分原则

矿集区的划分不受成矿区带限制，以成矿地质体和综合异常划定边界，界定时遵循最小的范围、最大成矿远景的原则。确立为矿集区要符合一定条件：已查明资源量在国民经济中占有重要地位，往往是国内知名的矿业基地，进一步找矿潜力大，往往是长期以来不断部署矿产勘查与研究工作并不断有新的突破的地区。

第二节 划分结果

一、成矿区带划分结果

河南省域在Ⅰ级成矿单位上属于叠加在古亚洲成矿域之上的滨太平洋成矿域,划分为华北成矿省和秦岭-大别成矿省。按以上问题的处理全省共划分:8个Ⅲ成矿区带,30个Ⅳ级成矿区带,126个Ⅴ级成矿区带。划分结果见图 5-1,表 5-1。

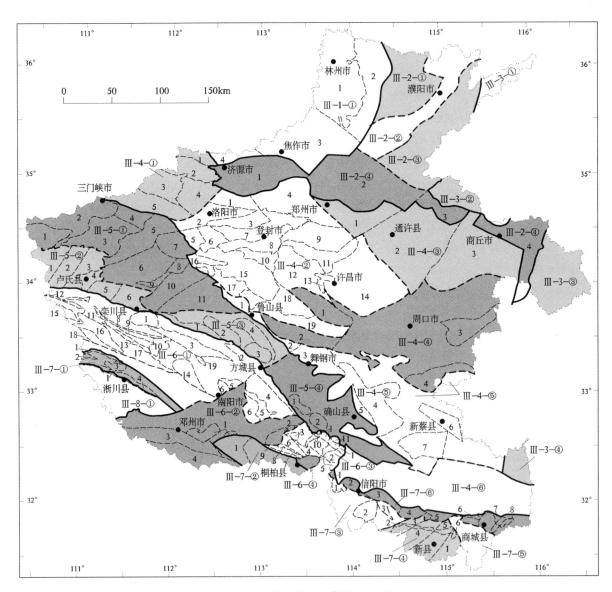

图 5-1 河南省成矿区带图(Ⅱ-Ⅴ级)

图中成矿区带的编号和名称同表 5-1

表 5-1 河南省成矿区带表

Ⅱ级	Ⅲ级	Ⅳ级	Ⅴ级
Ⅱ-1 华北成矿省	Ⅲ-1 太行山 Fe-Cu-Pb-Zn-重晶石-耐火黏土-硫铁矿-煤成矿带	Ⅲ-1-① 南太行山 Fe-Cu-Pb-Zn-重晶石-耐火黏土-石英岩-硫铁矿-煤成矿带	-1 安林 Fe-重晶石矿田 -2 安鹤硫铁矿-煤-煤层气田 -3 焦作 Fe-耐火黏土-硫铁矿-煤-煤层气田 -4 济源 Fe-Pb-Zn-(Ag)-磷-铝土矿-耐火黏土-硫铁矿-煤-煤层气田
	Ⅲ-2 华北石油-天然气-岩盐-石膏-煤成矿区	Ⅲ-2-① 濮西天然气成矿亚区	
		Ⅲ-2-② 濮阳天然气-煤成矿亚带	
		Ⅲ-2-③ 濮东石油-天然气-岩盐-石膏成矿亚带	
		Ⅲ-2-④ 济源-黄口凹陷带石油-天然气成矿亚带	-1 济源煤-石油-天然气成矿田 -2 中牟天然气成矿田 -3 民权天然气成矿田 -4 黄口天然气成矿田
	Ⅲ-3 豫东 Fe-煤-天然焦成矿带	Ⅲ-3-① 台前煤成矿亚区	
		Ⅲ-3-② 民权 Fe-煤成矿亚区	
		Ⅲ-3-③ 永城 Fe-煤-天然焦成矿亚区	
		Ⅲ-3-④ 固始 Fe 成矿亚区	
	Ⅲ-4 华北陆块南部 Fe-U-重晶石-磷-石英岩-铝土矿-耐火黏土-硫铁矿-煤-石油-天然气-岩盐-石膏成矿区	Ⅲ-4-① 岱嵋寨 Fe-重晶石-石英岩-铝土矿-耐火黏土-硫铁矿-煤成矿亚区	-1 小沟 Cu-磷矿田 -2 王屋山 U-煤成矿田 -3 黛眉山 Fe-重晶石矿田 -4 新安 Fe-U-铝土矿-耐火黏土-硫铁矿-煤成矿田 -5 渑池 Fe-U-铝土矿-耐火黏土-硫铁矿-煤成矿田
		Ⅲ-4-② 嵩箕 Fe-U-重晶石-磷-石英岩-铝土矿-耐火黏土-硫铁矿-煤-天然气成矿亚区	-1 偃师 U-煤-天然气成矿田 -2 洛阳 U-煤-天然气成矿田 -3 偃龙 U-Fe-铝土矿-耐火黏土-硫铁矿-煤-天然气成矿田 -4 荥巩 U-Fe-铝土矿-耐火黏土-硫铁矿-煤-天然气成矿田 -5 宜洛 U-Fe-铝土矿-耐火黏土-硫铁矿-煤-天然气成矿田 -6 伊川 U-煤-天然气成矿田 -7 登封磷矿田 -8 登封 U-Fe-铝土矿-耐火黏土-硫铁矿-煤-天然气成矿田 -9 新密 U-Fe-铝土矿-耐火黏土-硫铁矿-煤-天然气成矿田 -10 箕山重晶石-磷矿田 -11 禹州北部磷矿田 -12 禹州 U-Fe-铝土矿-耐火黏土-硫铁矿-煤-天然气成矿田 -13 许昌 Fe 矿田 -14 鄢陵煤-天然气成矿田 -15 临汝 U-Fe-铝土矿-耐火黏土-硫铁矿-煤-天然气成矿田 -16 石梯磷矿田 -17 大木厂磷矿田 -18 平顶山 U-Fe-铝土矿-耐火黏土-硫铁矿-煤-天然气成矿田 -19 辛集石膏-磷-天然气成矿田
		Ⅲ-4-③ 通许页岩气-煤成矿亚区	-1 郑州东南煤-天然气成矿田 -2 通许煤-天然气成矿田 -3 柘城煤-天然气成矿田
		Ⅲ-4-④ 周口煤-石油-天然气-岩盐-石膏成矿亚区	-1 襄城石油-天然气成矿田 -2 舞阳石膏-岩盐-石油-天然气成矿田 -3 郸城煤-天然气成矿田 -4 沈丘-煤-天然气成矿田
		Ⅲ-4-⑤ 舞阳-新蔡 Fe-U-磷-石膏-煤-石油-天然气成矿亚带	-1 鲁山铁矿田 -2 鲁山东南部铁成矿田 -3 舞阳铁矿田 -4 板桥-任店油页岩-天然气成矿田 -5 确山煤田 -6 新蔡铁矿田 -7 东岳盆地
		Ⅲ-4-⑥ 信阳盆地（暂无成矿依据）	

续表 5-1

Ⅱ级	Ⅲ级	Ⅳ级	Ⅴ级
Ⅱ-1 华北成矿省	Ⅲ-5 华北陆块南缘 Au-Mo-W-Pb-Zn-Ag-Fe-萤石-滑石-硫铁矿成矿带	Ⅲ-5-① 小秦岭-外方山 Au-Mo-W-Pb-Zn-Ag-萤石-重晶石成矿亚带	-1 小秦岭 Au-Mo 矿田 -2 三门峡盆地 -3 崤山 Au-Mo 矿田 -4 观音堂南部重晶石矿田 -5 洛宁盆地 -6 熊耳山 Au-Mo-Pb-Zn-Ag 矿田 -7 宜阳南部重晶石矿田 -8 嵩县盆地 -9 潭头 Au-油页岩矿田 -10 嵩县南部 Au-Mo-萤石矿田 -11 外方山 Au-Mo-Pb-Zn-(Ag)-萤石矿田
		Ⅲ-5-② 卢氏-栾川 Fe-Mo-W-Pb-Zn-Ag-硫铁矿成矿亚带	-1 朱阳 Fe-Mo-Pb-Zn 成矿田 -2 夜长坪-银家沟 Fe-Mo-(W)-Pb-Zn-(Ag)-硫铁矿成矿田 -3 八宝山后-后瑶峪 Fe-Mo-(W)-Pb-Zn-Ag-硫铁矿成矿田 -4 卢氏盆地 -5 三川 Mo-(W)-Pb-Zn-(Ag)成矿田 -6 栾川 Fe-Mo-W-Pb-Zn-Ag-硫铁矿成矿田
		Ⅲ-5-③ 尧山 Mo-W-Pb-Zn-Ag-Au-萤石-滑石成矿亚带	-1 土地庙沟-铅厂 Mo-Pb-Zn-Ag 成矿田 -2 云阳北部 Mo-Pb-Zn-Ag-萤石成矿田 -3 方城北部 Mo-Pb-Zn-Ag-萤石成矿田 -4 鲁山南部 Mo-Au-滑石成矿田
		Ⅲ-5-④ 伏牛山东南段 Mo-Pb-Zn-Ag-萤石成矿亚带	-1 官庄 Mo-萤石成矿田 -2 竹沟 Pb-Zn-(Ag)-萤石成矿田
Ⅱ-7 秦岭—大别成矿省	Ⅲ-6 东秦岭 Au-Ag-Mo-Cu-Pb-Zn-Sb-Nb-Ta-Li-Fe-萤石-石墨-矽线石-红柱石-蓝晶石-金红石-石油-天然气-油页岩-天然碱-石膏成矿带	Ⅲ-6-① 南阳西北部 Au-Ag-Mo-Cu-Pb-Zn-Sb-Nb-Ta-Li-Fe-石墨-矽线石-红柱石-蓝晶石-金红石-白云母-独山玉成矿亚带	-1 老君山南部 Mo-萤石矿田 -2 方城金红石矿田 -3 上庄坪-水洞岭 Fe-Cu-Pb-Zn-Ag-Au-重晶石矿田 -4 社旗 Fe 矿田 -5 隐山 Au-Ag-蓝晶石矿田 -6 南阳玉矿田 -7 石门-马连沟金矿田 -8 涧北沟-高庄金成矿田 -9 磨石沟-二郎坪 Pb-Zn-Ag 成矿田 -10 淅源 Au-Ag-Pb-Zn 成矿田 -11 杨乃沟红柱石矿田 -12 卢氏南部 Sb 矿田 -13 板厂 Au-Ag-Pb-Zn-(Mo)-(Cu)成矿田 -14 镇平 Au-Mo-Cu-(Ag)-石墨成矿田 -15 南阳山 Nb-Ta-Li 矿田 -16 龙泉坪-陈阳坪白云母矿田 -17 石槽沟-雁岭沟矽线石-石墨成矿田 -18 洋淇沟 Cr 矿田 -19 大庄 Nb-Ta 矿田
		Ⅲ-6-② 南阳石油-天然气-油页岩-天然碱-石膏成矿亚区	-1 南阳凹陷石油-天然气成矿田 -2 泌阳凹陷石油-天然气-天然碱矿田 -3 邓州南部前新近纪凸起 -4 襄樊盆地

续表 5-1

Ⅱ级	Ⅲ级	Ⅳ级	Ⅴ级
Ⅱ-7 秦岭—大别成矿省	Ⅲ-6 东秦岭 Au-Ag-Mo-Cu-Pb-Zn-Sb-Nb-Ta-Li-Fe-萤石-石墨-矽线石-红柱石-蓝晶石-金红石-石油-天然气-油页岩-天然碱-石膏成矿带	Ⅲ-6-③桐柏北部 Au-Ag-Mo-Cu-Pb-Zn-Fe-萤石-石墨-矽线石-蓝晶石-金红石成矿亚带	-1 左老庄金红石矿田 -2 条山-铁山 Fe-Pb-Zn 矿田 -3 桃园 Au 矿田 -4 围山城 Au-Ag-Pb-Zn 矿田 -5 固县蓝晶石矿田 -6 刘山岩 Cu-Zn 矿田 -7 大河 Cr-蛇纹岩矿田 -8 老和尚帽 Au-Ag-Pb-Zn-Mo-石墨矿田 -9 老湾 Au 矿田 -10 朱庄-铜山萤石矿田 -11 固县-尖山萤石矿田
		Ⅲ-6-④吴城油页岩-天然碱-石膏成矿亚区	
	Ⅲ-7 陡岭-桐柏-大别 Mo-Ni-Cu-Au-Ag-Pb-Zn-Fe-萤石-珍珠岩-膨润土-沸石-石墨-金红石-白云母成矿带	Ⅲ-7-①淅川北部 Au-Fe-石墨-蓝石棉-虎睛石成矿亚带	-1 八庙金红石矿田 -2 小陡岭石墨矿田 -3 蒲塘-毛堂 Au 矿田 -4 淅川蓝石棉-虎睛石矿田
		Ⅲ-7-②桐柏南部 Ni-Cu-Au-Fe-石墨成矿亚带	-1 周庵 Ni-Cu-PGE-Au 矿田
		Ⅲ-7-③信阳南部 Mo-Au-Cu-Pb-Zn-Ag-Fe-萤石-珍珠岩-膨润土-沸石成矿亚区	-1 水塘湾 Mo-萤石矿田 -2 肖畈 Mo-Pb-Zn-Ag-萤石矿田 -3 母山—栈板堰 Mo-Cu-Pb-Zn-Ag 矿田
		Ⅲ-7-④新县 Mo-Au-Cu-Pb-Zn-Ag-Fe-萤石-金红石-白云母成矿亚区	-1 新县金红石-白云母矿田 -2 黄岗 V-Fe 成矿田 -3 山店-牢山寨 Mo-萤石矿田 -4 卡房-千鹅冲 Mo-萤石矿田 -5 箭河-龙山寨 Mo-萤石矿田 -6 白雀园萤石成矿田
		Ⅲ-7-⑤商城 Mo-Au-Ag-Fe 成矿亚区	
		Ⅲ-7-⑥信阳盆地南缘 Au-Ag-Mo-Pb-Zn-Fe-V-磷-蛇纹岩-珍珠岩-膨润土-沸石-煤成矿亚带	-1 董家河 Au-(Ag)成矿田 -2 卧虎-张家冲 Fe-蛇纹岩矿田 -3 皇城山-上天梯 Ag-珍珠岩-膨润土-沸石矿田 -4 马畈 Au-Ag-Mo-Pb-Zn 矿田 -5 青龙寨珍珠岩矿田 -6 石门冲 V-磷矿田 -7 杨山煤田 -8 朱斐店-亮山 Mo-Pb-Zn 成矿田
	Ⅲ-8 南秦岭南缘 Pb-Zn-Hg-Fe-V-磷-水泥灰岩成矿区	Ⅲ-8-①淅川南部 V-磷-水泥灰岩成矿亚区	-1 淅川 V 矿田

二、矿集区划分结果

全省共划分了 15 个矿集区(图 5-2),所划分的矿集区指综合矿产矿集区,不包括独立的煤田、油气田、盐田和天然碱田(表 5-2)。

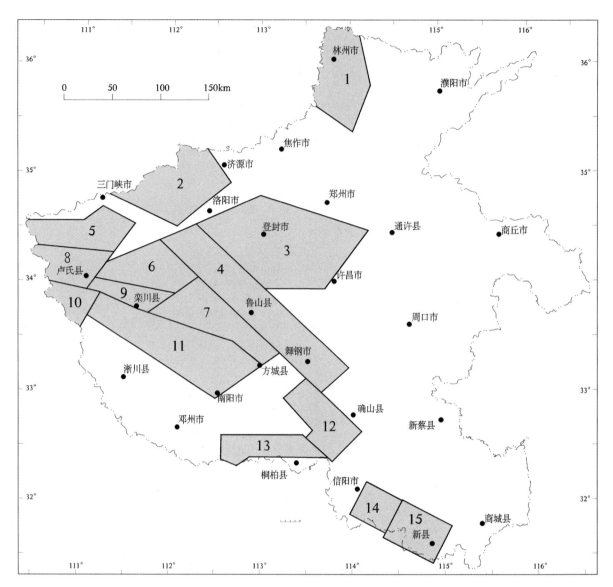

图 5-2 河南省矿集区划分图

图中编号及矿集区名见表 5-2

表 5-2 矿产矿集区划分表

编号	矿集区	编号	矿集区
1	安林煤铁矿集区	9	栾川钼钨铅锌银矿集区
2	渑池煤铝矿集区	10	卢氏南部锑铌钽锂矿集区
3	嵩箕煤铝铁矿集区	11	淅源银铅锌金铜钼矿集区
4	宜阳-舞阳煤铝铁矿集区	12	竹沟-尖山萤石矿集区
5	小秦岭-崤山金钼矿集区	13	桐柏北部金银铅锌铜镍矿集区
6	熊耳山金钼银铅锌矿集区	14	信阳东部银铅锌钼珍珠岩膨润土萤石矿集区
7	汝阳南部-方城钼铅锌银萤石矿集区	15	光山-新县钼金银萤石矿集区
8	卢氏钼钨矿集区		

第六章 成矿区带特征及演化

第一节 太行山 Fe-Cu-Pb-Zn-重晶石-耐火黏土-硫铁矿-煤-成矿带(Ⅲ-1)

一、成矿地质构造环境及其演化

该成矿带的西南缘跨入河南省济源—焦作—安阳一带。地质构造的演化经历了新太古代古陆块形成与聚合阶段,古元古代裂谷阶段长城纪裂谷发育阶段,寒武纪—奥陶纪碳酸盐岩陆表海发育阶段,志留纪—早石炭世古陆风化阶段,晚石炭世—中二叠世碎屑岩陆表海发育阶段,晚二叠世—中三叠世坳陷盆地发育阶段,晚三叠世—早侏罗世隆起阶段,中侏罗世—白垩纪伸展裂陷阶段,新生代沉积盆地发育阶段。

二、矿床时空分布及控矿因素

出现最早的矿产为新太古代沉积变质铁矿和火山-沉积变质型铜矿,仅发现了行口中型铁矿和周围的铁矿点,以及小沟小型铜矿。铁矿体及矿点为TTG岩系中的变质表壳岩包体群,变质表壳岩岩石组合反映铁矿形成于含有绿岩的盆地,有关盆地处在五台-太行陆块与陕豫皖陆块之间,但在发育TTG岩浆弧和陆块碰撞变形的过程中被肢解。古元古代裂谷阶段仅发现铁山河接触交代型铁矿。

长城纪发育的燕辽裂谷也对新太古代含铁建造起到破坏作用,裂谷边缘相的长石砂岩、泥岩为目前尚不能经济利用的含钾岩石,也未见本时期的宣龙式沉积铁矿。

寒武纪—中奥陶世,秦岭弧盆系的收缩造成华北陆块区广泛的海侵,并于晚奥陶世海退至济源以北地区,所发育的陆表海碳酸盐岩包含了可用于冶炼金属镁的白云岩和水泥用灰岩。其中早寒武世辛集期的滨海相磷块岩和潟湖相石膏限于Ⅲ-1成矿带(河南省部分)以南。

志留纪,扬子陆块与华北陆块沿商丹带全面碰撞,造成华北陆块区在志留纪—早石炭世期间的全面抬升和风化剥蚀。晚石炭世期间,来自古亚洲洋的海侵逐步推进至济源—郑州一线,由海向陆的碳酸盐台地-障壁岛-潟湖-潮坪沉积体系,形成了本溪组从底向上的铝土质碎屑-泥沼-碳酸盐等海进序列沉积。潟湖中沉积的铝土质碎屑即耐火黏土矿的原始沉积,潮坪中的成煤植物为喜盐性的半咸水类红树植物,为一$_1$煤成煤前的泥沼,其厚度从北到南明显变薄。生成于泥沼的酸性溶液向下淋滤铁质,并在碳酸盐岩基底之上还原形成硫铁矿层。二叠纪早期的海退过程中,在潮坪沉积的基础之上形成了滨海平原上的二$_1$煤成煤环境。晚二叠世—中三叠世发育的坳陷盆地,使得泥沼保存并变质成煤。

晚三叠世—早侏罗世，来自古特提斯板块、西伯利亚板块和古太平洋板块的三方会聚，使华北陆块区东部抬升为高原。在挤压后松弛的中侏罗世，太行山东南侧开始断陷。伴随中—新生代华北盆地的形成，太行山及其东南侧的煤系地层大幅度抬升和剥露。

在太行山的隆升过程中，其中最主要的阶段是早白垩世的高原垮塌，发育幔源岩浆演化和壳幔混合的闪长岩、钾长花岗岩带。在闪长岩席与中奥陶世灰岩的上接触带形成矽卡岩型铁矿，局部与煤接触形成天然焦，广泛的岩浆热液活动形成了断裂带中的重晶石矿床、脉石英矿床，以及断层与特定碳酸盐岩层交线部位的铅锌矿。

三、矿田、矿床式及区域成矿模式

在以上地质构造演化过程中，行口一带的铁矿和矿点与绿岩（角闪岩）关系密切，主要是条带状角闪岩型矿石，少量磁铁石英岩型矿石，推测成矿模式是绿岩盆地中的火山喷流-沉积成矿。矿床式属于广义的鞍山式沉积变质铁矿。铁矿形成之后的保存条件很差，暂未发现具有一定保存条件的铁矿田。

煤系地层被揭露、保存在太行山前的断块中，分别有安鹤煤田、焦作煤田和济源煤田。在一$_1$煤的下部共生耐火黏土、硫铁矿及氧化后的山西式铁矿，成矿模式如图6-1所示。

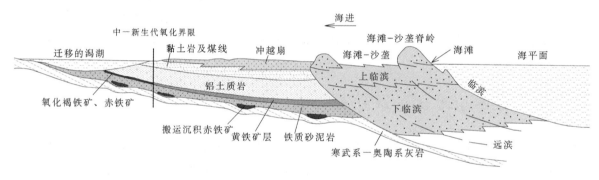

图6-1 山西式铁矿-耐火黏土-一$_1$煤成矿模式图

在安阳市所辖的林州市（原林县）东北部，闪长岩体如蘑菇状侵位于马家沟组（O_2m）灰岩，在接触带形成铁矿田（图6-2），因此称为安林式铁矿，与通常所称的邯邢式铁矿特征完全相同。

卫辉市大池山重晶石矿床由受控于高角度断裂的矿脉组成，围岩为马家沟组（O_2m）灰岩，周围出露许多早白垩世闪长岩等小杂岩体，并分布有安林式铁矿点。矿脉既具有带状展布，又具有环状分布的特点，其形成与深部可能存在的较大规模的闪长岩体关系密切。区域上重晶石脉以各种地层、各种岩层为围岩，不应以围岩是否为碳酸盐岩来分类远程岩浆热液矿床。有关重晶石矿产地唯有大池山矿区工作程度较高，命名南太行山及其嵩箕地区分布的重晶石矿为大池山式，其含义中没有围岩性质的限定。

早白垩世闪长岩等杂岩分布区对应有Mo、Cu、Pb、Zn、Ag等地球化学异常，分布于寒武系朱砂洞组、寒武系—奥陶系三山子组特定灰岩层与高角度断裂交会部位的铅锌矿是一种普遍的矿化现象，一般表现为矿点，以沙沟小型铅锌矿产地为代表，命名为沙沟式。

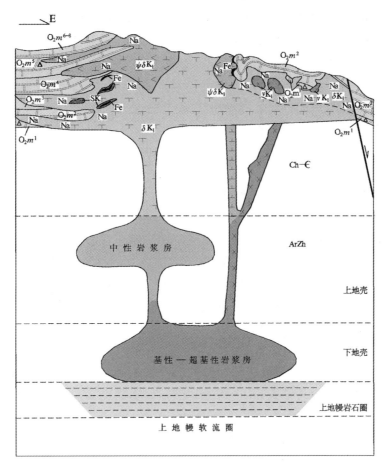

图 6-2 早白垩世闪长岩体侵位及安林式铁矿成矿模式图

(据 1:25 万长治市幅区域地质调查报告)

O_2m^1—O_2m^8. 中奥陶统马家沟组 1～8 岩性段;νK_1. 早白垩世辉长岩;$\psi\delta K_1$. 早白垩世角闪闪长岩;δK_1. 早白垩世闪长岩;Na. 钠化;sk. 矽卡岩;Fe. 铁矿体

第二节 华北石油-天然气-岩盐-石膏-煤成矿区(Ⅲ-2)

一、成矿地质构造环境及其演化

华北石油-天然气-岩盐-石膏-煤成矿区(Ⅲ-2)的南端位于黄河以北的豫北地区,与Ⅲ-1地质构造环境及其演化不同的是,本区的陆块基底为属于鲁西陆块,缺少长城纪燕辽天折裂谷发育史,与太行山中侏罗世开始的隆起相对应,本区中—新生代处在沉积盆地。

二、矿床时空分布及控矿因素

该区的新太古界伏于新生界和寒武系之下,在内黄隆起的重力高和磁异常中心部位钻探见TTG片麻岩系及可能属于绿岩包体的角闪片岩,尚不能明确是否存在新太古代沉积变质铁矿。内黄隆起的东翼保存埋藏深度大于1km的煤田。东缘是中—新生代东濮凹陷。

东濮凹陷是在聊城-兰考断裂带(简称聊兰断裂带)主控下形成的古近纪箕状沉积盆地,面积为5300km²。古近纪盆地之下中、下三叠统分布广泛且厚度较大,但未见上三叠统。根据基底和盖层的断裂构造特征,一般将东濮凹陷划分为西部断阶斜坡带、西部洼陷带、中央隆起带、东部洼陷带和东明集断阶带。沙河街组成为该凹陷的古近纪沉积主体,分布广、厚度大,反映内陆湖盆持续、稳定沉降,最大厚度达6000m。根据岩性及古生物化石从下向上分为4段,即常称之沙四、沙三、沙二、沙一段,各段又可分为若干亚段。沙河街组各岩段均含有生油、储油岩层,均分布有岩盐、膏盐层或油页岩层。

三、矿田、矿床式及区域成矿模式

东濮凹陷符合我国创立的大型内陆沉积盆地箕状凹陷暗色泥岩生油岩系生、储、盖油气成藏模式。不仅是大型的油气田,还是岩盐资源量达 2235×10^8t[①] 的超大型盐田。根据薛国刚、高渐珍的研究(2011),每套盐岩层由多个小的盐韵律组成。一般在纵向上表现为自下而上由砂泥岩→含膏泥岩→膏盐岩→盐岩→膏盐岩→含膏泥岩→砂泥岩的变化规律。单一盐韵律在横向上的岩性发育序列也与垂向上类似,从沉积中心向盆地边缘岩性变化顺序为:盐岩→膏盐岩→含膏泥岩→砂泥岩的变化规律。盐岩和砂岩属于一个比较完整的准层序的一部分,盐岩一般都发育在湖盆沉积沉降中心,与砂岩属于同时期的产物,二者都夹于稳定的泥页岩之间,表现为同时异相,且二者在空间上不会直接接触,在横向上表现为长消关系。盐岩沉淀时,湖水深度相对暗色泥岩沉积时浅。盐岩与火山岩的时空分布关系具有很强的相关性:在时间上,北部盐岩发育层段,在南部相应层段都有火山岩分布,二者具有等时发育特征;在活动规模及活动中心的迁移方面,北部盐岩发育规模受南部火山活动强度的影响,盐岩中心也随着火山活动中心的迁移而迁移(图6-3)。当火山活动时,高密度热卤水沉入湖底并沿底层自南向北流动,且温度不断降低,在北部地区相对低洼深水处沉淀了厚层膏盐岩;当火山休眠时,湖水蒸发量减少,湖盆中心发育大范围暗色泥、页岩(图6-4)。无论火山

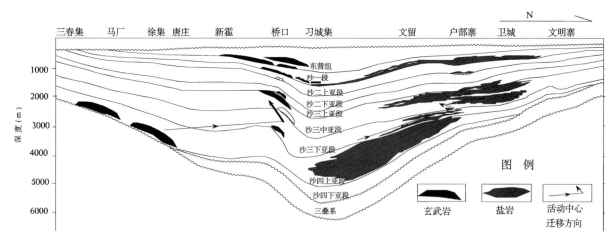

图6-3 东濮凹陷火山岩-盐岩垂向分布示意图
(据薛国刚,高渐珍,2011)

---

① 河南省天然碱、盐岩、油页岩矿产资源潜力评价成果报告,河南省地质调查院,2013。

活动对成岩盆地的沉降和促进膏盐沉积的贡献,归根到底盐的来源还是由河流带入。从古近纪成盐期的构造古地理来看,成盆前来自古特提斯、古太平洋板块的挤压,地貌格局是南高北低,东高西低;起于中侏罗世的太行山隆起,造成西岭东谷的地貌;成盆之时的凹陷又使湖盆低于北部,因此东濮盐湖是四方来水。从中—新生代叠合凹陷带的展布情况来看,主要来水方向应是秦岭古陆,古水系与现今的伊洛河及其之下的黄河相当,即盐的来源为古秦岭风化物质。

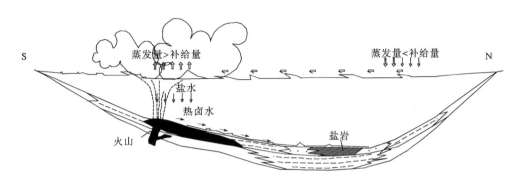

图 6-4 东濮凹陷盐岩沉积成因模式示意图

(据薛国刚,高渐珍,2011)

当石炭纪—二叠纪煤系地层再次埋深超过 3500m 时面临 2 次变质生烃,煤系地层中的砂岩和上覆古近纪盆地中的砂岩成为储集层,这种煤成气田已在东濮凹陷开发利用(图 6-5)。

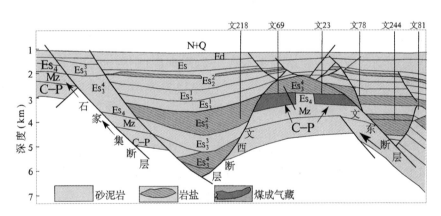

图 6-5 东濮凹陷煤成气成藏模式图

(据高渐珍等,2006)

第三节　华北陆块南部 Fe-U-重晶石-磷-石英岩-铝土矿-耐火黏土-硫铁矿-煤-石油-天然气-岩盐-石膏成矿区(Ⅲ-4)

一、成矿地质构造环境及其演化

华北陆块南部先后主要经历的构造演化阶段:①新太古代古陆块形成与聚合阶段;②古元古代

陆缘增生与北侧裂谷发育阶段；③长城纪裂谷及陆缘盆地发育阶段；④寒武纪—奥陶纪碳酸盐岩陆表海发育阶段；⑤志留纪—早石炭世古陆风化阶段；⑥晚石炭世—中二叠世碎屑岩陆表海发育阶段；⑦晚二叠世—中三叠世坳陷盆地发育阶段。⑧晚三叠世—白垩纪伸展裂陷阶段；⑨新生代沉积盆地发育阶段。

二、矿床时空分布及控矿因素

新太古代古陆块形成与聚合阶段发育沉积变质铁矿。在陕豫皖陆块北东边缘，沉积变质型铁矿受控于登封古岩浆弧（Ar_3），分布有登封市北东部的五指岭、井湾—许昌—新蔡一线的大型沉积变质铁矿（铁山式），即新太古代沉积变质铁矿的展布方向为北西向，而不是以往认为的北西西向（鲁山—舞阳—新蔡）。在陕豫皖陆块的西南边缘，分布北西西向展布的新太古代赵案庄式变质火山-沉积型铁矿。

古元古代初期的沉积变质铁矿（铁山式）在空间位置上与北西西向分布的新太古代岩浆变质型铁矿（赵案庄式）重合。分布在灵宝—鲁山—舞阳一带的石墨亦形成于古元古代初期，李山坡等（2009）根据 C 同位素的研究，认为分布在水底沟组片麻岩中的石墨是有机炭变质成因的。富铝岩系的变质作用尚形成了矽线石矿点。在古元古代陆缘增生带北侧的嵩山陆内裂谷盆地中，分布低品位沉积变质磷矿（花峪式）、硅石矿。

长城纪裂谷边缘分布宣龙式沉积赤铁矿和石梯式沉积低品位磷矿。早寒武世辛集期形成滨海相沉积磷块岩（辛集式）、黑色页岩型铀矿和朱砂洞组中潟湖相石膏矿产。寒武纪—中奥陶世碳酸盐岩陆表海中广泛分布白云岩和水泥用灰岩。

早二叠世首先为大规模的铝土矿成矿时期，随着海岸线南移带来的气候变化，来自北秦岭的富铝风化壳物质被大量冲刷到碳酸盐岩溶蚀地貌发育地带和潮间带中沉积，形成济源—郑州一线西南侧到古陆边缘的铝土矿成矿区，远离古陆 A/S 降低，仅形成耐火黏土或铝土质页岩。随后是重要的全区普遍发育的 $二_1$ 煤成矿时期，成煤作用局部延续至中晚二叠世，二叠纪末—三叠纪初为砂岩型铀矿的成矿时期。

早—中侏罗世分布属于鄂尔多斯前陆盆地东缘的义马煤田。中—晚侏罗世期间，形成了太行山与秦岭之间的叠加褶皱带，该叠加褶皱带决定了河南省最为重要的煤铝矿产的存留，在向斜部位保存了目前的各大煤铝矿田，背斜部位的矿产被剥蚀。

三、矿田、矿床式及区域成矿模式

河南省的铝土矿保存在岱嵋寨—嵩箕地区的向斜中，共有 11 个矿田。铝土矿的 Al_2O_3 含量和 A/S 向着远离古陆的北东方向降低，成矿物质来自北秦岭风化壳，搬运营力为风暴碎屑流，沉积在碳酸盐岩岩溶凹地和潟湖之中。除矿石质量逐渐变化外，各矿田中的铝土矿具有一致的成矿特征，可统称为郁山式或豫西式。成矿模式如图 6-6。

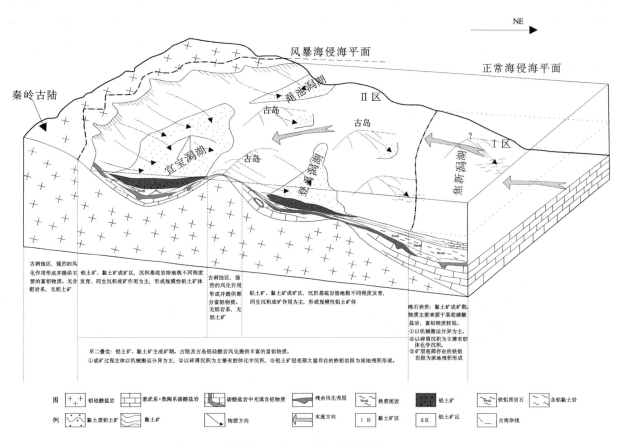

图 6-6 豫西郁山式铝土矿成矿模式图(李中明,2009)

第四节　华北陆块南缘 Au-Mo-W-Pb-Zn-Ag-Fe-萤石-滑石-硫铁矿成矿带(Ⅲ-5)

一、成矿地质构造环境及其演化

华北陆块南缘主要经历:古元古代岩浆弧阶段;长城纪裂谷及陆缘盆地发育阶段;蓟县纪—震旦纪陆缘盆地发育阶段;晚三叠世—早白垩世陆内岩浆弧发育阶段;新生代沉积盆地发育阶段。

二、矿床时空分布及控矿因素

古元古代岩浆弧中仅保留了极少量的变质表壳岩,其中局部零星残留蛇绿岩型铬铁矿点或沉积变质型铁矿点。长城纪裂谷中心出现了国内最早的岩浆热液型钼矿产地,边缘分布宣龙式沉积赤铁矿或赤铁矿变质形成的镜铁矿。

晚三叠世以来的成矿作用以大湖式岩浆热液型钼矿的出现为开端。之后在早白垩世期间,多向板块会聚造成的华北东部高原快速垮塌,形成规模巨大的板内岩浆弧,为 Au-Mo-W-Pb-Zn-Ag-Sb-萤石-重晶石矿产的成矿爆发时期。成矿作用已不受之前的大地构造单元的限制,壳幔陡变带控制了 Au-Ag 矿的形成,总体为两环一带的分布格局,即豫西南幔向斜周边的环带,桐柏山四周的环带,大别山北缘的一带。地壳厚度最大的幔向斜地带控制了 W-Pb-Zn 成矿元素的分布,Sb 被限定在推覆构造之下非开放的断裂带中,Mo 矿总体处在花岗岩带的边缘,萤石集中在浅源浅成大花岗岩基的倾伏部位,重晶石分布在花岗岩岩浆弧之外(图 6-7)。

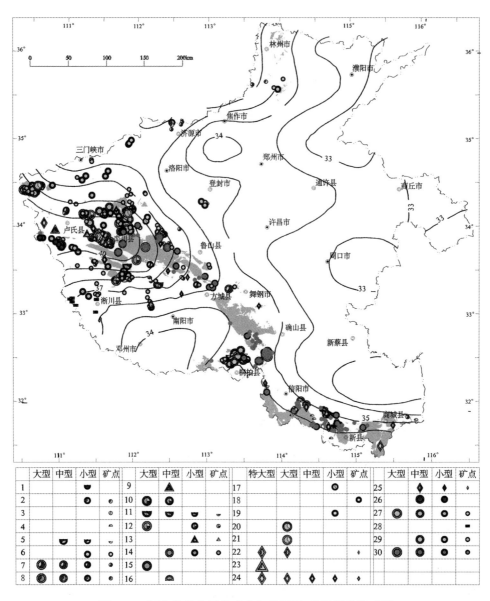

图 6-7 河南省早白垩世矿产与莫霍面、花岗岩带关系图

1. 寒武纪—奥陶纪海相火山岩型银锰矿;2. 早白垩世热液型铅锌铜矿;3. 早白垩世热液型铅铅矿;4. 早白垩世陆相火山岩型铜铅锌矿;5. 寒武纪—奥陶纪海相火山岩型铜锌矿;6. 早白垩世热液型铅矿;7. 早白垩世热液型铅锌矿;8. 早白垩世热液型铅锌银矿;9. 早白垩世接触交代型铁锌矿;10. 志留纪热液型银铅锌矿;11. 寒武纪—奥陶纪海相火山岩型银铅锌矿;12. 早白垩世热液型银铅锌矿;13. 早白垩世矽卡岩型铅钼矿;14. 早白垩世热液型银矿;15. 志留纪热液型银矿;16. 早白垩世陆相火山岩型银矿;17. 长城纪热液型铜钼矿;18. 长城纪热液型钼矿;19. 中三叠世热液型钼矿;20. 晚三叠世热液型金钼矿;21. 早白垩世热液型金钼矿;22. 早白垩世斑岩型钼钨矿;23. 早白垩世矽卡岩型钼钨矿;24. 早白垩世斑岩型钼矿;25. 早白垩世斑岩型铜钼矿;26. 早白垩世热液型锑矿;27. 早白垩世岩浆热液型金矿;28. 第四纪砂金矿;29. 早白垩世热液型重晶石;30. 早白垩世热液型萤石矿。图中黑线和标注为莫霍面等深线;色区为早白垩世为花岗岩

三、矿田、矿床式及区域成矿模式

豫西地区晚三叠世以来，自南西向北东的左行剪切-陆内俯冲作用，形成莫霍面最深达 40km 的豫西幔向斜（图 6-8）。幔向斜轴面向北东倾斜，在四周的壳幔陡变带。在早白垩世山根垮塌之时，花岗岩基、云斜煌斑岩墙、斑岩型钼矿和金矿产地紧密共生，构成跨越秦岭造山带、长轴北西西走向的巨大环带。环绕壳幔陡变带或接触带的金矿有着统一的幔源 Au 的来源，成矿流体透过云斜煌斑岩墙和花岗岩熔体四周热的通道，以不同样式的构造为容矿场所。矿体具有一致的围岩蚀变特征，即长英质岩石的黄铁绢英岩化或硅化、绢云母化、黄铁矿化，角闪质岩石的绿泥石化、绿帘石化和黄铁矿化，碳酸盐岩的硅化与黄铁矿化，晚期均表现为碳酸盐化。

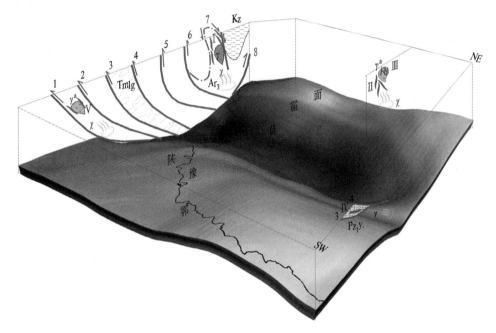

图 6-8 豫西地区金矿成矿模式图

Ar₃. 新太古界太华杂岩；Pz₁y. 雁岭沟岩组大理岩；Kz. 新生界；Tmlg. 构造混杂岩；χ. 早白垩世云斜煌斑岩及幔源流体；γ. 早白垩世花岗岩体；γᵃ. 侵入角砾岩。1. 淅川断裂；2. 木家垭断裂；3. 商丹断裂；4. 朱夏断裂；5. 栾川断裂；6. 马超营断裂；7. 小河-太要韧性剪切带；8. 三门峡-鲁山断裂。Ⅰ. 文峪式岩浆热液型金矿；Ⅱ. 上宫式岩浆热液型金矿；Ⅲ. 祁雨沟式侵入角砾岩型金矿；Ⅳ. 祁子堂式岩浆热液型金矿；Ⅴ. 蒲塘式侵入角砾岩型金矿

第五节 东秦岭 Au-Ag-Mo-Cu-Pb-Zn-Sb-Nb-Ta-Li-Fe-萤石-石墨-矽线石-红柱石-蓝晶石-金红石-石油-天然气-油页岩-天然碱-石膏成矿带（Ⅲ-6）

一、成矿地质构造环境及其演化

东秦岭的地质构造演化经历了前滹沱纪微陆块形成时期，之后为长城纪—青白口纪早期的裂

谷发育时期,青白口纪中期南、北秦岭发生会聚,在南华纪裂解,寒武纪—奥陶纪形成秦岭弧盆系,志留纪碰撞闭合,中三叠世陆-陆碰撞,晚三叠世之后转入板内构造演化。

二、矿床时空分布及控矿因素

东秦岭出现最早的矿产为古元古代基底杂岩中的石墨、矽线石、磷、碳酸盐岩,之后依次有:新元古代商丹蛇绿岩片中的铬铁矿、橄榄岩;南华纪周进沟岩组和震旦纪宽坪岩群变玄武岩中的金红石矿产;南华纪晚期南秦岭裂解事件中与超基性岩有关的Cu-Ni硫化物镍矿床;寒武纪南秦岭被动陆缘水沟口组黑色岩系中的钒矿;早古生代商丹蛇绿岩带中的蛇纹岩矿床、铬铁矿点;早古生代二郎坪弧后盆地中的块状硫化物矿床;志留纪碰撞变质带中的蓝晶石、红柱石矿床;志留纪后碰撞伟晶岩中的铌钽锂矿床;志留纪后碰撞岩浆岩带中的岩浆热液银铅锌矿床;石炭纪南秦岭被动陆缘盆地中的碳酸盐岩矿产;早侏罗世蓝片岩带中的蓝石棉、虎睛石矿床;早白垩世与花岗斑岩、岩浆活动有关的Mo、Cu、Au、Ag、Pb、Zn、Sb矿床;新生代山间沉积盆地中的油气-油页岩-天然碱-岩盐-石膏矿产。

三、矿田、矿床式及区域成矿模式

在以上众多的矿产或矿化中,具有金属矿田意义的地区和重要的矿床式分别有:卢氏南部大河沟式岩浆热液型锑矿,湍源地区银洞沟式银多金属矿,桐柏北部地区破山式银铅锌矿、老湾式金矿、银洞坡式金矿,唐河南部周庵式镍矿。

在深部构造上,卢氏南部地区处在豫西幔向斜南侧地幔陡变带,空间上与陡变带一致的岩浆活动及其以金为主的矿产地分布,指示成矿流体来自深部幔源流体的演化。迄至燕山期,左行剪切与褶皱加积造成了北秦岭-华北陆块南缘巨厚地壳,产生豫西地区幔向斜。在幔向斜四周煌斑岩墙及壳幔混合型、壳源型花岗岩浆活动尤为强烈,形成环绕幔向斜的花岗岩带,其中包括了豫西地区主要的花岗岩基。环绕幔向斜的岩浆活动与断裂系统方使得源自地幔的流体系统有上升的可能。含金幔源流体以岩浆和瓦穴子断裂为通道,在断裂上盘的横张裂隙带中以石英短脉的形式形成了石门式岩浆热液型金矿(图6-9)。在瓦穴子断裂下盘与之斜交的次级韧-脆性剪切带中,仍以石英脉的形式,形成与主断面小角度斜交的高庄式岩浆热液型金矿。在外侧朱阳关断裂带中岩浆活动弱的区段,并在雁岭沟岩组和上三叠统推覆体与下方高角度断裂带构成的近于封闭的空间,沿断裂带充填形成了大河沟式岩浆热液型锑矿。

湍源地区处在二郎坪弧后盆地和志留纪后碰撞二长花岗岩带,南秦岭的深俯冲作用形成壳幔陡变带,成为幔源含金银流体的上升通道,流体透过花岗岩浆源区,与围岩发生一定物质交换,以硅质充填和钾交代的形式在断裂带中成矿(图6-10)。

桐柏北部地区处在以桐柏山南部为幔向斜的北侧壳幔陡变带,南部桐柏杂岩(高压变质带)类似于核杂岩。整个桐柏山地区早白垩世的花岗岩浆活动既有条带状被动就位,又有圆环(柱)状主动侵位;宏观上花岗岩带的展布如同豫西幔向斜,即花岗岩基环绕幔向斜四周的壳幔陡变带分布;环带状展布的花岗岩基和相应的金矿区跨越了不同大地构造单元,从一个侧面上反映Au、Ag来自于深部流体,而非围岩建造。无论何种矿床式,桐柏北部地区Au、Ag的来源都是一致的;金(银)矿产地分布在壳幔陡变带上方各个早白垩世断裂-岩浆岩带(图6-11),在朱庄背斜两侧的向斜等热液阻隔体中则无金矿分布。

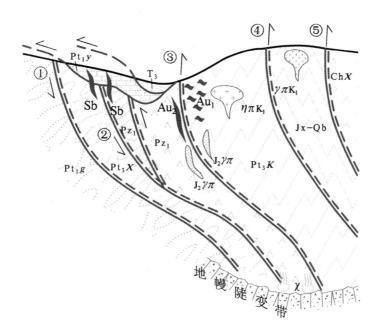

图 6-9 卢氏南部地区区域成矿模式图

①狮子坪断裂带;②朱阳关断裂;③瓦穴子断裂;④栾川断裂;⑤马超营断裂。Pt_1g. 郭庄岩组;Pt_1X. 峡河岩群;Pt_1y. 雁岭沟岩组;Pz_1. 古生界;Pt_3K. 宽坪岩群;Jx—Qb. 蓟县系—青白口系;ChX. 熊耳群;$\gamma\pi J_2$. 中侏罗世花岗斑岩;$\eta\pi K_1$. 早白垩世二长花岗岩;$\gamma\pi K_1$. 早白垩世花岗斑岩;χ. 基性岩墙;Sb. 大河沟式岩浆热液型锑矿;Au_1. 高庄式岩浆热液型金矿;Au_2. 石门式岩浆热液型金矿

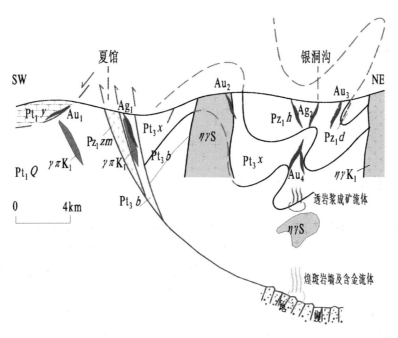

图 6-10 湍源地区成矿模式图

Pt_1Q. 秦岭岩群;Pt_1y. 雁岭沟岩组;Pz_1zm. 子母沟组;Pz_1b. 抱树坪组;Pt_3x. 小寨组;Pz_1h. 火神庙组;Pz_1d. 大庙组;$\eta\gamma S$. 志留纪二长花岗岩;$\eta\gamma K_1$. 早白垩世二长花岗岩;$\gamma\pi K_1$. 早白垩世花岗斑岩;Au_1. 祁子堂式岩浆热液型金矿;Au_2. 许窑沟式岩浆热液型金矿;Au_3. 高庄式岩浆热液型金矿;Au_4. 银洞坡式岩浆热液型金矿;Ag_1. 板厂式岩浆热液型银多金属矿;Ag_2. 银洞沟式岩浆热液型银多金属矿

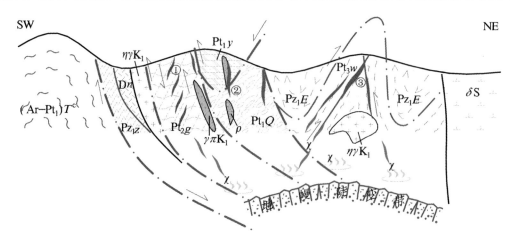

图 6-11 桐柏北部地区金矿成矿模式图

($Ar—Pt_1$)T^c. 桐柏杂岩；Pz_1z. 周进沟岩组；Dn. 南湾组；Pt_2g. 龟山岩组；Pt_1Q. 秦岭构造混杂岩；Pt_1y. 雁岭沟大理岩；Pz_1E. 二郎坪群；Pt_3w. 歪头山组；$\eta\gamma Pz_1$. 早古生代桃园二长花岗岩体；$\eta\gamma K_1$. 早白垩世二长花岗岩体；$\gamma\pi K_1$. 早白垩世花岗斑岩；ρ. 钾长伟晶岩；χ. 云斜煌斑岩脉和幔源含Au、Ag流体。①老湾式金矿；②桐树庄式金矿；③银洞坡式金矿

第六节　陕岭-桐柏-大别 Mo-Ni-Cu-Au-Ag-Pb-Zn-Fe-萤石-珍珠岩-膨润土-沸石-石墨-金红石-白云母成矿带（Ⅲ-7）

一、成矿地质构造环境及其演化

在三叠纪之前，桐柏-大别造山带与东秦岭有着一致的大地构造演化过程，在经历了晚二叠世—早侏罗世南秦岭的深俯冲与折返过程之后，发育了桐柏—大别高压—超高压变质带。目前桐柏—大别山地区出露一套与南秦岭相应地层对应的高级变质岩系，北秦岭断陷于信阳中—新生代盆地之下。

二、矿床时空分布及控矿因素

在经历高压变质、深剥蚀和发育中—新生代断陷盆地之后，最为突出的矿产是早白垩世钼矿带和萤石矿化集中区。钼矿受控于大别陆内岩浆弧，强烈的岩浆活动造成浅源浅成快速冷侵位的粗粒花岗岩大岩基与控制钼矿的深源浅成热侵位细粒花岗岩-花岗斑岩-侵入角砾岩小岩体在同一剥蚀平面紧密共生，不仅存在"小岩体成大矿"的规律，而且存在大岩基边缘和旁侧成大矿的规律。在大别山北缘壳幔陡变带具有金银成矿作用，早白垩世火山岩盆地边缘分布珍珠岩、膨润土等矿产，高压—超高压变质带中的榴辉岩包体中也可能保存有与暗色岩系有关的矿产，在有关包体中即发现了黄岗小型钒钛磁铁矿矿产地。

三、矿田、矿床式及区域成矿模式

大别山北麓南为折返的超高压变质带，北为向北滑覆的断裂系统，钼矿分布在各个构造单元。

按钼矿体与岩体的距离关系,可分为 5 种类型:①早白垩世二长花岗岩基中的斑岩型钼矿;②大别杂岩中的汤家坪式钼矿;③远离花岗岩体的千鹅冲式钼矿;④接触带型钼矿;⑤脉带型钼矿(图 6-12)。

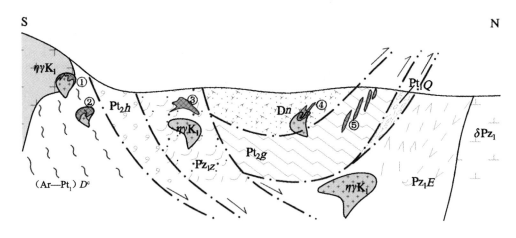

图 6-12 大别山北麓钼矿区域成矿模式图

(Ar—Pt$_1$)D^c. 大别杂岩;Pt$_2$h. 浒湾岩组;Pz$_1$z. 周进沟岩组;Pt$_2$g. 龟山岩组;Dn. 南湾组;Pt$_1$Q. 秦岭构造混杂岩;Pz$_1$E. 二郎坪群;ηγK$_1$. 早白垩世二长花岗岩体。①早白垩世二长花岗岩体中正岩浆型钼矿;②大别杂岩中正岩浆型钼矿;③副岩浆型钼矿;④接触带型钼矿;⑤脉带型钼矿

余冲式岩浆热液型金矿出现在不同地层的断裂中,矿化对围岩建造无选择性(图 6-13)。金矿体主要分布在向北滑覆断裂带上盘的横向断层中,发育早白垩世二长花岗岩体和云斜煌斑岩脉,推测 Au 来自幔源流体,沿途发生硅质交代和钾化,成矿温度较高,最终在地壳上部氧化-还原界面溶离成矿物质。

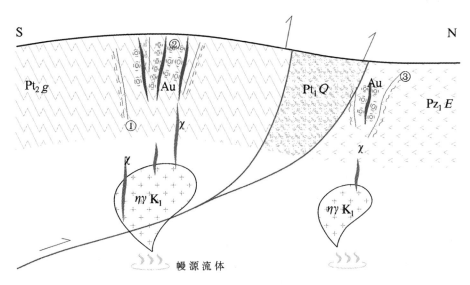

图 6-13 余冲金矿成矿模式图

Pt$_2$g. 龟山岩组;Pt$_1$Q. 秦岭构造混杂岩;Pz$_1$E. 二郎坪群;ηγK$_1$. 早白垩世二长花岗岩体;χ. 云斜煌斑岩脉。①绢云母化;②硅化;③绿泥石化

第七章 河南省全局性成矿规律总结及存在的问题

第一节 全局性成矿规律

一、全省成矿系列

陈毓川院士等(2006)论述矿床成矿系列是矿产资源地球的"细胞"。这些"细胞"可归类为组合、类型和组,而"细胞"本身由矿床成矿亚系列、矿床式和矿床所组成。矿床的成矿系列划分为5个序次:第一序次,包括矿床成矿系列组合、矿床成矿系列类型和矿床成矿系列组3类;第二序次,矿床成矿系列;第三序次,矿床成矿亚系列;第四序次,矿床式(矿床类型);第五序次,矿床。

矿床成矿系列是时空域中基本的矿床组合自然体,定义为:在特定的四维时间、空间域中,由特定的地质成矿作用形成有成因联系的矿床组合。特定的时间域是指一定的地质历史发展阶段内,一般是指一个大地构造活动旋回或相对独立的构造活动阶段;特定的空间域是指一定的地质构造单元,是指上述地质构造活动所涉及的地质构造单元,亦就是成矿的地质构造环境,一般相当于形成的三级构造单元,或跨越或包含在老的构造单元内;特定的地质成矿作用是指在此特定的时空域中发生的地质成矿作用;形成有成因联系的矿床组合是指在上述特定的时空域内由特定的地质成矿作用形成的矿床组合,它们之间具有内在的成因联系。

矿床成矿系列组合,是由不同地质成矿作用所形成的矿床成矿系列集合体。矿床成矿系列类型,是不同时代、不同地区、在类似的地质构造环境,同类成矿作用,形成各具某些特色的相似矿床成矿系列,组成矿床成矿系列类型。矿床成矿系列组,是在一个成矿区带内,同一个大构造旋回活动过程中,在不同阶段、不同地质构造环境条件中形成的各种矿床成矿系列的组合。有的矿床成矿系列产出的地质构造区较大,形成时间相对较长,成矿强度很大,而区内不同地段地质构造条件有一定差异,成矿作用除具有共性外,亦具有某些特性,这些地段形成的矿床组合构成矿床成矿系列内的亚系列。

各个构造演化阶段的成矿系列、成矿亚系列的范围不一定是不同地区的互相套合关系,尤其是构造体制的转换造成先后成矿系列范围不同程度的交割,很难从中间划定出某个成矿系列的范围不被分割的Ⅲ级成矿区带,因此在本节系统厘定全省成矿系列。

本书将一定的地质历史期间对应为全国统一划分的10个大地构造阶段;一定的地质构造单元对应于相系;一定的成矿作用包括岩浆作用、沉积作用、变质作用、表生作用。将同一构造阶段、同一相系、一组具有成因联系的矿床归为一个成矿系列。所谓具有成因联系的矿床指这些矿床处在同一相系中相邻和成矿作用相似的构造相,或处在同一大相中相邻并构造上密切响应的相。相应的成矿作用不仅可以基于构造机制上的响应,而且会出现空间位置上的叠加,因此一个成矿系列中可以出现多种关联的成矿作用。按照以上定义和原则,河南省共划分出 27 个成矿系列,进一步按照相系(成矿省)归并为 13 个成矿系列组合(表 7-1)。

表 7-1 河南省大地构造与成矿系列表

构造阶段	一级(相系)	二级(大相)	三级(相)	相关地质体	代表矿床(点)及类型	矿床成矿系列	矿床成矿系列组合
太古宙—古元古代	Ⅰ华北陆块区	Ⅰ-1 晋-冀陆块	Ⅰ-1-1 赞皇-涞水古岩浆弧(Ar₃)	林山杂岩、赞皇杂岩	行口变质海相火山-沉积型铁矿,小沟变质海相火山-沉积型铜矿	(1)华北陆块南部与新太古代海相火山-沉积变质作用有关的 Fe、Cu 矿床成矿系列	(1)华北陆块与新太古代—古元古代陆块会聚有关的 Fe、Cu、Cr、矽线石、石墨、磷灰石、天然油石、石英岩矿床成矿系列组合
		Ⅰ-2 鲁西陆块	Ⅰ-2-1 肥城-枣庄古岩浆弧(Ar₃)	泰山杂岩	民权变质海相火山-沉积型铁矿点		
		Ⅰ-3 陕豫皖陆块	Ⅰ-3-1 登封古岩浆弧(Ar₃)	登封杂岩	许昌变质海相火山-沉积型铁矿		
			Ⅰ-3-2 太华古岩浆弧(Ar₃)、被动陆缘(Pt₁)	太华杂岩下部(Ar₃)	赵案庄变质海相火山-沉积型铁矿		
				太华杂岩上部(Pt₁)	铁炉坪蛇绿岩型铬铁矿点,铁山变质海相火山-沉积型铁矿,塘山沟沉积变质型矽线石矿点,背孜沉积变质型石墨矿	(2)华北陆块南缘与古元古代弧盆系蛇绿岩、海相(火山)-沉积变质作用有关的 Fe、Cr、矽线石、石墨、磷灰石、天然油石、石英岩矿床成矿系列组合	
			Ⅰ-3-3 嵩山陆内裂谷盆地(Pt₁)	银鱼沟群、嵩山群	铁山河接触交代铁矿,助泉寺沉积变质型天然油石,坡景山沉积变质型冶金用石英岩,花峪沉积变质型磷灰石矿点		
	Ⅱ泛大洋						
	Ⅲ扬子陆块区	Ⅲ-1 扬子北缘陆块	Ⅲ-1-1 桐柏-大别古岩浆弧(Ar₃)、被动陆缘(Pt₁)	桐柏杂岩、大别杂岩	九峰尖变质海相火山-沉积型铁矿,虾子沟沉积变质型石墨矿点	(3)扬子北缘与新太古代海相火山-沉积变质作用有关的 Fe 矿床成矿系列	(2)扬子北缘与新太古代—古元古代陆块会聚有关的 Fe、矽线石、石墨、磷灰石矿床成矿系列组合
			Ⅲ-1-2 陡岭-秦岭被动陆缘(Pt₁)	秦岭杂岩、陡岭杂岩	松扒沉积变质型磷灰石矿点,祁义沉积变质型磷灰石矿点,七里坪沉积变质型矽线石矿,横岭沉积变质型石墨矿,小陡岭沉积变质型石墨矿	(4)扬子北缘与古元古代被动陆缘沉积变质作用有关的矽线石、石墨、磷灰石矿床成矿系列组合	
中元古代—青白口纪	Ⅰ华北陆块区	Ⅰ-1 华北陆块	Ⅰ-1-1 晋冀鲁古陆(Ar₁-Pt₁)				(3)华北陆块与长城纪—青白口纪裂谷盆地、陆缘盆地有关的 Mo、U、石煤、磷、白云岩矿床成矿系列组合
			Ⅰ-1-2 燕辽裂谷盆地(Ch)	长城系	轿顶山海相沉积型石英岩	(5)燕辽裂谷与长城纪海相沉积作用有关的石英岩矿床成矿系列	
			Ⅰ-1-3 豫陕陆缘裂谷盆地(Ch—Qb)	熊耳群	寨凹岩浆热液型钼矿	(6)熊耳裂谷与长城纪岩浆作用、海相沉积作用有关的 Mo、赤铁矿、磷、石英岩矿床成矿系列	
				汝阳群、洛峪群	石梯海相沉积型磷灰石矿,岱嵋砦海相沉积型赤铁矿,方山头海相沉积型石英岩		
				官道口群	八宝山海相沉积型白云岩	(7)华北陆块南缘与蓟县纪—青白口纪海相沉积作用有关的 U、石煤、磷块岩矿床成矿系列	
				栾川群	冷水海相沉积(黑色岩系)型铀矿点,煤窑沟组海湾型石煤,石门冲沉积变质型磷块岩		
			Ⅰ-1-4 徐淮被动陆缘盆地(Ch)	汝阳群、洛峪群			

续表 7-1

构造阶段	一级(相系)	二级(大相)	三级(相)	相关地质体	代表矿床(点)及类型	矿床成矿系列	矿床成矿系列组合
中元古代—青白口纪		Ⅱ泛大洋	Ⅱ-1-1 宽坪洋脊(Qb)	宽坪岩群			(4)秦岭与青白口纪蛇绿岩有关的 Cr、橄榄岩矿床成矿系列组合
		Ⅲ-1 北秦岭弧盆系	Ⅲ-1-1 峡河陆缘裂谷(Pt₂)	峡河岩群			
			Ⅲ-1-2 北秦岭弧后盆地(Qb)	小寨组、歪头山组			
			Ⅲ-1-3 北秦岭岛弧(Qb)	秦岭杂岩、青白口纪早期花岗岩带			
	Ⅲ扬子陆块北缘多岛弧盆系	Ⅲ-2 商丹结合带	Ⅲ-2-1 松树沟蛇绿混杂岩(Qb)	丹凤岩群	洋淇沟蛇绿岩型铬铁矿、橄榄岩	(8)北秦岭与青白口纪蛇绿岩有关的 Cr、橄榄岩矿床成矿系列	
		Ⅲ-3 南秦岭弧盆系	Ⅲ-3-1 南秦岭弧后盆地(Qb)	龟山岩组			
			Ⅲ-3-2 南秦岭岛弧	陡岭杂岩、桐柏杂岩、大别杂岩			
南华纪—震旦纪	Ⅰ华北陆块区	Ⅰ-1 华北陆块	Ⅰ-1-1 华北古陆				(5)秦岭与南华纪—震旦纪裂解事件有关的 Ni(Cu、PGE、Au)、Fe(V、Ti)、金红石、大理岩、磷矿床成矿系列组合
			Ⅰ-1-2 华北南缘被动陆缘盆地(Z)	董家组、罗圈组、东坡组			
	Ⅱ原特提斯洋及裂离地块	Ⅱ-1 北秦岭洋	Ⅱ-1-1 宽坪洋岛	宽坪岩群	方城变质基性岩型金红石矿	(9)北秦岭与南华纪—震旦纪海相火山、沉积变质作用有关的金红石、大理岩矿床成矿系列	
		Ⅱ-2 北秦岭地块	Ⅱ-2-1 小寨-歪头山裂谷(Z)	小寨组、歪头山组	歪头山海相沉积变质大理岩		
			Ⅱ-2-2 北秦岭古陆	秦岭杂岩			
	Ⅲ扬子陆块区	Ⅲ-1 上扬子陆块北缘裂谷系	Ⅲ-1-1 周进沟裂谷	周进沟岩组	八庙变质基性岩型金红石矿	(10)南秦岭与南华纪—震旦纪海相火山、岩浆作用有关的 Ni(Cu、PGE、Au)、Fe(V、Ti)、金红石矿床成矿系列	
			Ⅲ-1-2 南秦岭古陆	陡岭杂岩			
			Ⅲ-1-3 武当-耀岭河裂谷(Nh-Z₁)	武当岩群、耀岭河岩群、基性-超基性岩体	周庵超基性岩型(铜)镍矿,黄岗岩浆晚期分异型钒钛磁铁矿,山家庙海相火山岩型铁矿点		
		Ⅲ-2 上扬子陆块	Ⅲ-2-1 上扬子被动陆缘(Z₁)、碳酸盐台地(Z₂)	陡山沱组、灯影组	方山海相生物-化学沉积磷块岩矿点	(11)扬子北缘与震旦纪海相沉积作用有关的磷矿床成矿系列	
寒武纪—中奥陶世	Ⅰ华北陆块区	Ⅰ-1 华北陆块	Ⅰ-1-1 华北碳酸盐岩台地	辛集组—峰峰组下部	遂平海相沉积铀矿,辛集海相生物-化学沉积磷块岩矿,辛集海相蒸发沉积石膏矿,秀山海相沉积变质水泥大理岩,上坡海相沉积白云岩矿,李珍海相沉积水泥灰岩矿,清峪海相沉积熔剂灰岩	(12)华北陆块南部与寒武纪—奥陶纪海相沉积作用有关的 U、磷、石膏、碳酸盐岩矿床成矿系列	(6)华北陆块与寒武纪—奥陶纪陆表海有关的 U、磷、石膏、碳酸盐岩矿床成矿系列
			Ⅰ-1-2 陶湾被动陆缘(O)	陶湾群			

续表 7-1

构造阶段	一级(相系)	二级(大相)	三级(相)	相关地质体	代表矿床(点)及类型	矿床成矿系列	矿床成矿系列组合
寒武纪—中奥陶世	Ⅱ秦祁昆多洋盆裂离地块群	Ⅱ-1 北秦岭弧盆系	Ⅱ-1-1 二郎坪弧后盆地	二郎坪群	刘山岩海相火山岩型铜锌矿,上庄坪海相火山岩型银铅锌(重晶石)矿,条山海相火山岩型铁矿	(13)北秦岭与寒武纪—奥陶纪海相火山作用有关的Cu、Pb、Zn、Ag、Fe、重晶石矿床成矿系列	(7)秦岭与寒武纪—奥陶纪弧盆系有关的Cu、Pb、Zn、Ag、Fe、V、重晶石、石煤、磷块岩矿床成矿系列组合
			Ⅱ-1-2 秦岭火山弧基底杂岩	秦岭杂岩、高压变质带			
			Ⅱ-1-3 丹凤火山弧、弧前盆地	丹凤岩群			
		Ⅲ-1 南秦岭地块	Ⅲ-1-1 南秦岭古陆	陡岭杂岩、桐柏杂岩、大别杂岩			
			Ⅲ-1-2 南秦岭被动陆缘	水沟口组—峡崦组	大桥-上集海相生物-化学沉积型钒矿、石煤,余家庄海相生物-化学沉积型磷块岩矿	(14)南秦岭与寒武纪—奥陶纪海相沉积作用有关的V、石煤、磷块岩矿床成矿系列	
晚奥陶世—志留纪	Ⅰ华北陆块区	Ⅰ-1 华北陆块	Ⅰ-1-1 华北隆起(O_3—S)				
			Ⅰ-1-2 峰峰碳酸盐岩台地(O_3)	峰峰组上部			
	Ⅱ秦祁昆多岛弧盆系	Ⅱ-1 宽坪结合带	Ⅱ-1-1 宽坪俯冲增生杂岩带	宽坪岩群			(8)秦岭与志留纪碰撞造山有关的Ag、Pb、Zn、Nb、Ta、Li、Cs、U、Cr、白云母、红柱石、蓝晶石、独山玉、蛇纹岩矿床成矿系列组合
		Ⅱ-2 北秦岭弧盆系	Ⅱ-2-1 北秦岭深成岩浆杂岩	板山坪-黄岗后碰撞岩浆杂岩带,五垛山-桃园后碰撞花岗岩带,灰池子-桐树庄后碰撞花岗岩-伟晶岩带	银洞沟岩浆热液型银铅锌矿,破山岩浆热液型银铅锌矿,南阳山伟晶岩型铌钽锂(铯)矿,光石沟岩浆热液型铀矿点,龙泉坪伟晶岩型白云母矿,杨乃沟区域变质型红柱石矿,隐山区域变质型蓝晶石矿,独山斜长岩岩浆热液型独山玉	(15)北秦岭与志留纪岩浆作用、变质作用有关的Ag、Pb、Zn、Nb、Ta、Li、Cs、U、白云母、红柱石、蓝晶石、独山玉矿床成矿系列	
		Ⅱ-3 商丹结合带	Ⅱ-3-1 商丹蛇绿杂岩带	柳树庄-张家冲蛇绿岩带	柳树庄蛇绿岩型蛇纹岩,老龙泉蛇绿岩型铬铁矿点	(16)北秦岭与志留纪蛇绿岩有关的Cr、蛇纹岩矿床成矿系列	
		Ⅱ-4 南秦岭地块	Ⅱ-4-1 南秦岭残余盆地	蛮子营组、张湾组			
泥盆纪—中二叠世	Ⅰ华北陆块区	Ⅰ-1 华北陆块	Ⅰ-1-1 华北陆表海盆地(C—P)	本溪组—上石盒子组	郁山海相沉积型铝土矿、耐火黏土矿,海相沉积型菱铁矿点,平顶山滨海平原型煤田,冯封海相沉积型硫铁矿,山西式铁矿	(17)华北陆块南部与石炭纪—二叠纪海陆交互沉积作用有关的Al、Fe、煤、耐火黏土、硫铁矿、碳酸盐矿床成矿系列	(9)华北陆块南部与石炭纪—二叠纪陆表海有关的Al、Fe、煤、耐火黏土、硫铁矿、碳酸盐矿床成矿系列组合

续表 7-1

构造阶段	一级(相系)	二级(大相)	三级(相)	相关地质体	代表矿床(点)及类型	矿床成矿系列	矿床成矿系列组合
泥盆纪—中二叠世	Ⅱ秦祁昆多岛弧盆系	Ⅱ-1 北秦岭弧陆碰撞带	Ⅱ-1-1 北秦岭隆起				(10)秦岭与泥盆纪—石炭纪残余盆地有关的 Fe、煤、碳酸盐岩矿床成矿系列组合
			Ⅱ-1-2 扬山残余盆地(C)	花园墙组、杨山组—杨小庄组	商固海湾型煤田	(18)北秦岭与石炭纪海相沉积作用有关的煤矿床成矿系列	
		Ⅱ-2 南秦岭弧陆碰撞带	Ⅱ-2-1 南湾残余盆地(D)	南湾组			
			Ⅱ-2-2 南秦岭被动陆缘	白山沟组—周营组	永青山海相沉积型赤铁矿,金华山海相沉积水泥灰岩	(19)南秦岭与石炭纪海相沉积作用有关的赤铁矿、水泥灰岩矿床成矿系列	
晚二叠世—中三叠世	Ⅰ华北陆块区	Ⅰ-1 华北陆块	Ⅰ-1-1 华北坳陷盆地	孙家沟组—二马营组	砂岩型铀矿点		
			Ⅰ-1-2 华北南缘隆起				
	Ⅱ秦祁昆造山系	Ⅱ-1 北秦岭褶皱带	Ⅱ-1-1 北秦岭隆起				
		Ⅱ-2 南秦岭褶皱带	Ⅱ-2-1 南秦岭增生楔				
			Ⅱ-2-2 大别-苏鲁深俯冲楔(T_2—T_3^1)				
晚三叠世—早侏罗世	Ⅰ中国东部大陆边缘叠加弧盆系	Ⅰ-1 华北-秦岭叠加弧盆系	Ⅰ-1-1 华北隆起				(11)华北-秦岭与晚三叠世—早侏罗世叠加弧盆区有关的 Au、Sb、Mo、煤、白云母、蓝石棉、虎睛石、金红石矿床成矿系列组合
			Ⅰ-1-2 鄂尔多斯前陆盆地(T_3-J_1)	椿树腰组、谭庄组、义马组	义马内陆盆地型煤田	(20)华北隆起西侧与侏罗纪沉积作用有关的煤矿床成矿系列	
			Ⅰ-1-3 小秦岭-大别山北侧陆缘构造带(岩浆弧)	石英脉、石英-方解石脉	上宫岩浆热液型金矿,前范岭岩浆热液型钼矿,大湖岩浆热液型钼矿,黄水庵碳酸岩型钼(铅)矿	(21)东秦岭与晚三叠世—早侏罗世岩浆作用、沉积作用有关的 Au、Sb、Mo、煤矿床成矿系列	
			Ⅰ-1-4 瓦穴子-南召压陷盆地(T_3)	太山庙组、太子山组	南召内陆山间盆地型煤田		
			Ⅰ-1-5 东秦岭-大别构造带		大河沟岩浆热液型锑矿		
			Ⅰ-1-6 淅川高压低温变质带	蓝片岩带	马头山低温高压变质热液型蓝石棉矿,淅川变质热液型虎睛石矿	(22)南秦岭与晚三叠世—早侏罗世高压变质作用有关的白云母、蓝石棉、虎睛石、金红石矿床成矿系列	
			Ⅰ-1-7 桐柏-大别高压超高压折返带(T_3^2)	榴辉岩、伟晶岩	红显边榴辉岩型金红石矿,土门伟晶岩型白云母矿		
			Ⅰ-1-8 淅川南部构造带				

续表 7-1

构造阶段	一级(相系)	二级(大相)	三级(相)	相关地质体	代表矿床(点)及类型	矿床成矿系列	矿床成矿系列组合
中侏罗世—白垩纪	Ⅰ 中国东部大陆边缘叠加弧盆系	Ⅰ-1 华北东部盆岭区	Ⅰ-1-1 太行山隆起区(岩浆弧)	闪长岩	李珍接触交代型铁矿,沙沟岩浆热液型铅锌矿,大池山岩浆热液型重晶石	(23)太行山与中侏罗世—白垩纪岩浆作用有关的Fe、Pb、Zn、重晶石矿床成矿系列	(12)华北盆地外侧与中侏罗世—白垩纪岩浆-火山弧有关的Mo、W、Au、Ag、Pb、Zn、Cu、Fe、硫铁矿、萤石、重晶石、珍珠岩、沸石、膨润土矿床成矿系列组合
			Ⅰ-1-2 太行山前拆离断陷盆地群(K_2)				
			Ⅰ-1-3 鲁西南部隆起区				
			Ⅰ-1-4 济源-黄口断陷盆地(J_2-K_2)				
			Ⅰ-1-5 登封-通许隆起区				
			Ⅰ-1-6 周口坳陷盆地(J_2-K_2)				
			Ⅰ-1-7 北淮阳盆地(J_2-K_2)、火山喷发带(K_1)				
			Ⅰ-1-8 豫东南隆起区(岩浆弧)	花岗岩	大王庄接触交代型铁矿,永夏煤田接触变质型天然焦	(24)豫东与中侏罗世—白垩纪岩浆作用有关的Fe、天然焦矿床成矿系列	
		Ⅰ-2 东秦岭-大别岩浆弧	Ⅰ-2-1 小秦岭-伏牛山岩浆岩带	二长花岗岩	岩浆热液型矿床:文峪岩金矿,铁炉坪铅锌矿,王坪西沟铅锌矿,赤土店铅锌银矿,马顶山钨(锰)矿,陈楼萤石矿,宫前重晶石矿,拐河滑石矿;斑岩(侵入角砾岩)-接触交代型矿床:祁雨沟金矿,雷门沟钼矿,南泥湖-三道庄钼钨矿,夜长坪钼钨矿,曲里铁(锌铜)矿,八宝山铁矿,银家沟硫铁矿	(25)东秦岭-大别与中侏罗世—白垩纪岩浆、火山作用有关的Mo、W、Au、Ag、Pb、Zn、Cu、Fe、硫铁矿、萤石、重晶石、珍珠岩、沸石、膨润土矿床成矿系列	
			Ⅰ-2-2 北秦岭岩浆岩带	二长花岗岩	岩浆热液型矿床:银洞坡金矿,老湾式金矿,天目山银铅锌矿,尖山萤石矿;斑岩-接触交代型矿床:石门沟钼矿,秋树湾钼铜矿		
			Ⅰ-2-3 南召断陷盆地(K_2)				
			Ⅰ-2-4 桐柏-大别岩浆岩带	火山碎屑岩、花岗斑岩、二长花岗岩	陆相火山-热液矿床:皇城山银矿,白石坡银铅锌矿,上天梯式珍珠岩、沸石、膨润土;岩浆热液型矿床:余冲金矿,熊家店萤石矿;斑岩型矿床:母山钼矿,千鹅冲钼矿,汤家坪钼矿		
		Ⅰ-3 华南盆岭区	Ⅰ-3-1 南秦岭隆起区	二长花岗岩	蒲塘侵入角砾岩型金矿		
			Ⅰ-3-2 南阳西部断陷盆地群(K_2)				

续表 7-1

构造阶段	一级(相系)	二级(大相)	三级(相)	相关地质体	代表矿床(点)及类型	矿床成矿系列	矿床成矿系列组合
新生代	Ⅰ中国东部大陆边缘叠加弧盆系	Ⅰ-1华北伸展区	Ⅰ-1-1 太行山盆岭区			(26)华北与新生代沉积作用有关的油气、岩盐、石膏、熔剂灰岩矿床成矿系列	(13)华北-秦岭与新生代沉积盆地有关的砂金、油气、油页岩、岩盐、天然碱、石膏、碳酸盐矿床成矿系列组合
			Ⅰ-1-2 华北沉积盆地	古近系、新近系	中原油气田、岩盐、石膏,潞王坟石膏		
			Ⅰ-1-3 南华北沉积盆地	古近系、新近系	叶县盐田、龙岗熔剂用灰岩		
			Ⅰ-1-4 豫西盆岭区	古近系	潭头油页岩,陈家山石膏		
			Ⅰ-1-5 秦岭-大别盆岭区	古近系	淅川县砂金矿点,吴城天然碱、油页岩	(27)秦岭-大别盆岭区与新生代沉积作用有关的砂金、油气、油页岩、岩盐、天然碱、石膏矿床成矿系列	
			Ⅰ-1-6 南襄沉积盆地	古近系	南阳油气田,安棚天然碱、石膏矿		

二、成矿谱系

将矿床成矿系列或成矿亚系列置于时空域中(图 7-1),可以看出矿床成矿系列的演化和区域矿床成矿谱系具有以下的特点。

1. 四大成矿构造阶段的矿床成矿系列组合

从矿床成矿系列的时空分布及其之间的关联程度,以及所从属的大地构造域(成矿域),可划分为四大成矿构造阶段:前寒武纪,寒武纪—早石炭世,晚石炭世—中三叠世,晚三叠世以来。

前寒武纪,为与华北陆块绿岩盆地、周缘盆地及扬子北缘陆块形成、裂解有关的成矿阶段。两大构造相系区的成矿系列互不关联,华北陆块区太古宙末期—元古宙初期发育与古陆块会聚有关的 Fe、石墨等矿床成矿系列,之后有古元古代与裂谷-陆缘盆地有关的 Cu、磷、石英岩矿床成矿系列组,中—新元古代陆缘盆地中与沉积作用有关的 Fe、U、石英岩、石煤、磷(V)矿床成矿系列。秦岭地区(扬子北缘)在新太古代—古元古代同样发育具有陆块特征的 Fe、石墨等矿床成矿系列,之后为青白口纪 Rodinia 超大陆形成时期的与蛇绿岩有关的铬铁矿、橄榄岩矿床成矿亚系列,南华纪 Rodinia 超大陆裂解事件中的 Ni(Cu、PGE、Au)、Fe(V、Ti)、金红石矿床成矿亚系列;两个大地构造相系区之间在震旦纪才出现与大洋玄武岩有关的金红石成矿亚系列。

寒武纪—早石炭世,为古特提斯成矿域秦岭多岛弧盆系和华北陆块相系区成矿系列组合。秦岭弧盆系中的成矿系列与华北被动陆缘的成矿系列开始横向关联,如:当秦岭弧盆系发育寒武纪—奥陶纪与海相火山作用有关的 Cu、Zn、Pb、Ag、Fe、重晶石矿床成矿亚系列,与蛇绿岩有关的 Cr、蛇纹岩矿床成矿亚系列,以及与俯冲变质带有关的红柱石、蓝晶石矿床成矿亚系列时,华北陆块相应处在由南向北的海进时期,形成与寒武纪—奥陶纪沉积作用有关的 U、磷、碳酸盐岩、石膏矿床成矿亚系列;当秦岭弧盆系碰撞闭合,形成与志留纪花岗伟晶岩有关的稀有金属、白云母矿床成矿亚系列,并持续碰撞形成早石炭世前陆盆地煤成矿亚系列时,华北陆块相应持续隆升为古陆,遭受长期的风化剥蚀,为下阶段的成矿准备物源。

晚石炭世—中三叠世,成矿作用来自古特提斯、古亚洲构造域双方面的影响。一方面,秦岭与

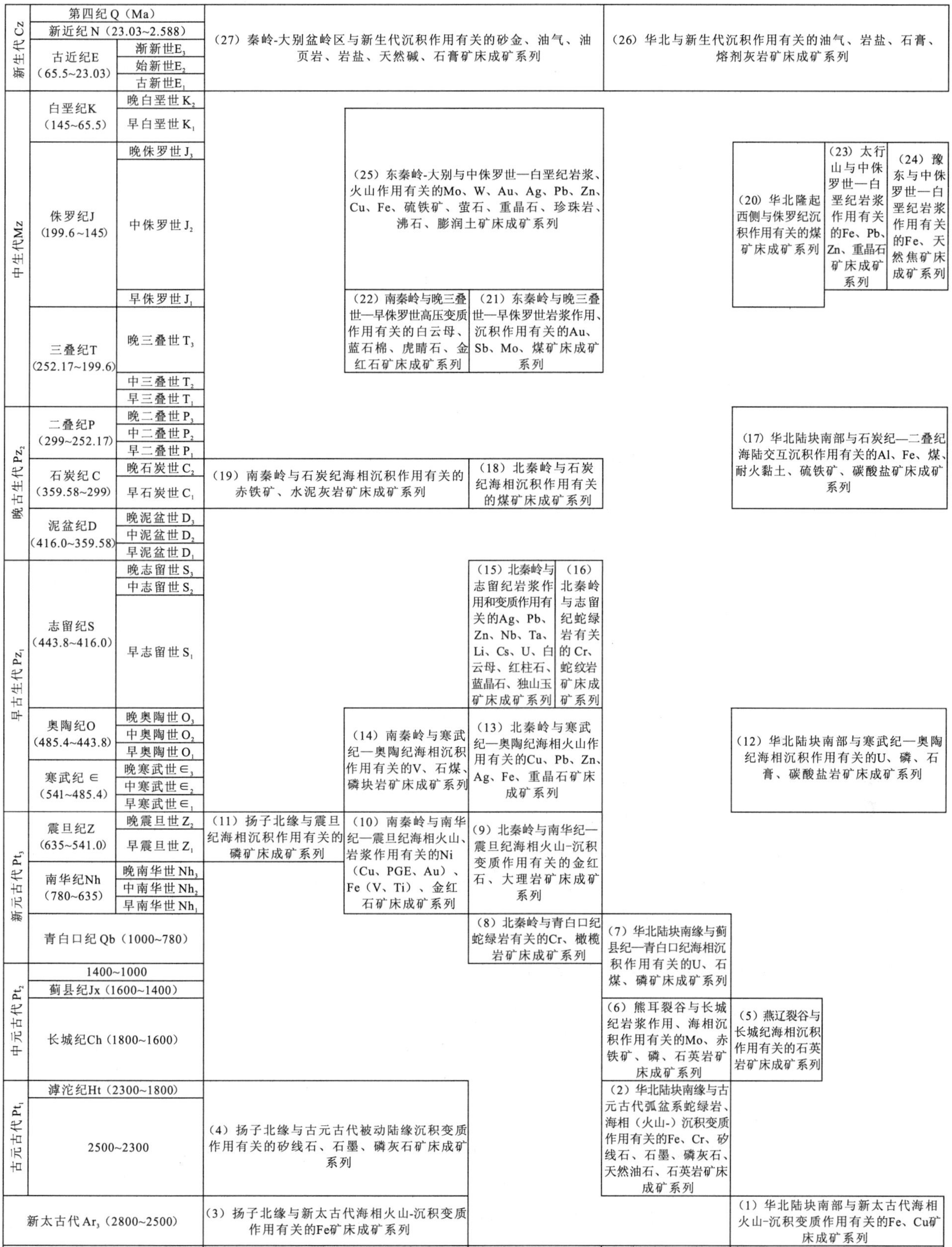

第七章 河南省全局性成矿规律总结及存在的问题

代	纪	世	南秦岭	北秦岭	华北陆块南缘	华北陆块南部
新生代Cz	第四纪Q（Ma）		（27）秦岭-大别盆岭区与新生代沉积作用有关的砂金、油气、油页岩、岩盐、天然碱、石膏矿床成矿系列		（26）华北与新生代沉积作用有关的油气、岩盐、石膏、熔剂灰岩矿床成矿系列	
	新近纪N（23.03~2.588）					
	古近纪E（65.5~23.03）	渐新世E_3				
		始新世E_2				
		古新世E_1				
中生代Mz	白垩纪K（145~65.5）	晚白垩世K_2				
		早白垩世K_1				
	侏罗纪J（199.6~145）	晚侏罗世J_3	（25）东秦岭-大别与中侏罗世—白垩纪岩浆、火山作用有关的Mo、W、Au、Ag、Pb、Zn、Cu、Fe、硫铁矿、萤石、重晶石、珍珠岩、沸石、膨润土矿床成矿系列		（23）太行山与中侏罗世—白垩纪岩浆作用有关的Fe、Pb、Zn、重晶石矿床成矿系列	（24）豫东与中侏罗世—白垩纪岩浆作用有关的Fe、天然焦矿床成矿系列
		中侏罗世J_2				
					（20）华北隆起西侧与侏罗纪沉积作用有关的煤矿床成矿系列	
		早侏罗世J_1	（22）南秦岭与晚三叠世—早侏罗世高压变质作用有关的白云母、蓝石棉、虎睛石、金红石矿床成矿系列	（21）东秦岭与晚三叠世—早侏罗世岩浆作用、沉积作用有关的Au、Sb、Mo、煤矿床成矿系列		
	三叠纪T（252.17~199.6）	晚三叠世T_3				
		中三叠世T_2				
		早三叠世T_1				
晚古生代Pz_2	二叠纪P（299~252.17）	晚二叠世P_3				（17）华北陆块南部与石炭纪—二叠纪海陆交互沉积作用有关的Al、Fe、煤、耐火黏土、硫铁矿、碳酸盐矿床成矿系列
		中二叠世P_2				
		早二叠世P_1				
	石炭纪C（359.58~299）	晚石炭世C_2	（19）南秦岭与石炭纪海相沉积作用有关的赤铁矿、水泥灰岩矿床成矿系列	（18）北秦岭与石炭纪海相沉积作用有关的煤矿床成矿系列		
		早石炭世C_1				
	泥盆纪D（416.0~359.58）	晚泥盆世D_3				
		中泥盆世D_2				
		早泥盆世D_1				
早古生代Pz_1	志留纪S（443.8~416.0）	晚志留世S_3		（15）北秦岭与志留纪岩浆作用和变质作用有关的Ag、Pb、Zn、Nb、Ta、Li、Cs、U、白云母、红柱石、蓝晶石、独山玉矿床成矿系列	（16）北秦岭与志留纪蛇绿岩有关的Cr、蛇纹岩矿床成矿系列	
		中志留世S_2				
		早志留世S_1				
	奥陶纪O（485.4~443.8）	晚奥陶世O_3	（14）南秦岭与寒武纪—奥陶纪海相沉积作用有关的V、石煤、磷块岩矿床成矿系列	（13）北秦岭与寒武纪—奥陶纪海相火山作用有关的Cu、Pb、Zn、Ag、Fe、重晶石矿床成矿系列	（12）华北陆块南部与寒武纪—奥陶纪海相沉积作用有关的U、石膏、碳酸盐岩矿床成矿系列	
		中奥陶世O_2				
		早奥陶世O_1				
	寒武纪∈（541~485.4）	晚寒武世$∈_3$				
		中寒武世$∈_2$				
		早寒武世$∈_1$				
新元古代Pt_3	震旦纪Z（635~541.0）	晚震旦世Z_2	（11）扬子北缘与震旦纪海相沉积作用有关的磷矿床成矿系列	（10）南秦岭与南华纪—震旦纪海相火山-岩浆作用有关的Ni（Cu、PGE、Au）、Fe（V、Ti）、金红石矿床成矿系列	（9）北秦岭与南华纪—震旦纪海相火山-沉积变质作用有关的金红石、大理岩矿床成矿系列	
		早震旦世Z_1				
	南华纪Nh（780~635）	晚南华世Nh_3				
		中南华世Nh_2				
		早南华世Nh_1				
	青白口纪Qb（1000~780）			（8）北秦岭与青白口纪蛇绿岩有关的Cr、橄榄岩矿床成矿系列	（7）华北陆块南缘与蓟县—青白口纪海相沉积作用有关的U、石煤、磷矿床成矿系列	
中元古代Pt_2		1400~1000			（6）熊耳裂谷与长城纪岩浆作用、海相沉积作用有关的Mo、赤铁矿、磷、石英岩矿床成矿系列	（5）燕辽裂谷与长城纪海相沉积作用有关的石英岩矿床成矿系列
	蓟县纪Jx（1600~1400）					
	长城纪Ch（1800~1600）					
古元古代Pt_1	滹沱纪Ht（2300~1800）		（4）扬子北缘与古元古代被动陆缘沉积变质作用有关的矽线石、石墨、磷灰石矿床成矿系列		（2）华北陆块南缘与古元古代弧盆系蛇绿岩、海相（火山-）沉积变质作用有关的Fe、Cr、矽线石、石墨、磷灰石、天然油石、石英岩矿床成矿系列	
		2500~2300				
	新太古代Ar_3（2800~2500）		（3）扬子北缘与新太古代海相火山-沉积变质作用有关的Fe矿床成矿系列			（1）华北陆块南部与新太古代海相火山-沉积变质作用有关的Fe、Cu矿床成矿系列
	中太古代Ar_2（3200~2800）		南秦岭	北秦岭	华北陆块南缘	华北陆块南部

图 7-1 河南省成矿谱系图

华北陆块之间的会聚继续进行,但可能存在的早二叠世—中三叠世岩浆弧及其成矿系列已被剥蚀(见第二章第二节),仅保留了中三叠世大别超高压变质带中的金红石、白云母矿床成矿亚系列和华北陆块南缘与钾长花岗岩有关的 Mo 矿床成矿亚系列;另一方面,古亚洲洋的消减造成来自北方的海侵,形成自北向南迁移的晚石炭世—二叠纪与碎屑岩陆表海有关的煤、U、铝土矿、耐火黏土、碳酸盐岩矿床成矿系列。

晚三叠世以来,古特提斯板块、古亚洲板块与古太平洋板块的三面会聚形成中国东部高原,首先发育高原南边的晚三叠世—中侏罗世 Mo、煤成矿系列组和高原西边的与鄂尔多斯前陆盆地沉积作用有关的煤矿床成矿亚系列。侏罗纪与白垩纪之交,由于高原垮塌形成华北地区周边的岩浆成矿系列,在河南省分别有秦岭—大别山地区与岩浆作用有关的 Mo、W、Au、Ag、Pb、Zn、Sb、Cu、Fe、S、萤石、珍珠岩、沸石、膨润土矿床成矿系列,太行山—嵩山地区与岩浆作用有关的 Fe、Pb、Zn、重晶石、天然焦矿床成矿亚系列,鲁西—豫东地区与早白垩世花岗岩有关的 Fe、天然焦矿床成矿亚系列。随后是古近纪秦岭—大别山地区山间盆地中的油气、天然碱、岩盐、石膏、油页岩成矿系列,以及华北地区油气、岩盐、石膏成矿系列。

2. 不同大地构造单元或地区的成矿特性

在区域成矿谱系中,特定的大地构造单元或地区始终保持一定的成矿特色,如:南秦岭南部的淅川地区始终保持与扬子陆块的亲缘性,其成矿系列的演化基本与上扬子周缘保持一致;商丹结合带自中元古代后为南、北秦岭的分界,成矿系列类型也是地块结合带所特有的;华北陆块周缘始终是地质作用的活跃地带,成矿系列类型也最为多样。

3. 大规模成矿作用的片段性与爆发性

河南省大规模的成矿作用有 4 种表现形式:一是新太古代—古元古代初期绿岩盆地中普遍存在的沉积变质铁矿,但在长期的地质构造演化过程中被保留得不多;二是长期的古陆环境之后,短期的海侵造成沉积矿产的覆盖,如 C_2—P_1 时期的碎屑岩陆表海铝土矿、耐火黏土和煤矿床成矿系列;三是侏罗纪与白垩纪之交,高原垮塌所造成的 Mo、W、Au、Ag、Pb、Zn、Sb、Cu、Fe、S、萤石、重晶石、珍珠岩、沸石、膨润土、天然焦矿床成矿系列;四是新生代沉积盆地总体的持续沉降,使盐湖矿产得以形成和保存,生烃物质达到转化为油气的埋藏深度,各种次生天然气有了得以储存的场所,形成分布区域较广的油气、天然碱、岩盐、石膏、油页岩成矿系列。

4. 区域矿床成矿谱系中成矿元素的演化

在区域矿床成矿谱系中,成矿元素或矿物从最初新太古代的 Cr、Fe、P、石墨,向逐渐增多的元素和矿物种类发展。这种变化是地壳逐渐增厚和壳幔演化结果的反映,最为突出的是早白垩世成矿元素的分布特征,如 W、Mo、Pb、Zn 的成矿强度与所处地壳厚度成正比,Au、Ag 矿床总是出现在壳幔陡变带和幔源基性岩墙密集分布的地带,萤石分布在浅源浅成巨大花岗岩基的周围。由于地壳演化历史有限,在河南省内尚未发现成矿元素的轮回出现或某个具体的矿源层,如:巨大的 Mo 矿带几乎与华北陆块南缘和秦岭造山带所有的前白垩纪地层单位为围岩,成矿元素来自下地壳而不是出露的围岩;Au、Ag 矿床周围的地层单位同样相当广泛,包括新太古代花岗-绿岩地体在内的围岩 Au、Ag 丰度正常甚至偏低,大量 Pb 同位素示踪也找不出矿床周围的矿源层,是幔源流体形成矿床和地球化学异常,而不是异常中的元素富集成矿。

三、重要矿产类型成矿规律与找矿方向

1. 太古宙—元古宙铁矿

尽管有关古陆块的边界来自覆盖区重力、磁场的分析，但近年来发表的有关新太古代、古元古代地质体的精确同位素年龄及其相应研究成果，使得古陆块的地质信息逐步清晰。长期以来的钻探验证表明，重力高、磁场强的重合部位是不会存在沉积变质铁矿的，因为它是基性岩体或相对老的陆核的体现，古陆核的重磁场也可以是重力高磁力低，变质强度决定重力场值，因此找矿方向是重力高的周边花岗岩化的原沉积盆地。舞阳—新蔡一线的找矿方向先后经历了数十年的探索，改为许昌—新蔡一线的找矿或许有所成效。

2. 铝土矿成矿规律与找矿方向

新的岩相古地理研究和碎屑锆石研究表明，岱嵋寨、嵩山和箕山是中生代褶皱隆起，基于有关"古陆""古岛""水下高地"的思想影响了几十年的铝土矿找矿工作。新的研究思想是，成矿物质来自西南方向的北秦岭，远离古陆仅有铝土质页岩。受中—新生代盆地影响，河南省内在当前已知铝土矿分布区之外，发现新的铝土矿成矿区的可能性不大。

3. 金矿成矿规律与找矿方向

金矿分布在壳幔陡变带是全球适用的大道理，河南省不应围绕绿岩开展金矿找矿，而是要研究分析云煌岩等基性、超基性脉岩分布区的成矿地质条件，在壳幔陡变带上研究有利的储矿构造。

4. 钼矿成矿规律与找矿方向

20 世纪的钼矿找矿工作主要围绕小岩体。而今在大花岗岩基周边内外寻找钼矿成为新的重要找矿方向。与早白垩世浅源浅成大花岗岩基有关的萤石矿，常与花岗岩基内外同期的深源浅成含钼小花岗岩体共生在一起。

5. 铅锌银矿成矿规律与找矿方向

与早白垩世花岗岩浆活动有关的铅锌（银）矿是河南省该矿种组最主要的成矿类型，主要分布在地壳厚度最大的豫西幔向斜内，银铅锌矿分布在幔向斜外围趋向壳幔陡变带的部位。北秦岭核部志留纪岩浆弧是银（铅锌）矿的成矿亚带，该复式向斜褶皱带中的次级背斜部位控制了已知大中型银矿产地的分布，隐伏矿和浅覆盖的有利区段是今后的主攻方向。

6. 锑矿成矿规律与找矿方向

寻找锑矿时应分析成矿时可能存在的圈闭构造，淅川南部碳酸盐岩分布区的高强度锑异常区不具有有利的成锑的构造条件。

第二节 存在的问题

一、关于成矿区带和矿床成矿系列的划分

本书在成矿区带划分方面与全国成矿区带划分图(试行,2008)存在一定差别,如将信阳中—新生代盆地的南界(不包括早白垩世火山岩)作为华北成矿省与秦岭-大别成矿省的分界线,将三门峡-鲁山断裂作为秦岭造山带的北界和相应的Ⅲ级成矿区带的界线,对中—新生代盆地进行了系统的成矿区带的划分,不妥之处待进一步研究。

历来大地构造划分与成矿区带、矿床成矿系列的划分不能有机的结合,本书按照大地构造相系对矿床成矿系列的划分进行了探讨,所涉及的矿床成矿系列概念与前人存在出入,如何把握矿床成矿系列划分的"四个一定",有待深入的领会和运用。

二、关于重要成矿、赋矿地质体的时代

以往大量的同位素年代学数据与近年来精确的单颗粒锆石 U-Pb 表面年龄、锆石微区 U-Pb 年龄和 Re-Os 同位素年龄相比,一般存在悬殊的随机误差,精确的同位素年代学数据也不支持有关微体化石地层年代。本书关于地层、岩体地质年代的厘定,基于已建立的地层单位或存在原位长期的构造演化,或存在构造重复或拼贴,跨代、重复或混杂现象普遍的认识;基于造山带中盆地封闭时应该是复式向斜的理念;仅采用新发表的同位素年代学数据。新的同位素年代学数据尚不全面并不断在发表,重新厘定的地层时代和大地构造相时空结构与以往不同观点均相差甚远,难免存在偏颇的认识,有待今后开展一系列的专题研究。

三、关于重要矿集区深部及其浅覆盖区的成矿规律

关于重要矿集区的深部和浅覆盖区的成矿规律研究,当前还处在摸索和局部的研究阶段,需要运用系统的深穿透、高分辨的综合技术手段,开展一系列的专题研究。

主要参考文献

白凤军,肖荣阁,刘国营.河南嵩县钾长石石英脉型钼矿矿床成因分析[J].地质与勘探,2009,45(4):335-342.
白凤军.罗村斑岩-角砾岩型钼矿床成矿地质特征及找矿方向[J].矿产与地质,2007,21(5):527-531.
白桦,杨明慧,曾鹏,等.周口坳陷叶鲁断裂带构造特征及其演化[J].现代地质,2010,24(6):1035-1041.
柏天宝,赵斌.钼在花岗质熔体相和流体相间的分配实验[J].地球化学,1991(4):382-389.
包志伟,李创举,祁进平.东秦岭栾川铅锌银矿田辉长岩锆石 SHRIMP U-Pb 年龄及成矿时代[J].岩石学报,2009,25(11):2951-2956.
包志伟,王强,白国典,等.糜棱岩化-绢云母化对东秦岭方城正长岩中锆石 U-Pb 体系的影响[J].地球化学,2009(1):27-36.
鲍佩声,王希斌.富铝型豆荚状铬铁矿床的成矿模式[J].地球学报,1997,18(1):25-39.
鲍佩声.再论蛇绿岩中豆荚状铬铁矿的成因——质疑岩石/熔体反应成矿说[J].地质通报,2009,28(12):1741-1761.
毕诗健,李建威,李占轲.华北克拉通南缘小秦岭金矿区基性脉岩时代及地质意义[J].地球科学(中国地质大学学报),2011,36(1):17-32.
蔡锦辉,韦昌山,李铭,等.刘山岩铜锌矿床成矿地质特征及成矿预测[J].华南地质与矿产,2009(1):20-25,42.
蔡锦辉,张燕挥,徐遂勤,等.河南大河铜矿床成矿时代[J].华南地质与矿产,2010(3):19-24.
蔡志勇,罗洪,熊小林,等.武当岩群上部变沉积岩组时代归属问题:单锆石 U-Pb 年龄的制约[J].地层学杂志,2006,30(1):60-63.
蔡志勇,熊小林,罗洪,等.武当地块耀岭河群火山岩的时代归属:单锆石 U-Pb 年龄制约[J].地质学报,2007,81(5):620-625.
曹高社,杨启浩,高立祥,等.晚三叠世留山盆地沉积特征与构造环境分析[J].地质科学,2010,45(3):718-733.
曹高社,赵太平,冯有利,等.豫西后造山阶段存在变质核杂岩吗?[J].地质论评,1997,43(4):365-372.
常印佛.中国镍铜铂岩浆硫化物矿床与成矿预测[M].北京:地质出版社,2006.
陈传诗,曹运兴.河南义马煤田的逆冲推覆构造[J].河南地质,1991,9(3):31-36.
陈丹玲,刘良,孙勇,等.北秦岭松树沟高压基性麻粒岩锆石的 LA-ICP-MS U-Pb 定年及其地质意义[J].科学通报,2004,48(18):1901-1908.
陈丹玲,刘良,周鼎武,等.东秦岭松树沟超镁铁质岩中辉石巨晶的成因和 $^{40}Ar-^{39}Ar$ 定年及其地质意义[J].岩石学报,2002,18(3):355-362.
陈发亮,陈业全,魏生祥,等.东濮凹陷盐湖准层序发育特征研究[J].盐湖研究,2004,12(4):18-22.
陈光汉,张庆国.舞阳凹陷叶县盐田地质特征[J].河南地质,1989,7(2):1-7.
陈浩琉,吴水波,傅德彬,等.镍矿床[M].北京:地质出版社,1993.
陈建立.河南上庄坪铜铅锌矿床地质特征及成因探讨[J].地质找矿论丛,2005(1):26-30.
陈建平.矿产资源勘查与评价学科发展动态[J].地质科技情报,1999,18(3):47-50.
陈骏,王鹤年.地球化学[M].北京:科学出版社,2004.
陈良,戴立军,王铁军,等.河南省老湾金矿床地球化学特征及矿床成因现代地质[J].2009,23(2):277-284.
陈玲,马昌前,佘振兵,等.大别山北淮阳构造带柳林辉长岩:新元古代晚期裂解事件的记录[J].地球科学,2006,31(4):578-584.
陈能松,巴金,张璐,等.东秦岭商丹断裂带南侧武关岩群的锆石 LA-ICP-MS U-Pb 年龄[J].地质通报,2009(5):556-560.

陈全树,何文平,周迪. 河南省洛阳-三门峡铝土矿地质特征及其勘查开发前景[J]. 地质找矿论丛,2002,17(4):252-256,270.

陈世益,周芳,何学锋. 中国南方新生代主要岩类的红土化进程[J]. 中国有色金属学报,1994,4(3):1-5.

陈世益. 广西铝针铁矿的研究及其意义[J]. 广西地质,1997,10(2):21-24.

陈铁岭,黄任远,董有,等. 成因地质模型在斑岩型钼矿资源总量预测上的应用[J]. 河南地质,1987,5(1):51-57.

陈伟,徐兆文,李红超,等. 河南新县花岗岩岩基的岩石成因、来源及对西大别构造演化的启示[J]. 地质学报,2013,87(10):1510-1524.

陈伟民. 河南水洞岭铜多金属矿床地球化学异常特征及找矿标志[J]. 矿床与地质,1998(6):427-431.

陈文明,党泽发. 论中国斑岩-矽卡岩型铜钼矿床的形成与地壳演化的关系[J]. 大地构造与成矿学,1989,13(3):214-225.

陈西京. 深处岩浆分异与某地花岗伟晶岩的形成[J]. 地球化学,1976(3):213-229.

陈祥,丁连民,刘洪涛,等,南襄盆地泌阳凹陷陆相页岩储层压裂技术研究与应用[J]. 石油与天然气地质,2011,25(3):93-96.

陈祥,王敏,严永新,等. 泌阳凹陷陆相页岩油气成藏条件[J]. 石油与天然气地质,2011,32(4):568-575.

陈祥,严永新,章新文,等. 南襄盆地泌阳凹陷陆相页岩油气形成条件研究[J]. 石油实验地质,2011,33(2):137-147.

陈小军,罗顺社,张建坤,等. 安棚地区天然碱沉积特征及成因研究[J]. 沉积与特提斯地质,2009,29(3):42-45.

陈衍景,李超,张静,等. 秦岭钼矿带斑岩体锶氧同位素特征与岩石成因机制和类型[J]. 中国科学,2000,30(增刊):64-72.

陈衍景,隋颖慧. Pirajno F. CMF模式的排他性依据和造山型银矿实例:东秦岭铁炉坪银矿同位素地球化学[J]. 岩石学报,2003,19(3):551-568.

陈衍景,隋颖慧. 河南铁炉坪银矿床的地质和D-O-C同位素体系及成因[J]. 地质学报.2005(1):144.

陈衍景,唐国军,Pirajno F,等. 东秦岭上宫金矿流体成矿作用:放射成因同位素地球化学研究[J]. 矿物岩石,2004,24(3):22-27.

陈毓川,等. 中国主要成矿区带矿产资源远景评价[M]. 北京:地质出版社,1999.

陈毓川,裴荣富,宋天锐,等. 中国矿床成矿系列初论[M]. 北京:地质出版社,1989.

陈毓川,裴荣富,王登红. 三论矿床的成矿系列问题[J]. 地质学报,2006,80(10):1501-1508.

陈毓川,王登红,等. 重要矿产和区域成矿规律研究技术要求[M]. 北京:地质出版社,2010.

陈毓川,王登红,等. 重要矿产预测类型划分方案[M]. 北京:地质出版社,2010.

陈毓川,王平安,秦克令,等. 秦岭地区主要金属矿床成矿系列的划分及区域成矿陈毓川孟祥化律探讨[J]. 矿床地质,1994,13(4):289-298.

陈毓川,王平安,秦克令,等. 秦岭地区主要金属矿床成矿系列的划分及区域成矿规律探讨[J]. 矿床地质,1994,13(4):289-298.

陈毓川,薛春纪,王登红,等. 华北陆块北缘区域矿床成矿谱系探讨[J]. 高校地质学报,2003,9(4):520-535.

陈毓川,朱裕生,等.中国成矿体系与区域成矿评价[M]. 北京:地质出版社,2007.

陈毓川,朱裕生,等.中国矿床成矿模式[M]. 北京:地质出版社,1993.

陈毓川. 当代矿产资源勘查评价的理论与方法[M]. 北京:地震出版社,1999.

陈毓川. 中国主要成矿区带矿产资源远景评价[M]. 北京:地质出版社,1993.

陈岳龙,张本仁. 华北克拉通南缘豫西燕山期花岗岩类的Pb、Sr、Nd同位素地球化学特征[J]. 地球科学,1994,19(3):375-381.

陈彰瑞,鲍世聪,李光福,等.东-松超镁铁岩体铬铁矿成因地质现象分析[J]. 武汉化工学院学报,1995,17(3):41-43.

陈彰瑞,程寄皋. 东秦岭松树沟超镁铁岩体铬铁矿成矿特征分析[J]. 中国有色金属学报,1997,7(2):11-16.

陈彰瑞,余研,李先福. 超镁铁岩体铬铁矿穆斯堡尔谱成因分析[J]. 武汉化工学院学报,1995,17(1):32-37.

陈征,李江海,程素华,等.遵化新太古代豆荚状铬铁矿变形特征、变形机制及其大洋地幔扩张运移的指示意义[J]. 大地构造与成矿学,2006,30(2):149-159.

陈征,李江海,黄雄南,等.豆荚状铬铁矿豆状结构成因机制探讨——以遵化地区豆荚状铬铁矿为例[J]. 地学前缘,2004,11(1):215-223.

陈志宏,陆松年,李怀坤,等.北秦岭德河黑云二长花岗岩片麻岩体的成岩时代[J].地质通报,2004,23(2):136-141.

陈志宏,陆松年,李怀坤,等.秦岭造山带富水中基性侵入杂岩的成岩时代——锆石U-Pb及全岩Sm、Nd同位素年代学新证据[J].地质通报,2004,23(4):322-328.

程寄皋,冀哲明,何先池,等.东秦岭松树沟铬铁矿矿物组分特征及其成矿条件分析[J].新疆有色金属,1997(1):9-11.

程小珍,杨伦,张晓.内蒙古小东沟钼矿成矿地质条件分析[J].地质与勘探,2007,43(5):11-16.

崔来运,王纪中.王屋山断隆带铜矿地质特征及找矿方向[J].地质调查与研究,2006(3):185-192.

崔小军,康顺福,刘家军,等.中条裂谷的递进演化与王屋山地区铜矿成矿地质条件分析[J].地质找矿论丛,2007(1):24-30.

崔智林,梅志超,孟庆仁,等.南秦岭寒武纪—奥陶纪碳酸盐岩台地演化[J].沉积学报,1997(1):161-168.

代元平.河南省桐柏县刘山岩铜锌矿带鸭子口矿区地质、地球物理、地球化学特征[J].华南地质与矿床,2009(3):59-63.

邓小华,陈衍景,姚军明,等.河南省洛宁县寨凹钼矿床流体包裹体研究及矿床成因[J].中国地质,2008,35(6):1250-1266.

邓小华,姚军明,李晶,等.河南省西峡县石门沟钼矿床流体包裹体特征和成矿时代研究[J].岩石学报,2011,27(5):1439-1452.

邓燕华,缪秉魁,张曼.河南南阳独山发现橄榄质科马提岩[J].桂林冶金地质学院学报,1989,9(4):349-359.

第五春荣,孙勇,林慈銮,等.河南鲁山地区太华杂岩LA-(MC)-ICPMS锆石U-Pb年代学及Hf同位素组成[J].科学通报,2010(21):2112-2123.

第五春荣,孙勇,林慈銮,等.豫西宜阳地区TTG质片麻岩锆石U-Pb定年和Hf同位素地质学[J].岩石学报,2007,23(2):253-262.

第五春荣,孙勇,刘良,等.北秦岭宽坪岩群的解体及新元古代N-MORB[J].岩石学报,2010,26(7):2025-2038.

第五春荣,孙勇,袁洪林,等.河南登封地区嵩山石英岩碎屑锆石U-Pb年代学、Hf同位素组成及其地质意义[J].科学通报,2008(16):1923-1934.

董树文,李廷栋,钟大赉,等.侏罗纪/白垩纪之交东亚板块汇聚的研究进展和展望[J].中国科学基金,2009(5):281-286.

董云鹏,周鼎武,刘良,等.东秦岭松树沟蛇绿岩Sm-Nd同位素年龄的地质意义[J].中国区域地质,1997,16(2):217-221.

董云鹏,周鼎武,张国伟.东秦岭富水基性杂岩体地球化学特征及其形成环境[J].地球化学,1997,26(3):79-87.

董云鹏,周鼎武,张国伟.东秦岭松树沟超镁铁岩侵位机制及其构造演化[J].地质科学,1997,32(2):173-179.

董云鹏,周鼎武,张国伟.东秦岭松树沟蛇绿岩中超镁铁质岩及铬铁矿的成因探讨[J].地质找矿论丛,1996,11(1):33-43.

董增产,王洪亮,郭彩莲,等.北秦岭西段奥陶纪红花铺岩体岩石地球化学特征及地质意义[J].岩石矿物学杂志,2009,28(2):109-117.

杜海峰,于兴河,陈发亮.河南省东濮凹陷古近系沙河街组沙三段盐岩沉积特征及其石油地质意义[J].古地理学报,2008,10(1):53-62.

杜远生,盛吉虎,冯庆来,等.南秦岭勉(县)略(阳)构造混杂岩带的泥盆纪—石炭纪古海洋演化[J].古地理学报,1999,1(4):54-60.

段士刚,薛春纪,冯启伟,等.河南栾川脉状铅锌矿床Pb同位素地球化学特征[J].矿物岩石,2010,30(4):69-78.

段士刚,薛春纪,冯启伟,等.豫西南赤土店铅锌矿床地质、流体包裹体和S、Pb同位素地球化学特征[J].中国地质,2011,38(2):427-441.

段士刚,薛春纪,冯启伟,等.豫西南栾川地区铅锌矿床碳、氧同位素地球化学[J].现代地质,2010,24(4):767-775.

段士刚,薛春纪,刘国印,等.河南栾川地区铅锌银矿床地质、流体包裹体、同位素地球化学与年代学[J].矿床地质,2010,29(增刊):429-430.

樊金涛.金堆城—南泥湖地区燕山期花岗岩类成因类型探讨[J].陕西地质,1986,4(1):39-53.

范法明.从贵县铝土矿的特征看豫西铝土矿的成因[J].轻金属,1989(3):1-3.

范宏瑞,谢奕汉,王英兰,等.豫西上宫构造蚀变岩型金矿成矿过程中的流体-岩石反应[J].岩石学报,1998,14(4):529-541.

范继璋,成秋明.综合信息矿产预测图的编制[J].长春地质学院学报,1989(专辑):11-20.

范忠仁. 河南省中西部铝土矿微量元素比值特征及其成因意义[J]. 地质与勘探,1989(7):23-27.

冯明月,戎鑫树,孙志富,等. 东秦岭伟晶岩型铀矿形成机理及远景预测[J]. 中国地质科学院地质研究所文集,1997(29-30):1-9.

冯明月. 商丹地区产铀伟晶岩成因讨论[J]. 铀矿地质,1996,12(1):30-36.

冯庆来,等. 河南桐柏地区三叠纪早期放射虫动物群及其地质意义[J]. 地球科学,1994,19(6):787-794.

冯胜斌,周洪瑞,燕长海,等. 东秦岭(河南段)二郎坪群铜多金属成矿环境及成矿效应[J]. 矿产与地质,2006(6):598-607.

伏雄,门道改,李娜. 河南大河沟-掌耳沟锑矿田地质特征及找矿潜力初评[J]. 矿产勘查,2012,3(5):624-631.

伏雄. 河南南召水洞岭铜铅锌矿床地质特征及成因分析[J]. 矿产与地质,2002(3):160-164.

伏雄. 河南秋树湾铜-钼-矿床成因探讨[J]. 矿产与地质,2003,17(3):233-236.

付治国,靳拥护,吴飞,等. 东秦岭-大别山5个特大型钼矿床的成矿母岩地质特征分析[J]. 地质找矿论丛,2007,22(4):277-281.

付治国,吕伟庆,田修启,等. 东沟钼矿矿床地质特征及找矿因素研究[J]. 中国钼业,2005,29(2):8-16.

付治国,宋要武,鲁玉红. 河南汝阳东沟钼矿床控矿地质条件及综合找矿信息[J]. 地质与勘探,2006,42(2):33-38.

付治国,宋要武,田修启. 东沟特大型斑岩钼矿床的物化探找矿效果[J]. 物探与化探,2006,30(1):33-37.

付治国,赵云雷,王靖东,等. 前寒武系对东秦岭-大别山钼成矿带成钼作用的贡献[J]. 华南地质与矿产,2007(4):27-34.

高红灿,陈发亮,刘光蕊,等. 东濮凹陷古近系沙河街组盐岩成因研究的进展、问题与展望[J]. 古地理学报,2009,11(3):251-263.

高建京,毛景文,陈懋弘,等. 豫西铁炉坪银铅矿床矿脉构造解析及近矿蚀变岩绢云母$^{40}Ar-^{39}Ar$年龄测定[J]. 地质学报,2011,85(7):1172-1187.

高渐珍,张强德,薛国刚,等. 东濮凹陷煤成气成藏机理及成藏模式研究[J]. 断块油气田,2006,13(3):6-10.

高林志,赵汀,万渝生,等. 河南焦作云台山早前寒武纪变质基底锆石SHRIMP U-Pb年龄[J]. 地质通报,2005,24(12):1089-1093.

高坪仙. 蛇绿岩及蛇绿岩构造侵位[J]. 前寒武纪研究进展,2000,23(4):250-256.

高锐,董树文,贺日政,等. 莫霍面地震反射图像揭露出扬子陆块深俯冲过程[J]. 地学前缘,2004,11(3):43-49.

高昕宇,赵太平,高剑峰,等. 华北陆块南缘小秦岭地区早白垩世埃达克质花岗岩的LA-ICP-MS锆石U-Pb年龄、Hf同位素和元素地球化学特征[J]. 地球化学,2012,41(4):303-325.

高昕宇. 华北克拉通南缘外方山和伏牛山地区早白垩世花岗岩成因研究[D]. 广州:中国科学院广州地球化学研究所,2012.

高阳,李永峰,郭保健,等. 豫西嵩县前范岭石英脉型钼矿床地质特征及辉钼矿Re-Os同位素年龄[J]. 岩石学报,2010,26(3):757-767.

高阳,叶会寿,李永峰,等. 大别山千鹅冲钼矿区花岗岩的SHRIMP锆石U-Pb年龄、Hf同位素组成及微量元素特征[J]. 岩石学报,2014,30(1):49-63.

高永丰,来文楼,魏瑞华,等. 河南祁雨沟金矿流体包裹体研究[J]. 地球化学,1995,24(增刊):150-158.

高永丰,来文楼,魏瑞华. 祁雨沟地区金矿床稳定同位素研究[J]. 矿床地质,1994,13(4):354-362.

葛宝勋,李凯琦. 河南登封白坪铝土矿的古地貌控制[J]. 煤田地质与勘查,1992,20(4):1-5.

葛军. 水洞岭铜锌矿床硫、铅同位素地球化学特征及成矿机理探讨[J]. 化工矿产地质,2003(4):213-218.

葛宁洁,侯振辉,李惠民,等. 大别造山带岳西沙村镁铁—超镁铁岩体的锆石U-Pb年龄[J]. 科学通报,1999,44(19):2110-2113.

耿元生,万渝生,沈其韩. 华北克拉通早前寒武纪基性火山作用与地壳增生[J]. 地质学报,2002,76(2):199-206.

官程,张海洋. 河南省济源沙沟铅锌矿的发现及意义[J]. 地质与资源,2009(2):121-124.

龚松林,陈能松,李晓彦,等. 北大别两类浅色体的锆石LA-ICP-MS年龄——古元古代深熔作用和三叠纪俯冲证据?[J]. 高校地质学报,2007,13(3):574-580.

贡二辰. 熊耳山金银多金属成矿带西带地质特征与成矿浅析[J]. 矿产与地质,2007(6):649-652.

古菊云. 中国主要斑岩钨矿床特征[J]. 矿产与地质,1988,2(1):13-21.

郭安林,张国伟. 华北地块南缘太古宙灰色片麻岩及其成因[J]. 岩石学报,1989(2):18-28.

郭保健,毛景文,李厚民,等. 秦岭造山带秋树湾铜钼矿床辉钼矿Re-Os定年及其地质意义[J]. 岩石学报,2006,22(9):

2341-2348.

郭波,朱赖民,李犇,等. 东秦岭金堆城大型斑岩钼矿床同位素及元素地球化学研究[J]. 矿床地质,2009,28(3):265-281.

郭东升,陈衍景,祁进平. 河南祁雨沟金矿同位素地球化学和矿床成因分析[J]. 地质论评,2007,53(2):217-227.

郭建卫,贺淑琴,白凤军. 河南省栾川县罗村钼矿区地质特征及找矿方向[J]. 矿产与地质,2007,21(3):321-325.

郭景会,白德胜,冯有利. 济源盆地三叠系谭庄组烃源岩地球化学特征[J]. 石油地质与工程,2007,21(3):1-6.

韩存强,徐大富,陈录. 桐柏-大别山北麓金矿带地质物化探找矿模型[J]. 河南地质,1995,13(1):15-19.

韩以贵,李向辉,张世红,等. 豫西祁雨沟金矿单颗粒和碎裂状黄铁矿 Rb-Sr 等时线定年[J]. 科学通报,2007,52(11):1306-1311.

韩振林,曲锦. 河南桐柏地区刘山岩铜锌块状硫化物矿床地质特征研究[J]. 贵州大学学报(自然科学版),2009(3):67-71.

郝杰,李曰俊,刘小汉,等. 东秦岭陡岭古岛弧和武当古弧后盆地及其地质意义[J]. 中国区域地质,1996(1):44-50.

贺淑琴,郭建卫,万海泉,等. 河南省洛宁县龙门店银矿区地质特征及找矿远景分析[J]. 华北国土资源,2007(1):20-22.

贺淑琴. 河南省三门峡地区铝土矿矿床地质特征及找矿方向[J]. 矿产与地质,2007(2):181-185.

赫英. 金钼钨锡矿床的某些分带特征[J]. 矿产与地质,1989,3(1):24-29

宏瑞,谢奕汉,郑学正,等. 河南祁雨沟热液角砾岩型金矿床成矿流体研究[J]. 岩石学报,2000,16(4):559-563.

洪吉安,马斌,黄琦. 湖北枣阳大阜山镁铁—超镁铁杂岩体与金红石矿床成因[J]. 地质科学,2009,44(1):231-244.

洪金益. 红土型铝土矿的矿化时间研究[J]. 有色金属矿产与勘查,1994,3(3):141-145.

侯增谦,等. 现代与古代海底热水成矿作用[M]. 北京:地质出版社,2003.

侯增谦. 斑岩 Cu-Mo-Au 矿床-新认识与新进展[J]. 地学前缘,2004,11(1):131-144.

胡浩,李建威,邓晓东. 洛南—卢氏地区与铁铜多金属矿床有关的中酸性侵入岩锆石 U-Pb 定年及其地质意义[J]. 矿床地质,2011,30(6):979-1001.

胡健民. 东秦岭地区秦岭群中片麻岩穹隆成因分析[J]. 西安地质学院学报,1989,11(2):21-28.

胡静波,高光明,成静亮. 河南商城县木厂河银多金属矿区成矿地质特征及成矿规律[J]. 资源环境与工程,2006(6):746-750.

胡娟,刘晓春,曲玮. 桐柏北部宽坪群变泥质岩的变质作用研究[J]. 地学前缘,2010,17(1):104-113.

胡能高,王涛,杨家喜,等. 秦岭造山带内高压榴辉岩变质带与元古宙碰撞作用[J]. 中国区域地质,1995(2):142-148.

胡能高,杨家喜,赵东林. 北秦岭榴辉岩 Sm-Nd 同位素年龄[J]. 矿物学报,1996,16(4):349-352.

胡能高,赵东林,徐柏青. 北秦岭官坡地区高压—超高压榴辉岩岩相学及变质作用研究[J]. 矿物岩石,1995,15(4):1-9.

胡能高,赵东林,徐柏青,等. 北秦岭含柯石英榴辉岩的发现及其意义[J]. 科学通报,1994,39(21):2013.

胡受奚,林潜龙,等. 华北与华南古板块拼合带地质和成矿[M]. 南京:南京大学出版社,1988.

胡受奚,周云生,孙明志. 钾质交代作用与钼矿床的成因联系[J]. 南京大学学报,1963(2):97-115.

胡新露,何谋春,姚书振,等. 东秦岭上宫金矿成矿流体与成矿物质来源新认识[J]. 地质学报,2013,87(1):91-100.

胡正国,钱壮志,阎广民. 小秦岭拆离-变质杂岩核构造与金矿[M]. 西安:陕西科学技术出版社,1994.

胡志宏,胡受奚,周顺之. 东秦岭燕山期大陆内部挤压-俯冲背景的 A 型孪生花岗岩带[J]. 岩石学报,1990(1):1-12.

胡志宏,周顺之,胡受奚,等. 豫西太华群混合岩特征及其与金钼矿化的关系[J]. 矿床地质,1986,5(4):71-81.

黄传计. 东秦岭河南段钼矿成矿背景与找矿标志[J]. 西部探矿工程,2009(7):128-131.

黄道袤,张德会,王世炎,等. 华北克拉通南缘豫西下汤地区 2.3 Ga 岩浆作用和 1.94 Ga 变质作用——锆石 U-Pb 定年和 Hf 同位素组成及全岩地球化学研究[J]. 地质论评,2012,58(3):565-576.

黄典豪,侯增谦,杨志明,等. 东秦岭钼矿带内碳酸岩脉型钼(铅)矿床地质-地球化学特征、成矿机制及成矿构造背景[J]. 地质学报,2009,83(12):1968-1984.

黄典豪,聂凤军,王义昌,等. 东秦岭地区钼矿床铅同位素组成特征及成矿物质来源初探[J]. 矿床地质,1984,3(4):20-28.

黄典豪,吴澄宇,杜安道,等. 东秦岭地区钼矿床的铼-锇同位素年龄及其意义[J]. 矿床地质,1994,13(3):221-230.

黄典豪. 东秦岭地区钼矿床中辉钼矿的铼含量及多型特征[J]. 岩石矿物学杂志,1992,11(1):74-83.

黄凡,罗照华,卢欣祥. 东沟含钼斑岩由太山庙岩基派生?[J]. 矿床地质,2009,28(5):569-584.

黄皓,薛怀民. 北淮阳早白垩世金刚台组火山岩 LA-ICP-MS 锆石 U-Pb 年龄及其地质意义[J]. 矿石矿物学杂志,2012,31(3):317-381.

黄杏珍,邵宏舜,闫存凤,等.泌阳凹陷下第三湖相白云岩形成条件[J].沉积学报,2001,19(2):207-212

黄永平.河南水洞岭-桑树坪铜锌矿区找矿前景分析[J].矿床与地质,1996(5):325-329.

贾承造,施央申,郭令智.东秦岭板块构造[M].南京:南京大学出版社,1988.

贾承造,施央申.东秦岭燕山期A型板块俯冲带的研究[J].南京大学学报,1986,22(1):120-128.

简新玲.河南省桐柏县银洞坡金矿床地质地球化学特征[J].地质与勘探,2004,40(2):41-45.

江来利,吴维平,胡礼军,等.大别山北大别杂岩的大地构造属性[J].现代地质,2000,14(1):29-36.

江思宏,聂凤军,方东会,等.河南桐柏围山城地区侵入岩年代学与地球化学特征[J].地质学报,2009,83(7):1011-1029.

江思宏,聂凤军,方东会,等.河南桐柏围山城地区主要金银矿床的成矿年代学研究[J].矿床地质,2009(1):63-72.

姜敏德,沈佩霞.河南省平顶山盐田盐矿床成矿特征探讨[J].中国煤田地质,2005,17(4):12-14.

姜玉航,罗勇,牛贺才,等.中条山落家河铜矿流体包裹体初步研究[J].岩石学报,2013,29(7):2583-2592.

蒋永年.河南舞阳赵案庄铁矿中利蛇纹石的研究[J].地质找矿论丛,1990,5(2):40-49.

焦二中.栾川火神庙矿区铅钼矿床地质特征[J].矿业快报,2007(459):64-65

解东宁.南华北盆地晚古生代以来构造沉积演化与天然气形成条件研究[D].西安:西北大学,2007.

金守文.关于二郎坪群[J].河南地质,1985,3(4):51-57.

金燕林,杨香华,郭巧珍,等.舞阳凹陷核桃园组核二段砂体沉积模式分析[J].石油地质与工程,2010,24(6):6-9.

康伯凯,马文璞.桐柏北部条山—朱庄一带秦岭褶皱带古构造环境初探[J].现代地质,1989,3(1):91-101.

康永孚,李崇佑.中国钨矿床地质特征-类型及其分布[J].矿床地质,1991,10(1):19-26.

兰彩云,张连昌,赵太平,等.河南舞阳铁山庙式BIF铁矿的矿物学与地球化学特征及对矿床成因的指示[J].岩石学报,2013,29(7):2567-2582.

兰彩云.华北克拉通南缘早前寒武纪舞阳铁矿床成因研究(中国科学院大学博士学位论文)[D].广州:中国科学院广州地球化学研究所.2015,1-123.

兰朝利,何顺利,李继亮.蛇绿岩铬铁矿形成环境和成矿机制[J].甘肃科学学报,2006,18(1):53-56.

劳子强.二郎坪群的层序及时代归属[J].河南地质,1991(4):51-55.

黎彤,袁怀雨,吴胜昔.中国花岗岩类和世界花岗岩类平均化学成分的对比研究[J].大地构造与成矿学,1998,22(1):29-34.

李犇,朱赖民,弓虎军,等.北秦岭松树沟橄榄岩与铬铁矿床的成因关系[J].岩石学报,2010,26(5):1487-1502.

李超,陈衍景.东秦岭—大别山地区中生代岩石圈拆沉的岩石学证据评述[J].北京大学学报(自然科学版),2002,38(3):431-441.

李春麟,余心起,刘俊来,等.小秦岭东吉口印支期辉石正长岩年代学及其地质意义[J].吉林大学学报(地球科学版),2012,42(6):1806-1816.

李德成.西藏罗布莎豆荚状铬铁矿成矿演化的构造过程[J].现代地质,1995,9(4):450-458.

李德成.西藏罗布莎豆荚状铬铁矿床的地幔剪切成矿作用[J].中国有色金属学报,1997,7(2):1-5.

李德成.西藏罗布莎豆荚状铬铁矿床构造控矿规律及动力成矿模式[J].地质找矿论丛,1994,9(2):41-51.

李法岭.河南大别山北麓千鹅冲特大隐伏斑岩型钼矿床地质特征及成矿时代[J].矿床地质,2011,30(3):457-468.

李法岭.河南南部天目山岩体特征及其钼矿化[J].矿产与地质,2008,22(2):111-115.

李法岭.大河超基性岩带岩体的含矿性[J].矿产与地质,2008,22(3):210-215.

李凤勋,左丽萍,熊翠,等,舞阳凹陷古近纪核桃园期岩相古地理研究[J].吐哈油气,2009,14(4):316-319.

李红梅,魏俊浩,王洪黎,等.河南桐柏围山城金银成矿带成矿物质来源:铅同位素证据[J].地质与勘探,2009(4):374-384.

李洪英,刘军锋,杨磊.北秦岭松树沟超镁铁质岩体接触变质带中锆石特征及其地质意义[J].岩石矿物学杂志,2009(3):225-234.

李厚民,陈毓川,叶会寿,等.东秦岭—大别山地区中生代与岩浆活动有关的钼-钨-金银铅锌矿床成矿系列[J].地质学报,2008,82(11):1468-1477.

李厚民,王登红,郭保健,等.河南板厂银多金属矿床钾长石氩-氩年龄及其地质意义[J].地球学报,2008,28(2):154-160.

李厚民,叶会寿,毛景文,等.小秦岭金(钼)矿床辉钼矿铼-锇定年及其地质意义[J].矿床地质,2007,26(4):417-424.

李厚民,叶会寿,王登红,等.豫西熊耳山寨凹钼矿床辉钼矿铼-锇年龄及其地质意义[J].矿床地质,2009,28(2):133-142.

李怀坤,苏文博,周红英,等.华北克拉通北部长城系底界年龄小于1670Ma——来自北京密云花岗斑岩岩脉锆石LA-MC-ICPMS U-Pb年龄的约束[J].地学前缘,2011,18(3):108-120.

李怀乾,张瑜麟.河南舞阳铁矿田铁山矿区深部找矿潜力分析[J].矿产勘查,2011,2(5):487-493.

李惠民,陈志宏,相振群,等.秦岭造山带商南—西峡地区富水杂岩的变辉长岩中斜锆石与锆石U-Pb同位素年龄的差异[J].地质通报,2006,25(6):653-659.

李吉林.河南省光山县千鹅冲矿区钼矿床成因研究[J].现代矿业,2010(7):79-83.

李建国,贾桂花,刘春杰.关于河南省盐卤资源开发建设的探讨[J].中国井矿盐,2007,(38):10-13.

李江海,牛向龙,黄雄南,等.豆荚状铬铁矿:古大洋岩石圈残片的重要证据[J].地学前缘,2002,9(4):235-246.

李晶,仇建军,孙亚莉.河南银洞沟银金钼矿床铼-锇同位素定年和加里东期造山-成矿事件[J].岩石学报,2009(11):2763-2768.

李俊建,燕长海,谢汝斌,等.华北地台重要成矿区带成矿区划及其特征[J].前寒武纪研究进展,2002,25(3/4):129-134.

李莉,齐金忠.河南公峪石英脉型金矿地质特征及其成因探讨[J].矿床地质,2002,21(增刊):625-628.

李茂,屠森.熊耳山一带太华群中科马提岩的探讨[J].河南地质,1983(2):46-53.

李淼.东秦岭陡岭群中新元古代花岗岩岩体的地球化学特征及其地质意义[D].西安:西北大学硕士论文,2003.

李明凯,王克勤.豫西南、苏北地区蓝晶石矿床成矿温压条件的研究[J].建材地质,1992,59(1):15-20.

李乃志,于在平,崔海峰,等.变质核杂岩特征及小秦岭地区变质杂岩成因讨论[J].西北大学学报,2006,36(5):793-798.

李诺,陈衍景,张辉,等.东秦岭斑岩钼矿带的地质特征和成矿构造背景[J].地学前缘,2007,14(5):186-198.

李诺,赖勇,鲁颖淮,等.河南祁雨沟金矿流体包裹体及矿床成因类型研究[J].中国地质,2008,35(6):1230-1239.

李诺,孙亚莉,李晶,等.小秦岭大湖金相矿床辉钼矿铼-锇同位素年龄及印支期成矿事件[J].岩石学报,2008,24(4):810-816.

李任伟,孟庆任,李双应.大别山及邻区侏罗纪和石炭纪时期盆山耦合:来自沉积记录的认识[J].岩石学报,2005,21(4):1133-1143.

李山坡,刘宝宏,张丽娜.河南省鲁山县背孜矿区石墨矿床地质特征及其成因探讨[J].化工矿产地质,2009,31(2):207-212.

李胜利,姚娟,吴清杰,等.豫西南湍源银多金属矿集区典型矿床(点)——来自地质、流体特征及锆石U-Pb年龄的证据[J].地质通报,2012,31(10):1608-1627.

李胜荣.以隐爆角砾岩型为主的金矿床系列模式[J].有色金属矿产与勘查,1995,4(5):271-277.

李曙光,洪吉安,李惠民,等.大别山辉石岩—辉长岩体的锆石U-Pb年龄及其地质意义[J].高校地质学报,1999,5(3):351-355.

李伍平,王涛,王晓霞.北秦岭灰池子花岗质复式岩体的源岩讨论——元素-同位素地球化学制约[J].地球科学,2001,26(3):269-277.

李先福,鲍世聪,陈彰瑞,等.东秦岭松树沟蛇绿岩产出的构造环境及其组合层序的厘定[J].武汉工程大学学报,1994,16(1):11-15.

李先福,鲍世聪,陈彰瑞,等.东秦岭松树沟蛇绿岩区的构造样式[J].武汉化工学院学报,1994,16(4):50-52.

李先福,等.松树沟蛇绿岩区逆冲推覆构造[J].大地构造与成矿学,1993,19(1):53-59.

李先梓,严陈,卢欣祥.秦岭大别山花岗岩[M].北京:地质出版社,1993.

李亚林,张国伟,王根宝,等.北秦岭小寨变质沉积岩系的地质特征及其构造意义[J].沉积学报,1999,17(4):596-600.

李毅,李诺,杨永飞,等.大别山北麓钼矿床地质特征和地球动力学背景[J].岩石学报,2013,29(1):95-106.

李永峰,毛景文,白凤军,等.东秦岭南泥湖钼钨矿田Re-Os同位素年龄及其地质意义[J].地质论评,2003,49(6):652-659.

李永峰,毛景文,胡华斌,等.东秦岭钼矿类型-特征-成矿时代及其地球动力学背景[J].矿床地质,2005,24(3):292-304.

李永峰,毛景文,刘敦一,等.豫西雷门沟斑岩钼矿SHRIMP锆石U-Pb和辉钼矿Re-Os测年及其地质意义[J].地质论评,2005,52(1):122-131.

李永峰,王春秋,白凤军,等.东秦岭钼矿Re-Os同位素年龄及其成矿动力学背景[J].矿产与地质,2004,18(6):571-578.

李永峰,谢克家,罗正传,等.河南舞阳铁山铁矿床地球化学特征及其环境意义[J].地质学报,2013,87(9):1377-1398.

李云,王文娟,郭锐,等.河南省钼矿床赋存特征[J].中国钼业,2007,31(3):10-13.

李云,赵玉.河南嵩县南部熊耳群古火山构造与成矿关系研究[J].华南地质与矿产,2009(3):28-36.

李泽九,骆庭川,张本仁.华北地台南缘燕山期板内花岗斑岩类地球化学特征及成分空间变化规律[J].地球科学,1994, 19(3):383-389.

李增田.细碧岩成因综述[J].地质科技情报,1990,9(1):19-23.

李增学,魏九传,刘莹,等.煤地质学[M].北京:地质出版社,2005.

李振国,年平国.大别山地区矿化中酸性小岩体地球化学特征[J].矿产与地质,2009,23(2):172-175.

李中明,燕长海,刘学飞,等.河南省新安县郁山隐伏铝土矿成因分析[J].地质与勘探,2012,48(3):421-428.

李中明,赵建敏,王庆飞,等.豫西郁山铝土矿沉积环境分析[J].现代地质,2009,23(3):481-489.

李忠烈.河南洛宁铁炉坪银铅矿床中方铅矿标型特征及其地质意义[J].贵金属地质,1993,2(4):298-305.

廖纪佳,朱筱敏,董艳蕾,等.南襄盆地泌阳凹陷深凹区核三段沉积特征及演化[J].地球学报,2012,33(2):167-175.

廖士范,梁同荣,张月恒.论我国铝土矿床类型及其红土化风化壳形成机制问题[J].沉积学报,1989,7(1):1-10.

廖士范.论铝土矿床成因及矿床类型[J].华北地质矿产杂志,1994,9(2):153-160.

林强,葛文春,马瑞,等.地壳岩石的失水熔融实验[J].长春科技大学学报,1999,29(3):209-214.

林强,吴福元,马瑞.花岗岩体系的失水熔融及其意义[J].科学通报,1993,38(13):1211-1213.

林强,吴福元.花岗岩块状样品的熔融实验研究[J].地球化学,1993(4):356-362.

凌文黎,任邦方,段瑞春,等.南秦岭武当山群、耀岭河群及基性侵入岩群锆石U-Pb同位素年代学及其地质意义[J].科学通报,2007,52(12):1445-1456.

刘宝珺,等.沉积岩石学[M].北京:地质出版社,1980.

刘宝珺,张锦泉.沉积成岩作用[M].北京:科学出版社,1992.

刘长龄.论铝土矿的成因学说[J].河北地质学院学报,1992(2):195-204.

刘长龄.中国石炭纪铝土矿的地质特征与成因[J].沉积学,1988(3):1-10.

刘长命.南泥湖钼矿田稀土元素地球化学特征[J].河南地质,1987,5(3):7-13.

刘德权,唐延龄,周汝洪.中国新疆铜矿床和镍矿床[M].地质出版社,2005.

刘国范,马庚杰,刘伟芳.河南内乡板厂铜多金属矿床成矿地质特征及找矿前景[J].华南地质与矿产,2007(1):28-32.

刘国范,朱广彬,杨振军,等.河南省嵩县大坪银-铅-锌多金属矿床地质特征及找矿标志[J].矿产与地质,2005(2):159-164.

刘国惠,张寿广,游振东,等.秦岭南造山带主要变质岩群及变质演化[M].北京:地质出版社,1993.

刘国惠,张寿广.秦岭大巴山地质论文集(一)变质地质[C].北京:北京科学技术出版社,1990.

刘国印,燕长海,宋要武,等.河南栾川赤土店铅锌矿床特征及成因探讨[J].地质调查与研究,2007(4):263-270.

刘国印,张自森,赖素星,等.汝阳县杨树坪工作区控矿地质条件及找矿前景展望[J].矿产与地质,2007,21(2):172-176.

刘合胜,王洪恩,王东晓.汤家坪斑岩型钼矿地质勘查方法探讨[J].矿业快报,2007(458):67-69.

刘军锋,孙东卫,孙勇,等.东秦岭松树沟超镁铁质岩体地球化学和铂族元素特征:对成因的指示[J].地质评论,2008,54(1):57-64.

刘军锋,孙勇.东秦岭松树沟超基性岩体"热"侵位时代新知[J].地质评论,2005,51(2):189-192.

刘俊青,刘睿,陈海宏.泌阳凹陷核三段沉积类型及空间展布规律研究[J].石油地质与工程,2010,24(4):1-4.

刘良,周鼎武,董云鹏,等.东秦岭松树沟高压变质基性岩石及其退变质作用的PTt演化轨迹[J].岩石学报,1995,11(2):127-136.

刘良,周鼎武,王焰,等.东秦岭秦岭杂岩中的长英质高压麻粒岩及其地质意义初探[J].中国科学(D辑),1996,26(增刊):56-63.

刘良,周鼎武.东秦岭商南松树沟高压基性麻粒岩的发现及初步研究[J].科学通报,1994,39(17):1599-1601.

刘庆祥.河南洋淇沟超镁铁质岩体边部糜棱岩成因[J].湖北地矿,1998,12(2):1-4.

刘文斌,刘振宏,张世佼.河南商城岩体地质地球化学特征及成因意义[J].华南地质与矿产,2003(4):17-23.

刘小驰,吴元保,彭敏,等.桐柏造山带深熔作用:混合岩LA-ICPMS锆石U-Pb年代学证据[J].岩石学报,2011(4):1163-1171.

刘小平,刘太成,蒋礼宏,等.南华北盆地黄口凹陷构造形成演化及油气勘探前景[J].石油勘探与开发,2000,27(5):8-11.

刘晓春,娄玉行,董树文.桐柏山地区低温榴辉岩变质作用的$P-T$轨迹[J].岩石学报,2005,21(4):1081-1093.

刘孝善,陈泽铭,陆季鸿.东秦岭秋树湾加里东期铜钼矿化斑岩体的研究[J].矿物岩石地球化学通报,1987(4):231-232.

刘孝善,吴澄宇,黄标.河南栾川南泥湖-三道庄钼-钨-矿床热液系统的成因与演化[J].地球化学,1987(3):199-207.

刘孝善,吴澄宇,严正富,等.河南栾川南泥湖-三道庄钼-钨-矿床围岩蚀变的地质地球化学研究[J].地质找矿论丛,1986,1(4):27-39.

刘孝善,严正富,郑素娟,等.东秦岭有色金属成矿带中典型矿床赋矿地层的地质地球化学研究[J].矿床地质,1987,6(4):1-10.

刘鑫,李三忠,索艳慧,等.桐柏碰撞造山带及其邻区变形特征与构造格局[J].岩石学报,2010,26(4):1289-1302.

刘学飞,王庆飞,李中明,等.河南铝土矿物成因及其演化序列[J].地质与勘探,2012,48(3):449-459.

刘贻灿,李曙光,古晓锋,等.北淮阳王母观橄榄辉长岩锆石SHRIMP U-Pb年龄及其地质意义[J].科学通报,2006,51(18):2175-2180.

刘贻灿,刘理湘,古晓锋,等.大别山北淮阳带西段新元古代浅变质花岗岩的发现及其大地构造意义[J].科学通报,2010,55(24):2391-2399.

刘义茂,王昌烈,胥友志,等.柿竹园超大型钨矿床的成矿作用与成矿条件[J].湖南地质,1995,14(4),211-219.

刘翼飞,江思宏,方东会,等.河南桐柏老湾花岗岩体锆石SHRIMP U-Pb年龄及其地质意义[J].岩石矿物学杂志,2008,27(6):519-523.

刘永春,付治国,高飞,等.河南栾川南泥湖特大型钼矿床成矿母岩地质特征研究[J].中国钼业,2006,30(3):13-23.

刘永春,黄超勇,付治国,等.河南省钼矿床的分布规律及其控矿地质因素探讨[J].矿产与地质,2006,20(6):594-597.

刘永春,靳拥护,班宜红,等.东秦岭-大别山钼成矿带赋矿地层分布规律[J].中国钼业,2007,31(1):12-17.

刘永春,瓮纪昌,班宜红,等.河南汝阳王坪西沟铅锌矿床地球化学特征[J].物探与化探,2007(3):205-210.

刘月星,唐红松,吴厚泽.中国铜镍硫化物矿床类型及控矿条件[J].Mneral Resourcesand Geology,1998,64(12):86-90.

刘招君,等.中国油页岩[M].北京:石油工业出版社,2009.

刘志刚,牛宝贵,富云莲,等.大别山北麓主要构造岩相带浅析——以信阳地区为例[J].中国区域地质,1994(3):246-253.

刘志敏.小东沟钼矿床地质特征及矿床形成机制和矿床成因探讨[J].有色矿冶,2005,21(4):6-8.

柳晓艳,蔡剑辉,阎国翰.华北克拉通南缘熊耳群眼窑寨组次火山岩岩石地球化学与年代学研究及其意义[J].地质学报,2011(7):1134-1145.

柳志新.脉状钨矿床成矿预测理论[M].北京:科学出版社,1980.

卢仁,梁涛,白凤军,等.豫西磨沟正长岩LA-ICP-MS锆石U-Pb年代学及Hf同位素[J].地质论评,2013,59(2):355-368.

卢欣祥,冯进城,李明立,等.河南省钼矿资源特征——找矿与开发[J].矿产保护与利用,2009(3):6-9.

卢欣祥,李明立,王卫,等.秦岭造山带的印支运动及印支期成矿作用[J].矿床地质,2008,27(6):762-773.

卢欣祥,李明立,尉向东,等.东秦岭斑岩型钼矿地质地球化学特征[J].云南地质,2006(4):415-417.

卢欣祥,尉向东,董有,等.小秦岭—熊耳山地区金矿特征与地幔流体[M].北京:地质出版社,2004.

卢欣祥,肖庆辉,等.秦岭花岗岩大地构造图[M].西安:西安地图出版社,2000.

卢欣祥,肖庆辉.秦岭南印支期沙河湾奥长环斑花岗岩及其动力学意义[J].中国科学(D辑),1996,26(3):244-248.

卢欣祥,于在平,等.东秦岭深源浅成型花岗岩及地质构造背景[J].矿床地质,2002,21(2):168-178.

卢欣祥,祝朝辉,谷德敏,等.东秦岭花岗伟晶岩的基本地质矿化特征[J].地质论评,2010,56(1):21-30.

卢欣祥.秦岭造山带花岗岩与构造演化[M].//河南地质矿产与环境文集.北京:中国环境科学技术出版社,1996.

卢欣祥.东秦岭两类花岗岩与两个金矿系列[J].地质论评,1994,40(5):418-428.

鲁艳丽,全东来,孙国红,等.谈平顶山盐田马庄矿区的勘探与开发[J].中国井矿盐,2009,40:23-25.

陆荣生,等.中国石油地质志第七卷(上册)中原油田[M].北京:石油工业出版社,1993.

陆松年,陈志宏,李怀坤,等.秦岭造山带中—新元古代(早期)地质演化[J].地质通报,2004(2):107-112.

陆松年,陈志宏,李怀坤,等.秦岭造山带中两条新元古代岩浆岩带[J].地质学报,2005,79(2):165-173.

陆松年,陈志宏,相振国,等.秦岭岩群副变质岩碎屑锆石年龄谱及其地质意义[J].地学前缘,2006,13:303-310.

陆松年,于海峰,李怀坤,等."中央造山带"早古生代缝合带及构造分区概述[J].地质通报,2006,25(12):1368-1380.

陆松年.关于中国新元古界划分几个问题的讨论[J].地质论评,2002,48(3):243-247.

吕林素,刘珺,张作衡,等.中国岩浆型Ni-Cu-(PGE)硫化物矿床的时空分布及其地球动力学背景[J].岩石学报,2007,23(10):2561-2594.

吕明久,付代国,何斌,等.泌阳凹陷深凹区页岩油勘探实践[J].石油地质与工程,2012,26(3):85-87.

吕文德,孙卫志,王喜恒,等.河南省栾川赤土店地区银铅锌成矿地质条件及找矿前景[J].前寒武纪研究进展,2002(Z1):165-169.

吕文德,赵春和,孙卫志,等.河南栾川地区矽卡岩型铅锌矿地质特征——南泥湖钼矿外围找矿问题[J].地质调查与研究,2005,28(1):25-31.

吕文德,赵春和,孙卫志,等.豫西南泥湖多金属矿田铅锌矿地质特征与成因研究[J].矿产与地质,2006,20(3):219-226.

栾世伟.秦东花岗伟晶岩成因问题讨论[J].成都理工大学学报(自然科学版),1979(3):34-46,105-106.

栾世伟.秦东稀有元素花岗伟晶岩某些地球化学特征[J].地球化学,1979(4):325-330.

罗明玖,黎世美,卢欣祥,等.河南省主要矿产的成矿作用及矿床成矿系列[M].北京:地质出版社,2000.

罗明玖,张辅民,董群英,等.中国钼矿[M].郑州:河南科学技术出版社,1991.

罗铭玖,林潜龙,卢欣祥,等.东秦岭含钼花岗岩的地质特征[J].河南地质,1993,11(1):2-8.

罗齐云,李吉林.河南光山县千鹅冲铜钼多金属矿床地质特征及成因浅析[J].矿产与地质,2009,23(6):495-499.

罗照华,卢欣祥,陈必河,等.透岩浆流体成矿作用导论[M].北京:地质出版社,2009.

罗镇宽,关康.河南祁雨沟金矿床地质地球化学特征和矿床成因讨论[J].贵金属地质,1995,4(1):1-12.

罗正传.大别山北麓钼金银多金属矿成矿规律及找矿方向[J].矿产与地质,2010,24(2):125-131.

马桂霞,刘富营,苏犁,等.华北克拉通小秦岭地区元古宙正长岩LA-ICP-MS锆石U-Pb年龄及地质意义[J].吉林大学学报(地球科学版),2013,43(5):1457-1470.

马红义,黄超勇,巴安民,等.汝阳县南部铅锌钼多金属矿床成矿规律及找矿标志[J].地质与勘探,2006,42(5):17-22.

马红义,吕伟庆,张云政,等.河南汝阳东沟超大型钼矿床地质特征及找矿标志[J].地质与勘探,2007,43(4):1-7.

马红义,赵秀芳,张云政,等.汝阳县王坪西沟铅锌矿床地质特征及找矿方向[J].地质找矿论丛,2006(3):184-187.

马宏卫,吴宏伟,邱顺才,等.河南桐柏老湾花岗岩地球化学特征及成因研究[J].矿产与地质,2007,21(1):65-69.

马宏卫.河南商城汤家坪钼矿地球化学异常特征及找矿标志[J].矿产与地质,2007,21(5):520-526.

马宏卫.河南桐柏老湾金矿综合找矿标志及找矿模型[J].物探与探,2007,31(3):211-214.

马既民.河南石炭纪铝土矿与岩溶[J].中国岩溶,1988(S2):82-85.

马既民.河南岩溶型铝土矿床的成矿过程[J].河南地质,1991,9(3):5-20.

马庆元.舞阳凹陷含盐地质特征[J].中国煤田地质,1993,5(3):32-34.

马英军,霍润科,徐志方,等.化学风化作用中的稀土元素行为及其影响因素[J].地球科学进展,2004(1):87-93.

马玉见,包刚,谢小芳,等.河南内乡北部多金属矿床控矿地质特征及矿床成因分析[J].华北国土资源,2009(4):13-15.

马振东.东秦岭及邻区各矿带稳定同位素地球化学研究[J].矿床地质,1992,11(1):55-63.

毛冰,叶会寿,李超,等.豫西夜长坪钼矿床辉钼矿铼-锇同位素年龄及地质意义[J].矿床地质,2011,30(6):1069-1074.

毛景文,Pirajno F,张作衡,等.天山—阿尔泰东部地区海西晚期后碰撞铜镍硫化物矿床:主要特点及可能与地幔柱的关系[J].地质学报,2006,80(7):925-942.

毛景文,谢桂清,张作衡,等.中国北方中生代大规模成矿作用的期次及其动力学背景[J].岩石学报,2005,21(1):169-188.

毛景文,叶会寿,王瑞延,等.东秦岭中生代钼铅锌银多金属矿床模型及其找矿评价[J].地质通报,2009,28(1):72-79.

毛景文,郑榕芬,叶会寿,等.豫西熊耳山地区沙沟银铅锌矿床成矿的 ^{40}Ar-^{39}Ar 年龄及其地质意义[J].矿床地质,2006,25(4)364-365.

毛磊.河南钼矿成矿规律刍议[J].现代矿业,2009(483):90-91.

梅后钧.蛇绿岩铬铁矿床的分布与成因及中国铬矿床的类型[J].岩石学报,1995,11(增刊):42-61.

孟庆任,张国伟,于在坪,等.秦岭晚古生代裂谷-有限洋盆沉积作用及构造演化[J].中国科学(D辑),1996,26(增刊):28-33.

孟祥化,葛铭,肖增起.华北石炭纪含铝建造沉积学研究[J].地质科学,1987(2):182-195.

糜梅,陈衍景,孙亚莉,等.河南周庵铂族-铜镍矿床的稀土和铂族元素地球化学特征:热液成矿的证据[J].岩石学报,2009,25(11):2769-2775.

倪志耀,王仁民,童英,等. 河南洛宁太华岩群斜长角闪岩的锆石^{207}Pb/^{206}Pb和角闪石^{40}Ar/^{39}Ar年龄[J]. 地质论评, 2003,49(4):361-366.

年平国,简新玲,彭翼,等. 桐柏县老湾金矿带地质物化探特征及找矿模型[J]. 河南地质,1999,17(4):254-262.

聂凤军,樊建延. 陕西金堆城—黄龙铺地区含钼花岗岩类稀土元素地球化学研究[J]. 岩石矿物学杂志,1989,8(1):24-33.

宁奇生,李永森,刘兰笙,等. 中国斑岩铜-钼-矿的主要特征及分布规律[J]. 地质论评,1979,25(2):36-46.

牛宝贵,富云莲,刘志刚,等. 鄂北蓝片岩的^{40}Ar/^{39}Ar定年及其地质意义[J]. 科学通报,1993.38(14):1309-1313.

牛宝贵,和正军,任纪舜,等. 秦岭地区陡岭-小茅岭隆起带西段几个岩体的SHRIMP锆石U-Pb测年及其地质意义[J]. 地质论评,2006,52(6):826-835.

潘成荣,岳书仓. 河南老湾金矿床^{40}Ar/^{39}Ar定年及铅同位素研究[J]. 合肥工业大学学报(自然科学版),2002,25(1):9-13.

潘桂棠,肖庆辉,陆松年,等. 大地构造相的定义、划分、特征及其鉴别标志[J]. 地质通报,2008,27(10):1613-1637.

潘桂棠,肖庆辉,陆松年,等. 中国大地构造单元划分[J]. 中国地质,2009,36(1):1-28.

庞振山,徐文超,周奇明,等. 熊耳山地区太古宙超镁铁质岩的地球化学特征及成因探讨[J]. 矿产与地质,2002,16(91): 231-236.

裴荣富,吕凤翔,范继璋,等. 华北地块北缘及其北侧金属矿床成矿系列与勘查[M]. 北京:地质出版社,1998.

裴荣富,吴良士. 特大型矿床成矿偏在性研究的新进展[J]. 矿床地质,1994,3(2):155-171.

裴荣富,熊群尧,梅燕雄. 金属成矿省演化与成矿年代学研究——以华北地台北缘为例[J]. 矿床地质,1998,17(增刊): 249-252.

裴荣富,翟裕生,张本仁. 深部构造作用与成矿[M]. 北京:地质出版社,1999.

裴荣富. 中国矿床模式[M]. 北京:地质出版社,1995.

裴先治,胡能高,高进龙,等. 北秦岭富水杂岩体的变形构造及其侵位机制[J]. 西安地质学院学报,1993,15(3):7-14.

裴先治,王涛,李伍平,等. 北秦岭商丹地区构造岩浆演化特征[J]. 西北地质,1995,16(4):13-19.

裴先治,王涛,王洋,等. 北秦岭晋宁期主要地质事件及其构造背景探讨[J]. 高校地质学报,1999,5(2):137-147.

彭平头,王岳军,范蔚茗,等. 南太行山闪长岩的SHRIMP锆石U-Pb年龄及岩石成因研究[J]. 岩石学报,2004,20(5): 1253-1262.

彭翼,何玉良,曾涛,等. 河南省Mo矿区域成矿模式与综合信息预测模型[J]. 吉林大学学报(地球科学版),2013,43(4): 1262-1275.

彭翼,燕长海,万守全,等. 东秦岭刘山岩块状硫化物矿床地质地球化学特征[J]. 地质论评,2005,51(5):550-556.

彭翼. 大别山北缘上天梯—皇城山一带火山岩相构造[C].//河南地球科学通报2009年卷(上册). 北京:中国大地出版 社,2009.

彭翼. 河南罗山县皇城山银矿床成矿作用初探[J]. 河南地质,1988,6(4):1-7.

彭兆蒙,彭仕宓,吴智平,等. 华北地区三叠纪盆地格局及演化分析[J]. 西安石油大学学报(自然科学版),2009,24(2): 34-38.

彭兆蒙,彭仕宓,吴智平,等. 华北东部侏罗纪—白垩纪盆地演化及其对构造运动的响应[J]. 西安石油大学学报(自然科 学版),2009,24(5):7-13.

漆丹志,黄子荣. 河南老龙泉超基性岩体地质特征及空心豆状构造铬铁矿矿石成因[J]. 西北地质,1981(4):10-22.

齐金忠,马占荣,李莉. 河南祁雨沟金矿床成矿流体演化特征[J]. 黄金地质,2004,10(4):1-10.

祁进平,陈衍景,倪陪,等. 河南冷水北沟铅锌银矿床流体包裹体研究及矿床成因[J]. 岩石学报,2007,23(9):2119- 2130.

祁进平. 河南省栾川地区脉状铅锌银矿床地质地球化学特征及成因[D]. 北京:北京大学地球化学与空间科学学院,2006.

祁思敬,李厚民,李英,等. 秦岭地区若干重要成矿系列[J]. 西安工程学院学报,1999,21(4):28-35.

强立志,赵太平,原振雷. 熊耳群中金铅锌矿成矿地质条件和找矿综合评价模型[M]. 北京:地质出版社,1993.

强山峰,毕诗健,邓晓东,等. 豫西小秦岭地区秦南金矿床热液独居石U-Th-Pb定年及其地质意义[J]. 地球科学(中国 地质大学学报),2013,38(1):43-56.

乔怀栋,刘长命,彭万夫. 从栾川老君山花岗岩的成因看其与成钼小岩体的关系[J]. 河南地质,1986,4(1):10-11.

秦海鹏,吴才来,武秀萍,等. 秦岭造山带蟒岭花岗岩锆石LA-ICP-MS U-Pb年龄及其地质意义[J]. 地质论评,2012, 58(4):783-792.

秦伟军,段心建.南襄盆地泌阳凹陷油、碱共生的地质条件[J].地质科学,2004,39(3):339-345.
秦臻,戴雪灵,邓湘伟.东秦岭秋树湾铜钼矿流体包裹体和稳定同位素特征及其地质意义[J].矿床地质,2012,31(2):323-336.
秦臻,戴雪灵,邓湘伟.东秦岭秋树湾-雁来岭两种不同类型的花岗岩及其构造意义[J].矿物岩石,2011,31(3):48-54.
邱家骧,张珠福.北秦岭早古生代海相火山岩[J].河南地质,1994,12(4):263-274.
邱顺才.河南大银尖钼钨-铜-矿床地质特征[J].矿业快报,2006(447):62-64.
邱顺才.河南省母山钼矿地质特征及找矿方向[J].矿产与地质,2006,20(4～5):403-408.
屈红军,李文厚,苗建宇,等.东濮凹陷濮卫洼带沙三段沉积体系及储层发育规律[J].沉积学报,2003,21(4):601-606.
屈红军,李文厚,苗建宇,等.东濮凹陷濮卫洼带盐岩发育规律及成因探讨[J].中国地质,2003,30(3):309-314.
屈开硕.东秦岭某弧形断裂带的构造特征及其对汞锑矿产的控制作用[J].陕西地质,1984,2(2):26-36.
权新昌.渭河盆地断裂构造研究[J].中国煤田地质,2005,17(3):1-8.
任富根,李惠民,殷艳杰,等.豫西地区熊耳群的地质年代学研究[J].前寒武纪研究进展,2002(1):41-47.
任富根,李维明,等.熊耳山—崤山地区金矿成矿地质条件和找矿综合评价地质模型[M].北京:地质出版社,1996.
任富根,殷艳杰,李双保,等.熊耳裂陷印支期同位素地质年龄耦合性[J].矿物岩石地球化学通报,2001,20(4):286-288.
任志媛,李建威.豫西上宫金矿床矿化特征及成矿时代[J].矿床地质,2010,29(增刊):987-988.
戎嘉树.花岗伟晶岩研究概况[J].国外铀金地质,1997,14(2):97-108.
芮宗瑶,张洪涛.试论中国斑岩型矿床系列[J].中国地质科学院院报,1986(14):89-100.
商庆芳,薛松鹤,曹祯.河南西峡信阳群龟山组化石碎屑的发现及其意义[J].河南地质,1992,10(1):40-46.
尚永宽.河南铅地球化学及成型铜矿有利区初探[J].河南地质,1995(4):248-252.
邵克忠,来文楼.河南祁雨沟地区金矿床黄铁矿成矿和找矿标型研究[J].河北地质学院学报,1990,13(1):9-21.
邵克忠,王宝德.中国北方地区燕山期岩浆作用及斑岩型钼-铜-矿床成矿作用[J].河北地质学院学报,1986,9(3～4):207-216.
邵世才.爆破角砾岩型金矿床的成因及其定位机制——以河南祁雨沟金矿为例[J].矿物学报,1995,15(2):230-235.
沈保丰,陆松年,于恩泽.某区磁铁矿床中钠质交代作用的特征及其找矿意义[J].地质科学,1977(3):263-274.
沈保丰,翟安民,苗培森,等.华北陆块铁矿床地质特征和资源潜力展望[J].地质调查与研究,2006,29(4):243-252.
沈洁,张宗清,刘敦一.东秦岭陡岭群变质杂岩Sm-Nd、Rb-Sr、$^{40}Ar/^{39}Ar$、$^{207}Pb/^{206}Pb$年龄[J].地球学报,1997,18(3):248-254.
盛中烈,罗铭玖,李良骏.豫西斑岩钼矿带的基本地质特征及主要成矿控制因素[J].地质学报,1980(4):300-309.
盛中烈,温明星,隋慎范.东秦岭钼多金属成矿带内地层在成矿过程中的作用[J].河南国土资源,1984(1):23-28.
施和生.豫西铝土矿的成矿学特征[J].大地构造与成矿学,1989,13(3):280-282.
石黎红,田涛,李小丽.灵宝钼矿成矿地质特征探讨[J].西北地质,2008,41(4):104-110.
石铨曾,尚立思,庞继群,等.河南省东秦岭北麓的推覆构造及煤田分布[J].河南地质,1990,8(4):22-34.
石铨曾,尉向东,李明立,等.河南省东秦岭山脉北缘的推覆构造及伸展拆离构造[M].北京:地质出版社,2004.
时毓,于津海,徐夕生,等.秦岭造山带东段秦岭岩群的年代学和地球化学研究[J].岩石学报,2009,25(10):2651-2670.
史仁灯.蛇绿岩研究进展、存在问题及思考[J].地质论评,2005,51(6):681-693.
帅德权.桐柏金银矿床物质组分特征和有机碳质物-石墨及其成矿意义探讨[J].河南地质,1990,8(1):1-9.
宋传中.秦岭-大别山北部后造山期构造格架与形成机制[J].合肥工业大学学报,2002,23(2):221-226.
宋叔和,韩发.中国主要金属矿床类型的时空分布[J].中国地质科学院院报,1990(20):89-91.
宋要武.河南省栾川县马圈一带银铅锌多金属找矿方向探讨[J].前寒武纪研究进展,2002(Z1):179-182,189.
苏惠,许化政,张金川,等.东濮凹陷沙三段盐岩成因[J].石油勘探与开发,2006,33(5):600-605.
苏捷,张宝林,孙大亥,等.东秦岭东段新发现的沙坡岭细脉浸染型钼矿地质特征Re-Os同位素年龄及其地质意义[J].地质学报,2009,83(10):1490-1496.
苏犁,宋述光,宋彪,等.松树沟地区石榴辉石岩和富水杂岩SHRIMB锆石U-Pb年龄及其对秦岭造山带构造演化的制约[J].科学通报,2004,49(12):1209-1211.
苏犁,宋述光,周鼎武.秦岭造山带松树沟纯橄岩体成因:地球化学和岩浆包裹体的制约[J].地球科学,2005,35(1):38-47.

苏文,刘景波,陈能松,等.东秦岭-大别山及其两侧的岩浆和变质事件年代学及其形成的大地构造背景[J].岩石学报,2013,29(5):1573-1593.

苏文博,李怀坤,徐莉,等.华北克拉通南缘洛峪群-汝阳群属于中元古界长城系——河南汝州洛峪口组层凝灰岩锆石LA-MC-ICPMS U-Pb年龄的直接约束[J].地质调查与研究,2012(2):96-108.

隋颖慧,王海华,高秀丽,等.河南铁炉坪银矿成矿流体研究及其对碰撞造山成岩成矿与流体作用模式例证[J].中国科学(D辑),2000,30(增刊):82-90.

随启发,杨怀辉.河南省地幔特征与矿产的关系[J].矿业快报,2007(458):69-71.

孙保平,王宗炜,王云.河南桐柏破山银矿床原生地球化学异常模式[J].西北地质,2007,40(1):61-71.

孙大中,李惠民,林源贤,等.中条山前寒武纪年代学年代构造格架和年代地壳结构模式的研究[J].地质学报,1991(3):216-231.

孙桂琴,霍卫民.山西省落家河铜矿地质特征及矿床成因浅析[J].化工矿产地质,2011,33(4):232-238.

孙红杰.东秦岭钼矿的主要类型和成矿时代浅析[J].中国钼业,2009,33(4):28-33.

孙文柯,等.应用物探资料研究重点成矿区带的区域构造和成矿构造文集[M].北京:地质出版社,2001.

孙晓明,刘孝善.东秦岭钼矿带中皱纹岩的成因及其找矿意义[J].陕西地质,1993,11(1):56-61.

孙晓明,刘孝善.金堆城钼矿区两类不同花岗岩的关系及其成因的研究[J].地质找矿论丛,1987,2(2):34-45.

孙勇,卢欣祥,韩松,等.北秦岭早古生代二郎坪蛇绿岩片的组成和地球化学[J].中国科学(D辑),1996,26(增刊)49-55.

孙勇,张国伟,杨司祥,等.北秦岭早古生代二郎坪蛇绿岩片的组成和地球化学[J].中国科学(D辑),1996(S1):49-55.

孙自明,熊保贤.周口坳陷逆冲推覆构造特征[J].石油勘探与开发,1999,26(3):22-23.

孙自明.太康隆起构造演化史与勘探远景[J].石油勘探与开发,1996,23(5):34-38.

孙自明.周口坳陷的反转构造与构造演化[J].石油地球物理勘探,1998,33(2):251-257.

索书田,钟增球,胡鱼华.河南省西峡—内乡北部元古界与古生界间的构造边界[J].地质科学,1990(1):12-21.

汤中立.中国的小岩体岩浆矿床[J].中国工程科学,2002,4(6):9-12.

田朝晖,王斌,李继涛.栾川钼矿田伴生硅灰石资源及其综合利用浅析[J].中国钼业,2001,25(1):23-26.

田伟,魏春景.北秦岭造山带加里东期低Al-TTD系列:岩石特征、成因模拟及地质意义[J].中国科学D辑,2005,35(3):215-224.

田伟.东秦岭加里东期花岗岩的区域岩石成因和大地构造环境[D].北京:北京大学,2003.

田玉山,张宏颖.河南母山斑岩钼铜矿床的构造控制[J].地质找矿论丛,2007,22(2):100-103.

田战武,韩俊民,潘振兴,等.小秦岭地区钼矿类型地质特征及控矿因素[J].内蒙古石油化工,2007(1):92-94.

涂恩照,水彬,王昊,等.河南省南召县银洞山铅锌矿床地质特征[J].矿产与地质,2009(2):114-117.

万海泉,王玲,董运如.河南省洛宁县范庄银矿床地质特征及找矿方向探讨[J].华北国土资源,2009(2):4-8.

万守全.河南省桐柏银洞岭银矿床地质地球化学特征[J].物探与化探,2005(6):510-514.

万天丰.中国大地构造学纲要[M].北京:地质出版社,2004.

万渝生,董春艳,颉颀强,等.华北克拉通早前寒武纪条带状铁建造形成时代——SHRIMP锆石U-Pb定年[J].地质学报,2012,86(9):1447-1478.

万渝生,刘敦一,董春艳,等.西峡北部秦岭群变质沉积岩锆石SHRIMP定年:物源区复杂演化历史和沉积、变质时代确定[J].岩石学报,2011,27(4):1172-1178.

万渝生,刘敦一,王世炎,等.登封地区早前寒武纪地壳演化——地球化学和锆石SHRIMP U-Pb年代学制约[J].地质学报,2009(7):982-999.

汪洋.中国东部中生代钾质火成岩研究中的几个问题[J].地质论评,2007,53(2):188-206.

王宝德.河南祁雨沟爆发角砾岩型金矿床金的富集规律[J].地质与勘探,1991(9):9-15.

王长明,邓军,张寿庭,等.河南冷水北沟铅锌矿综合找矿模型[J].金属矿山,2006(6):44-47.

王长明,邓军,张寿庭,等.河南南泥湖Mo-W-Cu-Pb-Zn-Ag-Au成矿区内生成矿系统[J].地质科技情报,2006,25(6):47-52.

王长明,邓军,张寿庭.河南卢氏—栾川地区铅锌矿成矿多样性分析及成矿预测[J].地质通报,2005(Z1):1074.

王长明,邓军,张寿庭.河南西灶沟构造蚀变岩型矿床金和铅锌的关系[J].黄金地质,2005,26(4):13-16.

王长明,张寿庭,邓军,等.河南冷水北沟铅锌矿地质地球化学特征及成因探讨[J].矿床地质,2007(2):175-183.

王春光,许文良,王枫,等.太行山南段西安里早白垩世角闪辉长岩的成因:锆石 U-Pb 年龄、Hf 同位素和岩石地球化学证据[J].地球科学,2011,36(3):471-482.

王登红,陈毓川,徐珏,等.中国新生代成矿作用[M].北京:地质出版社,2005.

王登红,陈毓川.与海相火山作用有关的铁-铜-铅-锌矿床成矿系列类型及成因初探[J].矿床地质,2001,20(2):112-118.

王登红,陈郑辉,陈毓川,等.我国重要矿产地成岩成矿年代学研究新数据[J].地质学报,2010,84(7):1030-1040.

王登红,邹天人,徐志刚.伟晶岩矿床示踪造山过程的研究进展[J].地球科学进展,2004,19(4):614-620.

王定一,刘池洋,张国伟,等.周口坳陷构造特征与油气远景[J].石油与天然气地质,1991,12(2):10-21.

王定一,王立宝,留山.马市坪盆地构造特征及其形成演化[J].石油与天然气地质,1993,14(1):53-60.

王方国,杨君雅,陈莉.青藏高原的蛇绿岩与铬铁矿[J].地质通报,2009,28(12):1762-1768.

王昊,徐刚,路坦,等.河南省银洞沟银多金属矿床地质特征及成因分析[J].矿产与地质,2007(4):429-435.

王洪亮,何世平,陈隽璐,等.太白岩基巩坚沟变形侵入体 LA-ICP-MS 锆石 U-Pb 测年及大地构造意义——吕梁运动在北秦岭造山带的表现初探[J].2006,80(11):1660-1667.

王惠勇.豫西洛阳—伊川地区晚古生代、早中生代沉积体系与岩相古地理恢复[D].青岛:山东科技大学,2006.

王建明,陈衍景,李胜利,等.河南周庵铂族-铜镍矿床的地质特征及成因分析[J].矿物岩石,2006,26(3):31-37.

王建业.斑岩铜矿与斑岩钼矿的地质特征及成因[J].冶金工业部地质研究所学报,1983(3):75-82.

王锦,第五春荣,孙勇,等.豫西西峡地区青岗坪花岗闪长岩 LA-ICP-MS 锆石 U-Pb 测年、Hf 同位素组成及其地质意义[J].地质通报,2012,31(6):884-895.

王觉民.安棚碱矿的沉积特征及成矿条件初探[J].石油勘探与开发,1987,5:93-99.

王梦玺,王焰,赵军红.扬子板块北缘周庵超镁铁质岩体锆石 U/Pb 年龄和 Hf-O 同位素特征:对源区性质和 Rodinia 超大陆裂解时限的约束[J].科学通报,2012(34):3283-3294.

王梦玺,王焰.扬子地块北缘周庵超镁铁质岩体矿物学特征及其对铜镍矿化的启示[J].矿床地质,2012(2):179-194.

王梦玺,王焰.扬子地块北缘周庵含铜镍硫化物矿化超镁铁质岩体的成因:来自矿物学的证据[J].矿物学报,2011(S1):175-176.

王梦玺,王焰.扬子地块北缘周庵超镁铁质岩体的矿物学特征及其对铜镍矿化的启示[J].矿床地质,2012,31(2):179-194.

王平安,陈毓川.秦岭构造带构造-成矿旋回与演化[J].地质力学学报,1997,3(1):10-20.

王庆飞,邓军,刘学飞,等.铝土矿地质与成因研究进展[J].地质与勘探,2012,48(3):430-448.

王瑞良.嵩县上庄坪铜铅锌多金属矿床地质特征及成因分析[J].华南地质与矿产,2007(2):14-18.

王绍龙.河南铝土矿的表生富集[J].河南地质,1993,11(1):23-27.

王绍龙.再论河南 G 层铝土矿的物质来源[J].河南地质,1992,10(1):15-19.

王师迪,罗金海,齐玥,等.三门峡高庙石英闪长玢岩的地球化学特征、LAICP-MS 锆石 U-Pb 年龄及其地质意义[J].地质论评,2013,59(1):165-174.

王世称,陈永良,夏立显.综合信息矿产预测理论与方法[M].北京:科学出版社,2000.

王世称,陈永清.综合信息成矿系列预测图编制的基本原则[J].中国地质,1994(3):25-27.

王世称,王於天.综合信息解译原理与矿产预测图编制方法[M].长春:吉林大学出版社,1989.

王涛,胡能高,裴先治,等.秦岭杂岩的组成、构造格局及演化[J].地球学报,1997,18(4):345-351.

王涛,胡能高,裴先治,等.秦岭造山带核部杂岩向西的侧向运移[J].地质科学,1997,32(4):423-430.

王涛,胡能高.北秦岭榴辉岩一种可能的折返过程[J].西安工程学院学报,1996,18(4):96.

王涛,李伍平,王晓霞.秦岭杂岩牛角山花岗质片麻岩体锆石 U-Pb 同位素年龄及其意义[J].中国区域地质,1998,54(3):262-266.

王涛,王晓霞,田伟,等.北秦岭古生代花岗岩组合、岩浆时空演变及其对造山作用的启示[J].中国科学 D 辑,2009,39(7):949-971.

王涛,张宗清,王彦斌,等.秦岭造山带新元古代同碰撞花岗岩变形及其时代限定——强变形岩体与弱变形脉体的锆石 SHRIMP 年龄证据[J].地质学报,2005,79(2):220-231.

王团华,毛景文,王彦斌.小秦岭—熊耳山地区岩墙锆石 SHRIMP 年代学研究:秦岭造山带岩石圈拆沉的证据[J].岩石学报,2008,24(6):1273-1287.

王团华,谢桂青,叶安旺,等.豫西小秦岭—熊耳山地区金矿成矿物质来源研究——兼论中基性岩墙与金成矿作用关系

[J]. 地球学报,2009,30(1):27-38.

王希斌,杨经绥,史仁灯,等. 秦岭松树沟岩体——一个遭受角闪岩相变质作用的超镁铁堆晶岩的实例[J]. 地质学报,2005,79(2):174-188.

王秀璋,等. 中国改造型金矿床地球化学[M]. 北京:科学出版社,1992.

王学贞,张喜周,李红超. 河南省铂族元素矿产类型及成矿机理探讨[J]. 矿产与地质,2003,17(97):403-406.

王燕茹,王庆飞,刘学飞,等. 河南渑池铝土矿成矿区地球化学背景[J]. 地质与勘探,2012,48(3):526-532.

王义天,毛景文,卢欣祥. 嵩县祁雨沟金矿成矿时代的 $^{40}Ar-^{39}Ar$ 年代学证据[J]. 地质论评,2001,47(5):551-555.

王义天,叶会寿,叶安旺,等. 小秦岭北缘马家洼石英脉型金钼矿床的辉钼矿 Re-Os 年龄及其意义[J]. 地学前缘,2010,17(2):140-145.

王义天,叶会寿. 小秦岭文峪和娘娘山花岗岩体锆石 SHRIMP U-Pb 年龄及其意义[J]. 地质科学,2010,45(1):167-180.

王瑜. 大别山北麓地区的构造格局[J]. 中国区域地质,1994(2):141-147.

王云,王宗炜,邱顺才. 河南省桐柏县破山银矿床原生晕异常特征及地球化学找矿标志[J]. 矿产与地质,2006(6):671-676.

王泽九,沈其韩,万渝生. 河南登封石牌河"变闪长岩体"的锆石 SHRIMP 年代学研究[J]. 地球学报,2004(3):295-298.

王志光,刘新东,张振邦,等. 东秦岭二郎坪地体银金多金属矿床成矿环境与找矿前景[J]. 中国地质,2001(7):32-37.

王志光,向世红,刘新东,等. 河南内乡县银洞沟大型银金多金属矿床地质特征、发现过程及其地质意义[J]. 矿产与地质,2003(S1):365-368.

王志宏,等. 阶段性板块运动与板内增生——河南省 1:50 万地质图说明书[M]. 北京:中国环境科学出版社,2000.

王宗炜,王云,孙保平. 河南桐柏破山银矿床地质-地球化学特征[J]. 矿业快报,2006(7):48-50.

韦昌山,杨振强,付建明,等. 河南刘山岩铜锌矿区细碧-石英角斑质含矿火山岩系的构造环境[J]. 华南地质与矿产,2003(4):31-38.

韦昌山,杨振强,付建明,等. 河南桐柏刘山岩铜锌矿床成因及古大地构造环境[J]. 地质科技情报,2004(2):25-30.

韦昌山,杨振强,战明国. 河南刘山岩铜锌型块状硫化物矿床流体包裹体研究[J]. 华南地质与矿产,2002(2):47-53.

魏民,赵鹏大. 中国大型—超大型铜矿床品位—吨位模型[J]. 地质论评,2000,46(增):123-125.

温森坡. 河南嵩县大桩沟钼矿床地质特征与成矿潜力分析[J]. 地质与勘探,2009,45(3):247-252.

温同想,孙清森. 河南省卢氏—栾川—方城一带铅锌银矿成因及找矿方向研究[M].//河南华北地台南缘前寒武纪—早寒武世地质和成矿. 武汉:中国地质大学出版社,1996.

温同想. 表生富集在我国上古生界铝土矿富矿体形成中的意义[J]. 河南地质,1987,5(1):7-10.

温同想. 河南石炭纪铝土矿地质特征[J]. 华北地质矿产,1996(4):491-511.

翁纪昌,高胜淮,石聪,等. 栾川上房沟特大型钼矿床蚀变分带规律研究[J]. 中国钼业,2008,32(3):16-24.

吴澄宇,刘孝善. 南泥湖钼钨矿化花岗岩体的成因特征[J]. 南京大学学报,1989,25(2):333-346.

吴春山,韩晓林,王三德. 平顶山盐田勘探开发工作回顾与展望[J]. 河南地质,1999,17(2):91-94.

吴国炎. 河南铝土矿床[M]. 北京:冶金工业出版社,1996.

吴宏伟,任爱琴. 河南银洞岭银矿床原生地球化学异常特征及找矿模型[J]. 地质与勘探,2005(1):62-67.

吴利仁. 论中国基性岩、超基性岩的成矿专属性[J]. 地质科学,1963(1):29-41.

吴瑞棠,张守信,等. 现代地层学[M]. 武汉:中国地质大学出版社,1989.

吴元保,陈道公,夏群科,等. 大别山黄土岭麻粒岩中锆石 LAM-ICP-MS 微区微量元素分析和 Pb-Pb 定年[J]. 中国科学(D辑),2003,33(1):20-28.

武广,陈毓川,李宗彦,等. 豫西银家沟硫铁多金属矿床 Re-Os 和 $^{40}Ar-^{39}Ar$ 年龄及其地质意义[J]. 矿床地质,2013,32(4):809-822.

武广,陈毓川,李宗彦,等. 豫西银家沟硫铁多金属矿床流体包裹体和同位素特征[J]. 地质学报,2013,87(3):353-374.

武耀诚,徐士进. 环太平洋地区斑岩钼铜矿化岩体矿化类型统计预测[J]. 南京大学学报,1988,24(1):10-23.

郗爱华,顾连兴,李绪俊,等. 中国北方造山带岩浆铜镍硫化物矿床及其地球动力学背景——以吉林红旗岭矿床为例[J]. 地质学报,2006,80(11):1721-1729.

席文详,裴放,等. 河南省岩石地层[M]. 武汉:中国地质大学出版社,1997.

夏林圻,夏祖春,李向民,等. 南秦岭东段耀岭河群、陨西群、武当山群火山岩和基性岩墙群岩石成因[J]. 西北地质,2008

(3):1-29.

夏群科,郑永飞,葛宁洁,等.大别山北部黄土岭片麻岩的锆石U-Pb年龄和氧同位素组成:古老的原岩和多阶段历史[J].岩石学报,2003,19(3):506-512.

向华,张利,钟增球,等.北桐柏地区镁铁质麻粒岩锆石U-Pb年代学及变质作用[J].岩石学报,2009,25(2):348-358.

肖克炎 朱裕生.矿产资源GIS定量评价[J].中国地质,2000,278(7):29-32.

肖克炎,丁建华,刘锐.美国"三步式"固体矿产资源潜力评价方法评述[J].地质论评,2006,52(6):1-7.

肖克炎,王勇毅,陈郑辉,等.矿产资源评价新技术与评价新模型[M].北京:地质出版社,2004.

肖克炎,张晓华,王四龙,等.矿产资源GIS评价系统[M].北京:地质出版社,2000.

肖克炎,朱裕生,张晓华,等.矿产资源评价中的成矿信息提取与综合技术[J].矿床地质,1999,18(4):379-384.

肖克炎,朱裕生.矿产资源GIS定量评价[J].中国地质,2000,278(7):29-32.

肖克炎.应用综合信息法研究成矿规律及成矿预测的新进展[J].地球科学进展,1994,9(2):18-23.

肖启明,管笃仁,金富伙,等.中国锑矿床时空分布规律及找矿方向[J].黄金,1993(12):9-14.

肖中军,孙卫志.河南卢氏夜长坪钼钨矿床成矿条件及找矿远景分析[J].地质调查与研究,2007,30(2):141-148.

肖中军.夜长坪钼钨矿床成矿控制条件及找矿远景分析[J].有色金属(矿山部分),2007,59(6):21-26.

谢才富,熊成云,胡宁,等.东秦岭—大别造山带区域成矿规律研究[J].华南地质与矿床,2001(3):14-22.

谢贵明,刘玉平.白钨矿床的地质特征及在吉林省的找矿方向[J].吉林地质,2002,21(4):29-33.

谢巧勤,潘成荣,徐晓春,等.河南老湾金矿床流体包裹体及稀土元素地球化学研究[J].合肥工业大学学报(自然科学版),2003,26(1):47-52.

谢巧勤,徐晓春,李晓萱,等.河南老湾金矿床稀土元素地球化学对成矿物质来源的示踪[J].中国稀土学报,2005,23(5):636-640.

谢巧勤,徐晓春,岳书仓,等.河南桐柏老湾金矿床的成矿作用研究[J].矿床地质,2002,21(增刊):723-726.

谢巧勤,徐晓春,岳书仓,等.河南桐柏龟山组地质地球化学特征及成岩环境[J].合肥工业大学学报(自然科学版),1999,25(5):26-30.

谢巧勤,徐晓春,岳书仓.河南桐柏老湾金矿床和花岗岩的年龄及其意义[J].高校地质学报,2000,6(4):546-553.

谢巧勤,徐晓春,岳书仓.河南桐柏老湾金矿床氢氧氦同位素地球化学及成矿流体来源[J].地质科学,2001,36(1):36-42.

谢奕汉,范宏瑞,李若梅,等.河南祁雨沟爆破角砾岩型金矿床包裹体研究[J].矿物学报,1991,11(4):370-376.

徐备,王长秋.大别造山带西段构造单元[J].高校地质学报,2000,6(3):389-395.

徐嘉炜,朱光,吕培基,等.郯庐断裂带平行年代学研究的进展[J].安徽地质,1995,5(1):1-12.

徐江嬿.武当地块耀岭河群火山岩年代学及相关问题讨论[J].资源环境与工程,2009,23(3):234-239.

徐九华,何知礼,申世亮,等.小秦岭文峪-东闯金矿床稳定同位素地球化学及矿液矿质来源[J].地质找矿论丛,1993,8(2):87-100.

徐九华,谢玉玲,刘建明,等.小秦岭文峪-东闯金矿床流体包裹体的微量元素及成因意义[J].地质与勘探,2004,40(4):1-6.

徐启东,钟增球,索书田,等.桐柏—大别山地区中温热液金矿床成矿流体性质与沉淀机理[J].矿床地质,1995,14(1):59-72.

徐启东,钟增球,周汉文,等.豫西小秦岭金矿区的一组^{40}Ar-^{39}Ar定年数据[J].地质论评,1998,44(3):323-327.

徐文超,庞振山,周奇明,等.河南省栾川县南泥湖钼钨矿田外围银铅锌多金属成矿地质条件分析及找矿前景[J].矿产与地质,2003,17(3):198-202.

徐文炘,庞春勇,俸月星.河南洛宁地区银矿床铅同位素找矿评价研究[J].矿产与地质,2001(7):705-712.

徐晓春,岳书仓,潘成荣.河南桐柏老湾花岗岩岩浆动力学与成矿[J].岩石学报,2001,17(2):245-253.

徐兆文,陆现彩,杨荣勇,等.河南省栾川县上房斑岩钼矿床地质地球化学特征及成因[J].地质与勘探,2000,36(1):14-16.

徐兆文,邱检生,任启江,等.河南栾川南部地区与Mo-W矿床有关的燕山期花岗岩特征[J].岩石学报,1995,11(4):397-408.

许化政,周新科,高金慧,等.华北早中三叠世盆地恢复与古生界生烃[J].石油与天然气地质,2005,26(3):329-336.

许令兵,王文达,秦臻,等.祁雨沟角砾岩型金矿成矿物质来源探讨[J].矿产勘查,2010,1(1):39-49.

许庆林,孙丰月,张晗,等.山西中条山铜矿峪铜矿流体包裹体、锆石U-Pb年龄、Hf同位素及其地质意义[J].吉林大学学报(地球科学版),2012,42(增刊3):64-80.

续海金.大别造山带核部晚中生代岩浆侵位序列与构造体制转换[D].武汉:中国地质大学,2005.

薛国刚,高渐珍.东濮凹陷古近系沙河街组火山作用与盐岩成因[J].石油天然气学报(江汉石油学院学报),2011,33(1):53-56.

薛怀民,马芳,宋永勤.扬子克拉通北缘随州—枣阳地区新元古代变质岩浆岩的地球化学和SHRIMP锆石U-Pb年代学研究[J].岩石学报,2011,27(4):1116-1130.

薛静,高光明,成功.老挝波罗芬高原红土型铝土矿地质特征与成矿规律[J].地质找矿论丛,2009,24(4):297-304.

薛松鹤.河南省三叠系及其印支期构造运动[J].河南地质,1988,6(2):25-30.

闫海卿,汤中立,钱壮志,等.河南周庵铜镍矿锆石U-Pb年龄及地质意义[J].兰州大学学报(自然科学版),2011,47(6):23-32.

闫全人,王宗起,闫臻,等.秦岭造山带宽坪群中的变铁镁质岩的成因、时代及其构造意义[J].地质通报,2008(9):1475-1492.

闫臻,王宗起,陈隽璐,等.北秦岭武关地区丹凤群斜长角闪岩地球化学特征、锆石SHRIMP测年及其构造意义[J].地质学报,2009,83(11):1633-1646.

严海麒,裴玉华,宋要武,等.河南栾川西沟层状铅-锌-银矿床地质特征及成因探讨[J].矿产与地质,2007(3):245-250.

严正富,杨正光,程海,等.雷门沟钼矿化花岗斑岩成因浅析[J].南京大学学报,1986,22(3):525-535.

阎国翰,蔡剑辉,任康绪,等.华北克拉通南缘栾川群大洪口组碱性粗面岩锆石SHRIMP U-Pb年龄及其意义[C]//全国岩石学与地球动力学研讨会论文摘要.北京:北京大学,2010.

晏国龙,王佐满,李永全,等.河南夜长坪钼矿辉钼矿Re-Os同位素年龄及地质意义[J].矿产勘查,2012,3(2):184-193.

燕长海,刘国印,邓军.豫西南铅锌银矿集区深部构造与成矿作用[J].地质调查与研究,2003(4):221-227.

燕长海,刘国印,彭翼,等.豫西南地区铅锌银成矿规律[M].北京:地质出版社,2009.

燕长海,刘国印,宋锋,等.河南马超营—独树一带银铅锌矿床成矿地质条件及找矿前景[J].中国地质,2002,29(3):84-89.

燕长海,刘国印.豫西南铅锌多金属矿控矿条件及找矿方向[J].地质通报,2004(1):1143-1148.

燕长海,彭翼,曾宪友,等.东秦岭二郎坪群铜多金属成矿规律[M].北京:地质出版社,2007.

燕长海,宋要武,刘国印,等.河南栾川杨树凹-百炉沟MVT铅锌矿带地质特征[J].地质调查与研究,2004(4):249-254.

燕长海,赵荣军,崔来运.河南栾川叫河—大清沟地区地球化学异常特征[J].地质通报,2005(Z1):968-975.

燕长海,朱国堂.数学地质方法在铝土矿成矿物质来源研究中的应用[J].轻金属,1988,24(6):1-6.

燕长海.东秦岭铅锌银成矿系统内部结构[M].北京:地质出版社,2004.

杨德彬,许文良,王冬艳,等.河南三门峡市曲里石英闪长斑岩锆石SHRIMP U-Pb定年及地质意义[J].中国地质,2004,31(4):379-383.

杨根生,黄超勇,王秋云,等.河南省钼矿床的分布规律和找矿特征[J].2007,21(4):421-424.

杨根生,印修章,付治国.东沟特大型斑岩钼矿床物化探综合找矿信息研究[J].2006,21(2):137-141.

杨红治,张巍,徐卫东.东秦岭大别山段中酸性小岩体成矿规律研究[J].四川地质学报,2009,29(3):268-272.

杨经绥,巴登珠,徐向珍,等.中国铬铁矿矿床的再研究及找矿前景[J].中国地质,2010,37(4):1141-1150.

杨经绥,刘福来,吴才来,等.中央碰撞造山带中两期超高压变质作用来自含柯石英锆石的定年证据[J].地质学报,2003,77(4):463-477.

杨经绥,许志琴,裴先治,等.秦岭发现金刚石:横贯中国中部巨型超高压变质带新证据及古生代和中生代两期深俯冲作用的识别[J].地质学报,2002,76(4):484-495.

杨经绥,许志琴,张建新,等.中国主要高压—超高压变质带的大地构造背景及俯冲-折返机制的探讨[J].岩石学报,2009,25(7):1529-1560.

杨力,陈福坤,杨一增,等.丹凤地区秦岭岩群片麻岩锆石U-Pb年龄:北秦岭地体中—新元古代岩浆作用和早古生代变质作用的记录[J].岩石学报,2010,26(5):1589-1603.

杨梅珍,曾键年,任爱琴,等.河南罗山县母山钼矿床成矿作用特征及锆石LA-ICP-MS U-Pb同位素年代学[J].矿床地质,2011,30(3):435-447.

杨梅珍,曾键年,覃永军,等.大别山北缘千鹅冲斑岩型钼矿床锆石U-Pb和辉钼矿Re-Os年代学及其地质意义[J].地质科技情报,2010,29(5):35-45.

杨群周,彭省临,张林,等. 河南熊耳山地区铜矿找矿前景分析[J]. 地质与勘探,2004(1):12-16.

杨群周,彭省临,张录星. 河南大河铜矿成矿特征和深边部及外围找矿潜力[J]. 矿产与地质,2003(S1):320-323.

杨荣勇,徐兆文,任启江,等. 河南南召水洞岭锌铜矿床的类型及成矿条件[J]. 中山大学学报(自然科学版),1996(4):96-101.

杨森楠. 秦岭古生代陆间裂谷系的演化[J]. 地球科学,1985,10(4):53-62.

杨世义,刘姤群. 铜钼矿化蚀变中酸性岩体的原岩恢复[J]. 地质与勘探,1989,25(4):29-34.

杨文涛,杨江海,汪校锋,等. 豫西济源盆地中三叠世—中侏罗世碎屑锆石年代学及其对秦岭造山带造山过程的启示[J]. 地球科学(中国地质大学学报),2012,37(3):489-500.

杨文智,燕长海 宋锋,等. 河南湍源地区银矿资源的化探找矿评价[J]. 中国地质,2001(8):33-38.

杨阳,王晓霞,柯昌辉,等. 豫西南泥湖矿集区石宝沟花岗岩体的锆石 U-Pb 年龄、岩石地球化学及 Hf 同位素组成[J]. 中国地质,2012,39(6):1525-1542.

杨永飞,李诺,糜梅,等. 大别山北麓千鹅冲超大型钼矿床地质与成矿流体特征[J]. 矿物学报,2011(增刊):524-526.

杨泽强. 北大别山商城家坪富钼花岗斑岩体地球化学特征及构造环境[J]. 地质论评,2009,55(5):745-752.

杨泽强. 河南省商城县汤家坪钼矿成矿模式研究[D]. 北京:中国地质大学,2007.

杨泽强. 河南省商城县汤家坪钼矿围岩蚀变与成矿[J]. 地质与勘探,2007,43(5):17-22.

杨泽强. 商城县汤家坪钼矿辉钼矿铼-锇同位素年龄及地质意义[J]. 矿床地质,2007,26(3):298-295.

杨泽强. 桐柏县老和尚帽地区银多金属成矿带地质特征及成矿预测[J]. 矿产与地质,2007(1):75-79.

杨志华. 秦岭造山带的构造格架和构造单元新划分[J]. 地质科技情报,1996,5(3):44-49.

杨祝良,沈谓洲,谢芳桂,等. 大别山北缘中生代火山-侵入岩铅同位素组成特征及其地质意义[J]. 高校地质学报,1999,5(4):384-389.

姚军明,赵太平,李晶,等. 河南祁雨沟金成矿系统辉钼矿 Re-Os 年龄和锆石 U-Pb 年龄及 Hf 同位素地球化学[J]. 岩石学报,2009,25(2):374-384.

姚利,张光伟,李靖辉. 河南大吴湾铜矿床地质特征[J]. 东华理工大学学报(自然科学版),2009(2):216-218.

姚瑞增. 洛南-豫西斑岩钼矿带成岩成矿构造作用浅析[J]. 河南地质,1986,4(4):14-20.

姚书振,丁振举,周宗桂,等. 秦岭造山带金属成矿系统[J]. 地球科学,2002,27(5):599-604.

姚亚明,陈建军,乔桂林,等. 襄城凹陷未熟-低熟油的形成条件[J]. 石油学校,2009,30(3):354-360.

叶伯丹,简平,许俊文,等. 桐柏-大别山带北坡苏家河群地体拼接及其构造和演化[M]. 武汉:中国地质大学出版社,1993.

叶会寿,毛景文,等. 东秦岭东沟超大型斑岩钼矿 SHRIMP 锆石 U-Pb 和辉钼矿 Re-Os 年龄及其地质意义[J]. 地质学报,2006,80(7):1079-1088.

叶会寿,毛景文,李永峰,等. 豫西南泥湖矿田钼钨及铅锌银矿床地质特征及其成矿机理探讨[J]. 现代地质,2006,20(1):165-174.

叶会寿,毛景文,徐林刚,等. 豫西太山庙铝质 A 型花岗岩 SHRIMP 锆石 U-Pb 年龄及其地球化学特征[J]. 地质论评,2008,54(5):699-711.

叶会寿. 华北陆块南缘中生代构造演化与铅锌银成矿作用[D]. 北京:中国地质大学,2006.

叶天竺,肖克炎,严光生. 矿床模型综合地质信息预测技术研究[J]. 地学前缘,2007,14(5):11-19.

叶天竺,朱裕生,等. 固体矿产预测评价方法技术[M]. 北京:地质出版社,2004.

印修章,胡爱珍. 以闪锌矿标型特征浅论豫西若干铅锌矿成因[J]. 物探与化探,2004(5):413-414,417.

游志成,黎道立. 江西含铜金钼钨斑岩体的主要特征[J]. 岩石学报,1990,11(4):27-39.

于明德. 洛伊凹陷三叠纪构造体制变迁及其油气运聚响应[D]. 长春:吉林大学,2012.

余研,鲍世聪,李先福,等. 东秦岭松树沟-洋淇沟超基性岩体稀土元素地球化学与岩体成因[J]. 武汉化工学院学报,1994,16(4):44-48.

袁海潮,焦建刚,李小东. 东秦岭八里坡钼矿床地球化学特征与深部成矿预测[J]. 地质与勘探,2009,45(4):367-373.

袁学诚. 秦岭造山带地壳构造与楔入成山[J]. 地质学报,1997,71(3):227-235.

袁杨森,高灶其,张成学,等. 几内亚博凯地区红土型铝土矿成矿机理和控矿因素研究[J]. 河南理工大学学报(自然科学版),2010,29(3):344-349.

袁跃清,王秀全,冯昂. 河南省西部四道沟银铅矿区地质特征及找矿远景分析[J]. 矿产与地质,2005(4):371-374.

袁跃清.河南省铝土矿床成因探讨[J].矿产与地质,2005,19(1):52-56.
曾华杰,张太华,张炳欣,等.南泥湖钼矿田同熔型花岗岩类的成因研究[J].河南国土资源,1983(1):56-66.
曾华杰,张太华,张炳欣,等.南泥湖钼矿田围岩蚀变及其与成矿关系[J].河南地质,1984(2):22-30.
曾宪友,孙国锋,晁红丽.东秦岭铜山-天目山铝质A型花岗岩特征及构造意义[J].地质调查与研究,2010,33(4):291-299.
翟淳,王型珍,朱阿霞.河南桐柏围山城地区变质岩中多硅白云母的研究[J].成都地质学院学报,1983(3):43-55.
翟淳.河南桐柏围山城地区煌斑岩类岩石化学和地球化学特征[J].矿物岩石,1981(6):67-76.
翟淳.秦岭大别山造山带内巨型构造混杂岩带的组成及构造意义[J].成都理工学院学报,1998,25(2):319-327.
翟淳.论煌斑岩的成因模式[J].地质评论,1981,27(6):528-532.
翟东兴,刘国明,陈德杰,等.河南省陕-新铝土矿带矿床地质特征及其成矿规律[J].地质与勘探,2002,38(4):41-44.
翟雷,叶会寿,周珂,等.河南嵩县庙岭金矿地质特征与钾长石$^{40}Ar/^{39}Ar$定年[J].地质通报,2012,31(4):569-576.
翟裕生,邓军,李晓波.区域成矿学[M].北京:地质出版社,1999.
翟裕生,鹏润民,王建平,等.成矿系列的结构模型研究[J].高校地质学报,2003,9(4):510-519.
张阿利,魏春景,田伟,等.北秦岭二郎坪群低压变质作用研究[J].岩石矿物学,2004(1):26-36.
张本仁,张宏飞,韩吟文.东秦岭地球化学分区与构造格局[J].安徽地质,2000,10(3):209-211.
张本仁,张宏飞,赵志丹,等.东秦岭及邻区壳、幔地球化学分区和演化及其大地构造意义[J].中国科学(D辑),1996,26(3):201-208.
张彩红,王志立,李靖辉,等.河南省栾川钼、铅、锌矿集区的深部成矿分析[J].科技创新导报,2009(23):92,95.
张传林,董永观,杨志华.秦岭晋宁期的两条蛇绿岩带及其对秦岭-大别构造演化的制约[J].地质学报,2000,74(4):313-324.
张传庭,李石锁.河南桐柏老洞坡银矿床地质地球化学特征初析[J].河南地质,1988,6(4):13-20.
张冠,李厚民,王成辉,等.河南桐柏老湾金矿白云母氩-氩年龄及其地质意义[J].地球学报,2008,29(1):45-50.
张冠,王登红,李法岭.秦岭东段老湾花岗岩体与老湾金矿的成因联系[J].地质与勘探,2008,44(4):50-54.
张国伟,等.华北地块南部巨型陆内俯冲带与秦岭造山带岩石圈现今三维结构[J].高校地质学报,1997,3(2):129-143.
张国伟,孟庆任,于在平.秦岭造山带的造山过程及其动力学特征[J].中国科学(D),1996,26(3):193-200.
张国伟,张本仁,袁学诚,等.秦岭造山带与大陆动力学[M].北京:科学出版社,2001.
张宏飞,张本仁,张海祖,等.桐柏山地壳结构的Pb同位素地球化学示踪研究[J].自然科学进展,2002,12(10):1053-1058.
张宏飞,张利,高山,等.桐柏地区变质杂岩和侵入岩类Pb同位素组成特征及其地质意义[J].地球科学(中国地质大学学报),1999(3):269-274.
张交东,杨晓勇,刘成斋,等.大别山北缘深部结构的高精度重磁电震解析[J].地球物理学报,2012,55(7):2292-2306.
张静,陈衍景,陈华勇,等.河南桐柏围山城层控金银成矿带同位素地球化学[J].地学前缘,2008(4):108-124.
张静,陈衍景,等.河南省桐柏县银洞坡金矿床同位素地球化学[J].岩石学报,2006,22(10):2251-2560.
张静,陈衍景,李国平,等.河南内乡县银洞沟银矿地质和流体包裹体特征及成因类型[J].矿物岩石,2004,24(3):55-64.
张静,祁进平,仇建军,等.河南省内乡县银洞沟银矿床流体成分研究[J].岩石学报,2007,23(9):2217-2226.
张静,燕光谱,叶霖,等.河南内乡县银洞沟银多金属矿床碳-氢-氧同位素地球化学[J].岩石学报,2005,21(5):1359-1364.
张静,杨艳,鲁颖怀,等.河南破山银矿床地质地球化学特征及成因研究[J].中国地质,2008,35(6):1220-1229.
张静.东秦岭桐柏地区典型银金矿床的剖析和对比研究[D].北京:北京大学,2004.
张克伟,等.河南省地质矿产科技简史[M].西安:西安地图出版社,2004.
张利,王林森,周炼.北秦岭弧后盆地俯冲消减与陆壳物质再循环——桃园岩体和黄岗杂岩体的地球化学证据[J].地球科学,2001,26(1):18-24.
张连昌,张晓静,崔敏利,等.华北克拉通BIF铁矿形成时代与构造环境[J].矿物学报,2011(增刊):666-667.
张旗,马文璞,金唯俊,等.一个造山后的辉长岩——河南新县王母观岩体的地球化学特征[J].地球化学,1995,24(4):341-350.
张旗.蛇绿岩研究中的几个问题[J].岩石学报,1995,11(增刊):228-240.
张巧梅,解庆林,翟东兴,等.河南铁炉坪银矿床地球化学特征研究[J].地质找矿论丛,2002(2):121-126.
张寿广,张宗清,宋彪,等.东秦岭陡岭杂岩中存在新太古代物质组成——SHRIMP锆石U-Pb和Sm-Nd年代学证据

[J]. 地质学报,2004,78(6):800-806.

张寿广,赵子然,沈洁,等. 东秦岭陡岭杂岩的形成与变质演化[J]. 中国科学(D辑),1996,26(S1):73-77.

张顺兴,申江. 平顶山盐田马庄盐矿床地质特征[J]. 焦作矿业学院学报,1994,13(4):7-10.

张天义,朱嘉伟,盛吉虎. 秦岭大地构造格局的遥感地质分析[J]. 河南地质,1997,15(3):179-185.

张希亮,谢俊,等. 储层沉积相[M]. 北京:石油工业出版社,2008.

张小浩. 洛伊盆地中新生代构演化及其与油气的关系[D]. 西安:西北大学,2007.

张学忠,廉宏涛,随启发. 河南省罗山县皇城山银矿床地质地球化学特征[J]. 物探与化探,2009(1):20-23.

张衍辉,李惠杰. 河南省平顶山盐田石盐矿床成矿特征探讨[J]. 中国井矿盐,2007,38:24-26.

张艳. 南华北盆地群南带火山-沉积序列与成盆规律[D]. 长春:吉林大学,2002.

张毅星,刘传权,杨瑞西,等. 河南栾川冷水地区钼钨铅锌矿田成矿系列及找矿方向[J]. 华南地质与矿产,2006(4):26-32.

张瑜麟,张林. 河南水洞岭铜锌矿区物性特征和物探找矿方法研究[J]. 有色金属矿产与勘查,1998(1):36-40.

张瑜麟,张林. 熊耳山西段银铅矿找矿地球物理标志研究[J]. 矿产与地质,2003(S1):472-474.

张泽军,安三元. 松树沟超镁铁岩-铬铁岩的稀土地球化学[J]. 西安地质学院学报,1989,11(4):16-23.

张正伟,杨怀洲,朱炳泉,等. 东秦岭内生金属成矿系统与成矿组合[J]. 地质通报,2002,21(8/9):567-572.

张正伟,翟裕生,邓军,等. 华北古大陆南缘的金属成矿作用[J]. 地球学报,2001,22(2):129-134.

张正伟,张中山,董有,等. 东秦岭钼矿床及其深部构造制约[J]. 矿物学报,2007,27(3/4):372-378.

张正伟,朱炳泉,常向阳,等. 东秦岭钼矿带成岩成矿背景及时空统一性[J]. 2001,7(3):307-315.

张宗恒,方国松,侯海燕,等. 河南桐柏老湾金矿床地质特征及成因探讨[J]. 黄金地质,2002,8(3):20-26.

张宗恒,侯海燕,等. 河南桐柏围山城金银成矿系统矿床地球化学特征[J]. 现代地质,2002,16(3):263-269.

张宗清,张国伟,等. 秦岭造山带蛇绿岩、花岗岩和碎屑沉积岩同位素年代学和地球化学[M]. 北京:地质出版社,2006.

张宗清,张国伟,唐索寒,等. 武当岩群变质岩年龄[J]. 中国地质,2002(2):117-125.

章邦桐,吴俊奇,凌洪飞,等. "花岗岩锆石U-Pb年龄能代表花岗岩侵位年龄"质疑——花岗岩锆石U-Pb年龄与全岩Rb-Sr等时线年龄对比证据[J]. 地质论评,2008,54(6):775-785.

章邦桐,吴俊奇,凌洪飞,等. 金鸡岭产铀花岗岩体印支期侵位的岩浆动力学证据及其构造意义[J]. 铀矿地质,2012,28(1):11-34.

赵海香,蒋少涌,Hartwig E Frimmel,等. 小秦岭金矿中黄铁矿微量元素原位LA-ICPMS分析及其对矿床成因的指示意义[J]. 矿物学报,2009(增刊):361-362.

赵姣,陈丹玲,谭清海,等. 北秦岭东段二郎坪群火山岩锆石的LA-ICP-MS U-Pb定年及其地质意义[J]. 地学前缘,2012(4):118-125.

赵鹏大,陈建平,陈建国. 成矿多样性与矿床谱系[J]. 地球科学,2001,26(2):111-117.

赵鹏大,陈建平. 21世纪矿产资源经济展望[J]. 自然资源学报,2000,15(3):197-200.

赵鹏大,陈建平. 非传统矿产资源体系与关键科学问题[J]. 地球科学进展,2000,15(3):251-255.

赵鹏大,李紫金,胡旺亮. 矿床统计预测[M]. 北京:地质出版社,1994.

赵鹏大. 地质异常与成矿预测[C].//当代矿产资源勘查评价的理论与方法. 北京:地震出版社,1999.

赵鹏大. 矿产资源评价理论与方法技术[J]. 中国地质调查,2001(4):21-24.

赵荣军. 河南卢氏县杜关地区地球化学异常及找矿效果[J]. 物探与化探,2001(6):447-452.

赵太平,翟明国,夏斌,等. 熊耳群火山岩锆石SHRIMP年代学研究:对华北克拉通盖层发育初始时间的制约[J]. 科学通报,2004(22):2342-2349.

赵太平,周美夫,金成伟,等. 华北陆块南缘熊耳群形成时代讨论[J]. 地质科学,2001(3):326-334.

赵五洲,严海麒,靳拥护,等. 河南汝阳东沟钼矿岩石矿物特征[J]. 中国钼业,2007,31(4):3-9.

赵子然,万渝生,张寿广,等. 早元古代陡岭群变质杂岩的岩石地球化学特征[J]. 岩石学报,1995(2):149-159.

郑德琼,高华明. 河南省破山银矿矿床成因及成矿模式[J]. 河南地质,1992,10(1):1-5.

郑建民,毛景文,陈懋弘,等. 冀南邯郸—邢台地区矽卡岩铁矿的地质特征及成矿模式[J]. 地质通报,2007,26(2):150-154.

郑建平,路凤香,Griffin W L,等. 华北东部橄榄岩与岩石圈减薄中的地幔伸展和侵蚀置换作用[J]. 地学前缘,2006,13(2):76-85.

郑求根,张育民,赵德勇,等. 豫西地区构造演化与上三叠统地层保存和分布[J]. 河南石油,1998(2):6-10.

郑榕芬,毛景文,高建京.河南熊耳山沙沟银铅锌矿床中硫化物和银矿物的矿物学特征及其意义[J].矿床地质,2006(6):715-726.

郑素娟,冯祖钧,严正富,等.河南桐柏大河黄铁矿型铜矿床成因特征[J].南京大学学报(自然科学版),1988(1):24-39.

郑兆强.东沟钼矿北矿区矿石品位分布特征研究[J].中国钼业,2004,28(4):18-20.

中国地质调查局发展研究中心.中国断代大地构造图[M].北京:地质出版社,2014.

钟增球,张宏飞,索书田,等.大别超高压变质岩折返过程中的部分熔融作用[J].地球科学,1999,24(4):393-399.

周鼎武,董云鹏,刘良.松树沟元古宙蛇绿岩Nd、Sr、Pb同位素地球化学特征[J].地质科学,1998,33(1):31-38.

周鼎武,张成立,韩松,等.东秦岭早古生代两条不同构造-岩浆杂岩带的形成构造环境[J].岩石学报,1995,11(2):115-126.

周二斌,杨竹森,江万,等.藏南罗布莎铬铁矿床铬尖晶石矿物学与矿床成因研究[J].岩石学报,2011,27(7):2060-2072.

周二斌.豆荚状铬铁矿床的研究现状及进展[J].岩石矿物学杂志,2011,30(3):530-542.

周国顺,席运宏,张兴辽,等.河南省地层古生物研究第六分册新生代(前第四纪)[M].郑州:黄河水利出版社,2008.

周洪瑞,王自强,等.华北地台南部中新元古界层序地层研究[M].北京:地质出版社,1999.

周珂,叶会寿,毛景文,等.豫西鱼池岭斑岩型钼矿床地质特征及其辉钼矿铼-锇同位素年龄[J].矿床地质,2009,28(2):170-184.

周满赓.河南桐柏破山银矿银的赋存状态和工业利用[J].矿物岩石,1983(2):55-61,119.

周美付.对豆荚状铬铁矿床成因的认识[J].矿床地质,1994,13(3):242-249.

周新科,许化政,胡宗全,等.豫西地区晚三叠世原型盆地及含油气性分析[J].石油实验地质,2005,27(3):211-217.

周亚涛.河南省洛宁县龙门店银矿成矿地质背景及成矿地质条件[J].华北国土资源,2009(3):12-13.

周振菊,蒋少涌,秦艳,等.小秦岭文峪金矿床流体包裹体研究及矿床成因[J].岩石学报,2011,27(12):3787-3799.

朱炳泉,常向阳,邱华宁,等.地球化学急变带的元古宙基底特征及其与超大型矿床产出的关系[J].中国科学(D辑),1998,28(增刊):63-70.

朱广彬,刘国范,姚新年,等.东秦岭铅锌银金钼多金属成矿带成矿规律及找矿标志[J].地球科学与环境学报,2005,27(1):44-52.

朱华平,祁思敬,李英,等.河南秋树湾角砾岩型铜矿特征及成矿作用[J].西安工程学院院报,1998,20(1):14-18.

朱华平.河南秋树湾角砾岩型铜钼矿地球化学特征[J].有色金属矿产与勘查,1998,7(4):228-233.

朱日祥,郑天愉.华北克拉通破坏机制与古元古代板块构造体系[J].科学通报,2009,54(14):1950-1961.

朱永安,严芳玲.汝阳东沟钼矿勘查开发可行性研究[J].有色金属(矿山部分),2006,58(3):18-20.

朱振明.对河南桐柏县刘山岩铜锌矿床几主要含矿围岩的新认识[J].河南地质,1987,5(2):13-16.

祝禧艳,陈福坤,王伟,等.豫西地区秦岭造山带武当岩群火山岩和沉积岩锆石U-Pb年龄[J].地球学报,2008,29(6):817-829.

邹天人,徐建国.论花岗伟晶岩的成因和类型的划分[J].地球化学,1975(3):161-174.

邹天人,杨岳清,郭永泉.有关伟晶岩矿床的一些问题[J].武汉地质学院(地质科技情报),1985,4(4):100-107.

邹英华,李诗言.桐柏大栗树-方老庄多金属矿床地质特征[J].矿业快报,2006(8):53-56.

邹宗濂.桐柏山—大别山地区航磁信息研究[J].湖北地质,1997,11(2):62-71.

左文乾,沙亚洲,陈冰,等.丹凤地区光石沟铀矿床大毛沟岩株锆石U-Pb同位素定年及其地质意义[J].铀矿地质,2010,26(4):222-227.

Davis G A,郑亚东.变质核杂岩的定义、类型及构造背景[J].地质通报,2002,21(4~5):185-192.

Li J W,Li Z K,Zhou M F,et al..The Cretaceous Yangzhaiyu Lode Gold Deposit,North China Craton:A Link between Craton Reactivation and Gold Veining[J].Economic Geology,2012,107:43-79.

Liu L,Chen D L,Zhang A D,et al..Geochemical characteristics and LA-ICPMS zircon U-Pb dating of amphibolites in the Songshugou ophiolite in the Eastern Qinling[J].Acta Geologica Sinica,2004,78(1):137-145.

Wang X L,et al..Age,geochemistry and tectonic setting of the Neoproterozoic(ca 830Ma) gabbros on the southern margin of the North China Craton[J].Precambrian Research,2011(190):35-47.